Gesammelte Werke

Tome 5

Reiner

Berlin **1882 - 1891**

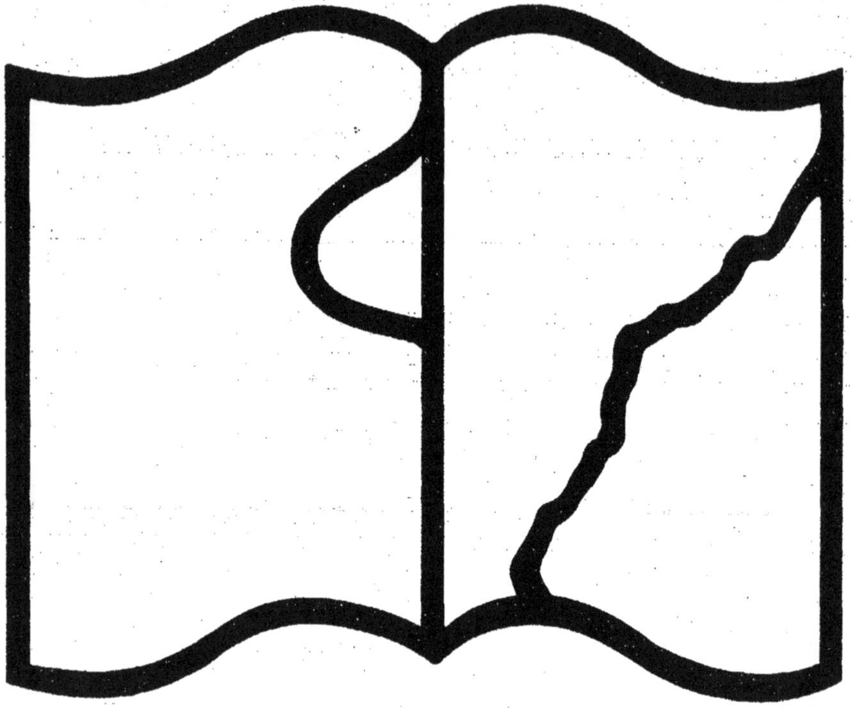

Symbole applicable
pour tout, ou partie
des documents microfilmés

Texte détérioré — reliure défectueuse

NF Z 43-120-11

C. G. J. JACOBI'S

GESAMMELTE WERKE.

FÜNFTER BAND.

C. G. J. JACOBI'S

GESAMMELTE WERKE.

HERAUSGEGEBEN AUF VERANLASSUNG DER KÖNIGLICH PREUSSISCHEN AKADEMIE DER WISSENSCHAFTEN.

FÜNFTER BAND. 5

6700

HERAUSGEGEBEN

VON

K. WEIERSTRASS.

BERLIN.
DRUCK UND VERLAG VON GEORG REIMER.
1890.

Vorwort.

Das Erscheinen des vorliegenden fünften Bandes von Jacobi's Werken ist durch verschiedene Umstände sehr verzögert worden. Der Band enthält ausschliesslich nachgelassene Abhandlungen, die aber alle bereits früher — bis auf eine von Clebsch — veröffentlicht worden sind. Unglücklicherweise sind die dabei benutzten Original-Manuscripte verloren gegangen, was die Revision des Textes erheblich erschwert und dadurch verschuldet hat, dass mit dem Drucke nicht so früh, als wünschenswerth gewesen wäre, begonnen werden konnte. Als dann aber i. J. 1887 die ersten siebenundzwanzig Bogen fertiggestellt waren, trat dem Fortgange des Druckes ein unerwartetes Hinderniss entgegen. Dr. Lottner, der die Herausgabe der auf Dynamik bezüglichen Theile des Nachlasses übernommen hatte, war kurz vorher der Arbeit durch den Tod entzogen worden, und konnte ein Ersatz für ihn nicht sogleich gefunden werden. Ich musste mich daher entschliessen, selbst an seine Stelle zu treten und zunächst die grosse Abhandlung *„Ueber diejenigen Probleme der Mechanik, in welchen eine Kräftefunction existirt, und über die Theorie der Störungen“* einer sorgfältigen Durchsicht zu unterwerfen. Aber ehe ich damit zu Ende gekommen war, erkrankte ich und blieb mehr als zwei Jahre lang arbeitsunfähig, während welcher

Zeit für die Vollendung des noch nicht zur Hälfte fertigen Bandes nichts Erhebliches geschah. Erst vom Monat Mai dieses Jahres an konnte der Druck, dessen Überwachung seitdem einem ebenso zuverlässigen als kenntnissreichen jüngeren Mathematiker, Herrn Dr. Fritz Kötter, anvertraut gewesen ist, wieder aufgenommen und in verhältnissmässig kurzer Zeit zu Ende geführt werden.

Ich freue mich, dem Vorstehenden hinzufügen zu können, dass auch der Druck des folgenden Bandes bereits im Gange und bis zum vierundzwanzigsten Bogen vorgeschritten ist.

Berlin, im November 1890.

Weierstrass.

INHALTSVERZEICHNISS DES FÜNFTEN BANDES.

NACHGELASSENE AUF DIE THEORIE DER DIFFERENTIALGLEICHUNGEN UND AUF DYNAMIK SICH BEZIEHENDE ABHANDLUNGEN.

NOVA METHODUS, AEQUATIONES DIFFERENTIALES PARTIALES PRIMI ORDINIS INTER NUMERUM VARIABILIUM QUEMCUNQUE PROPOSITAS INTEGRANDI

AUCTORE

C. G. J. JACOBI,
PROF. ORD. MATH. REGIOM.

Crelle Journal für die reine und angewandte Mathematik, Bd. 60 p. 1—181.

NOVA METHODUS, AEQUATIONES DIFFERENTIALES PARTIALES PRIMI ORDINIS INTER NUMERUM VARIABILIUM QUEMCUNQUE PROPOSITAS INTEGRANDI.

(Ex Ill. C. G. J. Jacobi manuscriptis posthumis in medium protulit A. Clebsch.)

Reductio problematis generalis in formam simpliciorem*).

1.

Sit V functio quaesita, sint $q_1, q_2, \ldots, q_m$ variabiles independentes atque $p_1, p_2, \ldots, p_m$ differentialia partialia ipsius V secundum $q_1, q_2, \ldots, q_m$. Problema de integratione aequationum differentialium partialium primi ordinis inter numerum quemcunque variabilium hoc est:

Data aequatione inter quantitates $V, q_1, q_2, \ldots, q_m, p_1, p_2, \ldots, p_m$, ipsam V ut functionem ipsarum $q_1, q_2, \ldots, q_m$ determinare.

Supponam aequationem propositam ipsam functionem quaesitam V non continere. Quoties enim continet, problema ad aliud revocari potest, in quo numerus variabilium independentium unitate auctus est, sed functio ipsa incognita ex aequatione differentiali evasit. Introducta enim nova variabili t, sit

$$W = t.V,$$

erit,

$$V = \frac{\partial W}{\partial t}, \quad p_1 = \frac{\partial V}{\partial q_1} = \frac{1}{t}\frac{\partial W}{\partial q_1}, \quad p_2 = \frac{\partial V}{\partial q_2} = \frac{1}{t}\frac{\partial W}{\partial q_2}, \quad \ldots {}^{**}).$$

Quibus valoribus substitutis in aequatione inter V et quantitates $q_1, q_2, \ldots, q_m, p_1, p_2, \ldots, p_m$ proposita, prodibit aequatio inter variabiles independentes $t, q_1, q_2, \ldots, q_m$ atque differentialia partialia functionis W secundum variabiles illas sumta, ipsam functionem W non continens. Hinc, quia numerum variabilium independentium m *quemcunque* assumpsimus, concessa est suppositio, aequationem differentialem propositam functionem incognitam non continere.

---

*) Epitomae paragraphorum in ipso manuscripto praeter paragraphos 66, 67 non inveniuntur. Quae tamen in usum lectoris, ut longioris commentationis decursus facilius perspiceretur, adjiciendae videbantur. *C.*

**) Significandis differentialibus partialibus signum characteristicum — ∂ —, significandis completis signum — d — adhibebo. Quod bene tenendum est.

Problema sub ea, qua in sequentibus utatur, forma proponitur.

2.

Si functio incognita ipsa aequationem differentialem partialem propositam non ingreditur, problema maxima generalitate sic enuntiari potest:

Proposita expressione

$$p_1 dq_1 + p_2 dq_2 + \cdots + p_m dq_m,$$

si data est aequatio inter quantitates $q_1, q_2, \ldots, q_m, p_1, p_2, \ldots, p_m$, *invenire* $m-1$ *alias aequationes inter easdem quantitates, e quibus quantitates* p_1, $p_2, \ldots, p_m$ *tales prodeant functiones ipsarum* $q_1, q_2, \ldots, q_m$, *ut expressio proposita*

$$p_1 dq_1 + p_2 dq_2 + \cdots + p_m dq_m$$

evadat differentiale completum dV.

Ut expressio

$$p_1 dq_1 + p_2 dq_2 + \cdots + p_m dq_m$$

sit differentiale completum, satisfieri debet $\frac{m(m-1)}{2}$ aequationibus conditionalibus hoc schemate contentis:

$$\left(\frac{\partial p_i}{\partial q_k}\right) = \left(\frac{\partial p_k}{\partial q_i}\right),$$

in qua aequatione indicibus i et k valores $1, 2, 3, \ldots, m$ tribui possunt, vel ut aequationes tantum inter se diversae obtineantur, indici i tribuantur valores $1, 2, 3, \ldots, m-1$ et pro singulis ipsius i valoribus tribuantur indici k valores tantum ipso i maiores.

In aequationibus praecedentibus quantitates $p_1, p_2, \ldots, p_m$ ut functiones ipsarum $q_1, q_2, \ldots, q_m$ consideratae sunt. Quod quoties fit, differentialia partialia illarum quantitatum uncis includam, sicuti antecedentibus factum est.

Conditionum integrabilitatis forma prima exhibetur.

3.

Negotium, quod suscipiam, primum est transformatio aequationum conditionalium. Quippe quas ita exhibeamus, quales fiunt, si non ut antea omnes $p_1, p_2, \ldots, p_m$ ut ipsarum $q_1, q_2, \ldots, q_m$ functiones considerantur, sed

$$\begin{array}{lllllllllll}
p_1 & \text{ut ipsarum} & p_2, & p_3, & p_4, & p_5, & \ldots, & p_m, & q_1, & q_2, & \ldots, q_m, \\
p_2 & \text{ut ipsarum} & & p_3, & p_4, & p_5, & \ldots, & p_m, & q_1, & q_2, & \ldots, q_m, \\
p_3 & \text{ut ipsarum} & & & p_4, & p_5, & \ldots, & p_m, & q_1, & q_2, & \ldots, q_m, \\
\cdot & \cdot & \cdot & \cdot & \cdot & \cdot & \cdot & \cdot & \cdot & \cdot & \cdot \\
p_{m-1} & \text{ut ipsarum} & & & & & & p_m, & q_1, & q_2, & \ldots, q_m, \\
p_m & \text{ut ipsarum} & & & & & & & q_1, & q_2, & \ldots, q_m
\end{array}$$

functiones. Ad quam suppositionem referam sequentibus differentiationes per partes instituendas, nisi aliud disertis verbis statutum sit, aut differentialia uncis inclusa reperias, quo facto semper innuitur, omnes $p_1, p_2, \ldots, p_m$ tamquam ipsarum $q_1, q_2, \ldots, q_m$ functiones spectari.

Systema *primum* aequationum conditionalium, quod respondet valori $i = 1$, hoc est:

$$\left(\frac{\partial p_1}{\partial q_2}\right) = \left(\frac{\partial p_2}{\partial q_1}\right), \quad \left(\frac{\partial p_1}{\partial q_3}\right) = \left(\frac{\partial p_3}{\partial q_1}\right), \quad \ldots, \quad \left(\frac{\partial p_1}{\partial q_m}\right) = \left(\frac{\partial p_m}{\partial q_1}\right).$$

Quod e supra statutis sic repraesentari potest:

$$\begin{aligned}
\frac{\partial p_1}{\partial p_2}\left(\frac{\partial p_2}{\partial q_2}\right) + \frac{\partial p_1}{\partial p_3}\left(\frac{\partial p_3}{\partial q_2}\right) + \cdots + \frac{\partial p_1}{\partial p_m}\left(\frac{\partial p_m}{\partial q_2}\right) + \frac{\partial p_1}{\partial q_2} &= \left(\frac{\partial p_2}{\partial q_1}\right), \\
\frac{\partial p_1}{\partial p_2}\left(\frac{\partial p_2}{\partial q_3}\right) + \frac{\partial p_1}{\partial p_3}\left(\frac{\partial p_3}{\partial q_3}\right) + \cdots + \frac{\partial p_1}{\partial p_m}\left(\frac{\partial p_m}{\partial q_3}\right) + \frac{\partial p_1}{\partial q_3} &= \left(\frac{\partial p_3}{\partial q_1}\right), \\
\cdots\cdots\cdots\cdots\cdots\cdots\cdots\cdots\cdots\cdots\cdots \\
\frac{\partial p_1}{\partial p_2}\left(\frac{\partial p_2}{\partial q_m}\right) + \frac{\partial p_1}{\partial p_3}\left(\frac{\partial p_3}{\partial q_m}\right) + \cdots + \frac{\partial p_1}{\partial p_m}\left(\frac{\partial p_m}{\partial q_m}\right) + \frac{\partial p_1}{\partial q_m} &= \left(\frac{\partial p_m}{\partial q_1}\right).
\end{aligned}$$

Quae aequationes per aequationes conditionales in has transformari possunt:

$$\begin{aligned}
\frac{\partial p_1}{\partial p_2}\left(\frac{\partial p_2}{\partial q_2}\right) + \frac{\partial p_1}{\partial p_3}\left(\frac{\partial p_2}{\partial q_3}\right) + \cdots + \frac{\partial p_1}{\partial p_m}\left(\frac{\partial p_2}{\partial q_m}\right) + \frac{\partial p_1}{\partial q_2} &= \left(\frac{\partial p_2}{\partial q_1}\right), \\
\frac{\partial p_1}{\partial p_2}\left(\frac{\partial p_3}{\partial q_2}\right) + \frac{\partial p_1}{\partial p_3}\left(\frac{\partial p_3}{\partial q_3}\right) + \cdots + \frac{\partial p_1}{\partial p_m}\left(\frac{\partial p_3}{\partial q_m}\right) + \frac{\partial p_1}{\partial q_3} &= \left(\frac{\partial p_3}{\partial q_1}\right), \\
\frac{\partial p_1}{\partial p_2}\left(\frac{\partial p_4}{\partial q_2}\right) + \frac{\partial p_1}{\partial p_3}\left(\frac{\partial p_4}{\partial q_3}\right) + \cdots + \frac{\partial p_1}{\partial p_m}\left(\frac{\partial p_4}{\partial q_m}\right) + \frac{\partial p_1}{\partial q_4} &= \left(\frac{\partial p_4}{\partial q_1}\right), \\
\cdots\cdots\cdots\cdots\cdots\cdots\cdots\cdots\cdots\cdots\cdots \\
\frac{\partial p_1}{\partial p_2}\left(\frac{\partial p_m}{\partial q_2}\right) + \frac{\partial p_1}{\partial p_3}\left(\frac{\partial p_m}{\partial q_3}\right) + \cdots + \frac{\partial p_1}{\partial p_m}\left(\frac{\partial p_m}{\partial q_m}\right) + \frac{\partial p_1}{\partial q_m} &= \left(\frac{\partial p_m}{\partial q_1}\right).
\end{aligned}$$

Multiplicemus aequationem 2^{am}, 3^{am}, $\ldots$, $(m-1)^{\text{tam}}$ per $\frac{\partial p_2}{\partial p_3}, \frac{\partial p_2}{\partial p_4}, \ldots, \frac{\partial p_2}{\partial p_m}$ et productarum summam deducamus a prima; multiplicemus aequationem 3^{am},

$4^{\text{tam}}, \ldots, (m-1)^{\text{tam}}$ per $\frac{\partial p_3}{\partial p_4}, \frac{\partial p_3}{\partial p_5}, \ldots, \frac{\partial p_3}{\partial p_m}$ et productarum summam subducamus de secunda; multiplicemus aequationem $4^{\text{tam}}, 5^{\text{tam}}, \ldots, (m-1)^{\text{tam}}$ per $\frac{\partial p_4}{\partial p_5}, \frac{\partial p_4}{\partial p_6}, \ldots, \frac{\partial p_4}{\partial p_m}$ et productarum summam deducamus de tertia; et ita porro. Quibus patratis aliud eruimus systema aequationum, systemati primo aequivalens, hoc:

$$
\text{(A)}\ \left\{\begin{aligned}
&(1)\quad \frac{\partial p_1}{\partial p_2}\frac{\partial p_2}{\partial q_2}+\frac{\partial p_1}{\partial p_3}\frac{\partial p_2}{\partial q_3}+\frac{\partial p_1}{\partial p_4}\frac{\partial p_2}{\partial q_4}+\frac{\partial p_1}{\partial p_5}\frac{\partial p_2}{\partial q_5}+\ldots+\frac{\partial p_1}{\partial p_m}\frac{\partial p_2}{\partial q_m}\\
&\qquad+\frac{\partial p_1}{\partial q_2}-\frac{\partial p_2}{\partial p_3}\frac{\partial p_1}{\partial q_3}-\frac{\partial p_2}{\partial p_4}\frac{\partial p_1}{\partial q_4}-\frac{\partial p_2}{\partial p_5}\frac{\partial p_1}{\partial q_5}-\ldots-\frac{\partial p_2}{\partial p_m}\frac{\partial p_1}{\partial q_m}=\frac{\partial p_2}{\partial q_1},\\
&(2)\quad \frac{\partial p_1}{\partial p_2}\frac{\partial p_3}{\partial q_2}+\frac{\partial p_1}{\partial p_3}\frac{\partial p_3}{\partial q_3}+\frac{\partial p_1}{\partial p_4}\frac{\partial p_3}{\partial q_4}+\frac{\partial p_1}{\partial p_5}\frac{\partial p_3}{\partial q_5}+\ldots+\frac{\partial p_1}{\partial p_m}\frac{\partial p_3}{\partial q_m}\\
&\qquad+\frac{\partial p_1}{\partial q_3}-\frac{\partial p_3}{\partial p_4}\frac{\partial p_1}{\partial q_4}-\frac{\partial p_3}{\partial p_5}\frac{\partial p_1}{\partial q_5}-\ldots-\frac{\partial p_3}{\partial p_m}\frac{\partial p_1}{\partial q_m}=\frac{\partial p_3}{\partial q_1},\\
&(3)\quad \frac{\partial p_1}{\partial p_2}\frac{\partial p_4}{\partial q_2}+\frac{\partial p_1}{\partial p_3}\frac{\partial p_4}{\partial q_3}+\frac{\partial p_1}{\partial p_4}\frac{\partial p_4}{\partial q_4}+\frac{\partial p_1}{\partial p_5}\frac{\partial p_4}{\partial q_5}+\ldots+\frac{\partial p_1}{\partial p_m}\frac{\partial p_4}{\partial q_m}\\
&\qquad+\frac{\partial p_1}{\partial q_4}-\frac{\partial p_4}{\partial p_5}\frac{\partial p_1}{\partial q_5}-\ldots-\frac{\partial p_4}{\partial p_m}\frac{\partial p_1}{\partial q_m}=\frac{\partial p_4}{\partial q_1},\\
&\ldots\ldots\ldots\ldots\ldots\ldots\ldots\ldots\ldots\ldots\ldots\ldots\ldots\ldots\\
&(m-2)\quad \frac{\partial p_1}{\partial p_2}\frac{\partial p_{m-1}}{\partial q_2}+\frac{\partial p_1}{\partial p_3}\frac{\partial p_{m-1}}{\partial q_3}+\ldots+\frac{\partial p_1}{\partial p_{m-1}}\frac{\partial p_{m-1}}{\partial q_{m-1}}+\frac{\partial p_1}{\partial p_m}\frac{\partial p_{m-1}}{\partial q_m}\\
&\qquad+\frac{\partial p_1}{\partial q_{m-1}}-\frac{\partial p_{m-1}}{\partial p_m}\frac{\partial p_1}{\partial q_m}=\frac{\partial p_{m-1}}{\partial q_1},\\
&(m-1)\quad \frac{\partial p_1}{\partial p_2}\frac{\partial p_m}{\partial q_2}+\frac{\partial p_1}{\partial p_3}\frac{\partial p_m}{\partial q_3}+\ldots+\frac{\partial p_1}{\partial p_{m-1}}\frac{\partial p_m}{\partial q_{m-1}}+\frac{\partial p_1}{\partial p_m}\frac{\partial p_m}{\partial q_m}\\
&\qquad+\frac{\partial p_1}{\partial q_m}=\frac{\partial p_m}{\partial q_1}.
\end{aligned}\right.
$$

E quibus aequationibus differentialia partialia uncis inclusa evaserunt.

4.

Systema *secundum* aequationum conditionalium, quod respondet valori $i=2$, hoc est:

$$\left(\frac{\partial p_2}{\partial q_3}\right)=\left(\frac{\partial p_3}{\partial q_2}\right),\quad \left(\frac{\partial p_2}{\partial q_4}\right)=\left(\frac{\partial p_4}{\partial q_2}\right),\quad \ldots,\quad \left(\frac{\partial p_2}{\partial q_m}\right)=\left(\frac{\partial p_m}{\partial q_2}\right).$$

Designante k quemlibet e numeris $3, 4, \ldots, m$, aequatio

$$\left(\frac{\partial p_2}{\partial q_k}\right) = \left(\frac{\partial p_k}{\partial q_2}\right)$$

sic etiam exhiberi potest:

$$\frac{\partial p_2}{\partial p_3}\left(\frac{\partial p_3}{\partial q_k}\right) + \frac{\partial p_2}{\partial p_4}\left(\frac{\partial p_4}{\partial q_k}\right) + \cdots + \frac{\partial p_2}{\partial p_m}\left(\frac{\partial p_m}{\partial q_k}\right) + \frac{\partial p_2}{\partial q_k} = \left(\frac{\partial p_k}{\partial q_2}\right);$$

quae adhibendo aequationes

$$\left(\frac{\partial p_{k'}}{\partial q_k}\right) = \left(\frac{\partial p_k}{\partial q_{k'}}\right)$$

in sequentem abit:

$$\frac{\partial p_2}{\partial p_3}\left(\frac{\partial p_k}{\partial q_3}\right) + \frac{\partial p_2}{\partial p_4}\left(\frac{\partial p_k}{\partial q_4}\right) + \cdots + \frac{\partial p_2}{\partial p_m}\left(\frac{\partial p_k}{\partial q_m}\right) + \frac{\partial p_2}{\partial q_k} = \left(\frac{\partial p_k}{\partial q_2}\right).$$

Si aequationem 1^{am}, 2^{am}, ..., $(m-2)^{\text{tam}}$ vocamus, quae prodeunt ex aequatione praecedente loco k respective ponendo valores 3, 4, ..., m, multiplicemus aequationem 2^{am}, 3^{am}, ..., $(m-2)^{\text{tam}}$ per $\frac{\partial p_3}{\partial p_4}$, $\frac{\partial p_3}{\partial p_5}$, ..., $\frac{\partial p_3}{\partial p_m}$ et productarum summam deducamus de prima; multiplicemus 3^{am}, 4^{tam}, ..., $(m-2)^{\text{tam}}$ per $\frac{\partial p_4}{\partial p_5}$, $\frac{\partial p_4}{\partial p_6}$, ..., $\frac{\partial p_4}{\partial p_m}$ et productarum summam deducamus de secunda; et ita porro. Eruetur his transactis systema aequationum hoc:

$$(\text{B})\begin{cases}
(1)\quad \frac{\partial p_2}{\partial p_3}\frac{\partial p_3}{\partial q_3} + \frac{\partial p_2}{\partial p_4}\frac{\partial p_3}{\partial q_4} + \frac{\partial p_2}{\partial p_5}\frac{\partial p_3}{\partial q_5} + \cdots + \frac{\partial p_2}{\partial p_m}\frac{\partial p_3}{\partial q_m} \\
\qquad + \frac{\partial p_2}{\partial q_3} - \frac{\partial p_3}{\partial p_4}\frac{\partial p_2}{\partial q_4} - \frac{\partial p_3}{\partial p_5}\frac{\partial p_2}{\partial q_5} - \cdots - \frac{\partial p_3}{\partial p_m}\frac{\partial p_2}{\partial q_m} = \frac{\partial p_3}{\partial q_2} \\
(2)\quad \frac{\partial p_2}{\partial p_3}\frac{\partial p_4}{\partial q_3} + \frac{\partial p_2}{\partial p_4}\frac{\partial p_4}{\partial q_4} + \frac{\partial p_2}{\partial p_5}\frac{\partial p_4}{\partial q_5} + \cdots + \frac{\partial p_2}{\partial p_m}\frac{\partial p_4}{\partial q_m} \\
\qquad + \frac{\partial p_2}{\partial q_4} - \frac{\partial p_4}{\partial p_5}\frac{\partial p_2}{\partial q_5} - \cdots - \frac{\partial p_4}{\partial p_m}\frac{\partial p_2}{\partial q_m} = \frac{\partial p_4}{\partial q_2} \\
\quad \cdots\cdots\cdots\cdots\cdots\cdots \\
(m-3)\quad \frac{\partial p_2}{\partial p_3}\frac{\partial p_{m-1}}{\partial q_3} + \frac{\partial p_2}{\partial p_4}\frac{\partial p_{m-1}}{\partial q_4} + \cdots + \frac{\partial p_2}{\partial p_{m-1}}\frac{\partial p_{m-1}}{\partial q_{m-1}} + \frac{\partial p_2}{\partial p_m}\frac{\partial p_{m-1}}{\partial q_m} \\
\qquad + \frac{\partial p_2}{\partial q_{m-1}} - \frac{\partial p_{m-1}}{\partial p_m}\frac{\partial p_2}{\partial q_m} = \frac{\partial p_{m-1}}{\partial q_2} \\
(m-2)\quad \frac{\partial p_2}{\partial p_3}\frac{\partial p_m}{\partial q_3} + \frac{\partial p_2}{\partial p_4}\frac{\partial p_m}{\partial q_4} + \cdots + \frac{\partial p_2}{\partial p_{m-1}}\frac{\partial p_m}{\partial q_{m-1}} + \frac{\partial p_2}{\partial p_m}\frac{\partial p_m}{\partial q_m} \\
\qquad + \frac{\partial p_2}{\partial q_m} = \frac{\partial p_m}{\partial q_2}.
\end{cases}$$

Quod aequationum systema e praecedente (A) eruitur, si indices omnes unitate augentur, quantum fieri per limites indicum potest.

5.

Prorsus eadem ratione demonstratur *generalis* aequatio:

$$(a)\quad \begin{cases} \dfrac{\partial p_i}{\partial p_{i+1}}\dfrac{\partial p_k}{\partial q_{i+1}}+\dfrac{\partial p_i}{\partial p_{i+2}}\dfrac{\partial p_k}{\partial q_{i+2}}+\dfrac{\partial p_i}{\partial p_{i+3}}\dfrac{\partial p_k}{\partial q_{i+3}}+\cdots+\dfrac{\partial p_i}{\partial p_m}\dfrac{\partial p_k}{\partial q_m} \\ \quad +\dfrac{\partial p_i}{\partial q_k}-\dfrac{\partial p_k}{\partial p_{k+1}}\dfrac{\partial p_i}{\partial q_{k+1}}-\dfrac{\partial p_k}{\partial p_{k+2}}\dfrac{\partial p_i}{\partial q_{k+2}}-\cdots-\dfrac{\partial p_k}{\partial p_m}\dfrac{\partial p_i}{\partial q_m}=\dfrac{\partial p_k}{\partial q_i}, \end{cases}$$

in qua i designare potest unumquemque e numeris 1, 2, 3, ..., $m-1$ atque pro singulis ipsius i valoribus designare potest k numerum unumquemque ipso i majorem usque ad valorem $k=m$. Quae igitur aequatio generalis amplectitur numerum $\frac{m(m-1)}{2}$ aequationum inter se diversarum, quae e totidem aequationibus

$$\left(\frac{\partial p_i}{\partial q_k}\right)=\left(\frac{\partial p_k}{\partial q_i}\right)$$

derivatae sunt.

De forma usitata conditionum integrabilitatis ex ea, quae proponitur, derivanda.

6.

Vice versa ex aequationibus (a) deduci possunt aequationes conditionales initio propositae

$$\left(\frac{\partial p_i}{\partial q_k}\right)=\left(\frac{\partial p_k}{\partial q_i}\right),$$

sive demonstrari potest Theorema sequens:

Theorema I.

Supponatur:

p_1	*functio quantitatum*	$p_2,\ p_3,\ p_4,\ p_5,\ \ldots,\ p_m,\ q_1,\ q_2,\ \ldots,\ q_m,$
p_2	- -	$p_3,\ p_4,\ p_5,\ \ldots,\ p_m,\ q_1,\ q_2,\ \ldots,\ q_m,$
p_3	- -	$p_4,\ p_5,\ \ldots,\ p_m,\ q_1,\ q_2,\ \ldots,\ q_m,$
. . .	. . .	. . . .
p_{m-1}	- -	$p_m,\ q_1,\ q_2,\ \ldots,\ q_m,$
p_m	- -	$q_1,\ q_2,\ \ldots,\ q_m,$

quae tales sint functiones, ut habeatur identice:

$$(a)\quad \begin{cases} 0 = -\dfrac{\partial p_k}{\partial q_i}+\dfrac{\partial p_i}{\partial p_{i+1}}\dfrac{\partial p_k}{\partial q_{i+1}}+\dfrac{\partial p_i}{\partial p_{i+2}}\dfrac{\partial p_k}{\partial q_{i+2}}+\cdots+\dfrac{\partial p_i}{\partial p_m}\dfrac{\partial p_k}{\partial q_m} \\ \qquad +\dfrac{\partial p_i}{\partial q_k}-\dfrac{\partial p_k}{\partial p_{k+1}}\dfrac{\partial p_i}{\partial q_{k+1}}-\dfrac{\partial p_k}{\partial p_{k+2}}\dfrac{\partial p_i}{\partial q_{k+2}}-\cdots-\dfrac{\partial p_k}{\partial p_m}\dfrac{\partial p_i}{\partial q_m}, \end{cases}$$

designante i unumquemque e numeris $1, 2, 3, \ldots, m-1$ et pro singulis ipsius i valoribus designante k unumquemque e numeris $i+1, i+2, \ldots, m$, unde numerus totus aequationum est $\frac{m(m-1)}{2}$; erunt aequationes illae numero $\frac{m(m-1)}{2}$ conditiones quum necessariae tum sufficientes, ut, expressis omnibus $p_1, p_2, \ldots, p_m$ per quantitates $q_1, q_2, \ldots, q_m$, expressio

$$p_1 dq_1+p_2 dq_2+\cdots+p_m dq_m$$

evadat differentiale completum.

Forma secunda conditionum integrabilitatis.

7.

Conditiones illas esse necessarias antecedentibus comprobavi, quippe quas locum habere demonstravi, quoties expressio

$$p_1 dq_1+p_2 dq_2+\cdots+p_m dq_m$$

differentiale completum sit. Iam demonstrabo, easdem conditiones esse *sufficientes*, sive, quoties aequationes illae numero $\frac{m(m-1)}{2}$ locum habeant, expressionem

$$p_1 dq_1+p_2 dq_2+\cdots+p_m dq_m$$

esse differentiale completum.

Posito $k = m$, aequatio proposita fit:

$$(1)\quad 0 = -\left(\frac{\partial p_m}{\partial q_i}\right)+\frac{\partial p_i}{\partial p_{i+1}}\left(\frac{\partial p_m}{\partial q_{i+1}}\right)+\frac{\partial p_i}{\partial p_{i+2}}\left(\frac{\partial p_m}{\partial q_{i+2}}\right)+\cdots+\frac{\partial p_i}{\partial p_m}\left(\frac{\partial p_m}{\partial q_m}\right)+\frac{\partial p_i}{\partial q_m}.$$

Uncis rursus utimur, si $p_1, p_2, \ldots, p_m$ ut solarum $q_1, q_2, \ldots, q_m$ functiones spectamus, unde pro ipsa p_m perinde scribi potest $\frac{\partial p_m}{\partial q_i}$ sive $\left(\frac{\partial p_m}{\partial q_i}\right)$.

Posito $k = m-1$, fit:

$$0 = -\frac{\partial p_{m-1}}{\partial q_i} + \frac{\partial p_i}{\partial p_{i+1}}\frac{\partial p_{m-1}}{\partial q_{i+1}} + \frac{\partial p_i}{\partial p_{i+2}}\frac{\partial p_{m-1}}{\partial q_{i+2}} + \cdots + \frac{\partial p_i}{\partial p_m}\frac{\partial p_{m-1}}{\partial q_m}$$
$$+ \frac{\partial p_i}{\partial q_{m-1}} - \frac{\partial p_{m-1}}{\partial p_m}\frac{\partial p_i}{\partial q_m}.$$

Cui aequationi si addimus aequationem (1) multiplicatam per $\frac{\partial p_{m-1}}{\partial p_m}$, prodit:

$$(2)\quad 0 = -\left(\frac{\partial p_{m-1}}{\partial q_i}\right) + \frac{\partial p_i}{\partial p_{i+1}}\left(\frac{\partial p_{m-1}}{\partial q_{i+1}}\right) + \frac{\partial p_i}{\partial p_{i+2}}\left(\frac{\partial p_{m-1}}{\partial q_{i+2}}\right) + \cdots + \frac{\partial p_i}{\partial p_m}\left(\frac{\partial p_{m-1}}{\partial q_m}\right)$$
$$+ \frac{\partial p_i}{\partial q_{m-1}}.$$

Posito $k = m-2$, fit:

$$0 = -\frac{\partial p_{m-2}}{\partial q_i} + \frac{\partial p_i}{\partial p_{i+1}}\frac{\partial p_{m-2}}{\partial q_{i+1}} + \frac{\partial p_i}{\partial p_{i+2}}\frac{\partial p_{m-2}}{\partial q_{i+2}} + \cdots + \frac{\partial p_i}{\partial p_m}\frac{\partial p_{m-2}}{\partial q_m}$$
$$+ \frac{\partial p_i}{\partial q_{m-2}} - \frac{\partial p_{m-2}}{\partial p_{m-1}}\frac{\partial p_i}{\partial q_{m-1}} - \frac{\partial p_{m-2}}{\partial p_m}\frac{\partial p_i}{\partial q_m}.$$

Cui aequationi addo aequationem (1) per $\frac{\partial p_{m-2}}{\partial p_m}$ et aequationem (2) per $\frac{\partial p_{m-2}}{\partial p_{m-1}}$ multiplicatam, prodit:

$$(3)\quad 0 = -\left(\frac{\partial p_{m-2}}{\partial q_i}\right) + \frac{\partial p_i}{\partial p_{i+1}}\left(\frac{\partial p_{m-2}}{\partial q_{i+1}}\right) + \frac{\partial p_i}{\partial p_{i+2}}\left(\frac{\partial p_{m-2}}{\partial q_{i+2}}\right) + \cdots + \frac{\partial p_i}{\partial p_m}\left(\frac{\partial p_{m-2}}{\partial q_m}\right)$$
$$+ \frac{\partial p_i}{\partial q_{m-2}}.$$

Et ita continuando demonstras aequationem *generalem:*

$$(b)\quad 0 = -\left(\frac{\partial p_k}{\partial q_i}\right) + \frac{\partial p_i}{\partial p_{i+1}}\left(\frac{\partial p_k}{\partial q_{i+1}}\right) + \frac{\partial p_i}{\partial p_{i+2}}\left(\frac{\partial p_k}{\partial q_{i+2}}\right) + \cdots + \frac{\partial p_i}{\partial p_m}\left(\frac{\partial p_k}{\partial q_m}\right)$$
$$+ \frac{\partial p_i}{\partial q_k},$$

in qua k valores omnes induere potest m, $m-1$, $m-2$, ... usque ad $i+1$. Unde, si ipsi i rursus valores 1, 2, 3, ..., $m-1$ tribuuntur, numerus aequationum (b) fit $\frac{m(m-1)}{2}$;

Forma tertia, quae est usitata.

8.

Ex aequationibus (*a*) Theorematis I. deduxi totidem aequationes (*b*). Iam ex his deducam aequationes

$$(c) \quad \left(\frac{\partial p_i}{\partial q_k}\right) = \left(\frac{\partial p_k}{\partial q_i}\right),$$

quarum idem est numerus.

Supponam, pro omnibus numeris i' et k, qui dato numero i maiores, ipso m non majores sunt, iam probatas esse aequationes

$$\left(\frac{\partial p_{i'}}{\partial q_k}\right) = \left(\frac{\partial p_k}{\partial q_{i'}}\right).$$

Quarum ope aequatio (*b*) transformari potest in hanc:

$$0 = -\left(\frac{\partial p_k}{\partial q_i}\right) + \frac{\partial p_i}{\partial p_{i+1}}\left(\frac{\partial p_{i+1}}{\partial q_k}\right) + \frac{\partial p_i}{\partial p_{i+2}}\left(\frac{\partial p_{i+2}}{\partial q_k}\right) + \cdots + \frac{\partial p_i}{\partial p_m}\left(\frac{\partial p_m}{\partial q_k}\right) + \frac{\partial p_i}{\partial q_k},$$

quae eadem est atque haec:

$$0 = -\left(\frac{\partial p_k}{\partial q_i}\right) + \left(\frac{\partial p_i}{\partial q_k}\right).$$

In qua, si placet, etiam $k = i$ ponere licet, quippe quo casu identica fit.

Valentibus igitur aequationibus (*b*), *si aequatio*

$$\left(\frac{\partial p_{i'}}{\partial q_k}\right) = \left(\frac{\partial p_k}{\partial q_{i'}}\right)$$

comprobata est pro omnibus ipsorum i' *et* k *valoribus* $i+1,\ i+2,\ \ldots,\ m$, *eadem valebit pro omnibus ipsorum* i' *et* k *valoribus* $i,\ i+1,\ \ldots,\ m$.

Si ponitur $i = m-1$, in aequatione (*b*) ipsi k unicus convenit valor $k = m$, unde fit illa:

$$0 = -\left(\frac{\partial p_m}{\partial q_{m-1}}\right) + \frac{\partial p_{m-1}}{\partial p_m}\left(\frac{\partial p_m}{\partial q_m}\right) + \frac{\partial p_{m-1}}{\partial q_m},$$

sive

$$0 = -\left(\frac{\partial p_m}{\partial q_{m-1}}\right) + \left(\frac{\partial p_{m-1}}{\partial q_m}\right).$$

Valent igitur aequationes (*c*), in quibus $k > i$ statuatur, si $i = m-1$. Unde ex antecedentibus valebunt etiam, si $i = m-2$; unde ex antecedentibus valebunt etiam, si $i=m-3$, et ita porro; sive valebunt aequationes (*c*) pro omnibus ipsius i valoribus $m-1$, $m-2$, $m-3$, ..., 2, 1. Q. D. E. Comprobatis aequationibus (*c*), sequitur, expressionem

$$p_1dq_1+p_2dq_2+\cdots+p_mdq_m$$

differentiale completum esse.

Systema conditionum $\frac{m(m-1)}{2}$, quibus satisfieri debet, ut expressio praecedens differentiale completum evadat, sub tribus formis (*a*), (*b*), (*c*) exhibui. Quarum forma (*a*) ad solvendum problema propositum sive ad determinandas functiones $p_1, p_2, \ldots, p_m$, quae expressionem illam differentiale completum efficiant, prae ceteris idonea est.

De integrationibus, quas e forma prima conditionum integrabilitatis solutio problematis propositi postulat.

9.

His praeparatis, iam integrationes transigendae accuratius describi possunt. Redit enim problema in determinationem functionum $p_1, p_2, \ldots, p_m$, quae aequationibus (*a*) satisfaciant. Ipsa quidem p_1 ut functio ipsarum p_2, $p_3, \ldots, p_m, q_1, q_2, \ldots, q_m$ per aequationem differentialem partialem propositam data est. Deinde ponendo in (*a*) $i=1$, $k=2$, determinatur p_2 ut functio ipsarum $p_3, p_4, \ldots, p_m, q_1, q_2, \ldots, q_m$ per aequationem:

$$(1)\quad \frac{\partial p_1}{\partial q_2}=\frac{\partial p_2}{\partial q_1}-\frac{\partial p_1}{\partial p_3}\frac{\partial p_2}{\partial q_3}-\frac{\partial p_1}{\partial p_4}\frac{\partial p_2}{\partial q_4}-\cdots-\frac{\partial p_1}{\partial p_m}\frac{\partial p_2}{\partial q_m}+\frac{\partial p_1}{\partial q_3}\frac{\partial p_2}{\partial p_3}+\frac{\partial p_1}{\partial q_4}\frac{\partial p_2}{\partial p_4}+\cdots+\frac{\partial p_1}{\partial q_m}\frac{\partial p_2}{\partial p_m}.$$

Quae est aequatio differentialis partialis *linearis*, cujus nota est integratio. Inventa functione p_2, quaecunque aequationi praecedenti satisfacit, ponamus in aequationibus (*a*): $i=1, 2$ atque $k=3$, prodeunt aequationes:

$$(2)\quad \begin{cases} \frac{\partial p_1}{\partial q_3}=\frac{\partial p_3}{\partial q_1}-\frac{\partial p_1}{\partial p_2}\frac{\partial p_3}{\partial q_2}-\frac{\partial p_1}{\partial p_3}\frac{\partial p_3}{\partial q_3}-\cdots-\frac{\partial p_1}{\partial p_m}\frac{\partial p_3}{\partial q_m} \\ \qquad +\frac{\partial p_1}{\partial q_4}\frac{\partial p_3}{\partial p_4}+\frac{\partial p_1}{\partial q_5}\frac{\partial p_3}{\partial p_5}+\cdots+\frac{\partial p_1}{\partial q_m}\frac{\partial p_3}{\partial p_m}, \\ \frac{\partial p_2}{\partial q_3}=\frac{\partial p_3}{\partial q_2}-\frac{\partial p_2}{\partial p_3}\frac{\partial p_3}{\partial q_3}-\frac{\partial p_2}{\partial p_4}\frac{\partial p_3}{\partial q_4}-\cdots-\frac{\partial p_2}{\partial p_m}\frac{\partial p_3}{\partial q_m} \\ \qquad +\frac{\partial p_2}{\partial q_4}\frac{\partial p_3}{\partial p_4}+\frac{\partial p_2}{\partial q_5}\frac{\partial p_3}{\partial p_5}+\cdots+\frac{\partial p_2}{\partial q_m}\frac{\partial p_3}{\partial p_m}. \end{cases}$$

Si functionem p_1 non ut ipsarum $p_2, p_3, \ldots, p_m, q_1, q_2, \ldots, q_m$, sed, substituto ipsius p_2 valore per integrationem aequationis (1) invento, sicuti ipsam p_2, ut functionem ipsarum $p_3, p_4, \ldots, p_m, q_1, q_2, \ldots, q_m$ considerare placet, multiplicetur aequatio posterior per $\frac{\partial p_1}{\partial p_2}$ et priori addatur. Quo facto obtines, *si* p_1 *et* p_2 *ut functiones quantitatum reliquarum spectantur:*

$$
(2^*)\quad \left\{
\begin{aligned}
\frac{\partial p_1}{\partial q_3} &= \frac{\partial p_3}{\partial q_1} - \frac{\partial p_1}{\partial p_3}\frac{\partial p_3}{\partial q_3} - \frac{\partial p_1}{\partial p_4}\frac{\partial p_3}{\partial q_4} - \cdots - \frac{\partial p_1}{\partial p_m}\frac{\partial p_3}{\partial q_m} \\
&\quad + \frac{\partial p_1}{\partial q_4}\frac{\partial p}{\partial p_4} + \frac{\partial p_1}{\partial q_5}\frac{\partial p_3}{\partial p_5} + \cdots + \frac{\partial p_1}{\partial q_m}\frac{\partial p_3}{\partial p_m}, \\
\frac{\partial p_2}{\partial q_3} &= \frac{\partial p_3}{\partial q_2} - \frac{\partial p_2}{\partial p_3}\frac{\partial p_3}{\partial q_3} - \frac{\partial p_2}{\partial p_4}\frac{\partial p_3}{\partial q_4} - \cdots - \frac{\partial p_2}{\partial p_m}\frac{\partial p_3}{\partial q_m} \\
&\quad + \frac{\partial p_2}{\partial q_4}\frac{\partial p_3}{\partial p_4} + \frac{\partial p_2}{\partial q_5}\frac{\partial p_3}{\partial p_5} + \cdots + \frac{\partial p_2}{\partial q_m}\frac{\partial p_3}{\partial p_m}.
\end{aligned}
\right.
$$

Quarum aequationum altera ex altera invenitur indices 1 atque 2 inter se permutando. Binis aequationibus (2) sive (2*) ipsa p_3 ut functio quantitatum $p_4, p_5, \ldots, p_m, q_1, q_2, \ldots, q_m$ determinanda est.

10.

Inventa per aequationum praecedentium integrationem etiam functione p_3, ponatur in (a) $i = 1, 2, 3$ atque $k = 4$, prodeunt aequationes tres sequentes:

$$
(3)\quad \left\{
\begin{aligned}
\frac{\partial p_1}{\partial q_4} &= \frac{\partial p_4}{\partial q_1} - \frac{\partial p_1}{\partial p_2}\frac{\partial p_4}{\partial q_2} - \frac{\partial p_1}{\partial p_3}\frac{\partial p_4}{\partial q_3} - \cdots - \frac{\partial p_1}{\partial p_m}\frac{\partial p_4}{\partial q_m} \\
&\quad + \frac{\partial p_1}{\partial q_5}\frac{\partial p_4}{\partial p_5} + \frac{\partial p_1}{\partial q_6}\frac{\partial p_4}{\partial p_6} + \cdots + \frac{\partial p_1}{\partial q_m}\frac{\partial p_4}{\partial p_m}, \\
\frac{\partial p_2}{\partial q_4} &= \frac{\partial p_4}{\partial q_2} - \frac{\partial p_2}{\partial p_3}\frac{\partial p_4}{\partial q_3} - \frac{\partial p_2}{\partial p_4}\frac{\partial p_4}{\partial q_4} - \cdots - \frac{\partial p_2}{\partial p_m}\frac{\partial p_4}{\partial q_m} \\
&\quad + \frac{\partial p_2}{\partial q_5}\frac{\partial p_4}{\partial p_5} + \frac{\partial p_2}{\partial q_6}\frac{\partial p_4}{\partial p_6} + \cdots + \frac{\partial p_2}{\partial q_m}\frac{\partial p_4}{\partial p_m}, \\
\frac{\partial p_3}{\partial q_4} &= \frac{\partial p_4}{\partial q_3} - \frac{\partial p_3}{\partial p_4}\frac{\partial p_4}{\partial q_4} - \frac{\partial p_3}{\partial p_5}\frac{\partial p_4}{\partial q_5} - \cdots - \frac{\partial p_3}{\partial p_m}\frac{\partial p_4}{\partial q_m} \\
&\quad + \frac{\partial p_3}{\partial q_5}\frac{\partial p_4}{\partial p_5} + \frac{\partial p_3}{\partial q_6}\frac{\partial p_4}{\partial p_6} + \cdots + \frac{\partial p_3}{\partial q_m}\frac{\partial p_4}{\partial p_m}.
\end{aligned}
\right.
$$

Si, substitutis ipsarum p_2 et p_3 expressionibus per integrationes iam transactas inventis, omnes tres p_1, p_2, p_3 ut solarum $p_4, p_5, \ldots, p_m, q_1, q_2, \ldots, q_m$ functiones considerare et ad hanc suppositionem differentiationes per partes referre placet, primum aequatio tertia per $\frac{\partial p_2}{\partial p_3}$ multiplicata addatur secundae, prodit:

$$\frac{\partial p_2}{\partial q_4} = \frac{\partial p_4}{\partial q_2} - \frac{\partial p_2}{\partial p_4}\frac{\partial p_4}{\partial q_4} - \frac{\partial p_2}{\partial p_5}\frac{\partial p_4}{\partial q_5} - \cdots - \frac{\partial p_2}{\partial p_m}\frac{\partial p_4}{\partial q_m}$$
$$+ \frac{\partial p_2}{\partial q_5}\frac{\partial p_4}{\partial p_5} + \cdots + \frac{\partial p_2}{\partial q_m}\frac{\partial p_4}{\partial p_m}.$$

Haec aequatio multiplicata per $\frac{\partial p_1}{\partial p_2}$ et tertia aequationum (3) multiplicata per $\frac{\partial p_1}{\partial p_3}$ addatur primae, prodit:

$$\frac{\partial p_1}{\partial q_4} = \frac{\partial p_4}{\partial q_1} - \frac{\partial p_1}{\partial p_4}\frac{\partial p_4}{\partial q_4} - \frac{\partial p_1}{\partial p_5}\frac{\partial p_4}{\partial q_5} - \cdots - \frac{\partial p_1}{\partial p_m}\frac{\partial p_4}{\partial q_m}$$
$$+ \frac{\partial p_1}{\partial q_5}\frac{\partial p_4}{\partial p_5} + \cdots + \frac{\partial p_1}{\partial q_m}\frac{\partial p_4}{\partial p_m}.$$

Determinanda igitur est p_4 ut functio ipsarum $p_5, p_6, \ldots, p_m, q_1, q_2, \ldots, q_m$, quae simul tribus sequentibus aequationibus satisfaciat, *in quibus* p_1, p_2, p_3 *sunt functiones ipsarum* $p_4, p_5, \ldots, p_m, q_1, q_2, \ldots, q_m$, quales per integrationes praecedentes determinatae sunt:

$$(3^*)\quad \begin{cases} \frac{\partial p_1}{\partial q_4} = \frac{\partial p_4}{\partial q_1} - \frac{\partial p_1}{\partial p_4}\frac{\partial p_4}{\partial q_4} - \frac{\partial p_1}{\partial p_5}\frac{\partial p_4}{\partial q_5} - \cdots - \frac{\partial p_1}{\partial p_m}\frac{\partial p_4}{\partial q_m} \\ \qquad + \frac{\partial p_1}{\partial q_5}\frac{\partial p_4}{\partial p_5} + \cdots + \frac{\partial p_1}{\partial q_m}\frac{\partial p_4}{\partial p_m}, \\ \frac{\partial p_2}{\partial q_4} = \frac{\partial p_4}{\partial q_2} - \frac{\partial p_2}{\partial p_4}\frac{\partial p_4}{\partial q_4} - \frac{\partial p_2}{\partial p_5}\frac{\partial p_4}{\partial q_5} - \cdots - \frac{\partial p_2}{\partial p_m}\frac{\partial p_4}{\partial q_m} \\ \qquad + \frac{\partial p_2}{\partial q_5}\frac{\partial p_4}{\partial p_5} + \cdots + \frac{\partial p_2}{\partial q_m}\frac{\partial p_4}{\partial p_m}, \\ \frac{\partial p_3}{\partial q_4} = \frac{\partial p_4}{\partial q_3} - \frac{\partial p_3}{\partial p_4}\frac{\partial p_4}{\partial q_4} - \frac{\partial p_3}{\partial p_5}\frac{\partial p_4}{\partial q_5} - \cdots - \frac{\partial p_3}{\partial p_m}\frac{\partial p_4}{\partial q_m} \\ \qquad + \frac{\partial p_3}{\partial q_5}\frac{\partial p_4}{\partial p_5} + \cdots + \frac{\partial p_3}{\partial q_m}\frac{\partial p_4}{\partial p_m}. \end{cases}$$

Quae aequationes tres plane similes sunt et commutando indices 1, 2, 3 aliae ex aliis obtinentur.

Aequationes differentiales partiales lineares simultaneae, quibus ad singulas quantitates p eruendas satisfieri oportet; quae formam quartam conditionum integrabilitatis constituunt.

11.

Sic pergendo, determinatis $p_1, p_2, \dots, p_i$ ut functionibus ipsarum $p_{i+1}, p_{i+2}, \dots, p_m; q_1, q_2, \dots, q_m$, generaliter determinanda erit p_{i+1} ut functio ipsarum $p_{i+2}, p_{i+3}, \dots, p_m, q_1, q_2, \dots, q_m$ per aequationes sequentes, quae sunt numero i:

$$(\alpha)\quad\begin{cases}\dfrac{\partial p_1}{\partial q_{i+1}} = \dfrac{\partial p_{i+1}}{\partial q_1} - \dfrac{\partial p_1}{\partial p_{i+1}}\dfrac{\partial p_{i+1}}{\partial q_{i+1}} - \dfrac{\partial p_1}{\partial p_{i+2}}\dfrac{\partial p_{i+1}}{\partial q_{i+2}} - \dots - \dfrac{\partial p_1}{\partial p_m}\dfrac{\partial p_{i+1}}{\partial q_m} \\ \qquad\qquad + \dfrac{\partial p_1}{\partial q_{i+2}}\dfrac{\partial p_{i+1}}{\partial p_{i+2}} + \dots + \dfrac{\partial p_1}{\partial q_m}\dfrac{\partial p_{i+1}}{\partial p_m}, \\ \dfrac{\partial p_2}{\partial q_{i+1}} = \dfrac{\partial p_{i+1}}{\partial q_2} - \dfrac{\partial p_2}{\partial p_{i+1}}\dfrac{\partial p_{i+1}}{\partial q_{i+1}} - \dfrac{\partial p_2}{\partial p_{i+2}}\dfrac{\partial p_{i+1}}{\partial q_{i+2}} - \dots - \dfrac{\partial p_2}{\partial p_m}\dfrac{\partial p_{i+1}}{\partial q_m} \\ \qquad\qquad + \dfrac{\partial p_2}{\partial q_{i+2}}\dfrac{\partial p_{i+1}}{\partial p_{i+2}} + \dots + \dfrac{\partial p_2}{\partial q_m}\dfrac{\partial p_{i+1}}{\partial p_m}, \\ \dots\dots\dots\dots\dots\dots\dots\dots \\ \dfrac{\partial p_i}{\partial q_{i+1}} = \dfrac{\partial p_{i+1}}{\partial q_i} - \dfrac{\partial p_i}{\partial p_{i+1}}\dfrac{\partial p_{i+1}}{\partial q_{i+1}} - \dfrac{\partial p_i}{\partial p_{i+2}}\dfrac{\partial p_{i+1}}{\partial q_{i+2}} - \dots - \dfrac{\partial p_i}{\partial p_m}\dfrac{\partial p_{i+1}}{\partial q_m} \\ \qquad\qquad + \dfrac{\partial p_i}{\partial q_{i+2}}\dfrac{\partial p_{i+1}}{\partial p_{i+2}} + \dots + \dfrac{\partial p_i}{\partial q_m}\dfrac{\partial p_{i+1}}{\partial p_m}.\end{cases}$$

Aequationes (α) constituunt formam *quartam*, qua exhiberi possunt conditiones integrabilitatis expressionis $p_1dq_1 + p_2dq_2 + \dots + p_mdq_m$. E qua forma haec colligis. Data p_1 ut functione reliquarum quantitatum per ipsam aequationem differentialem partialem propositam, invenitur p_2 per integrationem unius aequationis differentialis partialis linearis inter $2m-1$ variabiles; deinde p_3 satisfacere debet simul duabus aequationibus differentialibus partialibus linearibus, quae singulae sunt inter $2m-3$ variabiles; deinde p_4 satisfacere debet simul tribus aequationibus differentialibus partialibus linearibus, quae singulae sunt inter $2m-5$ variabiles, et ita porro. *Ac generaliter, inventis ipsarum $p_1, p_2, \dots, p_i$ expressionibus per quantitates $p_{i+1}, p_{i+2}, \dots, p_m, q_1, q_2, \dots, q_m$, determinatur p_{i+1} per i aequationes differentiales partiales lineares, quibus singulis satisfacere debet et quae singulae sunt inter $2m-2i+1$ variabiles.* Numerum igitur variabilium in investigatione cujusque insequentis functionis *duabus unitatibus* minui videmus;

numerus quidem aequationum, quibus simul satisfacere debet functio quaesita, pro quaque insequente functione unitate crescit, sed hanc integrationem simultaneam, a qua abhorruisse videntur Analystae, non tantis difficultatibus impeditam esse infra patebit. Attamen antequam ipsam aggrediar integrationem istam simultaneam, conditiones integrabilitatis sub aliis adhuc formis exhibebo.

Theorema de forma conditionum integrabilitatis maxime generali.

12.

Si loco $i+1$ scribimus k atque per i numerum quemlibet ipso k minorem denotamus, aequationes (α) sic repraesentare licet:

$$(\alpha)\quad \begin{cases} 0 = \dfrac{\partial p_i}{\partial q_k} + \dfrac{\partial p_i}{\partial p_k}\dfrac{\partial p_k}{\partial q_k} + \dfrac{\partial p_i}{\partial p_{k+1}}\dfrac{\partial p_k}{\partial q_{k+1}} + \dfrac{\partial p_i}{\partial p_{k+2}}\dfrac{\partial p_k}{\partial q_{k+2}} + \dots + \dfrac{\partial p_i}{\partial p_m}\dfrac{\partial p_k}{\partial q_m} \\ \qquad - \dfrac{\partial p_k}{\partial q_i} \qquad - \dfrac{\partial p_i}{\partial q_{k+1}}\dfrac{\partial p_k}{\partial p_{k+1}} - \dfrac{\partial p_i}{\partial q_{k+2}}\dfrac{\partial p_k}{\partial p_{k+2}} - \dots - \dfrac{\partial p_i}{\partial q_m}\dfrac{\partial p_k}{\partial p_m}. \end{cases}$$

In hac aequatione est p_k functio ipsarum $p_{k+1}, p_{k+2}, \dots, p_m, q_1, q_2, \dots, q_m$; functio autem p_i praeter has quantitates etiam ipsam p_k continet. Iam vero patet, expressionem

$$\frac{\partial p_i}{\partial p_{k'}}\frac{\partial p_k}{\partial q_{k'}} - \frac{\partial p_i}{\partial q_{k'}}\frac{\partial p_k}{\partial p_{k'}}$$

eandem manere, sive in formandis $\dfrac{\partial p_i}{\partial p_{k'}}$, $\dfrac{\partial p_i}{\partial q_{k'}}$ differentietur, etiam quatenus $p_{k'}$, $q_{k'}$ a p_k implicantur, sive tantum, quod in aequatione praecedente suppositum est, quatenus in p_i explicite praeter p_k inveniuntur. Priori casu enim accederent termini se invicem destruentes

$$\frac{\partial p_i}{\partial p_k}\left\{\frac{\partial p_k}{\partial p_{k'}}\frac{\partial p_k}{\partial q_{k'}} - \frac{\partial p_k}{\partial q_{k'}}\frac{\partial p_k}{\partial p_{k'}}\right\}.$$

Praeterea, si ipsa p_i differentiatur secundum q_k, etiam quatenus q_k implicatur ab ipsa p_k, quae in expressione ipsius p_i invenitur, scribere licet $\dfrac{\partial p_i}{\partial q_k}$ loco $\dfrac{\partial p_i}{\partial q_k} + \dfrac{\partial p_i}{\partial p_k}\dfrac{\partial p_k}{\partial q_k}$. *Unde aequationem praecedentem, si et p_i et p_k tamquam solarum $p_{k+1}, p_{k+2}, \dots, p_m, q_1, q_2, \dots, q_m$ functiones consideras, sic exhibere licet:*

$$(\beta)\quad\begin{cases}\dfrac{\partial p_k}{\partial q_i}-\dfrac{\partial p_i}{\partial q_k}=\dfrac{\partial p_i}{\partial p_{k+1}}\dfrac{\partial p_k}{\partial q_{k+1}}+\dfrac{\partial p_i}{\partial p_{k+2}}\dfrac{\partial p_k}{\partial q_{k+2}}+\cdots+\dfrac{\partial p_i}{\partial p_m}\dfrac{\partial p_k}{\partial q_m}\\[2mm] \qquad -\dfrac{\partial p_i}{\partial q_{k+1}}\dfrac{\partial p_k}{\partial p_{k+1}}-\dfrac{\partial p_i}{\partial q_{k+2}}\dfrac{\partial p_k}{\partial p_{k+2}}-\cdots-\dfrac{\partial p_i}{\partial q_m}\dfrac{\partial p_k}{\partial p_m}.\end{cases}$$

Ordo, in quem variabiles q et quae iis respondent p disposuimus, indicibus subscriptis indicatus, prorsus arbitrarius est. Qua de re in formula praecedente (β) variabiles q_i, q_k binae quaelibet esse possunt e numero variabilium q, et q_{k+1}, q_{k+2}, ..., q_m aliae quaelibet harum variabilium ab illis duabus diversae et cuiuslibet numeri, qui tamen numerum $m-2$ superare non potest. Statuendae autem sunt a q_i, q_k diversae, quum in formula (β) suppositum sit $i<k$ ideoque i inter numeros $k+1$, $k+2$, ..., m non inveniatur. Habemus igitur Theorema sequens:

Theorema II.

Sint p_1, p_2, ..., p_m eiusmodi functiones ipsarum q_1, q_2, ..., q_m, ut expressio

$$p_1dq_1+p_2dq_2+\cdots+p_mdq_m$$

sit differentiale completum; si binae quaelibet p_i et p_k exprimuntur praeter q_1, q_2, ..., q_m per alias quasdam e quantitatibus p a p_i et p_k diversas, p_λ, p_μ etc., quotcunque placet, id quod infinitis modis licet, atque differentiationes per partes instituendae ad hanc repraesentationem referuntur, erit

$$\frac{\partial p_k}{\partial q_i}-\frac{\partial p_i}{\partial q_k}=\frac{\partial p_i}{\partial p_\lambda}\frac{\partial p_k}{\partial q_\lambda}+\frac{\partial p_i}{\partial p_\mu}\frac{\partial p_k}{\partial q_\mu}+\cdots$$
$$-\frac{\partial p_i}{\partial q_\lambda}\frac{\partial p_k}{\partial p_\lambda}-\frac{\partial p_i}{\partial q_\mu}\frac{\partial p_k}{\partial p_\mu}-\cdots.$$

Neque necessarium est, ut in Theoremate praecedente p_i atque p_k easdem aut eundem numerum quantitatum p contineant; casus enim, quo functio datas quantitates continet, eum amplectitur, quo functio aliquas harum quantitatum vel omnes non involvit.

Theorematis antecedentis demonstratio directa.

13.

Theorema praecedens facile etiam directa via deducis ex aequationibus

$$\left(\frac{\partial p_i}{\partial q_k}\right)=\left(\frac{\partial p_k}{\partial q_i}\right).$$

Primum enim probari potest, *in formula proposita expressionem ad dextram immutatam manere, si differentialia secundum* q_λ, q_μ, ... *sumta uncis includantur, sive esse*

$$(1)\quad \left\{\begin{array}{l} \dfrac{\partial p_i}{\partial p_\lambda}\dfrac{\partial p_k}{\partial q_\lambda}+\dfrac{\partial p_i}{\partial p_\mu}\dfrac{\partial p_k}{\partial q_\mu}+\cdots \\ -\dfrac{\partial p_k}{\partial p_\lambda}\dfrac{\partial p_i}{\partial q_\lambda}-\dfrac{\partial p_k}{\partial p_\mu}\dfrac{\partial p_i}{\partial q_\mu}-\cdots \end{array}\right\} = \left\{\begin{array}{l} \dfrac{\partial p_i}{\partial p_\lambda}\left(\dfrac{\partial p_k}{\partial q_\lambda}\right)+\dfrac{\partial p_i}{\partial p_\mu}\left(\dfrac{\partial p_k}{\partial q_\mu}\right)+\cdots \\ -\dfrac{\partial p_k}{\partial p_\lambda}\left(\dfrac{\partial p_i}{\partial q_\lambda}\right)-\dfrac{\partial p_k}{\partial p_\mu}\left(\dfrac{\partial p_i}{\partial q_\mu}\right)-\cdots \end{array}\right.$$

Repraesentemus enim aequationis antecedentis dextram partem hoc modo:

$$\sum_\lambda \frac{\partial p_i}{\partial p_\lambda}\left(\frac{\partial p_k}{\partial q_\lambda}\right)-\sum_\lambda \frac{\partial p_k}{\partial p_\lambda}\left(\frac{\partial p_i}{\partial q_\lambda}\right),$$

subscripto λ indicando, summam ad omnes valores λ, μ, ... extendendam esse. Erit porro:

$$\left(\frac{\partial p_k}{\partial q_\lambda}\right)=\frac{\partial p_k}{\partial q_\lambda}+\sum_{\lambda'}\frac{\partial p_k}{\partial p_{\lambda'}}\left(\frac{\partial p_{\lambda'}}{\partial q_\lambda}\right),$$

$$\left(\frac{\partial p_i}{\partial q_\lambda}\right)=\frac{\partial p_i}{\partial q_\lambda}+\sum_{\lambda'}\frac{\partial p_i}{\partial p_{\lambda'}}\left(\frac{\partial p_{\lambda'}}{\partial q_\lambda}\right),$$

subscripto λ' similiter summam indicando ad eosdem valores λ, μ, ... extendi.

Hinc prodit:

$$\sum_\lambda\left\{\frac{\partial p_i}{\partial p_\lambda}\left(\frac{\partial p_k}{\partial q_\lambda}\right)-\frac{\partial p_k}{\partial p_\lambda}\left(\frac{\partial p_i}{\partial q_\lambda}\right)\right\}-\sum_\lambda\left\{\frac{\partial p_i}{\partial p_\lambda}\frac{\partial p_k}{\partial q_\lambda}-\frac{\partial p_k}{\partial p_\lambda}\frac{\partial p_i}{\partial q_\lambda}\right\}$$

$$=\sum_\lambda\left\{\frac{\partial p_i}{\partial p_\lambda}\sum_{\lambda'}\frac{\partial p_k}{\partial p_{\lambda'}}\left(\frac{\partial p_{\lambda'}}{\partial q_\lambda}\right)-\frac{\partial p_k}{\partial p_\lambda}\sum_{\lambda'}\frac{\partial p_i}{\partial p_{\lambda'}}\left(\frac{\partial p_{\lambda'}}{\partial q_\lambda}\right)\right\}$$

$$=\sum_\lambda\sum_{\lambda'}\frac{\partial p_i}{\partial p_\lambda}\frac{\partial p_k}{\partial p_{\lambda'}}\left(\frac{\partial p_{\lambda'}}{\partial q_\lambda}\right)-\sum_\lambda\sum_{\lambda'}\frac{\partial p_k}{\partial p_\lambda}\frac{\partial p_i}{\partial p_{\lambda'}}\left(\frac{\partial p_{\lambda'}}{\partial q_\lambda}\right).$$

Indicibus λ et λ' quum omnino iidem valores conveniant, λ et λ' in duabus summis praecedentibus inter se commutare licet. Quod si in posteriore facimus, expressio antecedens fit:

$$\sum_\lambda\sum_{\lambda'}\frac{\partial p_i}{\partial p_\lambda}\frac{\partial p_k}{\partial p_{\lambda'}}\left\{\left(\frac{\partial p_{\lambda'}}{\partial q_\lambda}\right)-\left(\frac{\partial p_\lambda}{\partial q_{\lambda'}}\right)\right\},$$

quae est expressio evanescens, quia

$$\left(\frac{\partial p_{\lambda'}}{\partial q_\lambda}\right)=\left(\frac{\partial p_\lambda}{\partial q_{\lambda'}}\right).$$

Unde aequatio (1) comprobata est.

Iam ex aequatione (1) sequitur:

$$\begin{aligned}
&\frac{\partial p_i}{\partial p_\lambda}\frac{\partial p_k}{\partial q_\lambda}+\frac{\partial p_i}{\partial p_\mu}\frac{\partial p_k}{\partial q_\mu}+\cdots\\
&-\frac{\partial p_k}{\partial p_\lambda}\frac{\partial p_i}{\partial q_\lambda}-\frac{\partial p_k}{\partial p_\mu}\frac{\partial p_i}{\partial q_\mu}-\cdots\\
&=\frac{\partial p_i}{\partial p_\lambda}\left(\frac{\partial p_\lambda}{\partial q_k}\right)+\frac{\partial p_i}{\partial p_\mu}\left(\frac{\partial p_\mu}{\partial q_k}\right)+\cdots\\
&-\frac{\partial p_k}{\partial p_\lambda}\left(\frac{\partial p_\lambda}{\partial q_i}\right)-\frac{\partial p_k}{\partial p_\mu}\left(\frac{\partial p_\mu}{\partial q_i}\right)-\cdots\\
&=\left(\frac{\partial p_i}{\partial q_k}\right)-\frac{\partial p_i}{\partial q_k}-\left(\frac{\partial p_k}{\partial q_i}\right)+\frac{\partial p_k}{\partial q_i}\\
&=-\frac{\partial p_i}{\partial q_k}+\frac{\partial p}{\partial q_i}.
\end{aligned}$$

Q. D. E.

Si loco k in formulis (β) ponitur i atque λ loco i, patet e formulis illis sive e Theor. II., in formulis (α) esse $p_1, p_2, \ldots, p_i$ tales ipsarum $q_1, q_2, \ldots, q_m, p_{i+1}, p_{i+2}, \ldots, p_m$ functiones, ut inter binas earum p_k, p_λ locum habeat aequatio:

$$\begin{aligned}
\frac{\partial p_k}{\partial q_\lambda}-\frac{\partial p_\lambda}{\partial q_k}=&\frac{\partial p_k}{\partial q_{i+1}}\frac{\partial p_\lambda}{\partial p_{i+1}}+\frac{\partial p_k}{\partial q_{i+2}}\frac{\partial p_\lambda}{\partial p_{i+2}}+\cdots+\frac{\partial p_k}{\partial q_m}\frac{\partial p_\lambda}{\partial p_m}\\
&-\frac{\partial p_k}{\partial p_{i+1}}\frac{\partial p_\lambda}{\partial q_{i+1}}-\frac{\partial p_k}{\partial p_{i+2}}\frac{\partial p_\lambda}{\partial q_{i+2}}-\cdots-\frac{\partial p_k}{\partial p_m}\frac{\partial p_\lambda}{\partial q_m}.
\end{aligned}$$

Haec est relatio, qua fit, sicuti infra videbimus, ut aequationes (α) simul integrari possint.

Problema alio modo proponitur. Functiones, quibus constantibus aequiparatis ipsae p_i per $q_1, q_2, \ldots, q_m$ exprimantur, aequationibus simultaneis $\frac{m(m-1)}{2}$ definiuntur.

14.

Problema de integratione *completa* aequationis differentialis partialis inter $m+1$ variabiles $V, q_1, q_2, \ldots, q_m$, quae functionem quaesitam V ipsam non continet, sic etiam proponi potest.

Sit V ipsarum $q_1, q_2, \ldots, q_m$ functio m constantes $h_1, h_2, \ldots, h_m$ involvens, quarum nulla per additionem tantum ei iuncta sit; sint $p_1, p_2, \ldots, p_m$ differentialia partialia ipsius V respective secundum $q_1, q_2, \ldots, q_m$ sumta. Quae differentialia partialia, quum ipsas constantes quoque $h_1, h_2, \ldots, h_m$ involvant, vice versa aequari possunt $h_1, h_2, \ldots, h_m$ ipsarum $q_1, q_2, \ldots, q_m, p_1, p_2, \ldots, p_m$ functionibus. Sint aequationes sic inventae:

$$H_1 = h_1, \quad H_2 = h_2, \quad \ldots, \quad H_m = h_m,$$

designantibus $H_1, H_2, \ldots, H_m$ functiones ipsarum $q_1, q_2, \ldots, q_m, p_1, p_2, \ldots, p_m$ a se invicem independentes et nullam constantium $h_1, h_2, \ldots, h_m$ involventes. *Quaeritur, data una harum aequationum, ex. gr.*

$$H_1 = h_1,$$

indagare reliquas $m-1$.

Investigemus aequationes conditionales *identicas*, quibus satisfacere debent functiones $H_1, H_2, \ldots, H_m$, ut, ipsis $p_1, p_2, \ldots, p_m$ per $q_1, q_2, \ldots, q_m$ expressis ope aequationum

$$H_1 = h_1, \quad H_2 = h_2, \quad H_3 = h_3, \quad \ldots, \quad H_m = h_m,$$

expressio differentialis

$$p_1 dq_1 + p_2 dq_2 + \cdots + p_m dq_m$$

sit differentiale completum dV.

Ponamus in Theoremate II. loco indicum i, k indices 1, 2 ac loco indicum λ, μ, ... omnes reliquos 3, 4, 5, ..., m; unde eruitur aequatio:

$$(1)\quad \begin{cases} 0 = \dfrac{\partial p_1}{\partial q_2} - \dfrac{\partial p_2}{\partial q_1} + \dfrac{\partial p_1}{\partial p_3}\dfrac{\partial p_2}{\partial q_3} + \dfrac{\partial p_1}{\partial p_4}\dfrac{\partial p_2}{\partial q_4} + \cdots + \dfrac{\partial p_1}{\partial p_m}\dfrac{\partial p_2}{\partial q_m} \\ \qquad - \dfrac{\partial p_2}{\partial p_3}\dfrac{\partial p_1}{\partial q_3} - \dfrac{\partial p_2}{\partial p_4}\dfrac{\partial p_1}{\partial q_4} - \cdots - \dfrac{\partial p_2}{\partial p_m}\dfrac{\partial p_1}{\partial q_m}. \end{cases}$$

Sint

$$H_i = h_i, \quad H_k = h_k$$

duae quaelibet ex aequationibus propositis, quarum ope determinentur p_1 et p_2 ut functiones ipsarum $p_3, p_4, \ldots, p_m, q_1, q_2, \ldots, q_m$, quarum quantitatum ipsae p_1 et p_2 in aequatione praecedente functiones esse supponuntur. Sumtis deinde ipsarum p_1 et p_2 differentialibus partialibus secundum quantitates illas, substituantur in differentialibus illis, quae etiam constantes h_i et h_k involvunt, loco harum constantium functiones iis aequivalentes H_i et H_k, unde emergent eorum valores per quantitates $p_1, p_2, \ldots, p_m, q_1, q_2, \ldots, q_m$ expressi absque ulla constanti h. Quos valores si in aequatione (1) substituimus, aequatio illa evadere debet *identica*, cum nulla exstare possit aequatio inter quantitates p_1, $p_2, \ldots, p_m, q_1, q_2, \ldots, q_m$ a constantibus $h_1, h_2, \ldots, h_m$ prorsus libera, nisi aequatio identica sit.

Ad eruendos valores differentialium partialium ipsarum p_1 et p_2, in aequatione (1) substituendos, aequationes

$$H_i = h_i, \quad H_k = h_k$$

secundum $p_3, p_4, \ldots, p_m$ differentiemus. Sint r et t binae quaelibet harum quantitatum, erit

$$\frac{\partial H_i}{\partial p_1}\frac{\partial p_1}{\partial r} + \frac{\partial H_i}{\partial p_2}\frac{\partial p_2}{\partial r} = -\frac{\partial H_i}{\partial r},$$

$$\frac{\partial H_i}{\partial p_1}\frac{\partial p_1}{\partial t} + \frac{\partial H_i}{\partial p_2}\frac{\partial p_2}{\partial t} = -\frac{\partial H_i}{\partial t},$$

$$\frac{\partial H_k}{\partial p_1}\frac{\partial p_1}{\partial r} + \frac{\partial H_k}{\partial p_2}\frac{\partial p_2}{\partial r} = -\frac{\partial H_k}{\partial r},$$

$$\frac{\partial H_k}{\partial p_1}\frac{\partial p_1}{\partial t} + \frac{\partial H_k}{\partial p_2}\frac{\partial p_2}{\partial t} = -\frac{\partial H_k}{\partial t}.$$

Unde, multiplicatis prima et quarta, secunda et tertia, subductisque productis, nanciscimur:

$$(2)\quad \begin{cases} \left(\dfrac{\partial H_i}{\partial p_1}\dfrac{\partial H_k}{\partial p_2} - \dfrac{\partial H_i}{\partial p_2}\dfrac{\partial H_k}{\partial p_1}\right)\left(\dfrac{\partial p_1}{\partial r}\dfrac{\partial p_2}{\partial t} - \dfrac{\partial p_2}{\partial r}\dfrac{\partial p_1}{\partial t}\right) \\ \qquad = \dfrac{\partial H_i}{\partial r}\dfrac{\partial H_k}{\partial t} - \dfrac{\partial H_i}{\partial t}\dfrac{\partial H_k}{\partial r}. \end{cases}$$

Porro ex aequatione prima et tertia sequitur:

$$(3)\quad \begin{cases} \left(\dfrac{\partial H_i}{\partial p_1}\dfrac{\partial H_k}{\partial p_2} - \dfrac{\partial H_i}{\partial p_2}\dfrac{\partial H_k}{\partial p_1}\right)\dfrac{\partial p_1}{\partial r} = \dfrac{\partial H_i}{\partial p_2}\dfrac{\partial H_k}{\partial r} - \dfrac{\partial H_i}{\partial r}\dfrac{\partial H_k}{\partial p_2}, \\ -\left(\dfrac{\partial H_i}{\partial p_1}\dfrac{\partial H_k}{\partial p_2} - \dfrac{\partial H_i}{\partial p_2}\dfrac{\partial H_k}{\partial p_1}\right)\dfrac{\partial p_2}{\partial r} = \dfrac{\partial H_i}{\partial p_1}\dfrac{\partial H_k}{\partial r} - \dfrac{\partial H_i}{\partial r}\dfrac{\partial H_k}{\partial p_1}. \end{cases}$$

Multiplicemus aequationem (1) per

$$\frac{\partial H_i}{\partial p_1}\frac{\partial H_k}{\partial p_2} - \frac{\partial H_i}{\partial p_2}\frac{\partial H_k}{\partial p_1}$$

ac ponamus in aequationibus (3) q_1 et q_2 loco r, in aequatione (2) $q_3, q_4, \ldots, q_m$ loco r, simulque respective $p_3, p_4, \ldots, p_m$ loco t. Quo facto ex aequatione

(1) prodit:

$$(\gamma)\quad \begin{cases} \dfrac{\partial H_i}{\partial p_1}\dfrac{\partial H_k}{\partial q_1}+\dfrac{\partial H_i}{\partial p_2}\dfrac{\partial H_k}{\partial q_2}+\cdots+\dfrac{\partial H_i}{\partial p_m}\dfrac{\partial H_k}{\partial q_m} \\ -\dfrac{\partial H_i}{\partial q_1}\dfrac{\partial H_k}{\partial p_1}-\dfrac{\partial H_i}{\partial q_2}\dfrac{\partial H_k}{\partial p_2}-\cdots-\dfrac{\partial H_i}{\partial q_m}\dfrac{\partial H_k}{\partial p_m}=0. \end{cases}$$

Quae est aequatio identica quaesita, a constantibus h prorsus libera.

15.

Si in aequatione (γ) indicibus i et k valores omnes tribuuntur, quos induere possunt, nanciscimur aequationes $\frac{m(m-1)}{2}$, quae et ipsae tamquam conditiones spectari possunt, ut expressio

$$p_1 dq_1+p_2 dq_2+\cdots+p_m dq_m$$

integrabilis evadat. Habetur enim etiam Theorema inversum:

Theorema III.

Sint $H_1, H_2, \ldots, H_m$ variabilium $p_1, p_2, \ldots, p_m, q_1, q_2, \ldots, q_m$ functiones quaecunque a se independentes, quarum binae quaelibet H_i, $H_{i'}$ satisfaciant aequationi:

$$\begin{aligned} 0 = &\frac{\partial H_i}{\partial p_1}\frac{\partial H_{i'}}{\partial q_1}+\frac{\partial H_i}{\partial p_2}\frac{\partial H_{i'}}{\partial q_2}+\cdots+\frac{\partial H_i}{\partial p_m}\frac{\partial H_{i'}}{\partial q_m} \\ &-\frac{\partial H_i}{\partial q_1}\frac{\partial H_{i'}}{\partial p_1}-\frac{\partial H_i}{\partial q_2}\frac{\partial H_{i'}}{\partial p_2}-\cdots-\frac{\partial H_i}{\partial q_m}\frac{\partial H_{i'}}{\partial p_m}; \end{aligned}$$

si ex aequationibus

$$H_1=h_1,\quad H_2=h_2,\quad \ldots,\quad H_m=h_m,$$

in quibus $h_1, h_2, \ldots, h_m$ sunt constantes arbitrariae ipsas functiones H_1, $H_2, \ldots, H_m$ non afficientes, eruuntur ipsarum $p_1, p_2, \ldots, p_m$ valores per $q_1, q_2, \ldots, q_m$ expressi, expressio

$$p_1 dq_1+p_2 dq_2+\cdots+p_m dq_m$$

differentiale completum fit.

Quod est Theorema gravissimum.

Theorema antecedens de solutione problematis $\frac{m(m-1)}{2}$ aequationibus simultaneis definienda directa via confirmatur.

16.

Demonstratio directa praecedentis Theorematis haec sese offert. E differentiatione aequationis

$$H_i = h_i$$

secundum $q_{k'}$ facta sequitur, si subscripto k signo summationis indicamus, summam ad valores $1, 2, \ldots, m$ ipsius k extendi*):

$$\sum_k \frac{\partial H_i}{\partial p_k}\left(\frac{\partial p_k}{\partial q_{k'}}\right) + \frac{\partial H_i}{\partial q_{k'}} = 0.$$

Unde, etiam multiplicatione per $\frac{\partial H_{i'}}{\partial p_{k'}}$ facta:

$$\sum_k \frac{\partial H_i}{\partial p_k}\frac{\partial H_{i'}}{\partial p_{k'}}\left(\frac{\partial p_k}{\partial q_{k'}}\right) + \frac{\partial H_{i'}}{\partial p_{k'}}\frac{\partial H_i}{\partial q_{k'}} = 0.$$

In qua aequatione loco k' ponendo omnes ejus valores $1, 2, \ldots, m$, fit:

$$\sum_k\sum_{k'} \frac{\partial H_i}{\partial p_k}\frac{\partial H_{i'}}{\partial p_{k'}}\left(\frac{\partial p_k}{\partial q_{k'}}\right) + \sum_{k'}\frac{\partial H_{i'}}{\partial p_{k'}}\frac{\partial H_i}{\partial q_{k'}} = 0.$$

Unde etiam, permutando H_i et $H_{i'}$,

$$\sum_k\sum_{k'} \frac{\partial H_i}{\partial p_{k'}}\frac{\partial H_{i'}}{\partial p_k}\left(\frac{\partial p_k}{\partial q_{k'}}\right) + \sum_{k'}\frac{\partial H_{i'}}{\partial q_{k'}}\frac{\partial H_i}{\partial p_{k'}} = 0.$$

Hanc aequationem detrahendo de antecedente, cum sit ex hypothesi:

$$\sum_{k'}\left\{\frac{\partial H_{i'}}{\partial p_{k'}}\frac{\partial H_i}{\partial q_{k'}} - \frac{\partial H_{i'}}{\partial q_{k'}}\frac{\partial H_i}{\partial p_{k'}}\right\} = 0,$$

eruimus:

$$\sum_k\sum_{k'}\left(\frac{\partial H_i}{\partial p_k}\frac{\partial H_{i'}}{\partial p_{k'}} - \frac{\partial H_i}{\partial p_{k'}}\frac{\partial H_{i'}}{\partial p_k}\right)\left(\frac{\partial p_k}{\partial q_{k'}}\right) = 0.$$

Permutando k et k', quippe quibus iidem valores $1, 2, \ldots, m$ conveniunt, expressionem ad laevam sic quoque scribere licet:

$$-\sum_k\sum_{k'}\left(\frac{\partial H_i}{\partial p_k}\frac{\partial H_{i'}}{\partial p_{k'}} - \frac{\partial H_i}{\partial p_{k'}}\frac{\partial H_{i'}}{\partial p_k}\right)\left(\frac{\partial p_{k'}}{\partial q_k}\right).$$

---

*) Simili notatione saepius in sequentibus utar, quoties sub signo summatorio plures indices inveniuntur, quorum alii constantes, alii, ut ita dicam, summantes sunt; maioris perspicuitatis causa posteriores signo summatorio subscribam.

Unde aequationem antecedentem hoc modo repraesentare possumus:

$$\Sigma\left(\frac{\partial H_i}{\partial p_k}\frac{\partial H_{i'}}{\partial p_{k'}}-\frac{\partial H_i}{\partial p_{k'}}\frac{\partial H_{i'}}{\partial p_k}\right)\left\{\left(\frac{\partial p_k}{\partial q_{k'}}\right)-\left(\frac{\partial p_{k'}}{\partial q_k}\right)\right\}=0,$$

siquidem extenditur summa ad $\frac{m(m-1)}{2}$ combinationes numerorum $1, 2, \ldots, m$ pro ipsis k et k' ponendas, sive si ipsi k sub signo summatorio valores $1, 2, \ldots, m-1$ tribuuntur, et pro singulis k ipsis k' valores $k+1, k+2, \ldots, m$.

Si in aequatione praecedente pro ipsis i et i' bini quilibet e numeris $1, 2, \ldots, m$ ponuntur, eruuntur ex ea $\frac{m(m-1)}{2}$ aequationes. In quibus si quantitates

$$\left(\frac{\partial p_k}{\partial q_{k'}}\right)-\left(\frac{\partial p_{k'}}{\partial q_k}\right)$$

ut incognitas consideramus, sunt aequationes illae respectu harum incognitarum *lineares*, numerus incognitarum idem atque aequationum, et partes constantes omnes evanescentes. Unde ipsae quoque incognitae omnes evanescunt, sive pro quolibet ipsorum k et k' valore fit

$$\left(\frac{\partial p_k}{\partial q_{k'}}\right)-\left(\frac{\partial p_{k'}}{\partial q_k}\right)=0.$$

Q. D. E.

Demonstratione antecedente etiam maxime directa via comprobari potuisset, si

$$\left(\frac{\partial p_k}{\partial q_{k'}}\right)-\left(\frac{\partial p_{k'}}{\partial q_k}\right)=0,$$

sive si

$$p_1 dq_1+p_2 dq_2+\cdots+p_m dq_m$$

integrabilis sit, fieri

$$\frac{\partial H_i}{\partial p_1}\frac{\partial H_{i'}}{\partial q_1}+\frac{\partial H_i}{\partial p_2}\frac{\partial H_{i'}}{\partial q_2}+\cdots+\frac{\partial H_i}{\partial p_m}\frac{\partial H_{i'}}{\partial q_m}$$
$$-\frac{\partial H_i}{\partial q_1}\frac{\partial H_{i'}}{\partial p_1}-\frac{\partial H_i}{\partial q_2}\frac{\partial H_{i'}}{\partial p_2}-\cdots-\frac{\partial H_i}{\partial q_m}\frac{\partial H_{i'}}{\partial p_m}=0.$$

Ceterum, quod in demonstratione antecedente Theorematis III adhuc desiderari potest, ut comprobetur, e $\frac{m(m-1)}{2}$ aequationibus linearibus

$$\sum_{k,k'}\left(\frac{\partial H_i}{\partial p_k}\frac{\partial H_{i'}}{\partial p_{k'}}-\frac{\partial H_i}{\partial p_{k'}}\frac{\partial H_{i'}}{\partial p_k}\right)x_{k,k'}=y_{i,i'},$$

in quibus quantitates $x_{k,k'}$ incognitas, quantitates $y_{i,i'}$ partes aequationum constantes designant, nullam e reliquis fluere, facile variis modis probatur, quum adeo eiusmodi aequationes ex elementis algebraicis sine negotio generaliter resolvantur. Quae resolutio tum demum illusoria fit, si habetur

$$\Sigma \pm \frac{\partial H_1}{\partial p_1} \frac{\partial H_2}{\partial p_2} \cdots \frac{\partial H_m}{\partial p_m} = 0,$$

indicibus $1, 2, \ldots, m$ sub signo summatorio omnimodis permutatis signisque $\pm$ pro ratione nota alternantibus. Haec autem aequatio ipsa est conditio, ut inter quantitates $H_1, H_2, \ldots, H_m, q_1, q_2, \ldots, q_m$ aequatio locum habeat, ab ipsis p prorsus libera; quod si foret, haberetur etiam inter ipsas $q_1, q_2, \ldots, q_m$ et constantes arbitrarias relatio, neque ex aequationibus

$$H_1 = h_1, \quad H_2 = h_2, \quad \ldots, \quad H_m = h_m$$

omnes $p_1, p_2, \ldots, p_m$, quod supposuimus, ut functiones ipsarum $q_1, q_2, \ldots, q_m$ determinari possent.

Transformatio systematum aequationum, quarum solutione simultanea secundum §. 11 singulae p_i obtinentur.

§. 17.

Iam ipsam aggressuri integrationem revertamur ad formam aequationum conditionalium (α) §. 11. Difficultatem rei videmus consistere in invenienda functione, quae simul numero i aequationum differentialium partialium linearium satisfaciat. Sit f functio ipsarum $p_{i+1}, p_{i+2}, p_{i+3}, \ldots, p_m, q_1, q_2, \ldots, q_m$, atque

$$f = a$$

aequatio, qua determinetur functio quaesita p_{i+1} per $p_{i+2}, p_{i+3}, \ldots, p_m, q_1, q_2, \ldots, q_m$, designante a constantem arbitrariam, quae ipsam f non afficiat. Designantibus p_n atque q_n quaslibet e quantitatibus $p_{i+2}, p_{i+3}, \ldots, p_m$ atque $q_1, q_2, \ldots, q_m$, fit

$$\frac{\partial f}{\partial p_{i+1}} \frac{\partial p_{i+1}}{\partial p_n} = -\frac{\partial f}{\partial p_n},$$

$$\frac{\partial f}{\partial p_{i+1}} \frac{\partial p_{i+1}}{\partial q_n} = -\frac{\partial f}{\partial q_n}.$$

Unde aequationes (α) multiplicatae per $\dfrac{\partial f}{\partial p_{i+1}}$ in has abeunt:

$$
(d)\quad\left\{\begin{aligned}
0 &= \frac{\partial f}{\partial q_1} + \frac{\partial p_1}{\partial q_{i+1}}\frac{\partial f}{\partial p_{i+1}} + \frac{\partial p_1}{\partial q_{i+2}}\frac{\partial f}{\partial p_{i+2}} + \cdots + \frac{\partial p_1}{\partial q_m}\frac{\partial f}{\partial p_m} \\
&\quad - \frac{\partial p_1}{\partial p_{i+1}}\frac{\partial f}{\partial q_{i+1}} - \frac{\partial p_1}{\partial p_{i+2}}\frac{\partial f}{\partial q_{i+2}} - \cdots - \frac{\partial p_1}{\partial p_m}\frac{\partial f}{\partial q_m}, \\
0 &= \frac{\partial f}{\partial q_2} + \frac{\partial p_2}{\partial q_{i+1}}\frac{\partial f}{\partial p_{i+1}} + \frac{\partial p_2}{\partial q_{i+2}}\frac{\partial f}{\partial p_{i+2}} + \cdots + \frac{\partial p_2}{\partial q_m}\frac{\partial f}{\partial p_m} \\
&\quad - \frac{\partial p_2}{\partial p_{i+1}}\frac{\partial f}{\partial q_{i+1}} - \frac{\partial p_2}{\partial p_{i+2}}\frac{\partial f}{\partial q_{i+2}} - \cdots - \frac{\partial p_2}{\partial p_m}\frac{\partial f}{\partial q_m}, \\
&\quad \cdots\cdots\cdots\cdots\cdots\cdots\cdots\cdots \\
0 &= \frac{\partial f}{\partial q_i} + \frac{\partial p_i}{\partial q_{i+1}}\frac{\partial f}{\partial p_{i+1}} + \frac{\partial p_i}{\partial q_{i+2}}\frac{\partial f}{\partial p_{i+2}} + \cdots + \frac{\partial p_i}{\partial q_m}\frac{\partial f}{\partial p_m} \\
&\quad - \frac{\partial p_i}{\partial p_{i+1}}\frac{\partial f}{\partial q_{i+1}} - \frac{\partial p_i}{\partial p_{i+2}}\frac{\partial f}{\partial q_{i+2}} - \cdots - \frac{\partial p_i}{\partial p_m}\frac{\partial f}{\partial q_m}.
\end{aligned}\right.
$$

In his aequationibus considerantur $p_1, p_2, \ldots, p_i$ tamquam functiones datae ipsarum $p_{i+1}, p_{i+2}, \ldots, p_m, q_1, q_2, \ldots, q_m$, inter quarum binas $p_\varkappa$ et p_λ locum habet relatio, quam sub finem §. 13 apposui; et quaerenda est earundem quantitatum functio f talis, quae aequationibus praecedentibus simul omnibus identice satisfaciat.

Theorema affertur circa aequationum, quae supra occurrunt, integratione simultanea.

§. 18.

Non ego hic immorabor quaestioni generali, quando et quomodo duabus compluribusve aequationibus differentialibus partialibus una eademque functione satisfieri possit, sed ad casum propositum particularem investigationem restringam. Quippe quo praeclaris uti licet artificiis ad integrationem expediendam commodis. Maxime autem res absolvitur Theoremate sequente:

Theorema IV.

Sint $\varkappa$, λ quilibet diversi e numeris $1, 2, \ldots, i$; sit $\varphi = f$ integrale quodcunque unius ex aequationibus (*d*):

$$
\begin{aligned}
0 &= \frac{\partial f}{\partial q_\varkappa} + \frac{\partial p_\varkappa}{\partial q_{i+1}}\frac{\partial f}{\partial p_{i+1}} + \frac{\partial p_\varkappa}{\partial q_{i+2}}\frac{\partial f}{\partial p_{i+2}} + \cdots + \frac{\partial p_\varkappa}{\partial q_m}\frac{\partial f}{\partial p_m} \\
&\quad - \frac{\partial p_\varkappa}{\partial p_{i+1}}\frac{\partial f}{\partial q_{i+1}} - \frac{\partial p_\varkappa}{\partial p_{i+2}}\frac{\partial f}{\partial q_{i+2}} - \cdots - \frac{\partial p_\varkappa}{\partial p_m}\frac{\partial f}{\partial q_m},
\end{aligned}
$$

erit expressio

$$f = \frac{\partial\varphi}{\partial q_\lambda} + \frac{\partial p_\lambda}{\partial q_{i+1}}\frac{\partial\varphi}{\partial p_{i+1}} + \frac{\partial p_\lambda}{\partial q_{i+2}}\frac{\partial\varphi}{\partial p_{i+2}} + \cdots + \frac{\partial p_\lambda}{\partial q_m}\frac{\partial\varphi}{\partial p_m} - \frac{\partial p_\lambda}{\partial p_{i+1}}\frac{\partial\varphi}{\partial q_{i+1}} - \frac{\partial p_\lambda}{\partial p_{i+2}}\frac{\partial\varphi}{\partial q_{i+2}} - \cdots - \frac{\partial p_\lambda}{\partial p_m}\frac{\partial\varphi}{\partial q_m}$$

alterum ejusdem aequationis integrale.

In hoc Theoremate designant $p_\varkappa$, p_λ ipsarum $q_\varkappa$, q_λ, q_{i+1}, q_{i+2}, ..., q_m, p_{i+1}, p_{i+2}, ..., p_m functiones, quae satisfaciunt aequationi

$$\frac{\partial p_\varkappa}{\partial q_\lambda} - \frac{\partial p_\lambda}{\partial q_\varkappa} = \frac{\partial p_\varkappa}{\partial q_{i+1}}\frac{\partial p_\lambda}{\partial p_{i+1}} + \frac{\partial p_\varkappa}{\partial q_{i+2}}\frac{\partial p_\lambda}{\partial p_{i+2}} + \cdots + \frac{\partial p_\varkappa}{\partial q_m}\frac{\partial p_\lambda}{\partial p_m} - \frac{\partial p_\varkappa}{\partial p_{i+1}}\frac{\partial p_\lambda}{\partial q_{i+1}} - \frac{\partial p_\varkappa}{\partial p_{i+2}}\frac{\partial p_\lambda}{\partial q_{i+2}} - \cdots - \frac{\partial p_\varkappa}{\partial p_m}\frac{\partial p_\lambda}{\partial q_m}.$$

Quae functiones si etiam alias praeter $q_\varkappa$ et q_λ e quantitatibus q_1, q_2, ..., q_i involvunt, eae tamquam quantitates constantes considerantur.

Quomodo ope Theorematis antecedentis integratio simultanea succedat, ostenditur.

§. 19.

Ope Theorematis praecedentis sic absolvitur integratio proposita. Sint φ'_λ, φ''_λ, φ'''_λ, etc. functiones, quae proveniunt ex expressione

$$\frac{\partial f}{\partial q_\lambda} + \frac{\partial p_\lambda}{\partial q_{i+1}}\frac{\partial f}{\partial p_{i+1}} + \frac{\partial p_\lambda}{\partial q_{i+2}}\frac{\partial f}{\partial p_{i+2}} + \cdots + \frac{\partial p_\lambda}{\partial q_m}\frac{\partial f}{\partial p_m} - \frac{\partial p_\lambda}{\partial p_{i+1}}\frac{\partial f}{\partial q_{i+1}} - \frac{\partial p_\lambda}{\partial p_{i+2}}\frac{\partial f}{\partial q_{i+2}} - \cdots - \frac{\partial p_\lambda}{\partial p_m}\frac{\partial f}{\partial q_m},$$

ponendo loco f successive functiones φ, φ'_λ, φ''_λ, ..., ita ut generaliter habeatur:

$$\varphi_\lambda^{(n)} = \frac{\partial\varphi_\lambda^{(n-1)}}{\partial q_\lambda} + \frac{\partial p_\lambda}{\partial q_{i+1}}\frac{\partial\varphi_\lambda^{(n-1)}}{\partial p_{i+1}} + \frac{\partial p_\lambda}{\partial q_{i+2}}\frac{\partial\varphi_\lambda^{(n-1)}}{\partial p_{i+2}} + \cdots + \frac{\partial p_\lambda}{\partial q_m}\frac{\partial\varphi_\lambda^{(n-1)}}{\partial p_m} - \frac{\partial p_\lambda}{\partial p_{i+1}}\frac{\partial\varphi_\lambda^{(n-1)}}{\partial q_{i+1}} - \frac{\partial p_\lambda}{\partial p_{i+2}}\frac{\partial\varphi_\lambda^{(n-1)}}{\partial q_{i+2}} - \cdots - \frac{\partial p_\lambda}{\partial p_m}\frac{\partial\varphi_\lambda^{(n-1)}}{\partial q_m}.$$

Sit jam $\varphi = f$ integrale quodcunque aequationis

$$(1)\quad \left\{ 0 = f'_1 = \frac{\partial f}{\partial q_1} + \frac{\partial p_1}{\partial q_{i+1}}\frac{\partial f}{\partial p_{i+1}} + \frac{\partial p_1}{\partial q_{i+2}}\frac{\partial f}{\partial p_{i+2}} + \cdots + \frac{\partial p_1}{\partial q_m}\frac{\partial f}{\partial p_m} - \frac{\partial p_1}{\partial p_{i+1}}\frac{\partial f}{\partial q_{i+1}} - \frac{\partial p_1}{\partial p_{i+2}}\frac{\partial f}{\partial q_{i+2}} - \cdots - \frac{\partial p_1}{\partial p_m}\frac{\partial f}{\partial q_m}, \right.$$

erunt e Theoremate IV etiam φ_2', φ_2'', φ_2''', etc. integralia ejusdem aequationis. Id quod patet, si in Theoremate citato in locum ipsius φ aliae post alias substituuntur functiones φ_2', φ_2'', etc. Sed exstant tantummodo $2(m-i)$ integralia aequationis praecedentis a se invicem independentia et quorum aliud integrale quodvis functio esse debet, quam functionem praeterea etiam quantitates q_2, q_3, ..., q_i tamquam constantes ingredi possunt. Sit igitur $\varphi_2^{(\mu)}$ *prima* functio, quae per antecedentes φ, φ_2', φ_2'', ..., $\varphi_2^{(\mu-1)}$ et ipsas q_2, q_3, ..., q_i exprimi potest, erit index μ numero $2(m-i)$ aut inferior aut certe non major. Statuatur, ipsam Π esse functionem ipsarum φ, φ_2', φ_2'', ..., $\varphi_2^{(\mu-1)}$, q_2, q_3, ..., q_i, erit etiam

$$f = \Pi$$

integrale aequationis (1), quippe cujus integralia e Theoremate IV sunt φ, φ_2', φ_2'', ..., $\varphi_2^{(\mu-1)}$, ipsae vero q_2, q_3, ..., q_i in aequatione (1) pro constantibus habentur. Substituto valore $f = \Pi$ in aequatione

$$(2)\quad \begin{cases} 0 = f_2' = \dfrac{\partial f}{\partial q_2} + \dfrac{\partial p_2}{\partial q_{i+1}}\dfrac{\partial f}{\partial p_{i+1}} + \dfrac{\partial p_2}{\partial q_{i+2}}\dfrac{\partial f}{\partial p_{i+2}} + \cdots + \dfrac{\partial p_2}{\partial q_m}\dfrac{\partial f}{\partial p_m} \\ \qquad - \dfrac{\partial p_2}{\partial p_{i+1}}\dfrac{\partial f}{\partial q_{i+1}} - \dfrac{\partial p_2}{\partial p_{i+2}}\dfrac{\partial f}{\partial q_{i+2}} - \cdots - \dfrac{\partial p_2}{\partial p_m}\dfrac{\partial f}{\partial q_m}, \end{cases}$$

haec aequatio hanc induit formam:

$$(2^a)\quad 0 = \frac{\partial \Pi}{\partial \varphi}\varphi_2' + \frac{\partial \Pi}{\partial \varphi_2'}\varphi_2'' + \cdots + \frac{\partial \Pi}{\partial \varphi_2^{(\mu-1)}}\varphi_2^{(\mu)} + \frac{\partial \Pi}{\partial q_2},$$

in qua variabiles independentes sunt φ, φ_2', φ_2'', ..., $\varphi_2^{(\mu-1)}$, q_2. Cujus aequationis integratio jam suppeditat functionem $f = \Pi$, quae satisfaciat simul duabus aequationibus (1) et (2).

Evenire potest, ut identice evadat $\varphi_2' = 0$, quo casu sine ulteriore integratione ipsa functio $f = \varphi$, aequationis (1) integrale, etiam aequationis (2) integrale habetur. Si generalius est $\varphi_2' = c$, designante c constantem, erit

$$\Pi = \varphi - cq_2 = f$$

utriusque simul aequationis (1) et (2) integrale.

20.

Postquam antecedentibus monstratum est, quomodo functio $\Pi = f$ inveniatur, quae simul duabus aequationibus (1) et (2) satisfacit, id quod ope Theorematis IV successit, jam ejusdem Theorematis ope ex inventa functione Π aliam deducam Ψ, quae, loco ipsius f posita, duabus aequationibus illis atque simul tertiae

$$(3)\quad \begin{cases} 0 = f_3' = \dfrac{\partial f}{\partial q_3} + \dfrac{\partial p_3}{\partial q_{i+1}}\dfrac{\partial f}{\partial p_{i+1}} + \dfrac{\partial p_3}{\partial q_{i+2}}\dfrac{\partial f}{\partial p_{i+2}} + \cdots + \dfrac{\partial p_3}{\partial q_m}\dfrac{\partial f}{\partial p_m} \\ \qquad - \dfrac{\partial p_3}{\partial p_{i+1}}\dfrac{\partial f}{\partial q_{i+1}} - \dfrac{\partial p_3}{\partial p_{i+2}}\dfrac{\partial f}{\partial q_{i+2}} - \cdots - \dfrac{\partial p_3}{\partial p_m}\dfrac{\partial f}{\partial q_m} \end{cases}$$

satisfaciat.

Erunt enim e Theoremate IV, siquidem in eo loco φ ponimus Π, atque statuimus $\lambda = 3$, ipsi $\varkappa$ vero valores 1 et 2 tribuimus, functiones Π_3', Π_3'', ... simul utriusque aequationis (1) et (2) integralia. Sit $\Pi_3^{(\mu')}$ proxima functio, quae per praecedentes Π_3, Π_3', ..., $\Pi_3^{(\mu'-1)}$ et ipsas $q_3, q_4, \dots, q_i$ exprimi potest: numerus μ' rursus ipsum $2(m-i)$ superare non potest. Posito

$$f = \Psi,$$

designante Ψ functionem ipsarum Π, Π_3', Π_3'', ..., $\Pi_3^{(\mu'-1)}$, q_3, quam etiam quantitates $q_4, q_5, \dots, q_i$ tamquam constantes ingredi possunt, abit (3) in hanc:

$$(3^{a})\quad 0 = \frac{\partial\Psi}{\partial\Pi}\Pi_3' + \frac{\partial\Psi}{\partial\Pi_3'}\Pi_3'' + \frac{\partial\Psi}{\partial\Pi_3''}\Pi_3''' + \cdots + \frac{\partial\Psi}{\partial\Pi_3^{(\mu'-1)}}\Pi_3^{(\mu')} + \frac{\partial\Psi}{\partial q_3}.$$

Quodcunque integrale hujus aequationis, in qua Π, Π_3', Π_3'', ..., $\Pi_3^{(\mu'-1)}$, q_3 sunt variabiles independentes, suppeditat functionem quaesitam $f = \Psi$, quae simul tribus aequationibus (1), (2), (3) satisfacit.

Et sic pergi potest, usque dum habeatur functio f simul omnibus i aequationibus (d) satisfaciens.

21.

Ex antecedentibus hic fit integrationum decursus, quibus eruatur functio i aequationibus (d) simul omnibus satisfaciens. Ante omnia quaerenda erat functio φ aequationi (1) satisfaciens. Quam notum est haberi, si

$$\varphi = \text{Constans}$$

est integrale unum quodcunque systematis aequationum differentialium vulgarium sequentis:

$$(a)\quad \begin{cases} \dfrac{dp_{i+1}}{dq_1} = \dfrac{\partial p_1}{\partial q_{i+1}}, & \dfrac{dq_{i+1}}{dq_1} = -\dfrac{\partial p_1}{\partial p_{i+1}}, \\ \dfrac{dp_{i+2}}{dq_1} = \dfrac{\partial p_1}{\partial q_{i+2}}, & \dfrac{dq_{i+2}}{dq_1} = -\dfrac{\partial p_1}{\partial p_{i+2}}, \\ \dots & \dots \\ \dfrac{dp_m}{dq_1} = \dfrac{\partial p_1}{\partial q_m}, & \dfrac{dq_m}{dq_1} = -\dfrac{\partial p_1}{\partial p_m}. \end{cases}$$

Aequatio enim $\varphi =$ Constans integrale dicitur aequationum differentialium vulgarium (*a*), si per eas aequationi $d\varphi = 0$ identice satisfiat. Id quod fieri non potest, nisi aequatio (1) identice locum habeat.

Inventa functione φ, ex ea deducantur functiones $\varphi', \varphi'', \ldots, \varphi^{(\mu-1)}$ — indices subscriptos rejicio — atque exprimatur $\varphi^{(\mu)}$ per $q_2, \varphi, \varphi', \ldots, \varphi^{(\mu-1)}$, quam expressionem etiam $q_3, q_4, \ldots, q_i$ afficere possunt tamquam constantes. Quo facto invenitur functio Π aequationi (2^a) satisfaciens, si aequatio

$$\Pi = \text{Constans}$$

est unum integrale quodcunque systematis aequationum differentialium vulgarium:

$$\varphi' = \frac{d\varphi}{dq_2}, \quad \varphi'' = \frac{d\varphi'}{dq_2}, \quad \ldots, \quad \varphi^{(\mu-1)} = \frac{d\varphi^{(\mu-2)}}{dq_2}, \quad \varphi^{(\mu)} = \frac{d\varphi^{(\mu-1)}}{dq_2}.$$

Sit ipsius $\varphi^{(\mu)}$ haec expressio:

$$\varphi^{(\mu)} = \varphi^{(\mu)}(q_2, \varphi, \varphi', \varphi'', \ldots, \varphi^{(\mu-1)}),$$

sequitur ex antecedentibus, si sit

$$\Pi\left(q_2, \varphi, \frac{d\varphi}{dq_2}, \frac{d^2\varphi}{dq_2^2}, \ldots, \frac{d^{\mu-1}\varphi}{dq_2^{\mu-1}}\right) = \text{Constans}$$

unum integrale quodcunque aequationis differentialis vulgaris μ^{ti} ordinis inter duas variabiles φ et q_2

$$(b) \quad \frac{d^\mu \varphi}{dq_2^\mu} = \varphi^{(\mu)}\left(q_2, \varphi, \frac{d\varphi}{dq_2}, \frac{d^2\varphi}{dq_2^2}, \ldots, \frac{d^{\mu-1}\varphi}{dq_2^{\mu-1}}\right),$$

fieri

$$\Pi(q_2, \varphi, \varphi', \varphi'', \ldots, \varphi^{(\mu-1)})$$

functionem Π quaesitam, quae simul aequationibus (1) et (2) satisfacit.

Tertio loco e functione Π deducantur functiones $\Pi', \Pi'', \ldots, \Pi^{(\mu'-1)}$ atque per has et q_3 exprimatur $\Pi^{(\mu')}$; sit expressio inventa

$$\Pi^{(\mu')} = \Pi^{(\mu')}(q_3, \Pi, \Pi', \Pi'', \ldots, \Pi^{(\mu'-1)});$$

proponatur aequatio differentialis μ'^{ti} ordinis inter duas variabiles Π et q_3:

$$(c) \quad \frac{d^{\mu'}\Pi}{dq_3^{\mu'}} = \Pi^{(\mu')}\left(q_3, \Pi, \frac{d\Pi}{dq_3}, \frac{d^2\Pi}{dq_3^2}, \ldots, \frac{d^{\mu'-1}\Pi}{dq_3^{\mu'-1}}\right);$$

cujus integrale unum quodcunque si est

$$\Psi\left(q_3, \Pi, \frac{d\Pi}{dq_3}, \frac{d^2\Pi}{dq_3^2}, \ldots, \frac{d^{\mu'-1}\Pi}{dq_3^{\mu'-1}}\right) = \text{Constans},$$

est expressio

$$\Psi(q_3, \Pi, \Pi', \Pi'', \ldots, \Pi^{(\mu'-1)})$$

functio quaesita Ψ, quae simul tribus aequationibus (1), (2), (3) satisfacit. Id quod simili demonstratione liquet atque in functione Π investiganda dedimus. Functionem Ψ etiam quantitates $q_4, q_5, \ldots, q_i$ afficere possunt tamquam constantes.

Et sic pergi potest, usque dum habeatur functio f omnibus i aequationibus (d) satisfaciens. Ad quam inveniendam primum, quod est principale, eruendum est integrale quodcunque systematis aequationum differentialium vulgarium primi ordinis inter $2(m-i)+1$ variabiles, quod locum tenet unius aequationis inter duas variabiles $(2m-2i)^{\text{ti}}$ ordinis. Deinde condendae sunt aliae post alias $i-1$ aequationes differentiales vulgares inter duas variabiles ordinis μ^{ti}, μ'^{ti}, μ''^{ti}, $\ldots$, $\mu^{(i-2)\text{ti}}$, et singularum inveniendum est unum integrale quodcunque, quod formandae aequationi differentiali insequenti inservit. Numeri autem μ, μ', μ'', $\ldots$, $\mu^{(i-2)}$ omnes erunt ipso $2(m-i)$ aut minores aut certe non majores. Si postremae aequationis integrale est

$$f = a_i,$$

designante a_i constantem arbitrariam, atque ex hac aequatione petitur ipsius p_{i+1} valor per $p_{i+2}, p_{i+3}, \ldots, p_m, q_1, q_2, \ldots, q_m$ expressus, erit valor ille talis, qui omnibus i aequationibus (α) §. 11 simul satisfacit. Quo invento etiam p_1, $p_2, \ldots, p_i$, quae datae supponuntur functiones ipsarum $p_{i+1}, p_{i+2}, \ldots, p_m, q_1$, $q_2, \ldots, q_m$, exprimi possunt per $p_{i+2}, p_{i+3}, \ldots, p_m, q_1, q_2, \ldots, q_m$; et pergi potest ad integrationem simultaneam insequentis systematis $i+1$ aequationum differentialium partialium, quae ex aequationibus (α) proveniunt, si $i+1$ loco i ponitur, et cujus aequationes singulae numerum variabilium *duabus* unitatibus minorem continent.

Aequationes differentiales vulgares inter binas variabiles μ^{ti}, μ'^{ti}, etc. ordinis tamquam *auxiliares* spectari possunt; dum systema aequationum differentialium vulgarium (a), quae sunt primi ordinis, sed inter $2(m-i)+1$ variabiles, tamquam *principale* considerari potest. Quod systema principale si per eliminationem variabilium omnium praeter duas earumque differentialia ad unam revocas aequationem differentialem inter duas variabiles, ascendet ea ad ordinem $2(m-i)$ neque ad minorem ascendere potest. Ordo autem aequationis cujusvis auxiliaris pendet ab eo, quod inventum est, integrali aequationis auxiliaris praecedentis, et prout hoc vel illud inveneris, ordo major aut inferior fieri potest, qui tamen ordinem $2(m-i)$ aequationis principalis numquam egredi potest. Quin etiam e numeris μ, μ', ... existere possunt qui evanescant, ita ut una aut pluribus aut adeo omnibus integrationibus auxiliaribus omnino supersedeatur.

Integrationem, quibus totius problematis solutio secundum methodum propositam absolvatur, decursus describitur.

22.

Si totum negotium inde ab initio prosequimur, hic erit rei processus. Data p_1 ut functione ipsarum $p_2, p_3, \ldots, p_m, q_1, q_2, \ldots, q_m$, quae est aequatio differentialis partialis proposita, reliquae quantitates $p_2, p_3, \ldots, p_m$ ita determinandae sunt tamquam functiones ipsarum $q_1, q_2, \ldots, q_m$, ut evadat expressio

$$p_1 dq_1 + p_2 dq_2 + \cdots + p_m dq_m,$$

ipsa quoque p_1 per $q_1, q_2, \ldots, q_m$ expressa, differentiale completum; quo facto erit

$$V = \int \{p_1 dq_1 + p_2 dq_2 + \cdots + p_m dq_m\}$$

functio incognita, aequationi differentiali partiali propositae satisfaciens.

Conditur primum systema aequationum differentialium vulgarium sequens:

$$(1) \quad \begin{cases} \dfrac{dp_2}{dq_1} = \dfrac{\partial p_1}{\partial q_2}, & \dfrac{dq_2}{dq_1} = -\dfrac{\partial p_1}{\partial p_2}, \\ \dfrac{dp_3}{dq_1} = \dfrac{\partial p_1}{\partial q_3}, & \dfrac{dq_3}{dq_1} = -\dfrac{\partial p_1}{\partial p_3}, \\ \vdots & \vdots \\ \dfrac{dp_m}{dq_1} = \dfrac{\partial p_1}{\partial q_m}, & \dfrac{dq_m}{dq_1} = -\dfrac{\partial p_1}{\partial p_m}. \end{cases}$$

Cujus systematis si est integrale quodcunque

$$f_1 = a_1,$$

designante a_1 constantem arbitrariam, ex hac aequatione determinatur p_2 ut functio quantitatum $p_3, p_4, \ldots, p_m, q_1, q_2, \ldots, q_m$, unde etiam p_1 ut functio earundem quantitatum determinari potest. Quo facto, conditur systema aequationum differentialium vulgarium sequens:

$$(2)\quad \begin{cases} \dfrac{dp_3}{dq_1} = \dfrac{\partial p_1}{\partial q_3}, & \dfrac{dq_3}{dq_1} = -\dfrac{\partial p_1}{\partial p_3}, \\ \dfrac{dp_4}{dq_1} = \dfrac{\partial p_1}{\partial q_4}, & \dfrac{dq_4}{dq_1} = -\dfrac{\partial p_1}{\partial p_4}, \\ \dots & \dots \\ \dfrac{dp_m}{dq_1} = \dfrac{\partial p_1}{\partial q_m}, & \dfrac{dq_m}{dq_1} = -\dfrac{\partial p_1}{\partial p_m}. \end{cases}$$

Cujus systematis si est integrale

$$\varphi = \text{Constans},$$

formantur expressiones

$$\varphi' = \frac{\partial\varphi}{\partial q_2} + \frac{\partial p_2}{\partial q_3}\frac{\partial\varphi}{\partial p_3} + \frac{\partial p_2}{\partial q_4}\frac{\partial\varphi}{\partial p_4} + \dots + \frac{\partial p_2}{\partial q_m}\frac{\partial\varphi}{\partial p_m}$$
$$- \frac{\partial p_2}{\partial p_3}\frac{\partial\varphi}{\partial q_3} - \frac{\partial p_2}{\partial p_4}\frac{\partial\varphi}{\partial q_4} - \dots - \frac{\partial p_2}{\partial p_m}\frac{\partial\varphi}{\partial q_m},$$

$$\varphi'' = \frac{\partial\varphi'}{\partial q_2} + \frac{\partial p_2}{\partial q_3}\frac{\partial\varphi'}{\partial p_3} + \frac{\partial p_2}{\partial q_4}\frac{\partial\varphi'}{\partial p_4} + \dots + \frac{\partial p_2}{\partial q_m}\frac{\partial\varphi'}{\partial p_m}$$
$$- \frac{\partial p_2}{\partial p_3}\frac{\partial\varphi'}{\partial q_3} - \frac{\partial p_2}{\partial p_4}\frac{\partial\varphi'}{\partial q_4} - \dots - \frac{\partial p_2}{\partial p_m}\frac{\partial\varphi'}{\partial q_m},$$

etc. etc.

usque dum perveniatur ad functionem

$$\varphi^{(\mu)} = \frac{\partial\varphi^{(\mu-1)}}{\partial q_2} + \frac{\partial p_2}{\partial q_3}\frac{\partial\varphi^{(\mu-1)}}{\partial p_3} + \frac{\partial p_2}{\partial q_4}\frac{\partial\varphi^{(\mu-1)}}{\partial p_4} + \dots + \frac{\partial p_2}{\partial q_m}\frac{\partial\varphi^{(\mu-1)}}{\partial p_m}$$
$$- \frac{\partial p_2}{\partial p_3}\frac{\partial\varphi^{(\mu-1)}}{\partial q_3} - \frac{\partial p_2}{\partial p_4}\frac{\partial\varphi^{(\mu-1)}}{\partial q_4} - \dots - \frac{\partial p_2}{\partial p_m}\frac{\partial\varphi^{(\mu-1)}}{\partial q_m},$$

quae per antecedentes φ, φ', φ'', ..., $\varphi^{(\mu-1)}$ et ipsam q_2 exprimi potest, quod semper evenit pro numero $\mu \leqq 2m-4$. Si expressio ipsius $\varphi^{(\mu)}$ est

$$\varphi^{(\mu)}(q_2, \varphi, \varphi', \varphi'', \dots, \varphi^{(\mu-1)}),$$

formatur aequatio differentialis μ^{ti} ordinis:

$$(2^{a})\quad \frac{d^\mu\varphi}{dq_2^\mu} = \varphi^{(\mu)}\left(q_2, \varphi, \frac{d\varphi}{dq_2}, \frac{d^2\varphi}{dq_2^2}, \dots, \frac{d^{\mu-1}\varphi}{dq_2^{\mu-1}}\right).$$

Cuius integrale quodcunque si est

$$f_2\left(q_2, \varphi, \frac{d\varphi}{dq_2}, \frac{d^2\varphi}{dq_2^2}, \dots, \frac{d^{\mu-1}\varphi}{dq_2^{\mu-1}}\right) = a_2,$$

designante a_2 constantem arbitrariam, formatur aequatio:

$$f_2 = f_2(q_2, \varphi, \varphi', \varphi'', \ldots, \varphi^{(\mu-1)}) = a_2,$$

atque ope aequationum

$$f_1 = a_1, \quad f_2 = a_2$$

exprimuntur p_1, p_2, p_3 per $p_4, p_5, \ldots, p_m, q_1, q_2, \ldots, q_m$. Quo facto conditur systema aequationum differentialium vulgarium sequens:

$$(3) \quad \begin{cases} \dfrac{dp_4}{dq_1} = \dfrac{\partial p_1}{\partial q_4}, & \dfrac{dq_4}{dq_1} = -\dfrac{\partial p_1}{\partial p_4}, \\ \dfrac{dp_5}{dq_1} = \dfrac{\partial p_1}{\partial q_5}, & \dfrac{dq_5}{dq_1} = -\dfrac{\partial p_1}{\partial p_5}, \\ \cdots & \cdots \\ \dfrac{dp_m}{dq_1} = \dfrac{\partial p_1}{\partial q_m}, & \dfrac{dq_m}{dq_1} = -\dfrac{\partial p_1}{\partial p_m}. \end{cases}$$

Cuius systematis integrale si est

$$\Pi = \text{Constans},$$

formantur functiones:

$$\Pi' = \frac{\partial \Pi}{\partial q_2} + \frac{\partial p_2}{\partial q_4}\frac{\partial \Pi}{\partial p_4} + \frac{\partial p_2}{\partial q_5}\frac{\partial \Pi}{\partial p_5} + \cdots + \frac{\partial p_2}{\partial q_m}\frac{\partial \Pi}{\partial p_m}$$
$$- \frac{\partial p_2}{\partial p_4}\frac{\partial \Pi}{\partial q_4} - \frac{\partial p_2}{\partial p_5}\frac{\partial \Pi}{\partial q_5} - \cdots - \frac{\partial p_2}{\partial p_m}\frac{\partial \Pi}{\partial q_m},$$

$$\Pi'' = \frac{\partial \Pi'}{\partial q_2} + \frac{\partial p_2}{\partial q_4}\frac{\partial \Pi'}{\partial p_4} + \frac{\partial p_2}{\partial q_5}\frac{\partial \Pi'}{\partial p_5} + \cdots + \frac{\partial p_2}{\partial q_m}\frac{\partial \Pi'}{\partial p_m}$$
$$- \frac{\partial p_2}{\partial p_4}\frac{\partial \Pi'}{\partial q_4} - \frac{\partial p_2}{\partial p_5}\frac{\partial \Pi'}{\partial q_5} - \cdots - \frac{\partial p_2}{\partial p_m}\frac{\partial \Pi'}{\partial q_m},$$

etc. etc.

usque dum perveniatur ad functionem

$$\Pi^{(\nu)} = \frac{\partial \Pi^{(\nu-1)}}{\partial q_2} + \frac{\partial p_2}{\partial q_4}\frac{\partial \Pi^{(\nu-1)}}{\partial p_4} + \cdots + \frac{\partial p_2}{\partial q_m}\frac{\partial \Pi^{(\nu-1)}}{\partial p_m}$$
$$- \frac{\partial p_2}{\partial p_4}\frac{\partial \Pi^{(\nu-1)}}{\partial q_4} - \cdots - \frac{\partial p_2}{\partial p_m}\frac{\partial \Pi^{(\nu-1)}}{\partial q_m},$$

quae per antecedentes $\Pi, \Pi', \Pi'', \ldots, \Pi^{(\nu-1)}$ et ipsam q_2 exprimi potest, existente $\nu \leqq 2m-6$. Quam expressionem etiam q_3 tamquam constans afficere potest. Scribendo igitur loco $\Pi^{(\nu)}$ hanc expressionem:

$$\Pi^{(\nu)}(q_2, \Pi, \Pi', \ldots, \Pi^{(\nu-1)}),$$

conditur aequatio differentialis ν^{ti} ordinis:

$$(3^a) \quad \frac{d^\nu \Pi}{dq_2^\nu} = \Pi^{(\nu)}\left(q_2, \Pi, \frac{d\Pi}{dq_2}, \ldots, \frac{d^{\nu-1}\Pi}{dq_2^{\nu-1}}\right).$$

Cuius aequationis integrale aliquod quodcunque si est

$$\Pi_1 = \text{Constans},$$

formantur functiones

$$\Pi_1' = \frac{\partial \Pi_1}{\partial q_3} + \frac{\partial p_3}{\partial q_4}\frac{\partial \Pi_1}{\partial p_4} + \cdots + \frac{\partial p_3}{\partial q_m}\frac{\partial \Pi_1}{\partial p_m}$$
$$- \frac{\partial p_3}{\partial p_4}\frac{\partial \Pi_1}{\partial q_4} - \cdots - \frac{\partial p_3}{\partial p_m}\frac{\partial \Pi_1}{\partial q_m},$$

$$\Pi_1'' = \frac{\partial \Pi_1'}{\partial q_3} + \frac{\partial p_3}{\partial q_4}\frac{\partial \Pi_1'}{\partial p_4} + \cdots + \frac{\partial p_3}{\partial q_m}\frac{\partial \Pi_1'}{\partial p_m}$$
$$- \frac{\partial p_3}{\partial p_4}\frac{\partial \Pi_1'}{\partial q_4} - \cdots - \frac{\partial p_3}{\partial p_m}\frac{\partial \Pi_1'}{\partial q_m},$$

etc. etc.

usque dum perveniatur ad functionem $\Pi_1^{(\nu')}$, quae per praecedentes Π_1, Π_1', Π_1'', ..., $\Pi_1^{(\nu'-1)}$ et ipsam q_3 exprimi potest, rursus existente $\nu' \leqq 2m-6$. Quae expressio si est

$$\Pi_1^{(\nu')}(q_3, \Pi_1, \Pi_1', \Pi_1'', \ldots, \Pi_1^{(\nu'-1)}),$$

conditur aequatio differentialis ν'^{ti} ordinis:

$$(3^b) \quad \frac{d^{\nu'} \Pi_1}{dq_3^{\nu'}} = \Pi_1^{(\nu')}\left(q_3, \Pi_1, \frac{d\Pi_1}{dq_3}, \frac{d^2\Pi_1}{dq_3^2}, \ldots, \frac{d^{\nu'-1}\Pi_1}{dq_3^{\nu'-1}}\right),$$

cuius unum quaeritur integrale quodcunque

$$f_3\left(q_3, \Pi_1, \frac{d\Pi_1}{dq_3}, \frac{d^2\Pi_1}{dq_3^2}, \ldots, \frac{d^{\nu'-1}\Pi_1}{dq_3^{\nu'-1}}\right) = a_3,$$

designante a_3 constantem arbitrariam. Quo invento formatur aequatio

$$f_3 = f_3(q_3, \Pi_1, \Pi_1', \Pi_1'', \ldots, \Pi_1^{(\nu'-1)}) = a_3,$$

et ope trium aequationum

$$f_1 = a_1, \quad f_2 = a_2, \quad f_3 = a_3$$

exprimuntur p_1, p_2, p_3, p_4 ut functiones ipsarum $p_5, \ldots, p_m, q_1, q_2, \ldots, q_m$. Et ita porro. Totum negotium in has integrationes desinit. Scilicet inventis per methodum assignatam aequationibus

$$f_1 = a_1, \quad f_2 = a_2, \quad \ldots, \quad f_{m-2} = a_{m-2},$$

in quibus $a_1, a_2, \ldots, a_{m-2}$ sunt constantes arbitrariae, quarum unaquaeque a_i functiones $f_{i+1}, f_{i+2}, \ldots, f_{m-2}$ neque vero ullam eas praecedentem $f_1, f_2, \ldots, f_i$ afficit, exprimantur ope harum aequationum et aequationis differentialis partialis propositae $p_1, p_2, \ldots, p_{m-1}$ ut functiones ipsarum $p_m, q_1, q_2, \ldots, q_m$, et proponantur aequationes

$$\frac{dp_m}{dq_1} = \frac{\partial p_1}{\partial q_m}, \quad \frac{dq_m}{dq_1} = -\frac{\partial p_1}{\partial p_m};$$

quae quum duo integralia habeant, sit alterum

$$\psi = \text{Constans},$$

et formentur functiones

$$\psi' = \frac{\partial \psi}{\partial q_2} + \frac{\partial p_2}{\partial q_m}\frac{\partial \psi}{\partial p_m} - \frac{\partial p_2}{\partial p_m}\frac{\partial \psi}{\partial q_m},$$

$$\psi'' = \frac{\partial \psi'}{\partial q_2} + \frac{\partial p_2}{\partial q_m}\frac{\partial \psi'}{\partial p_m} - \frac{\partial p_2}{\partial p_m}\frac{\partial \psi'}{\partial q_m};$$

si ψ' est functio ipsius ψ ipsarumque $q_2, q_3, \ldots, q_m$:

$$\psi' = \psi'(q_2, \psi),$$

integretur aequatio primi ordinis:

$$\frac{d\psi}{dq_2} = \psi'(q_2, \psi);$$

si vero ψ' non est functio ipsius ψ ipsarumque $q_2, q_3, \ldots, q_m$, certe erit ψ'' functio ipsarum ψ, ψ' et quantitatum $q_2, q_3, \ldots, q_m$:

$$\psi'' = \psi''(q_2, \psi, \psi'),$$

quo casu quaeratur alterum integrale aequationis differentialis secundi ordinis:

$$\frac{d^2\psi}{dq_2^2} = \psi''\left(q_2, \psi, \frac{d\psi}{dq_2}\right);$$

quibus in aequationibus considerantur $q_3, q_4, \ldots, q_m$ ut constantes; sit integrale huius vel illius aequationis

$$\psi_1 = \text{Constans},$$

designante ψ_1 priore casu ipsarum q_2, ψ, posteriore ipsarum q_2, ψ, $\frac{d\psi}{dq_2}$ functionem, ac restituatur posteriore casu ψ' loco $\frac{d\psi}{dq_2}$ in functione ψ_1, quo facto formentur rursus functiones

$$\psi_1' = \frac{\partial\psi_1}{\partial q_3} + \frac{\partial p_3}{\partial q_m}\frac{\partial\psi_1}{\partial p_m} - \frac{\partial p_3}{\partial p_m}\frac{\partial\psi_1}{\partial q_m},$$

$$\psi_1'' = \frac{\partial\psi_1'}{\partial q_3} + \frac{\partial p_3}{\partial q_m}\frac{\partial\psi_1'}{\partial p_m} - \frac{\partial p_3}{\partial p_m}\frac{\partial\psi_1'}{\partial q_m};$$

erit aut ψ_1' ipsarum $\psi_1, q_3, q_4, \ldots, q_m$ aut, si hoc locum non habet, certe ψ_1'' ipsarum $\psi_1, \psi_1', q_3, q_4, \ldots, q_m$ functio; quaeratur integrale priore casu aequationis

$$\frac{d\psi_1}{dq_3} = \psi_1',$$

posteriore casu aequationis

$$\frac{d^2\psi_1}{dq_3^2} = \psi_1'',$$

siquidem in ψ_1'' loco ψ_1' ponitur $\frac{d\psi_1}{dq_3}$, ipsis $q_4, q_5, \ldots, q_m$ in hac vel illa aequatione consideratis ut constantibus; si integrale quaesitum est

$$\psi_2 = \text{Constans},$$

ac posteriore casu in ψ_2 loco $\frac{d\psi_1}{dq_3}$ restituitur ψ_1', iam simili modo e ψ_3 deducatur functio ψ_4, ex hac ψ_5 et ita porro; postremo ex inventa functione ψ_{m-3} formetur functio

$$\psi_{m-3}' = \frac{\partial\psi_{m-3}}{\partial q_{m-1}} + \frac{\partial p_{m-1}}{\partial q_m}\frac{\partial\psi_{m-3}}{\partial p_m} - \frac{\partial p_{m-1}}{\partial p_m}\frac{\partial\psi_{m-3}}{\partial q_m},$$

quae si est ipsarum ψ_{m-3}, q_{m-1}, q_m functio, quaeratur integrale aequationis

$$\frac{d\psi_{m-3}}{dq_{m-1}} = \psi_{m-3}';$$

sin minus, formetur adhuc functio

$$\psi_{m-3}'' = \frac{\partial\psi_{m-3}'}{\partial q_{m-1}} + \frac{\partial p_{m-1}}{\partial q_m}\frac{\partial\psi_{m-3}'}{\partial p_m} - \frac{\partial p_{m-1}}{\partial p_m}\frac{\partial\psi_{m-3}'}{\partial q_m},$$

erit ψ_{m-3}'' ipsarum $\psi_{m-3}, \psi_{m-3}', q_{m-1}, q_m$ functio; in qua si loco ψ_{m-3}' ponitur

$\frac{d\psi_{m-3}}{dq_{m-1}}$, quaeratur integrale aequationis differentialis secundi ordinis

$$\frac{d^2\psi_{m-3}}{dq_{m-1}^2} = \psi''_{m-3},$$

in hac et illa aequatione considerata q_m ut constante; sit integrale quaesitum

$$f_{m-1} = a_{m-1},$$

in quo posteriore casu restituendum est ψ'_{m-3} loco $\frac{d\psi}{dq_{m-3}}$, designante a_{m-1} constantem arbitrariam; erit inventa functione f_{m-1} totum negotium finitum. Scilicet erutis ex aequationibus

$$f_1 = a_1, \ f_2 = a_2, \ \ldots, \ f_{m-1} = a_{m-1}$$

et ex aequatione differentiali partiali proposita ipsarum $p_1, p_2, \ldots, p_m$ valoribus per $q_1, q_2, \ldots, q_m$ expressis, fit

$$p_1dq_1 + p_2dq_2 + \cdots + p_mdq_m$$

differentiale exactum atque

$$V = \int \{p_1dq_1 + p_2dq_2 + \cdots + p_mdq_m\}$$

integrale aequationis differentialis partialis propositae, praeter constantem arbitrariam additione addendam alias $m-1$ constantes arbitrarias involvens a_1, $a_2, \ldots, a_{m-1}$.

8 Systemate aequationum differentialium vulgarium revocato ad unam aequationem differentialem inter duas variabiles, ordo systematis secundum huius aequationis differentialis ordinem aestimetur sive secundum numerum constantium arbitrariarum, quas integratio eius completa secum fert. Iam si aequationum differentialium auxiliarium systemata omnia ad summum ordinem ascendunt, ad quem ascendere possunt, per methodum antecedentibus propositam quaerendum est unum integrale quodcunque $\frac{m(m-1)}{2}$ systematum aequationum differentialium inter duas variabiles; et quidem

unius $(2m-2)^{ti}$ ordinis,
duarum $(2m-4)^{ti}$ - ,
trium $(2m-6)^{ti}$ - ,
. . . .
$m-1$ 2^{ti} - .

Sed systematum aequationum auxiliarium ordo plerumque multo inferior evadit; qua de re accuratius dicetur, $m-1$ systematum, quae alia post alia conduntur atque respective $(2m-2)^{ti}$, $(2m-4)^{ti}$, ..., 2^{ti} ordinis sunt, singulorum unum integrale quaerendum esse; atque insuper pro singulis systematis $(2m-2i)^{\text{ti}}$ ordinis formanda esse $i-1$ systemata auxiliaria alia post alia, quae ordinem $(2m-2i)^{\text{tum}}$ non excedunt, plerumque multo inferioris ordinis sunt, et quorum singulorum unum integrale investigandum est. Methodi hactenus notae poscebant systematis $(2m-2)^{\text{ti}}$ ordinis integrationem completam, quod post unum integrale inventum ad integrationem completam aequationis differentialis vulgaris inter duas variabiles $(2m-3)^{\text{ti}}$ ordinis reducitur. Dicere solebant Analystae, se aequationem differentialem integrasse, quam ad integrationes aequationum differentialium inferiorum ordinum reduxerint. Hac mente aequatio illa $(2m-3)^{\text{ti}}$ ordinis per methodos a me antecedentibus propositas generaliter integrata est, quippe ad aequationes ordinis $(2m-4)^{\text{ti}}$ et inferiorum ordinum reducta.

Agitur de demonstratione Theorematis IV §. 18, quo antecedentia nituntur. De inversione operationum differentialium.

23.

Demonstrandum restat theorema IV, quo analysis antecedens tota innititur. Quam demonstrationem paullo altius repetam.

Sit f functio n variabilium $x_1, x_2, \ldots, x_n$, ac proponantur duae expressiones:

$$\mathrm{A}[f] = A_1\frac{\partial f}{\partial x_1}+A_2\frac{\partial f}{\partial x_2}+\cdots+A_n\frac{\partial f}{\partial x_n},$$

$$\mathrm{B}[f] = B_1\frac{\partial f}{\partial x_1}+B_2\frac{\partial f}{\partial x_2}+\cdots+B_n\frac{\partial f}{\partial x_n},$$

in quibus $A_1, A_2, \ldots$ atque $B_1, B_2, \ldots$ sunt datae ipsarum $x_1, x_2, \ldots, x_n$ functiones quaecunque. Ipsae

$$\mathrm{A}[f],\ \mathrm{B}[f]$$

sunt notationes mere symbolicae, expressiones notantes, quae post certas operationes circa functionem f transactas prodeunt; quas operationes *primam* et *secundam* dicam. Subiiciamus expressionem $\mathrm{B}[f]$ operationi primae, expressionem $\mathrm{A}[f]$ operationi secundae et expressiones inde prodeuntes alteram de altera deducamus, dico, *expressionem*

$$\mathrm{A}[\mathrm{B}[f]]-\mathrm{B}[\mathrm{A}[f]]$$

differentialia partialia secunda functionis f non continere, sed in ipsam formam *redire:*

$$C[f] = C_1 \frac{\partial f}{\partial x_1} + C_2 \frac{\partial f}{\partial x_2} + \cdots + C_n \frac{\partial f}{\partial x_n}.$$

Nam in altera expressione

$$A[B[f]]$$

evoluta multiplicatur $\frac{\partial^2 f}{\partial x_i \partial x_i}$ per $A_i B_i$ atque $\frac{\partial^2 f}{\partial x_i \partial x_k}$, si i et k inter se diversi sunt, per $A_i B_k + A_k B_i$; altera vero expressio quum de altera prodeat, A et B inter se permutando, quo coefficientes illi non mutantur, ex utriusque expressionis differentia terminos illos prorsus abire patet. Eruitur porro in aequatione inventa

$$A[B[f]] - B[A[f]] = C[f]$$

terminus generalis

$$C_i = A_1 \frac{\partial B_i}{\partial x_1} + A_2 \frac{\partial B_i}{\partial x_2} + \cdots + A_n \frac{\partial B_i}{\partial x_n}$$
$$- B_1 \frac{\partial A_i}{\partial x_1} - B_2 \frac{\partial A_i}{\partial x_2} - \cdots - B_n \frac{\partial A_i}{\partial x_n}.$$

Statuatur generaliter

$$A^i[f] = A[A^{i-1}[f]],$$

ita ut sit:

$$A^2[f] = A[A\,[f]],$$
$$A^3[f] = A[A^2[f]],$$
$$\cdots\cdots\cdots$$

ac simili modo sit generaliter:

$$B^i[f] = B[B^{i-1}[f]],$$

porro

$$B^k A^i[f] = B^k[A^i[f]],$$
$$A^l B^k A^i[f] = A^l[B^k A^i[f]],$$
$$\cdots\cdots\cdots\cdots$$

ita ut obtineatur ex. gr. expressio

$$B^m A^l B^k A^i[f],$$

si functio f subjicitur i vicibus iteratis operationi primae, expressio proveniens k vicibus iteratis operationi secundae, expressio proveniens l vicibus iteratis rursus operationi primae, expressio proveniens m vicibus iteratis rursus operationi secundae. His positis supponamus, expressionem

$$C_i = A_1\frac{\partial B_i}{\partial x_1}+A_2\frac{\partial B_i}{\partial x_2}+\cdots+A_n\frac{\partial B_i}{\partial x_n}$$
$$-B_1\frac{\partial A_i}{\partial x_1}-B_2\frac{\partial A_i}{\partial x_2}-\cdots-B_n\frac{\partial A_i}{\partial x_n}$$

identice evanescere pro quolibet ipsius i valore, erit identice, quaecunque sit f functio,

$$\mathrm{AB}[f] = \mathrm{BA}[f],$$

sive duarum operationum ordo interverti potest. Unde deduci potest Theorema generale, *expressionem*

$$\mathrm{B}^m\mathrm{A}^i\mathrm{B}^k\mathrm{A}^l[f]$$

eandem evasuram, quicunque sit operationum ordo.

Ad demonstrandam Propositionem praecedentem generalem observo, fieri

$$\begin{aligned}
\mathrm{B}^k\mathrm{A}[f] &= \mathrm{B}^{k-1}\mathrm{BA}[f] = \mathrm{B}^{k-1}\mathrm{AB}[f]\\
&= \mathrm{B}^{k-2}\mathrm{BAB}[f] = \mathrm{B}^{k-2}\mathrm{AB}^2[f]\\
&= \mathrm{B}^{k-3}\mathrm{BAB}^2[f] = \mathrm{B}^{k-3}\mathrm{AB}^3[f]\\
&= \mathrm{B}^{k-4}\mathrm{BAB}^3[f] = \mathrm{B}^{k-4}\mathrm{AB}^4[f]\\
&\ldots\ldots\ldots\ldots\\
&= \mathrm{BAB}^{k-1}[f] = \mathrm{AB}^k[f].
\end{aligned}$$

Unde

$$\begin{aligned}
\mathrm{B}^k\mathrm{A}^i[f] &= \mathrm{B}^k\mathrm{AA}^{i-1}[f] = \mathrm{AB}^k\mathrm{A}^{i-1}[f] = \mathrm{AB}^k\mathrm{AA}^{i-2}[f]\\
&= \mathrm{A\,AB}^k\mathrm{A}^{i-2}[f] = \mathrm{A}^2\mathrm{B}^k\mathrm{AA}^{i-3}[f]\\
&= \mathrm{A}^2\mathrm{AB}^k\mathrm{A}^{i-3}[f] = \mathrm{A}^3\mathrm{B}^k\mathrm{AA}^{i-4}[f]\\
&\ldots\ldots\ldots\ldots\\
&= \mathrm{A}^{i-1}\mathrm{B}^k\mathrm{A}[f] = \mathrm{A}^{i-1}\mathrm{AB}^k[f] = \mathrm{A}^i\mathrm{B}^k[f].
\end{aligned}$$

Hinc etiam eruitur

$$\begin{aligned}
\mathrm{A}^i\mathrm{B}^k\mathrm{A}^l[f] &= \mathrm{A}^i\mathrm{A}^l\mathrm{B}^k[f] = \mathrm{A}^{i+l}\mathrm{B}^k[f] = \mathrm{B}^k\mathrm{A}^{i+l}[f]\\
\mathrm{B}^m\mathrm{A}^i\mathrm{B}^k\mathrm{A}^l[f] &= \mathrm{B}^m\mathrm{B}^k\mathrm{A}^{i+l}[f] = \mathrm{B}^{m+k}\mathrm{A}^{i+l}[f]\\
&= \mathrm{A}^{i+l}\mathrm{B}^{m+k}[f].
\end{aligned}$$

Unde Propositio demonstranda patet.

Formula §. antecedente inventa alia via confirmatur.

24.

Propositio inventa, si $C_i = 0$ pro quolibet ipsius i valore, fieri

$$AB[f] = BA[f],$$

his considerationibus confirmatur. Sint $x_1, x_2, \ldots, x_n$ functiones duarum variabilium t et u, quae neque in ipsa f, neque praeterea in ipsis A_i, B_i inveniantur explicite. Quas functiones supponamus determinari per aequationes:

$$(1) \quad \begin{cases} \dfrac{\partial x_1}{\partial t} = A_1, & \dfrac{\partial x_2}{\partial t} = A_2, & \ldots, & \dfrac{\partial x_n}{\partial t} = A_n, \\ \dfrac{\partial x_1}{\partial u} = B_1, & \dfrac{\partial x_2}{\partial u} = B_2, & \ldots, & \dfrac{\partial x_n}{\partial u} = B_n. \end{cases}$$

Quae aequationes ut locum habere possint, fieri debet pro quolibet ipsius i valore:

$$(2) \quad \frac{\partial B_i}{\partial t} - \frac{\partial A_i}{\partial u} = C_i = 0.$$

Sequitur autem e (1):

$$\frac{\partial f}{\partial t} = A[f], \quad \frac{\partial f}{\partial u} = B[f],$$

unde etiam

$$\frac{\partial \dfrac{\partial f}{\partial t}}{\partial u} = BA[f], \quad \frac{\partial \dfrac{\partial f}{\partial u}}{\partial t} = AB[f].$$

Quae expressiones, quum differentiationum secundum t et u institutarum ordo inverti possit, inter se aequales existunt. Quod est Theorema propositum.

De usu formulae inventae in integratione aequationum differentialium partialium linearium.

25.

Antecedentibus erat f functio quaecunque. Iam supponamus, esse f integrale aequationis

$$(1) \quad 0 = A_1 \frac{\partial \varphi}{\partial x_1} + A_2 \frac{\partial \varphi}{\partial x_2} + \cdots + A_n \frac{\partial \varphi}{\partial x_n},$$

sive esse f functionem talem, ut identice habeatur

$$A[f] = 0.$$

Iam, *si rursus* $B_1, B_2, \ldots, B_n$ *sunt functiones ipsarum* $x_1, x_2, \ldots, x_n$ *tales, ut pro quolibet ipsius* i *valore identice sit*

$$0 = C_i = A_1 \frac{\partial B_i}{\partial x_1} + A_2 \frac{\partial B_i}{\partial x_2} + \cdots + A_n \frac{\partial B_i}{\partial x_n}$$
$$- B_1 \frac{\partial A_i}{\partial x_1} - B_2 \frac{\partial A_i}{\partial x_2} - \cdots - B_n \frac{\partial A_i}{\partial x_n},$$

sequitur e Propositione demonstrata, etiam functionem

$$\mathrm{B}[f] = B_1 \frac{\partial f}{\partial x_1} + B_2 \frac{\partial f}{\partial x_2} + \cdots + B_n \frac{\partial f}{\partial x_n}$$

esse aequationis (1) *integrale, sive generalius functionem* $\mathrm{B}^m[f]$. Quippe quod ut fiat, identice esse debet

$$\mathrm{A}\mathrm{B}^m[f] = 0.$$

Sed quum sint quantitates $C_i = 0$, fit identice

$$\mathrm{A}\mathrm{B}^m[f] = \mathrm{B}^m\mathrm{A}[f],$$

quae expressio identice evanescit, quum ex hypothesi expressio $\mathrm{A}[f]$ identice evanescat.

Fieri potest, ut expressio $\mathrm{B}[f]$ et ipsa identice evanescat sive constanti aequalis evadat. Quod vero si locum non habet, cognitis ipsis $B_1, B_2, \ldots, B_n$, e quovis integrali aequationis (1) $\varphi = f$ alterum $\varphi = \mathrm{B}[f]$ deduci potest, ex hoc, posito novo integrali in locum prioris, tertium $\varphi = \mathrm{B}^2[f]$ et ita porro. Sed quum constet, aequationem (1) plura quam $n-1$ integralia non habere a se independentia, habemus Propositionem,

si pro quovis ipsius i *valore sit*

$$0 = A_1 \frac{\partial B_i}{\partial x_1} + A_2 \frac{\partial B_i}{\partial x_2} + \cdots + A_n \frac{\partial B_i}{\partial x_n}$$
$$- B_1 \frac{\partial A_i}{\partial x_1} - B_2 \frac{\partial A_i}{\partial x_2} - \cdots - B_n \frac{\partial A_i}{\partial x_n},$$

atque

$$0 = A_1 \frac{\partial f}{\partial x_1} + A_2 \frac{\partial f}{\partial x_2} + \cdots + A_n \frac{\partial f}{\partial x_n} = \mathrm{A}[f],$$

inter functiones f, $\mathrm{B}[f]$, $\mathrm{B}^2[f]$, $\ldots$, $\mathrm{B}^{n-1}[f]$ *unam vel plures aequationes dari, quas ipsae* $x_1, x_2, \ldots, x_n$ *non ingrediuntur.*

Antecedentium in aequationes problematis propositi applicatio. Theorema generale expressiones $[\varphi, \psi]$ concernens.

26.

Iam ipsis $A_1, A_2, \ldots, A_n, B_1, B_2, \ldots, B_n$ valores quosdam tribuamus particulares, quibus fit, ut expressiones C_i omnes ejusdem functionis evadant differentialia partialia. Quam deinde expressionem si evanescere statuimus, etiam ipsae C_i pro omnibus ipsius i valoribus evanescunt, quae est conditio requisita. Initio autem generaliorem Propositionem condam. In finem propositum pono

$$n = 2m,$$

atque in loco variabilium independentium $x_1, x_2, \ldots, x_n$ introduco systema duplex variabilium

$$q_1, \ q_2, \ \ldots, \ q_m,$$
$$p_1, \ p_2, \ \ldots, \ p_m,$$

atque statuo:

$$\begin{aligned} \mathrm{A}[f] &= A_1^0 \frac{\partial f}{\partial q_1} + A_2^0 \frac{\partial f}{\partial q_2} + \cdots + A_m^0 \frac{\partial f}{\partial q_m} \\ &\quad + A_1^1 \frac{\partial f}{\partial p_1} + A_2^1 \frac{\partial f}{\partial p_2} + \cdots + A_m^1 \frac{\partial f}{\partial p_m}, \\ \mathrm{B}[f] &= B_1^0 \frac{\partial f}{\partial q_1} + B_2^0 \frac{\partial f}{\partial q_2} + \cdots + B_m^0 \frac{\partial f}{\partial q_m} \\ &\quad + B_1^1 \frac{\partial f}{\partial p_1} + B_2^1 \frac{\partial f}{\partial p_2} + \cdots + B_m^1 \frac{\partial f}{\partial p_m}; \end{aligned}$$

tandem sit:

$$\begin{aligned} \mathrm{AB}[f] - \mathrm{BA}[f] &= \mathrm{C}[f] \\ = C_1^0 \frac{\partial f}{\partial q_1} &+ C_2^0 \frac{\partial f}{\partial q_2} + \cdots + C_m^0 \frac{\partial f}{\partial q_m} \\ + C_1^1 \frac{\partial f}{\partial p_1} &+ C_2^1 \frac{\partial f}{\partial p_2} + \cdots + C_m^1 \frac{\partial f}{\partial p_m}. \end{aligned}$$

His positis, fit

$$C_i^0 = \sum_k \left\{ A_k^0 \frac{\partial B_i^0}{\partial q_k} + A_k^1 \frac{\partial B_i^0}{\partial p_k} - B_k^0 \frac{\partial A_i^0}{\partial q_k} - B_k^1 \frac{\partial A_i^0}{\partial p_k} \right\},$$

$$C_i^1 = \sum_k \left\{ A_k^0 \frac{\partial B_i^1}{\partial q_k} + A_k^1 \frac{\partial B_i^1}{\partial p_k} - B_k^0 \frac{\partial A_i^1}{\partial q_k} - B_k^1 \frac{\partial A_i^1}{\partial p_k} \right\},$$

siquidem ipsi k sub signo Σ valores $1, 2, \ldots, m$ tribuuntur. Iam ut expressiones sub signo Σ evadant differentialia partialia ejusdem expressionis, statuo

$$A_k^0 = \frac{\partial\varphi}{\partial p_k}, \quad A_k^1 = -\frac{\partial\varphi}{\partial q_k},$$

$$B_k^0 = \frac{\partial\psi}{\partial p_k}, \quad B_k^1 = -\frac{\partial\psi}{\partial q_k},$$

unde

$$A_k^0 \frac{\partial B_i^0}{\partial q_k} - B_k^1 \frac{\partial A_i^0}{\partial p_k} = \frac{\partial\varphi}{\partial p_k}\frac{\partial^2\psi}{\partial p_i \partial q_k} + \frac{\partial\psi}{\partial q_k}\frac{\partial^2\varphi}{\partial p_i \partial p_k} = \frac{\partial \dfrac{\partial\varphi}{\partial p_k}\dfrac{\partial\psi}{\partial q_k}}{\partial p_i}.$$

Unde etiam permutando A et B, φ et ψ fit:

$$B_k^0 \frac{\partial A_i^0}{\partial q_k} - A_k^1 \frac{\partial B_i^0}{\partial p_k} = \frac{\partial \dfrac{\partial\varphi}{\partial q_k}\dfrac{\partial\psi}{\partial p_k}}{\partial p_i},$$

ideoque

$$C_i^0 = -\frac{\partial \sum_k \left\{ \dfrac{\partial\varphi}{\partial q_k}\dfrac{\partial\psi}{\partial p_k} - \dfrac{\partial\varphi}{\partial p_k}\dfrac{\partial\psi}{\partial q_k} \right\}}{\partial p_i}.$$

Permutando p et q, unde simul permutari debent A^0 et A^1, B^0 et B^1, mutatur etiam C_i^0 in C_i^1. Unde formula praecedens suppeditat permutando p et q:

$$C_i^1 = \frac{\partial \sum_k \left\{ \dfrac{\partial\varphi}{\partial q_k}\dfrac{\partial\psi}{\partial p_k} - \dfrac{\partial\varphi}{\partial p_k}\dfrac{\partial\psi}{\partial q_k} \right\}}{\partial q_i}.$$

Designabo sequentibus per $[f, \varphi]$ *expressionem sequentem:*

$$[f, \varphi] = \frac{\partial f}{\partial q_1}\frac{\partial\varphi}{\partial p_1} + \frac{\partial f}{\partial q_2}\frac{\partial\varphi}{\partial p_2} + \cdots + \frac{\partial f}{\partial q_m}\frac{\partial\varphi}{\partial p_m}$$
$$- \frac{\partial f}{\partial p_1}\frac{\partial\varphi}{\partial q_1} - \frac{\partial f}{\partial p_2}\frac{\partial\varphi}{\partial q_2} - \cdots - \frac{\partial f}{\partial p_m}\frac{\partial\varphi}{\partial q_m},$$

unde erit

$$[f, f] = 0, \quad [f, \varphi] = -[\varphi, f].$$

Qua introducta notatione iam erit pro iis, quos ipsis A_i^0, B_i^0, A_i^1, B_i^1 valores tribuimus:

$$\mathrm{A}[f] = [f, \varphi],$$
$$\mathrm{B}[f] = [f, \psi],$$
$$\mathrm{AB}[f] = [[f, \psi], \varphi],$$
$$\mathrm{BA}[f] = [[f, \varphi], \psi].$$

Porro

$$C_i^0 = -\frac{\partial[\varphi, \psi]}{\partial p_i}, \quad C_i^1 = \frac{\partial[\varphi, \psi]}{\partial q_i}.$$

Quibus substitutis valoribus, fit

$$\mathrm{C}[f] = [[\varphi, \psi], f].$$

Unde tandem formula supra inventa

$$\mathrm{AB}[f] - \mathrm{BA}[f] = \mathrm{C}[f]$$

in hanc abit:

$$[[f, \psi], \varphi] - [[f, \varphi], \psi] = [[\varphi, \psi], f];$$

quae concinnius sic exhibetur:

$$[[f, \varphi], \psi] + [[\varphi, \psi], f] + [[\psi, f], \varphi] = 0,$$

sive habetur

Theorema V.

Generaliter designetur, quaecunque sint R et S ipsarum $q_1, q_2, \ldots, q_m$, $p_1, p_2, \ldots, p_m$ *functiones, per signum* $[R, S]$ *haec expressio:*

$$[R, S] = \frac{\partial R}{\partial q_1}\frac{\partial S}{\partial p_1} + \frac{\partial R}{\partial q_2}\frac{\partial S}{\partial p_2} + \cdots + \frac{\partial R}{\partial q_m}\frac{\partial S}{\partial p_m}$$
$$-\frac{\partial R}{\partial p_1}\frac{\partial S}{\partial q_1} - \frac{\partial R}{\partial p_2}\frac{\partial S}{\partial q_2} - \cdots - \frac{\partial R}{\partial p_m}\frac{\partial S}{\partial q_m},$$

ponatur

$$[\varphi, \psi] = F, \quad [\psi, f] = \Phi, \quad [f, \varphi] = \Psi,$$

erit identice:

$$[F, f] + [\Phi, \varphi] + [\Psi, \psi] = 0.$$

Quod est gravissimum Theorema.

De systemate aequationum differentialium vulgarium, quod aequationi $[f, \varphi] = 0$ respondeat, de eiusque tertio integrali e binis quibuslibet inveniendo.

27.

Sit f data functio, erit aequatio

$$[f, \varphi] = 0$$

aequatio differentialis partialis, cui functio φ satisfacere debet. Atque notum est, obtineri omnes functiones φ aequationi

$$(1)\quad \begin{cases} 0 = [f, \varphi] = \dfrac{\partial f}{\partial q_1}\dfrac{\partial \varphi}{\partial p_1} + \dfrac{\partial f}{\partial q_2}\dfrac{\partial \varphi}{\partial p_2} + \cdots + \dfrac{\partial f}{\partial q_m}\dfrac{\partial \varphi}{\partial p_m} \\ \qquad -\dfrac{\partial f}{\partial p_1}\dfrac{\partial \varphi}{\partial q_1} - \dfrac{\partial f}{\partial p_2}\dfrac{\partial \varphi}{\partial q_2} - \cdots - \dfrac{\partial f}{\partial p_m}\dfrac{\partial \varphi}{\partial q_m} \end{cases}$$

satisfacientes, si quaeruntur integralia systematis aequationum differentialium vulgarium sequentis:

$$(2)\quad \begin{cases} dp_1 : dp_2 : \cdots : dp_m : \quad dq_1 : \quad dq_2 : \cdots : \quad dq_m \\ = \frac{\partial f}{\partial q_1} : \frac{\partial f}{\partial q_2} : \cdots : \frac{\partial f}{\partial q_m} : -\frac{\partial f}{\partial p_1} : -\frac{\partial f}{\partial p_2} : \cdots : -\frac{\partial f}{\partial p_m}. \end{cases}$$

Quoties enim huius systematis aequationum differentialium vulgarium integrale quodcunque est

$$\varphi = \text{Const.},$$

erit φ functio aequationi (1) satisfaciens. Iam sit

$$\psi = \text{Const.}$$

alterum integrale quodcunque aequationum (2), erit identice:

$$[f, \varphi] = 0, \quad [f, \psi] = 0,$$

sive, si notationem §. antecedente adhibitam rursus adhibemus:

$$\Psi = 0, \quad \Phi = 0.$$

Hoc autem casu aequatio identica Theoremate V proposita in hanc abit:

$$[f, F] = 0.$$

Unde sequitur, aequationum (2) integrale quoque esse

$$F = [\varphi, \psi] = \text{Const.};$$

sive habetur

Theorema VI.

Sint

$$\varphi = \text{Const.}, \quad \psi = \text{Const.}$$

duo integralia quaecunque aequationum

$$\begin{aligned} & dp_1 : dp_2 : \cdots : dp_m : \quad dq_1 : \quad dq_2 : \cdots : \quad dq_m \\ = & \frac{\partial f}{\partial q_1} : \frac{\partial f}{\partial q_2} : \cdots : \frac{\partial f}{\partial q_m} : -\frac{\partial f}{\partial p_1} : -\frac{\partial f}{\partial p_2} : \cdots : -\frac{\partial f}{\partial p_m}, \end{aligned}$$

erit aequatio

$$\begin{aligned} \text{Const.} = [\varphi, \psi] = & \frac{\partial \varphi}{\partial q_1}\frac{\partial \psi}{\partial p_1} + \frac{\partial \varphi}{\partial q_2}\frac{\partial \psi}{\partial p_2} + \cdots + \frac{\partial \varphi}{\partial q_m}\frac{\partial \psi}{\partial p_m} \\ & - \frac{\partial \varphi}{\partial p_1}\frac{\partial \psi}{\partial q_1} - \frac{\partial \varphi}{\partial p_2}\frac{\partial \psi}{\partial q_2} - \cdots - \frac{\partial \varphi}{\partial p_m}\frac{\partial \psi}{\partial q_m} \end{aligned}$$

tertium integrale eiusdem aequationum differentialium vulgarium systematis.

Dilucidationes circa Theorema §. antecedente propositum.

28.

Antecedentibus evenire potest, ut functio $[\varphi, \psi]$ in quantitatem constantem sive generalius in ipsarum φ et ψ functionem abeat, quo casu e duobus integralibus inventis tertium ratione, quam Theoremate praecedente indicavi, non derivatur. Sed observo, hos casus tantum ut exceptionales considerandos esse. Generaliter dicere debemus, *e duobus integralibus aequationum*

$$dq_1 : dq_2 : \cdots : dq_m : \quad dp_1 : \quad dp_2 : \cdots : \quad dp_m$$
$$= \frac{\partial U}{\partial p_1} : \frac{\partial U}{\partial p_2} : \cdots : \frac{\partial U}{\partial p_m} : -\frac{\partial U}{\partial q_1} : -\frac{\partial U}{\partial q_2} : \cdots : -\frac{\partial U}{\partial q_m}$$

deduci posse per solas differentiationes tertium, ex hoc combinato cum duobus propositis quartum et quintum, etc. etc., ita ut e datis duobus integralibus per solas operationes differentiationis per partes cuncta deducantur propositi aequationum differentialium vulgarium systematis integralia. Scilicet, si aequationum propositarum integralia, quorum numerus $2m-1$, haec sunt:

$$u_1 = a_1, \quad u_2 = a_2, \quad \ldots, \quad u_{2m-1} = a_{2m-1},$$

designantibus $a_1, a_2, \ldots, a_{2m-1}$ constantes arbitrarias, quae ipsas functiones u_1, $u_2, \ldots, u_{2m-1}$ non ingrediuntur, erit expressio *generalis* duorum integralium:

$$\Theta(u_1, u_2, \ldots, u_{2m-1}) = \text{Const.},$$
$$\Theta_1(u_1, u_2, \ldots, u_{2m-1}) = \text{Const.}$$

Ac, nisi functionibus Θ, Θ_1 formae quaedam particulares conciliantur, semper eveniet, ut ex his duobus integralibus

$$\Theta = \text{Const.}, \quad \Theta_1 = \text{Const.}$$

per methodum Theoremate praecedente propositam identidem repetitam cuncta integralia proveniant. Ac reapse semper infinitis modis bina ejusmodi integralia $\Theta = \text{Const.}$, $\Theta_1 = \text{Const.}$ assignare licet, e quibus per operationes propositas cuncta reliqua derivari possunt. Id quod eo majoris momenti est, quum systema aequationum differentialium vulgarium propositum idem est, cuius integratio motum suppeditat numeri cuiuslibet punctorum materialium, quae viribus quibuscunque attractionum seu repulsionum sollicitantur, ac praeterea quibuscunque conditionibus subiecta sunt. Ad Theoremata antecedentia V et VI perveni necessitate quadam coactus, dum inquirerem, quinam sit aequationum

(α) §. 11 habitus et quaenam compositio, quibus eveniat, ut omnibus simul una eademque functione p_{i+1} satisfacere liceat. Nam hoc fieri posse aliunde constabat, quum satis notum esset, extare functionem V aequationi differentiali partiali propositae satisfacientem, quae $m-1$ constantes arbitrarias involvat, unde etiam patebat, inveniri posse praeter aequationem illam propositam alias $m-1$ aequationes inter quantitates $q_1, q_2, \ldots, q_m, p_1, p_2, \ldots, p_m$, totidem constantes arbitrarias involventes. Hinc rursus concludis, semper dari functionem p_{i+1} aequationibus (α) omnibus simul satisfacientem eamque continere posse constantem arbitrariam. Inquirens autem in conditiones possibilitatis eiusmodi integrationis simultaneae quum ad Theorema fundamentale VI delapsus essem, ingenue fateor, Theorema illud me per aliquod tempus pro invento plane novo habuisse. Quid enim magis mirum fingi potest ac paene fidem superans, quam quod inde sequitur et mox videbimus, *in omnibus problematibus mechanicis, in quibus virium vivarum conservatio locum habet, generaliter e duobus integralibus praeter principium illud inventis reliqua omnia absque ulla ulteriore integratione inveniri posse*? Hoc Theorema quomodo notum crederes, quum in nullo Tractatu Mechanico, in nullo Tractatu Analytico, in quo de integratione aequationum differentialium agitur, reperiatur, quum tamen ubique tamquam summum Calculi Integralis inventum circumferri deberet. Attamen inventum illud — ipso nescio auctore dicam? — inde ab annis novem et viginti*) factum est ab Ill. Poisson, quippe quod prorsus idem est atque Propositio illa, in formulis eius perturbatoriis, quibus differentialia elementorum perturbatorum lineariter exprimuntur per differentialia partialia functionis perturbatricis respectu elementorum sumta, coefficientes, per quos differentialia illa partialia functionis perturbatricis multiplicantur, et quorum formatio eadem atque expressionum $[\varphi, \psi]$ a viro Ill. inventa est, a tempore t liberos esse sive solorum elementorum esse functiones. Quae Propositio vix pro nova et memorabili habebatur; nam quum formulae perturbatoriae Lagrangianae et Poissonianae aliae aliarum inversae sint et quum de suis formulis Ill. Lagrange iam coefficientium a tempore independentiam demonstrasset, res sponte de Poissonianis formulis patebat seu certe Mathematicis nihil habere videbatur, quod admirationem movere possit.

*) Commentatio citata lucem vidit mense Decembri anni 1809; unde iam commentationem, quam legis, sub finem anni 1838 scriptam esse conjicis. Quod etiam cum eo consentaneum est, quod formularum quarundam in hac commentatione traditarum in nota mentio fit sub die 21mo mensis Novembris anni 1838 cum Academia scientiarum Berolinensi communicata. Cf. finem §. 70. *C.*

Scilicet sola formatio differentialium elementorum perturbatorum curabatur, et quum formulae Lagrangianae eum in finem commodiores censerentur, formulae Poissonianae et Propositio illa stupenda nonnisi ut propter demonstrationis difficultatem memorabiles obiter citabantur. Nemo, quantum scio, suscepit, Propositionem illam per se examinare, nullo ad theoriam perturbationum respectu habito, quod si quis fecisset, fugere eum non potuisset, quantum sit eius in tractando *imperturbato* problemate momentum, eamque esse totius Mechanicae Analyticae gravissimam Propositionem, cuius analoga per totum Calculum Integralem non extat. Ill. Lagrange dum in Mech. Anal. (Vol. II, sect. VIII, art. 6) memorat, in formulis perturbatoriis Poissonianis coefficientes differentialium functionis perturbatricis a tempore independentes esse, „sed demonstratio directa", addit, „huius proprietatis singularis fit perdifficilis, uti videre licet in pulchra commentatione Cl. Poisson inserta tomo VIII Diarii Scholae Polytechnicae, ac nemo unquam fortasse eam quaesitum ivisset, nisi antea constasset de veritate huius Theorematis". Videmus ipsum summum magistrum ne suspicatum quidem esse, quid sit id, quod re vera Theorema singulare reddat. Habemus hic praeclarum exemplum, nisi animo praeformata sint problemata, fieri posse, ut vel ante oculos posita gravissima inventa non videamus. Formaverat Ill. Poisson e binis integralibus per differentiationes partiales coefficientes formularum, quibus elementorum perturbatorum differentialia exprimuntur, eosque a tempore liberos esse docuit. Sed quum animi Mathematicorum toti in formulas perturbatorias intenti essent, huius inventi id tantum ut memorabile notabatur, coefficientes formularum perturbatoriarum a tempore non pendere, non id multo magis admirabile, e binis integralibus per differentiationes partiales formari posse expressionem tertiam a tempore non pendentem. Cuiusmodi tamen expressio generaliter est tertium integrale. Putabatur ea Propositio nihil novi suppeditare ultra Lagrangiana inventa, quum Propositionis Lagrangianae, quae tamquam aequivalens considerabatur, in imperturbato problemate omnino nullus usus sit, nisi quod, uti ipse autor eiusmodi usum circumspiciens innuit, eius Propositionis ope examinare liceat, an inventae expressiones coordinatarum per elementa et tempus iustae sint. At Propositio, ad quam differentialia elementorum perturbatorum directe quaerens pervenit Ill. Poisson, summi momenti est in indagandis ipsis problematis imperturbati integralibus, eique tamquam fundamento superstruere contingit theoriam plane novam integrationis problematum mechanicorum, in quibus principium conservationis virium vivarum valet, ac generalius omnium problematum, quae ad integrationem aequationis differentialis partialis primi ordinis revocari possunt, ad quae demonstrari potest etiam problemata *isoperimetrica* maxime generalia pertinere. Et quamvis fere totum hoc opusculum illo innitatur fundamento ac maxime versetur in enucleandis proprietatibus functionum $[\varphi, \psi]$, quae tertium integrale formatum e duobus propositis sive coëfficientes formularum perturbatoriarum ab Ill. Poisson traditarum suppeditant: tamen longe abesse credo, ut omnia exhauriat, quae ex hoc fonte in integrationem aequationum differentialium *dynamicarum* redundare possint, immo plurima gravissima curas posteriores exspectant.

Quum omnibus casibus et utile sit nec elegantia careat, Propositiones omnes ad meras identitates revocare, Theorema VI tamquam Corollarium deduxi de aequatione identica nova et simplicissima, quam Theoremate V proposui et quae ad alias quoque quaestiones usui esse potest. Revertimur ad propositum.

Demonstratio Theorematis IV.

29.

Ex Theoremate VI deducamus Theorema IV, quod demonstratu propositum est, et quo nova methodus nostra aequationes differentiales partiales primi ordinis inter numerum quemcunque variabilium integrandi innitebatur.

Docet Theorema VI, si identice sit

$$[f, \varphi] = 0, \quad [f, \psi] = 0,$$

fore etiam identice

$$[f, [\varphi, \psi]] = 0.$$

Unde etiam permutando φ et f sequitur, *si identice sit*

$$[\varphi, f] = 0, \quad [\varphi, \psi] = 0,$$

fore etiam

$$[\varphi, [f, \psi]] = 0.$$

Designantibus $\varkappa$ et λ binos quoscunque e numeris $1, 2, 3, \ldots, i$ inter se diversos, statuamus, functionem f e variabilibus $q_1, q_2, \ldots, q_i, p_1, p_2, \ldots, p_i$ tantum continere duas $q_\varkappa, q_\lambda$, ac praeterea functioni φ adhuc terminum $-p_\varkappa$, functioni ψ terminum $-p_\lambda$ additione iunctum esse, ita ut sit:

$$\frac{\partial f}{\partial p_\varkappa} = \frac{\partial f}{\partial p_\lambda} = \frac{\partial \varphi}{\partial p_\lambda} = \frac{\partial \psi}{\partial p_\varkappa} = 0,$$

$$\frac{\partial \varphi}{\partial p_\varkappa} = \frac{\partial \psi}{\partial p_\lambda} = -1.$$

Hinc erit

$$(1)\quad \begin{cases} [\varphi, f] = \dfrac{\partial\varphi}{\partial q_{i+1}}\dfrac{\partial f}{\partial p_{i+1}} + \dfrac{\partial\varphi}{\partial q_{i+2}}\dfrac{\partial f}{\partial p_{i+2}} + \cdots + \dfrac{\partial\varphi}{\partial q_m}\dfrac{\partial f}{\partial p_m} \\ \quad + \dfrac{\partial f}{\partial q_\varkappa} - \dfrac{\partial\varphi}{\partial p_{i+1}}\dfrac{\partial f}{\partial q_{i+1}} - \dfrac{\partial\varphi}{\partial p_{i+2}}\dfrac{\partial f}{\partial q_{i+2}} - \cdots - \dfrac{\partial\varphi}{\partial p_m}\dfrac{\partial f}{\partial q_m}, \end{cases}$$

$$(2)\quad \begin{cases} [\psi, f] = \dfrac{\partial\psi}{\partial q_{i+1}}\dfrac{\partial f}{\partial p_{i+1}} + \dfrac{\partial\psi}{\partial q_{i+2}}\dfrac{\partial f}{\partial p_{i+2}} + \cdots + \dfrac{\partial\psi}{\partial q_m}\dfrac{\partial f}{\partial p_m} \\ \quad + \dfrac{\partial f}{\partial q_\lambda} - \dfrac{\partial\psi}{\partial p_{i+1}}\dfrac{\partial f}{\partial q_{i+1}} - \dfrac{\partial\psi}{\partial p_{i+2}}\dfrac{\partial f}{\partial q_{i+2}} - \cdots - \dfrac{\partial\psi}{\partial p_m}\dfrac{\partial f}{\partial q_m}, \end{cases}$$

porro

$$(3)\quad \begin{cases} [\varphi, \psi] = -\dfrac{\partial\varphi}{\partial q_\lambda} + \dfrac{\partial\varphi}{\partial q_{i+1}}\dfrac{\partial\psi}{\partial p_{i+1}} + \dfrac{\partial\varphi}{\partial q_{i+2}}\dfrac{\partial\psi}{\partial p_{i+2}} + \cdots + \dfrac{\partial\varphi}{\partial q_m}\dfrac{\partial\psi}{\partial p_m} \\ \quad + \dfrac{\partial\psi}{\partial q_\varkappa} - \dfrac{\partial\varphi}{\partial p_{i+1}}\dfrac{\partial\psi}{\partial q_{i+1}} - \dfrac{\partial\varphi}{\partial p_{i+2}}\dfrac{\partial\psi}{\partial q_{i+2}} - \cdots - \dfrac{\partial\varphi}{\partial p_m}\dfrac{\partial\psi}{\partial q_m}. \end{cases}$$

Quibus ipsarum

$$[\varphi, f], \quad [\psi, f], \quad [\varphi, \psi]$$

valoribus substitutis, docet Propositio praecedens, *designantibus* φ *et* ψ *tales ipsarum* $q_\varkappa$, q_λ, q_{i+1}, q_{i+2}, ..., q_m, p_{i+1}, p_{i+2}, ..., p_m *functiones, quae satisfaciant aequationi*

$$\begin{aligned} 0 = -\frac{\partial\varphi}{\partial q_\lambda} + \frac{\partial\varphi}{\partial q_{i+1}}\frac{\partial\psi}{\partial p_{i+1}} + \frac{\partial\varphi}{\partial q_{i+2}}\frac{\partial\psi}{\partial p_{i+2}} + \cdots + \frac{\partial\varphi}{\partial q_m}\frac{\partial\psi}{\partial p_m} \\ + \frac{\partial\psi}{\partial q_\varkappa} - \frac{\partial\varphi}{\partial p_{i+1}}\frac{\partial\psi}{\partial q_{i+1}} - \frac{\partial\varphi}{\partial p_{i+2}}\frac{\partial\psi}{\partial q_{i+2}} - \cdots - \frac{\partial\varphi}{\partial p_m}\frac{\partial\psi}{\partial q_m}, \end{aligned}$$

ubi sit

$$f = F$$

integrale aequationis

$$\begin{aligned} 0 = \frac{\partial\varphi}{\partial q_{i+1}}\frac{\partial F}{\partial p_{i+1}} + \frac{\partial\varphi}{\partial q_{i+2}}\frac{\partial F}{\partial p_{i+2}} + \cdots + \frac{\partial\varphi}{\partial q_m}\frac{\partial F}{\partial p_m} \\ + \frac{\partial F}{\partial q_\varkappa} - \frac{\partial\varphi}{\partial p_{i+1}}\frac{\partial F}{\partial q_{i+1}} - \frac{\partial\varphi}{\partial p_{i+2}}\frac{\partial F}{\partial q_{i+2}} - \cdots - \frac{\partial\varphi}{\partial p_m}\frac{\partial F}{\partial q_m}, \end{aligned}$$

fore expressionem

$$\begin{aligned} F = \frac{\partial\psi}{\partial q_{i+1}}\frac{\partial f}{\partial p_{i+1}} + \frac{\partial\psi}{\partial q_{i+2}}\frac{\partial f}{\partial p_{i+2}} + \cdots + \frac{\partial\psi}{\partial q_m}\frac{\partial f}{\partial p_m} \\ + \frac{\partial f}{\partial q_\lambda} - \frac{\partial\psi}{\partial p_{i+1}}\frac{\partial f}{\partial q_{i+1}} - \frac{\partial\psi}{\partial p_{i+2}}\frac{\partial f}{\partial q_{i+2}} - \cdots - \frac{\partial\psi}{\partial p_m}\frac{\partial f}{\partial q_m} \end{aligned}$$

eiusdem aequationis alterum integrale. Quod est Theorema IV, siquidem loco φ et ψ scribitur $p_\varkappa$ et p_λ atque φ loco F. Unde iam, quae demonstranda restabant, demonstrata sunt.

Quum antecedentia forma quarta conditionum integrabilitatis innitantur, iam, ut problema variis rationibus condatur, reditur ad formam primam.

30.

Methodo integrationis propositae dilucidationes addam.

Sit

$$f = a,$$

designante a constantem, aequatio differentialis partialis proposita; inventae sunt per methodum propositam aequationes

$$f_1 = a_1, \; f_2 = a_2, \; \dots, \; f_{m-1} = a_{m-1},$$

e quibus, propositae iunctis, determinandae erant $p_1, p_2, \dots, p_m$ ut ipsarum $q_1, q_2, \dots, q_m$ functiones. Eratque

f	functio ipsarum	$p_1,\; p_2,\; p_3,\; p_4,\; \dots\dots,\; p_m,\; q_1,\; q_2,\; \dots,\; q_m,$
f_1	functio ipsarum	$a,\; p_2,\; p_3,\; p_4,\; \dots\dots,\; p_m,\; q_1,\; q_2,\; \dots,\; q_m,$
f_2	functio ipsarum	$a,\; a_1,\; p_3,\; p_4,\; \dots\dots,\; p_m,\; q_1,\; q_2,\; \dots,\; q_m,$
f_3	functio ipsarum	$a,\; a_1,\; a_2,\; p_4,\; \dots\dots,\; p_m,\; q_1,\; q_2,\; \dots,\; q_m,$
. . .	. . . . . .	. . . .
f_{m-2}	functio ipsarum	$a,\; a_1,\; \dots,\; a_{m-3},\; p_{m-1},\; p_m,\; q_1,\; q_2,\; \dots,\; q_m,$
f_{m-1}	functio ipsarum	$a,\; a_1,\; \dots,\; a_{m-3},\; a_{m-2},\; p_m,\; q_1,\; q_2,\; \dots,\; q_m.$

Quantitates $a_1, a_2, \dots, a_{m-1}$ sunt constantes arbitrariae, a est constans data, quam nullitati aequiparare licet, quam tamen uniformitatis gratia conservo. Determinatis ex aequationibus

$$f = a, \; f_1 = a_1, \; f_2 = a_2, \; \dots, \; f_{i-1} = a_{i-1}$$

ipsis $p_1, p_2, \dots, p_i$ per $p_{i+1}, p_{i+2}, \dots, p_m, q_1, q_2, \dots, q_m$, functio f_i numero i aequationum (d) §. 17 identice satisfaciebat, unde etiam functio p_{i+1}, ex aequatione $f_i = a_i$ expressa per $p_{i+2}, p_{i+3}, \dots, p_m, q_1, q_2, \dots, q_m$, satisfaciebat i aequationibus (α) §. 11. At si ope aequationum

$$f = a, \; f_1 = a_1, \dots, \; f_{i-1} = a_{i-1}$$

non $p_1, p_2, \dots, p_i$ per reliquas quantitates $p_{i+1}, p_{i+2}, \dots, p_m, q_1, q_2, \dots, q_m$, sed, quemadmodum in Theoremate I §. 6 factum est, e primis i quantitatum

$$p_1,\ p_2,\ p_3,\ \ldots,\ p_m,\ q_1,\ q_2,\ \ldots,\ q_m$$

unaquaeque per insequentes exhibetur, ita ut ex aequatione $f=a$ exprimatur p_1 per p_2, p_3 etc., e $f_1=a_1$ exprimatur p_2 per p_3, p_4 etc., e $f_2=a_2$ exprimatur p_3 per p_4, p_5 etc.: tum vidimus initio huius commentationis numerum i aequationum (α) cum totidem convenire sequentibus:

$$(a)\quad\begin{cases}0=-\dfrac{\partial p_{i+1}}{\partial q_1}+\dfrac{\partial p_1}{\partial p_2}\dfrac{\partial p_{i+1}}{\partial q_2}+\dfrac{\partial p_1}{\partial p_3}\dfrac{\partial p_{i+1}}{\partial q_3}+\cdots+\dfrac{\partial p_1}{\partial p_m}\dfrac{\partial p_{i+1}}{\partial q_m}\\ \qquad+\dfrac{\partial p_1}{\partial q_{i+1}}-\dfrac{\partial p_1}{\partial q_{i+2}}\dfrac{\partial p_{i+1}}{\partial p_{i+2}}-\dfrac{\partial p_1}{\partial q_{i+3}}\dfrac{\partial p_{i+1}}{\partial p_{i+3}}-\cdots-\dfrac{\partial p_1}{\partial q_m}\dfrac{\partial p_{i+1}}{\partial p_m},\\ 0=-\dfrac{\partial p_{i+1}}{\partial q_2}+\dfrac{\partial p_2}{\partial p_3}\dfrac{\partial p_{i+1}}{\partial q_3}+\dfrac{\partial p_2}{\partial p_4}\dfrac{\partial p_{i+1}}{\partial q_4}+\cdots+\dfrac{\partial p_2}{\partial p_m}\dfrac{\partial p_{i+1}}{\partial q_m}\\ \qquad+\dfrac{\partial p_2}{\partial q_{i+1}}-\dfrac{\partial p_2}{\partial q_{i+2}}\dfrac{\partial p_{i+1}}{\partial p_{i+2}}-\dfrac{\partial p_2}{\partial q_{i+3}}\dfrac{\partial p_{i+1}}{\partial p_{i+3}}-\cdots-\dfrac{\partial p_2}{\partial q_m}\dfrac{\partial p_{i+1}}{\partial p_m},\\ \cdots\cdots\cdots\cdots\cdots\cdots\cdots\cdots\cdots\cdots\\ 0=-\dfrac{\partial p_{i+1}}{\partial q_i}+\dfrac{\partial p_i}{\partial p_{i+1}}\dfrac{\partial p_{i+1}}{\partial q_{i+1}}+\dfrac{\partial p_i}{\partial p_{i+2}}\dfrac{\partial p_{i+1}}{\partial q_{i+2}}+\cdots+\dfrac{\partial p_i}{\partial p_m}\dfrac{\partial p_{i+1}}{\partial q_m}\\ \qquad+\dfrac{\partial p_i}{\partial q_{i+1}}-\dfrac{\partial p_i}{\partial q_{i+2}}\dfrac{\partial p_{i+1}}{\partial p_{i+2}}-\dfrac{\partial p_i}{\partial q_{i+3}}\dfrac{\partial p_{i+1}}{\partial p_{i+3}}-\cdots-\dfrac{\partial p_i}{\partial q_m}\dfrac{\partial p_{i+1}}{\partial p_m}.\end{cases}$$

Quae sunt ipsae aequationes (a) in Theoremate I propositae, siquidem in Theoremate illo statuitur $k=i+1$ atque loco i successive ponuntur numeri 1, 2, 3, ..., i. E quibus ipsis aequationibus (a) supra aequationes (α) deductae sunt.

Introductis functionibus f_i quae in solutione problematis singulae constantibus aequantur, aequationibus supra adhibitis formâ communis $[f_i, f_k]=0$ conciliatur.

31.

Multiplicemus i aequationes praecedentes per

$$\frac{\partial f_i}{\partial p_{i+1}}\frac{\partial f}{\partial p_1},\quad \frac{\partial f_i}{\partial p_{i+1}}\frac{\partial f_1}{\partial p_2},\quad \ldots,\quad \frac{\partial f_i}{\partial p_{i+1}}\frac{\partial f_{i-1}}{\partial p_i},$$

atque sola in eas differentialia partialia functionum $f, f_1, f_2, \ldots, f_i$ introducamus, quod per aequationes

$$f=a,\quad f_1=a_1,\quad f_2=a_2,\quad \ldots,\quad f_i=a_i$$

licet. Quo facto induent aequationes praecedentes hanc formam:

$$
(a')\quad\begin{cases}
0 = \dfrac{\partial f}{\partial p_1}\dfrac{\partial f_i}{\partial q_1} + \dfrac{\partial f}{\partial p_2}\dfrac{\partial f_i}{\partial q_2} + \dfrac{\partial f}{\partial p_3}\dfrac{\partial f_i}{\partial q_3} + \cdots + \dfrac{\partial f}{\partial p_m}\dfrac{\partial f_i}{\partial q_m} \\
\qquad - \dfrac{\partial f}{\partial q_{i+1}}\dfrac{\partial f_i}{\partial p_{i+1}} - \dfrac{\partial f}{\partial q_{i+2}}\dfrac{\partial f_i}{\partial p_{i+2}} - \cdots - \dfrac{\partial f}{\partial q_m}\dfrac{\partial f_i}{\partial p_m}, \\
0 = \dfrac{\partial f_1}{\partial p_2}\dfrac{\partial f_i}{\partial q_2} + \dfrac{\partial f_1}{\partial p_3}\dfrac{\partial f_i}{\partial q_3} + \dfrac{\partial f_1}{\partial p_4}\dfrac{\partial f_i}{\partial q_4} + \cdots + \dfrac{\partial f_1}{\partial p_m}\dfrac{\partial f_i}{\partial q_m} \\
\qquad - \dfrac{\partial f_1}{\partial q_{i+1}}\dfrac{\partial f_i}{\partial p_{i+1}} - \dfrac{\partial f_1}{\partial q_{i+2}}\dfrac{\partial f_i}{\partial p_{i+2}} - \cdots - \dfrac{\partial f_1}{\partial q_m}\dfrac{\partial f_i}{\partial p_m}, \\
\cdots\cdots\cdots\cdots\cdots\cdots\cdots\cdots\cdots\cdots \\
\cdots\cdots\cdots\cdots\cdots\cdots\cdots\cdots\cdots\cdots \\
\cdots\cdots\cdots\cdots\cdots\cdots\cdots\cdots\cdots\cdots \\
0 = \dfrac{\partial f_{i-1}}{\partial p_i}\dfrac{\partial f_i}{\partial q_i} + \dfrac{\partial f_{i-1}}{\partial p_{i+1}}\dfrac{\partial f_i}{\partial q_{i+1}} + \dfrac{\partial f_{i-1}}{\partial p_{i+2}}\dfrac{\partial f_i}{\partial q_{i+2}} + \cdots + \dfrac{\partial f_{i-1}}{\partial p_m}\dfrac{\partial f_i}{\partial q_m} \\
\qquad - \dfrac{\partial f_{i-1}}{\partial q_{i+1}}\dfrac{\partial f_i}{\partial p_{i+1}} - \dfrac{\partial f_{i-1}}{\partial q_{i+2}}\dfrac{\partial f_i}{\partial p_{i+2}} - \cdots - \dfrac{\partial f_{i-1}}{\partial q_m}\dfrac{\partial f_i}{\partial p_m}.
\end{cases}
$$

Quum functiones f_k quantitates $p_1, p_2, \ldots, p_k$ non involvant, has aequationes omnes in eandem formam redigere licet sequentem:

$$
(a'')\quad\begin{cases}
0 = \dfrac{\partial f}{\partial p_1}\dfrac{\partial f_i}{\partial q_1} + \dfrac{\partial f}{\partial p_2}\dfrac{\partial f_i}{\partial q_2} + \cdots + \dfrac{\partial f}{\partial p_m}\dfrac{\partial f_i}{\partial q_m} \\
\qquad - \dfrac{\partial f}{\partial q_1}\dfrac{\partial f_i}{\partial p_1} - \dfrac{\partial f}{\partial q_2}\dfrac{\partial f_i}{\partial p_2} - \cdots - \dfrac{\partial f}{\partial q_m}\dfrac{\partial f_i}{\partial p_m}, \\
0 = \dfrac{\partial f_1}{\partial p_1}\dfrac{\partial f_i}{\partial q_1} + \dfrac{\partial f_1}{\partial p_2}\dfrac{\partial f_i}{\partial q_2} + \cdots + \dfrac{\partial f_1}{\partial p_m}\dfrac{\partial f_i}{\partial q_m} \\
\qquad - \dfrac{\partial f_1}{\partial q_1}\dfrac{\partial f_i}{\partial p_1} - \dfrac{\partial f_1}{\partial q_2}\dfrac{\partial f_i}{\partial p_2} - \cdots - \dfrac{\partial f_1}{\partial q_m}\dfrac{\partial f_i}{\partial p_m}, \\
\cdots\cdots\cdots\cdots\cdots\cdots\cdots\cdots\cdots\cdots \\
0 = \dfrac{\partial f_{i-1}}{\partial p_1}\dfrac{\partial f_i}{\partial q_1} + \dfrac{\partial f_{i-1}}{\partial p_2}\dfrac{\partial f_i}{\partial q_2} + \cdots + \dfrac{\partial f_{i-1}}{\partial p_m}\dfrac{\partial f_i}{\partial q_m} \\
\qquad - \dfrac{\partial f_{i-1}}{\partial q_1}\dfrac{\partial f_i}{\partial p_1} - \dfrac{\partial f_{i-1}}{\partial q_2}\dfrac{\partial f_i}{\partial p_2} - \cdots - \dfrac{\partial f_{i-1}}{\partial q_m}\dfrac{\partial f_i}{\partial p_m},
\end{cases}
$$

Termini enim, qui, ut eadem forma aequationum omnium sit, addendi erant, sua sponte evanescunt. E notatione antecedentibus proposita aequationes praecedentes sic exhibentur:

$$(a''')\quad 0 = [f_i, f],\quad 0 = [f_i, f_1],\quad 0 = [f_i, f_2],\quad \ldots,\quad 0 = [f_i, f_{i-1}].$$

Consideremus unam aequationum praecedentium:

$$0 = [f_i, f_k],$$

in qua k quemcunque e numeris $0, 1, 2, \ldots, i-1$ designat. Designante n unum e numeris $0, 1, \ldots, i-1$, continebit sive altera sive utraque functio f_i, f_k constantem a_n. Cuius in locum si ponimus functionem f_n constanti illi aequivalentem, abit expressio $[f_i, f_k]$ in hanc:

$$[f_i, f_k] + \frac{\partial f_i}{\partial a_n}[f_n, f_k] + \frac{\partial f_k}{\partial a_n}[f_i, f_n],$$

quum expressio accedens

$$\frac{\partial f_i}{\partial a_n}\frac{\partial f_k}{\partial a_n}[f_n, f_n]$$

sponte evanescat. Sed ex aequationibus (a''') et e systemate aequationum, quae ipsum systema aequationum (a''') antecedunt sive ad minores ipsius i valores pertinent, sequitur:

$$[f_n, f_k] = 0, \quad [f_i, f_n] = 0.$$

Unde videmus, aequationem

$$[f_i, f_k] = 0$$

eandem formam retinere, si in formandis differentialibus partialibus functionum f_i, f_k in locum constantis alicuius a_n, quam functiones illae involvunt, functio aequivalens substituitur f_n. Si n unus e numeris $k, k+1, \ldots, i-1$, altera functio f_k constantem a_n non continet, quo igitur casu in demonstratione praecedente ponendum est $\frac{\partial f_k}{\partial a_n} = 0$, sive termini in $\frac{\partial f_k}{\partial a_n}$ multiplicati rejiciendi.

Prorsus eadem ratione demonstratur, aequationem

$$[f_i, f_k] = 0$$

immutatam manere, si in altera functionum f_i, f_k retineatur a_n, in altera in locum eius functio f_n substituatur.

Si eodem modo cum reliquis constantibus arbitrariis agis, quas functiones f_i, f_k involvunt, deducis Propositionem generalem: *aequationes*

$$[f_i, f_k] = 0$$

adhuc valere, si in altera aut in utraque functione f_i, f_k ante differentiationes partiales instituendas in locum unius vel plurium vel omnium constantium arbitrariarum, quas continent, functiones aequivalentes substituantur, seu generalius, *quascunque mutationes functiones* f_i, f_k *ante differentiationes partiales factas auxilio aequationum* $f = a$, $f_1 = a_1, \ldots, f_{m-1} = a_{m-1}$ *subeant.* Quae Propositio etiam e Theoremate II §. 12 derivari potuisset.

E forma allata aequationes §. 14 $[H_i, H_k] = 0$ denuo obtinentur. Systema aequationum differentialium vulgarium, cuius aequationes $H_i = \text{Const.}$ sunt integralia.

32.

Si in aequationibus

$$f = a,\quad f_1 = a_1,\quad f_2 = a_2,\quad \ldots,\quad f_{m-1} = a_{m-1}$$

e quaque functione f_i ope aequationum

$$f = a,\quad f_1 = a_1,\quad f_2 = a_2,\quad \ldots,\quad f_{i-1} = a_{i-1}$$

constantes a, a_1, a_2, $\ldots$, a_{i-1}, quas f_i continet, eliminantur atque functio inde proveniens vocatur

$$H_i = f_i,$$

obtinemus aequationes

$$H = a,\quad H_1 = a_1,\quad H_2 = a_2,\quad \ldots,\quad H_{m-1} = a_{m-1},$$

in quibus H_i sunt functiones ipsarum p_1, p_2, $\ldots$, p_m, q_1, q_2, $\ldots$, q_m absque ullis constantibus arbitrariis. Pro illis autem functionibus aequationes

$$[H_i, H_k] = 0$$

identicae evadere debent, quum expressio ad laevam nullam constantem arbitrariam contineat. Quas aequationes supra §. 14 iam dedi, ubi H_i, h_i loco H_{i-1}, a_{i-1} scriptum erat. Adhibitis functionibus H Propositio antecedens sic enunciari potest: *valere aequationem*

$$[H_i, H_k] = 0,$$

quaecunque variabilium p_1, p_2, *etc. e functionibus* H_i, H_k *ope aequationum*

$$H = a,\quad H_1 = a_1,\quad \ldots,\quad H_{m-1} = a_{m-1}$$

ante differentiationes partiales instituendas eliminatae sint, sive quascunque mutationes ope harum aequationum functiones H_i, H_k *subierint.*

Ex aequationibus

$$[H, H_1] = 0,\quad [H, H_2] = 0,\quad \ldots,\quad [H, H_{m-1}] = 0$$

sequitur, aequationes

$$H = a,\quad H_1 = a_1,\quad H_2 = a_2,\quad \ldots,\quad H_{m-1} = a_{m-1}$$

esse m integralia systematis aequationum differentialium vulgarium:

$$dq_1 : dq_2 : \cdots : dq_m : \quad dp_1 : \quad dp_2 : \cdots : \quad dp_m$$
$$= \frac{\partial H}{\partial p_1} : \frac{\partial H}{\partial p_2} : \cdots : \frac{\partial H}{\partial p_m} : -\frac{\partial H}{\partial q_1} : -\frac{\partial H}{\partial q_2} : \cdots : -\frac{\partial H}{\partial q_m},$$

in quibus H eadem est functio, quam supra f vocavi. Unde etiam aequationes

$$f = a, \quad f_1 = a_1, \quad f_2 = a_2, \quad \ldots, \quad f_{m-1} = a_{m-1},$$

quae cum aequationibus illis conveniunt, tamquam systema m aequationum integralium systematis aequationum differentialium vulgarium praecedentis considerari possunt. Sed quum systema hoc habeat $2m-1$ integralia, restat ut reliqua $m-1$ indagentur. Eum in finem observo sequentia.

Systematis aequationum differentialium vulgarium propositi reliqua integralia investigantur.

33.

Aequationes

$$f = a, \quad f_1 = a_1, \quad \ldots, \quad f_{m-1} = a_{m-1}$$

sive aequationes

$$H = a, \quad H_1 = a_1, \quad H_2 = a_2, \quad \ldots, \quad H_{m-1} = a_{m-1}$$

ita formatae sunt, ut, expressis earum beneficio ipsis $p_1, p_2, \ldots, p_m$ per $q_1, q_2, \ldots, q_m$, expressio

$$p_1 dq_2 + p_2 dq_2 + \cdots + p_m dq_m$$

evadat differentiale completum. Valores illi ipsarum $p_1, p_2, \ldots, p_m$ praeter variabiles $q_1, q_2, \ldots, q_m$ adhuc involvunt constantem a et constantes arbitrarias $a_1, a_2, \ldots, a_{m-1}$. Secundum quarum unam a_i si expressionem

$$p_1 dq_1 + p_2 dq_2 + \cdots + p_m dq_m$$

differentiamus, prodibit expressio

$$\frac{\partial p_1}{\partial a_i} dq_1 + \frac{\partial p_2}{\partial a_i} dq_2 + \cdots + \frac{\partial p_m}{\partial a_i} dq_m,$$

quae et ipsa differentiale completum esse debet. Iam vero ex aequatione

$$f = a,$$

quae est aequatio differentialis partialis proposita, sequitur differentiando secundum a_i:

$$\frac{\partial f}{\partial p_1} \frac{\partial p_1}{\partial a_i} + \frac{\partial f}{\partial p_2} \frac{\partial p_2}{\partial a_i} + \cdots + \frac{\partial f}{\partial p_m} \frac{\partial p_m}{\partial a_i} = 0.$$

Unde ex aequationibus differentialibus vulgaribus propositis

$$dq_1 : dq_2 : \cdots : dq_m = \frac{\partial f}{\partial p_1} : \frac{\partial f}{\partial p_2} : \cdots : \frac{\partial f}{\partial p_m}$$

deducere possumus aequationem:

$$\frac{\partial p_1}{\partial a_i} dq_1 + \frac{\partial p_2}{\partial a_i} dq_2 + \cdots + \frac{\partial p_m}{\partial a_i} dq_m = 0,$$

in qua est expressio ad laevam differentiale completum. Quo integrato positisque in locum ipsius a_i valoribus ejus $a_1, a_2, \ldots, a_{m-1}$, prodeunt $m-1$ integralia nova quaesita:

$$\int \left\{ \frac{\partial p_1}{\partial a_1} dq_1 + \frac{\partial p_2}{\partial a_1} dq_2 + \cdots + \frac{\partial p_m}{\partial a_1} dq_m \right\} = b_1,$$

$$\int \left\{ \frac{\partial p_1}{\partial a_2} dq_1 + \frac{\partial p_2}{\partial a_2} dq_2 + \cdots + \frac{\partial p_m}{\partial a_2} dq_m \right\} = b_2,$$

$$\cdots \cdots \cdots \cdots \cdots$$

$$\int \left\{ \frac{\partial p_1}{\partial a_{m-1}} dq_1 + \frac{\partial p_2}{\partial a_{m-1}} dq_2 + \cdots + \frac{\partial p_m}{\partial a_{m-1}} dq_m \right\} = b_{m-1},$$

in quibus sunt $b_1, b_2, \ldots, b_{m-1}$ constantes novae arbitrariae.

Systema aequationum differentialium vulgarium ita propositum est, ut differentialia variabilium datis quantitatibus existant proportionalia. Fingatur differentiale auxiliare dt, cuius ope quantitates proportionales evadant inter se aequales, unde systema propositum fit:

$$\frac{dq_1}{dt} = \frac{\partial f}{\partial p_1}, \quad \frac{dq_2}{dt} = \frac{\partial f}{\partial p_2}, \quad \ldots, \quad \frac{dq_m}{dt} = \frac{\partial f}{\partial p_m},$$

$$\frac{dp_1}{dt} = -\frac{\partial f}{\partial q_1}, \quad \frac{dp_2}{dt} = -\frac{\partial f}{\partial q_2}, \quad \ldots, \quad \frac{dp_m}{dt} = -\frac{\partial f}{\partial q_m}.$$

Hinc fit

$$\frac{\partial p_1}{\partial a} dq_1 + \frac{\partial p_2}{\partial a} dq_2 + \cdots + \frac{\partial p_m}{\partial a} dq_m$$

$$= \left\{ \frac{\partial f}{\partial p_1} \frac{\partial p_1}{\partial a} + \frac{\partial f}{\partial p_2} \frac{\partial p_2}{\partial a} + \cdots + \frac{\partial f}{\partial p_m} \frac{\partial p_m}{\partial a} \right\} dt.$$

At differentiando aequationem propositam $f = a$ secundum a prodit:

$$\frac{\partial f}{\partial p_1} \frac{\partial p_1}{\partial a} + \frac{\partial f}{\partial p_2} \frac{\partial p_2}{\partial a} + \cdots + \frac{\partial f}{\partial p_m} \frac{\partial p_m}{\partial a} = 1,$$

unde aequatio antecedens abit in sequentem:

$$\frac{\partial p_1}{\partial a}dq_1+\frac{\partial p_2}{\partial a}dq_2+\cdots+\frac{\partial p_m}{\partial a}dq_m = dt,$$

cuius pars ad laevam est differentiale exactum. Hinc videmus, ut quantitas auxiliaris t obtineatur per solas quadraturas, non esse necessarium, ut omnes quantitates $p_1, p_2, \ldots, p_m, q_1, q_2, \ldots, q_m$ per unam ex earum numero exprimantur, atque tum ex una aequationum differentialium propositarum, ex gr. ex aequatione

$$dt = \frac{dq_1}{\frac{\partial f}{\partial p_1}},$$

valor ipsius t per quadraturam eruatur, sed, expressis $p_1, p_2, \ldots, p_m$ ope aequationum $f=a$, $f_1=a_1, \ldots, f_{m-1}=a_{m-1}$ per $q_1, q_2, \ldots, q_m$, haberi t per aequationem

$$t+b = \int\left\{\frac{\partial p_1}{\partial a}dq_1+\frac{\partial p_2}{\partial a}dq_2+\cdots+\frac{\partial p_m}{\partial a}dq_m\right\},$$

in qua b est nova constans arbitraria.

De antecedentibus Theorema conditur. Designatis illis, quae desiderabantur, integralibus per $f_i'=b_i$ vel $H_i'=b_i$, expressionum $[H_i, H_k']$, $[H_i', H_k']$ valores indagantur.

34.

Si V est integrale aequationis differentialis partialis propositae

$$f(q_1, q_2, \ldots, q_m, p_1, p_2, \ldots, p_m) = a,$$

quale invenitur per aequationem

$$V = \int\{p_1dq_1+p_2dq_2+\cdots+p_mdq_m\},$$

in qua $p_1, p_2, \ldots, p_m$ ope aequationum $f=a$, $f_1=a_1$, $f_2=a_2, \ldots, f_{m-1}=a_{m-1}$ per $q_1, q_2, \ldots, q_m$ expressae sunt, licet integralia aequationum differentialium vulgarium

$$\frac{dq_1}{dt}=\frac{\partial f}{\partial p_1},\quad \frac{dq_2}{dt}=\frac{\partial f}{\partial p_2},\quad \ldots,\quad \frac{dq_m}{dt}=\frac{\partial f}{\partial p_m},$$

$$\frac{dp_1}{dt}=-\frac{\partial f}{\partial q_1},\quad \frac{dp_2}{dt}=-\frac{\partial f}{\partial q_2},\quad \ldots,\quad \frac{dp_m}{dt}=-\frac{\partial f}{\partial q_m}$$

hoc modo repraesentare:

$$\frac{\partial V}{\partial q_1}=p_1,\quad \frac{\partial V}{\partial q_2}=p_2,\quad \ldots,\quad \frac{\partial V}{\partial q_{m-1}}=p_{m-1},\quad \frac{\partial V}{\partial q_m}=p_m,$$
$$\frac{\partial V}{\partial a_1}=b_1,\quad \frac{\partial V}{\partial a_2}=b_2,\quad \ldots,\quad \frac{\partial V}{\partial a_{m-1}}=b_{m-1},\quad \frac{\partial V}{\partial a}=t+b,$$

in quibus $a, a_1, a_2, \ldots, a_{m-1}, b, b_1, b_2, \ldots, b_{m-1}$ *sunt* $2m$ *constantes arbitrariae.* Unde integratio completa est.

Theorema praecedens gravissimum, iam olim a me demonstratum, est amplificatio alius Theorematis ab Ill. Hamilton inventi, quo primus aequationes differentiales vulgares dynamicas ad aequationes differentiales partiales revocavit. Sed ille binas simul adhibuit aequationes differentiales partiales, quo praeter necessitatem problema intricabatur. Eratque eo tempore integratio aequationis differentialis partialis $f=a$ problema multo difficilius et quod multo plures postulabat integrationes quam integratio systematis aequationum differentialium vulgarium, quae simul sunt aequationes differentiales dynamicae

$$\frac{dq_i}{dt}=\frac{\partial f}{\partial p_i},\quad \frac{dp_i}{dt}=-\frac{\partial f}{\partial q_i}.$$

Qua de re tum temporis vir Ill. multo magis aequationum differentialium partialium integrationem quam dynamicam promovisse existimandus erat. Neque vero viri Ill. merito derogatum esse volo. Summum enim videtur quum in omni scientia tum in analysi mathematica nexus novus patefactus inter ea, quae nullo vinculo videbantur coniuncta.

Statuamus, designante i unum quemlibet e numeris $0, 1, 2, \ldots, m-1$:

$$\frac{\partial V}{\partial a_i}=\int\left\{\frac{\partial p_1}{\partial a_i}dq_1+\frac{\partial p_2}{\partial a_i}dq_2+\cdots+\frac{\partial p_m}{\partial a_i}dq_m\right\}=f'_i;$$

et quemadmodum supra (§. 32) suppositum est, e functione f_{i-1} prodire functionem H_{i-1}, si in functione illa loco constantium $a, a_1, a_2, \ldots, a_{i-2}$, quas continet, ponantur functiones $H, H_1, H_2, \ldots, H_{i-2}$, ita iam supponamus, e functionibus f'_{i-1} prodire functiones H'_{i-1}, si loco constantium $a, a_1, a_2, \ldots, a_{m-1}$, quas continent, ponantur respective functiones $H, H_1, H_2, \ldots, H_{m-1}$, ita ut etiam m functiones $H'_1, H'_2, \ldots, H'_{m-1}$ sint ipsarum $q_1, q_2, \ldots, q_m, p_1, p_2, \ldots, p_m$ functiones, constantes $a, a_1, \ldots, a_{m-1}$ non continentes. Designantibus i, k binos quoslibet e numeris $0, 1, 2, \ldots, m-1$, erat *identice*

$$[H_i, H_k]=0;$$

iam valorem expressionum

$$[H_i, H'_k]$$

investigemus.

Ac primum observo, in expressione illa loco H'_k poni posse functionem f'_k, e qua H'_k obtinetur ponendo loco $a, a_1, a_2, \ldots, a_{m-1}$ functiones $f, f_1, f_2, \ldots, f_{m-1}$. Etenim, si eandem substitutionem facimus, postquam expressiones $[H_i, f'_k]$, $\frac{\partial f'_k}{\partial a}$, $\frac{\partial f'_k}{\partial a_1}$, $\ldots$, $\frac{\partial f'_k}{\partial a_{m-1}}$ formatae sunt, *identice* fit, sicuti e formatione expressionis $[H_i, H'_k]$ facile sequitur:

$$[H_i, H'_k] = [H_i, f'_k] + \frac{\partial f'_k}{\partial a}[H_i, H] + \frac{\partial f'_k}{\partial a_1}[H_i, H_1] + \cdots + \frac{\partial f'_k}{\partial a_{m-1}}[H_i, H_{m-1}].$$

Unde, expressionibus

$$[H_i, H], \quad [H_i, H_1], \quad [H_i, H_2], \quad \ldots, \quad [H_i, H_{m-1}]$$

identice evanescentibus, quum insuper functio f'_k solas $q_1, q_2, \ldots, q_m, a, a_1, \ldots, a_{m-1}$ neque quantitates $p_1, p_2, \ldots, p_m$ contineat:

$$[H_i, H'_k] = [H_i, f'_k] = -\left\{\frac{\partial H_i}{\partial p_1}\frac{\partial f'_k}{\partial q_1} + \frac{\partial H_i}{\partial p_2}\frac{\partial f'_k}{\partial q_2} + \cdots + \frac{\partial H_i}{\partial p_m}\frac{\partial f'_k}{\partial q_m}\right\}$$

$$= -\left\{\frac{\partial H_i}{\partial p_1}\frac{\partial p_1}{\partial a_k} + \frac{\partial H_i}{\partial p_2}\frac{\partial p_2}{\partial a_k} + \cdots + \frac{\partial H_i}{\partial p_m}\frac{\partial p_m}{\partial a_k}\right\}.$$

Unde habetur

$$[H_i, H'_k] = [H_i, f'_k] = -\frac{\partial H_i}{\partial a_k},$$

siquidem in functione H_i in locum variabilium $p_1, p_2, \ldots, p_m$ ad formandum differentiale partiale $\frac{\partial H_i}{\partial a_k}$ substituuntur earum valores, qui obtinentur ex aequationibus:

$$H = a, \quad H_1 = a_1, \quad \ldots, \quad H_{m-1} = a_{m-1},$$

sive erit identice $[H_i, H'_k] = 0$, *quoties* i *et* k *diversi sunt, atque* $= -1$, *si* $i = k$.

Quod attinet ad valores expressionum

$$[H'_i, H'_k],$$

primum observo, haberi per easdem considerationes, quibus antecedentibus usi sumus,

$$[H'_i, H'_k] = [H'_i, f'_k] + \frac{\partial f'_k}{\partial a_i}$$

eamque aequationem identicam fieri, si post formatam expressionem

$$[H_i', f_k'] + \frac{\partial f_k'}{\partial a_i},$$

in ea loco ipsarum $a, a_1, a_2, \ldots, a_{m-1}$ restituamus functiones $H, H_1, \ldots, H_{m-1}$. Quod si in fine operationum signis nostris indicatarum efficimus, fit identice:

$$[H_i', f_k'] = [f_i', f_k'] + \frac{\partial f_i'}{\partial a}[H, f_k'] + \frac{\partial f_i'}{\partial a_1}[H_1, f_k'] + \cdots + \frac{\partial f_i'}{\partial a_{m-1}}[H_{m-1}, f_k'];$$

porro antecedentibus vidimus, fieri $[H_i, f_k'] = 0$, quoties i et k diversi sunt, atque $= -1$, si $i = k$, expressio autem $[f_i', f_k']$ in nihilum abit, quum neque f_i' neque f_k' quantitates $p_1, p_2, \ldots, p_m$ contineant; unde fit

$$[H_i', H_k'] = \frac{\partial f_k'}{\partial a_i} - \frac{\partial f_i'}{\partial a_k} = \frac{\partial \frac{\partial V}{\partial a_k}}{\partial a_i} - \frac{\partial \frac{\partial V}{\partial a_i}}{\partial a_k} = 0.$$

Jam igitur aequationum differentialium

$$\frac{dq_1}{dt} = \frac{\partial f}{\partial p_1}, \quad \frac{dq_2}{dt} = \frac{\partial f}{\partial p_2}, \quad \ldots, \quad \frac{dq_m}{dt} = \frac{\partial f}{\partial p_m},$$

$$\frac{dp_1}{dt} = -\frac{\partial f}{\partial q_1}, \quad \frac{dp_2}{dt} = -\frac{\partial f}{\partial q_2}, \quad \ldots, \quad \frac{dp_m}{dt} = -\frac{\partial f}{\partial q_m}$$

2m integralia inventa

$$f = H = a, \quad H_1 = a_1, \quad H_2 = a_2, \quad \ldots, \quad H_{m-1} = a_{m-1},$$

$$H' = b + t, \quad H_1' = b_1, \quad H_2' = b_2, \quad \ldots, \quad H_{m-1}' = b_{m-1}$$

ita comparata sunt, ut tribuendo ipsis i et k valores 1, 2, 3, ..., m *identice sit:*

$$[H_i, H_k] = 0, \quad [H_i', H_k'] = 0,$$

ac si i et k inter se diversi sunt,

$$[H_i, H_k'] = 0,$$

denique

$$[H_i, H_i'] = -1.$$

Quae sunt Propositiones in theoria nostra *fundamentales*.

De modificatione formularum praecedentium, qua opus est, si functio f ipsam continet variabilem t, quae supra tamquam auxiliaris spectabatur.

35.

Supposuimus, in systemate aequationum propositarum

$$(1) \quad \frac{dq_i}{dt} = \frac{\partial f}{\partial p_i}, \quad \frac{dp_i}{dt} = -\frac{\partial f}{\partial q_i}$$

functionem f ipsas tantum $q_1, q_2, \ldots, q_m, p_1, p_2, \ldots, p_m$ neque quantitatem t continere. Sed facile iste casus, quo f etiam t continet, ad praecedentem revocatur. Statuamus enim, in praecedentibus variabilibus $q_1, q_2, \ldots, q_m$ accedere variabilem t, unde, posito

$$\frac{\partial V}{\partial t} = u,$$

etiam statuendum erit:

$$(2)\quad dV = u dt + p_1 dq_1 + p_2 dq_2 + \cdots + p_m dq_m.$$

Insuper in aequatione differentiali partiali proposita loco f scribatur $u+f$, ita ut evadat illa:

$$(3)\quad u+f = a \quad \text{sive} \quad \frac{\partial V}{\partial t} = -f+a^{*}),$$

functione f involvente ipsam t neque vero ipsam u. His statutis mutationibus formulae propositae sponte ad casum patent, quo f ipsam t involvit. Nam quum sit

$$\frac{\partial(u+f)}{\partial u} = 1, \quad \frac{\partial(u+f)}{\partial t} = \frac{\partial f}{\partial t},$$
$$\frac{\partial(u+f)}{\partial q_i} = \frac{\partial f}{\partial q_i}, \quad \frac{\partial(u+f)}{\partial p_i} = \frac{\partial f}{\partial p_i},$$

aequationes differentiales vulgares, quarum integrationem vidimus §§. 32, 33 pendere ab integratione aequationis differentialis partialis propositae, hae evadunt:

$$dt : dq_1 : dq_2 : \cdots : dq_m : du : dp_1 : dp_2 : \cdots : dp_m$$
$$= 1 : \frac{\partial f}{\partial p_1} : \frac{\partial f}{\partial p_2}, \cdots : \frac{\partial f}{\partial p_m} : -\frac{\partial f}{\partial t} : -\frac{\partial f}{\partial q_1} : -\frac{\partial f}{\partial q_2} : \cdots : -\frac{\partial f}{\partial q_m},$$

quae eaedem sunt atque aequationes (1), accedente, si placet, aequatione

$$(4)\quad \frac{du}{dt} = -\frac{\partial f}{\partial t}.$$

Praeter aequationem propositam $u+f=a$ sint

$$(5)\quad f_1 = a_1, \quad f_2 = a_2, \quad \ldots, \quad f_m = a_m$$

integralia aequationum (1) per methodum a me supra propositam indaganda. E quibus ipsae $u, p_1, p_2, \ldots, p_m$ per $t, q_1, q_2, \ldots, q_m$ ita determinantur, ut fiat

$$u dt + p_1 dq_1 + p_2 dq_2 + \cdots + p_m dq_m$$

---

*) Constantem a per totam disquisitionem sequentem etiam $= 0$ ponere licet.

expressio integrabilis. Numerus aequationum (5) unitate maior est atque in quaestionibus praecedentibus, quum variabilibus independentibus $q_1, q_2, \ldots, q_m$ accesserit nova variabilis t. Ac per regulam praescriptam erit $f_1 = a_1$ integrale quodcunque aequationum (1); in quibus quum neque u neque constans a obveniat, etiam f_1 neque u neque a continebit, idemque valebit de functionibus $f_2, f_3, \ldots, f_m$. Quarum f_i erit functio ipsarum $p_i, p_{i+1}, \ldots, p_m, t, q_1, q_2, \ldots, q_m, a_1, a_2, \ldots, a_{i-1}$. Si in f_2 loco a_1 restituimus functionem f_1, prodeat $f_2 = H_2$; si in f_3 loco a_1, a_2 restituimus functiones f_1, H_2, prodeat $f_3 = H_3$, et ita porro. Unde generaliter fit H_i functio ipsarum $p_1, p_2, \ldots, p_m, t, q_1, q_2, \ldots, q_m$ a constantibus arbitrariis vacua, quae ope aequationum $f_1 = a_1, f_2 = a_2, \ldots, f_{i-1} = a_{i-1}$ ipsi f_i aequalis evadit. In locum igitur aequationum (5) hae quoque adhiberi possunt:

$$(6) \qquad H_1 = a_1, \quad H_2 = a_2, \quad \ldots, \quad H_m = a_m,$$

quae et ipsae erunt aequationum (1) integralia. Inventis aequationibus (5) earumque ope expressis $f, p_1, p_2, \ldots, p_m$ per quantitates $t, q_1, q_2, \ldots, q_m, a_1, a_2, \ldots, a_m$, habentur e §. 34 reliqua integralia aequationum (1):

$$(7) \quad \left\{ \begin{aligned} \frac{\partial V}{\partial a_1} &= \int \left\{ -\frac{\partial f}{\partial a_1} dt + \frac{\partial p_1}{\partial a_1} dq_1 + \frac{\partial p_2}{\partial a_1} dq_2 + \cdots + \frac{\partial p_m}{\partial a_1} dq_m \right\} = b_1, \\ \frac{\partial V}{\partial a_2} &= \int \left\{ -\frac{\partial f}{\partial a_2} dt + \frac{\partial p_1}{\partial a_2} dq_1 + \frac{\partial p_2}{\partial a_2} dq_2 + \cdots + \frac{\partial p_m}{\partial a_2} dq_m \right\} = b_2, \\ & \cdots \cdots \cdots \cdots \cdots \\ \frac{\partial V}{\partial a_m} &= \int \left\{ -\frac{\partial f}{\partial a_m} dt + \frac{\partial p_1}{\partial a_m} dq_1 + \frac{\partial p_2}{\partial a_m} dq_2 + \cdots + \frac{\partial p_m}{\partial a_m} dq_m \right\} = b_m, \end{aligned} \right.$$

designantibus $b_1, b_2, \ldots, b_m$ novas constantes arbitrarias.

Aequatio, quae e §. 34 addi potest,

$$\frac{\partial V}{\partial a} = t + b$$

hic mere identica evadit; nam quum expressiones ipsarum $f, p_1, p_2, \ldots, p_m$ constantem a non contineant atque sit $u = a - f$, eruimus differentiando (2) secundum a et integrando:

$$\frac{\partial V}{\partial a} = \int dt,$$

quod aequationem praecedentem sponte suppeditat.

Si in functionibus $\frac{\partial V}{\partial a_1}, \frac{\partial V}{\partial a_2}, \ldots, \frac{\partial V}{\partial a_m}$ loco ipsarum $a_1, a_2, \ldots, a_m$

ponimus functiones $H_1, H_2, \ldots, H_m$, functiones inde prodeuntes vocemus rursus $H'_1, H'_2, \ldots, H'_m$. Tum, pro his functionibus sicuti supra, valebunt aequationes

$$[H_i, H_k] = 0, \quad [H_i, H'_k] = 0, \quad [H'_i, H'_k] = 0,$$
$$[H_i, H'_i] = -1,$$

si quidem notatione

$$[\varphi, \psi]$$

semper designamus expressionem

$$[\varphi, \psi] = \frac{\partial\varphi}{\partial q_1}\frac{\partial\psi}{\partial p_1} + \frac{\partial\varphi}{\partial q_2}\frac{\partial\psi}{\partial p_2} + \cdots + \frac{\partial\varphi}{\partial q_m}\frac{\partial\psi}{\partial p_m}$$
$$-\frac{\partial\varphi}{\partial p_1}\frac{\partial\psi}{\partial q_1} - \frac{\partial\varphi}{\partial p_2}\frac{\partial\psi}{\partial q_2} - \cdots - \frac{\partial\varphi}{\partial p_m}\frac{\partial\psi}{\partial q_m}.$$

Quamquam enim casu, quem hic consideramus, variabilibus

$$q_1, q_2, \ldots, q_m, p_1, p_2, \ldots, p_m$$

accedunt variabiles

$$t, u,$$

unde videri posset, aequationibus praecedentibus accedere debere terminos e differentiatione secundum has variabiles provenientes: nullo tamen modo in formandis expressionibus

$$[H_i, H_k], \quad [H_i, H'_k], \quad [H'_i, H'_k]$$

opus est, ut habeamus respectum ad variabilem t functiones H_i, H'_i afficientem atque etiam respectu huius differentiationes partiales instituamus. Nam quum functiones H_i, H'_i non contineant ipsam u, evanescunt termini, qui addendi forent,

$$\frac{\partial H_i}{\partial t}\frac{\partial H_k}{\partial u} - \frac{\partial H_k}{\partial t}\frac{\partial H_i}{\partial u},$$
$$\frac{\partial H_i}{\partial t}\frac{\partial H'_k}{\partial u} - \frac{\partial H'_k}{\partial t}\frac{\partial H_i}{\partial u},$$
$$\frac{\partial H'_i}{\partial t}\frac{\partial H'_k}{\partial u} - \frac{\partial H'_k}{\partial t}\frac{\partial H'_i}{\partial u}.$$

Si ponitur

$$u + f = H,$$

solis expressionibus

$$[H, H_i], \quad [H, H'_i]$$

termini accedunt provenientes e differentiatione respectu ipsarum t, u instituta.

Habetur enim, quum f ipsam u non involvat,

$$\frac{\partial H}{\partial u} = 1,$$

unde termini addendi valores obtinent sequentes:

$$\frac{\partial H}{\partial t}\frac{\partial H_i}{\partial u} - \frac{\partial H_i}{\partial t}\frac{\partial H}{\partial u} = -\frac{\partial H_i}{\partial t},$$

$$\frac{\partial H}{\partial t}\frac{\partial H_i'}{\partial u} - \frac{\partial H_i'}{\partial t}\frac{\partial H}{\partial u} = -\frac{\partial H_i'}{\partial t}.$$

Unde sequitur

$$[H, H_i] - \frac{\partial H_i}{\partial t} = [f, H_i] - \frac{\partial H_i}{\partial t} = 0,$$

$$[H, H_i'] - \frac{\partial H_i'}{\partial t} = [f, H_i'] - \frac{\partial H_i'}{\partial t} = 0.$$

Quae formulae etiam inde deducuntur, quod sint aequationes

$$H_i = \text{Const.}, \quad H_i' = \text{Const.}$$

integralia aequationum differentialium propositarum

$$\frac{dq_i}{dt} = \frac{\partial f}{\partial p_i}, \quad \frac{dp_i}{dt} = -\frac{\partial f}{\partial q_i},$$

ita ut, substitutis his aequationibus, identice fiat

$$\frac{dH_i}{dt} = 0, \quad \frac{dH_i'}{dt} = 0,$$

quod formulas praecedentes suppeditat. Si ponimus, analogiam notationis adhibitae servantes,

$$t + b = \frac{\partial V}{\partial \alpha} = H',$$

manent aequationes

$$[H', H_i] = 0, \quad [H', H_i'] = 0,$$

quum functiones H', H_i, H_i' ipsam u non involvant ideoque termini addendi evanescant. Quod attinet ad expressionem

$$[H, H'],$$

observo, eam evanescere, quia H' nullam contineat variabilium

$$q_1, q_2, \ldots, q_m, p_1, p_2, \ldots, p_m,$$

sed unicam t.

Applicatio in aequationes dynamicas, quae sub **Lagrangiana** forma proponuntur.

36.

In formam aequationum differentialium vulgarium propositarum

$$\frac{dq_i}{dt} = \frac{\partial f}{\partial p_i}, \quad \frac{dp_i}{dt} = -\frac{\partial f}{\partial q_i}$$

aequationes differentiales dynamicas revocari posse omnibus casibus, quibus principium minimae actionis sive principium conservationis virium vivarum locum habeat, primus, quantum scio, Ill. Hamilton docuit. Adstruam primum formulas dynamicas generales Lagrangianas ex iisque deinde formulas propositas deducam.

Proponantur n puncta materialia, quorum massae $m_1, m_2, \ldots, m_n$; sint x_i, y_i, z_i coordinatae orthogonales puncti, cuius massa m_i; ac sollicitetur punctum illud secundum directiones axium coordinatarum viribus X_i, Y_i, Z_i: erunt problemata mechanica, quae hic consideramus et pro quibus dicta principia valent, ea, in quibus expressio

$$\Sigma m_i\{X_i dx_i + Y_i dy_i + Z_i dz_i\},$$

extensa ad omnia n corpora, est differentiale completum. Cuius integrale si vocatur U, erunt aequationes differentiales dynamicae contentae hac aequatione symbolica:

$$\Sigma m_i\left\{\frac{d^2x_i}{dt^2}\delta x_i + \frac{d^2y_i}{dt^2}\delta y_i + \frac{d^2z_i}{dt^2}\delta z_i\right\} = \delta U,$$

cui satisfieri debet per variationes omnes virtuales δx_i, δy_i, δz_i, sive per variationes conditiones non turbantes, quibus n puncta materialia subiecta sunt. Id quod docuit olim Ill. Lagrange combinando principium d'Alemberti cum principio velocitatum virtualium. Posito autem

$$\frac{dx_i}{dt} = x_i', \quad \frac{dy_i}{dt} = y_i', \quad \frac{dz_i}{dt} = z_i',$$

fit aequatio illa symbolica:

$$\frac{d\Sigma m_i\{x_i'\delta x_i + y_i'\delta y_i + z_i'\delta z_i\}}{dt} - \Sigma m_i\{x_i'\delta x_i' + y_i'\delta y_i' + z_i'\delta z_i'\} = \delta U,$$

quae, posita semissi virium vivarum

$$\tfrac{1}{2}\Sigma m_i\{x_i'x_i' + y_i'y_i' + z_i'z_i'\} = T,$$

sic etiam repraesentari potest:

$$\frac{d\Sigma m_i\{x_i'\,\delta x_i+y_i'\,\delta y_i+z_i'\,\delta z_i\}}{dt}=\delta(U+T).$$

Statuendo $U+T=R$, hanc aequationem ita exhibeamus:

$$\delta R=\frac{d\Sigma_i\left\{\frac{\partial R}{\partial x_i'}\delta x_i+\frac{\partial R}{\partial y_i'}\delta y_i+\frac{\partial R}{\partial z_i'}\delta z_i\right\}}{dt},$$

id quod licet, quum U quantitates x_i', y_i', z_i' omnino non contineat. Exprimamus $3n$ quantitates x_i, y_i, z_i per m alias quantitates $q_1, q_2, \ldots, q_m$ sitque rursus

$$q_i'=\frac{dq_i}{dt},$$

facile probatur, expressa etiam R per $q_1, q_2, \ldots, q_m, q_1', q_2', \ldots, q_m'$, fieri:

$$(1)\quad\begin{cases}\Sigma_i\left\{\frac{\partial R}{\partial x_i'}\delta x_i+\frac{\partial R}{\partial y_i'}\delta y_i+\frac{\delta R}{\delta z_i'}\delta z_i\right\}\\ =\frac{\partial R}{\partial q_1'}\delta q_1+\frac{\partial R}{\partial q_2'}\delta q_2+\cdots+\frac{\partial R}{\partial q_m'}\delta q_m.\end{cases}$$

Habetur enim

$$\begin{aligned}&\Sigma_i\left\{\frac{\partial R}{\partial x_i'}\delta x_i+\frac{\partial R}{\partial y_i'}\delta y_i+\frac{\partial R}{\partial z_i'}\delta z_i\right\}\\ &=\Sigma_i\left\{\frac{\partial R}{\partial x_i'}\frac{\partial x_i}{\partial q_1}+\frac{\partial R}{\partial y_i'}\frac{\partial y_i}{\partial q_1}+\frac{\partial R}{\partial z_i'}\frac{\partial z_i}{\partial q_1}\right\}\delta q_1\\ &+\Sigma_i\left\{\frac{\partial R}{\partial x_i'}\frac{\partial x_i}{\partial q_2}+\frac{\partial R}{\partial y_i'}\frac{\partial y_i}{\partial q_2}+\frac{\partial R}{\partial z_i'}\frac{\partial z_i}{\partial q_2}\right\}\delta q_2\\ &\quad\cdots\cdots\cdots\cdots\\ &+\Sigma_i\left\{\frac{\partial R}{\partial x_i'}\frac{\partial x_i}{\partial q_m}+\frac{\partial R}{\partial y_i'}\frac{\partial y_i}{\partial q_m}+\frac{\partial R}{\partial z_i'}\frac{\partial z_i}{\partial q_m}\right\}\delta q_m.\end{aligned}$$

At quum sit

$$x_i'=\frac{\partial x_i}{\partial q_1}q_1'+\frac{\partial x_i}{\partial q_2}q_2'+\cdots+\frac{\partial x_i}{\partial q_m}q_m',$$

erit

$$\frac{\partial x_i'}{\partial q_k'}=\frac{\partial x_i}{\partial q_k},\quad\text{ac similiter}\quad\frac{\partial y_i'}{\partial q_k'}=\frac{\partial y_i}{\partial q_k},\quad\frac{\partial z_i'}{\partial q_k'}=\frac{\partial z_i}{\partial q_k},$$

unde

$$\Sigma_i\left\{\frac{\partial R}{\partial x_i'}\frac{\partial x_i}{\partial q_k}+\frac{\partial R}{\partial y_i'}\frac{\partial y_i}{\partial q_k}+\frac{\partial R}{\partial z_i'}\frac{\partial z_i}{\partial q_k}\right\}$$

$$=\Sigma_i\left\{\frac{\partial R}{\partial x_i'}\frac{\partial x_i'}{\partial q_k'}+\frac{\partial R}{\partial y_i'}\frac{\partial y_i'}{\partial q_k'}+\frac{\partial R}{\partial z_i'}\frac{\partial z_i'}{\partial q_k'}\right\}=\frac{\partial R}{\partial q_k'},$$

ideoque

$$\Sigma_i\left\{\frac{\partial R}{\partial x_i'}\delta x_i+\frac{\partial R}{\partial y_i'}\delta y_i+\frac{\partial R}{\partial z_i'}\delta z_i\right\}=\Sigma_k\frac{\partial R}{\partial q_k'}\delta q_k,$$

quod probandum erat. Habemus igitur, expressa R per novas quantitates q_k, q_k', aequationem

$$\delta R=\frac{d\left\{\frac{\partial R}{\partial q_1'}\delta q_1+\frac{\partial R}{\partial q_2'}\delta q_2+\cdots+\frac{\partial R}{\partial q_m'}\delta q_m\right\}}{dt}.$$

Si π est numerus aequationum conditionalium, quibus $3n$ coordinatae satisfacere debent, fieri debet m aut $=3n-\pi$ aut $>3n-\pi$. Si $m=3n-\pi+\nu$, designante ν numerum positivum, habetur inter quantitates $q_1, q_2, \ldots, q_m$ numerus ν aequationum conditionalium, unde totidem emergunt inter variationes δq_1, $\delta q_2, \ldots, \delta q_m$ aequationes conditionales. Ac primum quidem, existente $m=3n-\pi$, quantitates $q_1, q_2, \ldots, q_m$ a se invicem independentes sunt ideoque variationes $\delta q_1, \delta q_2, \ldots, \delta q_m$ prorsus arbitrariae. Hoc igitur casu ex aequatione praecedente symbolica hoc fluit aequationum differentialium systema:

$$\frac{\partial R}{\partial q_1}=\frac{d\frac{\partial R}{\partial q_1'}}{dt},\quad \frac{\partial R}{\partial q_2}=\frac{d\frac{\partial R}{\partial q_2'}}{dt},\quad \ldots,\quad \frac{\partial R}{\partial q_m}=\frac{d\frac{\partial R}{\partial q_m'}}{dt}.$$

Hac forma aequationes differentiales dynamicae iam in editione prima Mechanicae Lagrangianae propositae inveniuntur.

Forma Hamiltoniana aequationum dynamicarum derivatur; quae cum systemate supra considerato congruit. Theorema VI de tertio integrali e binis quibuslibet inveniendo applicatur in systema dynamicum.

37.

At Ill. Poisson in laudatissima commentatione de *Variatione Constantium* (Journal de l'Ecole Polyt. Cah. XV) loco quantitatum $q_1', q_2', \ldots, q_m'$ alias in formulas dynamicas introduxit,

$$p_1=\frac{\partial R}{\partial q_1'},\quad p_2=\frac{\partial R}{\partial q_2'},\quad \ldots,\quad p_m=\frac{\partial R}{\partial q_m'}.$$

Quibus ipsis variabilibus adhibitis in locum functionis R, Ill. Hamilton novam introduxit functionem

$$\begin{aligned} H &= \frac{\partial R}{\partial q_1'} q_1' + \frac{\partial R}{\partial q_2'} q_2' + \cdots + \frac{\partial R}{\partial q_m'} q_m' - R \\ &= p_1 q_1' + p_2 q_2' + \cdots + p_m q_m' - R. \end{aligned}$$

Qua functione per $q_1, q_2, \ldots, q_m, p_1, p_2, \ldots, p_m$ expressa, ubi simul has omnes quantitates variamus, obtinemus:

$$\begin{aligned} \delta H = & \; q_1' \delta p_1 + q_2' \delta p_2 + \cdots + q_m' \delta p_m \\ & - \frac{\partial R}{\partial q_1} \delta q_1 - \frac{\partial R}{\partial q_2} \delta q_2 - \cdots - \frac{\partial R}{\partial q_m} \delta q_m. \end{aligned}$$

Evanescit enim expressio

$$\begin{aligned} & p_1 \delta q_1' + p_2 \delta q_2' + \cdots + p_m \delta q_m' \\ & - \left\{ \frac{\partial R}{\partial q_1'} \delta q_1' + \frac{\partial R}{\partial q_2'} \delta q_2' + \cdots + \frac{\partial R}{\delta q_m'} \delta q_m' \right\}. \end{aligned}$$

Expressio ipsius δH inventa iam suppeditat differentialia partialia functionis H secundum novas variabiles sumta sequentia:

$$\begin{aligned} & \frac{\partial H}{\partial p_1} = q_1', \quad \frac{\partial H}{\partial p_2} = q_2', \quad \ldots, \quad \frac{\partial H}{\partial p_m} = q_m', \\ & \frac{\partial H}{\partial q_1} = -\frac{\partial R}{\partial q_1}, \quad \frac{\partial H}{\partial q_2} = -\frac{\partial R}{\partial q_2}, \quad \ldots, \quad \frac{\partial H}{\partial q_m} = -\frac{\partial R}{\partial q_m}. \end{aligned}$$

Quibus valoribus substitutis, vice versa R e functione H obtinetur per formulam:

$$\begin{aligned} R &= p_1 q_1' + p_2 q_2' + \cdots + p_m q_m' - H \\ &= p_1 \frac{\partial H}{\partial p_1} + p_2 \frac{\partial H}{\partial p_2} + \cdots + p_m \frac{\partial H}{\partial p_m} - H. \end{aligned}$$

Introductis igitur quantitatibus $q_1, q_2, \ldots, q_m, p_1, p_2, \ldots, p_m$ ut variabilibus, aequatio inventa symbolica iam haec evadit:

$$\delta \left\{ p_1 \frac{\partial H}{\partial p_1} + p_2 \frac{\partial H}{\partial p_2} + \cdots + p_m \frac{\partial H}{\partial p_m} - H \right\} = \frac{d\{p_1 \delta q_1 + p_2 \delta q_2 + \cdots + p_m \delta q_m\}}{dt}.$$

Facta variatione et differentiatione et substitutis valoribus

$$q_k' = \frac{\partial H}{\partial p_k},$$

venit in aequationis praecedentis utraque parte expressio

$$p_1\delta\cdot\frac{\partial H}{\partial p_1}+p_2\delta\cdot\frac{\partial H}{\partial p_2}+\cdots+p_m\delta\cdot\frac{\partial H}{\partial p_m},$$

qua reiecta, hanc nanciscimur formulam:

$$(1)\quad\begin{cases}-\left\{\frac{\partial H}{\partial q_1}\delta q_1+\frac{\partial H}{\partial q_2}\delta q_2+\cdots+\frac{\partial H}{\partial q_m}\delta q_m\right\}\\ =\frac{dp_1}{dt}\delta q_1+\frac{dp_2}{dt}\delta q_2+\cdots+\frac{dp_m}{dt}\delta q_m.\end{cases}$$

Si $m=3n-\pi$, designante π numerum aequationum conditionalium, quibus coordinatae punctorum materialium satisfacere debent, quantitates $q_1, q_2, \ldots, q_m$ a se invicem prorsus independentes sunt, earumque variationes $\delta q_1, \delta q_2, \ldots, \delta q_m$ omnes arbitrariae. Quo casu ex (1) fluunt aequationes differentiales *dynamicae* in variabilibus $q_1, q_2, \ldots, q_m, p_1, p_2, \ldots, p_m$ exhibitae:

$$(2)\quad\begin{cases}\frac{\partial H}{\partial p_1}=\frac{dq_1}{dt}, & \frac{\partial H}{\partial p_2}=\frac{dq_2}{dt}, \;\ldots, & \frac{\partial H}{\partial p_m}=\frac{dq_m}{dt},\\ -\frac{\partial H}{\partial q_1}=\frac{dp_1}{dt}, & -\frac{\partial H}{\partial q_2}=\frac{dp_2}{dt}, \;\ldots, & -\frac{\partial H}{\partial q_m}=\frac{dp_m}{dt}.\end{cases}$$

Qua forma primus Ill. Hamilton aequationes dynamicas exhibuit, neque parum inde commodi in Mechanicam Analyticam redundasse existimo. Observaverat iam l. c. Ill. Poisson, valores ipsarum $\frac{dq_i}{dt}=q_i'$ per quantitates q_i, p_i expressos ita comparatos esse, ut habeatur

$$\frac{\partial q_i'}{\partial p_k}=\frac{\partial q_k'}{\partial p_i}$$

(Journal de l'Ecole Polyt. Cah. XV, pag. 275), quae ad finem sibi propositum sufficiebant formulae. E formulis (2) statim etiam sequentes fluunt:

$$\frac{\partial q_i'}{\partial q_k}=-\frac{\partial p_k'}{\partial p_i},\quad \frac{\partial p_i'}{\partial q_k}=\frac{\partial p_k'}{\partial q_i},$$

siquidem rursus $p_i'=\frac{dp_i}{dt}$ ponimus.

Forma Hamiltoniana aequationum differentialium dynamicarum eadem est atque systematis aequationum differentialium vulgarium, cuius integrationem supra docui §§. 33, 34.

Si in aequatione supra (§. 36 (1)) probata

$$\Sigma_i \left\{ \frac{\partial R}{\partial x_i'} \delta x_i + \frac{\partial R}{\partial y_i'} \delta y_i + \frac{\partial R}{\partial z_i'} \delta z_i \right\} = \Sigma_k \frac{\partial R}{\partial q_k'} \delta q_k$$

in locum ipsarum δx_i, δy_i, δz_i, δq_k simul ponimus x_i', y_i', z_i', q_k', quod licet, quum aequationes conditionales supponantur ipsam t non involvere, eruimus:

$$\Sigma_i \left\{ \frac{\partial R}{\partial x_i'} x_i' + \frac{\partial R}{\partial y_i'} y_i' + \frac{\partial R}{\partial z_i'} z_i' \right\} = \Sigma_k \frac{\partial R}{\partial q_k'} q_k'.$$

Unde substituto valore $R = T + U$, quum sit

$$\frac{\partial R}{\partial x_i'} = \frac{\partial T}{\partial x_i'} = m_i x_i', \quad \frac{\partial R}{\partial y_i'} = \frac{\partial T}{\partial y_i'} = m_i y_i', \quad \frac{\partial R}{\partial z_i'} = \frac{\partial T}{\partial z_i'} = m_i z_i',$$

prodit:

$$2T = \Sigma_k \frac{\partial R}{\partial q_k'} q_k' = H + R = H + T + U.$$

In applicationibus igitur ad *dynamicam* est functio H ipsi $T - U$ aequalis, unde aequatio

$$H = h,$$

in qua h est constans arbitraria, est ipsa aequatio *conservationem virium vivarum* concernens.

Docet Theorema VI supra probatum, si habentur aequationum (2) duo alia integralia quaecunque

$$\varphi = a, \quad \psi = b,$$

in quibus a et b sunt constantes arbitrariae ipsas φ et ψ non afficientes, inde generaliter deduci integrale novum:

$$\text{Const.} = [\varphi, \psi] = \frac{\partial \varphi}{\partial q_1} \frac{\partial \psi}{\partial p_1} + \frac{\partial \varphi}{\partial q_2} \frac{\partial \psi}{\partial p_2} + \cdots + \frac{\partial \varphi}{\partial q_m} \frac{\partial \psi}{\partial p_m}$$
$$- \frac{\partial \varphi}{\partial p_1} \frac{\partial \psi}{\partial q_1} - \frac{\partial \varphi}{\partial p_2} \frac{\partial \psi}{\partial q_2} - \cdots - \frac{\partial \varphi}{\partial p_m} \frac{\partial \psi}{\partial q_m}.$$

Exponitur problema de expressione $[\varphi, \psi]$ per maiorem variabilium numerum exhibenda, inter quas aequationes conditionales datae sunt.

38.

Quum propter rei utilitatem, tum propter egregiam eius difficultatem, tum etiam, quia accurate examinare iuvat, quaecunque spectant ad expressionem $[\varphi, \psi]$ tantis proprietatibus gaudentem, investigabo hic expressionem, quam induit $[\varphi, \psi]$, si in ea loco quantitatum $q_1, q_2, \ldots, q_m$ a se independentium restituuntur $3n$ coordinatae x_i, y_i, z_i, quae datis conditionibus quibuscunque satisfacere debent, sive generalius introducitur maior numerus variabilium $\xi_1, \xi_2, \ldots, \xi_\mu$, inter quas numerus $\mu - m$ relationum locum habet. In hoc problemate supponitur, ipsas φ et ψ ut functiones ipsarum $\xi_1, \xi_2, \ldots, \xi_\mu$ et quantitatum

$$\xi'_1 = \frac{d\xi_1}{dt}, \quad \xi'_2 = \frac{d\xi_2}{dt}, \quad \ldots, \quad \xi'_\mu = \frac{d\xi_\mu}{dt}$$

datas esse, atque ipsius $[\varphi, \psi]$ expressio investiganda talis esse debet, ut nullae in ea inveniantur quantitates, ad quarum formationem efficiendam datae esse debent relationes, quibus quantitates $\xi_1, \xi_2, \ldots, \xi_\mu$ et $q_1, q_2, \ldots, q_m$ aliae per alias determinantur, ita ut in formula investiganda nulla variabilium q_1, $q_2, \ldots, q_m$ vestigia remaneant. Iam problema accuratius exponam.

Problema propositum hoc est:

Sint inter μ quantitates $\xi_1, \xi_2, \ldots, \xi_\mu$ datae aequationes conditionales numero $\mu - m$

$$F = 0, \quad \Phi = 0, \quad \text{etc.},$$

unde etiam inter ipsas $\xi'_1, \xi'_2, \ldots, \xi'_\mu$ habentur aequationes

$$\frac{dF}{dt} = \frac{\partial F}{\partial \xi_1}\xi'_1 + \frac{\partial F}{\partial \xi_2}\xi'_2 + \cdots + \frac{\partial F}{\partial \xi_\mu}\xi'_\mu = 0,$$

$$\frac{d\Phi}{dt} = \frac{\partial \Phi}{\partial \xi_1}\xi'_1 + \frac{\partial \Phi}{\partial \xi_2}\xi'_2 + \cdots + \frac{\partial \Phi}{\partial \xi_\mu}\xi'_\mu = 0,$$

. . . .

Quum inter μ quantitates $\xi_1, \xi_2, \ldots, \xi_\mu$ datae sint $\mu - m$ aequationes conditionales, exprimi possunt quantitates illae per m quantitates $q_1, q_2, \ldots, q_m$ a se invicem independentes. Unde, posito

$$q'_i = \frac{dq_i}{dt},$$

exprimi etiam possunt quantitates $\xi'_1, \xi'_2, \ldots, \xi'_\mu$ per $q_1, q_2, \ldots, q_m, q'_1$, $q'_2, \ldots, q'_m$ ope formularum

$$\xi'_i = \frac{\partial \xi_i}{\partial q_1}q'_1 + \frac{\partial \xi_i}{\partial q_2}q'_2 + \cdots + \frac{\partial \xi_i}{\partial q_m}q'_m.$$

Sit etiam R functio quaecunque ipsarum $\xi_1, \xi_2, \ldots, \xi_\mu, \xi'_1, \xi'_2, \ldots, \xi'_\mu$ atque

$$H = \xi'_1\frac{\partial R}{\partial \xi'_1} + \xi'_2\frac{\partial R}{\partial \xi'_2} + \cdots + \xi'_\mu\frac{\partial R}{\partial \xi'_\mu} - R,$$

positoque

$$\frac{\partial R}{\partial \xi'_1} = v_1, \quad \frac{\partial R}{\partial \xi'_2} = v_2, \quad \ldots, \quad \frac{\partial R}{\partial \xi'_\mu} = v_\mu,$$

exprimatur H per $\xi_1, \xi_2, \ldots, \xi_\mu, v_1, v_2, \ldots, v_\mu$; qua expressione differentiata respective secundum $v_1, v_2, \ldots, v_\mu$, sequitur ex analysi supra tradita, vice versa obtineri quantitates ipsis $\xi'_1, \xi'_2, \ldots, \xi'_\mu$ aequales sive fieri

$$\xi'_1 = \frac{\partial H}{\partial v_1}, \quad \xi'_2 = \frac{\partial H}{\partial v_2}, \quad \ldots, \quad \xi'_\mu = \frac{\partial H}{\partial v_\mu}.$$

Unde, cognita expressione illa ipsius H, habetur expressio ipsius R per ξ_1, $\xi_2, \ldots, \xi_\mu, v_1, v_2, \ldots, v_\mu$ ope formulae

$$R = v_1 \frac{\partial H}{\partial v_1} + v_2 \frac{\partial H}{\partial v_2} + \cdots + v_\mu \frac{\partial H}{\partial v_\mu} - H.$$

Substitutis iam expressionibus ipsarum $\xi_1, \xi_2, \ldots, \xi_\mu$ per $q_1, q_2, \ldots, q_m$ atque expressionibus ipsarum $\xi'_1, \xi'_2, \ldots, \xi'_\mu$ per $q_1, q_2, \ldots, q_m, q'_1, q'_2, \ldots, q'_m$, exhibeatur R per has $2m$ quantitates; quo facto demonstratur prorsus eadem ratione, atque formula (1) §. 36 demonstrata est, haec aequatio:

$$\xi'_1 \frac{\partial R}{\partial \xi'_1} + \xi'_2 \frac{\partial R}{\partial \xi'_2} + \cdots + \xi'_\mu \frac{\partial R}{\partial \xi'_\mu}$$
$$= q'_1 \frac{\partial R}{\partial q'_1} + q'_2 \frac{\partial R}{\partial q'_2} + \cdots + q'_m \frac{\partial R}{\partial q'_m}.$$

Unde, expressa R per $q_1, q_2, \ldots, q_m, q'_1, q'_2, \ldots, q'_m$, functio H per easdem quantitates sic exhibetur:

$$H = q'_1 \frac{\partial R}{\partial q'_1} + q'_2 \frac{\partial R}{\partial q'_2} + \cdots + q'_m \frac{\partial R}{\partial q'_m} - R.$$

Posito

$$p_1 = \frac{\partial R}{\partial q'_1}, \quad p_2 = \frac{\partial R}{\partial q'_2}, \quad \ldots, \quad p_m = \frac{\partial R}{\partial q'_m},$$

exprimatur H per $q_1, q_2, \ldots, q_m, p_1, p_2, \ldots, p_m$; qua expressione differentiata secundum $p_1, p_2, \ldots, p_m$, vice versa obtinentur quantitates ipsis $q'_1, q'_2, \ldots, q'_m$ aequales sive habentur aequationes

$$q'_1 = \frac{\partial H}{\partial p_1}, \quad q'_2 = \frac{\partial H}{\partial p_2}, \quad \ldots, \quad q'_m = \frac{\partial H}{\partial p_m}.$$

Unde erit

$$R = v_1\frac{\partial H}{\partial v_1}+v_2\frac{\partial H}{\partial v_2}+\cdots+v_\mu\frac{\partial H}{\partial v_\mu}-H$$
$$= p_1\frac{\partial H}{\partial p_1}+p_2\frac{\partial H}{\partial p_2}+\cdots+p_m\frac{\partial H}{\partial p_m}-H.$$

His positis, sint φ, ψ binae functiones *quaecunque* ipsarum $\xi_1, \xi_2, \ldots, \xi_\mu, \xi_1', \xi_2', \ldots, \xi_\mu'$; quibus expressis per $q_1, q_2, \ldots, q_m, q_1', q_2', \ldots, q_m'$ ac deinde ope aequationum

$$p_1=\frac{\partial R}{\partial q_1'},\quad p_2=\frac{\partial R}{\partial q_2'},\quad \ldots,\quad p_m=\frac{\partial R}{\partial q_m'}$$

iisdem expressis per $q_1, q_2, \ldots, q_m, p_1, p_2, \ldots, p_m$, formetur expressio

$$[\varphi, \psi] = \frac{\partial\varphi}{\partial q_1}\frac{\partial\psi}{\partial p_1}+\frac{\partial\varphi}{\partial q_2}\frac{\partial\psi}{\partial p_2}+\cdots+\frac{\partial\varphi}{\partial q_m}\frac{\partial\psi}{\partial p_m}$$
$$-\frac{\partial\varphi}{\partial p_1}\frac{\partial\psi}{\partial q_1}-\frac{\partial\varphi}{\partial p_2}\frac{\partial\psi}{\partial q_2}-\cdots-\frac{\partial\varphi}{\partial p_m}\frac{\partial\psi}{\partial q_m}.$$

Functiones φ, ψ etiam per quantitates $\xi_1, \xi_2, \ldots, \xi_\mu, v_1, v_2, \ldots, v_\mu$ exhiberi possunt. Quibus cognitis expressionibus, quaeritur:

„*datis expressionibus trium functionum* H, φ, ψ *per quantitates* $\xi_1, \xi_2, \ldots, \xi_\mu, v_1, v_2, \ldots, v_\mu$ *atque aequationibus, quae inter ipsas* $\xi_1, \xi_2, \ldots, \xi_\mu$ *locum habent,*

$$F=0,\quad \Phi=0,\quad \text{etc.}$$

neque vero cognitis relationibus, quibus quantitates $\xi_1, \xi_2, \ldots, \xi_\mu$ *per alias independentes* $q_1, q_2, \ldots, q_m$ *determinantur, invenire valorem expressionis*

$$[\varphi, \psi]“.$$

Quod est problema propositum.

39.

Expositioni problematis antecedentis has addam dilucidationes. Quantitatum ξ_i, ξ_i', R, H, φ, ψ expressiones per $q_1, q_2, \ldots, q_m, p_1, p_2, \ldots, p_m$ sunt prorsus determinatae, simulac relationes datae sunt, quarum ope advocatis aequationibus $F=0$, $\Phi=0$, ... quantitates $\xi_1, \xi_2, \ldots, \xi_\mu$ per $q_1, q_2, \ldots, q_m$ exhiberi possunt. At expressiones ipsarum q_i, p_i, ξ_i', R, H, φ, ψ per $\xi_1, \xi_2, \ldots, \xi_\mu, v_1, v_2, \ldots, v_\mu$ ope aequationum $F=0$, $\Phi=0, \ldots$ et quae ex iis differentiatione deducuntur, variis modis immutari possunt. Agamus primum de determinatione quantitatum v_i per ipsas ξ_i, ξ'_i atque de formatione functionis H per ipsas ξ_i, v_i exprimenda. Qua in re proficisci debemus a functione R, quae erat functio quaecunque ipsarum ξ_i, ξ'_i. Posito

$$F' = \frac{\partial F}{\partial \xi_1}\xi'_1 + \frac{\partial F}{\partial \xi_2}\xi'_2 + \cdots + \frac{\partial F}{\partial \xi_\mu}\xi'_\mu,$$

$$\Phi' = \frac{\partial \Phi}{\partial \xi_1}\xi'_1 + \frac{\partial \Phi}{\partial \xi_2}\xi'_2 + \cdots + \frac{\partial \Phi}{\partial \xi_\mu}\xi'_\mu,$$

$$\cdots\cdots\cdots\cdots\cdots\cdots$$

functioni R addi possunt expressiones F, Φ, ..., F', Φ', ... per factores arbitrarios λ, μ, ..., λ_1, μ_1, ... multiplicatae, quippe quae expressiones ex hypothesi sunt evanescentes. Et maxime distinguendum erit, an ipsi R soli termini $\lambda F + \mu\Phi + \cdots$, an etiam termini $\lambda_1 F' + \mu_1 \Phi' + \cdots$ addantur. Nam casu priore valores ipsarum

$$v_i = \frac{\partial R}{\partial \xi'_i}$$

prorsus iidem manent, seu potius alias non patiuntur mutationes, nisi quod iis termini in functiones evanescentes F, Φ, ... multiplicati accedant. Unde etiam vice versa expressiones ipsarum ξ'_i atque functionum R, H per quantitates ξ_i, v_i nonnisi easdem mutationes subeunt, scilicet termini per quantitates F, Φ, ... multiplicati iis accedunt neque vero termini in F', Φ', ... ducti.

At longe secus evenit, si functioni R etiam termini $\lambda_1 F' + \mu_1 \Phi' + \cdots$ addantur. Et functio quidem

$$H = \xi'_1 \frac{\partial R}{\partial \xi'_1} + \xi'_2 \frac{\partial R}{\partial \xi'_2} + \cdots + \xi'_\mu \frac{\partial R}{\partial \xi'_\mu} - R$$

valorem certe numericum non mutabit, quum sit identice:

$$\xi'_1 \frac{\partial F'}{\partial \xi'_1} + \xi'_2 \frac{\partial F'}{\partial \xi'_2} + \cdots + \xi'_\mu \frac{\partial F'}{\partial \xi'_\mu} - F' = 0,$$

$$\xi'_1 \frac{\partial \Phi'}{\partial \xi'_1} + \xi'_2 \frac{\partial \Phi'}{\partial \xi'_2} + \cdots + \xi'_\mu \frac{\partial \Phi'}{\partial \xi'_\mu} - \Phi' = 0,$$

$$\cdots\cdots\cdots\cdots\cdots\cdots$$

Sed quantitates v_i non tantum formam additione expressionum evanescentium mutabunt, sed alios adeo valores numericos induunt. Quippe quae evadunt

$$v = \frac{\partial R}{\partial \xi'_i} + \lambda_1 \frac{\partial F'}{\partial \xi'_i} + \mu_1 \frac{\partial \Phi'}{\partial \xi'_i} + \cdots,$$

omissis terminis evanescentibus

$$\frac{\partial\lambda}{\partial\xi_i'}F+\frac{\partial\mu}{\partial\xi_i'}\Phi+\cdots+\frac{\partial\lambda_1}{\partial\xi_i'}F'+\frac{\partial\mu_1}{\partial\xi_i'}\Phi'+\cdots.$$

Qua de re etiam forma functionis H per ipsas ξ_i, v_i expressa alias subire debet mutationes praeter accessum functionum evanescentium, quum valor ipsius H immutatus manere debeat, dum quantitates v_1, v_2, ..., v_μ, quae functionem H ingrediuntur, alios valores induant. Ut mutationes accuratius indicem, sit

$$l_i=\lambda_1\frac{\partial F'}{\partial\xi_i'}+\mu_1\frac{\partial\Phi'}{\partial\xi_i'}+\cdots,$$

$$L_i=\frac{\partial\lambda}{\partial\xi_i'}F+\frac{\partial\mu}{\partial\xi_i'}\Phi+\cdots+\frac{\partial\lambda_1}{\partial\xi_i'}F'+\frac{\partial\mu_1}{\partial\xi_i'}\Phi'+\cdots,$$

sint porro v_i^0 quantitates, in quas ipsae v_i abeunt, si loco R ponitur

$$R+\lambda F+\mu\Phi+\cdots+\lambda_1F'+\mu_1\Phi'+\cdots.$$

Tum erit

$$v_i=v_i^0-l_i-L_i;$$

porro posito

$$\lambda^0=\Sigma\xi_i'\frac{\partial\lambda}{\partial\xi_i'}-\lambda,\quad \mu^0=\Sigma\xi_i'\frac{\partial\mu}{\partial\xi_i'}-\mu,\quad\ldots$$

$$\lambda_1^0=\Sigma\xi_i'\frac{\partial\lambda_1}{\partial\xi_i'}\quad,\quad \mu_1^0=\Sigma\xi_i'\frac{\partial\mu_1}{\partial\xi_i'}\quad,\quad\ldots$$

abit H in expressionem

$$H^0=H+\lambda^0F+\mu^0\Phi+\cdots+\lambda_1^0F'+\mu_1^0\Phi'+\cdots,$$

omissis quantitatibus se mutuo destruentibus

$$\lambda_1\left\{\Sigma_i\xi_i'\frac{\partial F'}{\partial\xi_i'}-F'\right\},\quad \mu_1\left\{\Sigma_i\xi_i'\frac{\partial\Phi'}{\partial\xi_i'}-\Phi'\right\},\quad\ldots$$

atque in termino primo H loco ipsarum v_i positis valoribus $v_i^0-l_i-L_i$. Quibus adhibitis expressionibus sine multo negotio invenitur, quod fieri debet,

$$\frac{\partial H^0}{\partial v_i^0}=\frac{\partial H}{\partial v_i}=\xi_i'.$$

Rejectis enim terminis evanescentibus fit

$$\frac{\partial H^0}{\partial v_i^0}=\frac{\partial H}{\partial v_i}-\Sigma_k\frac{\partial H}{\partial v_k}\left(\frac{\partial l_k}{\partial v_i^0}+\frac{\partial L_k}{\partial v_i^0}\right)+\lambda_1^0\frac{\partial F'}{\partial v_i^0}+\mu_1^0\frac{\partial\Phi'}{\partial v_i^0}+\cdots;$$

porro, quum omnes solarum ξ_i functiones secundum v_i^0 differentiatae evanescant,

$$\Sigma_k \frac{\partial H}{\partial v_k}\frac{\partial l_k}{\partial v_i^0} = \Sigma_k \xi_k' \frac{\partial l_k}{\partial v_i^0} = \frac{\partial \lambda_1}{\partial v_i^0}\Sigma_k \xi_k' \frac{\partial F'}{\partial \xi_k'} + \frac{\partial \mu_1}{\partial v_i^0}\Sigma_k \xi_k' \frac{\partial \Phi'}{\partial \xi_k'} + \cdots = 0,$$

$$\Sigma_k \frac{\partial H}{\partial v_k}\frac{\partial L_k}{\partial v_i^0} = \Sigma_k \xi_k' \frac{\partial L_k}{\partial v_i^0} = \frac{\partial F'}{\partial v_i^0}\Sigma_k \xi_k' \frac{\partial \lambda_1}{\partial \xi_k'} + \frac{\partial \Phi'}{\partial v_i^0}\Sigma_k \xi_k' \frac{\partial \mu_1}{\partial \xi_k'} + \cdots$$

$$= \lambda_1^0 \frac{\partial F'}{\partial v_i^0} + \mu_1^0 \frac{\partial \Phi'}{\partial v_i^0} + \cdots.$$

Unde, rejectis terminis se mutuo destruentibus, prodit formula demonstranda:

$$\frac{\partial H^0}{\partial v_i^0} = \frac{\partial H}{\partial v_i},$$

quae valet pro quolibet indicis i valore. Apposui antecedentia, quamquam ad propositi problematis solutionem non necessaria, sicuti innui, ad dilucidationem rei; prona enim est in hac quaestione ad errores via.

Etiam functiones φ et ψ variis modis mutari possunt addendo iis terminos in F, Φ, ..., F', Φ', ... multiplicatos, sive expressis φ, ψ, sicuti requiritur, per quantitates ξ_i, v_i, addendo terminos multiplicatos in F, Φ, ..., A, B, ..., siquidem per A, B, ... designamus valores ipsarum F', Φ', ... per quantitates ξ_i, v_i exhibitos, scilicet expressiones

$$A = \frac{\partial F}{\partial \xi_1}\frac{\partial H}{\partial v_1} + \frac{\partial F}{\partial \xi_2}\frac{\partial H}{\partial v_2} + \cdots + \frac{\partial F}{\partial \xi_\mu}\frac{\partial H}{\partial v_\mu},$$

$$B = \frac{\partial \Phi}{\partial \xi_1}\frac{\partial H}{\partial v_1} + \frac{\partial \Phi}{\partial \xi_2}\frac{\partial H}{\partial v_2} + \cdots + \frac{\partial \Phi}{\partial \xi_\mu}\frac{\partial H}{\partial v_\mu},$$

. . . .

Quae expressiones quum evanescere debeant, sunt $A = 0$, $B = 0$, ... aequationes conditionales, quae inter ipsas ξ_i, v_i locum habent.

Ante omnia bene tenendum est, e variis quidem formis, quas functio R per aequationes $F = 0$, $\Phi = 0$, ..., $F' = 0$, $\Phi' = 0$, ... induere potest, quamcunque eligi posse; sed hac electa atque ratione praescripta inde deductis expressionibus ipsarum v_i per quantitates ξ_i, ξ_i' atque functionis H per quantitates ξ_i, v_i, supponi, has expressiones per aequationes illas non denuo mutari. Alioqui enim in infinitos errores delaberemur.

Expressionum quaesitarum formatio ad duarum summarum determinationem revocatur.

40.

Adstruam primum aequationes, quibus quantitates v_i determinantur per ipsas q_i et p_i, siquidem data est expressio functionis H per ipsas ξ_i et v_i atque expressiones quantitatum ξ_i per ipsas q_i. Habemus

$$\delta\xi_i = \frac{\partial\xi_i}{\partial q_1}\delta q_1 + \frac{\partial\xi_i}{\partial q_2}\delta q_2 + \cdots + \frac{\partial\xi_i}{\partial q_m}\delta q_m,$$

ideoque

$$\Sigma_i \frac{\partial R}{\partial\xi_i'}\delta\xi_i = \delta q_1 \Sigma_i \frac{\partial R}{\partial\xi_i'}\frac{\partial\xi_i}{\partial q_1} + \delta q_2 \Sigma_i \frac{\partial R}{\partial\xi_i'}\frac{\partial\xi_i}{\partial q_2} + \cdots + \delta q_m \Sigma_i \frac{\partial R}{\partial\xi_i'}\frac{\partial\xi_i}{\partial q_m}.$$

Quum habeatur

$$\frac{\partial\xi_i'}{\partial q_k'} = \frac{\partial\xi_i}{\partial q_k},$$

quia in expressione ipsius ξ_i' per quantitates q_k, q_k' ipsa q_k' tantum lineariter obvenit atque in $\frac{\partial\xi_i}{\partial q_k}$ ducta, fit

$$\Sigma_i \frac{\partial R}{\partial\xi_i'}\frac{\partial\xi_i}{\partial q_k} = \Sigma_i \frac{\partial R}{\partial\xi_i'}\frac{\partial\xi_i'}{\partial q_k'} = \frac{\partial R}{\partial q_k'}$$

ideoque

$$\Sigma_i \frac{\partial R}{\partial\xi_i'}\delta\xi_i = \frac{\partial R}{\partial\xi_1'}\delta\xi_1 + \frac{\partial R}{\partial\xi_2'}\delta\xi_2 + \cdots + \frac{\partial R}{\partial\xi_\mu'}\delta\xi_\mu$$

$$= \frac{\partial R}{\partial q_1'}\delta q_1 + \frac{\partial R}{\partial q_2'}\delta q_2 + \cdots + \frac{\partial R}{\partial q_m'}\delta q_m.$$

Quum vero positum sit

$$\frac{\partial R}{\partial\xi_i'} = v_i, \quad \frac{\partial R}{\partial q_i'} = p_i,$$

aequatio praecedens sic repraesentari potest:

$$(1) \qquad v_1\delta\xi_1 + v_2\delta\xi_2 + \cdots + v_\mu\delta\xi_\mu = p_1\delta q_1 + p_2\delta q_2 + \cdots + p_m\delta q_m.$$

In aequatione (1) variationes δq_1, δq_2, ..., δq_m prorsus arbitrariae sunt, dum inter variationes $\delta\xi_1$, $\delta\xi_2$, ..., $\delta\xi_\mu$ locum habent $\mu - m$ conditiones:

$$\frac{\partial F}{\partial\xi_1}\delta\xi_1 + \frac{\partial F}{\partial\xi_2}\delta\xi_2 + \cdots + \frac{\partial F}{\partial\xi_\mu}\delta\xi_\mu = 0,$$

$$\frac{\partial\Phi}{\partial\xi_1}\delta\xi_1 + \frac{\partial\Phi}{\partial\xi_2}\delta\xi_2 + \cdots + \frac{\partial\Phi}{\partial\xi_\mu}\delta\xi_\mu = 0,$$

. . . .

Qua de re quantitates p_i quidem per ξ_i, v_i, sed non quantitates v_i per ipsas p_i ex aequatione (1) determinantur. Habentur enim e (1) tantum m aequationes:

$$p_1 = v_1 \frac{\partial \xi_1}{\partial q_1} + v_2 \frac{\partial \xi_2}{\partial q_1} + \cdots + v_\mu \frac{\partial \xi_\mu}{\partial q_1},$$

$$p_2 = v_1 \frac{\partial \xi_1}{\partial q_2} + v_2 \frac{\partial \xi_2}{\partial q_2} + \cdots + v_\mu \frac{\partial \xi_\mu}{\partial q_2},$$

$$\cdot \quad \cdot \quad \cdot \quad \cdot \quad \cdot \quad \cdot \quad \cdot \quad \cdot \quad \cdot \quad \cdot$$

$$p_m = v_1 \frac{\partial \xi_1}{\partial q_m} + v_2 \frac{\partial \xi_2}{\partial q_m} + \cdots + v_\mu \frac{\partial \xi_\mu}{\partial q_m}.$$

Ad determinationem completam ipsarum v_i praeter m aequationes praecedentes adhiberi debent $\mu - m$ aequationes sequentes:

$$(2) \quad \begin{cases} 0 = A = \dfrac{\partial F}{\partial \xi_1} \dfrac{\partial H}{\partial v_1} + \dfrac{\partial F}{\partial \xi_2} \dfrac{\partial H}{\partial v_2} + \cdots + \dfrac{\partial F}{\partial \xi_\mu} \dfrac{\partial H}{\partial v_\mu}, \\ 0 = B = \dfrac{\partial \Phi}{\partial \xi_1} \dfrac{\partial H}{\partial v_1} + \dfrac{\partial \Phi}{\partial \xi_2} \dfrac{\partial H}{\partial v_2} + \cdots + \dfrac{\partial \Phi}{\partial \xi_\mu} \dfrac{\partial H}{\partial v_\mu}, \\ \cdot \quad \cdot \quad \cdot \quad \cdot \quad \cdot \quad \cdot \quad \cdot \quad \cdot \quad \cdot \quad \cdot \end{cases}$$

Conditis aequationibus (1) et (2), quibus quantitates v_i determinantur, iam accedamus ad formationem propositam expressionis quantitatis $[\varphi, \psi]$ per ipsas ξ_k, v_k.

Fit

$$\frac{\partial \varphi}{\partial q_i} = \frac{\partial \varphi}{\partial \xi_1} \frac{\partial \xi_1}{\partial q_i} + \frac{\partial \varphi}{\partial \xi_2} \frac{\partial \xi_2}{\partial q_i} + \cdots + \frac{\partial \varphi}{\partial \xi_\mu} \frac{\partial \xi_\mu}{\partial q_i}$$

$$+ \frac{\partial \varphi}{\partial v_1} \frac{\partial v_1}{\partial q_i} + \frac{\partial \varphi}{\partial v_2} \frac{\partial v_2}{\partial q_i} + \cdots + \frac{\partial \varphi}{\partial v_\mu} \frac{\partial v_\mu}{\partial q_i},$$

$$\frac{\partial \psi}{\partial p_i} = \frac{\partial \psi}{\partial v_1} \frac{\partial v_1}{\partial p_i} + \frac{\partial \psi}{\partial v_2} \frac{\partial v_2}{\partial p_i} + \cdots + \frac{\partial \psi}{\partial v_\mu} \frac{\partial v_\mu}{\partial p_i}.$$

His duabus expressionibus multiplicatis, habetur valor ipsius $\frac{\partial \varphi}{\partial q_i} \frac{\partial \psi}{\partial p_i}$, e quo permutando φ et ψ valor ipsius $\frac{\partial \varphi}{\partial p_i} \frac{\partial \psi}{\partial q_i}$ prodit; quibus subductis, habetur valor expressionis

$$\frac{\partial \varphi}{\partial q_i} \frac{\partial \psi}{\partial p_i} - \frac{\partial \varphi}{\partial p_i} \frac{\partial \psi}{\partial q_i},$$

e quo, tribuendo ipsi i valores 1, 2, ..., m et summando, prodit expressio ipsius $[\varphi, \psi]$ sequens:

$$(3)\quad \begin{cases} [\varphi, \psi] = \Sigma\left\{\frac{\partial\varphi}{\partial\xi_k}\frac{\partial\psi}{\partial v_{k'}} - \frac{\partial\varphi}{\partial v_{k'}}\frac{\partial\psi}{\partial\xi_k}\right\}\frac{\partial\xi_k}{\partial q_i}\frac{\partial v_{k'}}{\partial p_i} \\ \qquad + \Sigma\left\{\frac{\partial\varphi}{\partial v_k}\frac{\partial\psi}{\partial v_{k'}} - \frac{\partial\varphi}{\partial v_{k'}}\frac{\partial\psi}{\partial v_k}\right\}\frac{\partial v_k}{\partial q_i}\frac{\partial v_{k'}}{\partial p_i}. \end{cases}$$

In qua expressione sub signo summatorio tribuendi sunt indicibus k et k' valores 1, 2, ..., μ atque indici i valores 1, 2, ..., m. Summam posteriorem sic quoque exhibere licet:

$$\Sigma\frac{\partial\varphi}{\partial v_k}\frac{\partial\psi}{\partial v_{k'}}\left\{\frac{\partial v_k}{\partial q_i}\frac{\partial v_{k'}}{\partial p_i} - \frac{\partial v_{k'}}{\partial q_i}\frac{\partial v_k}{\partial p_i}\right\}.$$

Iam pro quibuslibet datis valoribus ipsorum k et k' investigemus valorem summarum simplicium

$$\Sigma_i\frac{\partial\xi_k}{\partial q_i}\frac{\partial v_{k'}}{\partial p_i} = \frac{\partial\xi_k}{\partial q_1}\frac{\partial v_{k'}}{\partial p_1} + \frac{\partial\xi_k}{\partial q_2}\frac{\partial v_{k'}}{\partial p_2} + \dots + \frac{\partial\xi_k}{\partial q_m}\frac{\partial v_{k'}}{\partial p_m},$$

$$\Sigma_i\left\{\frac{\partial v_k}{\partial q_i}\frac{\partial v_{k'}}{\partial p_i} - \frac{\partial v_{k'}}{\partial q_i}\frac{\partial v_k}{\partial p_i}\right\} = \frac{\partial v_k}{\partial q_1}\frac{\partial v_{k'}}{\partial p_1} + \frac{\partial v_k}{\partial q_2}\frac{\partial v_{k'}}{\partial p_2} + \dots + \frac{\partial v_k}{\partial q_m}\frac{\partial v_{k'}}{\partial p_m}$$
$$- \frac{\partial v_{k'}}{\partial q_1}\frac{\partial v_k}{\partial p_1} - \frac{\partial v_{k'}}{\partial q_2}\frac{\partial v_k}{\partial p_2} - \dots - \frac{\partial v_{k'}}{\partial q_m}\frac{\partial v_k}{\partial p_m}.$$

In quibus summis non ipsae $v_1, v_2, \dots, v_\mu$, sed tantum differentialia eorum partialia secundum quantitates p_i, q_i sumta inveniuntur. Iam quaeram, quomodo binae summae per solas $\xi_1, \xi_2, \dots, \xi_\mu, v_1, v_2, \dots, v_\mu$ exhibeantur.

Summarum propositarum prior determinatur.

41.

Sunt quantitates ξ_k prorsus determinatae functiones ipsarum q_k; nam etsi ξ_k maiore sint numero ipsis q_k, quae per illas expressae supponuntur, possunt tamen, advocatis aequationibus $F = 0$, $\Phi = 0$, etc. inter ipsas ξ_k datis, vice versa ipsae ξ_k per q_k modo prorsus determinato exprimi. Quae expressiones ipsas p_k nullo modo involvunt. Contra sunt ipsae v_k functiones ipsarum q_k et p_k per (1) et (2) determinatae. Quibus observatis, differentietur (1) secundum

p_i; prodit:

$$(4)\quad \delta q_i = \frac{\partial v_1}{\partial p_i}\delta\xi_1 + \frac{\partial v_2}{\partial p_i}\delta\xi_2 + \cdots + \frac{\partial v_\mu}{\partial p_i}\delta\xi_\mu.$$

Ex hac aequatione et ex aequationibus (2) et ipsis secundum p_i differentiatis nanciscimur aequationes sequentes, quarum numerus est μ et e quibus ipsarum $\frac{\partial v_1}{\partial p_i}, \frac{\partial v_2}{\partial p_i}, \ldots, \frac{\partial v_\mu}{\partial p_i}$ valores determinari possunt:

$$(5)\quad \begin{cases} 0 = \frac{\partial v_1}{\partial p_i}\frac{\partial \xi_1}{\partial q_1} + \frac{\partial v_2}{\partial p_i}\frac{\partial \xi_2}{\partial q_1} + \cdots + \frac{\partial v_\mu}{\partial p_i}\frac{\partial \xi_\mu}{\partial q_1}, \\ 0 = \frac{\partial v_1}{\partial p_i}\frac{\partial \xi_1}{\partial q_2} + \frac{\partial v_2}{\partial p_i}\frac{\partial \xi_2}{\partial q_2} + \cdots + \frac{\partial v_\mu}{\partial p_i}\frac{\partial \xi_\mu}{\partial q_2}, \\ \cdots\cdots\cdots\cdots \\ 1 = \frac{\partial v_1}{\partial p_i}\frac{\partial \xi_1}{\partial q_i} + \frac{\partial v_2}{\partial p_i}\frac{\partial \xi_2}{\partial q_i} + \cdots + \frac{\partial v_\mu}{\partial p_i}\frac{\partial \xi_\mu}{\partial q_i}, \\ \cdots\cdots\cdots\cdots \\ 0 = \frac{\partial v_1}{\partial p_i}\frac{\partial \xi_1}{\partial q_m} + \frac{\partial v_2}{\partial p_i}\frac{\partial \xi_2}{\partial q_m} + \cdots + \frac{\partial v_\mu}{\partial p_i}\frac{\partial \xi_\mu}{\partial q_m}, \\ 0 = \frac{\partial v_1}{\partial p_i}\frac{\partial A}{\partial v_1} + \frac{\partial v_2}{\partial p_i}\frac{\partial A}{\partial v_2} + \cdots + \frac{\partial v_\mu}{\partial p_i}\frac{\partial A}{\partial v_\mu}, \\ 0 = \frac{\partial v_1}{\partial p_i}\frac{\partial B}{\partial v_1} + \frac{\partial v_2}{\partial p_i}\frac{\partial B}{\partial v_2} + \cdots + \frac{\partial v_\mu}{\partial p_i}\frac{\partial B}{\partial v_\mu}, \\ \cdots\cdots\cdots\cdots \end{cases}$$

Eiusmodi aequationum linearium eruimus m systemata ponendo loco i numeros $1, 2, \ldots, m$; quae systemata multiplicemus respective per

$$\frac{\partial \xi_k}{\partial q_1}, \quad \frac{\partial \xi_k}{\partial q_2}, \quad \ldots, \quad \frac{\partial \xi_k}{\partial q_m}$$

et post multiplicationem factam instituamus additionem. Tum adhibita notatione sequente, in qua k et k' inter se diversi accipiuntur:

$$(6)\quad \begin{cases} \frac{\partial \xi_k}{\partial q_1}\frac{\partial v_{k'}}{\partial p_1} + \frac{\partial \xi_k}{\partial q_2}\frac{\partial v_{k'}}{\partial p_2} + \cdots + \frac{\partial \xi_k}{\partial q_m}\frac{\partial v_{k'}}{\partial p_m} = k_{k'}, \\ \frac{\partial \xi_k}{\partial q_1}\frac{\partial v_k}{\partial p_1} + \frac{\partial \xi_k}{\partial q_2}\frac{\partial v_k}{\partial p_2} + \cdots + \frac{\partial \xi_k}{\partial q_m}\frac{\partial v_k}{\partial p_m} = 1 + k_k, \end{cases}$$

invenimus:

$$(7)\quad \begin{cases} 0 = \dfrac{\partial \xi_1}{\partial q_1} k_1 + \dfrac{\partial \xi_2}{\partial q_1} k_2 + \cdots + \dfrac{\partial \xi_\mu}{\partial q_1} k_\mu, \\ 0 = \dfrac{\partial \xi_1}{\partial q_2} k_1 + \dfrac{\partial \xi_2}{\partial q_2} k_2 + \cdots + \dfrac{\partial \xi_\mu}{\partial q_2} k_\mu, \\ \cdot\quad\cdot\quad\cdot\quad\cdot\quad\cdot\quad\cdot\quad\cdot \\ 0 = \dfrac{\partial \xi_1}{\partial q_m} k_1 + \dfrac{\partial \xi_2}{\partial q_m} k_2 + \cdots + \dfrac{\partial \xi_\mu}{\partial q_m} k_\mu, \\ -\dfrac{\partial A}{\partial v_k} = \dfrac{\partial A}{\partial v_1} k_1 + \dfrac{\partial A}{\partial v_2} k_2 + \cdots + \dfrac{\partial A}{\partial v_\mu} k_\mu, \\ -\dfrac{\partial B}{\partial v_k} = \dfrac{\partial B}{\partial v_1} k_1 + \dfrac{\partial B}{\partial v_2} k_2 + \cdots + \dfrac{\partial B}{\partial v_\mu} k_\mu, \\ \cdot\quad\cdot\quad\cdot\quad\cdot\quad\cdot\quad\cdot\quad\cdot \end{cases}$$

Harum aequationum resolutio revocari potest ad aliarum, quarum numerus tantum est $\mu - m$ sive idem atque aequationum conditionalium $F = 0$, $\Phi = 0$, etc. Habetur enim:

$$(8)\quad \begin{cases} k_1 = \lambda_1^{(k)} \dfrac{\partial F}{\partial \xi_1} + \lambda_2^{(k)} \dfrac{\partial \Phi}{\partial \xi_1} + \cdots, \\ k_2 = \lambda_1^{(k)} \dfrac{\partial F}{\partial \xi_2} + \lambda_2^{(k)} \dfrac{\partial \Phi}{\partial \xi_2} + \cdots, \\ \cdot\quad\cdot\quad\cdot\quad\cdot\quad\cdot\quad\cdot\quad\cdot \\ k_\mu = \lambda_1^{(k)} \dfrac{\partial F}{\partial \xi_\mu} + \lambda_2^{(k)} \dfrac{\partial \Phi}{\partial \xi_\mu} + \cdots, \end{cases}$$

multiplicatoribus $\lambda_1^{(k)}$, $\lambda_2^{(k)}$, ..., quorum numerus est $\mu - m$, determinatis per aequationes:

$$(9)\quad \begin{cases} -\dfrac{\partial A}{\partial v_k} = a_1 \lambda_1^{(k)} + a_2 \lambda_2^{(k)} + \cdots, \\ -\dfrac{\partial B}{\partial v_k} = b_1 \lambda_1^{(k)} + b_2 \lambda_2^{(k)} + \cdots, \\ \cdot\quad\cdot\quad\cdot\quad\cdot\quad\cdot\quad\cdot\quad\cdot \end{cases}$$

siquidem:

$$(10)\quad \begin{cases} a_1 = \dfrac{\partial F}{\partial \xi_1}\dfrac{\partial A}{\partial v_1} + \dfrac{\partial F}{\partial \xi_2}\dfrac{\partial A}{\partial v_2} + \cdots + \dfrac{\partial F}{\partial \xi_\mu}\dfrac{\partial A}{\partial v_\mu}, \\ a_2 = b_1 = \dfrac{\partial \Phi}{\partial \xi_1}\dfrac{\partial A}{\partial v_1} + \dfrac{\partial \Phi}{\partial \xi_2}\dfrac{\partial A}{\partial v_2} + \cdots + \dfrac{\partial \Phi}{\partial \xi_\mu}\dfrac{\partial A}{\partial v_\mu} \\ \qquad = \dfrac{\partial F}{\partial \xi_1}\dfrac{\partial B}{\partial v_1} + \dfrac{\partial F}{\partial \xi_2}\dfrac{\partial B}{\partial v_2} + \cdots + \dfrac{\partial F}{\partial \xi_\mu}\dfrac{\partial B}{\partial v_\mu}, \\ b_2 = \dfrac{\partial \Phi}{\partial \xi_1}\dfrac{\partial B}{\partial v_1} + \dfrac{\partial \Phi}{\partial \xi_2}\dfrac{\partial B}{\partial v_2} + \cdots + \dfrac{\partial \Phi}{\partial \xi_\mu}\dfrac{\partial B}{\partial v_\mu}, \\ \cdot\quad\cdot\quad\cdot\quad\cdot\quad\cdot\quad\cdot\quad\cdot \end{cases}$$

Aequalitas coëfficientium a_2 et b_1 facile patet ex expressionibus ipsarum A et B §. 40 (2) propositis. Invenitur enim utriusque expressionis idem valor:

$$a_2 = b_1 = \Sigma_{k,k'} \frac{\partial F}{\partial \xi_k} \frac{\partial \Phi}{\partial \xi_{k'}} \frac{\partial^2 H}{\partial v_k \partial v_{k'}},$$

ipsis k et k' valoribus $1, 2, \ldots, \mu$ tributis. Generaliter aequationes lineares (9), ad quarum resolutionem investigatio ipsarum $k_1, k_2, \ldots, k_\mu$ reducta est, ita comparatae sunt, ut series verticales et horizontales coëfficientium eaedem sint. Qui porro coëfficientes tantum ab ipsis functionibus F, Φ, etc. neque ab indice k vel k' pendent; index tamen k afficit aequationum (9) partes constantes. Posito igitur

$$(11) \quad \begin{cases} -\lambda_1^{(k)} = A_{1,1} \dfrac{\partial A}{\partial v_k} + A_{1,2} \dfrac{\partial B}{\partial v_k} + \cdots, \\ -\lambda_2^{(k)} = A_{2,1} \dfrac{\partial A}{\partial v_k} + A_{2,2} \dfrac{\partial B}{\partial v_k} + \cdots, \\ \cdot \quad \cdot \quad \cdot \quad \cdot \quad \cdot \quad \cdot \quad \cdot \quad \cdot \quad \cdot \quad \cdot \quad \cdot \quad \cdot \quad \cdot \end{cases}$$

eruis m systemata eiusmodi formularum tribuendo ipsi k valores $1, 2, \ldots, m$, ipsis coëfficientibus A immutatis manentibus. Ceterum e noto Theoremate algebraico fit

$$A_{a,b} = A_{b,a},$$

sive etiam in aequationibus (11) coëfficientium series horizontales eaedem sunt atque verticales.

Agitur de altera summa determinanda.

42.

E duabus summis simplicibus

$$\Sigma_i \frac{\partial \xi_k}{\partial q} \frac{\partial v_{k'}}{\partial p_i}, \quad \Sigma_i \left\{ \frac{\partial v_k}{\partial q_i} \frac{\partial v_{k'}}{\partial p_i} - \frac{\partial v_{k'}}{\partial q_i} \frac{\partial v_k}{\partial p_i} \right\},$$

quarum valores §. 40 vidimus investigandos esse, alteram antecedentibus determinavi seu certe ad alias revocavi quantitates $\lambda_1^{(k)}, \lambda_2^{(k)}, \ldots,$ quae per resolutionem $\mu - m$ aequationum linearium inveniuntur. Iam alteram investigemus summam simplicem

$$\Sigma_i \left\{ \frac{\partial v_k}{\partial q_i} \frac{\partial v_{k'}}{\partial p_i} - \frac{\partial v_{k'}}{\partial q_i} \frac{\partial v_k}{\partial p_i} \right\},$$

cuius complicatior fit expressio.

Statuamus, e sequentibus μ aequationibus linearibus:

$$(12)\quad\begin{cases} M_1 = \dfrac{\partial \xi_1}{\partial q_1}u_1+\dfrac{\partial \xi_2}{\partial q_1}u_2+\cdots+\dfrac{\partial \xi_\mu}{\partial q_1}u_\mu, \\ M_2 = \dfrac{\partial \xi_1}{\partial q_2}u_1+\dfrac{\partial \xi_2}{\partial q_2}u_2+\cdots+\dfrac{\partial \xi_\mu}{\partial q_2}u_\mu, \\ \cdots\cdots\cdots\cdots \\ M_m = \dfrac{\partial \xi_1}{\partial q_m}u_1+\dfrac{\partial \xi_2}{\partial q_m}u_2+\cdots+\dfrac{\partial \xi_\mu}{\partial q_m}u_\mu, \\ N_1 = \dfrac{\partial A}{\partial v_1}u_1+\dfrac{\partial A}{\partial v_2}u_2+\cdots+\dfrac{\partial A}{\partial v_\mu}u_\mu, \\ N_2 = \dfrac{\partial B}{\partial v_1}u_1+\dfrac{\partial B}{\partial v_2}u_2+\cdots+\dfrac{\partial B}{\partial v_\mu}u_\mu, \\ \cdots\cdots\cdots\cdots \end{cases}$$

obtineri, resolutione facta incognitarum u_1, u_2, ..., u_μ, valores sequentes:

$$\begin{aligned} u_1 &= C_{1,1}M_1+C_{1,2}M_2+\cdots+C_{1,m}M_m+D_{1,1}N_1+D_{1,2}N_2+\cdots, \\ u_2 &= C_{2,1}M_1+C_{2,2}M_2+\cdots+C_{2,m}M_m+D_{2,1}N_1+D_{2,2}N_2+\cdots, \\ &\cdots\cdots\cdots\cdots \\ u_\mu &= C_{\mu,1}M_1+C_{\mu,2}M_2+\cdots+C_{\mu,m}M_m+D_{\mu,1}N_1+D_{\mu,2}N_2+\cdots. \end{aligned}$$

Si in aequationibus (12) ponitur $M_i = 1$, reliquae autem omnes M_1, M_2, ..., M_m, N_1, N_2, ... praeter M_i evanescunt, aequationes illae eaedem fiunt atque aequationes (5), e quibus valores ipsarum $\dfrac{\partial v_1}{\partial p_i}$, $\dfrac{\partial v_2}{\partial p_i}$, ..., $\dfrac{\partial v_\mu}{\partial p_i}$ petendi sunt, sive fit

$$\frac{\partial v_1}{\partial p_i} = C_{1,i},\quad \frac{\partial v_2}{\partial p_i} = C_{2,i},\quad \ldots,\quad \frac{\partial v_\mu}{\partial p_i} = C_{\mu,i},$$

vel generaliter

$$\frac{\partial v_k}{\partial p_i} = C_{k,i}.$$

Unde, facta aequationum (12) resolutione, obtinentur incognitarum u_1, u_2, ..., u_μ *valores sequentes:*

$$(13)\quad\begin{cases} u_1 = \dfrac{\partial v_1}{\partial p_1}M_1+\dfrac{\partial v_1}{\partial p_2}M_2+\cdots+\dfrac{\partial v_1}{\partial p_m}M_m+D_{1,1}N_1+D_{1,2}N_2+\cdots, \\ u_2 = \dfrac{\partial v_2}{\partial p_1}M_1+\dfrac{\partial v_2}{\partial p_2}M_2+\cdots+\dfrac{\partial v_2}{\partial p_m}M_m+D_{2,1}N_1+D_{2,2}N_2+\cdots, \\ \cdots\cdots\cdots\cdots \\ u_\mu = \dfrac{\partial v_\mu}{\partial p_1}M_1+\dfrac{\partial v_\mu}{\partial p_2}M_2+\cdots+\dfrac{\partial v_\mu}{\partial p_m}M_m+D_{\mu,1}N_1+D_{\mu,2}N_2+\cdots. \end{cases}$$

His praeparatis, differentiemus aequationes binas, quae ex (1) (§. 40) sequuntur:

$$p_i = v_1\frac{\partial \xi_1}{\partial q_i}+v_2\frac{\partial \xi_2}{\partial q_i}+\cdots+v_\mu\frac{\partial \xi_\mu}{\partial q_i},$$

$$p_{i'} = v_1\frac{\partial \xi_1}{\partial q_{i'}}+v_2\frac{\partial \xi_2}{\partial q_{i'}}+\cdots+v_\mu\frac{\partial \xi_\mu}{\partial q_{i'}},$$

priorem secundum $q_{i'}$, posteriorem secundum q_i. Id quod licet, quum, substitutis ipsarum ξ_k, v_k valoribus per p_k, q_k expressis, aequationes illae identicae evadere debent. Facta differentiatione, partes ad laevam ut ab ipsis q_i, $q_{i'}$ vacuae evanescunt, partes ad dextram commune nanciscuntur aggregatum

$$v_1\frac{\partial^2 \xi_1}{\partial q_i \partial q_{i'}}+v_2\frac{\partial^2 \xi_2}{\partial q_i \partial q_{i'}}+\cdots+v_\mu\frac{\partial^2 \xi_\mu}{\partial q_i \partial q_{i'}}.$$

Duabus expressionibus evanescentibus aequiparatis et aggregato communi reiecto, nanciscimur:

$$(14)\quad \begin{cases} \dfrac{\partial \xi_1}{\partial q_i}\dfrac{\partial v_1}{\partial q_{i'}}+\dfrac{\partial \xi_2}{\partial q_i}\dfrac{\partial v_2}{\partial q_{i'}}+\cdots+\dfrac{\partial \xi_\mu}{\partial q_i}\dfrac{\partial v_\mu}{\partial q_{i'}} \\ =\dfrac{\partial \xi_1}{\partial q_{i'}}\dfrac{\partial v_1}{\partial q_i}+\dfrac{\partial \xi_2}{\partial q_{i'}}\dfrac{\partial v_2}{\partial q_i}+\cdots+\dfrac{\partial \xi_\mu}{\partial q_{i'}}\dfrac{\partial v_\mu}{\partial q_i}. \end{cases}$$

Ex hac aequatione obtinemus numerum m aequationum tribuendo ipsi i' valores $1, 2, \ldots, m$, quarum aequationum una valori $i = i'$ respondens adeo identica est. Porro differentiando aequationes $A = 0$, $B = 0$, etc. secundum q_i, obtinemus:

$$(15)\quad \begin{cases} -\dfrac{\partial A}{\partial \xi_1}\dfrac{\partial \xi_1}{\partial q_i}-\dfrac{\partial A}{\partial \xi_2}\dfrac{\partial \xi_2}{\partial q_i}-\cdots-\dfrac{\partial A}{\partial \xi_\mu}\dfrac{\partial \xi_\mu}{\partial q_i} \\ =\dfrac{\partial A}{\partial v_1}\dfrac{\partial v_1}{\partial q_i}+\dfrac{\partial A}{\partial v_2}\dfrac{\partial v_2}{\partial q_i}+\cdots+\dfrac{\partial A}{\partial v_\mu}\dfrac{\partial v_\mu}{\partial q_i}, \\ -\dfrac{\partial B}{\partial \xi_1}\dfrac{\partial \xi_1}{\partial q_i}-\dfrac{\partial B}{\partial \xi_2}\dfrac{\partial \xi_2}{\partial q_i}-\cdots-\dfrac{\partial B}{\partial \xi_\mu}\dfrac{\partial \xi_\mu}{\partial q_i} \\ =\dfrac{\partial B}{\partial v_1}\dfrac{\partial v_1}{\partial q_i}+\dfrac{\partial B}{\partial v_2}\dfrac{\partial v_2}{\partial q_i}+\cdots+\dfrac{\partial B}{\partial v_\mu}\dfrac{\partial v_\mu}{\partial q_i}, \\ \cdot\;\cdot\;\cdot\;\cdot\;\cdot\;\cdot\;\cdot\;\cdot\;\cdot\;\cdot\;\cdot\;\cdot\;\cdot\;\cdot \end{cases}$$

Si ponimus

$$M_{i'} = \frac{\partial \xi_1}{\partial q_i}\frac{\partial v_1}{\partial q_{i'}}+\frac{\partial \xi_2}{\partial q_i}\frac{\partial v_2}{\partial q_{i'}}+\cdots+\frac{\partial \xi_\mu}{\partial q_i}\frac{\partial v_\mu}{\partial q_{i'}}$$

atque

$$N_1^{(i)} = -\frac{\partial A}{\partial \xi_1}\frac{\partial \xi_1}{\partial q_i} - \frac{\partial A}{\partial \xi_2}\frac{\partial \xi_2}{\partial q_i} - \cdots - \frac{\partial A}{\partial \xi_\mu}\frac{\partial \xi_\mu}{\partial q_i},$$

$$N_2^{(i)} = -\frac{\partial B}{\partial \xi_1}\frac{\partial \xi_1}{\partial q_i} - \frac{\partial B}{\partial \xi_2}\frac{\partial \xi_2}{\partial q_i} - \cdots - \frac{\partial B}{\partial \xi_\mu}\frac{\partial \xi_\mu}{\partial q_i},$$

. . . .

systema m aequationum (14) iunctum systemati aequationum (15) convenit cum aequationibus (12), siquidem μ quantitates $\frac{\partial v_1}{\partial q_i}, \frac{\partial v_2}{\partial q_i}, \ldots, \frac{\partial v_\mu}{\partial q_i}$ pro incognitis $u_1, u_2, \ldots, u_\mu$ habentur. Hinc secundum formulas (13) nanciscimur:

$$\frac{\partial v_k}{\partial q_i} = u_k = \frac{\partial v_k}{\partial p_1} M_1 + \frac{\partial v_k}{\partial p_2} M_2 + \cdots + \frac{\partial v_k}{\partial p_m} M_m$$
$$+ D_{k,1} N_1^{(i)} + D_{k,2} N_2^{(i)} + \cdots.$$

Statuamus

$$(16) \qquad \frac{\partial v_{k'}}{\partial q_1}\frac{\partial v_k}{\partial p_1} + \frac{\partial v_{k'}}{\partial q_2}\frac{\partial v_k}{\partial p_2} + \cdots + \frac{\partial v_{k'}}{\partial q_m}\frac{\partial v_k}{\partial p_m} = (k')_k,$$

ita ut $(k)_{k'} - (k')_k$ sit altera summa §. 40 investigatu proposita. Qua adhibita notatione, poterit aequatio praecedens hoc modo repraesentari:

$$(17) \qquad \begin{cases} \dfrac{\partial v_k}{\partial q_i} = \dfrac{\partial \xi_1}{\partial q_i}(1)_k + \dfrac{\partial \xi_2}{\partial q_i}(2)_k + \cdots + \dfrac{\partial \xi_\mu}{\partial q_i}(\mu)_k \\ \qquad + D_{k,1} N_1^{(i)} + D_{k,2} N_2^{(i)} + \cdots. \end{cases}$$

Substitutis ipsarum $N_1^{(i)}$, $N_2^{(i)}$, etc. valoribus positoque

$$(18) \qquad \begin{cases} w_1^{(k)} = (1)_k - D_{k,1}\dfrac{\partial A}{\partial \xi_1} - D_{k,2}\dfrac{\partial B}{\partial \xi_1} - \cdots, \\ w_2^{(k)} = (2)_k - D_{k,1}\dfrac{\partial A}{\partial \xi_2} - D_{k,2}\dfrac{\partial B}{\partial \xi_2} - \cdots, \\ \cdot\ \cdot\ \cdot\ \cdot\ \cdot\ \cdot\ \cdot\ \cdot\ \cdot\ \cdot\ \cdot\ \cdot \\ w_\mu^{(k)} = (\mu)_k - D_{k,1}\dfrac{\partial A}{\partial \xi_\mu} - D_{k,2}\dfrac{\partial B}{\partial \xi_\mu} - \cdots, \end{cases}$$

aequatio praecedens in hanc abit:

$$(19) \qquad \frac{\partial v_k}{\partial q_i} = \frac{\partial \xi_1}{\partial q_i} w_1^{(k)} + \frac{\partial \xi_2}{\partial q_i} w_2^{(k)} + \cdots + \frac{\partial \xi_\mu}{\partial q_i} w_\mu^{(k)}.$$

E qua nanciscimur m formulas tribuendo ipsi i valores $1, 2, \ldots, m$. E quibus ut obtineatur rursus systema aequationum linearium formae aequationum (12), investigemus adhuc valorem expressionum

$$N_1 = \frac{\partial A}{\partial v_1} w_1^{(k)} + \frac{\partial A}{\partial v_2} w_2^{(k)} + \cdots + \frac{\partial A}{\partial v_\mu} w_\mu^{(k)},$$

$$N_2 = \frac{\partial B}{\partial v_1} w_1^{(k)} + \frac{\partial B}{\partial v_2} w_2^{(k)} + \cdots + \frac{\partial B}{\partial v_\mu} w_\mu^{(k)},$$

$$\cdots\cdots\cdots\cdots$$

Quod hoc modo fieri potest.

43.

Habetur

$$\frac{\partial A}{\partial v_1}(1)_k + \frac{\partial A}{\partial v_2}(2)_k + \cdots + \frac{\partial A}{\partial v_\mu}(\mu)_k = \Sigma_{k'} \frac{\partial A}{\partial v_{k'}}(k')_k = \Sigma_{k'} \Sigma_i \frac{\partial A}{\partial v_{k'}} \frac{\partial v_{k'}}{\partial q_i} \frac{\partial v_k}{\partial p_i}.$$

Differentiando autem aequationem $A = 0$ secundum q_i fit:

$$\Sigma_{k'} \frac{\partial A}{\partial v_{k'}} \frac{\partial v_{k'}}{\partial q_i} = -\Sigma_{k'} \frac{\partial A}{\partial \xi_{k'}} \frac{\partial \xi_{k'}}{\partial q_i},$$

unde

$$\Sigma_{k'} \frac{\partial A}{\partial v_{k'}}(k')_k = -\frac{\partial A}{\partial \xi_k} - \Sigma_{k'} \frac{\partial A}{\partial \xi_{k'}} k'_k.$$

Erat autem

$$k'_k = \lambda_1^{(k')} \frac{\partial F}{\partial \xi_k} + \lambda_2^{(k')} \frac{\partial \Phi}{\partial \xi_k} + \cdots.$$

Ponendo igitur

$$(20)\quad \begin{cases} A_1 = \Sigma_{k'} \dfrac{\partial A}{\partial \xi_{k'}} \lambda_1^{(k')} = \dfrac{\partial A}{\partial \xi_1} \lambda_1^{(1)} + \dfrac{\partial A}{\partial \xi_2} \lambda_1^{(2)} + \cdots + \dfrac{\partial A}{\partial \xi_\mu} \lambda_1^{(\mu)}, \\ A_2 = \Sigma_{k'} \dfrac{\partial A}{\partial \xi_{k'}} \lambda_2^{(k')} = \dfrac{\partial A}{\partial \xi_1} \lambda_2^{(1)} + \dfrac{\partial A}{\partial \xi_2} \lambda_2^{(2)} + \cdots + \dfrac{\partial A}{\partial \xi_\mu} \lambda_2^{(\mu)}, \\ \cdots\cdots\cdots\cdots \end{cases}$$

fit

$$\Sigma_{k'} \frac{\partial A}{\partial v_{k'}}(k')_k = -\frac{\partial A}{\partial \xi_k} - A_1 \frac{\partial F}{\partial \xi_k} - A_2 \frac{\partial \Phi}{\partial \xi_k} - \cdots.$$

Eodem modo ponendo

$$(21)\quad \begin{cases} B_1 = \dfrac{\partial B}{\partial \xi_1} \lambda_1^{(1)} + \dfrac{\partial B}{\partial \xi_2} \lambda_1^{(2)} + \cdots + \dfrac{\partial B}{\partial \xi_\mu} \lambda_1^{(\mu)}, \\ B_2 = \dfrac{\partial B}{\partial \xi_1} \lambda_2^{(1)} + \dfrac{\partial B}{\partial \xi_2} \lambda_2^{(2)} + \cdots + \dfrac{\partial B}{\partial \xi_\mu} \lambda_2^{(\mu)}, \\ \cdots\cdots\cdots\cdots \end{cases}$$

fit

$$\Sigma_{k'} \frac{\partial B}{\partial v_{k'}} (k')_k = -\frac{\partial B}{\partial \xi_k} - B_1 \frac{\partial F}{\partial \xi_k} - B_2 \frac{\partial \Phi}{\partial \xi_k} - \cdots,$$

et similes aequationes pro qualibet aequatione conditionali obtinentur.

Statuamus

$$(22) \begin{cases} \frac{\partial A}{\partial \xi_1}\frac{\partial A}{\partial v_1} + \frac{\partial A}{\partial \xi_2}\frac{\partial A}{\partial v_2} + \cdots + \frac{\partial A}{\partial \xi_\mu}\frac{\partial A}{\partial v_\mu} = \alpha_1, \\ \frac{\partial A}{\partial \xi_1}\frac{\partial B}{\partial v_1} + \frac{\partial A}{\partial \xi_2}\frac{\partial B}{\partial v_2} + \cdots + \frac{\partial A}{\partial \xi_\mu}\frac{\partial B}{\partial v_\mu} = \alpha_2, \\ \cdots\cdots\cdots\cdots \end{cases}$$

porro

$$(23) \begin{cases} \frac{\partial B}{\partial \xi_1}\frac{\partial A}{\partial v_1} + \frac{\partial B}{\partial \xi_2}\frac{\partial A}{\partial v_2} + \cdots + \frac{\partial B}{\partial \xi_\mu}\frac{\partial A}{\partial v_\mu} = \beta_1, \\ \frac{\partial B}{\partial \xi_1}\frac{\partial B}{\partial v_1} + \frac{\partial B}{\partial \xi_2}\frac{\partial B}{\partial v_2} + \cdots + \frac{\partial B}{\partial \xi_\mu}\frac{\partial B}{\partial v_\mu} = \beta_2, \\ \cdots\cdots\cdots\cdots \end{cases}$$

Tum multiplicando aequationes (9) §. 41 per $\frac{\partial A}{\partial \xi_k}$, $\frac{\partial B}{\partial \xi_k}$, ... et summationem instituendo respectu indicis k, nanciscimur aequationum linearium systemata, quibus valores ipsarum A_1, A_2, ..., B_1, B_2, ... determinantur:

$$(24) \begin{cases} -\alpha_1 = a_1 A_1 + a_2 A_2 + \cdots, \\ -\alpha_2 = b_1 A_1 + b_2 A_2 + \cdots, \\ \cdots\cdots\cdots \\ -\beta_1 = a_1 B_1 + a_2 B_2 + \cdots, \\ -\beta_2 = b_1 B_1 + b_2 B_2 + \cdots, \\ \cdots\cdots\cdots \end{cases}$$

Quodlibet systema tot continet aequationes lineares totque incognitas, quot datae sunt inter quantitates ξ_1, ξ_2, ..., ξ_μ aequationes conditionales $F = 0$, $\Phi = 0$, ... Resolutione facta nanciscimur ipsarum A_1, A_2, ..., B_1, B_2, ... valores:

$$(25) \begin{cases} -A_1 = \mathsf{A}_{1,1}\alpha_1 + \mathsf{A}_{1,2}\alpha_2 + \cdots, \\ -A_2 = \mathsf{A}_{2,1}\alpha_1 + \mathsf{A}_{2,2}\alpha_2 + \cdots, \\ \cdots\cdots\cdots \\ -B_1 = \mathsf{A}_{1,1}\beta_1 + \mathsf{A}_{1,2}\beta_2 + \cdots, \\ -B_2 = \mathsf{A}_{2,1}\beta_1 + \mathsf{A}_{2,2}\beta_2 + \cdots, \\ \cdots\cdots\cdots \end{cases}$$

quibus in formulis coëfficientes $A_{i,i'}$ iidem sunt atque in (11) §. 41. Antequam ulterius progrediar, valores ipsarum D et ipsi ad quantitates A revocandi sunt. Eum in finem in aequationibus (12) pono

$$u_1 = \frac{\partial F}{\partial \xi_1}, \quad u_2 = \frac{\partial F}{\partial \xi_2}, \quad \ldots, \quad u_\mu = \frac{\partial F}{\partial \xi_\mu},$$

unde fit

$$M_1 = 0, \quad M_2 = 0, \quad \ldots, \quad M_i = 0,$$
$$N_1 = a_1, \quad N_2 = b_1, \quad \ldots,$$

quibus substitutis ex aequationibus (13) obtinetur:

$$(26) \qquad \frac{\partial F}{\partial \xi_k} = a_1 D_{k,1} + b_1 D_{k,2} + \cdots.$$

Eodemque modo fit:

$$(27) \qquad \begin{cases} \dfrac{\partial \Phi}{\partial \xi_k} = a_2 D_{k,1} + b_2 D_{k,2} + \cdots \\ \ldots\ldots\ldots\ldots \end{cases}$$

Aequationibus (26), (27) resolutis prodeunt valores quaesiti:

$$(28) \qquad \begin{cases} D_{k,1} = A_{1,1} \dfrac{\partial F}{\partial \xi_k} + A_{1,2} \dfrac{\partial \Phi}{\partial \xi_k} + \cdots, \\ D_{k,2} = A_{2,1} \dfrac{\partial F}{\partial \xi_k} + A_{2,2} \dfrac{\partial \Phi}{\partial \xi_k} + \cdots, \\ \ldots\ldots\ldots\ldots \end{cases}$$

His valoribus simulque ipsarum A_1, A_2, ... valoribus (25) substitutis in aequatione

$$\Sigma_{k'} \frac{\partial A}{\partial v_{k'}} (k')_k = - \frac{\partial A}{\partial \xi_k} - A_1 \frac{\partial F}{\partial \xi_k} - A_2 \frac{\partial \Phi}{\partial \xi_k} - \cdots,$$

simulque revocando, quod supra §. 41 adnotavi, esse

$$A_{a,b} = A_{b,a},$$

eruimus:

$$(29) \qquad \Sigma_{k'} \frac{\partial A}{\partial v_{k'}} (k')_k = - \frac{\partial A}{\partial \xi_k} + D_{k,1}\alpha_1 + D_{k,2}\alpha_2 + \cdots,$$

eodemque modo fit:

$$(30) \qquad \Sigma_{k'} \frac{\partial B}{\partial v_{k'}} (k')_k = - \frac{\partial B}{\partial \xi_k} + D_{k,1}\beta_1 + D_{k,2}\beta_2 + \cdots.$$

Hinc, substituto e (18) valore

$$w_{k'}^{(k)} = (k')_k - D_{k,1}\frac{\partial A}{\partial \xi_{k'}} - D_{k,2}\frac{\partial B}{\partial \xi_{k'}} - \cdots;$$

prodit:

$$\begin{aligned}\Sigma_{k'}\frac{\partial A}{\partial v_{k'}}w_{k'}^{(k)} &= \frac{\partial A}{\partial v_1}w_1^{(k)} + \frac{\partial A}{\partial v_2}w_2^{(k)} + \cdots + \frac{\partial A}{\partial v_\mu}w_\mu^{(k)}\\ &= -\frac{\partial A}{\partial \xi_k} + D_{k,1}\alpha_1 + D_{k,2}\alpha_2 + \cdots\\ &\qquad - D_{k,1}\alpha_1 - D_{k,2}\beta_1 - \cdots,\\ \Sigma_{k'}\frac{\partial B}{\partial v_{k'}}w_{k'}^{(k)} &= \frac{\partial B}{\partial v_1}w_1^{(k)} + \frac{\partial B}{\partial v_2}w_2^{(k)} + \cdots + \frac{\partial B}{\partial v_\mu}w_\mu^{(k)}\\ &= -\frac{\partial B}{\partial \xi_k} + D_{k,1}\beta_1 + D_{k,2}\beta_2 + \cdots\\ &\qquad - D_{k,1}\alpha_2 - D_{k,2}\beta_2 - \cdots\\ &\ldots\ldots\ldots\ldots\ldots\end{aligned}$$

Statuamus, quaecunque sint A et B variabilium $\xi_1, \xi_2, \ldots, \xi_\mu, v_1, v_2, \ldots, v_\mu$ *functiones,*

$$(31)\quad \begin{cases}[A, B]' = \dfrac{\partial A}{\partial \xi_1}\dfrac{\partial B}{\partial v_1} + \dfrac{\partial A}{\partial \xi_2}\dfrac{\partial B}{\partial v_2} + \cdots + \dfrac{\partial A}{\partial \xi_\mu}\dfrac{\partial B}{\partial v_\mu}\\ \qquad - \dfrac{\partial A}{\partial v_1}\dfrac{\partial B}{\partial \xi_1} - \dfrac{\partial A}{\partial v_2}\dfrac{\partial B}{\partial \xi_2} - \cdots - \dfrac{\partial A}{\partial v_\mu}\dfrac{\partial B}{\partial \xi_\mu},\end{cases}$$

qua in notatione plagulam superposui, ut expressionem distinguam a similiter respectu variabilium $q_1, q_2, \ldots, q_m, p_1, p_2, \ldots, p_m$ formata.

Eruentur, hac nova notatione ad formulas praecedentes applicata, expressiones quaesitae:

$$(32)\quad \begin{cases}N_1 = \dfrac{\partial A}{\partial v_1}w_1^{(k)} + \dfrac{\partial A}{\partial v_2}w_2^{(k)} + \cdots + \dfrac{\partial A}{\partial v_\mu}w_\mu^{(k)}\\ \quad = -\dfrac{\partial A}{\partial \xi_k} + D_{k,2}[A, B]' + \cdots,\\ N_2 = \dfrac{\partial B}{\partial v_1}w_1^{(k)} + \dfrac{\partial B}{\partial v_2}w_2^{(k)} + \cdots + \dfrac{\partial B}{\partial v_\mu}w_\mu^{(k)}\\ \quad = -\dfrac{\partial B}{\partial \xi_k} + D_{k,1}[B, A]' + \cdots,\\ \ldots\ldots\ldots\ldots\ldots\end{cases}$$

Quae aequationes iunctae m aequationibus, quae tribuendo ipsi i valores 1, 2, ..., m obtinentur e (19), suppeditant systema aequationum linearium ipsis (12) simile.

Quarum resolutio suppeditat e (13):

$$w_{k'}^{(k)} = (k)_{k'} + D_{k',1} N_1 + D_{k',2} N_2 + \cdots$$

Unde, substitutis praecedentibus ipsarum N_1, N_2, ... valoribus (32) atque e (18) valore

$$w_{k'}^{(k)} = (k')_k - D_{k,1} \frac{\partial A}{\partial \xi_{k'}} - D_{k,2} \frac{\partial B}{\partial \xi_{k'}} - \cdots,$$

prodit altera summa §. 40 investigatu proposita:

$$(33) \quad \begin{cases} (k')_k - (k)_{k'} = D_{k,1} \dfrac{\partial A}{\partial \xi_{k'}} - D_{k',1} \dfrac{\partial A}{\partial \xi_k} + D_{k,2} \dfrac{\partial B}{\partial \xi_{k'}} - D_{k',2} \dfrac{\partial B}{\partial \xi_k} + \cdots \\ \qquad + (D_{k',1} D_{k,2} - D_{k,1} D_{k',2})[A, B]' + \cdots. \end{cases}$$

Quae est expressio quaesita, e qua, si ipsarum D valores (28) substituis, variabiles $q_1, q_2, \ldots, q_m, p_1, p_2, \ldots, p_m$ prorsus, quod postulabatur, abierunt. Observo in formula (33) terminos

$$(D_{k',1} D_{k,2} - D_{k,1} D_{k',2})[A, B]'$$

inveniri tot, quot binarum aequationum conditionalium habentur combinationes, sive numerum $\frac{(\mu - m)(\mu - m - 1)}{2}$. Unde si *unica* tantum aequatio conditionalis datur, eiusmodi non habentur termini. Eo casu habetur, si $F = 0$ est aequatio conditionalis:

$$a.k_{k'} = -\frac{\partial F}{\partial \xi_{k'}} \frac{\partial A}{\partial v_k},$$

$$a \{(k')_k - (k)_{k'}\} = \frac{\partial F}{\partial \xi_k} \frac{\partial A}{\partial \xi_{k'}} - \frac{\partial F}{\partial \xi_{k'}} \frac{\partial A}{\partial \xi_k},$$

ubi

$$A = \Sigma \frac{\partial F}{\partial \xi_k} \frac{\partial H}{\partial v_k}, \quad a = \Sigma \frac{\partial F}{\partial \xi_k} \cdot \frac{\partial F}{\partial \xi_{k'}} \frac{\partial^2 H}{\partial v_k \partial v_{k'}},$$

siquidem in altera summa ipsi k, in altera ipsis k et k' valores 1, 2, ..., μ tribuuntur.

Formulae antecedentes applicantur ad casum, quo ipsae ξ_1, ξ_2, ..., ξ_μ coordinatas orthogonales punctorum materialium significant.

44.

Sit $\mu = 3n$ simulque quantitates ξ_1, ξ_2, ..., ξ_{3n} designent $3n$ coordinatas punctorum motorum orthogonales, sitque puncti, cuius una coordinata per ξ_k denotatur, massa m_k, ita ut quantitatum m_1, m_2, ..., m_μ ternae ad idem punctum pertinentes inter se aequales existant. Tum erit, designante U solarum ξ_k functionem ab ipsis ξ'_k vacuam atque T semissem virium vivarum,

$$H = T - U = \tfrac{1}{2}\Sigma m_k \xi'_k \xi'_k - U,$$

$$v_k = \frac{\partial T}{\partial \xi'_k} = m_k \xi'_k,$$

atque

$$A = \Sigma \frac{\partial F}{\partial \xi_k} . \xi'_k, \quad B = \Sigma \frac{\partial \Phi}{\partial \xi_k} . \xi'_k, \ \ldots$$

$$a_1 = \Sigma \frac{1}{m_k}\left(\frac{\partial F}{\partial \xi_k}\right)^2, \quad a_2 = b_1 = \Sigma \frac{1}{m_k} \frac{\partial F}{\partial \xi_k} \frac{\partial \Phi}{\partial \xi_k}, \quad b_2 = \Sigma \frac{1}{m_k}\left(\frac{\partial \Phi}{\partial \xi_k}\right)^2, \ \ldots$$

$$-m_k \lambda^{(k)}_{k'} = A_{k',1} \frac{\partial F}{\partial \xi_k} + A_{k',2} \frac{\partial \Phi}{\partial \xi_k} + \cdots,$$

$$-m_k k_{k'} = -m_{k'} k'_k = A_{1,1} \frac{\partial F}{\partial \xi_k} \frac{\partial F}{\partial \xi_{k'}} + A_{1,2}\left\{\frac{\partial F}{\partial \xi_k} \frac{\partial \Phi}{\partial \xi_{k'}} + \frac{\partial F}{\partial \xi_{k'}} \frac{\partial \Phi}{\partial \xi_k}\right\}$$
$$+ A_{2,2} \frac{\partial \Phi}{\partial \xi_k} \frac{\partial \Phi}{\partial \xi_{k'}} + \cdots$$

. . . .

Adnoto data occasione, fieri pro assignata ipsarum ξ_k significatione

$$m_k . k_{k'} = m_{k'} . k'_k$$

sive

$$\Sigma_i \frac{\partial \xi_k}{\partial q_i} \frac{\partial \xi'_{k'}}{\partial p_i} = \Sigma_i \frac{\partial \xi_{k'}}{\partial q_i} \frac{\partial \xi'_k}{\partial p_i},$$

quod facile hoc modo intelligitur. Est

$$\xi'_{k'} = \Sigma_{i'} \frac{\partial \xi_{k'}}{\partial q_{i'}} . q'_{i'}, \quad \xi'_k = \Sigma_{i'} \frac{\partial \xi_k}{\partial q_{i'}} . q'_{i'},$$

unde

$$\Sigma_i \frac{\partial \xi_k}{\partial q_i} \frac{\partial \xi'_{k'}}{\partial p_i} = \Sigma_{i,i'} \frac{\partial \xi_k}{\partial q_i} \frac{\partial \xi_{k'}}{\partial q_{i'}} . \frac{\partial q'_{i'}}{\partial p_i},$$

$$\Sigma_i \frac{\partial \xi_{k'}}{\partial q_i} \frac{\partial \xi'_k}{\partial p_i} = \Sigma_{i,i'} \frac{\partial \xi_{k'}}{\partial q_i} \frac{\partial \xi_k}{\partial q_{i'}} . \frac{\partial q'_{i'}}{\partial p_i}.$$

Est autem

$$q'_i = \frac{\partial H}{\partial p_i}, \quad q'_{i'} = \frac{\partial H}{\partial p_{i'}},$$

unde

$$\frac{\partial q'_{i'}}{\partial p_i} = \frac{\partial q'_i}{\partial p_{i'}} = \frac{\partial^2 H}{\partial p_i \partial p_{i'}},$$

sive expressio $\frac{\partial q'_{i'}}{\partial p_i}$ indicibus i et i' commutatis immutata manet. Unde altera summarum appositarum duplicium, scribendo i' loco i atque i loco i', in alteram abit, sive binae inter se aequales existunt, q. d. e.

De usu functionum $\varDelta$ in determinandis multiplicatoribus Lagrangianis.

45.

Quantitatibus $\varDelta_{a,\lambda}$, quibus antecedentibus usi sumus, etiam *multiplicatores* Lagrangiani determinantur, qui formandis aequationibus differentialibus dynamicis inserviunt, quoties inter variabiles, quae punctorum materialium positionem determinant, aequationes conditionales habentur. Ad quas formandas aequationes differentiales, adhibeo formulam symbolicam §. 37 (1) propositam, in qua, ut $q_1, q_2, \ldots, q_m$ semper variabiles independentes designent, loco $q_1, q_2, \ldots, q_m, p_1, p_2, \ldots, p_m$ scribo $\xi_1, \xi_2, \ldots, \xi_\mu, v_1, v_2, \ldots, v_\mu$. Quo facto aequatio illa haec fit:

$$(1)\quad 0=\left\{\frac{\partial H}{\partial \xi_1}+\frac{dv_1}{dt}\right\}\delta\xi_1+\left\{\frac{\partial H}{\partial \xi_2}+\frac{dv_2}{dt}\right\}\delta\xi_2+\cdots+\left\{\frac{\partial H}{\partial v_\mu}+\frac{dv_\mu}{dt}\right\}\delta\xi_\mu.$$

Inter variationes $\delta\xi_1$, $\delta\xi_2$, etc. habentur aequationes:

$$\frac{\partial F}{\partial \xi_1}\delta\xi_1+\frac{\partial F}{\partial \xi_2}\delta\xi_2+\cdots+\frac{\partial F}{\partial \xi_\mu}\delta\xi_\mu=0,$$
$$\frac{\partial \Phi}{\partial \xi_1}\delta\xi_1+\frac{\partial \Phi}{\partial \xi_2}\delta\xi_2+\cdots+\frac{\partial \Phi}{\partial \xi_\mu}\delta\xi_\mu=0,$$
$$\cdots\cdots\cdots\cdots\cdots$$

siquidem rursus $F=0$, $\Phi=0$, etc. sunt aequationes conditionales inter quantitates $\xi_1, \xi_2, \ldots, \xi_\mu$ propositae. Per regulam notam aequationes praecedentes in multiplicatores $\lambda_1, \lambda_2, \ldots$ ductas aequationis (1) alteri parti addo et terminos in singulas variationes ductos evanescere statuo. Quo facto aequationes differentiales inter variabiles $t, \xi_1, \xi_2, \ldots, \xi_\mu, v_1, v_2, \ldots, v_\mu$ obtinentur sequentes, insuper aequationibus $\xi'_i=\frac{\partial H}{\partial v_i}$ advocatis:

$$(2)\quad \begin{cases}\dfrac{d\xi_1}{dt}=\dfrac{\partial H}{\partial v_1}, & \dfrac{dv_1}{dt}=-\dfrac{\partial H}{\partial \xi_1}-\lambda_1\dfrac{\partial F}{\partial \xi_1}-\lambda_2\dfrac{\partial \Phi}{\partial \xi_1}-\cdots,\\[2ex] \dfrac{d\xi_2}{dt}=\dfrac{\partial H}{\partial v_2}, & \dfrac{dv_2}{dt}=-\dfrac{\partial H}{\partial \xi_2}-\lambda_1\dfrac{\partial F}{\partial \xi_2}-\lambda_2\dfrac{\partial \Phi}{\partial \xi_2}-\cdots,\\ \cdots\cdots & \cdots\cdots\cdots\cdots\\ \dfrac{d\xi_\mu}{dt}=\dfrac{\partial H}{\partial v_\mu}, & \dfrac{\partial v_\mu}{dt}=-\dfrac{\partial H}{\partial \xi_\mu}-\lambda_1\dfrac{\partial F}{\partial \xi_\mu}-\lambda_2\dfrac{\partial \Phi}{\partial \xi_\mu}-\cdots.\end{cases}$$

Quibus aequationibus adiungendae sunt ipsae aequationes conditionales

$$F=0,\quad \Phi=0,\quad \ldots$$

et quae ex earum differentiatione sequuntur:

$$A=0,\quad B=0,\quad \ldots$$

His postremis iterum differentiatis et substitutis e (2) ipsorum $\frac{d\xi_i}{dt}$, $\frac{dv_i}{dt}$ valoribus obtinemus:

$$\begin{aligned}&\frac{\partial A}{\partial \xi_1}\frac{\partial H}{\partial v_1}+\frac{\partial A}{\partial \xi_2}\frac{\partial H}{\partial v_2}+\cdots+\frac{\partial A}{\partial \xi_\mu}\frac{\partial H}{\partial v_\mu}\\ &-\frac{\partial A}{\partial v_1}\frac{\partial H}{\partial \xi_1}-\frac{\partial A}{\partial v_2}\frac{\partial H}{\partial \xi_2}-\cdots-\frac{\partial A}{\partial v_\mu}\frac{\partial H}{\partial \xi_\mu}=a_1\lambda_1+a_2\lambda_2+\cdots,\\ &\frac{\partial B}{\partial \xi_1}\frac{\partial H}{\partial v_1}+\frac{\partial B}{\partial \xi_2}\frac{\partial H}{\partial v_2}+\cdots+\frac{\partial B}{\partial \xi_\mu}\frac{\partial H}{\partial v_\mu}\\ &-\frac{\partial B}{\partial v_1}\frac{\partial H}{\partial \xi_1}-\frac{\partial B}{\partial v_2}\frac{\partial H}{\partial \xi_2}-\cdots-\frac{\partial B}{\partial v_\mu}\frac{\partial H}{\partial \xi_\mu}=b_1\lambda_1+b_2\lambda_2+\cdots,\\ &\cdots\cdots\cdots\end{aligned}$$

siquidem hic $a_1, a_2, \ldots, b_1, b_2, \ldots$ eaedem sunt quantitates atque §. 41 (10). Unde, si advocamus notationem §. 43 (31) propositam, eruimus valores multiplicatorum sequentes:

$$(3)\quad\begin{cases}\lambda_1=A_{1,1}[A,H]'+A_{1,2}[B,H]'+\cdots,\\ \lambda_2=A_{2,1}[A,H]'+A_{2,2}[B,H]'+\cdots,\\ \cdots\cdots\cdots\end{cases}$$

Unde e §. 43 (28) aequationes differentiales dynamicae fiunt:

$$(4)\quad\begin{cases}\frac{dv_1}{dt}=-\frac{\partial H}{\partial \xi_1}-D_{1,1}[A,H]'-D_{1,2}[B,H]'-\cdots,\\ \frac{dv_2}{dt}=-\frac{\partial H}{\partial \xi_2}-D_{2,1}[A,H]'-D_{2,2}[B,H]'-\cdots,\\ \cdots\cdots\cdots\\ \frac{dv_\mu}{dt}=-\frac{\partial H}{\partial \xi_\mu}-D_{\mu,1}[A,H]'-D_{\mu,2}[B,H]'-\cdots,\end{cases}$$

e quibus iam multiplicatores sunt eliminati.

Ope summarum supra inventarum ipsa expressio $[\varphi, \psi]$ formatur.

46.

Formulam (3) §. 40:

$$[\varphi,\psi]=\Sigma\left\{\frac{\partial\varphi}{\partial\xi_k}\frac{\partial\psi}{\partial v_{k'}}-\frac{\partial\varphi}{\partial v_{k'}}\frac{\partial\psi}{\partial\xi_k}\right\}\frac{\partial\xi_k}{\partial q_i}\frac{\partial v_{k'}}{\partial p_i}+\Sigma\frac{\partial\varphi}{\partial v_k}\frac{\partial\psi}{\partial v_{k'}}\left\{\frac{\partial v_k}{\partial q_i}\frac{\partial v_{k'}}{\partial p_i}-\frac{\partial v_{k'}}{\partial q_i}\frac{\partial v_k}{\partial p_i}\right\}$$

e notationibus supra adhibitis §. 41 (6) atque §. 42 (16) sic exhibere possumus:

$$(1)\quad \begin{cases} [\varphi, \psi] = \\ \Sigma_k \left\{ \dfrac{\partial\varphi}{\partial\xi_k}\dfrac{\partial\psi}{\partial v_k} - \dfrac{\partial\varphi}{\partial v_k}\dfrac{\partial\psi}{\partial\xi_k} \right\} + \Sigma_{k,k'} \left\{ \dfrac{\partial\varphi}{\partial\xi_k}\dfrac{\partial\psi}{\partial v_{k'}} - \dfrac{\partial\varphi}{\partial v_{k'}}\dfrac{\partial\psi}{\partial\xi_k} \right\} k_{k'} \\ \quad + \Sigma_{k,k'} \dfrac{\partial\varphi}{\partial v_k}\dfrac{\partial\psi}{\partial v_{k'}} \{(k)_{k'} - (k')_k\}. \end{cases}$$

Qua aequatione, si ipsarum $k_{k'}$ atque $(k)_{k'} - (k')_k$ valores supra inventi substituuntur, prodit ipsius $[\varphi, \psi]$ expressio investigatu proposita, in qua variabilium $q_1, q_2, \ldots, q_m$ vestigia nulla inveniuntur.

Summarum, e quibus expressio antecedens componitur, secundae et tertiae transformationes sequentes adiungo.

Habetur e §. 41 (8):

$$\begin{aligned} &\Sigma_{k,k'} \left\{ \frac{\partial\varphi}{\partial\xi_k}\frac{\partial\psi}{\partial v_{k'}} - \frac{\partial\varphi}{\partial v_{k'}}\frac{\partial\psi}{\partial\xi_k} \right\} k_{k'} \\ &= \Sigma_k \frac{\partial\varphi}{\partial\xi_k} \left\{ k_1 \frac{\partial\psi}{\partial v_1} + k_2 \frac{\partial\psi}{\partial v_2} + \cdots + k_\mu \frac{\partial\psi}{\partial v_\mu} \right\} \\ &\quad - \Sigma_k \frac{\partial\psi}{\partial\xi_k} \left\{ k_1 \frac{\partial\varphi}{\partial v_1} + k_2 \frac{\partial\varphi}{\partial v_2} + \cdots + k_\mu \frac{\partial\varphi}{\partial v_\mu} \right\} \\ &= \left\{ \frac{\partial F}{\partial\xi_1}\frac{\partial\psi}{\partial v_1} + \frac{\partial F}{\partial\xi_2}\frac{\partial\psi}{\partial v_2} + \cdots + \frac{\partial F}{\partial\xi_\mu}\frac{\partial\psi}{\partial v_\mu} \right\} \Sigma_k \lambda_1^{(k)} \frac{\partial\varphi}{\partial\xi_k} \\ &\quad - \left\{ \frac{\partial F}{\partial\xi_1}\frac{\partial\varphi}{\partial v_1} + \frac{\partial F}{\partial\xi_2}\frac{\partial\varphi}{\partial v_2} + \cdots + \frac{\partial F}{\partial\xi_\mu}\frac{\partial\varphi}{\partial v_\mu} \right\} \Sigma_k \lambda_1^{(k)} \frac{\partial\psi}{\partial\xi_k} \\ &\quad + \left\{ \frac{\partial\Phi}{\partial\xi_1}\frac{\partial\psi}{\partial v_1} + \frac{\partial\Phi}{\partial\xi_2}\frac{\partial\psi}{\partial v_2} + \cdots + \frac{\partial\Phi}{\partial\xi_\mu}\frac{\partial\psi}{\partial v_\mu} \right\} \Sigma_k \lambda_2^{(k)} \frac{\partial\varphi}{\partial\xi_k} \\ &\quad - \left\{ \frac{\partial\Phi}{\partial\xi_1}\frac{\partial\varphi}{\partial v_1} + \frac{\partial\Phi}{\partial\xi_2}\frac{\partial\varphi}{\partial v_2} + \cdots + \frac{\partial\Phi}{\partial\xi_\mu}\frac{\partial\varphi}{\partial v_\mu} \right\} \Sigma_k \lambda_2^{(k)} \frac{\partial\psi}{\partial\xi_k} \\ &\quad + \cdots\cdots\cdots\cdots \end{aligned}$$

sive etiam:

$$(2)\quad \begin{cases} \Sigma_{k,k'} \left\{ \dfrac{\partial\varphi}{\partial\xi_k}\dfrac{\partial\psi}{\partial v_{k'}} - \dfrac{\partial\varphi}{\partial v_{k'}}\dfrac{\partial\psi}{\partial\xi_k} \right\} k_{k'} \\ = \Sigma_k \dfrac{\partial\varphi}{\partial\xi_k} \{\lambda_1^{(k)}[F, \psi]' + \lambda_2^{(k)}[\Phi, \psi]' + \cdots\} \\ \quad - \Sigma_k \dfrac{\partial\psi}{\partial\xi_k} \{\lambda_1^{(k)}[F, \varphi]' + \lambda_2^{(k)}[\Phi, \varphi]' + \cdots\}. \end{cases}$$

Habetur porro e §. 43 (33):

$$(3)\quad \left\{\begin{aligned} &\Sigma_{k,k'} \frac{\partial\varphi}{\partial v_k}\frac{\partial\psi}{\partial v_{k'}}\{(k')_k-(k)_{k'}\}\\ &=\Sigma_k \frac{\partial\varphi}{\partial v_k} D_{k,1}.\Sigma_k \frac{\partial\psi}{\partial v_k}\frac{\partial A}{\partial \xi_k}-\Sigma_k \frac{\partial\psi}{\partial v_k} D_{k,1}.\Sigma_k \frac{\partial\varphi}{\partial v_k}\frac{\partial A}{\partial \xi_k}\\ &+\Sigma_k \frac{\partial\varphi}{\partial v_k} D_{k,2}.\Sigma_k \frac{\partial\psi}{\partial v_k}\frac{\partial B}{\partial \xi_k}-\Sigma_k \frac{\partial\psi}{\partial v_k} D_{k,2}.\Sigma_k \frac{\partial\varphi}{\partial v_k}\frac{\partial B}{\partial \xi_k}\\ &+\cdots\cdots\cdots\cdots\cdots\cdots\\ &-[A,B]'\left\{\Sigma_k \frac{\partial\varphi}{\partial v_k} D_{k,1}.\Sigma_k \frac{\partial\psi}{\partial v_k} D_{k,2}-\Sigma_k \frac{\partial\varphi}{\partial v_k} D_{k,2}.\Sigma_k \frac{\partial\psi}{\partial v_k}.D_{k,1}\right\}.\\ &-\cdots\cdots\cdots\cdots\cdots\cdots \end{aligned}\right.$$

Fit autem e §. 43 (28):

$$\Sigma_k D_{k,k'}\frac{\partial\varphi}{\partial v_k} = A_{k',1}\Sigma_k \frac{\partial F}{\partial \xi_k}\frac{\partial\varphi}{\partial v_k}+A_{k',2}\Sigma_k \frac{\partial \Phi}{\partial \xi_k}\frac{\partial\varphi}{\partial v_k}+\cdots,$$

$$\Sigma_k D_{k,k'}\frac{\partial\psi}{\partial v_k} = A_{k',1}\Sigma_k \frac{\partial F}{\partial \xi_k}\frac{\partial\psi}{\partial v_k}+A_{k',2}\Sigma_k \frac{\partial \Phi}{\partial \xi_k}\frac{\partial\psi}{\partial v_k}+\cdots$$

sive:

$$(4)\quad \left\{\begin{aligned} &\Sigma_k D_{k,k'}\frac{\partial\varphi}{\partial v_k} = A_{k',1}[F,\varphi]'+A_{k',2}[\Phi,\varphi]'+\cdots,\\ &\Sigma_k D_{k,k'}\frac{\partial\psi}{\partial v_k} = A_{k',1}[F,\psi]'+A_{k',2}[\Phi,\psi]'+\cdots. \end{aligned}\right.$$

His formulis si utimur et advocatis (11) §. 41, aequationem (2) sic repraesentare licet:

$$(5)\quad \left\{\begin{aligned} &\Sigma_{k,k'}\left\{\frac{\partial\varphi}{\partial \xi_k}\frac{\partial\psi}{\partial v_{k'}}-\frac{\partial\varphi}{\partial v_{k'}}\frac{\partial\psi}{\partial \xi_k}\right\}k_{k'}\\ &=-\Sigma_k D_{k,1}\frac{\partial\psi}{\partial v_k}.\Sigma_k \frac{\partial\varphi}{\partial \xi_k}\frac{\partial A}{\partial v_k}-\Sigma_k D_{k,2}\frac{\partial\psi}{\partial v_k}.\Sigma_k \frac{\partial\varphi}{\partial \xi_k}\frac{\partial B}{\partial v_k}-\cdots\\ &\quad+\Sigma_k D_{k,1}\frac{\partial\varphi}{\partial v_k}.\Sigma_k \frac{\partial\psi}{\partial \xi_k}\frac{\partial A}{\partial v_k}+\Sigma_k D_{k,2}\frac{\partial\varphi}{\partial v_k}.\Sigma_k \frac{\partial\psi}{\partial \xi_k}\frac{\partial B}{\partial v_k}+\cdots. \end{aligned}\right.$$

Formulis (3) et (5) substitutis in (1), prodit:

$$(6)\quad \left\{\begin{aligned} &[\varphi,\psi]-[\varphi,\psi]'\\ &=-[\varphi,A]'\Sigma_k D_{k,1}\frac{\partial\psi}{\partial v_k}-[\varphi,B]'\Sigma_k D_{k,2}\frac{\partial\psi}{\partial v_k}-\cdots\\ &\quad+[\psi,A]'\Sigma_k D_{k,1}\frac{\partial\varphi}{\partial v_k}+[\psi,B]'\Sigma_k D_{k,2}\frac{\partial\varphi}{\partial v_k}+\cdots\\ &\quad+[A,B]'\left\{\Sigma_k D_{k,1}\frac{\partial\varphi}{\partial v_k}.\Sigma_k D_{k,2}\frac{\partial\psi}{\partial v_k}-\Sigma_k D_{k,2}\frac{\partial\varphi}{\partial v_k}.\Sigma_k D_{k,1}\frac{\partial\psi}{\partial v_k}\right\}.\\ &\quad+\cdots\cdots\cdots\cdots\cdots\cdots \end{aligned}\right.$$

Quae formula generalis satis difficilis erat investigatu.

Expressio inventa per varias eius proprietates verificatur.

47.

Quantitas, per quam in §. antecedente ipsam $[\varphi, \psi]$ expressi et quam denotabo per

$$(1)\quad \begin{cases} \Xi = [\varphi, \psi]' - [\varphi, A]' \Sigma_k D_{k,1} \dfrac{\partial\psi}{\partial v_k} - [\varphi, B]' \Sigma_k D_{k,2} \dfrac{\partial\psi}{\partial v_k} - \cdots \\ \quad + [\psi, A]' \Sigma_k D_{k,1} \dfrac{\partial\varphi}{\partial v_k} + [\psi, B]' \Sigma_k D_{k,2} \dfrac{\partial\varphi}{\partial v_k} + \cdots \\ \quad + [A, B]' \left\{ \Sigma_k D_{k,1} \dfrac{\partial\varphi}{\partial v_k} \cdot \Sigma_k D_{k,2} \dfrac{\partial\psi}{\partial v_k} - \Sigma_k D_{k,1} \dfrac{\partial\psi}{\partial v_k} \cdot \Sigma_k D_{k,2} \dfrac{\partial\varphi}{\partial v_k} \right\} \\ \quad + \cdots\cdots\cdots\cdots\cdots\cdots, \end{cases}$$

variis gaudere debet proprietatibus memorabilibus, quae simul varias expressionis inventae verificationes suppeditant. Ac primum non mutetur eius valor necesse est, si in locum functionum φ, ψ ponatur

$$\varphi + \lambda F + \mu \Phi + \cdots + \lambda' A + \mu' B + \cdots,$$
$$\psi + \lambda_1 F + \mu_1 \Phi + \cdots + \lambda_1' A + \mu_1' B + \cdots,$$

designantibus λ, μ, λ', μ', λ_1, μ_1, λ_1', μ_1', ... quascunque ipsarum ξ_i, v_i functiones. Valor enim quantitatis $[\varphi, \psi]$, cui expressio Ξ aequalis inventa est, ea mutatione nullo modo afficitur. Quae expressionis Ξ proprietas ex ipsa eius formatione facile patebit, si haec alia Propositio antea demonstrata erit, *expressionem Ξ, posita in locum alterutrius functionum φ, ψ una e functionibus F, Φ, ..., A, B, ..., quaecunque sit altera functio, evanescere.* Quae Propositio tantum probanda erit pro casibus, quibus $\varphi = F$ atque $\varphi = A$ ponitur, functione ψ arbitraria manente. Reliqui enim casus, quibus φ functionibus Φ, ..., B, ... aequiparatur, sive quibus φ arbitraria manet atque ψ alicui e functionibus F, Φ, ..., A, B, ... aequalis ponitur, prorsus eodem modo tractari possunt.

Posito $\varphi = F$, evanescunt termini

$$\Sigma_k D_{k,1} \frac{\partial\varphi}{\partial v_k}, \quad \Sigma_k D_{k,2} \frac{\partial\varphi}{\partial v_k}, \quad \ldots$$

quum functio F solas ξ_k involvat neque quantitates v_k. Hinc, posito $\varphi = F$, eruimus:

$$\Xi = [F, \psi]' - [F, A]' \Sigma_k D_{k,1} \frac{\partial\psi}{\partial v_k} - [F, B]' \Sigma_k D_{k,2} \frac{\partial\psi}{\partial v_k} - \cdots$$
$$= [F, \psi]' - \Sigma_k \{ [F, A]' D_{k,1} + [F, B]' D_{k,2} + \cdots \} \frac{\partial\psi}{\partial v_k}.$$

At e formulis (26), (27) §. 43, in quibus est

$$a_1 = [F, A]', \quad b_1 = [F, B]', \quad \ldots$$
$$a_2 = [\Phi, A]', \quad b_2 = [\Phi, B]', \quad \ldots$$

habetur:

$$(2) \quad \begin{cases} \dfrac{\partial F}{\partial \xi_k} = [F, A]'D_{k,1} + [F, B]'D_{k,2} + \cdots, \\ \dfrac{\partial \Phi}{\partial \xi_k} = [\Phi, A]'D_{k,1} + [\Phi, B]'D_{k,2} + \cdots, \\ \ldots \ldots \ldots \ldots \ldots \end{cases}$$

Quarum formularum ope abit expressio ipsius Ξ antecedens in hanc:

$$\Xi = [F, \psi]' - \Sigma_k \frac{\partial F}{\partial \xi_k} \frac{\partial \psi}{\partial v_k} = 0.$$

Evanescit igitur Ξ, posito $\varphi = F$, q. d. e. Eodem modo demonstratur, evanescere Ξ ponendo $\varphi = \Phi$ vel ponendo $\psi = F$ sive $\psi = \Phi$.

Ponamus iam in expressione (1) $\varphi = A$; quaerendi sunt ante omnia valores quantitatum

$$E_1 = \Sigma_k D_{k,1} \frac{\partial A}{\partial v_k}, \quad E_2 = \Sigma_k D_{k,2} \frac{\partial A}{\partial v_k}, \quad \ldots .$$

Ad quos inveniendos multiplicentur (2) per $\dfrac{\partial A}{\partial v_k}$ atque, positis loco k valoribus $1, 2, \ldots, \mu$, instituatur pro singulis aequationibus (2) summatio; provenit:

$$\Sigma_k \frac{\partial A}{\partial v_k} \frac{\partial F}{\partial \xi_k} = [F, A]' = [F, A]'E_1 + [F, B]'E_2 + \cdots,$$
$$\Sigma_k \frac{\partial A}{\partial v_k} \frac{\partial \Phi}{\partial \xi_k} = [\Phi, A]' = [\Phi, A]'E_1 + [\Phi, B]'E_2 + \cdots,$$
$$\ldots \ldots \ldots \ldots \ldots \ldots \ldots \ldots$$

Unde obtinetur

$$(3) \quad E_1 = \Sigma_k D_{k,1} \frac{\partial A}{\partial v_k} = 1, \quad E_2 = \Sigma_k D_{k,2} \frac{\partial A}{\partial v_k} = 0, \quad \ldots;$$

ac si aequationes $F = 0$, $\Phi = 0$, ... plures duabus datae sunt, evanescunt reliquae omnes similes expressiones $\Sigma_k D_{k,3} \dfrac{\partial A}{\partial v_k}$, $\Sigma_k D_{k,4} \dfrac{\partial A}{\partial v_k}$, ... Eodem modo probatur, fieri

$$\Sigma_k D_{k,2} \frac{\partial B}{\partial v_k} = 1$$

atque evanescere reliquas omnes quantitates $\Sigma_k D_{k,1} \frac{\partial B}{\partial v_k}$, $\Sigma_k D_{k,3} \frac{\partial B}{\partial v_k}$, ... Per aequationes (3) videmus, ipsam Ξ posito $\varphi = A$ evanescere, quum sit $[A, A]' = 0$, $[A, \psi]' + [\psi, A]' = 0$, ac facile pateat, quemadmodum ea substitutione facta termini in $[A, B]'$ ducti evanescunt, ita si aequationes conditionales plures duabus datae sint, evanescere terminos ductos in expressiones similes, quarum numerus idem est atque numerus combinationum binarum aequationum conditionalium. Eodem modo demonstratur, evanescere Ξ ponendo $\varphi = B$ vel ponendo $\psi = A$ sive $\psi = B$.

Designemus iam expressionem (1) per

$$\Xi = [\varphi, \psi]''$$

ac ponamus

$$\varphi^0 = \varphi + \lambda F + \mu \Phi + \cdots + \lambda' A + \mu' B + \cdots,$$

$$\psi^0 = \psi + \lambda_1 F + \mu_1 \Phi + \cdots + \lambda_1' A + \mu_1' B + \cdots.$$

Patet e formatione expressionis $[\varphi, \psi]''$, rejiciendo post differentiationes partiales transactas expressiones per quantitates evanescentes F, Φ, ..., A, B, ... multiplicatas, fieri:

$$\begin{aligned}[\varphi^0, \psi^0]'' &= [\varphi^0, \psi + \lambda_1 F + \mu_1 \Phi + \cdots + \lambda_1' A + \mu_1' B + \cdots]'' \\ &= [\varphi^0, \psi]'' + \lambda_1 [\varphi^0, F]'' + \mu_1 [\varphi^0, \Phi]'' + \cdots \\ &\quad + \lambda_1' [\varphi^0, A]'' + \mu_1' [\varphi^0, B]'' + \cdots.\end{aligned}$$

At demonstravi modo, quaecunque sit φ^0 functio, haberi

$$[\varphi^0, F]'' = 0, \quad [\varphi^0, \Phi]'' = 0, \quad \ldots,$$

$$[\varphi^0, A]'' = 0, \quad [\varphi^0, B]'' = 0, \quad \ldots;$$

unde fit

$$[\varphi^0, \psi^0]'' = [\varphi^0, \psi]''.$$

Eodem modo probatur, reiectis post differentiationes partiales transactas expressionibus per quantitates evanescentes F, Φ, ..., A, B, ... multiplicatis, fieri

$$\begin{aligned}[\varphi^0, \psi]'' &= [\varphi + \lambda F + \mu \Phi + \cdots + \lambda' A + \mu' B + \cdots, \psi]'' \\ &= [\varphi, \psi]'' + \lambda [F, \psi]'' + \mu [\Phi, \psi]'' + \cdots \\ &\quad + \lambda' [A, \psi]'' + \mu' [B, \psi]'' + \cdots.\end{aligned}$$

Unde, quum probatum sit, quaecunque sit ψ functio, haberi

$$0 = [F, \psi]'' = [\Phi, \psi]'' = \cdots = [A, \psi]'' = [B, \psi]'' = \cdots,$$

fit

$$[\varphi^0, \psi^0]'' = [\varphi^0, \psi]'' = [\varphi, \psi]'',$$

quod est Theorema demonstrandum.

Deinde etiam non mutari debet expressionis Ξ valor, si loco functionis R ponitur $R+\lambda F+\mu\Phi+\cdots+\lambda_1 F'+\mu_1\Phi'+\cdots$, atque de hac nova functione deducuntur valores ipsarum v_i a praecedentibus diversi et forma valde discrepans functionis H, sicuti §. 39 praecepi. Sed verificatio huius proprietatis, ex ipsa quantitatis Ξ formatione petita, quum molestissima esse videatur, sufficiat rem examinare, si ipsi R tantum termini $\lambda F+\mu\Phi+\cdots$ addantur, quo casu ibidem vidimus, ipsarum v_i valores non mutari, atque functioni H similes tantum terminos accedere.

Demonstremus igitur, quantitatem Ξ non mutare valorem, si in eo loco ipsius H ponatur $H+\lambda F+\mu\Phi+\cdots$, designantibus λ, μ, ... quascunque ipsarum ξ_i, v_i expressiones. Qua mutatione functionis H facile patet, etiam ipsas A, B, ... similes tantum mutationes subire, ideoque etiam ipsarum A, B, ... differentialia partialia secundum quantitates v_i sumta, nec non expressiones $[F, A]'$, $[F, B]'$, ..., $[\Phi, A]'$, $[\Phi, B]'$, ...; unde, sicuti e formulis (2) elucet, etiam quantitates $D_{k,1}$, $D_{k,2}$, etc. alias non mutationes subeunt. Qua de re omnium harum quantitatum valores immutati manebunt. Sed mutabunt valorem expressiones $[\varphi, A]'$, $[A, B]'$, ... ac similes. Quae tamen mutationes eae esse debent, ut ipsius Ξ valor immutatus maneat. Quod facile patebit, ubi probatum erit, expressionis Ξ terminorum, qui functione A affecti sunt, aggregatum evanescere, si loco A in iis ponatur F. Tum enim similes quoque Propositiones locum habebunt, evanescere idem aggregatum, si loco A ponatur Φ, vel evanescere aggregatum terminorum, qui functione B affecti sunt, ponendo F sive Φ loco B, etc. Quibus iunctis observationi, expressiones huiusmodi $[A, B]'$ evanescere, ubi simul loco A atque B ponantur quaecunque sive eaedem sive diversae e functionibus F, Φ, ..., sponte elucet, valorem ipsius Ξ non mutari. Propositio autem, evanescere terminorum ipsius Ξ functione A affectorum aggregatum, si loco A substituatur F, sequitur absque magno negotio ex aequationibus (2).

De functionibus quibuslibet φ, ψ per aequationes datas conditionales $F=0$, $\Phi=0$, ... ita transformandis, ut fiat $[\varphi, \psi]=[\varphi, \psi]'$.

48.

Formas, quas functio φ induere potest propter aequationes, quae locum habent, conditionales, semper ita determinare licet, ut *per has ipsas aequationes conditionales* evanescant valores expressionum

$$[F, \varphi]' = \frac{\partial F}{\partial \xi_1}\frac{\partial \varphi}{\partial v_1} + \frac{\partial F}{\partial \xi_2}\frac{\partial \varphi}{\partial v_2} + \cdots + \frac{\partial F}{\partial \xi_\mu}\frac{\partial \varphi}{\partial v_\mu},$$

$$[\Phi, \varphi]' = \frac{\partial \Phi}{\partial \xi_1}\frac{\partial \varphi}{\partial v_1} + \frac{\partial \Phi}{\partial \xi_2}\frac{\partial \varphi}{\partial v_2} + \cdots + \frac{\partial \Phi}{\partial \xi_\mu}\frac{\partial \varphi}{\partial v_\mu},$$

. . . . ;

ac similiter functioni ψ eam formam conciliare licet, ut per aequationes conditionales evanescant valores expressionum $[F, \psi]'$, $[\Phi, \psi]'$, ... Sit ipsius φ expressio adhibenda $\varphi + \lambda' A + \mu' B + \cdots$; multiplicatores λ', μ', ... semper ita determinare licet, ut evanescant valores quantitatum

$$[F, \varphi + \lambda' A + \mu' B + \cdots]', \quad [\Phi, \varphi + \lambda' A + \mu' B + \cdots]',$$

seu, reiectis terminis in A, B, ... ductis ut evanescentibus, ut fiat

$$[F, \varphi]' + \lambda'[F, A]' + \mu'[F, B]' + \cdots = 0,$$
$$[\Phi, \varphi]' + \lambda'[\Phi, A]' + \mu'[\Phi, B]' + \cdots = 0,$$

. . . .

Per formulas similes determinantur multiplicatores λ_1', μ_1', ... ita, ut quantitates

$$[F, \psi + \lambda_1' A + \mu_1' B + \cdots]', \quad [\Phi, \psi + \lambda_1' A + \mu_1' B + \cdots]'$$

evanescant. Quibus expressionibus $\varphi + \lambda' A + \mu' B + \cdots$, $\psi + \lambda_1' A + \mu_1' B + \cdots$, quod licet, loco φ, ψ positis, habemus ipsarum φ, ψ formas tales, pro quibus fiat

$$(1) \quad \begin{cases} [F, \varphi]' = 0, & [\Phi, \varphi]' = 0, \quad \ldots, \\ [F, \psi]' = 0, & [\Phi, \psi]' = 0, \quad \ldots, \end{cases}$$

quod propositum erat.

Inventis ipsarum φ, ψ formis, pro quibus aequationes antecedentes (1) locum habent, statim sequitur e (28) §. 43, fieri etiam:

$$(2) \quad \begin{cases} \Sigma_k D_{k,1} \dfrac{\partial \varphi}{\partial v_k} = 0, & \Sigma_k D_{k,2} \dfrac{\partial \varphi}{\partial v_k} = 0, \quad \ldots, \\ \Sigma_k D_{k,1} \dfrac{\partial \psi}{\partial v_k} = 0, & \Sigma_k D_{k,2} \dfrac{\partial \psi}{\partial v_k} = 0, \quad \ldots. \end{cases}$$

Unde in expressione ipsius Ξ termini omnes praeter $[\varphi, \psi]'$ evanescunt, sive *fit, quoties* $[F, \varphi]' = 0$, $[\Phi, \varphi]' = 0$, ..., $[F, \psi]' = 0$, $[\Phi, \psi]' = 0$, ... *haec aequatio:*

$$(3) \quad [\varphi, \psi] = [\varphi, \psi]'.$$

Quum per aequationes conditionales functiones φ, ψ semper ita transformare liceat, ut conditionibus illis satisfiat, sequitur, *datis ipsarum* ξ_1, ξ_2, ..., ξ_μ,

$v_1, v_2, \ldots, v_\mu$ *functionibus binis quibuscunque* φ *et* ψ, *semper per aequationes conditionales, quae inter quantitates illas locum habent, formam talem iis conciliari posse, ut fiat:*

$$\frac{\partial\varphi}{\partial q_1}\frac{\partial\psi}{\partial p_1}+\frac{\partial\varphi}{\partial q_2}\frac{\partial\psi}{\partial p_2}+\cdots+\frac{\partial\varphi}{\partial q_m}\frac{\partial\psi}{\partial p_m}$$
$$-\frac{\partial\varphi}{\partial p_1}\frac{\partial\psi}{\partial q_1}-\frac{\partial\varphi}{\partial p_2}\frac{\partial\psi}{\partial q_2}-\cdots-\frac{\partial\varphi}{\partial p_m}\frac{\partial\psi}{\partial q_m}$$
$$=\frac{\partial\varphi}{\partial \xi_1}\frac{\partial\psi}{\partial v_1}+\frac{\partial\varphi}{\partial \xi_2}\frac{\partial\psi}{\partial v_2}+\cdots+\frac{\partial\varphi}{\partial \xi_\mu}\frac{\partial\psi}{\partial v_\mu}$$
$$-\frac{\partial\varphi}{\partial v_1}\frac{\partial\psi}{\partial \xi_1}-\frac{\partial\varphi}{\partial v_2}\frac{\partial\psi}{\partial \xi_2}-\cdots-\frac{\partial\varphi}{\partial v_\mu}\frac{\partial\psi}{\partial \xi_\mu}.$$

Ex aequationibus (2) §. antec. facile deduco sequentes:

$$(4)\quad\begin{cases}[F,\varphi]'=[F,A]'\Sigma_k D_{k,1}\dfrac{\partial\varphi}{\partial v_k}+[F,B]'\Sigma_k D_{k,2}\dfrac{\partial\varphi}{\partial v_k}+\cdots,\\[\Phi,\varphi]'=[\Phi,A]'\Sigma_k D_{k,1}\dfrac{\partial\varphi}{\partial v_k}+[\Phi,B]'\Sigma_k D_{k,2}\dfrac{\partial\varphi}{\partial v_k}+\cdots,\\ \cdots\cdots\cdots\cdots\cdots\end{cases}$$

Quibus comparatis cum iis, quibus antecedentibus multiplicatorum $\lambda', \mu', \ldots$ valores determinabantur, fit:

$$\lambda'=-\Sigma_k D_{k,1}\frac{\partial\varphi}{\partial v_k},\quad \mu'=-\Sigma_k D_{k,2}\frac{\partial\varphi}{\partial v_k},\quad\ldots.$$

Unde, *quaecunque sit* φ *functio*, habemus e (1):

$$(5)\quad\begin{cases}\left[F,\ \varphi-\Sigma_k(D_{k,1}A+D_{k,2}B+\cdots)\dfrac{\partial\varphi}{\partial v_k}\right]'=0,\\ \left[\Phi,\ \varphi-\Sigma_k(D_{k,1}A+D_{k,2}B+\cdots)\dfrac{\partial\varphi}{\partial v_k}\right]'=0,\\ \cdots\cdots\cdots\cdots\cdots\end{cases}$$

Qua de re etiam habetur:

$$\left[F,\ \psi-\Sigma_k(D_{k,1}A+D_{k,2}B+\cdots)\frac{\partial\psi}{\partial v_k}\right]'=0,$$
$$\left[\Phi,\ \psi-\Sigma_k(D_{k,1}A+D_{k,2}B+\cdots)\frac{\partial\psi}{\partial v_k}\right]'=0.$$
$$\cdots\cdots\cdots\cdots\cdots$$

Erit igitur e (3):

$$(6)\quad[\varphi,\psi]=\Xi=\left[\varphi-\Sigma_k(D_{k,1}A+D_{k,2}B+\cdots)\frac{\partial\varphi}{\partial v_k},\ \psi-\Sigma_k(D_{k,1}A+D_{k,2}B+\cdots)\frac{\partial\psi}{\partial v_k}\right]'.$$

Quae expressio nova ipsius Ξ facile convenit cum illa §. 47 (1), ad quam supra pervenimus, ubi reputas, reiectis terminis in A, B, ... ductis ut evanescentibus, fieri pro multiplicatoribus λ', μ', ..., λ'_1, μ'_1, ... quibuscunque

$$[\varphi+\lambda'A+\mu'B..., \psi+\lambda'_1A+\mu'_1B...]' = [\varphi,\psi]'+\lambda'_1[\varphi,A]'+\mu'_1[\varphi,B]'+\cdots$$
$$-\lambda'[\psi,A]'-\mu'[\psi,B]'-\cdots$$
$$+(\lambda'\mu'_1-\lambda'_1\mu')[A,B]'+\cdots$$

Considerationibus antecedentibus superstrui potest nova methodus, qua expressio ipsius Ξ, supra via satis prolixa inventa, indagetur; quae methodus huic toti quaestioni magnam lucem affundet.

E considerationibus antecedentibus alia via petitur expressionem propositam ipsius $[\varphi,\psi]$ derivandi.

49.

Quantitates q_1, q_2, ..., q_m non sunt functiones prorsus determinatae ipsarum ξ_1, ξ_2, ..., ξ_μ, quippe quibus addi possunt functiones F, Φ, ... in factores arbitrarios ductae. Sic etiam p_1, p_2, ..., p_m non sunt functiones prorsus determinatae ipsarum ξ_1, ξ_2, ..., ξ_μ, v_1, v_2, ..., v_μ, quippe valoribus ipsarum p_i §. 40 traditis addi possunt functiones F, Φ, ..., A, B, ... in factores arbitrarios ductae. Hinc, si datur expressio functionis alicuius φ per quantitates ξ_i, v_i, simulque habetur expressio eiusdem functionis φ per quantitates q_i, p_i, quaeri potest, quaenam e variis illis formis valorum quantitatum q_i, p_i eligendae sint, ut ex hac ipsius φ expressione post factas substitutiones illa data proveniat. Iam dico, *si in expressione functionis cuiuslibet φ per quantitates q_i, p_i ipsarum quidem q_i valores formas assumant, quascunque per aequationes $F=0$, $\Phi=0$, ... assumere possunt; ipsarum vero p_i valoribus ea ipsa forma tribuatur, qua in formis §. 40 propositis gaudent, neque ullo modo forma illa mutatur auxilio aequationum $F=0$, $\Phi=0$, ..., $A=0$, $B=0$, ..., fore, ut ea forma functionis φ proveniat, pro qua habetur:*

$$[F,\varphi]'=0,\quad [\Phi,\varphi]'=0,\quad \ldots.$$

Fit enim

$$[F,\varphi]' = \Sigma_k \frac{\partial F}{\partial \xi_k}\frac{\partial \varphi}{\partial v_k} = \Sigma_{k,i}\frac{\partial F}{\partial \xi_k}\frac{\partial \varphi}{\partial p_i}\frac{\partial p_i}{\partial v_k}.$$

At quum supponatur, *identice* positum esse e §. 40

$$p_i = v_1\frac{\partial \xi_1}{\partial q_i}+v_2\frac{\partial \xi_2}{\partial q_i}+\cdots+v_\mu\frac{\partial \xi_\mu}{\partial q_i},$$

illa suppositione fit

$$\frac{\partial p_i}{\partial v_k} = \frac{\partial \xi_k}{\partial q_i}.$$

Quibus substitutis obtinemus:

$$[F, \varphi]' = \Sigma_{k,i} \frac{\partial F}{\partial \xi_k} \frac{\partial \varphi}{\partial p_i} \frac{\partial \xi_k}{\partial q_i} = \Sigma_i \left(\frac{\partial \varphi}{\partial p_i} \Sigma_k \frac{\partial F}{\partial \xi_k} \frac{\partial \xi_k}{\partial q_i} \right).$$

Iam vero habetur

$$\Sigma_k \frac{\partial F}{\partial \xi_k} \frac{\partial \xi_k}{\partial q_i} = \frac{\partial F}{\partial \xi_1} \frac{\partial \xi_1}{\partial q_i} + \frac{\partial F}{\partial \xi_2} \frac{\partial \xi_2}{\partial q_i} + \cdots + \frac{\partial F}{\partial \xi_\mu} \frac{\partial \xi_\mu}{\partial q_i} = \frac{\partial F}{\partial q_i} = 0,$$

quum functio F, substitutis ipsarum ξ_i valoribus per quantitates q_i expressis, identice evanescere debeat. Unde, substitutis in ipsis $\frac{\partial \xi_k}{\partial q_i}$ ipsarum q_i valoribus assumtis per quantitates ξ_i expressis, abire debet expressio

$$\Sigma_k \frac{\partial F}{\partial \xi_k} \frac{\partial \xi_k}{\partial q_i}$$

in aggregatum terminorum in F, Φ, ... ductorum. Unde etiam e formula antecedente sequitur expressionem $[F, \varphi]'$ in tale aggregatum abire, hoc est, *si in functione aliqua φ per ipsas q_1, q_2, ..., q_m, p_1, p_2, ..., p_m expressa substituuntur loco ipsarum p_i valores*

$$p_i = v_1 \frac{\partial \xi_1}{\partial q_i} + v_2 \frac{\partial \xi_2}{\partial q_i} + \cdots + v_\mu \frac{\partial \xi_\mu}{\partial q_i},$$

ac deinde loco ipsarum q_i quaecunque ponuntur functiones ipsarum ξ_i, denique adjumento $\mu - m$ aequationum $F = 0$, $\Phi = 0$, ... exprimuntur etiam quantitates $\frac{\partial \xi_k}{\partial q_i}$ per ipsas ξ_i, abit functio φ in talem expressionem ipsarum ξ_i, v_i, ut quantitas

$$[F, \varphi]' = \frac{\partial F}{\partial \xi_1} \frac{\partial \varphi}{\partial v_1} + \frac{\partial F}{\partial \xi_2} \frac{\partial \varphi}{\partial v_2} + \cdots + \frac{\partial F}{\partial \xi_\mu} \frac{\partial \varphi}{\partial v_\mu}$$

evadat aggregatum terminorum in F, Φ, ... ductorum ideoque eius valor evanescat. Eodem modo demonstratur, expressiones $[\Phi, \varphi]'$, $[F, \psi]'$, $[\Phi, \psi]'$, etc. in eiusmodi aggregata abire ideoque evanescere. Electis functionibus ipsarum ξ_i, quae in locum ipsarum q_i ponantur, habentur quotientes differentiales partiales $\frac{\partial \xi_k}{\partial q_i}$ per ipsas ξ_i expressi ope aequationum linearium:

$$0 = \frac{\partial q_1}{\partial \xi_1}\frac{\partial \xi_1}{\partial q_i} + \frac{\partial q_1}{\partial \xi_2}\frac{\partial \xi_2}{\partial q_i} + \cdots + \frac{\partial q_1}{\partial \xi_\mu}\frac{\partial \xi_\mu}{\partial q_i},$$

$$0 = \frac{\partial q_2}{\partial \xi_1}\frac{\partial \xi_1}{\partial q_i} + \frac{\partial q_2}{\partial \xi_2}\frac{\partial \xi_2}{\partial q_i} + \cdots + \frac{\partial q_2}{\partial \xi_\mu}\frac{\partial \xi_\mu}{\partial q_i},$$

$$\cdots\cdots\cdots\cdots,$$

$$1 = \frac{\partial q_i}{\partial \xi_1}\frac{\partial \xi_1}{\partial q_i} + \frac{\partial q_i}{\partial \xi_2}\frac{\partial \xi_2}{\partial q_i} + \cdots + \frac{\partial q_i}{\partial \xi_\mu}\frac{\partial \xi_\mu}{\partial q_i},$$

$$\cdots\cdots\cdots\cdots,$$

$$0 = \frac{\partial q_m}{\partial \xi_1}\frac{\partial \xi_1}{\partial q_i} + \frac{\partial q_m}{\partial \xi_2}\frac{\partial \xi_2}{\partial q_i} + \cdots + \frac{\partial q_m}{\partial \xi_\mu}\frac{\partial \xi_\mu}{\partial q_i},$$

$$0 = \frac{\partial F}{\partial \xi_1}\frac{\partial \xi_1}{\partial q_i} + \frac{\partial F}{\partial \xi_2}\frac{\partial \xi_2}{\partial q_i} + \cdots + \frac{\partial F}{\partial \xi_\mu}\frac{\partial \xi_\mu}{\partial q_i},$$

$$0 = \frac{\partial \Phi}{\partial \xi_1}\frac{\partial \xi_1}{\partial q_i} + \frac{\partial \Phi}{\partial \xi_2}\frac{\partial \xi_2}{\partial q_i} + \cdots + \frac{\partial \Phi}{\partial \xi_\mu}\frac{\partial \xi_\mu}{\partial q_i},$$

$$\cdots\cdots\cdots\cdots$$

Si quantitates $\frac{\partial \xi_k}{\partial q_i}$ per aequationes $F = 0$, $\Phi = 0$, ... in tales expressiones rediguntur, ut *identice* sit pro quolibet ipsius i valore

$$\Sigma_k \frac{\partial F}{\partial \xi_k}\frac{\partial \xi_k}{\partial q_i} = 0, \quad \Sigma_k \frac{\partial \Phi}{\partial \xi_k}\frac{\partial \xi_k}{\partial q_i} = 0, \quad \ldots,$$

functionibus φ talis forma conciliata erit, pro qua expressiones

$$[F, \varphi]', \quad [\Phi, \psi]', \quad \ldots$$

adeo *identice* evanescant. Generaliter autem data quaecunque functio φ per aequationes $A = 0$, $B = 0$, ... in formam redigitur, pro qua expressiones $[F, \varphi]'$, $[\Phi, \varphi]'$, ... identice evanescunt, si eliguntur m expressiones a se invicem independentes

$$w_i = \alpha_i' v_1 + \alpha_i'' v_2 + \cdots + \alpha_i^{(\mu)} v_\mu,$$

respectu ipsarum v_k lineares, quarum coefficientes $\alpha_i^{(k)}$ ut tales ipsarum ξ_k functiones determinantur, pro quibus identice fiat

$$0 = \frac{\partial F}{\partial \xi_1}\alpha_i' + \frac{\partial F}{\partial \xi_2}\alpha_i'' + \cdots + \frac{\partial F}{\partial \xi_\mu}\alpha_i^{(\mu)},$$

$$0 = \frac{\partial \Phi}{\partial \xi_1}\alpha_i' + \frac{\partial \Phi}{\partial \xi_2}\alpha_i'' + \cdots + \frac{\partial \Phi}{\partial \xi_\mu}\alpha_i^{(\mu)},$$

$$\cdots\cdots\cdots\cdots$$

Ex. gr., si $\mu-m=2$ sive si duae tantum adsunt aequationes conditionales sive functiones F, Φ, assumere licet

$$w_1 = \alpha_1 v_1 + \beta_1 v_2 + v_3,$$
$$w_2 = \alpha_2 v_1 + \beta_2 v_2 + v_4,$$
$$\cdots\cdots\cdots$$
$$w_{\mu-2} = \alpha_{\mu-2} v_1 + \beta_{\mu-2} v_2 + v_\mu,$$

determinatis α_k, β_k per duas aequationes

$$\alpha_k \frac{\partial F}{\partial \xi_1} + \beta_k \frac{\partial F}{\partial \xi_2} + \frac{\partial F}{\partial \xi_{k+2}} = 0,$$
$$\alpha_k \frac{\partial \Phi}{\partial \xi_1} + \beta_k \frac{\partial \Phi}{\partial \xi_2} + \frac{\partial \Phi}{\partial \xi_{k+2}} = 0.$$

Quae facile ad quemlibet numerum aequationum conditionalium sive functionum F, Φ, ... extenduntur. Determinatis functionibus linearibus w_i ita, ut dictis conditionibus satisfaciant, eliminari possunt per $\mu-m$ aequationes $A=0$, $B=0$, ... quantitates v_1, v_2, ..., v_μ e functione φ, ita ut solarum ξ_i, w_i functio evadat, quae erit expressio quaesita.

Ut eruatur expressio ipsius Ξ §. 47 proposita, tantum opus est, ut demonstretur, *quoties*

$$(1)\quad [F, \varphi]' = 0, \quad [\Phi, \varphi]' = 0, \quad \ldots$$
$$(2)\quad [F, \psi]' = 0, \quad [\Phi, \psi]' = 0, \quad \ldots,$$

fieri

$$[\varphi, \psi] = [\varphi, \psi]'.$$

Vocemus enim φ^0, ψ^0 eas expressiones ipsarum φ, ψ, pro quibus aequationes (1), (2) locum habent, sitque

$$[\varphi, \psi] = [\varphi^0, \psi^0]',$$

sequitur e §. 48, fore

$$\varphi^0 = \varphi + \lambda' A + \mu' B + \cdots,$$
$$\psi^0 = \psi + \lambda'_1 A + \mu'_1 B + \cdots,$$

ubi

$$\lambda' = -\Sigma_k D_{k,1} \frac{\partial \varphi}{\partial v_k}, \quad \mu' = -\Sigma_k D_{k,2} \frac{\partial \varphi}{\partial v_k}, \quad \ldots$$
$$\lambda'_1 = -\Sigma_k D_{k,1} \frac{\partial \psi}{\partial v_k}, \quad \mu'_1 = -\Sigma_k D_{k,2} \frac{\partial \varphi}{\partial v_k}, \quad \ldots,$$

neque alias formas induere posse functiones φ^0, ψ^0, nisi quod iis adhuc addi possint termini in F, Φ, ... ducti. Facile autem patet, quum aequationes (1), (2), posito $\varphi = \varphi^0$, $\psi = \psi^0$, locum habeant, expressionem $[\varphi^0, \psi^0]'$ eiusmodi terminis ipsis φ^0, ψ^0 additis valorem non mutare. Unde eruetur

$$[\varphi, \psi] = [\varphi + \lambda' A + \mu' B + \cdots, \; \psi + \lambda'_1 A + \mu'_1 B + \cdots]' = \Xi,$$

q. e. d. Eodem modo probatur, si solae (1) locum habeant, fore

$$[\varphi, \psi] = [\varphi, \; \psi + \lambda'_1 A + \mu'_1 B + \cdots]'.$$

Propositio autem illa, quoties aequationes (1), (2) locum habeant, fore

$$[\varphi, \psi] = [\varphi, \psi]',$$

sic demonstrari potest.

Eadem continuantur. Demonstratur, integrale tertium, quod e binis aequationum dynamicarum integralibus conflare licet, nullo modo pendere a variabilium electione.

50.

Antecedentibus probavi, *pro omnibus formis functionum* φ, ψ, *pro quibus aequationes* (1), (2) §. *praec. locum habeant, quantitatem* $[\varphi, \psi]'$ *eundem valorem servare.* Unde supponere licet, φ, ψ eas esse functiones, quae ex earum expressionibus per quantitates q_k, p_k prodeunt ponendo loco p_k expressionem

$$p_k = v_1 \frac{\partial \xi_1}{\partial q_k} + v_2 \frac{\partial \xi_2}{\partial q_k} + \cdots + v_\mu \frac{\partial \xi_\mu}{\partial q_k},$$

quippe quibus proprietatem illam suppetere §. antec. vidimus. Pro illis autem functionibus φ, ψ habetur

$$\frac{\partial \varphi}{\partial \xi_i} = \Sigma_k \frac{\partial \varphi}{\partial q_k} \frac{\partial q_k}{\partial \xi_i} + \Sigma_k \frac{\partial \varphi}{\partial p_k} \frac{\partial p_k}{\partial \xi_i},$$

$$\frac{\partial \varphi}{\partial v_i} = \Sigma_k \frac{\partial \varphi}{\partial p_k} \frac{\partial p_k}{\partial v_i} = \Sigma_k \frac{\partial \varphi}{\partial p_k} \frac{\partial \xi_i}{\partial q_k},$$

similesque formulae pro functione ψ locum habent. Unde fit

$$\frac{\partial \varphi}{\partial \xi_i} \frac{\partial \psi}{\partial v_i} - \frac{\partial \varphi}{\partial v_i} \frac{\partial \psi}{\partial \xi_i}$$

$$= \Sigma_{k,k'} \left(\frac{\partial \varphi}{\partial q_k} \frac{\partial \psi}{\partial p_{k'}} - \frac{\partial \psi}{\partial q_k} \frac{\partial \varphi}{\partial p_{k'}} \right) \frac{\partial q_k}{\partial \xi_i} \frac{\partial \xi_i}{\partial q_{k'}}$$

$$+ \Sigma_{k,k'} \left(\frac{\partial \varphi}{\partial p_k} \frac{\partial \psi}{\partial p_{k'}} - \frac{\partial \psi}{\partial p_k} \frac{\partial \varphi}{\partial p_{k'}} \right) \frac{\partial p_k}{\partial \xi_i} \frac{\partial \xi_i}{\partial q_{k'}}.$$

In qua expressione indici i valores $1, 2, \ldots, \mu$ tribuendi sunt atque nova summatio instituenda; fit autem

$$\Sigma_i \frac{\partial q_k}{\partial \xi_i} \frac{\partial \xi_i}{\partial q_{k'}} = \frac{\partial q_k}{\partial q_{k'}} = 0, \quad \Sigma_i \frac{\partial p_k}{\partial \xi_i} \frac{\partial \xi_i}{\partial q_{k'}} = \frac{\partial p_k}{\partial q_{k'}} = 0,$$

excepto casu, quo in priore formula fit $k = k'$, quo casu illa in unitatem abit; unde evanescunt nova illa summatione termini omnes praeter

$$\Sigma_k\left(\left(\frac{\partial\varphi}{\partial q_k}\frac{\partial\psi}{\partial p_k} - \frac{\partial\varphi}{\partial p_k}\frac{\partial\psi}{\partial q_k}\right)\Sigma_i\frac{\partial q_k}{\partial \xi_i}\frac{\partial \xi_i}{\partial q_k}\right) = \Sigma_k\left(\frac{\partial\varphi}{\partial q_k}\frac{\partial\psi}{\partial p_k} - \frac{\partial\varphi}{\partial p_k}\frac{\partial\psi}{\partial q_k}\right).$$

Unde prodit

$$\Sigma_i\left(\frac{\partial\varphi}{\partial \xi_i}\frac{\partial\psi}{\partial v_i} - \frac{\partial\varphi}{\partial v_i}\frac{\partial\psi}{\partial \xi_i}\right) = \Sigma_k\left(\frac{\partial\varphi}{\partial q_k}\frac{\partial\psi}{\partial p_k} - \frac{\partial\varphi}{\partial p_k}\frac{\partial\psi}{\partial q_k}\right),$$

sive

$$[\varphi, \psi]' = [\varphi, \psi],$$

q. d. e.

Prorsus eadem demonstratione facile probatur, *si aequationes conditionales inter ipsas* ξ_i *omnino non habeantur ideoque* $\mu = m$, *semper fieri*

$$[\varphi, \psi] = [\varphi, \psi]'$$

sive

$$\begin{aligned} &\frac{\partial\varphi}{\partial q_1}\frac{\partial\psi}{\partial p_1} + \frac{\partial\varphi}{\partial q_2}\frac{\partial\psi}{\partial p_2} + \cdots + \frac{\partial\varphi}{\partial q_m}\frac{\partial\psi}{\partial p_m} \\ &- \frac{\partial\varphi}{\partial p_1}\frac{\partial\psi}{\partial q_1} - \frac{\partial\varphi}{\partial p_2}\frac{\partial\psi}{\partial q_2} - \cdots - \frac{\partial\varphi}{\partial p_m}\frac{\partial\psi}{\partial q_m} \\ = &\frac{\partial\varphi}{\partial \xi_1}\frac{\partial\psi}{\partial v_1} + \frac{\partial\varphi}{\partial \xi_2}\frac{\partial\psi}{\partial v_2} + \cdots + \frac{\partial\varphi}{\partial \xi_\mu}\frac{\partial\psi}{\partial v_\mu} \\ &- \frac{\partial\varphi}{\partial v_1}\frac{\partial\psi}{\partial \xi_1} - \frac{\partial\varphi}{\partial v_2}\frac{\partial\psi}{\partial \xi_2} - \cdots - \frac{\partial\varphi}{\partial v_\mu}\frac{\partial\psi}{\partial \xi_\mu}. \end{aligned}$$

Unde patet, *quantitatem* $[\varphi, \psi]$ *nullo modo pendere a variabilium* q_i *electione, sed tantum a natura intima functionum* φ *et* ψ. Unde etiam, si

$$\varphi = \text{Const.}, \quad \psi = \text{Const.}$$

sunt bina integralia systematis aequationum differentialium vulgarium

$$\frac{dq_i}{dt} = \frac{\partial H}{\partial p_i}, \quad \frac{dp_i}{dt} = -\frac{\partial H}{\partial q_i},$$

earundem aequationium differentialium integrale *tertium, quod datur per aequationem*

$$[\varphi, \psi] = \text{Const.},$$

nullo modo pendet a variabilium electione.

Theorema de tertio integrali e binis inveniendo extenditur ad casum, quo aequationes conditionales inter variabiles intercedunt. — De relationibus, quae locum habent inter integralia principium conservationis virium vivarum et principium conservationis centri gravitatis concernentia.

51.

Statuamus, aequationem

$$\varphi = \text{Const.}$$

esse integrale aequationum differentialium vulgarium (2) §. 45 propositarum

$$\frac{d\xi_i}{dt} = \frac{\partial H}{\partial v_i}, \quad \frac{dv_i}{dt} = -\frac{\partial H}{\partial \xi_i} - \lambda_1 \frac{\partial F}{\partial \xi_i} - \lambda_2 \frac{\partial \Phi}{\partial \xi_i} - \cdots,$$

atque insuper *ita comparatam esse functionem* φ, *ut identice habeatur*

$$[\varphi, H]' = 0, \quad [\varphi, F]' = 0, \quad [\varphi, \Phi]' = 0, \quad \ldots;$$

dico fore, ut habeatur

$$[\varphi, \psi] = [\varphi, \psi]',$$

quaecunque sit ψ *functio*. Nam e Theoremate V §. 26 identice fit, quaecunque sint F, H, φ functiones:

$$[F, [\varphi, H]']' + [\varphi, [H, F]']' + [H, [F, \varphi]']' = 0,$$

unde casu proposito identice erit:

$$[\varphi, [H, F]']' = 0 \quad \text{sive} \quad [\varphi, A]' = 0,$$

eodemque modo obtinetur identice

$$[\varphi, B]' = 0.$$

Probavi autem §. 48, quoties

$$[\varphi, F]' = 0, \quad [\varphi, \Phi]' = 0, \quad \ldots,$$

fieri

$$[\varphi, \psi] = [\varphi, \psi + \lambda_1' A + \lambda_2' B + \cdots]',$$

unde sequitur

$$[\varphi, \psi] = [\varphi, \psi]' + \lambda_1'[\varphi, A]' + \lambda_2'[\varphi, B]' + \cdots.$$

Hinc casu proposito, quo vidimus evanescere $[\varphi, A]'$, $[\varphi, B]'$, ..., fit

$$[\varphi, \psi] = [\varphi, \psi]',$$

q. d. e.

Ope Propositionis antecedentis deduci potest e Theoremate VI hoc Theorema:

Theorema VII.

„*Sint* F, Φ, ... *quaecunque quantitatum* $\xi_1, \xi_2, \ldots, \xi_\mu$ *functiones, atque sit identice:*

$$\frac{\partial F}{\partial \xi_1}\frac{\partial \varphi}{\partial v_1}+\frac{\partial F}{\partial \xi_2}\frac{\partial \varphi}{\partial v_2}+\cdots+\frac{\partial F}{\partial \xi_\mu}\frac{\partial \varphi}{\partial v_\mu}=0,$$
$$\frac{\partial \Phi}{\partial \xi_1}\frac{\partial \varphi}{\partial v_1}+\frac{\partial \Phi}{\partial \xi_2}\frac{\partial \varphi}{\partial v_2}+\cdots+\frac{\partial \Phi}{\partial \xi_\mu}\frac{\partial \varphi}{\partial v_\mu}=0,$$
$$\cdots\cdots\cdots\cdots\cdots\cdots\cdots$$

porro identice habeatur:

$$\frac{\partial H}{\partial \xi_1}\frac{\partial \varphi}{\partial v_1}+\frac{\partial H}{\partial \xi_2}\frac{\partial \varphi}{\partial v_2}+\cdots+\frac{\partial H}{\partial \xi_\mu}\frac{\partial \varphi}{\partial v_\mu}$$
$$-\frac{\partial H}{\partial v_1}\frac{\partial \varphi}{\partial \xi_1}-\frac{\partial H}{\partial v_2}\frac{\partial \varphi}{\partial \xi_2}-\cdots-\frac{\partial H}{\partial v_\mu}\frac{\partial \varphi}{\partial \xi_\mu}=0,$$

unde $\varphi = Const.$ *fit integrale systematis aequationum differentialium vulgarium*

$$\frac{d\xi_i}{dt}=\frac{\partial H}{\partial v_i},\quad \frac{dv_i}{dt}=-\frac{\partial H}{\partial \xi_i}-\lambda_1\frac{\partial F}{\partial \xi_i}-\lambda_2\frac{\partial \Phi}{\partial \xi_i}-\cdots,$$

in quibus supponamus quantitates $\xi_1, \xi_2, \ldots, \xi_\mu$ *subiectas esse aequationibus* $F=0$, $\Phi=0$, ...; *sit denique* $\psi = Const.$ *aliud earundem aequationum integrale quodcunque, erit etiam aequatio sequens:*

$$\frac{\partial \varphi}{\partial \xi_1}\frac{\partial \psi}{\partial v_1}+\frac{\partial \varphi}{\partial \xi_2}\frac{\partial \psi}{\partial v_2}+\cdots+\frac{\partial \varphi}{\partial \xi_\mu}\frac{\partial \psi}{\partial v_\mu}$$
$$-\frac{\partial \varphi}{\partial v_1}\frac{\partial \psi}{\partial \xi_1}-\frac{\partial \varphi}{\partial v_2}\frac{\partial \psi}{\partial \xi_2}-\cdots-\frac{\partial \varphi}{\partial v_\mu}\frac{\partial \psi}{\partial \xi_\mu}=\text{Const.}$$

aequationum differentialium vulgarium propositarum integrale."

Theorematis praecedentis applicationem faciam ad integralia, quae principia *conservationis arearum* et *conservationis centri gravitatis* concernunt.

Designantibus x_i, y_i, z_i coordinatas orthogonales puncti, cuius massa m_i, habentur tria integralia, quae *principium conservationis arearum* concernunt:

$$\text{Const.} = \varphi_1 = \Sigma m_i(y_i z_i' - z_i y_i'),$$
$$\text{Const.} = \varphi_2 = \Sigma m_i(z_i x_i' - x_i z_i'),$$
$$\text{Const.} = \varphi_3 = \Sigma m_i(x_i y_i' - y_i x_i').$$

Quae notum est semper locum habere, si vires puncta systematis sollicitantes sint attractiones vel repulsiones sive mutuae sive versus initium coordinatarum directae, atque insuper systema per conditiones, quibus subiectum est, nullo modo impediatur, quin libere circa initium coordinatarum rotetur. Quoties ξ_k unam e quantitatibus x_i, y_i, z_i designat, loco v_k (cf. §. 44) respective ponendum erit $m_i x'_i$, $m_i y'_i$, $m_i z'_i$. Unde, designante ψ aliam quamcunque ipsarum x_i, y_i, z_i, x'_i, y'_i, z'_i functionem, fit

$$[\varphi_1, \psi]' = \Sigma \frac{1}{m_i}\left\{\frac{\partial \varphi_1}{\partial y_i}\frac{\partial \psi}{\partial y'_i} + \frac{\partial \varphi_1}{\partial z_i}\frac{\partial \psi}{\partial z'_i} - \frac{\partial \varphi_1}{\partial y'_i}\frac{\partial \psi}{\partial y_i} - \frac{\partial \varphi_1}{\partial z'_i}\frac{\partial \psi}{\partial z_i}\right\}$$
$$= \Sigma\left\{z'_i \frac{\partial \psi}{\partial y'_i} - y'_i \frac{\partial \psi}{\partial z'_i} + z_i \frac{\partial \psi}{\partial y_i} - y_i \frac{\partial \psi}{\partial z_i}\right\},$$

ac formulae similes respectu functionum φ_2, φ_3 obtinentur. Casu, quem consideramus, valent conditiones, quae in Theoremate VII postulantur, siquidem pro functione φ unam e functionibus φ_1, φ_2, φ_3 accipimus. Quoties igitur $\psi = \text{Const.}$ et ipsum integrale quodcunque problematis est, e Theoremate illo eruitur:

$$(1)\quad \begin{cases} \text{Const.} = [\varphi_1, \psi]' = \Sigma\left\{z'_i \frac{\partial \psi}{\partial y'_i} - y'_i \frac{\partial \psi}{\partial z'_i} + z_i \frac{\partial \psi}{\partial y_i} - y_i \frac{\partial \psi}{\partial z_i}\right\}, \\ \text{Const.} = [\varphi_2, \psi]' = \Sigma\left\{x'_i \frac{\partial \psi}{\partial z'_i} - z'_i \frac{\partial \psi}{\partial x'_i} + x_i \frac{\partial \psi}{\partial z_i} - z_i \frac{\partial \psi}{\partial x_i}\right\}, \\ \text{Const.} = [\varphi_3, \psi]' = \Sigma\left\{y'_i \frac{\partial \psi}{\partial x'_i} - x'_i \frac{\partial \psi}{\partial y'_i} + y_i \frac{\partial \psi}{\partial x_i} - x_i \frac{\partial \psi}{\partial y_i}\right\}. \end{cases}$$

Si in his formulis statuimus, quod licet, functionem ψ esse unam ex ipsis functionibus φ_1, φ_2, φ_3, facile invenitur:

$$(2)\quad \begin{cases} [\varphi_2, \varphi_3]' = \varphi_1, \\ [\varphi_3, \varphi_1]' = \varphi_2, \\ [\varphi_1, \varphi_2]' = \varphi_3. \end{cases}$$

Quoties in problemate mechanico principium conservationis arearum locum habet, satisfit aequationibus identicis, quas in Theoremate VII statuimus, siquidem in Theoremate illo loco φ ponitur una e functionibus φ_1, φ_2, φ_3. Nam aequationes illae identicae in Theoremate VII propositae hunc ipsum constituunt characterem *conservationis*, e quo principium mechanicum suam traxit appellationem. Hinc formulis praecedentibus Theorema VII applicare possumus, sive designante $\varphi = \text{Const.}$ integrale, quod ad principium conservationis arearum pertinet, atque $\psi = \text{Const.}$ aliud quodcunque integrale problematis mechanici, in quo principium illud valet, erit

$$(3)\quad [\varphi, \psi] = [\varphi, \psi]'.$$

Unde e tribus formulis praecedentibus (2) fluunt etiam tres sequentes:

$$(4)\quad [\varphi_2, \varphi_3] = \varphi_1, \quad [\varphi_3, \varphi_1] = \varphi_2, \quad [\varphi_1, \varphi_2] = \varphi_3.$$

In formula (3) functio φ sive unam e functionibus φ_1, φ_2, φ_3 sive etiam earum functionem quamlibet designare potest.

Videmus e formulis (4), si regula generalis, secundum quam vidimus e duobus integralibus formari posse tertium, applicetur ad tria integralia, quae principium conservationis arearum suppeditat, haec integralia tantum sese ipsa generare neque in illo casu ea regula ad integralia nova perveniri. Animadverti autem potest, quum secundum regulam illam trium illorum integralium bina quaelibet tertium procreent, eam demonstrare, fieri non posse, ut in ullo problemate mechanico duo tantum locum habeant, tertium integrale locum non habeat. Quod hic per Propositiones mere analyticas absque ullo considerationum geometricarum auxilio evincitur.

Statuamus

$$\chi_1 = \Sigma m_i x'_i, \quad \chi_2 = \Sigma m_i y'_i, \quad \chi_3 = \Sigma m_i z'_i;$$

constituunt tria integralia

$$\chi_1 = \text{Const.}, \quad \chi_2 = \text{Const.}, \quad \chi_3 = \text{Const.}$$

principium *conservationis centri gravitatis*. Invenitur autem, si loco ψ ponitur in (1) successive χ_1, χ_2, χ_3:

$$(5) \quad \begin{cases} [\varphi_1, \chi_1]' = \ \ 0, & [\varphi_1, \chi_2]' = \ \ \chi_3, & [\varphi_1, \chi_3]' = -\chi_2, \\ [\varphi_2, \chi_1]' = -\chi_3, & [\varphi_2, \chi_2]' = \ \ 0, & [\varphi_2, \chi_3]' = \ \ \chi_1, \\ [\varphi_3, \chi_1]' = \ \ \chi_2, & [\varphi_3, \chi_2]' = -\chi_1, & [\varphi_3, \chi_3]' = \ \ 0. \end{cases}$$

Sequitur ex his formulis, quod etiam considerationibus geometricis probari potest, quoties principium conservationis arearum valeat, trium integralium, quae principium conservationis centri gravitatis concernunt, unum quodcunque necessario duo reliqua secum ducere. Si unicum valet integrale $\varphi_1 = \text{Const.}$ e tribus, quae principium conservationis arearum concernunt, hoc et integrale $\chi_1 = \text{Const.}$ aliud non generatur; sed integrale $\varphi_1 = \text{Const.}$ et alterum integralium $\chi_2 = \text{Const.}$, $\chi_3 = \text{Const.}$ alterum procreat. Secundum Theorema VII formulae (5) etiam valent, si plagulae superscriptae rejiciuntur.

Formulae perturbationum simplicissimae, quae e systemate integralium proposito obtinentur.

52.

Redeamus ad systema aequationum differentialium vulgarium

$$(1) \quad \begin{cases} \dfrac{dq_1}{dt} = \dfrac{\partial f}{\partial p_1}, & \dfrac{dq_2}{dt} = \dfrac{\partial f}{\partial p_2}, & \ldots, & \dfrac{dq_m}{dt} = \dfrac{\partial f}{\partial p_m}, \\ \dfrac{dp_1}{dt} = -\dfrac{\partial f}{\partial q_1}, & \dfrac{dp_2}{dt} = -\dfrac{\partial f}{\partial q_2}, & \ldots, & \dfrac{dp_m}{dt} = -\dfrac{\partial f}{\partial q_m}. \end{cases}$$

Quarum integralia

$$(2)\quad \begin{cases} f=H=a, & H_1=a_1, \quad H_2=a_2, \quad \dots, \quad H_{m-1}=a_{m-1}, \\ H'=b+t, & H_1'=b_1, \quad H_2'=b_2, \quad \dots, \quad H_{m-1}'=b_{m-1} \end{cases}$$

sub forma tali invenire docui §. 34, ut identice sit

$$(3)\quad [H_i, H_k]=0, \quad [H_i, H_k']=0, \quad [H_i', H_k']=0,$$

excepto casu, quo in expressione $[H_i, H_k']$ fit $i=k$; quippe habetur

$$(4)\quad [H_i, H_i']=-1, \quad \text{sive} \quad [H_i', H_i]=+1.$$

Quibus aequationibus fit, ut pro forma, sub qua integralia invenimus, etiam formulae, quae problema perturbatum concernunt, formam simplicissimam induant.

Consideremus enim in integralibus inventis quantitates $a, a_1, a_2, \dots, a_{m-1}, b, b_1, b_2, \dots, b_{m-1}$ ut functiones ipsius t tales, ut integralia iam satisfaciant aequationibus differentialibus:

$$(5)\quad \begin{cases} \dfrac{dq_1}{dt}=\dfrac{\partial f}{\partial p_1}+\dfrac{\partial \Omega}{\partial p_1}, & \dfrac{dp_1}{dt}=-\dfrac{\partial f}{\partial q_1}-\dfrac{\partial \Omega}{\partial q_1}, \\ \dfrac{dq_2}{dt}=\dfrac{\partial f}{\partial p_2}+\dfrac{\partial \Omega}{\partial p_2}, & \dfrac{dp_2}{dt}=-\dfrac{\partial f}{\partial q_2}-\dfrac{\partial \Omega}{\partial q_2}, \\ \dots\dots & \dots\dots \\ \dfrac{dq_m}{dt}=\dfrac{\partial f}{\partial p_m}+\dfrac{\partial \Omega}{\partial p_m}, & \dfrac{dp_m}{dt}=-\dfrac{\partial f}{\partial q_m}-\dfrac{\partial \Omega}{\partial q_m}, \end{cases}$$

designante Ω functionem ipsarum $t, q_1, q_2, \dots, q_m, p_1, p_2, \dots, p_m$ quamcunque. Quae est extensio formularum vulgarium perturbationum, primum ab Ill. Hamilton in medium prolata, dum vulgo functionem perturbatricem Ω quantitates $p_1, p_2, \dots, p_m$ non implicare supponitur. Quoties enim functio Ω ipsas p_i non continet, fit e (5), sicuti in (1):

$$\frac{dq_i}{dt}=\frac{\partial f}{\partial p_i},$$

sive *differentialia* prima $\frac{dq_1}{dt}, \frac{dq_2}{dt}, \dots, \frac{dq_m}{dt}$ eodem modo in problemate perturbato atque non perturbato per $t, q_1, q_2, \dots, q_m, p_1, p_2, \dots, p_m$ exprimuntur. Unde, quum in utroque problemate ipsae $q_1, q_2, \dots, q_m, p_1, p_2, \dots, p_m$ eodem modo a t atque elementis $a, a_1, a_2, \dots, a_{m-1}, b, b_1, b_2, \dots, b_{m-1}$ pendeant, quae tantum in posteriore problemate ut variabiles spectantur, etiam differentialia prima $\frac{dq_1}{dt}, \frac{dq_2}{dt}, \dots, \frac{dq_m}{dt}$ in perturbato atque non perturbato problemate per tempus et elementa iisdem formulis exhibentur. Quae est suppositio vulgaris.

Sed in ea, quam secundum Ill. Hamilton proposui, extensione variabiles quidem q_i, p_i omnes eodem modo per tempus et elementa in utroque problemate exhibentur, sed differentialia prima diversa ratione per q_i et p_i exprimuntur ideoque etiam diversa ratione per tempus et elementa.

Differentiando (2) et substituendo (5) obtinetur:

$$\frac{da_i}{dt} = [H_i, f]+[H_i, \Omega],$$

$$\frac{db_i}{dt} = [H_i', f]+[H_i', \Omega],$$

excepta tantum formula, quae pro elemento b invenitur:

$$\frac{db}{dt}+1 = [H', f]+[H', \Omega].$$

Sed habemus e (3), (4):

$$[H_i, f] = [H_i, H] = 0, \quad [H_i', f] = [H_i', H] = 0,$$

praeterea

$$[H', f] = [H', H] = +1;$$

unde pro *quolibet* ipsius i valore fit:

$$(6) \quad \begin{cases} \dfrac{da_i}{dt} = [H_i, \Omega], \\[2mm] \dfrac{db_i}{dt} = [H_i', \Omega]. \end{cases}$$

Si in his formulis post expressiones ad dextram ope aequationum (2) formatas loco variabilium $q_1, q_2, \ldots, q_m, p_1, p_2, \ldots, p_m$ introducuntur ut variabiles ipsae $a, a_1, \ldots, a_{m-1}, b, b_1, \ldots, b_{m-1}$, evadunt illae formulae (6) inter has et ipsam t aequationes $2m$ differentiales vulgares, quibus elementa a_i, b_i ut functiones ipsius t determinanda sunt. Habetur autem, si functionem Ω in expressionibus ad dextram per elementa a_i, b_i atque t expressam supponimus, quum sit $a_i = H_i$, $b_i = H_i'$:

$$[H_i, \Omega] = \Sigma_k \frac{\partial \Omega}{\partial a_k}[H_i, H_k]+\Sigma_k \frac{\partial \Omega}{\partial b_k}[H_i, H_k'],$$

$$[H_i', \Omega] = \Sigma_k \frac{\partial \Omega}{\partial a_k}[H_i', H_k]+\Sigma_k \frac{\partial \Omega}{\partial b_k}[H_i', H_k'].$$

Evanescunt autem e (3) termini in differentialia partialia $\frac{\partial \Omega}{\partial a_k}$, $\frac{\partial \Omega}{\partial b_k}$ ducti omnes praeter

$$[H_i, H_i'] = -1,$$

unde fit

$$[H_i, \Omega] = -\frac{\partial \Omega}{\partial b_i},$$
$$[H'_i, \Omega] = \frac{\partial \Omega}{\partial a_i}.$$

Hinc abeunt formulae (6) in sequentes:

$$(7)\quad \begin{cases} \dfrac{da_i}{dt} = -\dfrac{\partial \Omega}{\partial b_i}, \\[2mm] \dfrac{db_i}{dt} = \dfrac{\partial \Omega}{\partial a_i}, \end{cases}$$

sive:

$$\begin{array}{ll} \dfrac{da}{dt} = -\dfrac{\partial \Omega}{\partial b}, & \dfrac{db}{dt} = \dfrac{\partial \Omega}{\partial a}, \\[2mm] \dfrac{da_1}{dt} = -\dfrac{\partial \Omega}{\partial b_1}, & \dfrac{db_1}{dt} = \dfrac{\partial \Omega}{\partial a_1}, \\[2mm] \dfrac{da_2}{dt} = -\dfrac{\partial \Omega}{\partial b_2}, & \dfrac{db_2}{dt} = \dfrac{\partial \Omega}{\partial a_2}, \\ \ldots & \ldots \\ \dfrac{da_{m-1}}{dt} = -\dfrac{\partial \Omega}{\partial b_{m-1}}, & \dfrac{db_{m-1}}{dt} = \dfrac{\partial \Omega}{\partial a_{m-1}}. \end{array}$$

Quae formulae pro differentialibus elementorum perturbatorum inventae sunt egregiae simplicitatis.

E quibus patet insequens Theorema:

*) Problema quoddam approximatum huiuscemodi aequationibus contineatur:

$$\frac{dq_1}{dt} = \frac{\partial f}{\partial p_1}, \quad \frac{dq_2}{dt} = \frac{\partial f}{\partial p_2}, \quad \ldots, \quad \frac{dq_m}{dt} = \frac{\partial f}{\partial p_m},$$
$$\frac{dp_1}{dt} = -\frac{\partial f}{\partial q_1}, \quad \frac{dp_2}{dt} = -\frac{\partial f}{\partial q_2}, \quad \ldots, \quad \frac{dp_m}{dt} = -\frac{\partial f}{\partial q_m},$$

designante f quamlibet ipsarum p_i, q_i functionem. Cuius systematis secundum methodum supra propositam inventa sint integralia:

$$f = H = a, \quad H_1 = a_1, \quad \ldots, \quad H_{m-1} = a_{m-1},$$

ubi $a, a_1, \ldots, a_{m-1}$ constantes arbitrarias denotent, quae in functionibus $H, H_1, \ldots, H_{m-1}$

---

*) Abbinc usque ad initium §. 53 lacuna in manuscripto invenitur, quam illo argumento, quod sine dubio Jacobi eo loco tractandum sibi proposuerat, explere conatus sum. C.

non occurrant, et ubi functiones $H, H_1, \ldots, H_{m-1}$ aequationibus

$$0 = [H_i, H_k] = \frac{\partial H_i}{\partial q_1}\frac{\partial H_k}{\partial p_1} + \frac{\partial H_i}{\partial q_2}\frac{\partial H_k}{\partial p_2} + \cdots + \frac{\partial H_i}{\partial q_m}\frac{\partial H_k}{\partial p_m}$$
$$- \frac{\partial H_i}{\partial p_1}\frac{\partial H_k}{\partial q_1} - \frac{\partial H_i}{\partial p_2}\frac{\partial H_k}{\partial q_2} - \cdots - \frac{\partial H_i}{\partial p_m}\frac{\partial H_k}{\partial q_m}$$

identice satisfaciant. Deinde si ope aequationum

$$H = a, \quad H_1 = a_1, \quad \ldots, \quad H_{m-1} = a_{m-1}$$

ipsarum p_i valores per $q_1, q_2, \ldots, q_m$ et per constantes arbitrarias $a, a_1, \ldots, a_{m-1}$ exhibentur, erit

$$V = \int (p_1 dq_1 + p_2 dq_2 + \cdots + p_m dq_m)$$

expressio integrabilis, atque erunt

$$\frac{\partial V}{\partial a} = b + t, \quad \frac{\partial V}{\partial a_1} = b_1, \quad \ldots, \quad \frac{\partial V}{\partial a_{m-1}} = b_{m-1}$$

aequationes finitae problematis approximati, designantibus $b, b_1, b_2, \ldots, b_{m-1}$ constantes novas arbitrarias. Jam si problema perturbatum contineatur aequationibus his:

$$\frac{dq_1}{dt} = \frac{\partial(f+\Omega)}{\partial p_1}, \quad \frac{dq_2}{dt} = \frac{\partial(f+\Omega)}{\partial p_2}, \quad \ldots, \quad \frac{dq_m}{dt} = \frac{\partial(f+\Omega)}{\partial p_m},$$
$$\frac{dp_1}{dt} = -\frac{\partial(f+\Omega)}{\partial q_1}, \quad \frac{dp_2}{dt} = -\frac{\partial(f+\Omega)}{\partial q_2}, \quad \ldots, \quad \frac{dp_m}{dt} = -\frac{\partial(f+\Omega)}{\partial q_m},$$

in quibus functio perturbatrix Ω functionem quamlibet ipsarum $t, q_1, q_2, \ldots, q_m, p_1, p_2, \ldots p_m$ denotet, exprimantur ex aequationibus integralibus problematis approximati ipsae $q_1, q_2, \ldots, q_m, p_1, p_2, \ldots, p_m$, nec non functio Ω per $a, a_1, \ldots, a_{m-1}, b, b_1, \ldots, b_{m-1}, t$. Tum introductis quantitatibus $a, a_1, \ldots, a_{m-1}, b, b_1, \ldots, b_{m-1}$ loco ipsarum $q_1, q_2, \ldots, q_m, p_1, p_2, \ldots, p_m$ tamquam variabilibus, aequationes differentiales problematis perturbati abeunt in has:

$$\frac{da}{dt} = -\frac{\partial\Omega}{\partial b}, \quad \frac{da_1}{dt} = -\frac{\partial\Omega}{\partial b_1}, \quad \ldots, \quad \frac{da_{m-1}}{dt} = -\frac{\partial\Omega}{\partial b_{m-1}},$$
$$\frac{db}{dt} = \frac{\partial\Omega}{\partial a}, \quad \frac{db_1}{dt} = \frac{\partial\Omega}{\partial a_1}, \quad \ldots, \quad \frac{db_{m-1}}{dt} = \frac{\partial\Omega}{\partial a_{m-1}},$$

quarum forma aequationibus propositis prorsus est similis.

Formulae perturbationum et Theorema de tertio integrali e binis inveniendo extenduntur ad casum, quo functio f ipsam t explicite continet.

53.

Formulae perturbatoriae §. antec. traditae nullo modo mutantur, si functio f ipsam t etiam explicite involvit. Factis enim in §. antec. mutationibus indicatis, invenimus, datis aequationibus differentialibus perturbatis

$$\frac{dq_1}{dt} = \frac{\partial(f+\Omega)}{\partial p_1}, \quad \frac{dq_2}{dt} = \frac{\partial(f+\Omega)}{\partial p_2}, \quad \dots, \quad \frac{dq_m}{dt} = \frac{\partial(f+\Omega)}{\partial p_m},$$
$$\frac{dp_1}{dt} = -\frac{\partial(f+\Omega)}{\partial q_1}, \quad \frac{dp_2}{dt} = -\frac{\partial(f+\Omega)}{\partial q_2}, \quad \dots, \quad \frac{dp_m}{dt} = -\frac{\partial(f+\Omega)}{\partial q_m},$$

fieri formulas differentiales elementorum perturbatorum:

$$\frac{da_1}{dt} = -\frac{\partial\Omega}{\partial b_1}, \quad \frac{da_2}{dt} = -\frac{\partial\Omega}{\partial b_2}, \quad \dots, \quad \frac{da_m}{dt} = -\frac{\partial\Omega}{\partial b_m},$$
$$\frac{db_1}{dt} = \frac{\partial\Omega}{\partial a_1}, \quad \frac{db_2}{dt} = \frac{\partial\Omega}{\partial a_2}, \quad \dots, \quad \frac{db_m}{dt} = \frac{\partial\Omega}{\partial a_m}.$$

Addam, etiam Theorema VI §. 27 valere, si functio f ipsam t involvat, sive, *designantibus*

$$\varphi = \text{Const.}, \quad \psi = \text{Const.}$$

bina integralia quaecunque aequationum

$$\frac{dq_1}{dt} = \frac{\partial f}{\partial p_1}, \quad \frac{dq_2}{dt} = \frac{\partial f}{\partial p_2}, \quad \dots, \quad \frac{dq_m}{dt} = \frac{\partial f}{\partial p_m},$$
$$\frac{dp_1}{dt} = -\frac{\partial f}{\partial q_1}, \quad \frac{dp_2}{dt} = -\frac{\partial f}{\partial q_2}, \quad \dots, \quad \frac{dp_m}{dt} = -\frac{\partial f}{\partial q_m},$$

fieri tertium integrale

$$[\varphi, \psi] = \text{Const.}$$

Ut enim $\varphi = \text{Const.}$, $\psi = \text{Const.}$ integralia sint aequationum differentialium propositarum, earum ope identice fieri debet $\frac{d\varphi}{dt} = 0$, $\frac{d\psi}{dt} = 0$, sive

$$\frac{\partial\varphi}{\partial t} + [\varphi, f] = 0, \quad \frac{\partial\psi}{\partial t} + [\psi, f] = 0.$$

Unde aequatio identica, quae e Theoremate V §. 26 habetur,

$$[[\varphi, \psi], f] + [[\psi, f], \varphi] + [[f, \varphi], \psi] = 0,$$

substitutis aequationibus *identicis*

$$[\psi, f] = -\frac{\partial\psi}{\partial t}, \quad [f, \varphi] = \frac{\partial\varphi}{\partial t},$$

in hanc abit:

$$[[\varphi, \psi], f] + \left[\varphi, \frac{\partial\psi}{\partial t}\right] + \left[\frac{\partial\varphi}{\partial t}, \psi\right]$$
$$= [[\varphi, \psi], f] + \frac{\partial[\varphi, \psi]}{\partial t} = 0.$$

Quae ope aequationum differentialium propositarum convenit cum aequatione

$$\frac{d[\varphi, \psi]}{dt} = 0,$$

quae demonstranda erat. Propositionem praecedentem ea, qua eam exhibuimus extensione, iam Ill. Poisson olim tradidit.

De integrali, cuius variatione aequationes dynamicae derivantur etiam casu, quo functio f vel U ipsam t explicite involvat.

54.

Si in problematis mechanicis functio f adhuc ipsam t *explicite* involvit, quem casum antecedentibus consideravimus, principia generalia de conservatione virium vivarum, arearum, centri gravitatis valere desinunt. Tantum in locum principii minimae actionis aliud proponere licet simile, quod etiam hoc casu valet. Quoties enim ipsa t ut variabilis independens non variatur, sed solae functiones eius $q_1, q_2, \ldots, q_m, p_1, p_2, \ldots, p_m$, atque statuuntur aequationes:

$$\frac{dq_1}{dt} = \frac{\partial f}{\partial p_1}, \quad \frac{dq_2}{dt} = \frac{\partial f}{\partial p_2}, \quad \ldots, \quad \frac{dq_m}{dt} = \frac{\partial f}{\partial p_m},$$

quibus determinentur $p_1, p_2, \ldots, p_m$ per $t, q_1, q_2, \ldots, q_m, \frac{dq_1}{dt}, \frac{dq_2}{dt}, \ldots, \frac{dq_m}{dt}$: aequationes differentiales reliquas

$$\frac{dp_1}{dt} = -\frac{\partial f}{\partial q_1}, \quad \frac{dp_2}{dt} = -\frac{\partial f}{\partial q_2}, \quad \ldots, \quad \frac{dp_m}{dt} = -\frac{\partial f}{\partial q_m}$$

amplectitur una aequatio symbolica:

$$(1) \quad \begin{cases} \delta\left\{p_1 \frac{\partial f}{\partial p_1} + p_2 \frac{\partial f}{\partial p_2} + \cdots + p_m \frac{\partial f}{\partial p_m} - f\right\} \\ = \frac{d\{p_1 \delta q_1 + p_2 \delta q_2 + \cdots + p_m \delta q_m\}}{dt}. \end{cases}$$

Quod etiam locum habet, si f ipsam t explicite continet, quippe quae invariata manet. Ex integratione aequationis praecedentis prodit, si pro limitibus ipsius t evanescunt variationes omnes δq_i sive quantitates q_i datos valores induere debent:

$$(2) \quad \delta\int\left\{p_1 \frac{\partial f}{\partial p_1} + p_2 \frac{\partial f}{\partial p_2} + \cdots + p_m \frac{\partial f}{\partial p_m} - f\right\} dt = 0.$$

Formula (1) eadem est atque supra §. 37 exhibita, si tantum H loco f scribitur; illo tamen loco suppositum erat, H sive f ipsam t explicite non continere.

Ibidem vidimus in applicationibus mechanicis, expressionem, in (2) sub signo integrali contentam, esse

$$p_1\frac{\partial f}{\partial p_1}+p_2\frac{\partial f}{\partial p_2}+\cdots+p_m\frac{\partial f}{\partial p_m}-f = T+U,$$

semper designante T semissem summae virium vivarum atque U functionem coordinatarum x_i, y_i, z_i, cuius differentialia partialia secundum x_i, y_i, z_i sumta exprimunt vires motrices, quibus massa m_i secundum directiones axium coordinatarum sollicitatur. Quae functio U casu, quem consideramus, ipsam t etiam explicite involvit. In problematis igitur mechanicis, etiamsi U ipsam t explicite continet, valebit aequatio:

$$(3)\qquad \delta\int(T+U)dt = 0,$$

quae eo casu quodammodo principii minimae actionis locum tenet. Quam aequationem (3) primum video ab Ill. Hamilton in Commentationibus iam saepius laudatis adhibitam esse. Quae adeo facilius sese accommodat ad aequationes differentiales dynamicas inde derivandas quam principium illud. Neque hoc est, uti opinabantur Mathematici, sed illa aequatio, quae respondet principio statico *quietis*. Neque vero de integrali $\int(T+U)dt$ valet, quod de principio minimae actionis probari potest, integrale, cuius evanescit variatio, *semper* fieri *minimum*, dummodo ne per nimium intervallum extendatur. Nam illud integrale etiam pro angustissimis intervallis aliis casibus minimum, aliis maximum, aliis neutrum fit.

De combinatione quadam principii conservationis virium vivarum cum principio conservationis arearum, quae certis casibus etiam valet, si functio U ipsam t explicite continet.

55.

Quoties U ipsam t involvit, quum neque principium conservationis virium vivarum neque conservationis arearum valeat, videamus, an non casibus quibusdam earum combinatio locum habere possit. Sint aequationes propositae:

$$(1)\qquad\begin{cases} m_i\dfrac{d^2x_i}{dt^2} = \dfrac{\partial U}{\partial x_i}+\lambda_1\dfrac{\partial F}{\partial x_i}+\lambda_2\dfrac{\partial \Phi}{\partial x_i}+\cdots, \\[2ex] m_i\dfrac{d^2y_i}{dt^2} = \dfrac{\partial U}{\partial y_i}+\lambda_1\dfrac{\partial F}{\partial y_i}+\lambda_2\dfrac{\partial \Phi}{\partial y_i}+\cdots, \\[2ex] m_i\dfrac{d^2z_i}{dt^2} = \dfrac{\partial U}{\partial z_i}+\lambda_1\dfrac{\partial F}{\partial z_i}+\lambda_2\dfrac{\partial \Phi}{\partial z_i}+\cdots, \end{cases}$$

designantibus $F=0$, $\Phi=0$, ... aequationes conditionales atque ipsi i tributis valoribus $1, 2, \ldots, n$, siquidem n est numerus punctorum materialium systematis. Quae sunt notae formulae dynamicae, in quibus iam suppono, functionem U etiam ipsam t continere. Multiplicatis (1) per $\frac{dx_i}{dt}$, $\frac{dy_i}{dt}$, $\frac{dz_i}{dt}$ et summatione facta, prodit:

$$(2)\qquad \frac{d(T-U)}{dt}+\frac{\partial U}{\partial t}=0,$$

terminis in λ_1, λ_2, ... ductis per aequationes conditionales evanescentibus.

Ut respectu plani coordinatarum x, y principium conservationis arearum locum habeat, primum aequationes conditionales ita comparatae esse debent, ut sit identice:

$$(3)\qquad \begin{cases} \Sigma_i\left\{y_i\frac{\partial F}{\partial x_i}-x_i\frac{\partial F}{\partial y_i}\right\}=0,\\ \Sigma_i\left\{y_i\frac{\partial \Phi}{\partial x_i}-x_i\frac{\partial \Phi}{\partial y_i}\right\}=0,\\ \ldots\ldots\ldots\ldots \end{cases}$$

Deinde etiam functio U, a qua vires sollicitantes pendent, ita comparata esse debet, ut identice sit:

$$\Sigma_i\left\{y_i\frac{\partial U}{\partial x_i}-x_i\frac{\partial U}{\partial y_i}\right\}=0.$$

Sed ut obtineatur integrale aliquod casu, quem consideramus, non opus est, ut expressio ad laevam aequationis praecedentis evanescat. Nam quum e (1) sequatur

$$(4)\qquad \Sigma m_i\left\{y_i\frac{dx_i}{dt}-x_i\frac{dy_i}{dt}\right\}=\int\Sigma\left\{y_i\frac{\partial U}{\partial x_i}-x_i\frac{\partial U}{\partial y_i}\right\}dt$$

atque e (2) expressionis $\frac{\partial U}{\partial t}$ integrale obtineatur, tantum necesse est, ut identice habeatur:

$$(5)\qquad \Sigma\left\{y_i\frac{\partial U}{\partial x_i}-x_i\frac{\partial U}{\partial y_i}\right\}=\alpha\frac{\partial U}{\partial t},$$

designante α constantem. Quippe quo casu e (2) et (3) eruetur integrale aequationum differentialium propositarum:

$$(6)\qquad \alpha(T-U)+\Sigma m_i\left\{y_i\frac{dx_i}{dt}-x_i\frac{dy_i}{dt}\right\}=\text{Const.},$$

sive *certa combinatio principiorum conservationis virium vivarum et arearum locum habebit.*

Restat, ut functio U ita determinetur, ut aequationi (5) identice satisfaciat, et indagetur, quaenam sint problemata mechanica, quae functioni U ita determinatae respondeant.

Docent praecepta nota integrationis aequationum differentialium partialium linearium, U designare posse quamcunque functionem integralium systematis aequationum differentialium vulgarium:

$$dt : dx_1 : dx_2 : \ldots : dx_n : dy_1 : dy_2 : \ldots : dy_n$$
$$= a : -y_1 : -y_2 : \ldots : -y_n : x_1 : x_2 : \ldots : x_n;$$

hoc est functionum, quae in integratione harum aequationum constantibus arbitrariis aequales existunt. Aequationibus differentialibus

$$dx_1 : dx_2 : \ldots : dx_n : dy_1 : dy_2 : \ldots : dy_n$$
$$= -y_1 : -y_2 : \ldots : -y_n : x_1 : x_2 : \ldots : x_n$$

satisfit aequationibus:

$$x_i = \alpha_i \cos(\varphi + \beta_i), \quad y_i = \alpha_i \sin(\varphi + \beta_i),$$

in quibus α_i, β_i sunt constantes arbitrariae atque φ designare potest functionem quamcunque ipsius t. Quae functio φ determinatur per proportionem

$$dt : a = dx_1 : -y_1 = d\varphi : 1,$$

unde

$$a\varphi = t.$$

Si loco coordinatarum orthogonalium x_i, y_i polares introducuntur, ponendo

$$x_i = r_i \cos v_i, \quad y_i = r_i \sin v_i,$$

atque loco constantis $\frac{1}{a}$ ponitur γ, fit:

$$\alpha_i = r_i, \quad \beta_i = v_i - \gamma t.$$

Unde iam est forma maxime generalis functionis U, quae aequationi (5) identice satisfacit, functio arbitraria ipsarum r_i atque $v_i - \gamma t = v_i - \frac{t}{a}$, hoc est distantiarum punctorum materialium ab initio coordinatarum proiectarum in ipsarum x, y planum, et angulorum, quos distantiae proiectae faciunt cum recta, *quae in plano illo uniformiter circa initium coordinatarum rotatur.* Insuper functio U etiam quantitates z_i quocunque modo continere potest.

Aequationibus (3) satisfieri constat, si F et Φ sunt functiones ipsarum r_i atque differentiarum ipsarum v_i. Unde habemus Propositionem:

„*Statuamus in aequationibus differentialibus dynamicis* (1), *posito* $x_i = r_i \cos v_i$, $y_i = r_i \sin v_i$, *functiones* F, Φ, ... *praeter quantitates* z_i, r_i *tantum differentias ipsarum* v_i *continere, porro ipsam* U *esse functionem quamlibet quantitatum* z_i, r_i *atque* $v_i - \gamma t$, *designante* γ *constantem, erit aequationum* (1) *integrale:*

$$T - U + \gamma \Sigma m_i \left\{ y_i \frac{dx_i}{dt} - x_i \frac{dy_i}{dt} \right\} = \text{Const.}“$$

Integrale inventum etiam sic repraesentare licet:

$$(7) \qquad T - U - \gamma \Sigma m_i r_i^2 \frac{dv_i}{dt} = \text{Const.},$$

sive etiam:

$$(8) \qquad \tfrac{1}{2} \Sigma m_i \left\{ \left(\frac{dz_i}{dt} \right)^2 + \left(\frac{dr_i}{dt} \right)^2 + r_i^2 \left(\frac{dv_i}{dt} - \gamma \right)^2 \right\} = \tfrac{1}{2} \gamma^2 \Sigma m_i r_i^2 + U + \text{Const.}.$$

Pars laeva aequationis praecedentis (8) est semissis summae virium vivarum systematis, siquidem refertur systema ad axes mobiles coordinatarum x et y, in ipsarum plano circa initium coordinatarum uniformiter rotantes.

Aequationes differentiales (1) notum est sic etiam repraesentari posse:

$$(9) \qquad \begin{cases} m_i \left(\dfrac{d^2 r_i}{dt^2} - r_i \left(\dfrac{dv_i}{dt} \right)^2 \right) = \dfrac{\partial U}{\partial r_i} + \lambda_1 \dfrac{\partial F}{\partial r_i} + \lambda_2 \dfrac{\partial \Phi}{\partial r_i} + \cdots, \\[2ex] m_i \dfrac{d . r_i^2 \dfrac{dv_i}{dt}}{dt} = \dfrac{\partial U}{\partial v_i} + \lambda_1 \dfrac{\partial F}{\partial v_i} + \lambda_2 \dfrac{\partial \Phi}{\partial v_i} + \cdots, \\[2ex] m_i \dfrac{d^2 z_i}{dt^2} = \dfrac{\partial U}{\partial z_i} + \lambda_1 \dfrac{\partial F}{\partial z_i} + \lambda_2 \dfrac{\partial \Phi}{\partial z_i} + \cdots. \end{cases}$$

Si statuitur

$$w_i = v_i - \gamma t,$$

erit U functio ipsarum r_i, w_i, z_i, quae praeter has quantitates ipsam t non continet; porro aequationes (9) evadunt:

$$(10) \qquad \begin{cases} m_i \left(\dfrac{d^2 r_i}{dt^2} - r_i \left(\dfrac{dw_i}{dt} \right)^2 \right) = \gamma m_i r_i \left\{ 2 \dfrac{dw_i}{dt} + \gamma \right\} + \dfrac{\partial U}{\partial r_i} + \lambda_1 \dfrac{\partial F}{\partial r_i} + \lambda_2 \dfrac{\partial \Phi}{\partial r_i} + \cdots, \\[2ex] m_i \dfrac{d . r_i^2 \dfrac{dw_i}{dt}}{dt} = -\gamma m_i \dfrac{d . r_i^2}{dt} + \dfrac{\partial U}{\partial w_i} + \lambda_1 \dfrac{\partial F}{\partial w_i} + \lambda_2 \dfrac{\partial \Phi}{\partial w_i} + \cdots, \\[2ex] m_i \dfrac{d^2 z_i}{dt^2} = \dfrac{\partial U}{\partial z_i} + \lambda_1 \dfrac{\partial F}{\partial z_i} + \lambda_2 \dfrac{\partial \Phi}{\partial z_i} + \cdots. \end{cases}$$

Si tres aequationes praecedentes per dr_i, dw_i, dz_i multiplicantur atque in productis ipsi i valores $1, 2, \ldots, n$ tribuuntur, omnium summa facile suppeditat integrale inventum (8). Termini enim bini in $r_i \frac{dr_i}{dt} \frac{dw_i}{dt}$ ducti se mutuo destruunt, eritque

$$\Sigma_i \frac{\partial F}{\partial w_i} dw_i = \Sigma_i \frac{\partial F}{\partial v_i} dv_i, \quad \Sigma_i \frac{\partial \Phi}{\partial w_i} dw_i = \Sigma_i \frac{\partial \Phi}{\partial v_i} dv_i,$$

quum e suppositione supra circa functiones F, Φ, ... facta identice sit

$$\Sigma_i \frac{\partial F}{\partial v_i} = 0, \quad \Sigma_i \frac{\partial \Phi}{\partial v_i} = 0, \quad \ldots$$

Aequationes differentiales ipsis (10) similes Ill. Laplace in Opere de *Mechanica Coelesti* tradidit, quaerens motum planetae verum circa *ipsius* medium, dum formulae praecedentes accommodatae sunt quaestioni, qua duorum planetarum alterius motus verus circa *alterius* medium consideratur.

Functio U forma antecedentibus praescripta gaudet, *quoties puncta m_i quum a se invicem tum a centris quotcunque trahuntur, quae circa axem coordinatarum z uniformiter rotantur communi rotationis velocitate, et in qua neque ipsa neque puncta m_i reagunt.* Pro quibus centris etiam substitui possunt corpora solida cuiuslibet formae exterioris ac constitutionis interioris, quae circa axem coordinatarum z eadem ac constanti velocitate rotantur atque insuper neque a se invicem neque a punctis m_i sollicitantur. His omnibus casibus integrale unum propositum locum habebit. Qui obveniunt casus in problemate trium corporum, siquidem statuatur, quod proxime licet, corpus principale et corpus perturbans in plano fixo uniformiter rotari circa commune eorum gravitatis centrum. Unde integrale propositum iustum erit in problemate trium corporum respectu omnium potestatum excentricitatis et inclinationis corporis perturbati atque massae corporis perturbati, reiectis terminis ab excentricitate et inclinatione corporis perturbantis atque massa ipsius corporis perturbati pendentibus.

Ostenditur, quomodo et aequatione conservationis virium vivarum et aequatione una conservationem arearum concernente ordo integrationum binis unitatibus minuatur. Quod haudquaquam pro quolibet aequationum dynamicarum integrali contigit.

56.

Quoties functio U ipsam t non explicite involvit ideoque principium conservationis virium vivarum locum habet, integrale *unum*, quo principium illud continetur, ordinem differentiationum minuit *duabus* unitatibus. Sint enim rursus aequationes differentiales numero $2m$ sequentes:

$$\frac{dq_i}{dt} = \frac{\partial H}{\partial p_i}, \quad \frac{dp_i}{dt} = -\frac{\partial H}{\partial q_i};$$

si U ideoque etiam $H = T - U$ ipsam t non continet, aequationes illae sic exhiberi possunt:

$$dq_1 : dq_2 : \ldots : dq_m : \quad dp_1 : \quad dp_2 : \ldots : \quad dp_m$$
$$= \frac{\partial H}{\partial p_1} : \frac{\partial H}{\partial p_2} : \ldots : \frac{\partial H}{\partial p_m} : -\frac{\partial H}{\partial q_1} : -\frac{\partial H}{\partial q_2} : \ldots : -\frac{\partial H}{\partial q_m},$$

quae sunt aequationes differentiales $2m-1$ primi ordinis, ideoque unius aequationis differentialis $(2m-1)^{\text{ti}}$ ordinis locum tenent, quae per integrale a principio conservationis virium vivarum suppeditatum ad ordinem $(2m-2)^{\text{tum}}$ reducitur. Contra si U ideoque etiam H ipsam t continet, aequationes differentiales propositae unius aequationis ordinis $2m^{\text{ti}}$ locum tenent.

Si insuper principium conservationis arearum respectu plani cuiusdam dati locum habet, ordo differentiationum rursus duabus unitatibus minuitur, siquidem semper statuitur ordo differentiationum systematis aequationum differentialium vulgarium idem atque unius aequationis inter duas variabiles, ad quam per regulas notas eliminationis systema aequationum differentialium revocari potest, sive etiam idem atque numerus constantium arbitrariarum, quas poscit integratio completa. Sumatur enim planum datum ut planum coordinatarum x et y, ac statuatur rursus

$$x_i = r_i \cos v_i, \quad y_i = r_i \sin v_i;$$

casu, quem consideramus, continebunt aequationes propositae differentialia quidem prima et secunda singulorum angulorum v_i, sed ipsorum v_i tantum differentias. Iam per integrale, quod casu proposito principium arearum concernit, fit, designante α constantem arbitrariam,

$$\alpha = \Sigma m_i r_i^2 \frac{dv_i}{dt},$$

unde, posito

$$u_i = v_i - v_n, \quad R = \Sigma m_i r_i^2, \quad N = \Sigma m_i r_i^2 \frac{du_i}{dt},$$

fit

$$(1) \quad \alpha = R\frac{dv_n}{dt} + \Sigma m_i r_i^2 \frac{du_i}{dt} = R\frac{dv_n}{dt} + N.$$

Si in aequatione, qua principium conservationis virium vivarum continetur,

$$\Sigma m_i\left\{\left(\frac{dz_i}{dt}\right)^2+\left(\frac{dr_i}{dt}\right)^2+r_i^2\left(\frac{dv_i}{dt}\right)^2\right\} = U+h,$$

in qua h est constans arbitraria, substituimus valores $v_i = u_i+v_n$, fit illa:

$$\Sigma m_i\left\{\left(\frac{dz_i}{dt}\right)^2+\left(\frac{dr_i}{dt}\right)^2+r_i^2\left(\frac{du_i}{dt}\right)^2\right\}+2\frac{dv_n}{dt}\Sigma m_i r_i^2\frac{du_i}{dt}+R\left(\frac{dv_n}{dt}\right)^2 = U+h,$$

sive e (1):

$$(2)\quad \Sigma m_i\left\{\left(\frac{dz_i}{dt}\right)^2+\left(\frac{dr_i}{dt}\right)^2+r_i^2\left(\frac{du_i}{dt}\right)^2\right\}+\frac{a^2-N^2}{R} = U+h.$$

Si in aequationibus differentialibus substituuntur valores

$$\frac{dv_i}{dt} = \frac{du_i}{dt}+\frac{a-N}{R},$$

exulavit quantitas v_n simul cum eius differentialibus, quum aequationes conditionales atque functio U tantum quantitates z_i, r_i, u_i contineant, unde numerus variabilium unitate, ideoque ordo differentiationum duabus unitatibus minuitur. Generaliter, quoties in aequationibus differentialibus propositis variabiles ita eligere licet, ut in iis una ex earum numero non ipsa sed tantum eius bina differentialia prima obveniant, quum novum integrale generaliter invenire licet, tum uno integrali novo invento ordo differentiationum *duabus unitatibus* diminuitur. Sit enim in aequationibus differentialibus supra propositis q_i variabilis, quae in ipsa H non invenitur, habetur

$$\frac{dp_i}{dt} = -\frac{\partial H}{\partial q_i} = 0$$

ideoque novum integrale

$$p_i = \text{Const.}$$

Reiecta deinde aequatione

$$\frac{dq_i}{dt} = \frac{\partial H}{\partial p_i}$$

atque considerata p_i in reliquis aequationibus differentialibus ut constante, sicuti inventum est, numerus variabilium q et p ideoque *ordo* differentiationum duabus unitatibus diminutus est.

Etiam in casu, quem §. antec. tractavi, si integrale (8) §. 55 locum habet, ordo differentiationum duabus unitatibus diminuitur. Nam si statuuntur ut variabiles r_i, w_i, z_i, $r_i' = \frac{dr_i}{dt}$, $w_i' = \frac{dw_i}{dt}$, $z_i' = \frac{dz_i}{dt}$, atque aequationes (10)

§. 55 omnes per unam ex earum numero dividuntur, ipsa t atque elementum dt in aequationibus differentialibus non inveniuntur, ordoque differentiationum unitate diminuitur, qui deinde per integrale (8) §. 55 altera adhuc unitate diminuitur, prorsus simili ratione atque vidimus, quoties principium conservationis virium vivarum locum habeat, ordinem differentiationum per principium illud atque eliminationem elementi temporis duabus unitatibus diminui.

At non omnibus casibus, quoties habetur integrale novum, simili ratione atque in praecedentibus exemplis ordinem differentiationum scita variabilium electione duabus unitatibus deprimere licet. Ita non fit, ut altero et tertio integrali, quod principium arearum concernit, duas variabiles cum earum differentialibus eliminare liceat ideoque *quatuor* unitatibus iste ordo deprimatur. Sunt tantum praecedentia exempla simplicissima, in quibus iam absque theoria supra condita illa depressio ordinis differentiationum sponte se offert. Theoria autem supra condita docet, semper variabilium systema investigari posse, pro quibus ordo differentiationum duabus unitatibus inferior evadat; sed generaliter illa investigatio secundum praecepta tradita postulat, ut alia condantur systemata aequationum differentialium, quae inferiorum ordinum sunt, atque singulorum istorum systematum auxiliarium integrale unum quodcunque indagetur.

Systema propositum aequationum differentialium vulgarium vocatur canonicum. Cuiusmodi systema in aliud canonicum transformatur. Quod una cum transformatione aequationis differentialis partialis valde generali peragitur. Canonicum elementorum systema.

57.

Revertor ad formulas perturbationum §. 52 traditas. Videmus, aequationes §. 52 (7), in quibus elementa perturbata ut variabiles introducta sunt, prorsus eadem forma gaudere atque ipsas aequationes differentiales §. 52 (5). Formam autem illam memorabilem, qua utrumque systema aequationum differentialium gaudet, quia frequenter in his aequationibus obvenit, dicam aequationum differentialium formam *canonicam*. Sunt in eiusmodi systemate canonico aequationum differentialium vulgarium variabiles numero pari, atque altera pars semissis variabilium alteri semissi singulae singulis ita respondent, ut differentialia illarum variabilium aequalia sint differentialibus partialibus certae cuiusdam functionis secundum has variabiles sumtis, et harum variabilium differentialia aequalia sint eiusdem functionis differentialibus partialibus secundum illas variabiles sumtis atque insuper signo negativo affectis.

His positis, transformatio illa, qua vidimus §§. 52, 53 aequationes

$$\frac{dq_i}{dt} = \frac{\partial(f+\Omega)}{\partial p_i}, \quad \frac{dp_i}{dt} = -\frac{\partial(f+\Omega)}{dq_i}$$

mutari in has:

$$\frac{db_i}{dt} = \frac{\partial\Omega}{\partial a_i}, \quad \frac{da_i}{dt} = -\frac{\partial\Omega}{\partial b_i},$$

continetur sub problemate generali, *quodcunque systema aequationum differentialium, quod canonica forma gaudeat, in aliud eiusdem formae per introductionem novarum variabilium transformare.* Quod problema etiam ratione prorsus diversa proponere licet.

Comprobavi enim antecedentibus, integrationem systematis aequationum differentialium

$$\frac{dq_i}{dt} = \frac{\partial f}{\partial p_i}, \quad \frac{dp_i}{dt} = -\frac{\partial f}{\partial q_i},$$

in qua maioris generalitatis gratia supponam, praeter quantitates q_i, p_i etiam ipsam t functionem f explicite ingredi, pendere ab integratione aequationis differentialis partialis, quae provenit ex aequatione

$$0 = \frac{\partial V}{\partial t} + f^{*}),$$

substituendo in functione f in locum quantitatum p_i differentialia functionis V partialia respectu quantitatum q_i sumta, sive statuendo

$$p_i = \frac{\partial V}{\partial q_i}.$$

Inventa enim functione V, aequationi illi differentiali partiali satisfaciente atque involvente m constantes arbitrarias a_i praeter unam ipsi V mera additione adiungendam, erant integralia completa aequationum

$$\frac{dq_i}{dt} = \frac{\partial f}{\partial p_i}, \quad \frac{dp_i}{dt} = -\frac{\partial f}{\partial q_i}$$

sequentia:

$$\frac{\partial V}{\partial q_i} = p_i, \quad \frac{\partial V}{\partial a_i} = b_i,$$

---

*) Constantem α §. 35 (3) additam hic, quod licet, $= 0$ posui.

designantibus b_i novas constantes m arbitrarias. Videmus igitur, inter systematis canonici aequationum differentialium vulgarium et aequationis differentialis partialis integrationem arctissimum nexum intercedere. *Unde alterius transformatio statim etiam alterius transformationem suppeditabit.*

In promptu est aequationis differentialis partialis transformatio, si tantum in locum variabilium *independentium* aliae variabiles independentes introducuntur. *Neque alias transformationes hactenus considerasse videntur Analystae*).* Sed dantur etiam transformationes aequationis differentialis partialis primi ordinis alius in aliam primi ordinis per substitutiones, in quibus expressiones variabilium independentium alterius aequationis continent quum variabiles independentes alterius tum differentialia secundum eas sumta partialia. Methodus generalis eiusmodi efficiendi transformationem haec est:

Proposita sit aequatio

$$(1) \quad dV_1 = -f_1 dt + p_1 dq_1 + p_2 dq_2 + \cdots + p_m dq_m,$$

in qua

$$(2) \quad f_1 = -\frac{\partial V_1}{\partial t}$$

sit data functio ipsarum $q_1, q_2, \ldots, q_m, t$ atque ipsarum

$$p_1 = \frac{\partial V_1}{\partial q_1}, \quad p_2 = \frac{\partial V_1}{\partial q_2}, \quad \ldots, \quad p_m = \frac{\partial V_1}{\partial q_m}.$$

Aequatio (1) locum tenet aequationis differentialis partialis (2), atque in locum aequationis (2) licet aequationem (1) transformare. Ad quam efficiendam transformationem assumo functionem *prorsus arbitrariam* V ipsarum $t, q_1, q_2, \ldots, q_m$ atque novarum variabilium $a_1, a_2, \ldots, a_m$. Quae determinentur novae variabiles per ipsas $t, q_1, q_2, \ldots, q_m, p_1, p_2, \ldots, p_m$ ope aequationum

$$(3) \quad \frac{\partial V}{\partial q_1} = p_1, \quad \frac{\partial V}{\partial q_2} = p_2, \quad \ldots, \quad \frac{\partial V}{\partial q_m} = p_m,$$

ac praeterea statuatur

$$(4) \quad -\frac{\partial V}{\partial a_1} = b_1, \quad -\frac{\partial V}{\partial a_2} = b_2, \quad \ldots, \quad -\frac{\partial V}{\partial a_m} = b_m.$$

---

*) quarum tamen specimen quoddam offert Euleriana illa methodus, qua variabiles independentes cum differentialibus secundum illas sumtis commutantur. C.

His positis fit:

$$(5)\quad \begin{cases} dV = \dfrac{\partial V}{\partial t}dt+p_1dq_1+p_2dq_2+\cdots+p_m dq_m \\ \qquad -b_1da_1-b_2da_2-\cdots-b_m da_m. \end{cases}$$

Qua aequatione subducta de (1) positoque

$$(6)\quad V_1-V=W,$$

nanciscimur:

$$(7)\quad dW=-\left\{f_1+\frac{\partial V}{\partial t}\right\}dt+b_1da_1+b_2da_2+\cdots+b_m da_m.$$

Transformationem generalem aequationis differentialis partialis primi ordinis, quae antecedentibus continetur, Theoremate particulari proponere convenit.

Theorema VIII.

Sint t, q_1, q_2, ..., q_m variabiles independentes, inter quas et functionem earum V_1 proposita sit aequatio differentialis partialis:

$$\frac{\partial V_1}{\partial t}+f_1\left(t,\ q_1,\ q_2,\ \ldots,\ q_m,\ \frac{\partial V_1}{\partial q_1},\ \frac{\partial V_1}{\partial q_2},\ \ldots,\ \frac{\partial V_1}{\partial q_m}\right)=0;$$

assumatur functio prorsus arbitraria V ipsarum t, q_1, q_2, ..., q_m et novarum variabilium a_1, a_2, ..., a_m; atque in locum quantitatum q_1, q_2, ..., q_m introducendo quantitates

$$\frac{\partial V}{\partial a_1},\quad \frac{\partial V}{\partial a_2},\quad \ldots,\quad \frac{\partial V}{\partial a_m},$$

exprimamus quantitates sequentes:

$$\frac{\partial V}{\partial q_1},\quad \frac{\partial V}{\partial q_2},\quad \ldots,\quad \frac{\partial V}{\partial q_m}$$

atque, si in f_1 loco $\dfrac{\partial V_1}{\partial q_i}$ scribimus $\dfrac{\partial V}{\partial q_i}$, functionem

$$\frac{\partial V}{\partial t}+f_1\left(t,\ q_1,\ q_2,\ \ldots,\ q_m,\ \frac{\partial V}{\partial q_1},\ \frac{\partial V}{\partial q_2},\ \ldots,\ \frac{\partial V}{\partial q_m}\right)$$

per quantitates

$$t,\quad a_1,\quad a_2,\quad \ldots,\quad a_m,\quad -\frac{\partial V}{\partial a_1},\quad -\frac{\partial V}{\partial a_2},\quad \ldots,\quad -\frac{\partial V}{\partial a_m};$$

quo facto fiat

$$\frac{\partial V}{\partial t}+f_1\left(t, q_1, q_2, \ldots, q_m, \frac{\partial V}{\partial q_1}, \frac{\partial V}{\partial q_2}, \ldots, \frac{\partial V}{\partial q_m}\right)$$
$$= \varphi\left(t, a_1, a_2, \ldots, a_m, -\frac{\partial V}{\partial a_1}, -\frac{\partial V}{\partial a_2}, \ldots, -\frac{\partial V}{\partial a_m}\right);$$

his omnibus transactis, si in functione φ *loco* $-\frac{\partial V}{\partial a_i}$ *scribitur* $\frac{\partial W}{\partial a_i}$, *erit aequatio differentialis partialis proposita transformata in sequentem:*

$$\frac{\partial W}{\partial t}+\varphi\left(t, a_1, a_2, \ldots, a_m, \frac{\partial W}{\partial a_1}, \frac{\partial W}{\partial a_2}, \ldots, \frac{\partial W}{\partial a_m}\right) = 0,$$

atque alterius solutio ex alterius invenitur solutione ope aequationis

$$V_1 = V+W;$$

siquidem aut cognita solutione V_1 *variabiles* $q_1, q_2, \ldots, q_m$ *exprimuntur per* $a_1, a_2, \ldots, a_m, t$ *ope aequationum*

$$\frac{\partial V_1}{\partial q_1} = \frac{\partial V}{\partial q_1}, \quad \frac{\partial V_1}{\partial q_2} = \frac{\partial V}{\partial q_2}, \quad \ldots, \quad \frac{\partial V_1}{\partial q_m} = \frac{\partial V}{\partial q_m},$$

aut cognita solutione W *variabiles* $a_1, a_2, \ldots, a_m$ *exprimuntur per* $q_1, q_2, \ldots, q_m, t$ *ope aequationum:*

$$\frac{\partial W}{\partial a_1} = -\frac{\partial V}{\partial a_1}, \quad \frac{\partial W}{\partial a_2} = -\frac{\partial V}{\partial a_2}, \quad \ldots, \quad \frac{\partial W}{\partial a_m} = -\frac{\partial V}{\partial a_m}.$$

Demonstratio Theorematis antecedentibus tradita eo nititur, quod, positis aequationibus

$$\frac{\partial V_1}{\partial q_1} = \frac{\partial V}{\partial q_1}, \quad \frac{\partial V_1}{\partial q_2} = \frac{\partial V}{\partial q_2}, \quad \ldots, \quad \frac{\partial V_1}{\partial q_m} = \frac{\partial V}{\partial q_m},$$

inde sponte sequuntur hae aequationes:

$$\frac{\partial V}{\partial a_1} = -\frac{\partial W}{\partial a_1}, \quad \frac{\partial V}{\partial a_2} = -\frac{\partial W}{\partial a_2}, \quad \ldots, \quad \frac{\partial V}{\partial a_m} = -\frac{\partial W}{\partial a_m},$$

quod etiam inverti potest.

Transformatio generalis systematis canonici aequationum differentialium vulgarium Theorematı praecedenti respondens hoc Theoremate continetur:

Theorema IX.

Proposito systemate aequationum differentialium vulgarium canonico:

$$\frac{dq_1}{dt} = \frac{\partial f_1}{\partial p_1}, \quad \frac{dq_2}{dt} = \frac{\partial f_1}{\partial p_2}, \quad \ldots, \quad \frac{dq_m}{dt} = \frac{\partial f_1}{\partial p_m},$$
$$\frac{dp_1}{dt} = -\frac{\partial f_1}{\partial q_1}, \quad \frac{dp_2}{dt} = -\frac{\partial f_1}{\partial q_2}, \quad \ldots, \quad \frac{dp_m}{dt} = -\frac{\partial f_1}{\partial q_m},$$

in qua f_1 est functio ipsarum t, q_1, q_2, ..., q_m, p_1, p_2, ..., p_m quaecunque, assumatur functio arbitraria V quantitatum t, q_1, q_2, ..., q_m atque novarum variabilium a_1, a_2, ..., a_m; quo facto condantur aequationes:

$$\frac{\partial V}{\partial q_1} = p_1, \quad \frac{\partial V}{\partial q_2} = p_2, \quad \ldots, \quad \frac{\partial V}{\partial q_m} = p_m,$$
$$\frac{\partial V}{\partial a_1} = -b_1, \quad \frac{\partial V}{\partial a_2} = -b_2, \quad \ldots, \quad \frac{\partial V}{\partial a_m} = -b_m,$$

quarum ope exprimantur et variabiles q_1, q_2, ..., q_m, p_1, p_2, ..., p_m et functio

$$f_1 + \frac{\partial V}{\partial t}$$

per t et novas variabiles a_1, a_2, ..., a_m, b_1, b_2, ..., b_m; inventa expressione

$$f_1 + \frac{\partial V}{\partial t} = \varphi(t, a_1, a_2, \ldots, a_m, b_1, b_2, \ldots, b_m),$$

systema aequationum differentialium vulgarium canonicum in aliud canonicum hoc per substitutiones propositas transformatur:

$$\frac{da_1}{dt} = \frac{\partial \varphi}{\partial b_1}, \quad \frac{da_2}{dt} = \frac{\partial \varphi}{\partial b_2}, \quad \ldots, \quad \frac{da_m}{dt} = \frac{\partial \varphi}{\partial b_m},$$
$$\frac{db_1}{dt} = -\frac{\partial \varphi}{\partial a_1}, \quad \frac{db_2}{dt} = -\frac{\partial \varphi}{\partial a_2}, \quad \ldots, \quad \frac{db_m}{dt} = -\frac{\partial \varphi}{\partial a_m}.$$

Theorematis praecedentis gravissimi demonstratio, quamquam iam in quaestionibus supra traditis continetur, si breviter denuo adstruere placet, haec habetur.

E systemate canonico proposito fluunt aequationes symbolicae sequentes, siquidem formularum notarum

$$\delta \cdot \frac{dq_i}{dt} = \frac{d.\delta q_i}{dt}, \quad \delta \cdot \frac{dp_i}{dt} = \frac{d.\delta p_i}{dt}, \quad \delta \cdot \frac{dV}{dt} = \frac{d.\delta V}{dt}$$

recorderis:

$$\delta f_1 = \frac{\partial f_1}{\partial t}\delta t + \Sigma_i\left(\frac{dq_i}{dt}\delta p_i - \frac{dp_i}{dt}\delta q_i\right)$$

$$= \frac{\partial f_1}{\partial t}\delta t + \Sigma_i\left(\frac{dq_i}{dt}\delta\frac{\partial V}{\partial q_i} - \frac{d\frac{\partial V}{\partial q_i}}{dt}\delta q_i\right)$$

$$= \frac{\partial f_1}{\partial t}\delta t + \Sigma_i\left(\delta\left(\frac{\partial V}{\partial q_i}\frac{dq_i}{dt}\right) - \frac{d\cdot\frac{\partial V}{\partial q_i}\delta q_i}{dt}\right)$$

$$= \frac{\partial f_1}{\partial t}\delta t + \delta\cdot\frac{dV}{dt} - \frac{d.\delta V}{dt} - \delta\cdot\frac{\partial V}{\partial t} + \frac{d\cdot\frac{\partial V}{\partial t}\delta t}{dt}$$

$$-\Sigma_i\left(\delta\left(\frac{\partial V}{\partial a_i}\frac{da_i}{dt}\right) - \frac{d\cdot\frac{\partial V}{\partial a_i}\delta a_i}{dt}\right)$$

$$= \frac{\partial f_1}{\partial t}\delta t - \delta\cdot\frac{\partial V}{\partial t} + \frac{d\cdot\frac{\partial V}{\partial t}\delta t}{dt}$$

$$-\Sigma_i\left(\frac{da_i}{dt}\delta\cdot\frac{\partial V}{\partial a_i} - \delta a_i\frac{d\cdot\frac{\partial V}{\partial a_i}}{dt}\right)$$

$$= \left(\frac{\partial f_1}{\partial t} + \frac{d(\varphi - f_1)}{dt}\right)\delta t - \delta(\varphi - f_1)$$

$$+\Sigma_i\left(\frac{da_i}{dt}\delta b_i - \frac{db_i}{dt}\delta a_i\right).$$

Unde quum e systemate canonico proposito sequatur

$$\frac{df_1}{dt} = \frac{\partial f_1}{\partial t},$$

invenimus:

$$\delta\varphi = \frac{d\varphi}{dt}\delta t + \Sigma_i\left(\frac{da_i}{dt}\delta b_i - \frac{db_i}{dt}\delta a_i\right).$$

Quae aequatio symbolica systema canonicum transformatum suppeditat atque insuper aequationem

$$\frac{\partial\varphi}{\partial t} = \frac{d\varphi}{dt},$$

quae ex illo sequitur.

Unde functione W per ipsas t, a_1, a_2, ..., a_m expressa, fit:

$$(8) \quad \frac{\partial W}{\partial t} = -\left\{f_1 + \frac{\partial V}{\partial t}\right\},\quad \frac{\partial W}{\partial a_1} = b_1,\quad \frac{\partial W}{\partial a_2} = b_2,\quad \ldots,\quad \frac{\partial W}{\partial a_m} = b_m.$$

Eliminatis quantitatibus q_i, p_i ex expressione $f_1+\frac{\partial V}{\partial t}$ ope aequationum (3) et (4), evadit illa functio ipsarum t, a_1, a_2, ..., a_m, b_1, b_2, ..., b_m, quam statuamus

$$f_1+\frac{\partial V}{\partial t} = \varphi(t, a_1, a_2, \dots, a_m, b_1, b_2, \dots, b_m),$$

eritque, substitutis ipsarum b_i expressionibus $\frac{\partial W}{\partial a_i}$, e (8):

$$(9)\quad \frac{\partial W}{\partial t} = -\varphi\left(t, a_1, a_2, \dots, a_m, \frac{\partial W}{\partial a_1}, \frac{\partial W}{\partial a_2}, \dots, \frac{\partial W}{\partial a_m}\right).$$

Quae est aequatio differentialis partialis transformata, quae locum tenet aequationis differentialis partialis propositae (2). Eritque prorsus eadem substitutione (3) et (4) systema canonicum aequationum differentialium vulgarium propositum in aliud canonicum transformatum.

Transformatione generali, Theoremate antecedente proposita, continetur illa, in qua ut variabiles novae statuuntur elementa problematis approximati. Sit enim in Theoremate illo

$$(10)\quad f_1 = f+\Omega,$$

sintque functiones f et V ita comparatae, ut, substitutis in f loco ipsarum p_i expressionibus $\frac{\partial V}{\partial q_i}$, prodeat

$$(11)\quad \frac{\partial V}{\partial t} = -f;$$

considerari possunt quantitates a_1, a_2, ..., a_m tamquam *constantes arbitrariae*, quae afficiunt solutionem V aequationis differentialis partialis

$$\frac{\partial V}{\partial t}+f = 0,$$

ideoque ex iis, quae supra probata sunt, considerari possunt a_1, a_2, ..., a_m, b_1, b_2, ..., b_m ut *elementa constantia*, quae afficiunt integralia completa

$$(12)\quad \begin{cases} \frac{\partial V}{\partial q_1} = p_1, & \frac{\partial V}{\partial q_2} = p_2, \quad \dots, \quad \frac{\partial V}{\partial q_m} = p_m, \\ \frac{\partial V}{\partial a_1} = -b_1, & \frac{\partial V}{\partial a_2} = -b_2, \quad \dots, \quad \frac{\partial V}{\partial a_m} = -b_m \end{cases}$$

aequationum differentialium

$$(13)\quad \begin{cases} \frac{dq_1}{dt} = \frac{\partial f}{\partial p_1}, & \frac{dq_2}{dt} = \frac{\partial f}{\partial p_2}, \quad \dots, \quad \frac{dq_m}{dt} = \frac{\partial f}{\partial p_m}, \\ \frac{dp_1}{dt} = -\frac{\partial f}{\partial q_1}, & \frac{dp_2}{dt} = -\frac{\partial f}{\partial q_2}, \quad \dots, \quad \frac{dp_m}{dt} = -\frac{\partial f}{\partial q_m}. \end{cases}$$

Quoties igitur vice versa in aequationibus (12) ipsae a_i, b_i ut constantes considerantur, sunt aequationes illae (12) integralia completa aequationum (13). Quoties vero in aequationibus (12) ipsae a_i, b_i ut variabiles considerantur, quae in locum ipsarum q_i, p_i ope aequationum illarum substituendae sunt, docet Theorema propositum, transformari ea substitutione aequationes

$$\frac{dq_i}{dt} = \frac{\partial(f+\Omega)}{\partial p_i}, \quad \frac{dp_i}{dt} = -\frac{\partial(f+\Omega)}{\partial q_i}$$

in aequationes sequentes:

$$\frac{da_i}{dt} = \frac{\partial\Omega}{\partial b_i}, \quad \frac{db_i}{dt} = -\frac{\partial\Omega}{\partial a_i}.$$

Habemus enim casu proposito:

$$\varphi = f_1 + \frac{\partial V}{\partial t} = f_1 - f = \Omega.$$

Quae sunt formulae differentiales elementorum perturbatorum, quae a supra propositis tantum eo discrepant, quod in iis $-b_i$ loco b_i scriptum sit. *Systema elementorum, quae in modum praecedentium per aequationes differentiales canonicas determinantur, et ipsum dicere convenit canonicum elementorum systema.*

De transformatione systematis elementorum canonici in aliud canonicum.

58.

In antecedentibus duae functiones, quarum differentialia partialia sumenda sunt in formandis systematibus canonicis proposito et transformato, inter se differunt. Quoties vero functio V, quae in praecedentibus ex arbitrio assumi poterat, ipsam t non continet, erit

$$\frac{\partial V}{\partial t} = 0,$$

ideoque $f_1 = \varphi$, sive in utroque systemate canonico functio illa eadem erit. Eo casu etiam relationes, quibus novae variabiles e variabilibus primordialibus determinantur, ipsam t non involvunt. Unde si variabiles sunt elementa problematis approximati, etiam novae variabiles non nisi aliud systema elementorum eiusdem problematis approximati erunt. Quodsi igitur formulas differentiales elementorum perturbatorum hac ratione iterum transformamus, *nanciscimur modum maxime generalem, quo systema elementorum canonicum in alterum systema elementorum canonicum transformetur.* Habemus enim e Theoremate IX, permutando ipsas q_i, p_i, a_i, b_i resp. cum a_i, b_i, α_i, β_i, Propositionem sequentem:

Theorema IX^a.

Sint formulae differentiales elementorum perturbatorum, designante Ω functionem perturbatricem:

$$\frac{da_1}{dt} = \frac{\partial \Omega}{\partial b_1}, \quad \frac{da_2}{dt} = \frac{\partial \Omega}{\partial b_2}, \quad \dots, \quad \frac{da_m}{dt} = \frac{\partial \Omega}{\partial b_m},$$

$$\frac{db_1}{dt} = -\frac{\partial \Omega}{\partial a_1}, \quad \frac{db_2}{dt} = -\frac{\partial \Omega}{\partial a_2}, \quad \dots, \quad \frac{db_m}{dt} = -\frac{\partial \Omega}{\partial a_m};$$

sint $\alpha_1, \alpha_2, \dots, \alpha_m, \beta_1, \beta_2, \dots, \beta_m$ functiones elementorum praecedentium $a_1, a_2, \dots, a_m, b_1, b_2, \dots, b_m$, quae, designante φ functionem quamlibet ipsarum $a_1, a_2, \dots, a_m, \alpha_1, \alpha_2, \dots, \alpha_m$, ab illis pendeant per aequationes

$$\frac{\partial \varphi}{\partial a_1} = b_1, \quad \frac{\partial \varphi}{\partial a_2} = b_2, \quad \dots, \quad \frac{\partial \varphi}{\partial a_m} = b_m,$$

$$\frac{\partial \varphi}{\partial \alpha_1} = -\beta_1, \quad \frac{\partial \varphi}{\partial \alpha_2} = -\beta_2, \quad \dots, \quad \frac{\partial \varphi}{\partial \alpha_m} = -\beta_m,$$

determinantur elementa nova per systema aequationum differentialium prorsus simile:

$$\frac{d\alpha_1}{dt} = \frac{\partial \Omega}{\partial \beta_1}, \quad \frac{d\alpha_2}{dt} = \frac{\partial \Omega}{\partial \beta_2}, \quad \dots, \quad \frac{d\alpha_m}{dt} = \frac{\partial \Omega}{\partial \beta_m},$$

$$\frac{d\beta_1}{dt} = -\frac{\partial \Omega}{\partial \alpha_1}, \quad \frac{d\beta_2}{dt} = -\frac{\partial \Omega}{\partial \alpha_2}, \quad \dots, \quad \frac{d\beta_m}{dt} = -\frac{\partial \Omega}{\partial \alpha_m}.$$

Transformatio generalis elementorum canonicorum, quae ope functionis arbitrariae Theoremate praecedente efficitur, redit in methodum notam, qua e solutione *completa* aequationis differentialis partialis primi ordinis deducitur solutio functionem arbitrariam involvens, quae dicitur *generalis*. Sit enim V solutio aequationis differentialis partialis, ad cuius integrationem e theoria hic exposita reducatur problema approximatum, atque involvat V constantes arbitrarias $a_1, a_2, \dots, a_m$, ita ut sint

$$\frac{\partial V}{\partial a_1} = -b_1, \quad \frac{\partial V}{\partial a_2} = -b_2, \quad \dots, \quad \frac{\partial V}{\partial a_m} = -b_m$$

aequationes finitae problematis approximati et quantitates $a_1, a_2, \dots, a_m, b_1, b_2, \dots, b_m$ eius elementa canonica. In locum solutionis V etiam scribere licet $V+\varphi$, designante φ constantem; de qua solutione completa deducitur generalis, si constans φ statuitur functio arbitraria constantium $a_1, a_2, \dots, a_m$, atque differentialia partialia expressionis $V+\varphi$ respectu ipsarum $a_1, a_2, \dots, a_m$ sumta nihilo aequiparantur. Statuamus, functionem ipsarum $a_1, a_2, \dots, a_m$ arbitrariam involvere praeter has quantitates alias constantes arbitrarias $\alpha_1, \alpha_2, \dots, \alpha_m$;

eliminatis e $V+\varphi$ ope aequationum

$$-\frac{\partial V}{\partial a_1} = \frac{\partial \varphi}{\partial a_1}, \quad -\frac{\partial V}{\partial a_2} = \frac{\partial \varphi}{\partial a_2}, \quad \ldots, \quad -\frac{\partial V}{\partial a_m} = \frac{\partial \varphi}{\partial a_m}$$

quantitatibus a_1, a_2, $\ldots$, a_m, habebitur nova solutio $V+\varphi$, alias m constantes arbitrarias involvens. Etiam de hac deduci possunt aequationes finitae problematis approximati, quippe quae erunt:

$$-\frac{\partial(V+\varphi)}{\partial a_1} = \beta_1, \quad -\frac{\partial(V+\varphi)}{\partial a_2} = \beta_2, \quad \ldots, \quad -\frac{\partial(V+\varphi)}{\partial a_m} = \beta_m.$$

Sed quantitates α_i functionem $V+\varphi$ tantum afficiunt, quatenus in ipsis a_i continentur ac praeter has explicite in functione φ; differentialia autem functionis $V+\varphi$ respectu ipsarum a_i sumta supposuimus evanescere; unde erit

$$\frac{\partial(V+\varphi)}{\partial a_i} = \frac{\partial \varphi}{\partial a_i},$$

sive aequationes novae finitae problematis habentur:

$$\frac{\partial \varphi}{\partial a_1} = -\beta_1, \quad \frac{\partial \varphi}{\partial a_2} = -\beta_2, \quad \ldots, \quad \frac{\partial \varphi}{\partial a_m} = -\beta_m;$$

eruntque α_1, α_2, $\ldots$, α_m, β_1, β_2, $\ldots$, β_m nova elementa canonica determinata e primordialibus per has aequationes et illas supra assumtas:

$$\frac{\partial \varphi}{\partial a_i} = -\frac{\partial V}{\partial a_i} = b_i.$$

Elementa autem nova canonica inventa si in problemate perturbato tamquam variabiles spectantur, eorum differentialia expressionibus similibus aequalia evadere debent atque elementorum primordialium.   Q. D. E.

Transformatio ea, quae in §§. antecedentibus tradita est, etiam generalior proponitur.

59.

Sed quanta generalitate gaudeat transformatio aequationis differentialis partialis primi ordinis et, quae inde pendeat, systematis canonici aequationum differentialium vulgarium supra §. 57 proposita, sunt tamen aliae, quas illa transformatio non amplectatur.   Scilicet adhuc sequentes addendae sunt.

Sit rursus aequatio transformanda

$$dV_1 = -f_1 dt + p_1 dq_1 + p_2 dq_2 + \cdots + p_m dq_m,$$

in qua f_1 est data functio ipsarum t, q_1, q_2, $\ldots$, q_m, p_1, p_2, $\ldots$, p_m; sit etiam V rursus functio ex arbitrio assumta ipsarum t, q_1, q_2, $\ldots$, q_m, a_1, a_2, $\ldots$, a_m, inter quas vero quantitates iam statuamus insuper locum habere aequationes

$$F = 0, \quad \Phi = 0, \quad \ldots$$

Tum, posito rursus $V_1 - V = W$, erit aequatio transformata

$$dW = -\varphi dt + b_1 da_1 + b_2 da_2 + \cdots + b_m da_m,$$

siquidem ponitur:

$$\varphi = f_1 + \frac{\partial V}{\partial t} - \lambda_1 \frac{\partial F}{\partial t} - \lambda_2 \frac{\partial \Phi}{\partial t} - \cdots$$

$$0 = p_1 - \frac{\partial V}{\partial q_1} + \lambda_1 \frac{\partial F}{\partial q_1} + \lambda_2 \frac{\partial \Phi}{\partial q_1} + \cdots$$

$$0 = p_2 - \frac{\partial V}{\partial q_2} + \lambda_1 \frac{\partial F}{\partial q_2} + \lambda_2 \frac{\partial \Phi}{\partial q_2} + \cdots$$

$$\cdot \quad \cdot \quad \cdot \quad \cdot \quad \cdot \quad \cdot \quad \cdot \quad \cdot \quad \cdot \quad \cdot$$

$$0 = p_m - \frac{\partial V}{\partial q_m} + \lambda_1 \frac{\partial F}{\partial q_m} + \lambda_2 \frac{\partial \Phi}{\partial q_m} + \cdots$$

$$b_1 = \quad - \frac{\partial V}{\partial a_1} + \lambda_1 \frac{\partial F}{\partial a_1} + \lambda_2 \frac{\partial \Phi}{\partial a_1} + \cdots$$

$$b_2 = \quad - \frac{\partial V}{\partial a_2} + \lambda_1 \frac{\partial F}{\partial a_2} + \lambda_2 \frac{\partial \Phi}{\partial a_2} + \cdots$$

$$\cdot \quad \cdot \quad \cdot \quad \cdot \quad \cdot \quad \cdot \quad \cdot \quad \cdot \quad \cdot \quad \cdot$$

$$b_m = \quad - \frac{\partial V}{\partial a_m} + \lambda_1 \frac{\partial F}{\partial a_m} + \lambda_2 \frac{\partial \Phi}{\partial a_m} + \cdots.$$

Ex his aequationibus, quibus ipsae addantur $F = 0$, $\Phi = 0$, ..., eliminatis λ_1, λ_2, ..., determinandae sunt $q_1, q_2, \ldots, q_m, p_1, p_2, \ldots, p_m$ per $a_1, a_2, \ldots, a_m$, $b_1, b_2, \ldots, b_m$, earumque valores in expressione ipsius φ substituendi.

Si multiplicatores λ_1, λ_2, ... evitare placet neque tamen symmetriae formularum derogare, transformationem etiam sic proponere licet. Aequationibus enim $F = 0$, $\Phi = 0$, ... inter quantitates q_i, a_i, t assumtis, quarum numerus sit $m-k$, sint $r_1, r_2, \ldots, r_k$ functiones quaelibet ipsarum $t, q_1, q_2, \ldots, q_m, a_1, a_2, \ldots, a_m$; licet omnes $q_1, q_2, \ldots, q_m$ per ipsas $t, a_1, a_2, \ldots, a_m$ atque novas quantitates $r_1, r_2, \ldots, r_k$ exprimere, quae expressiones eliminatis $r_1, r_2, \ldots, r_k$ suppeditabunt $m-k$ aequationes inter ipsas $q_1, q_2, \ldots, q_m, a_1, a_2, \ldots, a_m, t$.

Aequationes $F = 0$, $\Phi = 0$, ..., quum ex arbitrio assumi possint, iam earum in locum statuere licet, ipsas $q_1, q_2, \ldots, q_m$ esse functiones arbitrarias quantitatum $t, a_1, a_2, \ldots, a_m, r_1, r_2, \ldots, r_k$. Quibus electis, sit

$$p_1 \frac{\partial q_1}{\partial r_i} + p_2 \frac{\partial q_2}{\partial r_i} + \cdots + p_m \frac{\partial q_m}{\partial r_i} = R_i,$$

$$p_1 \frac{\partial q_1}{\partial a_i} + p_2 \frac{\partial q_2}{\partial a_i} + \cdots + p_m \frac{\partial q_m}{\partial a_i} = A_i,$$

$$p_1 \frac{\partial q_1}{\partial t} + p_2 \frac{\partial q_2}{\partial t} + \cdots + p_m \frac{\partial q_m}{\partial t} = T.$$

Unde erit:

$$\begin{aligned} dV_1 &= \qquad -f_1dt+p_1dq_1+p_2dq_2+\cdots+p_mdq_m \\ &= -(f_1-T)dt+R_1dr_1+R_2dr_2+\cdots+R_kdr_k \\ &\qquad +A_1da_1+A_2da_2+\cdots+A_mda_m. \end{aligned}$$

Assumta iam ex arbitrio ipsarum $a_1, a_2, \ldots, a_m, r_1, r_2, \ldots, r_k, t$ functione V, statuatur

$$f_1-T+\frac{\partial V}{\partial t}=\varphi$$

$$\frac{\partial V}{\partial r_1}=R_1, \quad \frac{\partial V}{\partial r_2}=R_2, \quad \ldots, \quad \frac{\partial V}{\partial r_k}=R_k,$$

$$A_1-\frac{\partial V}{\partial a_1}=b_1, \quad A_2-\frac{\partial V}{\partial a_2}=b_2, \quad \ldots, \quad A_m-\frac{\partial V}{\partial a_m}=b_m;$$

erit

$$d(V_1-V)=dW=-\varphi dt+b_1da_1+b_2da_2+\cdots+b_mda_m.$$

Ex aequationibus $m+k$

$$p_1\frac{\partial q_1}{\partial r_i}+p_2\frac{\partial q_2}{\partial r_i}+\cdots+p_m\frac{\partial q_m}{\partial r_i}=R_i=\frac{\partial V}{\partial r_i}$$

$$p_1\frac{\partial q_1}{\partial a_i}+p_2\frac{\partial q_2}{\partial a_i}+\cdots+p_m\frac{\partial q_m}{\partial a_i}=A_i=\frac{\partial V}{\partial a_i}+b_i$$

et per resolutionem aequationum linearium determinantur $p_1, p_2, \ldots, p_m$ per $r_1, r_2, \ldots, r_k, a_1, a_2, \ldots, a_m, b_1, b_2, \ldots, b_m, t$, et eliminatis $p_1, p_2, \ldots, p_m$ habentur k aequationes inter ipsas $r_1, r_2, \ldots, r_k, a_1, a_2, \ldots, a_m, b_1, b_2, \ldots, b_m, t$, quarum ope ipsae $r_1, r_2, \ldots, r_k$ ideoque etiam $p_1, p_2, \ldots, p_m, q_1, q_2, \ldots, q_m$ per $a_1, a_2, \ldots, a_m, b_1, b_2, \ldots, b_m, t$ determinari possunt. Qui deinde valores in expressione φ substituendi sunt, ut illa solarum $a_1, a_2, \ldots, a_m, b_1, b_2, \ldots, b_m, t$ functio evadat. Transformata autem aequatione

$$dV_1=-f_1dt+p_1dq_1+p_2dq_2+\cdots+p_mdq_m$$

in hanc:

$$dW=-\varphi dt+b_1da_1+b_2da_2+\cdots+b_mda_m,$$

in quibus f_1 est ipsarum $t, q_1, q_2, \ldots, q_m, p_1, p_2, \ldots, p_m$, atque φ ipsarum $t, a_1, a_2, \ldots, a_m, b_1, b_2, \ldots, b_m$ functio, simul aequationes

$$\frac{\partial V_1}{\partial t}+f_1=0, \quad \frac{\partial W}{\partial t}+\varphi=0$$

altera in alteram transformatae sunt. Substitutis in f_1 loco ipsarum p_i expressionibus $\frac{\partial V_1}{\partial q_i}$, in φ loco ipsarum b_i expressionibus $\frac{\partial W}{\partial a_i}$, evadunt aequationes illae aequationes differentiales partiales, quarum igitur iam per methodum propositam transformationes novas nacti sumus.

Si $k = m$, transformatio eadem obtinetur atque §. 57. Transformationes, quas ex antecedentibus pro $k < m$ obtinemus, etiam novas transformationes systematum canonicorum aequationum differentialium vulgarium suppeditant. Et similiter atque in §. antec. etiam systematum elementorum canonicorum novas inde eruimus transformationes. Quas transformationes, singulas binis modis, sequentibus Theorematibus proponam.

Theorema X.

Designante i numeros 1, 2, ..., m, *propositum sit systema aequationum differentialium vulgarium:*

$$\frac{dq_i}{dt} = \frac{\partial f_1}{\partial p_i}, \quad \frac{dp_i}{dt} = -\frac{\partial f_1}{\partial q_i};$$

assumatur functio arbitraria V *ipsarum* t, q_1, q_2, ..., q_m *novarumque variabilium* a_1, a_2, ..., a_m, *inter quas quantitates* $2m+1$ *statuatur locum habere aequationes quascunque*

$$F = 0, \quad \Phi = 0, \quad \ldots;$$

condantur porro aequationes $2m+1$ *sequentes:*

$$\begin{aligned} \varphi &= f_1 + \frac{\partial V}{\partial t} - \lambda_1 \frac{\partial F}{\partial t} - \lambda_2 \frac{\partial \Phi}{\partial t} - \cdots, \\ p_i &= \frac{\partial V}{\partial q_i} - \lambda_1 \frac{\partial F}{\partial q_i} - \lambda_2 \frac{\partial \Phi}{\partial q_i} - \cdots, \\ -b_i &= \frac{\partial V}{\partial a_i} - \lambda_1 \frac{\partial F}{\partial a_i} - \lambda_2 \frac{\partial \Phi}{\partial a_i} - \cdots, \end{aligned}$$

quarum aequationum ope, advocatis ipsis $F = 0$, $\Phi = 0$, ..., *et eliminari possunt multiplicatores* λ_1, λ_2, ..., *et determinantur* $2m$ *quantitates* q_i *et* p_i *nec non functio* φ *per ipsam* t *atque* $2m$ *novas quantitates* a_i, b_i; *qui ipsarum* q_i, p_i *valores si substituuntur in systemate proposito aequationum differentialium vulgarium, transformatur illud in sequens:*

$$\frac{da_i}{dt} = \frac{\partial \varphi}{\partial b_i}, \quad \frac{db_i}{dt} = -\frac{\partial \varphi}{\partial a_i}.$$

Porro, in locum ipsarum p_i, b_i *scribendo* $\frac{\partial V_1}{\partial q_i}$, $\frac{\partial W}{\partial a_i}$, *ubi conduntur aequationes differentiales partiales*

$$\frac{\partial V_1}{\partial t}+f_1=0,\quad \frac{\partial W}{\partial t}+\varphi=0,$$

alterius solutio ex alterius obtinetur solutione per aequationem

$$V_1=V+W.$$

Theorema XI.

Designante i numeros 1, 2, ..., *m*, *data sint differentialia elementorum problematis alicuius perturbati per aequationes:*

$$\frac{da_i}{dt}=\frac{\partial\Omega}{\partial b_i},\quad \frac{db_i}{dt}=-\frac{\partial\Omega}{\partial a_i},$$

designante Ω *functionem perturbatricem; assumatur functio arbitraria* V *elementorum* a_1, a_2, ..., a_m *novarumque quantitatum* α_1, α_2, ..., α_m; *condantur porro aequationes* 2*m* *sequentes:*

$$b_i=\frac{\partial V}{\partial a_i}-\lambda_1\frac{\partial F}{\partial a_i}-\lambda_2\frac{\partial\Phi}{\partial a_i}-\cdots,$$

$$-\beta_i=\frac{\partial V}{\partial\alpha_i}-\lambda_1\frac{\partial F}{\partial\alpha_i}-\lambda_2\frac{\partial\Phi}{\partial\alpha_i}-\cdots,$$

quarum aequationum ope, advocatis ipsis $F=0$, $\Phi=0$, ..., *et eliminari possunt multiplicatores* λ_1, λ_2, ..., *et determinantur* 2*m* *elementa* a_i, b_i *per novum systema elementorum* α_i, β_i; *quae elementa nova si etiam in functionem perturbatricem* Ω *loco ipsorum* a_i, b_i *introducuntur, inveniuntur differentialia elementorum novi systematis* α_i, β_i *per formulas:*

$$\frac{d\alpha_i}{dt}=\frac{\partial\Omega}{\partial\beta_i},\quad \frac{d\beta_i}{dt}=-\frac{\partial\Omega}{\partial\alpha_i}.$$

Obtinetur Theorema praecedens e Theoremate X statuendo, functiones V, F, Φ, ... ipsam t non involvere, et permutando p_i, q_i cum b_i, a_i, atque b_i, a_i cum β_i, α_i. Theoremata praecedentia etiam hanc alteram formam induere possunt:

Theorema X^a.

Designante i numeros 1, 2, ..., *m*, *propositum sit systema aequationum differentialium vulgarium:*

$$\frac{dq_i}{dt}=\frac{\partial f_1}{\partial p_i},\quad \frac{dp_i}{dt}=-\frac{\partial f_1}{\partial q_i};$$

statuantur quantitates q_1, q_2, ..., q_m *aequales expressionibus quibuscunque ipsius* t *novarumque quantitatum* a_1, a_2, ..., a_m, r_1, r_2, ..., r_k, *designante k numerum aut ipsi m aequalem aut ipso m minorem; assumatur deinde functio arbitraria V earundem quantitatum* $a_1, a_2, \ldots, a_m, r_1, r_2, \ldots, r_k,$ t, *atque condantur aequationes* $m+k$

$$\frac{\partial V}{\partial r_i} = p_1\frac{\partial q_1}{\partial r_i}+p_2\frac{\partial q_2}{\partial r_i}+\cdots+p_m\frac{\partial q_m}{\partial r_i},$$

$$b_i+\frac{\partial V}{\partial a_i} = p_1\frac{\partial q_1}{\partial a_i}+p_2\frac{\partial q_2}{\partial a_i}+\cdots+p_m\frac{\partial q_m}{\partial a_i};$$

per quas determinentur quantitates $r_1, r_2, \ldots, r_k, p_1, p_2, \ldots, p_m$ *per quantitates* $a_1, a_2, \ldots, a_m, b_1, b_2, \ldots, b_m, t$, *unde etiam quantitates* $q_1, q_2, \ldots, q_m$ *per easdem quantitates determinatae erunt; quibus substitutis quantitatum* r_i, q_i, p_i *expressionibus per easdem quantitates* $a_1, a_2, \ldots, a_m, b_1, b_2, \ldots, b_m,$ t, *etiam exhibeatur functio*

$$\varphi = f_1+\frac{\partial V}{\partial t}-\left\{p_1\frac{\partial q_1}{\partial t}+p_2\frac{\partial q_2}{\partial t}+\cdots+p_m\frac{\partial q_m}{\partial t}\right\};$$

quibus factis, si expressiones ipsarum $q_1, q_2, \ldots, q_m, p_1, p_2, \ldots, p_m$ *per* $a_1, a_2, \ldots, a_m, b_1, b_2, \ldots, b_m, t$ *inventae substituuntur in systemate aequationum differentialium propositarum, obtinebitur hoc similis formae:*

$$\frac{da_i}{dt} = \frac{\partial\varphi}{\partial b_i}, \quad \frac{db_i}{dt} = -\frac{\partial\varphi}{\partial a_i};$$

simul aequationes differentiales partiales

$$\frac{\partial V_1}{\partial t}+f_1=0, \quad \frac{\partial W}{\partial t}+\varphi=0,$$

quae obtinentur ponendo in altera $\frac{\partial V_1}{\partial q_i}$ *loco* p_i, *in altera* $\frac{\partial W}{\partial a_i}$ *loco* b_i, *per easdem aequationes altera in alteram transformantur, et alterius solutio ex alterius habetur per aequationem*

$$V_1 = W+V.$$

Theorema XI^a.

Designante i numeros 1, 2, ..., *m, data sint differentialia elementorum problematis alicuius perturbati per aequationes:*

$$\frac{da_i}{dt} = \frac{\partial\Omega}{\partial b_i}, \quad \frac{db_i}{dt} = -\frac{\partial\Omega}{\partial a_i},$$

designante Ω *functionem perturbatricem; statuantur elementa* $a_1, a_2, \ldots, a_m$ *aequalia expressionibus quibuscunque novarum quantitatum* $m+k$

$$\alpha_1, \alpha_2, \ldots, \alpha_m, \varepsilon_1, \varepsilon_2, \ldots, \varepsilon_k,$$

designante k numerum aut ipsi m aequalem aut ipso m minorem; assumta deinde functione arbitraria V earundem m+k quantitatum, formentur aequationes m+k

$$\frac{\partial V}{\partial \varepsilon_i} = b_1\frac{\partial a_1}{\partial \varepsilon_i}+b_2\frac{\partial a_2}{\partial \varepsilon_i}+\cdots+b_m\frac{\partial a_m}{\partial \varepsilon_i},$$

$$\beta_i+\frac{\partial V}{\partial \alpha_i} = b_1\frac{\partial a_1}{\partial \alpha_i}+b_2\frac{\partial a_2}{\partial \alpha_i}+\cdots+b_m\frac{\partial a_m}{\partial \alpha_i};$$

per quas determinentur m+k quantitates $\varepsilon_1, \varepsilon_2, \ldots, \varepsilon_k, b_1, b_2, \ldots, b_m$ *per quantitates novas 2m*

$$\alpha_1, \alpha_2, \ldots, \alpha_m, \beta_1, \beta_2, \ldots, \beta_m,$$

unde etiam $a_1, a_2, \ldots, a_m$ *per easdem quantitates determinatae erunt; quae expressiones elementorum* $a_1, a_2, \ldots, a_m, b_1, b_2, \ldots, b_m$ *per nova elementa* $\alpha_1, \alpha_2, \ldots, \alpha_m, \beta_1, \beta_2, \ldots, \beta_m$ *si substituuntur in functione perturbatrice* Ω, *habentur differentialia novi elementorum systematis per formulas similes:*

$$\frac{d\alpha_i}{dt} = \frac{\partial \Omega}{\partial \beta_i}, \quad \frac{d\beta_i}{dt} = -\frac{\partial \Omega}{\partial \alpha_i}.$$

Haec altera Theorematum forma commodior est, quoties in priore forma numerus aequationum $F=0$, $\Phi=0$, ... valde magnus habetur.

De casu quodam simplicissimo, quo e systemate elementorum canonico aliud ejusmodi systema eruatur.

60.

Paucis agam de transformationibus simplicissimis, quarum tamen frequentissimus usus erit, alius systematis canonici elementorum in aliud canonicum. Sunt elementa canonica, quorum differentialia huiusmodi aequationibus exprimuntur:

$$\frac{da_i}{dt} = \frac{\partial \Omega}{\partial b_i}, \quad \frac{db_i}{dt} = -\frac{\partial \Omega}{\partial a_i},$$

quarum aequationum integratio redit in integrationem aequationis differentialis partialis

$$0 = \frac{\partial V}{\partial t}+\Omega,$$

siquidem in functione perturbatrice Ω loco ipsarum $b_1, b_2, \ldots, b_m$ ponuntur $\frac{\partial V}{\partial a_1}, \frac{\partial V}{\partial a_2}, \ldots, \frac{\partial V}{\partial a_m}$, sive quod idem est, redit integratio aequationum differentialium vulgarium praecedentium in integrationem aequationis

$$dV = -\Omega dt+b_1da_1+b_2da_2+\cdots+b_mda_m.$$

Vocemus duas classes systematis canonici elementorum, alteram, ipsas $a_1, a_2, \ldots, a_m$

amplectentem, *positivam classem*, alteram, ipsas $b_1, b_2, \ldots, b_m$ amplectentem, *negativam classem*. Elementa bina a_i et b_i vocemus coniugata. Bina elementa coniugata systematis simul ex altera classi in alteram transeunt, si *alterius elementi signum mutatur*. Si functiones quascunque elementorum, quae ad alteram tantum classem pertinent, ut nova elementa illius classis introducere placet, facillime alterius classis elementa, quae novis illis coniugata sunt, determinantur. *Sint ex. gr. classis positivae elementa $a_1, a_2, \ldots, a_m$ expressa per alias quantitates $\alpha_1, \alpha_2, \ldots, \alpha_m$, quae ut nova elementa classis positivae spectentur; posito*

$$\beta_i = b_1\frac{\partial a_1}{\partial \alpha_i}+b_2\frac{\partial a_2}{\partial \alpha_i}+\cdots+b_m\frac{\partial a_m}{\partial \alpha_i},$$

erit

$$dV = -\Omega dt+\beta_1 d\alpha_1+\beta_2 d\alpha_2+\cdots+\beta_m d\alpha_m.$$

Unde considerari debent quantitates β_i ut nova elementa alterius classis, eritque elementum β_i ipsi α_i conjugatum, sive erit:

$$\frac{\partial \Omega}{\partial \beta_i} = \frac{d\alpha_i}{dt}, \quad \frac{\partial \Omega}{\partial \alpha_i} = -\frac{d\beta_i}{dt}.$$

In Propositione praecedente loco a_i, α_i ponere licet $-b_i$, $-\beta_i$ simulque loco b_i, β_i ponere a_i, α_i. Unde fluit altera Propositio, *expressis b_i per alia elementa β_i, elementa classis positivae, ipsis β_i coniugata, fieri*

$$\alpha_i = a_1\frac{\partial b_1}{\partial \beta_i}+a_2\frac{\partial b_2}{\partial \beta_i}+\cdots+a_m\frac{\partial b_m}{\partial \beta_i}.$$

Si hunc transformationis modum una cum illo, qui sola mutatione signi unius seu plurium elementorum efficitur, vicissim iterum iterumque adhibes, iam hac via simplicissima ex uno systemate elementorum canonico diversissima alia deducere licet.

Ut per methodum generalem supra traditam eruatur transformatio illa simplicissima, qua bina elementa coniugata, ex. gr. a_1 et b_1, alterum in alterius classem transeunt, statuatur

$$V_0 = a_1\alpha_1, \quad b_1 = \frac{\partial V_0}{\partial a_1} = \alpha_1;$$

erit

$$d(V-V_0) = -\Omega dt - a_1 d\alpha_1 + b_2 da_2+\cdots+b_m da_m,$$

quae docet aequatio, si loco ipsius a_1 introducatur $\alpha_1 = b_1$, elementum coniugatum, quod erat b_1, fieri $-a_1$, q. d. e.

Transformationes antecedentes, variabili t et ipsa mutata, ad summam generalitatem perducuntur.

61.

In §§. 57, 59 transformationum aequationum differentialium partialium generalitatem eo restrinximus, quod unam variabilium independentium immutatam reliquimus. Quam restrictionem si missam facimus, ita agendum est.

Sit rursus

$$dV_1 = -f_1 dt + p_1 dq_1 + p_2 dq_2 + \cdots + p_m dq_m$$

atque V functio arbitraria ipsarum $q_1, q_2, \ldots, q_m, t$ atque novarum $a_1, a_2, \ldots, a_m, \tau$: fit aequatio transformata

$$d(V_1 - V) = -\frac{\partial V}{\partial \tau} d\tau + b_1 da_1 + b_2 da_2 + \cdots + b_m da_m,$$

siquidem statuitur:

$$\frac{\partial V}{\partial t} = -f_1, \quad \frac{\partial V}{\partial q_1} = p_1, \quad \frac{\partial V}{\partial q_2} = p_2, \quad \ldots, \quad \frac{\partial V}{\partial q_m} = p_m,$$
$$\frac{\partial V}{\partial a_1} = -b_1, \quad \frac{\partial V}{\partial a_2} = -b_2, \quad \ldots, \quad \frac{\partial V}{\partial a_m} = -b_m.$$

Ex his aequationibus determinandae sunt $t, q_1, q_2, \ldots, q_m$ per $a_1, a_2, \ldots, a_m, b_1, b_2, \ldots, b_m, \tau$, atque valores eruti substituendi in expressione $\frac{\partial V}{\partial \tau}$, quo facto erit

$$d(V_1 - V) = -\frac{\partial V}{\partial \tau} d\tau + b_1 da_1 + b_2 da_2 + \cdots + b_m da_m$$

aequatio transformata. Si in modum §. 59 introducuntur aequationes $F = 0$, $\Phi = 0, \ldots$ inter ipsas $q_1, q_2, \ldots, q_m, t, a_1, a_2, \ldots, a_m, \tau$, nil in praecedentibus mutabitur, nisi quod loco ipsius V ponendum sit $V - \lambda_1 F - \lambda_2 \Phi - \cdots$, cuius expressionis differentialia partialia multiplicatorum $\lambda_1, \lambda_2, \ldots$ non continent differentialia, ut quae in expressiones $F, \Phi, \ldots$ evanescentes ducta sunt.

Ut e Propositione praecedente generaliore deducatur casus, quo variabilis independens t immutata manet, scribatur in locum ipsius V expressio

$$V + (\tau - t) f_1,$$

designante V functionem ab ipsa t vacuam. Quo facto aequatio

$$\frac{\partial V}{\partial t} = -f_1$$

abit in

$$(\tau - t)\frac{\partial f_1}{\partial t} = 0,$$

unde deducitur

$$\tau = t.$$

Reiectis igitur post differentiationes factas terminis in $\tau - t$ ductis ut evanescentibus, mutato V in $V+(\tau-t)f_1$, abit $\frac{\partial V}{\partial \tau}$ in $\frac{\partial V}{\partial \tau}+f_1$, differentialia $\frac{\partial V}{\partial q_i}$, $\frac{\partial V}{\partial a_i}$ non mutantur. Unde si postremo t loco τ scribitur, facile patet, quomodo e praecedente Propositione generaliore deducantur eae, quae §§. antecedentibus traditae sunt.

Si aequatio differentialis partialis proposita ipsam functionem quaesitam V_1 continet, ita agendum est. Sit

$$dV = -fdt+p_1dq_1+p_2dq_2+\cdots+p_mdq_m,$$

atque contineat f praeter variabiles t, q_1, q_2, $\ldots$, q_m, p_1, p_2, $\ldots$, p_m adhuc ipsam V; assumatur ipsarum V, t, q_1, q_2, $\ldots$, q_m, a_1, a_2, $\ldots$, a_m, τ functio quaelibet W; erit

$$dW = \frac{\partial W}{\partial \tau}d\tau+b_1da_1+b_2da_2+\cdots+b_mda_m,$$

siquidem statuitur:

$$\frac{\partial W}{\partial t} = \frac{\partial W}{\partial V}f,\quad \frac{\partial W}{\partial q_1} = -\frac{\partial W}{\partial V}p_1,\quad \frac{\partial W}{\partial q_2} = -\frac{\partial W}{\partial V}p_2,\quad \ldots,\quad \frac{\partial W}{\partial q_m} = -\frac{\partial W}{\partial V}p_m,$$
$$\frac{\partial W}{\partial a_1} = b_1,\quad \frac{\partial W}{\partial a_2} = b_2,\quad \ldots,\quad \frac{\partial W}{\partial a_m} = b_m.$$

Ex his $2m+1$ aequationibus, advocata ipsa functionis W expressione ex arbitrio assumta, determinandae sunt V, t, q_1, q_2, $\ldots$, q_m, p_1, p_2, $\ldots$, p_m per W, τ, a_1, a_2, $\ldots$, a_m, b_1, b_2, $\ldots$, b_m, ac valores inventi in expressione ipsius $\frac{\partial W}{\partial \tau}$ substituendi, quo facto aequatio differentialis praecedens erit aequatio transformata. Si inter ipsas V, t, q_1, q_2, $\ldots$, q_m, τ, a_1, a_2, $\ldots$, a_m aequationes $F=0$, $\Phi=0$, $\ldots$ locum habere statuis, tantum necesse est, ut in praecedentibus loco ipsius W ponatur $W+\lambda_1F+\lambda_2\Phi+\cdots$.

Haec sunt maxime generalia, quae de transformatione aequationum differentialium partialium primi ordinis inter numerum quemcunque variabilium praecipere licet.

Agitur de usu integralis cuiuslibet systematis aequationum differentialium vulgarium, quod non eam in seriem integralium redeat, quam methodus supra proposita sibi poscat.

62.

Adnotavi supra §. 56, si principium conservationis arearum respectu certi cuiusdam plani locum habeat, unam variabilem cum eius differentiali prorsus ex aequationibus differentialibus abire, ideoque ordinem differentiationum unitatibus duabus diminui; idem vero, quod pro uno integrali illo fit, non evenire pro secundo et tertio integrali, quod datur, si principium conservationis arearum respectu *cuiuslibet* plani locum habet. Quaeramus iam, quemnam alium usum e tribus illis integralibus percipere liceat in ea integrationis via, quam supra proposuimus. Eum in finem antemitto has considerationes generales. Antea autem processum generalem integrationum, qualis e supra traditis habetur, paucis repetam.

Proposita integratione aequationum differentialium

$$dq_1 : dq_2 : \cdots : dq_m : dp_1 : dp_2 : \cdots : dp_m$$
$$= \frac{\partial f}{\partial p_1} : \frac{\partial f}{\partial p_2} : \cdots : \frac{\partial f}{\partial p_m} : -\frac{\partial f}{\partial q_1} : -\frac{\partial f}{\partial q_2} : \cdots : -\frac{\partial f}{\partial q_m},$$

in quibus f est data functio ipsarum $q_1, q_2, \ldots, q_m, p_1, p_2, \ldots, p_m$, e praeceptis supra traditis ita agendum erat.

Integrale *primum* sponte habetur per aequationem

$$f = a,$$

in qua a est constans arbitraria. Integrale *secundum* habetur $H_1 = a_1$, si datur functio H_1, quae identice satisfacit aequationi

$$(1) \quad 0 = [H_1, f],$$

siquidem semper statuitur

$$[\varphi, \psi] = \frac{\partial \varphi}{\partial q_1}\frac{\partial \psi}{\partial p_1} + \frac{\partial \varphi}{\partial q_2}\frac{\partial \psi}{\partial p_2} + \cdots + \frac{\partial \varphi}{\partial q_m}\frac{\partial \psi}{\partial p_m}$$
$$- \frac{\partial \varphi}{\partial p_1}\frac{\partial \psi}{\partial q_1} - \frac{\partial \varphi}{\partial p_2}\frac{\partial \psi}{\partial q_2} - \cdots - \frac{\partial \varphi}{\partial p_m}\frac{\partial \psi}{\partial q_m}.$$

Iam e praeceptis traditis non integrale tertium quodcunque investigandum est seu functio H_2, quaecunque satisfaciat aequationi

$$[H_2, f] = 0,$$

sed eiusmodi functio H_2, quae duabus simul satisfaciat aequationibus

$$(2) \quad [H_2, f] = 0, \quad [H_2, H_1] = 0.$$

Deinde investiganda erit functio H_3, quae tribus aequationibus

$$[H_3, f] = 0, \quad [H_3, H_1] = 0, \quad [H_3, H_2] = 0,$$

functio H_4, quae quatuor aequationibus

$$[H_4, f] = 0, \quad [H_4, H_1] = 0, \quad [H_4, H_2] = 0, \quad [H_4, H_3] = 0,$$

etc. etc., denique functio H_{m-1}, quae $m-1$ aequationibus

$$[H_{m-1}, f] = 0, \quad [H_{m-1}, H_1] = 0, \quad \ldots, \quad [H_{m-1}, H_{m-2}] = 0$$

satisfaciat. His inventis functionibus, integratio completa aequationum differentialium propositarum ad meras quadraturas revocata erat. Scilicet sunt m integralia aequationum differentialium propositarum ipsae aequationes

$$f = a, \quad H_1 = a_1, \quad H_2 = a_2, \quad \ldots, \quad H_{m-1} = a_{m-1},$$

e quibus deinde si determinantur $p_1, p_2, \ldots, p_m$ per $q_1, q_2, \ldots, q_m$, habentur $m-1$ reliqua integralia per formulas:

$$\int\left\{\frac{\partial p_1}{\partial a_1} dq_1 + \frac{\partial p_2}{\partial a_1} dq_2 + \cdots + \frac{\partial p_m}{\partial a_1} dq_m\right\} + b_1 \quad = 0,$$
$$\int\left\{\frac{\partial p_1}{\partial a_2} dq_1 + \frac{\partial p_2}{\partial a_2} dq_2 + \cdots + \frac{\partial p_m}{\partial a_2} dq_m\right\} + b_2 \quad = 0,$$
$$\cdots\cdots\cdots\cdots\cdots$$
$$\int\left\{\frac{\partial p_1}{\partial a_{m-1}} dq_1 + \frac{\partial p_2}{\partial a_{m-1}} dq_2 + \cdots + \frac{\partial p_m}{\partial a_{m-1}} dq_m\right\} + b_{m-1} = 0,$$

in quibus expressiones sub signo sunt differentialia completa, quorum igitur integratio nonnisi quadraturas poscit. Quantitates $a, a_1, \ldots, a_{m-1}, b_1, b_2, \ldots, b_{m-1}$ sunt constantes arbitrariae.

Aequationes, quibus functio H_i definitur, ex iis, quae supra §. 32 demonstravi, variis modis transformare licet. Scilicet in aequationibus

$$[H_i, f] = 0, \quad [H_i, H_1] = 0, \quad \ldots, \quad [H_i, H_{i-1}] = 0$$

loco functionum $f, H_1, H_2, \ldots, H_{i-1}$ alias quascunque ponere licet, in quas illae ope aequationum $f = a$, $H_1 = a_1$, $H_2 = a_2$, $\ldots$, $H_{i-1} = a_{i-1}$ transformari possunt; nec non supponere licet, ope harum aequationum e functione quaesita H_i eliminatas esse quantitates $p_1, p_2, \ldots, p_i$. Statuatur, ope earundem aequationum eliminatas esse $p_1, p_2, \ldots, p_i$ ex ipsa f omnes praeter p_1, ex ipsa H_1 omnes praeter p_2, $\ldots$, ex ipsa H_{i-1} omnes praeter p_i, singulis aequationibus $f = a$, $H_1 = a_1$, $\ldots$, $H_{i-1} = a_{i-1}$ in singulis eliminationibus efficiendis respective reiectis. Tum aequationes, quibus H_i satisfacere debet, hae fiunt:

$$0 = [H_i, f] = \frac{\partial H_i}{\partial q_1}\frac{\partial f}{\partial p_1} + \frac{\partial H_i}{\partial q_{i+1}}\frac{\partial f}{\partial p_{i+1}} + \cdots + \frac{\partial H_i}{\partial q_m}\frac{\partial f}{\partial p_m}$$
$$- \frac{\partial H_i}{\partial p_{i+1}}\frac{\partial f}{\partial q_{i+1}} - \cdots - \frac{\partial H_i}{\partial p_m}\frac{\partial f}{\partial q_m},$$

$$0 = [H_i, H_1] = \frac{\partial H_i}{\partial q_2}\frac{\partial H_1}{\partial p_2} + \frac{\partial H_i}{\partial q_{i+1}}\frac{\partial H_1}{\partial p_{i+1}} + \cdots + \frac{\partial H_i}{\partial q_m}\frac{\partial H_1}{\partial p_m}$$
$$- \frac{\partial H_i}{\partial p_{i+1}}\frac{\partial H_1}{\partial q_{i+1}} - \cdots - \frac{\partial H_i}{\partial p_m}\frac{\partial H_1}{\partial q_m},$$

. . . .

$$0 = [H_i, H_{i-1}] = \frac{\partial H_i}{\partial q_i}\frac{\partial H_{i-1}}{\partial p_i} + \frac{\partial H_i}{\partial q_{i+1}}\frac{\partial H_{i-1}}{\partial p_{i+1}} + \cdots + \frac{\partial H_i}{\partial q_m}\frac{\partial H_{i-1}}{\partial p_m}$$
$$- \frac{\partial H_i}{\partial p_{i+1}}\frac{\partial H_{i-1}}{\partial q_{i+1}} - \cdots - \frac{\partial H_i}{\partial p_m}\frac{\partial H_{i-1}}{\partial q_m}.$$

Sit e $f = \alpha$ ipsa p_1, e $H_1 = a_1$ ipsa $p_2, \ldots,$ e $H_{i-1} = a_{i-1}$ ipsa p_i expressa per $p_{i+1}, p_{i+2}, \ldots, p_m, q_1, q_2, \ldots, q_m$; possunt aequationes praecedentes sic quoque exhiberi:

$$\frac{\partial H_i}{\partial q_1} = \frac{\partial p_1}{\partial p_{i+1}}\frac{\partial H_i}{\partial q_{i+1}} + \cdots + \frac{\partial p_1}{\partial p_m}\frac{\partial H_i}{\partial q_m}$$
$$- \frac{\partial p_1}{\partial q_{i+1}}\frac{\partial H_i}{\partial p_{i+1}} - \cdots - \frac{\partial p_1}{\partial q_m}\frac{\partial H_i}{\partial p_m},$$

$$\frac{\partial H_i}{\partial q_2} = \frac{\partial p_2}{\partial p_{i+1}}\frac{\partial H_i}{\partial q_{i+1}} + \cdots + \frac{\partial p_2}{\partial p_m}\frac{\partial H_i}{\partial q_m}$$
$$- \frac{\partial p_2}{\partial q_{i+1}}\frac{\partial H_i}{\partial p_{i+1}} - \cdots - \frac{\partial p_2}{\partial q_m}\frac{\partial H_i}{\partial p_m},$$

. . . .

$$\frac{\partial H_i}{\partial q_i} = \frac{\partial p_i}{\partial p_{i+1}}\frac{\partial H_i}{\partial q_{i+1}} + \cdots + \frac{\partial p_i}{\partial p_m}\frac{\partial H_i}{\partial q_m}$$
$$- \frac{\partial p_i}{\partial q_{i+1}}\frac{\partial H_i}{\partial p_{i+1}} - \cdots - \frac{\partial p_i}{\partial q_m}\frac{\partial H_i}{\partial p_m}.$$

Hae sunt aequationes (*d*) §. 17, quarum docui supra integrationem simultaneam §§. 19, 20, primum quaerens functionem, quae aequationi primae, deinde, quae duabus primis, deinde, quae tribus primis etc. satisfaciat. Sed interdum fieri potest, ut alia via determinandi functionem H_i commodius ineatur, cuius rei exemplum simplicissimum prodam.

63.

Integratio simultanea binarum aequationum in theoria praecedente primum obvenit in investigatione functionis H_2, quippe quae duabus aequationibus

$$[H_2, f] = 0, \quad [H_2, H_1] = 0$$

simul satisfacere debet. E §. antec. hae duae aequationes ope integralium iam inventorum $f = a$, $H_1 = a_1$ in duas alias transformandae sunt. Sed statuamus, aequationum differentialium propositarum praeter duo integralia illa $f = a$, $H_1 = a_1$ haberi tertium

$$\varphi = \text{Const.},$$

ita ut identice sit

$$[\varphi, f] = 0,$$

transformatio illa non adhibenda, sed haec investigandae ipsius H_2 ineunda via est.

Si habetur $[\varphi, H_1] = 0$, statui potest $H_2 = \varphi$, neque igitur ulteriore disquisitione opus est. Casum, quo $[\varphi, H_1]$ in valorem numericum, ex. gr. ± 1, redit, sive generalius in functionem ipsarum f, H, in sequentibus excludemus, quippe quo methodum supra traditam retinere convenit neque tertii integralis inventi usus erit. Quibus suppositis, poterit sequente methodo e functione φ alia H_2 derivari, pro qua, sicuti pro ipsa φ, sit $[H_2, f] = 0$, simul vero etiam $[H_2, H_1] = 0$. Ponamus:

$$[\varphi, H_1] = A_1, \quad [A_1, H_1] = A_2, \quad [A_2, H_1] = A_3, \quad \ldots,$$

quae eo usque continuanda est novarum functionum formatio, donec perveniatur ad functionem $[A_{k-1}, H_1] = A_k$, quae antecedentium f, H_1, φ, A_1, A_2, $\ldots$, A_{k-1} functio est

$$A_k = \Psi(f, H_1, \varphi, A_1, A_2, \ldots, A_{k-1}),$$

quae functio praeterea e variabilibus q_i, p_i nullam involvat. Sit F functio alia quaecunque earundem quantitatum f, H_1, φ, A_1, A_2, $\ldots$, A_{k-1}, dico *primum*, haberi identice

$$[F, f] = 0.$$

Etenim ex aequatione identica generali (Theor. V §. 26)

$$[[\psi, f], H_1] + [[f, H_1], \psi] + [[H_1, \psi], f] = 0$$

sequitur casu nostro, quo $[f, H_1] = 0$, aequatio:

$$[[\psi, f], H_1] + [[H_1, \psi], f] = 0.$$

In qua si loco ψ successive ponitur φ, A_1, A_2, A_3, $\ldots$, sequuntur, quum etiam sit ex hypothesi $[\varphi, f] = 0$, alia ex alia aequationes

$$[A_1, f] = 0, \quad [A_2, f] = 0, \quad \ldots, \quad [A_{k-1}, f] = 0.$$

Porro fit

$$[F,f] = \frac{\partial F}{\partial f}[f,f] + \frac{\partial F}{\partial H_1}[H_1,f] + \frac{\partial F}{\partial \varphi}[\varphi,f] + \frac{\partial F}{\partial A_1}[A_1,f] + \cdots + \frac{\partial F}{\partial A_{k-1}}[A_{k-1},f].$$

Unde, quum expressiones in singula differentialia partialia ipsius F multiplicatae identice evanescant, fit $[F,f]=0$, q. d. e.

Habetur secundo loco:

$$[F, H_1] = \frac{\partial F}{\partial f}[f, H_1] + \frac{\partial F}{\partial H_1}[H_1, H_1] + \frac{\partial F}{\partial \varphi}[\varphi, H_1]$$
$$+ \frac{\partial F}{\partial A_1}[A_1, H_1] + \cdots + \frac{\partial F}{\partial A_{k-1}}[A_{k-1}, H_1],$$

sive, quum sit

$$[f, H_1] = [H_1, H_1] = 0,$$
$$[\varphi, H_1] = A_1, \quad [A_1, H_1] = A_2, \quad \ldots, \quad [A_{k-1}, H_1] = A_k = \Psi,$$

habetur

$$[F, H_1] = \frac{\partial F}{\partial \varphi} A_1 + \frac{\partial F}{\partial A_1} A_2 + \cdots + \frac{\partial F}{\partial A_{k-2}} A_{k-1} + \frac{\partial F}{\partial A_{k-1}} \Psi.$$

Unde eruitur functio F, quae duabus aequationibus

$$[F, f] = 0, \quad [F, H_1] = 0$$

simul satisfacit, si ea indagatur ipsarum φ, A_1, A_2, ..., A_{k-1} functio F, quae identice efficiat

$$\frac{\partial F}{\partial \varphi} A_1 + \frac{\partial F}{\partial A_1} A_2 + \cdots + \frac{\partial F}{\partial A_{k-2}} A_{k-1} + \frac{\partial F}{\partial A_{k-1}} \Psi = 0,$$

qua in aequatione Ψ est data ipsarum φ, A_1, A_2, ..., A_{k-1} functio. Ipsae f, H_1 in hac investigatione tamquam constantes considerari possunt, quippe secundum quas functio quaesita F non differentiatur. Qua de re in Ψ loco f, H_1 etiam earum valores constantes a, a_1 ponere licet.

Per regulas notas habetur F, si $F = \text{Constans}$ est integrale aequationum

$$d\varphi : dA_1 : dA_2 : \ldots : dA_{k-2} : dA_{k-1}$$
$$= A_1 : A_2 : A_3 : \ldots : A_{k-1} : \Psi,$$

quod systema locum tenet unius aequationis differentialis ordinis $(k-1)^{\text{ti}}$ inter duas variabiles. Quam, si introducitur elementum $d\tau$, etiam per hanc aequationem k^{ti} ordinis repraesentare licet:

$$\frac{d^k \varphi}{d\tau^k} = \Psi,$$

siquidem in expressione ipsius Ψ loco ipsarum A_1, A_2, ..., A_{k-1} ponitur

$\frac{d\varphi}{d\tau}, \frac{d^2\varphi}{d\tau^2}, \ldots, \frac{d^{k-1}\varphi}{d\tau^{k-1}}$, cuius aequationis si $F = \text{Const.}$ est integrale, invenitur functio quaesita H_2, si in F loco ipsarum $\frac{d\varphi}{d\tau}, \frac{d^2\varphi}{d\tau^2}, \ldots, \frac{d^{k-1}\varphi}{d\tau^{k-1}}$ restituuntur valores $A_1, A_2, \ldots, A_{k-1}$. In hac quaestione usui est, quod, *quantus sit ordo aequationis differentialis, cuius integrale unum inveniri debet ad determinandam functionem $H_2 = F$, totidem e duobus integralibus $H_1 = a_1$, $\varphi = Const.$ integralia nova aequationum differentialium propositarum derivare liceat.* Vidimus enim, si $k-1$ iste ordo sit, haberi integralia nova

$$A_1 = \text{Const.}, \quad A_2 = \text{Const.}, \quad \ldots, \quad A_{k-1} = \text{Const.},$$

quae a se et a tribus integralibus datis independentia sunt. Qua re altioris integrationis incommodum quodammodo compensatur.

Patet antecedentibus, etsi integrale $\varphi = \text{Const.}$ non id sit, quod in serie integralium secundum methodum a me propositam successive investigandorum ut integrale tertium adhiberi possit, eius integralis tamen cognitionem investigationem tertii integralis $H_2 = \text{Const.}$ plurimum adjuvare, siquidem expressio $[H_1, \varphi]$ non in numerum redit alium atque zero, neque in ipsarum f, H_1 functionem.

Praecedentia applicantur ad investigandum usum trium integralium, quae conservationem arearum concernunt, in aequationibus dynamicis secundum methodum supra propositam integrandis.

64.

Praemissis considerationibus praecedentibus generalibus, revertor ad propositum; quaerimus enim usum, quem in integratione nostra percipere liceat e tribus integralibus, quae principium conservationis arearum concernunt. In applicationibus ad Dynamicam est $f = a$ aequatio, qua principium conservationis virium vivarum continetur. Sint $H_1 = a_1$, $\varphi = \text{Const.}$ aequationes binae e tribus, quae principium arearum constituunt, sive, tribus expressionibus

$$\Sigma m_i\left(y_i\frac{dz_i}{dt} - z_i\frac{dy_i}{dt}\right), \quad \Sigma m_i\left(z_i\frac{dx_i}{dt} - x_i\frac{dz_i}{dt}\right), \quad \Sigma m_i\left(x_i\frac{dy_i}{dt} - y_i\frac{dx_i}{dt}\right)$$

exhibitis per quantitates $q_1, q_2, \ldots, q_m, p_1, p_2, \ldots, p_m$, sit

$$\Sigma m_i\left(y_i\frac{dz_i}{dt} - z_i\frac{dy_i}{dt}\right) = \varphi,$$

$$\Sigma m_i\left(z_i\frac{dx_i}{dt} - x_i\frac{dz_i}{dt}\right) = \psi,$$

$$\Sigma m_i\left(x_i\frac{dy_i}{dt} - y_i\frac{dx_i}{dt}\right) = H_1.$$

Demonstravi supra §. 51 (4), haberi

$$[\varphi, \psi] = H_1, \quad [\psi, H_1] = \varphi, \quad [H_1, \varphi] = \psi.$$

Hinc secundum praecepta §. antec. tradita, si statuitur $[\varphi, H_1] = A_1$, $[A_1, H_1] = A_2$, fit $A_1 = -\psi$, $A_2 = -\varphi$, ideoque $k = 2$, $A_k = \Psi = -\varphi$.

Ponendum jam est

$$d\varphi : dA_1 = A_1 : A_2,$$

sive

$$d\varphi : -d\psi = -\psi : -\varphi,$$

sive

$$\varphi d\varphi + \psi d\psi = 0,$$

cuius aequationis habetur integrale:

$$H_2 = \varphi\varphi + \psi\psi = \text{Const.}.$$

Casu igitur proposito aequatio differentialis, cuius integrale inveniri debebat ad determinandam H_2, tantum *primum* ordinem ascendebat, eratque aequationum differentialium propositarum *unum* tantum integrale novum $\psi = \text{Const.}$, quod e dato $\varphi = \text{Const.}$ derivari poterat. Aequatio illa primi ordinis quum sine negotio integrata sit, habemus, si tria integralia principii arearum locum habent, duas functiones H_1, H_2, quae identice satisfaciunt aequationibus:

$$[f, H_1] = 0, \quad [f, H_2] = 0, \quad [H_1, H_2] = 0.$$

Loco H_2 etiam aliam quamlibet functionem ipsarum f, H_1, H_2 ponere licet, ex. gr. functionem

$$H_2 = \sqrt{H_1 H_1 + \varphi\varphi + \psi\psi},$$

quae plerumque commodiores formulas suppeditat. Invento quolibet integrali $H_i = \text{Const.}$ in serie integralium secundum methodum propositam investigandorum, supra vidimus §. 22, ordinem systematis aequationum differentialium, quae integrandae restant, unitatibus duabus diminui. Hinc, introducto uno integrali $H_2 = \text{Const.}$ in locum duorum $\varphi = \text{Const.}$, $\psi = \text{Const.}$, nihil nos profecisse videri potest, quum etiam duobus integralibus *quibuscunque* inventis aequationum differentialium propositarum ordo duabus unitatibus diminuatur. Sed hoc interest discrimen, quod introducto uno integrali $H_2 = \text{Const.}$ methodum nostram integrationum adhibere liceat, qua quolibet novo integrali $H_i = \text{Const.}$ invento ordo differentiationum duabus unitatibus diminuitur. Sed melius adhuc methodi propositae indoles his considerationibus perspicitur.

Demonstravi supra §. 56 modo particulari, quod etiam e theoria proposita generali peti poterat, quoties unum integrale

$$H_1 = \Sigma m_i \left(x_i \frac{dy_i}{dt} - y_i \frac{dx_i}{dt} \right) = \Sigma m_i r_i^2 \frac{dv_i}{dt}$$

locum habeat, ope huius integralis unam variabilem v_n una cum eius differentiali $\frac{dv_n}{dt}$ ex aequationibus differentialibus propositis prorsus abire, unde ordo differentiationum duabus unitatibus minuitur. Scilicet posito $v_i = u_i + v_n$ et eliminata $\frac{dv_n}{dt}$ ope aequationis praecedentis, variabilium $v_1, v_2, \ldots, v_n$ eorumque differentialium solae differentiae u_i, $\frac{du_i}{dt}$ in aequationibus differentialibus propositis remanent. At ne hoc, quod ea ratione lucramur, commodum rursus perdamus, necesse est, ut ad reductionem ulteriorem ordinis differentiationum ea tantum adhibeamus integralia, quae et ipsa variabilium $v_1, v_2, \ldots, v_n$ non nisi differentias continent. Id quod in integralibus duobus reliquis, quae ad principium conservationis arearum pertinent,

$$\varphi = \text{Const.}, \quad \psi = \text{Const.},$$

in quibus

$$\varphi = \Sigma m_i\left(y_i\frac{dz_i}{dt} - z_i\frac{dy_i}{dt}\right) = \Sigma m_i\left\{\ \sin v_i\left(r_i\frac{dz_i}{dt} - z_i\frac{dr_i}{dt}\right) - z_i r_i \cos v_i\frac{dv_i}{dt}\right\},$$

$$\psi = \Sigma m_i\left(z_i\frac{dx_i}{dt} - x_i\frac{dz_i}{dt}\right) = \Sigma m_i\left\{-\cos v_i\left(r_i\frac{dz_i}{dt} - z_i\frac{dr_i}{dt}\right) - z_i r_i \sin v_i\frac{dv_i}{dt}\right\},$$

locum non habet. Qua de re pro his duobus integralibus certa eorum combinatio adhibenda est, in qua angulorum $v_1, v_2, \ldots, v_n$ non nisi differentiae obveniunt. Cuiusmodi combinatio est aequatio

$$\varphi\varphi + \psi\psi = \text{Const.}.$$

Habetur enim, designante e basin logarithmorum naturalium,

$$\psi + \varphi\sqrt{-1} = \Sigma m_i e^{-v_i\sqrt{-1}}\left\{z_i\frac{dr_i}{dt} - r_i\frac{dz_i}{dt} - \sqrt{-1}\,.\,z_i r_i\frac{dv_i}{dt}\right\},$$

$$\psi - \varphi\sqrt{-1} = \Sigma m_k e^{+v_k\sqrt{-1}}\left\{z_k\frac{dr_k}{dt} - r_k\frac{dz_k}{dt} + \sqrt{-1}\,.\,z_k r_k\frac{dv_k}{dt}\right\},$$

sive, posito

$$z_i = \varrho_i\cos\eta_i, \quad r_i = \varrho_i\sin\eta_i,$$

habetur:

$$\psi + \varphi\sqrt{-1} = \Sigma m_i e^{-v_i\sqrt{-1}}\varrho_i^2\left\{\frac{d\eta_i}{dt} - \sqrt{-1}\,.\cos\eta_i\sin\eta_i\frac{dv_i}{dt}\right\},$$

$$\psi - \varphi\sqrt{-1} = \Sigma m_k e^{+v_k\sqrt{-1}}\varrho_k^2\left\{\frac{d\eta_k}{dt} + \sqrt{-1}\,.\cos\eta_k\sin\eta_k\frac{dv_k}{dt}\right\};$$

unde

$$\psi\psi+\varphi\varphi$$

$$=\Sigma m_i m_k e^{-(v_i-v_k)\sqrt{-1}}\varrho_i^2\varrho_k^2\left\{\frac{d\eta_i}{dt}-\sqrt{-1}.\cos\eta_i\sin\eta_i\frac{dv_i}{dt}\right\}\left\{\frac{d\eta_k}{dt}+\sqrt{-1}.\cos\eta_k\sin\eta_k\frac{dv_k}{dt}\right\},$$

ipsis i et k in summa duplici praecedente tributis valoribus $1, 2, \ldots, n$, siquidem rursus n est numerus punctorum materialium, quorum motus determinandus proponitur. Quam summam patet ipsarum $v_1, v_2, \ldots, v_n$ solas differentias continere. Quae ut etiam ipsarum $\frac{dv_1}{dt}, \frac{dv_2}{dt}, \ldots, \frac{dv_n}{dt}$ solas differentias contineat, facile efficitur adiumento aequationis

$$H_1=\Sigma m_i r_i^2\frac{dv_i}{dt}=\Sigma m_i\varrho_i^2\sin^2\eta_i\frac{dv_i}{dt}=\text{Const.}.$$

Imaginariis eiectis, aequatio praecedens in hanc abit:

$$\psi\psi+\varphi\varphi=\Sigma m_i m_k\cos(v_i-v_k)\varrho_i^2\varrho_k^2\left\{\frac{d\eta_i}{dt}\frac{d\eta_k}{dt}+\tfrac{1}{4}\sin 2\eta_i\sin 2\eta_k\frac{dv_i}{dt}\frac{dv_k}{dt}\right\}$$

$$+\Sigma m_i m_k\sin(v_i-v_k)\varrho_i^2\varrho_k^2\left\{\tfrac{1}{2}\sin 2\eta_k\frac{d\eta_i}{dt}\frac{dv_k}{dt}-\tfrac{1}{2}\sin 2\eta_i\frac{d\eta_k}{dt}\frac{dv_i}{dt}\right\},$$

quam data occasione adnotare placet formulam.

Quum antecedentibus casu proposito pateat, in ipsa integratione aequationum differentialium propositarum in locum duorum integralium $\varphi=\text{Const.}$, $\psi=\text{Const.}$ adhibendam esse unicum $\varphi\varphi+\psi\psi=\text{Const.}$, quaeritur, quinam usus sit integralis $\varphi=\text{Const.}$ sive $\psi=\text{Const.}$, quod praeter integrale hoc $\varphi\varphi+\psi\psi=\text{Const.}$ habetur. Cuius is est usus, quod eius integralis beneficio *quadraturae* supersedeatur. Sint enim $H_1=a_1$, $\varphi=\sqrt{a_2}\cos\beta$, $\psi=\sqrt{a_2}\sin\beta$ tria integralia, quae principium conservationis arearum constituunt, designantibus a_1, a_2, β constantes arbitrarias. Inventis omnibus aequationibus integralibus inter quantitates $r_i, u_i, z_i, \frac{dr_i}{dt}, \frac{du_i}{dt}, \frac{dz_i}{dt}$, invenitur $\frac{dv_n}{dt}$ ope aequationis

$$H_1=\Sigma m_i r_i^2\frac{dv_i}{dt}=a$$

per formulam supra traditam §. 56 (1):

$$\frac{dv_n}{dt}=\frac{a-\Sigma m_i r_i^2\frac{du_i}{dt}}{\Sigma m_i r_i^2}.$$

E qua formula per quadraturam valor ipsius v_n eruendus foret, cui tamen per aequationem $\varphi=\sqrt{a_2}\cos\beta$ sive $\psi=\sqrt{a_2}\sin\beta$ sive aliam ex iis conflatam supersedetur. Fit enim, advocatis ipsarum φ, ψ expressionibus supra traditis:

$$\varphi\cos v_n + \psi\sin v_n = \sqrt{a_2}\cos(v_n-\beta) = \Sigma m_i\left\{\sin u_i\left(r_i\frac{dz_i}{dt}-z_i\frac{dr_i}{dt}\right)-z_ir_i\cos u_i\frac{dv_i}{dt}\right\},$$

$$\varphi\sin v_n - \psi\cos v_n = \sqrt{a_2}\sin(v_n-\beta) = \Sigma m_i\left\{\cos u_i\left(r_i\frac{dz_i}{dt}-z_i\frac{dr_i}{dt}\right)+z_ir_i\sin u_i\frac{dv_i}{dt}\right\}.$$

Quarum aequationum alterutra post substitutionem valorum $\frac{dv_i}{dt} = \frac{du_i}{dt}+\frac{dv_n}{dt}$, qui iam pro datis habentur, determinatur v_n sine quadratura.

Demonstratur, quodvis problema mechanicum, pro quo principia conservationis virium vivarum et arearum valeant, atque in quo positio systematis a tribus tantum quantitatibus pendeat, ad quadraturas revocari.

65.

Considerationibus praecedentibus aestimari potest, quae methodo proposita lucramur, si in problemate mechanico praeter principium conservationis virium vivarum tria integralia locum habent, quae principium conservationis arearum concernunt. Systematis aequationum differentialium propositi

$$dq_1 : dq_2 : \ldots : dq_m : \quad dp_1 : \quad dp_2 : \ldots : \quad dp_m$$
$$= \frac{\partial f}{\partial p_1} : \frac{\partial f}{\partial p_2} : \ldots : \frac{\partial f}{\partial p_m} : -\frac{\partial f}{\partial q_1} : -\frac{\partial f}{\partial q_2} : \ldots : -\frac{\partial f}{\partial q_m}$$

est ordo $2m-1$, qui per integrale $f=a$ revocatur ad ordinem $2m-2$, ac per tria integralia principii arearum $H_1 = a_1$, $\varphi = \sqrt{a_2}\cos\beta$, $\psi = \sqrt{a_2}\sin\beta$ ad ordinem $2m-5$. Nam licet iam per duo integralia $f=a$, $H_1 = a_1$ aequationes propositae ad ordinem $2m-4$ revocentur, ponendo $v_i = v_n+u_i$ et eliminando differentiale $\frac{dv_n}{dt}$ ipsa v_n ex aequationibus differentialibus sponte abeunte, adnotavi tamen, ne ipsa v_n in aequationes differentiales redeat, loco integralium $\varphi = \sqrt{a_2}\cos\beta$, $\psi = \sqrt{a_2}\sin\beta$ unicum tantum $\varphi\varphi+\psi\psi = a_2$ adhiberi posse, ideoque tantum unitate ordo $2m-4$ adhuc diminuetur. At methodo nostra, qua integrale quodlibet datis considerationibus satisfaciens ordinem differentiationum unitatibus duabus diminuit, fit, ut duobus integralibus $H_1 = a_1$, $H_2 = a_2$ adhibitis, quippe pro quibus identice habetur

$$[H_1, f] = 0, \quad [H_2, f] = 0, \quad [H_1, H_2] = 0,$$

ordo $2m-2$ *revocetur ad ordinem* $2m-6$. Fluit igitur casu speciali, quo $m = 3$, e methodo tradita Propositio memorabilis:

Quodlibet problema mechanicum, pro quo principia conservationis virium vivarum et arearum locum habent, et in quo positio geometrica systematis tribus quantitatibus determinatur, ad quadraturas revocari potest.

Propositio praecedens paullum a gravitate sua eo amittit, quod, ni vehementer fallor, nullum extat problema mechanicum, pro quo dicta principia generalia locum habeant, et in quo positio systematis a tribus quantitatibus pendeat, praeter duo illa motus puncti versus centrum fixum attracti et rotationis corporis solidi nullis viribus sollicitati circa punctum eius fixum. Horum autem problematum solutio completa iam ex longo temporis intervallo inter Analystas constat. At posterioris certe problematis reductio ad quadraturas extolli solet ut pulcherrimus gloriae titulus, quem adepti sint Analystae decimi octavi saeculi, qui tamen aequationum differentialium integrationem perbene calluerunt. Et postea magnas laudes iustamque admirationem meruit Ill. Lagrange, qui istam ad quadraturas problematis reductionem vel sine advocatis axium principalium corporum proprietatibus, quibus Euleri analysis nitebatur, suscipere ausus fuerit; id quod pro splendida ac paene luxuriante artis manifestatione habeatur. Qua de re fortasse non displicebit Analystis, quod hic non tantum sine auxilio proprietatum axium principalium, sed adeo sine certa variabilium electione — quid? quod sine formatione aequationum differentialium problemati illi particularium reductio ad quadraturas efficiatur, nulla re in subsidium vocata, nisi quod in problemate assignato principia generalia mechanica valeant.

Operae pretium videtur, *simultaneam* duorum problematum mechanicorum, de quibus dixi, reductionem ad quadraturas, secundum methodum traditam generalem efficiendam, accuratius exponere. Si motus propositi perturbantur, eadem analysis sine ulteriore calculo differentialia elementorum perturbatorum suppeditat (§. 52).

Solutio simultanea problematis de motu puncti versus centrum fixum attracti atque problematis de rotatione corporis solidi nullis viribus sollicitati circa punctum fixum, una cum expressionibus differentialibus elementorum perturbatorum utriusque problematis.

66.

Eligatur modus quicunque, in altero problemate positionem puncti in spatio, in altero positionem corporis solidi circa punctum eius fixum determinandi, quod fit in utroque per quantitates tres, quas voco q_1, q_2, q_3. Sit $\frac{dq_1}{dt} = q_1'$, $\frac{dq_2}{dt} = q_2'$, $\frac{dq_3}{dt} = q_3'$, ac expressa semisumma virium vivarum T per q_1, q_2, q_3, q_1', q_2', q_3', sit

$$\frac{\partial T}{\partial q_1'} = p_1, \quad \frac{\partial T}{\partial q_2'} = p_2, \quad \frac{\partial T}{\partial q_3'} = p_3.$$

Ponamus, $H = a$ esse aequationem principium conservationis virium vivarum constituentem, atque $H_1 = a_1$, $\varphi = a_1'$, $\psi = a_1''$ esse tres aequationes, quae principium conservationis arearum repraesentant respectu trium planorum inter se orthogonalium, in altero problemate per centrum attractionis, in altero per punctum fixum corporis ductorum.

Quantitates a, a_1, a_1', a_1'' sunt constantes arbitrariae, quae ipsas functiones H, H_1, φ, ψ non afficiunt. Expressis H, H_1, $H_2 = \sqrt{H_1 H_1 + \varphi\varphi + \psi\psi}$ per quantitates q_1, q_2, q_3, p_1, p_2, p_3, atque ex aequationibus

$$H = a, \quad H_1 = a_1, \quad H_2 = a_2,$$

in quibus $a_2 = \sqrt{a_1 a_1 + a_1' a_1' + a_1'' a_1''}$, determinatis quantitatibus p_1, p_2, p_3 per q_1, q_2, q_3, est $p_1 dq_1 + p_2 dq_2 + p_3 dq_3$ differentiale completum, positoque

$$\int \{p_1 dq_1 + p_2 dq_2 + p_3 dq_3\} = V,$$

ac designantibus a, a_1, a_2, b, b_1, b_2 constantes arbitrarias, evadunt e §§. 33, 34 aequationes:

$$H = a, \quad H_1 = a_1, \quad H_2 = a_2,$$

$$\frac{\partial V}{\partial a} = \int \left\{ \frac{\partial p_1}{\partial a} dq_1 + \frac{\partial p_2}{\partial a} dq_2 + \frac{\partial p_3}{\partial a} dq_3 \right\} = t + b,$$

$$\frac{\partial V}{\partial a_1} = \int \left\{ \frac{\partial p_1}{\partial a_1} dq_1 + \frac{\partial p_2}{\partial a_1} dq_2 + \frac{\partial p_3}{\partial a_1} dq_3 \right\} = b_1,$$

$$\frac{\partial V}{\partial a_2} = \int \left\{ \frac{\partial p_1}{\partial a_2} dq_1 + \frac{\partial p_2}{\partial a_2} dq_2 + \frac{\partial p_3}{\partial a_2} dq_3 \right\} = b_2$$

integralia completa utriusque problematis propositi, eruntque tres aequationes postremae aequationes finitae problematum.

Si motus propositi perturbantur atque in problematibus perturbatis aequatio concernens principium conservationis virium vivarum fit

$$H + \Omega = \text{Const.},$$

sunt e §. 52 differentialia elementorum perturbatorum data per formulas:

$$\frac{da}{dt} = -\frac{\partial \Omega}{\partial b}, \quad \frac{da_1}{dt} = -\frac{\partial \Omega}{\partial b_1}, \quad \frac{da_2}{dt} = -\frac{\partial \Omega}{\partial b_2},$$

$$\frac{db}{dt} = \frac{\partial \Omega}{\partial a}, \quad \frac{db_1}{dt} = \frac{\partial \Omega}{\partial a_1}, \quad \frac{db_2}{dt} = \frac{\partial \Omega}{\partial a_2}.$$

Iam olim Ill. Poisson in Commentatione praeclara Actis Academiae Parisiensis anni 1816 inserta expressiones differentiales elementorum perturbatorum pro utroque problemate communi analysi investigari posse demonstravit. Sed ipsa problemata duo imperturbata eadem analysi hic primum, quantum credo, amplexus sum.

Iam certa variabilium electione facta formulas inventas pro altero problemate seorsim evolvam.

De motu puncti versus centrum fixum attracti secundum legem Neutonianam; formulae differentiales elementorum perturbatorum.

67.

Sint $\varrho\cos\eta$, $\varrho\sin\eta\cos v$, $\varrho\sin\eta\sin v$ coordinatae orthogonales puncti attracti, spectato centro fixo ut initio coordinatarum; posito $\frac{d\varrho}{dt}=\varrho'$, $\frac{dv}{dt}=v'$, $\frac{d\eta}{dt}=\eta'$, massaque corporis $=1$, fit, designante $\varkappa^2$ vim attractivam pro unitate distantiae:

$$(1)\quad \begin{cases} H\ = \frac{1}{2}\{\varrho'\varrho'+\varrho^2\eta'\eta'+\varrho^2\sin^2\eta.v'v'\}-\frac{\varkappa^2}{\varrho}=a, \\ H_1=\varrho^2\sin^2\eta.v'=a_1, \\ H_2=\{H_1H_1+\varphi\varphi+\psi\psi\}^{\frac{1}{2}}=\varrho^2\{\eta'\eta'+\sin^2\eta.v'v'\}^{\frac{1}{2}}=a_2. \end{cases}$$

Quae notae sunt formulae et facillime probantur. Quantitates ϱ, η, v hic sunt eaedem, quas §. antec. per q_1, q_2, q_3 denotavi. Fit porro

$$T=\tfrac{1}{2}\{\varrho'\varrho'+\varrho^2\eta'\eta'+\varrho^2\sin^2\eta.v'v'\},$$

unde

$$\frac{\partial T}{\partial\varrho'}=\varrho',\quad \frac{\partial T}{\partial\eta'}=\eta_1=\varrho^2\eta',\quad \frac{\partial T}{\partial v'}=v_1=\varrho^2\sin^2\eta.v'.$$

Quantitates ϱ', η_1, v_1 hic eaedem sunt atque §. antec. per p_1, p_2, p_3 denotatae.

Eliminata v', fit e (1):

$$a+\frac{\varkappa^2}{\varrho}=\tfrac{1}{2}\left\{\varrho'\varrho'+\varrho^2\eta'\eta'+\frac{a_1a_1}{\varrho^2\sin^2\eta}\right\},$$

$$a_2^2=\varrho^4\eta'\eta'+\frac{a_1a_1}{\sin^2\eta},$$

unde

$$(2)\quad \begin{cases} \varrho'=\left\{2\left(a+\frac{\varkappa^2}{\varrho}\right)-\frac{a_2^2}{\varrho^2}\right\}^{\frac{1}{2}}, \\ \eta_1=\varrho^2\eta'=\left\{a_2^2-\frac{a_1a_1}{\sin^2\eta}\right\}^{\frac{1}{2}}, \\ v_1\ =\varrho^2\sin^2\eta.v'=a_1. \end{cases}$$

His substitutis valoribus fit

$$(3)\quad \begin{cases} V=\int\{\varrho'd\varrho+\eta_1d\eta+v_1dv\} \\ \quad=\int\left\{2\left(a+\frac{\varkappa^2}{\varrho}\right)-\frac{a_2^2}{\varrho^2}\right\}^{\frac{1}{2}}d\varrho+\int\left\{a_2^2-\frac{a_1^2}{\sin^2\eta}\right\}^{\frac{1}{2}}d\eta+a_1v. \end{cases}$$

Hic non tantum patet, quod generaliter probavimus, expressionem

$$p_1 dq_1 + p_2 dq_2 + \cdots$$

differentiale exactum esse, sed ea, qua usi sumus, variabilium electione id effectum esse videmus, ut in expressione illa differentiali adeo variabiles separatae sint. Idem evenit pro lege attractionis quacunque, quae si exprimitur per functionem $-\frac{\partial f(\varrho)}{\partial \varrho}$, tantum opus est, ut in expressione ipsius V antecedente loco ipsius $\frac{\varkappa^2}{\varrho}$ ponatur $f(\varrho)$.

Ex aequatione (3) fluunt secundum praecepta §. antec. tradita integralia finita problematis:

$$(4) \quad t+b = \frac{\partial V}{\partial \alpha} = \int \frac{d\varrho}{\left\{2\left(\alpha+\frac{\varkappa^2}{\varrho}\right)-\frac{\alpha_2^2}{\varrho^2}\right\}^{\frac{1}{2}}},$$

$$(5) \quad b_1 = \frac{\partial V}{\partial \alpha_1} = -\int \frac{\alpha_1 d\eta}{\left\{\alpha_2^2-\frac{\alpha_1^2}{\sin^2\eta}\right\}^{\frac{1}{2}}\sin^2\eta}+v,$$

$$(6) \quad b_2 = \frac{\partial V}{\partial \alpha_2} = \alpha_2\int \frac{d\eta}{\left\{\alpha_2^2-\frac{\alpha_1^2}{\sin^2\eta}\right\}^{\frac{1}{2}}} - \alpha_2\int \frac{1}{\left\{2\left(\alpha+\frac{\varkappa^2}{\varrho}\right)-\frac{\alpha_2^2}{\varrho^2}\right\}^{\frac{1}{2}}}\cdot\frac{d\varrho}{\varrho^2}:$$

Fit primum

$$(7) \quad \int \frac{d\eta}{\left\{\alpha_2^2-\frac{\alpha_1^2}{\sin^2\eta}\right\}^{\frac{1}{2}}} = \int \frac{\sin\eta\, d\eta}{\{\alpha_2^2-\alpha_1^2-\alpha_2^2\cos^2\eta\}^{\frac{1}{2}}} = \frac{1}{\alpha_2}\operatorname{Arc\,cos}\left(\sqrt{\frac{\alpha_2^2}{\alpha_2^2-\alpha_1^2}}\cdot\cos\eta\right);$$

porro e (5) habetur:

$$(8) \quad v-b_1 = -\int \frac{\alpha_1 d\operatorname{cotg}\eta}{\{\alpha_2^2-\alpha_1^2-\alpha_1^2\operatorname{cotg}^2\eta\}^{\frac{1}{2}}} = \operatorname{Arc\,cos}\left(\sqrt{\frac{\alpha_1^2}{\alpha_2^2-\alpha_1^2}}\cdot\operatorname{cotg}\eta\right),$$

unde:

$$(9) \quad \operatorname{cotg}\eta = \sqrt{\frac{\alpha_2^2-\alpha_1^2}{\alpha_1^2}}\cdot\cos(v-b_1).$$

Deinde erit

$$(10) \quad \int \frac{\alpha_2}{\left\{2\left(\alpha+\frac{\varkappa^2}{\varrho}\right)-\frac{\alpha_2^2}{\varrho^2}\right\}^{\frac{1}{2}}}\cdot\frac{d\varrho}{\varrho^2} = \int \frac{\alpha_2^2}{\left\{\varkappa^4+2\alpha\alpha_2^2-\left(\varkappa^2-\frac{\alpha_2^2}{\varrho}\right)^2\right\}^{\frac{1}{2}}}\cdot\frac{d\varrho}{\varrho^2} = u,$$

siquidem statuitur

$$(11) \quad \frac{\alpha_2^2}{\varrho}-\varkappa^2 = \sqrt{\varkappa^4+2\alpha\alpha_2^2}.\cos u.$$

Substitutis (7) et (10), aequatio (6) in hanc abit:

$$(12) \quad b_2 = \operatorname{Arc\,cos}\left(\sqrt{\frac{\alpha_2^2}{\alpha_2^2-\alpha_1^2}}\cdot\cos\eta\right)-u,$$

unde:

$$(13)\quad \cos\eta = \sqrt{\frac{a_2^2-a_1^2}{a_2^2}}\cdot\cos(u+b_2).$$

Denique habetur e (4):

$$t+b = \int\frac{\varrho d\varrho}{\sqrt{2a\varrho^2+2\varkappa^2\varrho-a_2^2}} = \int\frac{\sqrt{-2a}.\varrho d\varrho}{\{\varkappa^4+2aa_2^2-(2a\varrho+\varkappa^2)^2\}^{\frac{1}{2}}},$$

sive, posito

$$(14)\quad \varkappa^2+2a\varrho = \sqrt{\varkappa^4+2aa_2^2}.\cos E,$$

fit:

$$(15)\quad t+b = \frac{1}{\sqrt{-2a}}\int\varrho dE = \frac{\varkappa^2 E}{(-2a)^{\frac{3}{2}}} - \frac{\sqrt{\varkappa^4+2aa_2^2}}{(-2a)^{\frac{3}{2}}}\cdot\sin E.$$

Ut aequationes inventae induant formam simpliciorem, pro constantibus arbitrariis adhibitis alias introducam. Sit

$$(16)\quad \sqrt{1+\frac{2aa_2^2}{\varkappa^4}} = e,\quad a = -\frac{\varkappa^2}{2A},\quad \mu = \frac{(-2a)^{\frac{3}{2}}}{\varkappa^2} = \frac{\varkappa}{A^{\frac{3}{2}}},$$

fiunt (14), (11), (15):

$$(17)\quad \varrho = A(1-e.\cos E),\quad \frac{A(1-ee)}{\varrho} = 1+e.\cos u,\quad \mu(t+b) = E-e.\sin E.$$

E quibus aequationibus patet, quantitates E, u, $\mu(t+b)$, A, e, $-b$, $\frac{a_2}{\varkappa}$ esse *anomaliam excentricam, anomaliam veram, anomaliam mediam, semiaxem maiorem, excentricitatem, tempus perihelii, radicem quadraticam semiparametri.*

Ponamus porro

$$(18)\quad \sqrt{\frac{a_2^2-a_1^2}{a_1^2}} = \operatorname{tang} i,\quad \text{unde}\quad \frac{a_1}{a_2} = \cos i,$$

fit e (9):

$$(19)\quad \cos i\cos\eta = \sin i\sin\eta\cos(v-b_1),$$

quae docet aequatio, orbitam puncti attracti esse planam atque designare i *inclinationem orbitae* atque b_1 *longitudinem nodi ascendentis orbitae*, ideoque erit $\frac{a_1}{\varkappa}$ aequale *radici quadraticae semiparametri multiplicatae per cosinum inclinationis orbitae.* Unde iam quinque constantes arbitrariae a, a_1, a_2, b, b_1 significationem geometricam invenerunt. Restat aequatio (13), quae e (18) in hanc abit:

$$(20)\quad \cos\eta = \sin i\cos(u+b_2) = \sin i.\sin\left(u+\frac{\pi}{2}+b_2\right).$$

Haec formula docet, esse $\frac{\pi}{2}+b_2$ *distantiam perihelii a nodo ascendente.*

E Theoremate §. 66 proposito fiunt differentialia elementorum perturbatorum:

$$\frac{da}{dt} = -\frac{\partial\Omega}{\partial b}, \quad \frac{da_1}{dt} = -\frac{\partial\Omega}{\partial b_1}, \quad \frac{da_2}{dt} = -\frac{\partial\Omega}{\partial b_2},$$
$$\frac{db}{dt} = \frac{\partial\Omega}{\partial a}, \quad \frac{db_1}{dt} = \frac{\partial\Omega}{\partial a_1}, \quad \frac{db_2}{dt} = \frac{\partial\Omega}{\partial a_2},$$

quibus in formulis est

$\frac{-\varkappa^2}{2a}$ ... semiaxis major,

$\frac{a_1}{\varkappa}$ ... radix quadratica semiparametri multiplicata per cosinum inclinationis,

$\frac{a_2}{\varkappa}$ ... radix quadratica semiparametri,

$-b$ ... tempus perihelii,

b_1 ... longitudo nodi ascendentis,

$\frac{\pi}{2}+b_2$ ... distantia perihelii a nodo ascendente.

Designante igitur, ut notationem usitatiorem adhibeam, A semiaxem maiorem, h radicem quadraticam semiparametri, i inclinationem, τ tempus perihelii, ☊ longitudinem nodi ascendentis, ϖ distantiam eius a perihelio, fiunt formulae differentiales elementorum perturbatorum:

$$(21)\quad \begin{cases} \varkappa^2 \frac{dA}{dt} = 2A^2 \frac{\partial\Omega}{\partial\tau}, & \varkappa^2 \frac{d\tau}{dt} = -2A^2 \frac{\partial\Omega}{\partial A}, \\ \varkappa \frac{d\varpi}{dt} = \frac{\partial\Omega}{\partial h}, & \varkappa \frac{dh}{dt} = -\frac{\partial\Omega}{\partial\varpi}, \\ \varkappa \frac{d☊}{dt} = \frac{\partial\Omega}{\partial . h\cos i}, & \varkappa \frac{d.h\cos i}{dt} = -\frac{\partial\Omega}{\partial ☊}; \end{cases}$$

quae formulae aequivalent aequationibus differentialibus sequentibus, in quibus $\varrho = \sqrt{xx+yy+zz}$:

$$(22)\quad \begin{cases} \frac{d^2x}{dt^2} = -\frac{\varkappa^2 x}{\varrho^3} - \frac{\partial\Omega}{\partial x}, \\ \frac{d^2y}{dt^2} = -\frac{\varkappa^2 y}{\varrho^3} - \frac{\partial\Omega}{\partial y}, \\ \frac{d^2z}{dt^2} = -\frac{\varkappa^2 z}{\varrho^3} - \frac{\partial\Omega}{\partial z}, \end{cases}$$

in quibus Ω data est functio ipsarum x, y, z, t, vel adeo aequationibus differentialibus generalioribus sequentibus:

$$(23)\quad \begin{cases} \dfrac{dx}{dt} = x' + \dfrac{\partial \Omega}{\partial x'}, & \dfrac{dx'}{dt} = -\dfrac{\varkappa^2 x}{\varrho^3} - \dfrac{\partial \Omega}{\partial x}, \\ \dfrac{dy}{dt} = y' + \dfrac{\partial \Omega}{\partial y'}, & \dfrac{dy'}{dt} = -\dfrac{\varkappa^2 y}{\varrho^3} - \dfrac{\partial \Omega}{\partial y}, \\ \dfrac{dz}{dt} = z' + \dfrac{\partial \Omega}{\partial z'}, & \dfrac{dz'}{dt} = -\dfrac{\varkappa^2 z}{\varrho^3} - \dfrac{\partial \Omega}{\partial z}, \end{cases}$$

in quibus Ω est data functio ipsarum t, x, y, z, x', y', z'. Per varias methodos supra traditas ex elementorum canonicorum systemate proposito innumera alia facillime derivantur.

Si placet, quod in calculis commodius est, in locum temporis perihelii ut elementum introducere *epocham* seu *valorem anomaliae mediae pro* $t = 0$,

$$c = -\mu\tau = \mu b,$$

facile deducitur e (21):

$$\varkappa \frac{dc}{dt} = 2A^{\frac{1}{2}} \frac{\partial \Omega}{\partial A}, \quad \varkappa \frac{dA}{dt} = -2A^{\frac{1}{2}} \frac{\partial \Omega}{\partial c},$$

reliquis formulis (21) immutatis manentibus.

Quaeramus adhuc ipsius functionis V expressionem finitam. Fit

$$\left\{2\left(a+\frac{\varkappa^2}{\varrho}\right)-\frac{a_2^2}{\varrho^2}\right\}^{\frac{1}{2}} = \frac{\varkappa e}{\sqrt{A}} \frac{\sin E}{1-e\cos E},$$

$$d\varrho = Ae\sin E dE,$$

unde

$$\int\left\{2\left(a+\frac{\varkappa^2}{\varrho}\right)-\frac{a_2^2}{\varrho^2}\right\}^{\frac{1}{2}} d\varrho = \varkappa e^2\sqrt{A}\int\frac{\sin^2 E dE}{1-e\cos E}$$

$$= \varkappa\sqrt{A}\left\{E+e\sin E - 2\sqrt{1-e^2}\,\mathrm{Arctg}\left(\frac{\sqrt{1+e}}{\sqrt{1-e}}\,\mathrm{tg}\frac{E}{2}\right)\right\}.$$

Fit porro, posito $a_2 = \varkappa h = \varkappa\sqrt{A(1-e^2)}$,

$$\int\left\{a_2^2 - \frac{a_1^2}{\sin^2\eta}\right\}^{\frac{1}{2}} d\eta = \varkappa h\int\left\{1-\frac{\cos^2 i}{\sin^2\eta}\right\}^{\frac{1}{2}} d\eta$$

$$= \varkappa h\,\mathrm{Arccos}\left(\frac{\cos\eta}{\sin i}\right) - \varkappa h\cos i\,\mathrm{Arccos}(\mathrm{cotg}\, i\,\mathrm{cotg}\,\eta).$$

Unde

$$V = \varkappa\sqrt{A}\left\{E+e\sin E-2\sqrt{1-e^2}\,\mathrm{Arctg}\left(\frac{\sqrt{1+e}}{\sqrt{1-e}}\,\mathrm{tg}\frac{E}{2}\right)\right\} + \varkappa h\,\mathrm{Arccos}\left(\frac{\cos\eta}{\sin i}\right)$$
$$+\varkappa h\cos i\{v - \mathrm{Arccos}(\mathrm{cotg}\, i\,\mathrm{cotg}\,\eta)\}.$$

In differentianda hac expressione secundum constantes arbitrarias A, e, i, quae in locum ipsarum a, a_1, a_2 introduci possunt, adhibendae sunt aequationes:

$$0 = 1 - e\cos E + Ae\sin E\frac{\partial E}{\partial A},$$

$$0 = \cos E - e\sin E\frac{\partial E}{\partial e},$$

$$0 = \frac{\partial E}{\partial i}.$$

Integrationes antecedentibus factae sunt respective inde a limitibus $\varrho = A(1-e)$, $\eta = \frac{\pi}{2} - i$. Quorum limitum in differentianda V secundum constantes arbitrarias respectum non habuimus. Scilicet quia in expressione V termini sub signo integrationis pro limitibus illis evanescunt, unde facile patet, terminos e limitum variatione prodeuntes evanescere ideoque negligi posse.

De methodo proposita in varia problemata applicanda, ac praesertim in problemata isoperimetrica.

68.

Methodus generalis etiam facillime applicatur problemati celeberrimo de puncto versus duo puncta fixa, quorum datae sunt massae, secundum legem Neutonianam attracto. In cuius solutione occupatus invenerat Eulerus praeter integralia duo a principiis conservationis virium vivarum et arearum suppeditata integrale tertium, quo problema ad aequationem differentialem primi ordinis inter duas variabiles revocabatur. At summo viri egregii acumine et intrepido animo indigebat, ut per varia tentamina aequationis differentialis complicatissimae reductio ad quadraturas succederet. Nostra methodo per regulam generalem absque omni calculo instituendo aequatio differentialis revocari potuisset ad quadraturas. Determinatis enim e tribus illis integralibus x', y', z' per x, y, z et tres constantes arbitrarias a, a_1, a_2, quas principia conservationis virium vivarum et arearum et integrale ab Eulero inventum involvunt, erunt aequationes tres:

$$\int\left\{\frac{\partial x'}{\partial a}dx + \frac{\partial y'}{\partial a}dy + \frac{\partial z'}{\partial a}dz\right\} = t + b,$$
$$\int\left\{\frac{\partial x'}{\partial a_1}dx + \frac{\partial y'}{\partial a_1}dy + \frac{\partial z'}{\partial a_1}dz\right\} = b_1,$$
$$\int\left\{\frac{\partial x'}{\partial a_2}dx + \frac{\partial y'}{\partial a_2}dy + \frac{\partial z'}{\partial a_2}dz\right\} = b_2,$$

in quibus expressiones sub signis integrationum differentialia exacta sunt, problematis propositi aequationes finitae. Nec non etiam huius problematis sine ullo calculo per Propositiones nostras generales habentur formulae perturbatoriae.

Quoties in problemate mechanico, in quo principium conservationis virium vivarum valet, positio systematis duabus quantitatibus a se independentibus q_1, q_2 determinatur — quod ex. gr. evenit, puncto supra datam superficiem *in linea brevissima* moto — nova methodo integrandi aequationes differentiales partiales primi ordinis non egebat, sed sufficit Lagrangiana, quae de tribus variabilibus pro perfecta haberi potest. Problemata eiusmodi pendent ab integratione aequationis differentialis secundi ordinis inter duas variabiles, quae, si praeter dictum principium alterum innotescit integrale

$$f_1(q_1, q_2, p_1, p_2) = a_1,$$

revocatur ad ordinem primum. Sed secundum methodum nostram generalem vel etiam secundum ipsam methodum Lagrangianam integrandi aequationes differentiales partiales primi ordinis inter tres variabiles *haec aequatio differentialis primi ordinis inter duas variabiles semper ad quadraturas revocari potest.* Sit enim $f = a$ aequatio pro viribus vivis, eruantur ipsarum p_1, p_2 valores ex aequationibus $f = a$, $f_1 = a_1$, determinabit aequatio

$$\int\left\{\frac{\partial p_1}{\partial a_1} dq_1 + \frac{\partial p_2}{\partial a_1} dq_2\right\} = b_1$$

positionem systematis, sive pro puncto singulo, in data superficie moto, eius *orbitam*, atque altera aequatio

$$\int\left\{\frac{\partial p_1}{\partial a} dq_1 + \frac{\partial p_2}{\partial a} dq_2\right\} = b + t$$

positionis tempus. In hunc casum, qui tantum integrationem aequationis differentialis partialis primi ordinis inter variabiles *tres* requirit, in qua una variabilium, functio quaesita, ipsa non obvenit, exempla praecedentibus allegata redeunt. Nam introducendo coordinatas polares per integrale a principio conservationis arearum petitum unam variabilem simul atque differentiale partiale secundum eam sumtum ex aequatione differentiali partiali eliminare licet, unde tres variabiles independentes ad duas revocantur atque aequatio differentialis partialis, a cuius integratione problema pendet, ad aliam iam apud Ill. Lagrange tractatam.

Notum est, aequationes differentiales vulgares *lineares* secundi ordinis inter duas variabiles ita comparatas esse, ut post alterum integrale inventum alterum tantum a quadraturis pendeat. Problemata mechanica videmus ducere ad alias aequationes differentiales vulgares secundi ordinis inter duas variabiles ita comparatas, ut post alterum integrale inventum alterum a solis quadraturis pendeat, et quae neutiquam sunt lineares.

Cuiusmodi ex. gr. est aequatio differentialis notissima, quae lineam brevissimam in data superficie concernit, quippe quam describit punctum in superficie data moveri coactum et a viribus nullis acceleratricibus sollicitatum; unde habetur Propositio:

aequationis differentialis secundi ordinis, a qua linea brevissima pendet, si integrale unum inventum est, lineae determinatio ad solas quadraturas revocatur.

Cuius Propositionis exempla suggerunt lineae brevissimae in superficiebus rotundis, conicis, cylindricis, in quibus integrale unum sponte se offert. Ac generalius, quod diximus, valebit de aequationibus differentialibus secundi ordinis, a quibus pendent problemata, integralia huiusmodi

$$\int \varphi\left(x, y, \frac{dy}{dx}\right) dx$$

maxima vel *minima* reddere. Facile autem patet e supra traditis, exhibendo problemata mechanica hic tractata sub forma

$$\delta \int (T+U)dt = 0,$$

methodum propositam omnibus problematibus isoperimetricis adhiberi posse, in quibus expressio sub signo integrationis quemlibet functionum incognitarum numerum earumque differentialia prima involvat. Posito enim $q'_i = \frac{dq_i}{dt}$, si proponitur aequatio

$$\delta \int \varphi(t, q_1, q_2, \ldots, q_m, q'_1, q'_2, \ldots, q'_m)dt = 0,$$

ponatur

$$H = q'_1 \frac{\partial \varphi}{\partial q'_1} + q'_2 \frac{\partial \varphi}{\partial q'_2} + \cdots + q'_m \frac{\partial \varphi}{\partial q'_m} - \varphi,$$

atque eliminentur ex hac expressione ipsae $q'_1, q'_2, \ldots, q'_m$ per aequationes

$$\frac{\partial \varphi}{\partial q'_1} = p_1, \quad \frac{\partial \varphi}{\partial q'_2} = p_2, \quad \ldots, \quad \frac{\partial \varphi}{\partial q'_m} = p_m.$$

Quo facto pendebit problema, quod facile e regulis notis calculi variationum comprobatur atque ex ipsa analysi elucet, quam apud Ill. Hamilton invenis, ab integratione completa systematis aequationum differentialium vulgarium sequentium:

$$\frac{dq_1}{dt} = \frac{\partial H}{\partial p_1}, \quad \frac{dq_2}{dt} = \frac{\partial H}{\partial p_2}, \quad \ldots, \quad \frac{dq_m}{dt} = \frac{\partial H}{\partial p_m},$$

$$\frac{dp_1}{dt} = -\frac{\partial H}{\partial q_1}, \quad \frac{dp_2}{dt} = -\frac{\partial H}{\partial q_2}, \quad \ldots, \quad \frac{dp_m}{dt} = -\frac{\partial H}{\partial q_m}.$$

Quam integrationem completam demonstravi obtineri per integrationem completam aequationis differentialis partialis

$$\frac{\partial V}{\partial t} + H = 0,$$

in qua ponendum est

$$p_1 = \frac{\partial V}{\partial q_1}, \quad p_2 = \frac{\partial V}{\partial q_2}, \quad \ldots, \quad p_m = \frac{\partial V}{\partial q_m}.$$

Haec autem integratio per methodum novam hic propositam absolvitur.

Etiam generaliorem casum problematum isoperimetricorum, quo expressio sub signo integrationis praeter differentialia prima functionum incognitarum differentialia altiora ordinis cuiuslibet involvit, contingit ad integrationem aequationis differentialis partialis primi ordinis revocare. Quae aequationes differentiales partiales omnes eo commodo gaudent, quod functionem quaesitam sive variabilem dependentem ipsam non involvunt. Sunt tamen problemata isoperimetrica, quae ad aequationes differentiales partiales conducant, ipsam etiam variabilem dependentem involventes, ea dico, in quibus expressio, cuius variationem evanescentem reddi oportet, non immediate ut integrale proponitur, sed et ipsa ab integratione aequationis differentialis primi ordinis pendet, quae praeterea functiones incognitas earumque differentialia involvit. Quin adeo, si expressio, cuius variationem evanescentem reddere proponitur, per aequationem differentialem cuiuslibet ordinis datur, quae etiam functiones incognitas earumque differentialia involvat, quaestionem ad integrationem aequationis differentialis partialis primi ordinis revocare contigit. Unde et illis quaestionibus valde generalibus methodos nostras applicare licet.

Quaestiones isoperimetricas, quae ad aequationes differentiales partiales primi ordinis revocari possunt, antecedentibus eas esse supposuimus, in quibus *functiones unius variabilis* seu *curvae* indagantur proprietati maximi minimive satisfacientes. Quaenam analoga extent circa problemata isoperimetrica, in quibus functiones duarum variabilium seu superficies quaeruntur, integrale duplex propositum maximum minimumve reddentes, felicioribus conatibus relinquo investiganda.

De relationibus simplicissimis, quibus differentialia partialia variabilium secundum elementa canonica sumta differentialibus elementorum secundum variabiles sumtis vel nude vel mutato signo singula singulis aequiparantur.

69.

Systemata elementorum, quae afficiunt solutiones problematum mechanicorum secundum methodum a me propositam inventas, praeterea quod formulas perturbatorias simplicissimas suppeditant, aliis adhuc gravissimis proprietatibus gaudent. Quas sequentibus exponam.

Sit V functio quantitatum

$$q_1,\; q_2,\; \ldots,\; q_m,\; a_1,\; a_2,\; \ldots,\; a_m,\; t_1,\; t_2,\; \ldots,\; t_\mu,$$

ac ponamus

$$(1)\quad \frac{\partial V}{\partial q_1} = p_1,\quad \frac{\partial V}{\partial q_2} = p_2,\quad \ldots,\quad \frac{\partial V}{\partial q_m} = p_m,$$

$$(2)\quad \frac{\partial V}{\partial a_1} = b_1,\quad \frac{\partial V}{\partial a_2} = b_2,\quad \ldots,\quad \frac{\partial V}{\partial a_m} = b_m,$$

$$(3)\quad \frac{\partial V}{\partial t_1} = T_1,\quad \frac{\partial V}{\partial t_2} = T_2,\quad \ldots,\quad \frac{\partial V}{\partial t_\mu} = T_\mu.$$

Ex aequationibus (1) et (2) sint $q_1, q_2, \ldots, q_m, p_1, p_2, \ldots, p_m$ expressae per $a_1, a_2, \ldots, a_m, b_1, b_2, \ldots, b_m, t_1, t_2, \ldots, t_\mu$ ac vice versa $a_1, a_2, \ldots, a_m, b_1, b_2, \ldots, b_m$ expressae per $q_1, q_2, \ldots, q_m, p_1, p_2, \ldots, p_m, t_1, t_2, \ldots, t_\mu$. Quae sunt expressiones, quas in sequentibus subintelligam, si quantitates $q_1, q_2, \ldots, q_m, p_1, p_2, \ldots, p_m$ secundum a_i, b_i, t_i vel vice versa quantitates $a_1, a_2, \ldots, a_m, b_1, b_2, \ldots, b_m$ secundum q_i, p_i, t_i differentiantur. Suppositionem, quantitates q_i, p_i per a_i, b_i, t_i ita expressas esse, ut (1), (2) identicae evadant, vocabo *suppositionem primam*; suppositionem, quantitates a_i, b_i per q_i, p_i, t_i ita expressas esse, ut (1), (2) identicae evadant, vocabo *suppositionem secundam*.

Suppositione *prima* facta, differentiemus aequationes

$$\frac{\partial V}{\partial a_k} = b_k$$

secundum a_i, b_i, t_i, prodit:

$$(4)\quad \frac{\partial^2 V}{\partial a_k \partial a_i} + \frac{\partial^2 V}{\partial a_k \partial q_1}\frac{\partial q_1}{\partial a_i} + \frac{\partial^2 V}{\partial a_k \partial q_2}\frac{\partial q_2}{\partial a_i} + \cdots + \frac{\partial^2 V}{\partial a_k \partial q_m}\frac{\partial q_m}{\partial a_i} = 0,$$

$$(5)\quad \frac{\partial^2 V}{\partial a_k \partial q_1}\frac{\partial q_1}{\partial b_i} + \frac{\partial^2 V}{\partial a_k \partial q_2}\frac{\partial q_2}{\partial b_i} + \cdots + \frac{\partial^2 V}{\partial a_k \partial q_m}\frac{\partial q_m}{\partial b_i} = \frac{\partial b_k}{\partial b_i},$$

$$(6)\quad \frac{\partial^2 V}{\partial a_k \partial t_i} + \frac{\partial^2 V}{\partial a_k \partial q_1}\frac{\partial q_1}{\partial t_i} + \frac{\partial^2 V}{\partial a_k \partial q_2}\frac{\partial q_2}{\partial t_i} + \cdots + \frac{\partial^2 V}{\partial a_k \partial q_m}\frac{\partial q_m}{\partial t_i} = 0.$$

Suppositione *secunda* facta, differentiemus aequationes

$$\frac{\partial V}{\partial q_\lambda} = p_\lambda$$

secundum $q_{i'}, p_{i'}, t_{i'}$, prodit:

$$(7)\quad \frac{\partial^2 V}{\partial q_\lambda \partial q_{i'}} + \frac{\partial^2 V}{\partial q_\lambda \partial a_1}\frac{\partial a_1}{\partial q_{i'}} + \frac{\partial^2 V}{\partial q_\lambda \partial a_2}\frac{\partial a_2}{\partial q_{i'}} + \cdots + \frac{\partial^2 V}{\partial q_\lambda \partial a_m}\frac{\partial a_m}{\partial q_{i'}} = 0,$$

$$(8)\quad \frac{\partial^2 V}{\partial q_\lambda \partial a_1}\frac{\partial a_1}{\partial p_{i'}} + \frac{\partial^2 V}{\partial q_\lambda \partial a_2}\frac{\partial a_2}{\partial p_{i'}} + \cdots + \frac{\partial^2 V}{\partial q_\lambda \partial a_m}\frac{\partial a_m}{\partial p_{i'}} = \frac{\partial p_\lambda}{\partial p_{i'}},$$

$$(9)\quad \frac{\partial^2 V}{\partial q_\lambda \partial t_{i'}} + \frac{\partial^2 V}{\partial q_\lambda \partial a_1}\frac{\partial a_1}{\partial t_{i'}} + \frac{\partial^2 V}{\partial q_\lambda \partial a_2}\frac{\partial a_2}{\partial t_{i'}} + \cdots + \frac{\partial^2 V}{\partial q_\lambda \partial a_m}\frac{\partial a_m}{\partial t_{i'}} = 0.$$

In his formulis indicibus i, i', k, λ tribui possunt valores $1, 2, \ldots, m$, excepto casu, quo i, i' ipsam t afficiunt, quo casu iis valores $1, 2, \ldots, \mu$ conveniunt. Expressiones $\frac{\partial b_k}{\partial b_i}$, $\frac{\partial p_\lambda}{\partial p_{i'}}$ sunt aut $=0$, si k, λ ab i, i' diversi sunt, aut $=1$, si $k=i$, $\lambda=i'$.

Multiplicentur aequationes (4), (5), (6) per

$$\frac{\partial a_k}{\partial q_{i'}}, \quad \frac{\partial a_k}{\partial p_{i'}}, \quad \frac{\partial a_k}{\partial t_{i'}},$$

ac post multiplicationes factas instituatur summatio secundum indicem k, hoc est, ponatur successive $1, 2, \ldots, m$ loco ipsius k, et expressiones, quae inde prodeunt, addantur. Quo facto, per (7), (8), (9) nanciscimur e (4):

$$(10)\quad \begin{cases} \frac{\partial^2 V}{\partial a_1 \partial a_i}\frac{\partial a_1}{\partial q_{i'}} + \frac{\partial^2 V}{\partial a_2 \partial a_i}\frac{\partial a_2}{\partial q_{i'}} + \cdots + \frac{\partial^2 V}{\partial a_m \partial a_i}\frac{\partial a_m}{\partial q_{i'}} \\ = \frac{\partial^2 V}{\partial q_1 \partial q_{i'}}\frac{\partial q_1}{\partial a_i} + \frac{\partial^2 V}{\partial q_2 \partial q_{i'}}\frac{\partial q_2}{\partial a_i} + \cdots + \frac{\partial^2 V}{\partial q_m \partial q_{i'}}\frac{\partial q_m}{\partial a_i}, \end{cases}$$

$$(11)\quad \frac{\partial^2 V}{\partial a_1 \partial a_i}\frac{\partial a_1}{\partial p_{i'}} + \frac{\partial^2 V}{\partial a_2 \partial a_i}\frac{\partial a_2}{\partial p_{i'}} + \cdots + \frac{\partial^2 V}{\partial a_m \partial a_i}\frac{\partial a_m}{\partial p_{i'}} = -\frac{\partial q_{i'}}{\partial a_i},$$

$$(12)\quad \begin{cases} \frac{\partial^2 V}{\partial a_1 \partial a_i}\frac{\partial a_1}{\partial t_{i'}} + \frac{\partial^2 V}{\partial a_2 \partial a_i}\frac{\partial a_2}{\partial t_{i'}} + \cdots + \frac{\partial^2 V}{\partial a_m \partial a_i}\frac{\partial a_m}{\partial t_{i'}} \\ = \frac{\partial^2 V}{\partial q_1 \partial t_{i'}}\frac{\partial q_1}{\partial a_i} + \frac{\partial^2 V}{\partial q_2 \partial t_{i'}}\frac{\partial q_2}{\partial a_i} + \cdots + \frac{\partial^2 V}{\partial q_m \partial t_{i'}}\frac{\partial q_m}{\partial a_i}; \end{cases}$$

e (5):

$$(13)\quad -\frac{\partial a_i}{\partial q_{i'}} = \frac{\partial^2 V}{\partial q_1 \partial q_{i'}}\frac{\partial q_1}{\partial b_i} + \frac{\partial^2 V}{\partial q_2 \partial q_{i'}}\frac{\partial q_2}{\partial b_i} + \cdots + \frac{\partial^2 V}{\partial q_m \partial q_{i'}}\frac{\partial q_m}{\partial b_i},$$

$$(14)\quad \frac{\partial a_i}{\partial p_{i'}} = \frac{\partial q_{i'}}{\partial b_i},$$

$$(15)\quad -\frac{\partial a_i}{\partial t_{i'}} = \frac{\partial^2 V}{\partial q_1 \partial t_{i'}}\frac{\partial q_1}{\partial b_i} + \frac{\partial^2 V}{\partial q_2 \partial t_{i'}}\frac{\partial q_2}{\partial b_i} + \cdots + \frac{\partial^2 V}{\partial q_m \partial t_{i'}}\frac{\partial q_m}{\partial b_i};$$

e (6):

$$(16)\quad \begin{cases} \frac{\partial^2 V}{\partial a_1 \partial t_i}\frac{\partial a_1}{\partial q_{i'}} + \frac{\partial^2 V}{\partial a_2 \partial t_i}\frac{\partial a_2}{\partial q_{i'}} + \cdots + \frac{\partial^2 V}{\partial a_m \partial t_i}\frac{\partial a_m}{\partial q_{i'}} \\ = \frac{\partial^2 V}{\partial q_1 \partial q_{i'}}\frac{\partial q_1}{\partial t_i} + \frac{\partial^2 V}{\partial q_2 \partial q_{i'}}\frac{\partial q_2}{\partial t_i} + \cdots + \frac{\partial^2 V}{\partial q_m \partial q_{i'}}\frac{\partial q_m}{\partial t_i}, \end{cases}$$

$$(17)\quad \frac{\partial^2 V}{\partial a_1 \partial t_i}\frac{\partial a_1}{\partial p_{i'}} + \frac{\partial^2 V}{\partial a_2 \partial t_i}\frac{\partial a_2}{\partial p_{i'}} + \cdots + \frac{\partial^2 V}{\partial a_m \partial t_i}\frac{\partial a_m}{\partial p_{i'}} = -\frac{\partial q_{i'}}{\partial t_i},$$

$$(18)\quad \begin{cases} \frac{\partial^2 V}{\partial a_1 \partial t_i}\frac{\partial a_1}{\partial t_{i'}} + \frac{\partial^2 V}{\partial a_2 \partial t_i}\frac{\partial a_2}{\partial t_{i'}} + \cdots + \frac{\partial^2 V}{\partial a_m \partial t_i}\frac{\partial a_m}{\partial t_{i'}} \\ = \frac{\partial^2 V}{\partial q_1 \partial t_{i'}}\frac{\partial q_1}{\partial t_i} + \frac{\partial^2 V}{\partial q_2 \partial t_{i'}}\frac{\partial q_2}{\partial t_i} + \cdots + \frac{\partial^2 V}{\partial q_m \partial t_{i'}}\frac{\partial q_m}{\partial t_i}. \end{cases}$$

Si utrique parti aequationum (10), (12), (16), (18) respective additur

$$\frac{\partial^2 V}{\partial q_{i'}\partial a_i}, \quad \frac{\partial^2 V}{\partial t_{i'}\partial a_i}, \quad \frac{\partial^2 V}{\partial q_{i'}\partial t_i}, \quad \frac{\partial^2 V}{\partial t_{i'}\partial t_i},$$

aequationes inventae (10) — (18) sic exhiberi possunt:

$$(10^*) \quad \frac{\partial b_i}{\partial q_{i'}} = \frac{\partial p_{i'}}{\partial a_i},$$

$$(11^*) \quad \frac{\partial b_i}{\partial p_{i'}} = -\frac{\partial q_{i'}}{\partial a_i},$$

$$(12^*) \quad \frac{\partial b_i}{\partial t_{i'}} = \frac{\partial T_{i'}}{\partial a_i},$$

$$(13^*) \quad \frac{\partial a_i}{\partial q_{i'}} = -\frac{\partial p_{i'}}{\partial b_i},$$

$$(14^*) \quad \frac{\partial a_i}{\partial p_{i'}} = \frac{\partial q_{i'}}{\partial b_i},$$

$$(15^*) \quad \frac{\partial a_i}{\partial t_{i'}} = -\frac{\partial T_{i'}}{\partial b_i},$$

$$(16^*) \quad \frac{\partial T_i}{\partial q_{i'}} = \frac{\partial p_{i'}}{\partial t_i}.$$

$$(17^*) \quad \frac{\partial T_i}{\partial p_{i'}} = -\frac{\partial q_{i'}}{\partial t_i},$$

$$(18^*) \quad \frac{\partial T_i}{\partial t_{i'}} = \frac{\partial T_{i'}}{\partial t_i}.$$

Ut aequationes novem praecedentes, quae sunt gravia et elegantia Theoremata, recte intelligantur, teneri oportet, expressiones ad laevam omnes referri ad suppositionem secundam, qua considerantur $2m$ quantitates a_i et b_i ut functiones ipsarum $q_1, q_2, \ldots, q_m, p_1, p_2, \ldots, p_m, t_1, t_2, \ldots, t_\mu$ aequationibus (1) et (2) identice satisfacientes, atque illi ipsarum a_i et b_i valores in expressionibus T_i substituti supponuntur, antequam secundum $t_{i'}$ differentiantur; contra expressiones ad dextram omnes ad suppositionem primam pertinent, qua considerantur $2m$ quantitates q_i et p_i ut functiones ipsarum $a_1, a_2, \ldots, a_m, b_1, b_2, \ldots, b_m, t_1, t_2, \ldots, t_\mu$ aequationibus (1) et (2) identice satisfacientes, atque illi ipsarum q_i et p_i valores in expressionibus $T_{i'}$ substituti supponuntur, antequam secundum t_i differentiantur.

70.

Aequationes integrales systematis aequationum differentialium vulgarium propositi sub duabus maxime formis considerantur; exprimuntur enim aut incognitae omnes per unam ex earum numero (ex. gr. tempus in quaestionibus mechanicis) atque constantes arbitrarias, quas integratio completa secum fert, aut exprimuntur constantes arbitrariae per incognitas. Qua in re incognitas etiam dicimus earum differentialia, quae inferioris ordinis sunt atque summi, ad quem in aequationibus differentialibus propositis ascendunt. Aequationes posterioris formae ita comparatae sunt, ut semel differentiando constantes omnes arbitrariae sponte abeant, ideoque aequationibus differentialibus, quae inde proveniunt, per ipsas aequationes differentiales propositas sponte satisfiat, cuiusmodi aequationes integrales prae ceteris vocavi integralia aequationum differentialium propositarum. Aequationes integrales, quae motum ellipticum concernunt puncti secundum legem Neutonianam ad punctum fixum attracti, saepius sub utraque forma propositae sunt, variosque ad usus indagatae sunt quotientes differentiales partiales provenientes, si in altera forma incognitae secundum singulas constantes arbitrarias, sive in altera functiones constantibus arbitrariis aequivalentes secundum singulas incognitas differentiantur. Qua de re memoratu dignum mihi videtur, quod e formulis praecedentibus patet, proposito systemate aequationum differentialium vulgarium, quale in problematis mechanicis integrandum est:

$$\frac{dq_1}{dt} = \frac{\partial H}{\partial p_1}, \quad \frac{dq_2}{dt} = \frac{\partial H}{\partial p_2}, \quad \ldots, \quad \frac{dq_m}{dt} = \frac{\partial H}{\partial p_m},$$

$$\frac{dp_1}{dt} = -\frac{\partial H}{\partial q_1}, \quad \frac{dp_2}{dt} = -\frac{\partial H}{\partial q_2}, \quad \ldots, \quad \frac{dp_m}{dt} = -\frac{\partial H}{\partial q_m},$$

si eligatur constantium arbitrariarum sive elementorum systema canonicum, fore ut quotientes differentiales incognitarum secundum elementa aut elementorum secundum incognitas singulae singulis aequales evadant aut solo signo inter se differant.

Sit enim in formulis praecedentibus $\mu = 1$, sive una tantum adsit quantitatum $t_1, t_2, \ldots, t_\mu$, quam vocabo t. Ponendo in expressione

$$\frac{\partial V}{\partial t} = T$$

loco $a_1, a_2, \ldots, a_m$ earum valores per $q_1, q_2, \ldots, q_m, p_1, p_2, \ldots, p_m, t$ expressos, quales obtinentur ex m aequationibus

$$\frac{\partial V}{\partial q_1} = p_1, \quad \frac{\partial V}{\partial q_2} = p_2, \quad \ldots, \quad \frac{\partial V}{\partial q_m} = p_m,$$

abeat T in $-H$, ideo ut sit $-H$ expressio ipsius T in suppositione secunda. Unde erit V integrale aequationis differentialis partialis

$$(1)\qquad \frac{\partial V}{\partial t}+H=0,$$

quod integrale continebit m constantes arbitrarias $a_1, a_2, \ldots, a_m$. Consideremus in aequationibus

$$(2)\qquad \begin{cases} \dfrac{\partial V}{\partial q_1}=p_1, & \dfrac{\partial V}{\partial q_2}=p_2, \quad \ldots, \quad \dfrac{\partial V}{\partial q_m}=p_m, \\ \dfrac{\partial V}{\partial a_1}=b_1, & \dfrac{\partial V}{\partial a_2}=b_2, \quad \ldots, \quad \dfrac{\partial V}{\partial a_m}=b_m, \end{cases}$$

e quibus sequebantur aequationes §. antec. (10*) — (18*), ipsas $a_1, a_2, \ldots, a_m, b_1, b_2, \ldots, b_m$ ut constantes, unde ex aequationibus illis fiunt $q_1, q_2, \ldots, q_m, p_1, p_2, \ldots, p_m$ solius t functiones. Ac scribendo $-H$ loco T_i in parte laeva aequationum (16*), (17*) §. antec., obtinemus $2m$ aequationes differentiales, quibus aequationes (2) satisfaciunt:

$$(3)\qquad -\frac{\partial H}{\partial q_{i'}}=\frac{dp_{i'}}{dt}, \quad \frac{\partial H}{\partial p_{i'}}=\frac{dq_{i'}}{dt},$$

quibus in formulis indici i' valores $1, 2, \ldots, m$ tribuendi sunt. Aequationes vero (10*) — (15*) suppeditant Theorema propositum, videlicet: differentialia partialia variabilium secundum elementa differentialibus partialibus elementorum secundum variabiles singula singulis aequivalere. Casu, quo functio H ipsam t non implicat, qui est frequentissimus in problematis mechanicis, ita agere licet. Statuamus, in §. antec. functionem V quantitates $t_1, t_2, \ldots, t_\mu$ omnino non implicare; porro loco a_m scribamus h, loco b_m vero $t+\tau$. Unde aequationes (1), (2) §. antec. fiunt:

$$(4)\qquad \frac{\partial V}{\partial q_1}=p_1, \quad \frac{\partial V}{\partial q_2}=p_2, \quad \ldots, \quad \frac{\partial V}{\partial q_m}=p_m,$$

$$(5)\qquad \frac{\partial V}{\partial a_1}=b_1, \quad \frac{\partial V}{\partial a_2}=b_2, \quad \ldots, \quad \frac{\partial V}{\partial a_{m-1}}=b_{m-1}, \quad \frac{\partial V}{\partial h}=t+\tau.$$

Eliminatis e (4) quantitatibus $a_1, a_2, \ldots, a_{m-1}$, prodeat

$$H=h,$$

designante H functionem ipsarum $q_1, q_2, \ldots, q_m, p_1, p_2, \ldots, p_m$, quae ipsam h non implicat. Unde vice versa considerari potest V ut solutio completa aequationis differentialis partialis:

$$H=h,$$

in qua $a_1, a_2, \ldots, a_{m-1}$ sunt constantes arbitrariae (constantem arbitrariam, quae functioni V sola additione iungi potest, ut plerumque, non respicimus) atque h constans data, quae ipsam iam aequationem differentialem afficit. Consideremus porro in aequationibus (4), (5) ipsas a_1, a_2, ..., a_{m-1}, h, b_1, b_2, ..., b_m, τ ut constantes, erunt per aequationes illas ipsae q_1, q_2, ..., q_m, p_1, p_2, ..., p_m datae functiones quantitatis t. Ponamus in aequationibus (13*), (14*) §. antec. $i=m$, atque, sicuti convenimus, loco a_m, b_m scribamus h atque $t+\tau$, in parte laeva aequationum illarum exprimendum erit a_m sive h per ipsas q_1, q_2, ..., q_m, p_1, p_2, ..., p_m ope aequationum (4), (5), sive loco a_m ponendum est H. Quo facto, si insuper animadvertimus, loco expressionum $\frac{\partial q_{i'}}{\partial b_m}$, $\frac{\partial p_{i'}}{\partial b_m}$ sive $\frac{\partial q_{i'}}{\partial(t+\tau)}$, $\frac{\partial p_{i'}}{\partial(t+\tau)}$ scribendum esse, si t ut variabilis independens spectetur,

$$\frac{\partial q_{i'}}{\partial b_m}=\frac{dq_{i'}}{dt},\quad \frac{\partial p_{i'}}{\partial b_m}=\frac{dp_{i'}}{dt},$$

abeunt aequationes (13*), (14*) in systema aequationum differentialium vulgarium, quae aequationibus (4), (5) satisfaciunt:

$$\frac{\partial H}{\partial q_{i'}}=-\frac{dp_{i'}}{dt},\quad \frac{\partial H}{\partial p_{i'}}=\frac{dq_{i'}}{dt}.$$

Ac vice versa aequationibus (4), (5) hae aequationes differentiales complete integrantur. Porro aequationes §. antec. (10*), (11*), (13*), (14*) suppeditant formulas:

$$\frac{\partial b_i}{\partial q_{i'}}=\frac{\partial p_{i'}}{\partial a_i},\quad \frac{\partial b_i}{\partial p_{i'}}=-\frac{\partial q_{i'}}{\partial a_i},$$
$$\frac{\partial a_i}{\partial q_{i'}}=-\frac{\partial p_{i'}}{\partial b_i},\quad \frac{\partial a_i}{\partial p_{i'}}=\frac{\partial q_{i'}}{\partial b_i},$$

in quibus indici i valores 1, 2, ..., $m-1$, indici i' valores 1, 2, ..., m tribuendi sunt; atque fit:

$$\frac{\partial \tau}{\partial q_{i'}}=\frac{\partial p_{i'}}{\partial h},\quad \frac{\partial \tau}{\partial p_{i'}}=-\frac{\partial q_{i'}}{\partial h},$$

in quibus aequationibus indici i' rursus valores 1, 2, ..., m tribuendi sunt*).

---

*) Formulae eiusmodi, cum Academia Berolinensi scientiarum communicatae, iam inveniuntur in commentatiuncula „Neues Theorem der analytischen Mechanik", Diarii Crelliani Vol. XXX p. 117 inserta [Vol. IV. huj. edit. p. 137]. C.

Formulae antecedentes applicantur in motum liberum n punctorum materialium, quo aequatio conservationis virium vivarum locum habet.

71.

Operae pretium mihi videtur, nonnulla eorum, quae antecedentibus invenimus, pro casu systematis liberi per vires internas sollicitati seorsim Theoremate exponere. Quo casu loco quantitatum q_i ponamus coordinatas orthogonales, unde loco ipsarum p_i ponendae erunt expressiones $m_i x_i'$, $m_i y_i'$, $m_i z_i'$.

Theorema.

Consideremus motum systematis liberi n punctorum materialium; sint x_i, y_i, z_i coordinatae orthogonales puncti, cuius massa m_i, ac sollicitentur singula puncta m_i secundum directiones axium coordinatarum viribus $m_i X_i$, $m_i Y_i$, $m_i Z_i$ talibus, ut evadat summa

$$\Sigma m_i(X_i dx_i + Y_i dy_i + Z_i dz_i),$$

extensa ad puncta omnia systematis, differentiale completum

$$dU = \Sigma m_i(X_i dx_i + Y_i dy_i + Z_i dz_i),$$

qui habetur casus, quoties systema punctorum materialium tantum viribus internis attractionis aut repulsionis sollicitatur. Ad inveniendum motum systematis integretur aequatio differentialis partialis:

$$\tfrac{1}{2}\Sigma \frac{1}{m_i}\left\{\left(\frac{\partial V}{\partial x_i}\right)^2 + \left(\frac{\partial V}{\partial y_i}\right)^2 + \left(\frac{\partial V}{\partial z_i}\right)^2\right\} = U + h,$$

in qua h est constans; inventaque solutione completa V, quae praeter constantem, quae sola additione ei iungi potest, constantes arbitrarias a_1, a_2, ..., a_{3n-1} implicet, erunt aequationes finitae, quibus motus punctorum materialium definiuntur:

$$\frac{\partial V}{\partial a_1} = b_1, \quad \frac{\partial V}{\partial a_2} = b_2, \quad \ldots, \quad \frac{\partial V}{\partial a_{3n-1}} = b_{3n-1},$$

$$\frac{\partial V}{\partial h} = t + \tau,$$

designantibus b_1, b_2, ..., b_{3n-1}, τ novas constantes arbitrarias; porro erit:

$$\frac{\partial V}{\partial x_1} = m_1 \frac{dx_1}{dt}, \quad \frac{\partial V}{\partial x_2} = m_2 \frac{dx_2}{dt}, \quad \ldots, \quad \frac{\partial V}{\partial x_n} = m_n \frac{dx_n}{dt},$$

$$\frac{\partial V}{\partial y_1} = m_1 \frac{dy_1}{dt}, \quad \frac{\partial V}{\partial y_2} = m_2 \frac{dy_2}{dt}, \quad \ldots, \quad \frac{\partial V}{\partial y_n} = m_n \frac{dy_n}{dt},$$

$$\frac{\partial V}{\partial z_1} = m_1 \frac{dz_1}{dt}, \quad \frac{\partial V}{\partial z_2} = m_2 \frac{dz_2}{dt}, \quad \ldots, \quad \frac{\partial V}{\partial z_n} = m_n \frac{dz_n}{dt}.$$

Per aequationes propositas, statuto

$$x_i' = \frac{dx_i}{dt}, \quad y_i' = \frac{dy_i}{dt}, \quad z_i' = \frac{dz_i}{dt},$$

considerari possunt $6n$ *quantitates* x_i, y_i, z_i, x_i', y_i', z_i' *ut functiones* $6n$ *quantitatum* $a_1, a_2, \ldots, a_{3n-1}, h, b_1, b_2, \ldots, b_{3n-1}, t+\tau$, *vel vice versa spectari possunt* $6n$ *quantitates* $a_1, a_2, \ldots, a_{3n-1}, h, b_1, b_2, \ldots, b_{3n-1}, t+\tau$, *ut functiones* $6n$ *quantitatum* x_i, y_i, z_i, x_i', y_i', z_i'.

Si sub utraque suppositione functionum illarum quotientes differentiales partiales sumuntur, quotientes differentiales partiales sub altera suppositione sumtae quotientibus differentialibus partialibus sub altera suppositione sumtis singulae singulis aequales fiunt aut tantum signo differunt; fit enim, designante i *unum quemcunque e numeris* $1, 2, \ldots, n$, *atque* k *unum quemcunque e numeris* $1, 2, 3, \ldots, 3n-1$:

$$m_i \frac{\partial x_i}{\partial a_k} = -\frac{\partial b_k}{\partial x_i'}, \quad m_i \frac{\partial x_i}{\partial b_k} = \frac{\partial a_k}{\partial x_i'},$$

$$m_i \frac{\partial y_i}{\partial a_k} = -\frac{\partial b_k}{\partial y_i'}, \quad m_i \frac{\partial y_i}{\partial b_k} = \frac{\partial a_k}{\partial y_i'},$$

$$m_i \frac{\partial z_i}{\partial a_k} = -\frac{\partial b_k}{\partial z_i'}, \quad m_i \frac{\partial z_i}{\partial b_k} = \frac{\partial a_k}{\partial z_i'},$$

$$m_i \frac{\partial x_i'}{\partial a_k} = \frac{\partial b_k}{\partial x_i}, \quad m_i \frac{\partial x_i'}{\partial b_k} = -\frac{\partial a_k}{\partial x_i},$$

$$m_i \frac{\partial y_i'}{\partial a_k} = \frac{\partial b_k}{\partial y_i}, \quad m_i \frac{\partial y_i'}{\partial b_k} = -\frac{\partial a_k}{\partial y_i},$$

$$m_i \frac{\partial z_i'}{\partial a_k} = \frac{\partial b_k}{\partial z_i}, \quad m_i \frac{\partial z_i'}{\partial b_k} = -\frac{\partial a_k}{\partial z_i},$$

$$m_i \frac{\partial x_i}{\partial h} = -\frac{\partial(\tau+t)}{\partial x_i'}, \quad m_i \frac{\partial x_i'}{\partial h} = \frac{\partial(\tau+t)}{\partial x_i},$$

$$m_i \frac{\partial y_i}{\partial h} = -\frac{\partial(\tau+t)}{\partial y_i'}, \quad m_i \frac{\partial y_i'}{\partial h} = \frac{\partial(\tau+t)}{\partial y_i},$$

$$m_i \frac{\partial z_i}{\partial h} = -\frac{\partial(\tau+t)}{\partial z_i'}, \quad m_i \frac{\partial z_i'}{\partial h} = \frac{\partial(\tau+t)}{\partial z_i}.$$

Statuamus, propositos motus perturbari, viribus m_iX_i, m_iY_i, m_iZ_i *punctum* m_i *sollicitantibus accedentibus novis viribus* m_iX_i', m_iY_i', m_iZ_i', *designantibus* X_i', Y_i', Z_i' *functiones omnium* $3n$ *coordinatarum* x_i, y_i, z_i *atque temporis* t, *ac sit, si solae coordinatae variantur neque simul tempus, summa*

$$\Sigma m_i \{X_i'\delta x_i + Y_i'\delta y_i + Z_i'\delta z_i\},$$

extensa ad puncta omnia systematis, variatio completa

$$-\delta\Omega = \Sigma m_i \{X_i'\delta x_i + Y_i'\delta y_i + Z_i'\delta z_i\};$$

quibus statutis, aequationes problematis imperturbati

$$\frac{\partial V}{\partial a_1} = b_1, \quad \frac{\partial V}{\partial a_2} = b_2, \quad \ldots, \quad \frac{\partial V}{\partial a_{3n-1}} = b_{3n-1}, \quad \frac{\partial V}{\partial h} = t + \tau,$$

$$\frac{\partial V}{\partial x_1} = m_1 x_1', \quad \frac{\partial V}{\partial x_2} = m_2 x_2', \quad \ldots, \quad \frac{\partial V}{\partial x_n} = m_n x_n',$$

$$\frac{\partial V}{\partial y_1} = m_1 y_1', \quad \frac{\partial V}{\partial y_2} = m_2 y_2', \quad \ldots, \quad \frac{\partial V}{\partial y_n} = m_n y_n',$$

$$\frac{\partial V}{\partial z_1} = m_1 z_1', \quad \frac{\partial V}{\partial z_2} = m_2 z_2', \quad \ldots, \quad \frac{\partial V}{\partial z_n} = m_n z_n'$$

etiam motus suppeditabunt perturbatos, si loco elementorum $a_1, a_2, \ldots, a_{3n-1}, h, b_1, b_2, \ldots, b_{3n-1}, \tau$ *sumuntur functiones temporis satisfacientes aequationibus differentialibus:*

$$\frac{da_1}{dt} = -\frac{\partial\Omega}{\partial b_1}, \quad \frac{da_2}{dt} = -\frac{\partial\Omega}{\partial b_2}, \quad \ldots, \quad \frac{da_{3n-1}}{dt} = -\frac{\partial\Omega}{\partial b_{3n-1}},$$

$$\frac{db_1}{dt} = \frac{\partial\Omega}{\partial a_1}, \quad \frac{db_2}{dt} = \frac{\partial\Omega}{\partial a_2}, \quad \ldots, \quad \frac{db_{3n-1}}{dt} = \frac{\partial\Omega}{\partial a_{3n-1}},$$

$$\frac{dh}{dt} = -\frac{\partial\Omega}{\partial\tau}, \quad \frac{d\tau}{dt} = \frac{\partial\Omega}{\partial h},$$

quibus in aequationibus supponitur, functionem Ω *ope aequationum pro motu imperturbato inventarum*

$$\frac{\partial V}{\partial a_1} = b_1, \quad \frac{\partial V}{\partial a_2} = b_2, \quad \ldots, \quad \frac{\partial V}{\partial a_{3n-1}} = b_{3n-1}, \quad \frac{\partial V}{\partial h} = t + \tau$$

per sola elementa et tempus expressam esse.

Aequatio differentialis partialis in Theoremate antecedente proposita invenitur ex aequatione

$$H = T - U = h,$$

quum sit T semissis summae virium vivarum

$$T = \tfrac{1}{2}\Sigma m_i \{x_i'x_i' + y_i'y_i' + z_i'z_i'\};$$

aequationes vero

$$\frac{\partial T}{\partial q_i'} = p_i = \frac{\partial V}{\partial q_i}$$

in aequatione $H = h$ substituendae, quo aequatio differentialis partialis evadat, hic sunt

$$m_i x_i' = \frac{\partial V}{\partial x_i}, \quad m_i y_i' = \frac{\partial V}{\partial y_i}, \quad m_i z_i' = \frac{\partial V}{\partial z_i}.$$

Unde aequatio

$$H = \tfrac{1}{2}\Sigma m_i(x_i' x_i' + y_i' y_i' + z_i' z_i') - U = h$$

abit in aequationem

$$\tfrac{1}{2}\Sigma \frac{1}{m_i}\left\{\left(\frac{\partial V}{\partial x_i}\right)^2 + \left(\frac{\partial V}{\partial y_i}\right)^2 + \left(\frac{\partial V}{\partial z_i}\right)^2\right\} - U = h,$$

quae est aequatio differentialis partialis in Theoremate antecedente proposita. Formulae perturbatoriae Theorematis e §. 52 petitae sunt, scriptis h et τ loco a et b. Eaedem expressiones differentialium elementorum habentur etiam pro generalioribus aequationibus differentialibus, in quibus Ω praeter ipsas x_i, y_i, z_i etiam quantitates x_i', y_i', z_i' involvere potest:

$$\frac{dx_i}{dt} = x_i' + \frac{1}{m_i}\frac{\partial \Omega}{\partial x_i'}, \quad \frac{dy_i}{dt} = y_i' + \frac{1}{m_i}\frac{\partial \Omega}{\partial y_i'}, \quad \frac{dz_i}{dt} = z_i' + \frac{1}{m_i}\frac{\partial \Omega}{\partial z_i'},$$

$$m_i\frac{dx_i'}{dt} = \frac{\partial(U-\Omega)}{\partial x_i}, \quad m_i\frac{dy_i'}{dt} = \frac{\partial(U-\Omega)}{\partial y_i}, \quad m_i\frac{dz_i'}{dt} = \frac{\partial(U-\Omega)}{\partial z_i},$$

quae, quoties Ω ipsas non implicat x_i', y_i', z_i', in aequationes differentiales perturbatas, quae vulgo habentur, redeunt:

$$m_i\frac{d^2x_i}{dt^2} = \frac{\partial(U-\Omega)}{\partial x_i}, \quad m_i\frac{d^2y_i}{dt^2} = \frac{\partial(U-\Omega)}{\partial y_i}, \quad m_i\frac{d^2z_i}{dt^2} = \frac{\partial(U-\Omega)}{\partial z_i}.$$

Si Theorema antecedens ad motum ellipticum planetarum applicare placet, ponamus, uti in formulis §. 67 factum est,

$$h = -\frac{\varkappa^2}{2A}, \quad a_1 = \varkappa\sqrt{p}\cos i, \quad a_2 = \varkappa\sqrt{p},$$

$$b = \tau, \quad b_1 = \Omega, \quad \frac{\pi}{2} + b_2 = \varpi,$$

designantibus A, p, i, $-\tau$, Ω, ϖ semiaxem maiorem, parametrum, inclinationem, tempus perihelii, longitudinem nodi ascendentis, distantiam perihelii a nodo ascendente, atque $\varkappa^2$ vim attractivam pro unitate distantiae. Si x, y, z, x', y', z' per A, p, $\sqrt{p}\cos i$, τ, Ω, ϖ, t vel vice versa A, p, i, τ, Ω, ϖ per x, y, z, x', y', z' exprimimus et expressiones illas sub utraque suppositione differentiamus, prodeunt e Theoremate antecedente formulae:

$$
\begin{aligned}
&\frac{\partial x}{\partial.\sqrt{p}\cos i} = -\varkappa\,\frac{\partial\Omega}{\partial x'}, &&\frac{\partial y}{\partial.\sqrt{p}\cos i} = -\varkappa\,\frac{\partial\Omega}{\partial y'}, &&\frac{\partial z}{\partial.\sqrt{p}\cos i} = -\varkappa\,\frac{\partial\Omega}{\partial z'},\\
&\frac{\partial x}{\partial\Omega} = \varkappa\,\frac{\partial.\sqrt{p}\cos i}{\partial x'}, &&\frac{\partial y}{\partial\Omega} = \varkappa\,\frac{\partial.\sqrt{p}\cos i}{\partial y'}, &&\frac{\partial z}{\partial\Omega} = \varkappa\,\frac{\partial.\sqrt{p}\cos i}{\partial z'},\\
&\frac{\partial x}{\partial\sqrt{p}} = -\varkappa\,\frac{\partial\varpi}{\partial x'}, &&\frac{\partial y}{\partial\sqrt{p}} = -\varkappa\,\frac{\partial\varpi}{\partial y'}, &&\frac{\partial z}{\partial\sqrt{p}} = -\varkappa\,\frac{\partial\varpi}{\partial z'},\\
&\frac{\partial x}{\partial\varpi} = \varkappa\,\frac{\partial\sqrt{p}}{\partial x'}, &&\frac{\partial y}{\partial\varpi} = \varkappa\,\frac{\partial\sqrt{p}}{\partial y'}, &&\frac{\partial z}{\partial\varpi} = \varkappa\,\frac{\partial\sqrt{p}}{\partial z'},\\
2A^2&\frac{\partial x}{\partial A} = -\varkappa^2\frac{\partial\tau}{\partial x'}, \quad 2A^2 &&\frac{\partial y}{\partial A} = -\varkappa^2\frac{\partial\tau}{\partial y'}, \quad 2A^2 &&\frac{\partial z}{\partial A} = -\varkappa^2\frac{\partial\tau}{\partial z'},\\
&\frac{\partial x'}{\partial.\sqrt{p}\cos i} = \varkappa\,\frac{\partial\Omega}{\partial x}, &&\frac{\partial y'}{\partial.\sqrt{p}\cos i} = \varkappa\,\frac{\partial\Omega}{\partial y}, &&\frac{\partial z'}{\partial.\sqrt{p}\cos i} = \varkappa\,\frac{\partial\Omega}{\partial z},\\
&\frac{\partial x'}{\partial\Omega} = -\varkappa\,\frac{\partial.\sqrt{p}\cos i}{\partial x}, &&\frac{\partial y'}{\partial\Omega} = -\varkappa\,\frac{\partial.\sqrt{p}\cos i}{\partial y}, &&\frac{\partial z'}{\partial\Omega} = -\varkappa\,\frac{\partial.\sqrt{p}\cos i}{\partial z},\\
&\frac{\partial x'}{\partial\sqrt{p}} = \varkappa\,\frac{\partial\varpi}{\partial x}, &&\frac{\partial y'}{\partial\sqrt{p}} = \varkappa\,\frac{\partial\varpi}{\partial y}, &&\frac{\partial z'}{\partial\sqrt{p}} = \varkappa\,\frac{\partial\varpi}{\partial z},\\
&\frac{\partial x'}{\partial\varpi} = -\varkappa\,\frac{\partial\sqrt{p}}{\partial x}, &&\frac{\partial y'}{\partial\varpi} = -\varkappa\,\frac{\partial\sqrt{p}}{\partial y}, &&\frac{\partial z'}{\partial\varpi} = -\varkappa\,\frac{\partial\sqrt{p}}{\partial z},\\
2A^2&\frac{\partial x'}{\partial A} = \varkappa^2\frac{\partial\tau}{\partial x}, \quad 2A^2 &&\frac{\partial y'}{\partial A} = \varkappa^2\frac{\partial\tau}{\partial y}, \quad 2A^2 &&\frac{\partial z'}{\partial A} = \varkappa^2\frac{\partial\tau}{\partial z}.
\end{aligned}
$$

Quibus in formulis designat i inclinationem plani orbitae ad unum planorum coordinatarum orthogonalium x, y, z, atque Ω angulum, quem intersectio utriusque plani cum altera axi coordinatarum facit, quae in plano illo coordinatarum ducta est. E formulis notis motus elliptici verificationem formularum praecedentium facile obtinere licet. Quae facile etiam in alias varias formas transfunduntur.

De expressionibus $(\varphi,\ \psi)$ et $[\varphi,\ \psi]$, quae in modum coëfficientium in Ill. Lagrange et Poisson formulis perturbatoriis obvenientium conflatae sunt. Innotescente integrali quolibet $H_i = a_i$ aequationum dynamicarum, differentialia omnia functionis cuiuslibet secundum elementum b_i, quod ipsi a_i in systemate quolibet elementorum canonico fiat coniugatum, assignari possunt.

72.

Statuamus rursus

$$
\begin{aligned}
[\varphi,\ \psi] = &\frac{\partial\varphi}{\partial q_1}\frac{\partial\psi}{\partial p_1} + \frac{\partial\varphi}{\partial q_2}\frac{\partial\psi}{\partial p_2} + \dots + \frac{\partial\varphi}{\partial q_m}\frac{\partial\psi}{\partial p_m}\\
-&\frac{\partial\varphi}{\partial p_1}\frac{\partial\psi}{\partial q_1} - \frac{\partial\varphi}{\partial p_2}\frac{\partial\psi}{\partial q_2} - \dots - \frac{\partial\varphi}{\partial p_m}\frac{\partial\psi}{\partial q_m},
\end{aligned}
$$

porro, uncis rotundis adhibitis,

$$(\varphi, \psi) = \frac{\partial q_1}{\partial \psi}\frac{\partial p_1}{\partial \varphi} + \frac{\partial q_2}{\partial \psi}\frac{\partial p_2}{\partial \varphi} + \cdots + \frac{\partial q_m}{\partial \psi}\frac{\partial p_m}{\partial \varphi}$$
$$- \frac{\partial q_1}{\partial \varphi}\frac{\partial p_1}{\partial \psi} - \frac{\partial q_2}{\partial \varphi}\frac{\partial p_2}{\partial \psi} - \cdots - \frac{\partial q_m}{\partial \varphi}\frac{\partial p_m}{\partial \psi},$$

facile probatur e formulis §. 69 traditis, haberi

$$(1)\quad [a_i, a_k] = 0, \quad [a_i, b_k] = 0, \quad [b_i, b_k] = 0,$$
$$(2)\quad (a_i, a_k) = 0, \quad (a_i, b_k) = 0, \quad (b_i, b_k) = 0;$$

exceptis aequationibus:

$$(3)\quad [a_i, b_i] = -1, \qquad (4)\quad (a_i, b_i) = 1.$$

Formulae (1) ad suppositionem secundam pertinent, qua consideravimus ipsas a_i, b_i ut functiones ipsarum q_i, p_i, t_i; formulae (2) ad suppositionem primam, qua considerantur q_i, p_i ut functiones ipsarum a_i, b_i, t_i. Quae formulae e (10*) seqq. §. 69 sic demonstrantur:

Habetur, extensa summatione ad ipsius i' valores 1, 2, ..., m:

$$0 = \frac{\partial a_k}{\partial a_i} = \Sigma_{i'}\left\{\frac{\partial a_k}{\partial q_{i'}}\frac{\partial q_{i'}}{\partial a_i} + \frac{\partial a_k}{\partial p_{i'}}\frac{\partial p_{i'}}{\partial a_i}\right\},$$
$$0 = \frac{\partial a_k}{\partial b_i} = \Sigma_{i'}\left\{\frac{\partial a_k}{\partial q_{i'}}\frac{\partial q_{i'}}{\partial b_i} + \frac{\partial a_k}{\partial p_{i'}}\frac{\partial p_{i'}}{\partial b_i}\right\},$$
$$0 = \frac{\partial b_k}{\partial a_i} = \Sigma_{i'}\left\{\frac{\partial b_k}{\partial q_{i'}}\frac{\partial q_{i'}}{\partial a_i} + \frac{\partial b_k}{\partial p_{i'}}\frac{\partial p_{i'}}{\partial a_i}\right\},$$
$$0 = \frac{\partial b_k}{\partial b_i} = \Sigma_{i'}\left\{\frac{\partial b_k}{\partial q_{i'}}\frac{\partial q_{i'}}{\partial b_i} + \frac{\partial b_k}{\partial p_{i'}}\frac{\partial p_{i'}}{\partial b_i}\right\},$$

exceptis casibus, quibus in aequatione prima et quarta fit $k = i$, quibus casibus habetur:

$$1 = \Sigma_{i'}\left\{\frac{\partial a_i}{\partial q_{i'}}\frac{\partial q_{i'}}{\partial a_i} + \frac{\partial a_i}{\partial p_{i'}}\frac{\partial p_{i'}}{\partial a_i}\right\},$$
$$1 = \Sigma_{i'}\left\{\frac{\partial b_i}{\partial q_{i'}}\frac{\partial q_{i'}}{\partial b_i} + \frac{\partial b_i}{\partial p_{i'}}\frac{\partial p_{i'}}{\partial b_i}\right\}.$$

Substituamus in formulis praecedentibus aequationes (10*), (11*), (13*), (14*) §. 69

$$\frac{\partial p_{i'}}{\partial a_i} = \frac{\partial b_i}{\partial q_{i'}}, \quad \frac{\partial q_{i'}}{\partial a_i} = -\frac{\partial b_i}{\partial p_{i'}}, \quad \frac{\partial p_{i'}}{\partial b_i} = -\frac{\partial a_i}{\partial q_{i'}}, \quad \frac{\partial q_{i'}}{\partial b_i} = \frac{\partial a_i}{\partial p_{i'}},$$

abeunt illae in sequentes:

$$-[a_k, b_i] = 0, \quad [a_k, a_i] = 0, \quad [b_i, b_k] = 0, \quad -[a_i, b_k] = 0,$$
$$1 = -[a_i, b_i] = [b_i, a_i],$$

quae conveniunt cum aequationibus demonstrandis (1), (3).

Porro in iisdem formulis easdem substituamus aequationes (10*)—(14*) §. 69, in quibus tamen loco indicis i scribamus k, unde evadunt:

$$\frac{\partial b_k}{\partial q_{i'}} = \frac{\partial p_{i'}}{\partial a_k}, \quad \frac{\partial b_k}{\partial p_{i'}} = -\frac{\partial q_{i'}}{\partial a_k}, \quad \frac{\partial a_k}{\partial q_{i'}} = -\frac{\partial p_{i'}}{\partial b_k}, \quad \frac{\partial a_k}{\partial p_{i'}} = \frac{\partial q_{i'}}{\partial b_k}.$$

Quibus substitutis, aequationes supra traditae in sequentes abeunt:

$$0 = (a_i, b_k), \quad 0 = (b_i, b_k), \quad 0 = (a_k, a_i), \quad 0 = (a_k, b_i),$$
$$1 = (a_i, b_i),$$

quae sunt aequationes demonstrandae (2), (4).

Sint φ, ψ datae quaecunque functiones ipsarum $a_1, a_2, \ldots, a_m, b_1, b_2, \ldots, b_m$, quae quantitates $t_1, t_2, \ldots, t_\mu$ non contineant. Substitutis ipsarum a_i, b_i valoribus per q_i, p_i, t_i expressis, evadant φ, ψ harum quantitatum functiones, eritque

$$[\varphi, \psi] = \Sigma_{i'} \left\{ \frac{\partial \varphi}{\partial q_{i'}} \frac{\partial \psi}{\partial p_{i'}} - \frac{\partial \varphi}{\partial p_{i'}} \frac{\partial \psi}{\partial q_{i'}} \right\}$$

$$= \Sigma_{i'} \left\{ \begin{array}{l} \Sigma_i \left(\frac{\partial \varphi}{\partial a_i} \frac{\partial a_i}{\partial q_{i'}} + \frac{\partial \varphi}{\partial b_i} \frac{\partial b_i}{\partial q_{i'}} \right) \Sigma_k \left(\frac{\partial \psi}{\partial a_k} \frac{\partial a_k}{\partial p_{i'}} + \frac{\partial \psi}{\partial b_k} \frac{\partial b_k}{\partial p_{i'}} \right) \\ -\Sigma_i \left(\frac{\partial \varphi}{\partial a_i} \frac{\partial a_i}{\partial p_{i'}} + \frac{\partial \varphi}{\partial b_i} \frac{\partial b_i}{\partial p_{i'}} \right) \Sigma_k \left(\frac{\partial \psi}{\partial a_k} \frac{\partial a_k}{\partial q_{i'}} + \frac{\partial \psi}{\partial b_k} \frac{\partial b_k}{\partial q_{i'}} \right) \end{array} \right\}.$$

Quae expressio sic repraesentari potest:

$$[\varphi, \psi] = \Sigma_{i,k} \left\{ \frac{\partial \varphi}{\partial a_i} \frac{\partial \psi}{\partial a_k} [a_i, a_k] + \frac{\partial \varphi}{\partial a_i} \frac{\partial \psi}{\partial b_k} [a_i, b_k] \right\}$$
$$+ \Sigma_{i,k} \left\{ \frac{\partial \varphi}{\partial b_i} \frac{\partial \psi}{\partial a_k} [b_i, a_k] + \frac{\partial \varphi}{\partial b_i} \frac{\partial \psi}{\partial b_k} [b_i, b_k] \right\},$$

unde e (1), (3) habetur:

$$[\varphi, \psi] = \Sigma_i \left\{ \frac{\partial \varphi}{\partial b_i} \frac{\partial \psi}{\partial a_i} - \frac{\partial \varphi}{\partial a_i} \frac{\partial \psi}{\partial b_i} \right\},$$

sive:

$$(5) \quad \left\{ \begin{array}{l} [\varphi, \psi] = \frac{\partial \varphi}{\partial q_1} \frac{\partial \psi}{\partial p_1} + \frac{\partial \varphi}{\partial q_2} \frac{\partial \psi}{\partial p_2} + \cdots + \frac{\partial \varphi}{\partial q_m} \frac{\partial \psi}{\partial p_m} \\ \qquad - \frac{\partial \varphi}{\partial p_1} \frac{\partial \psi}{\partial q_1} - \frac{\partial \varphi}{\partial p_2} \frac{\partial \psi}{\partial q_2} - \cdots - \frac{\partial \varphi}{\partial p_m} \frac{\partial \psi}{\partial q_m} \\ \quad = \frac{\partial \varphi}{\partial b_1} \frac{\partial \psi}{\partial a_1} + \frac{\partial \varphi}{\partial b_2} \frac{\partial \psi}{\partial a_2} + \cdots + \frac{\partial \varphi}{\partial b_m} \frac{\partial \psi}{\partial a_m} \\ \qquad - \frac{\partial \varphi}{\partial a_1} \frac{\partial \psi}{\partial b_1} - \frac{\partial \varphi}{\partial a_2} \frac{\partial \psi}{\partial b_2} - \cdots - \frac{\partial \varphi}{\partial a_m} \frac{\partial \psi}{\partial b_m}. \end{array} \right.$$

Quoties igitur accidit, ut φ, ψ sint eiusmodi ipsarum q_i, p_i, t_i functiones, quae per solas a_i, b_i absque quantitatibus t_i exprimi queant, erit etiam

$$[\varphi, \psi] = \frac{\partial\varphi}{\partial q_1}\frac{\partial\psi}{\partial p_1} + \frac{\partial\varphi}{\partial q_2}\frac{\partial\psi}{\partial p_2} + \cdots + \frac{\partial\varphi}{\partial q_m}\frac{\partial\psi}{\partial p_m}$$
$$- \frac{\partial\varphi}{\partial p_1}\frac{\partial\psi}{\partial q_1} - \frac{\partial\varphi}{\partial p_2}\frac{\partial\psi}{\partial q_2} - \cdots - \frac{\partial\varphi}{\partial p_m}\frac{\partial\psi}{\partial q_m}$$

eiusmodi functio, quippe quae aequalis fit expressioni

$$\frac{\partial\varphi}{\partial b_1}\frac{\partial\psi}{\partial a_1} + \frac{\partial\varphi}{\partial b_2}\frac{\partial\psi}{\partial a_2} + \cdots + \frac{\partial\varphi}{\partial b_m}\frac{\partial\psi}{\partial a_m}$$
$$- \frac{\partial\varphi}{\partial a_1}\frac{\partial\psi}{\partial b_1} - \frac{\partial\varphi}{\partial a_2}\frac{\partial\psi}{\partial b_2} - \cdots - \frac{\partial\varphi}{\partial a_m}\frac{\partial\psi}{\partial b_m},$$

quae, si φ et ψ sint solarum a_i, b_i functiones ab ipsis t_i vacuae, et ipsa erit solarum a_i, b_i functio ab ipsis t_i libera. Si quantitatum t_i una tantum in problemate proposito adest, quam t vocemus, redit Propositio antecedens in eam, quam olim Ill. Poisson demonstravit, quoties $\varphi = \text{Const.}$, $\psi = \text{Const.}$ sint integralia systematis aequationum differentialium

$$\frac{dq_i}{dt} = \frac{\partial H}{\partial p_i}, \quad \frac{dp_i}{dt} = -\frac{\partial H}{\partial q_i}\text{*)},$$

quantitatem $[\varphi, \psi]$ per sola elementa absque t exprimi.

Casus specialis aequationis (5) valde memorabilis is est, quo functio ψ uni quantitatum a_i, b_i aequalis existit; tum enim abit aequatio illa in has simplices:

$$(6)\quad \begin{cases} [\varphi, a_i] = \dfrac{\partial\varphi}{\partial b_i}, \\ [\varphi, b_i] = -\dfrac{\partial\varphi}{\partial a_i}. \end{cases}$$

Docent hae aequationes sequentia: *Quoties enim habetur aequationum differentialium propositarum integrale*

$$\varphi = \text{Const.},$$

φ per ipsas a_i, b_i absque t exprimi potest, quam vero expressionem ipsam

*) Aequationes differentiales Ill. Poisson sub alia forma exhibuit; licet enim iam ille animadverterit in commentatione prima de Variatione Constantium, expressiones ipsis $\frac{dq_i}{dt}$, $\frac{dq_k}{dt}$ aequales per q_i, p_i exhibitas ita comparatas esse, ut prioris differentiale secundum p_k alterius differentiali secundum p_i aequale sit; expressionem simplicem ipsius $\frac{dq_i}{dt} = \frac{\partial H}{\partial p_i}$, unde illud sponte sequitur, primus Ill. Hamilton dedit.

generaliter exhibere non possumus, nisi omnium a_i, b_i *expressiones per* q_i, p_i, t *datae sint. At si vel unius novimus elementi, quod ad systema elementorum canonicum pertinet, expressionem per* q_i, p_i, t, *directe invenire licet differentialia ipsius* φ *secundum elementum coniugatum sumta et ipsa per* q_i, p_i, t *expressa, siquidem bina* a_i *et* b_i *elementa coniugata dicimus.* Nam si elementum canonicum datum est a_i, habetur e (6):

$$\frac{\partial \varphi}{\partial b_i} = [\varphi, a_i],$$

unde, ponendo $\frac{\partial \varphi}{\partial b_i}$, $\frac{\partial^2 \varphi}{\partial b_i^2}$, etc. loco φ, prodit:

$$\frac{\partial^2 \varphi}{\partial b_i^2} = \left[\frac{\partial \varphi}{\partial b_i}, a_i\right], \quad \frac{\partial^3 \varphi}{\partial b_i^3} = \left[\frac{\partial^2 \varphi}{\partial b_i^2}, a_i\right], \quad \text{etc.},$$

unde successive omnium $\frac{\partial^n \varphi}{\partial b_i^n}$ innotescunt valores per q_i, p_i, t expressi. Si tantum unum habetur integrale $\psi = a_i$, poterit constans ipsi ψ aequalis pro elemento canonico accipi; excipias tamen casum, quo $\psi = H$, quod fieri potest, si H ipsam t non involvit, quippe quo casu, quoties $\varphi =$ Const. est integrale alterum, habetur $[\varphi, a_i] = 0$, neque aliquid novi inde prodit.

Ad illustrandas aequationes (6), quae magnas partes agere debent in ulterioribus et altioribus disquisitionibus, quas integrationes propositae flagitant, ut omnia, quae hic adhuc latent, enucleentur, directe eas de aequationibus §. 69 propositis deducam. Quod fit per considerationes sequentes. Sit enim a_i data functio ipsarum $q_1, q_2, \ldots, q_m, p_1, p_2, \ldots, p_m, t$, ac consideremus ipsam t, siquidem t in functione a_i invenitur, ut constantem datam atque omnes a_1, $a_2, \ldots, a_m, b_1, b_2, \ldots, b_m$ praeter unam b_i ut constantes arbitrarias, erunt $q_1, q_2, \ldots, q_m, p_1, p_2, \ldots, p_m$ functiones ipsius b_i, quae satisfaciunt aequationibus differentialibus (13*), (14*) §. 69:

$$\frac{dq_1}{db_i} = \frac{\partial a_i}{\partial p_1}, \quad \frac{dq_2}{db_i} = \frac{\partial a_i}{\partial p_2}, \quad \ldots, \quad \frac{dq_m}{db_i} = \frac{\partial a_i}{\partial p_m},$$
$$\frac{dp_1}{db_i} = -\frac{\partial a_i}{\partial q_1}, \quad \frac{dp_2}{db_i} = -\frac{\partial a_i}{\partial q_2}, \quad \ldots, \quad \frac{dp_m}{db_i} = -\frac{\partial a_i}{\partial q_m},$$

quae plane eandem formam habent atque aequationes differentiales propositae, modo functio a_i functionis H atque variabilis b_i variabilis t locum tenet. Per regulas autem vulgares differentiationis ex aequationibus praecedentibus cuiuslibet functionis ipsarum $q_{i'}$, $p_{i'}$ differentialia prima, secunda, tertia etc. successive eruuntur, continuo differentialium $\frac{dq_{i'}}{db_i}$, $\frac{dp_{i'}}{db_i}$ valores substituendo; quemadmodum tritum est, ex systemate aequationum differentialium

$$\frac{dq_{i'}}{dt} = \frac{\partial H}{\partial p_{i'}}, \quad \frac{dp_{i'}}{dt} = -\frac{\partial H}{\partial q_{i'}}$$

cuiuslibet functionis differentialia cuiuslibet ordinis per ipsas $q_{i'}$, $p_{i'}$, t expressa inveniri posse. Si ex. gr. functionis φ differentiale primum secundum b_i quaeris, eruis:

$$\begin{aligned}
\frac{d\varphi}{db_i} &= \frac{\partial\varphi}{\partial q_1}\frac{dq_1}{db_i} + \frac{\partial\varphi}{\partial q_2}\frac{dq_2}{db_i} + \cdots + \frac{\partial\varphi}{\partial q_m}\frac{dq_m}{db_i} \\
&+ \frac{\partial\varphi}{\partial p_1}\frac{dp_1}{db_i} + \frac{\partial\varphi}{\partial p_2}\frac{dp_2}{db_i} + \cdots + \frac{\partial\varphi}{\partial p_m}\frac{dp_m}{db_i} \\
&= \frac{\partial\varphi}{\partial q_1}\frac{\partial a_i}{\partial p_1} + \frac{\partial\varphi}{\partial q_2}\frac{\partial a_i}{\partial p_2} + \cdots + \frac{\partial\varphi}{\partial q_m}\frac{\partial a_i}{\partial p_m} \\
&- \frac{\partial\varphi}{\partial p_1}\frac{\partial a_i}{\partial q_1} - \frac{\partial\varphi}{\partial p_2}\frac{\partial a_i}{\partial q_2} - \cdots - \frac{\partial\varphi}{\partial p_m}\frac{\partial a_i}{\partial q_m} \\
&= [\varphi, a_i],
\end{aligned}$$

quae est altera aequationum (6); eademque methodo demonstratur altera.

Observo adhuc, in formulis §. 69 et antecedentibus, quae ex iis derivatae sunt, ubique a, b atque q, p inter se permutari posse.

Ipsis a_i, b_i per alias quantitates α, β, γ, etc. expressis, quaeramus adhuc valorem expressionis:

$$\begin{aligned}
(\alpha, \beta) &= \frac{\partial q_1}{\partial\beta}\frac{\partial p_1}{\partial\alpha} + \frac{\partial q_2}{\partial\beta}\frac{\partial p_2}{\partial\alpha} + \cdots + \frac{\partial q_m}{\partial\beta}\frac{\partial p_m}{\partial\alpha} \\
&- \frac{\partial q_1}{\partial\alpha}\frac{\partial p_1}{\partial\beta} - \frac{\partial q_2}{\partial\alpha}\frac{\partial p_2}{\partial\beta} - \cdots - \frac{\partial q_m}{\partial\alpha}\frac{\partial p_m}{\partial\beta}.
\end{aligned}$$

Fit

$$\begin{aligned}
(\alpha, \beta) &= \Sigma\left\{\left(\frac{\partial q_{i'}}{\partial a_i}\frac{\partial a_i}{\partial\beta} + \frac{\partial q_{i'}}{\partial b_i}\frac{\partial b_i}{\partial\beta}\right)\left(\frac{\partial p_{i'}}{\partial a_k}\frac{\partial a_k}{\partial\alpha} + \frac{\partial p_{i'}}{\partial b_k}\frac{\partial b_k}{\partial\alpha}\right)\right\} \\
&- \Sigma\left\{\left(\frac{\partial q_{i'}}{\partial a_k}\frac{\partial a_k}{\partial\alpha} + \frac{\partial q_{i'}}{\partial b_k}\frac{\partial b_k}{\partial\alpha}\right)\left(\frac{\partial p_{i'}}{\partial a_i}\frac{\partial a_i}{\partial\beta} + \frac{\partial p_{i'}}{\partial b_i}\frac{\partial b_i}{\partial\beta}\right)\right\},
\end{aligned}$$

indicibus i', i, k tributis valoribus $1, 2, \ldots, m$. Evolutis productis, ex aequatione praecedente eruimus

$$(\alpha, \beta) = \Sigma\left\{(a_k, a_i)\frac{\partial a_i}{\partial\beta}\frac{\partial a_k}{\partial\alpha} + (b_k, a_i)\frac{\partial a_i}{\partial\beta}\frac{\partial b_k}{\partial\alpha} + (a_k, b_i)\frac{\partial b_i}{\partial\beta}\frac{\partial a_k}{\partial\alpha} + (b_k, b_i)\frac{\partial b_i}{\partial\beta}\frac{\partial b_k}{\partial\alpha}\right\},$$

indicibus i et k sub signo summatorio tributis valoribus $1, 2, \ldots, m$. Sed e formulis (2) evanescunt sub signo summatorio termini omnes, pro quibus k

et i inter se diversi sunt; unde, quum e (4) sit

$$(a_i, b_i) = 1,$$

atque sponte pateat, fieri

$$(a_i, a_i) = 0, \quad (b_i, b_i) = 0,$$

sequitur

$$(\alpha, \beta) = \Sigma\left\{\frac{\partial a_i}{\partial \alpha}\frac{\partial b_i}{\partial \beta} - \frac{\partial a_i}{\partial \beta}\frac{\partial b_i}{\partial \alpha}\right\},$$

sive

$$(7) \quad \begin{cases} (\alpha, \beta) = \dfrac{\partial q_1}{\partial \beta}\dfrac{\partial p_1}{\partial \alpha} + \dfrac{\partial q_2}{\partial \beta}\dfrac{\partial p_2}{\partial \alpha} + \cdots + \dfrac{\partial q_m}{\partial \beta}\dfrac{\partial p_m}{\partial \alpha} \\ \qquad - \dfrac{\partial q_1}{\partial \alpha}\dfrac{\partial p_1}{\partial \beta} - \dfrac{\partial q_2}{\partial \alpha}\dfrac{\partial p_2}{\partial \beta} - \cdots - \dfrac{\partial q_m}{\partial \alpha}\dfrac{\partial p_m}{\partial \beta} \\ \qquad = \dfrac{\partial a_1}{\partial \alpha}\dfrac{\partial b_1}{\partial \beta} + \dfrac{\partial a_2}{\partial \alpha}\dfrac{\partial b_2}{\partial \beta} + \cdots + \dfrac{\partial a_m}{\partial \alpha}\dfrac{\partial b_m}{\partial \beta} \\ \qquad - \dfrac{\partial a_1}{\partial \beta}\dfrac{\partial b_1}{\partial \alpha} - \dfrac{\partial a_2}{\partial \beta}\dfrac{\partial b_2}{\partial \alpha} - \cdots - \dfrac{\partial a_m}{\partial \beta}\dfrac{\partial b_m}{\partial \alpha}. \end{cases}$$

Statuamus, ipsam β ex elementis canonicis esse sive haberi $\beta = a_i$ aut $\beta = b_i$, atque reliquorum elementorum expressiones hoc elementum non continere. Quo casu formula antecedens abit in sequentes simplices:

$$(8) \quad \begin{cases} (\alpha, a_i) = -\dfrac{\partial b_i}{\partial \alpha}, \\ (\alpha, b_i) = \dfrac{\partial a_i}{\partial \alpha}. \end{cases}$$

Quibus adnotatis, pauca de formulis generalibus perturbatoriis addam, quae de systemate elementorum quocunque valent.

Formularum perturbatoriarum systemata, quae Ill. Lagrange et Poisson posuerunt, demonstrantur et alterum ex altero derivantur.

73.

Loco ipsarum $a_1, a_2, \ldots, a_m, b_1, b_2, \ldots, b_m$ habeatur systema elementorum quodcunque $\alpha_1, \alpha_2, \ldots, \alpha_{2m}$. Quorum respectu formulas perturbatorias sub duabus maxime formis proponere convenit. In altera, quae Ill. Lagrange est, differentialia partialia functionis perturbatricis Ω secundum elementa sumta lineariter exprimuntur per differentialia elementorum; in altera, quae Ill. Poisson est, differentialia elementorum perturbatorum lineariter exprimuntur per differentialia partialia functionis perturbatricis Ω secundum elementa sumta. In altera forma expressionum linearium coëfficientes sunt functiones (α_i, α_k), in altera functiones $[\alpha_i, \alpha_k]$. Plerumque adnotari solet, alteram formam ex altera per solam resolutionem aequationum $2m$ linearium obtineri posse. Sed nemo, quantum scio, hanc resolutionem reapse tentavit eaque via directa alteram formam de altera derivavit. Quod quum utile sit et difficultatis speciem quandam habeat, ego sequentibus exponam; antea autem formulas perturbatorias generales de formulis supra traditis deducam, licet eaedem directe ex ipsis aequationibus differentialibus peti possint, sicuti plerumque fit.

Spectentur *primum* elementa canonica $a_1, a_2, \ldots, a_m, b_1, b_2, \ldots, b_m$ ut functiones aliorum elementorum quorumcunque $\alpha_1, \alpha_2, \ldots, \alpha_{2m}$; erit e §. 52:

$$\begin{aligned}\frac{\partial\Omega}{\partial\alpha_n} &= \Sigma_i\left\{\frac{\partial\Omega}{\partial a_i}\frac{\partial a_i}{\partial\alpha_n}+\frac{\partial\Omega}{\partial b_i}\frac{\partial b_i}{\partial\alpha_n}\right\}\\ &= \Sigma_i\left\{\frac{db_i}{dt}\frac{\partial a_i}{\partial\alpha_n}-\frac{da_i}{dt}\frac{\partial b_i}{\partial\alpha_n}\right\}\\ &= \Sigma_{i,k}\left\{\frac{\partial b_i}{\partial\alpha_k}\frac{\partial a_i}{\partial\alpha_n}-\frac{\partial a_i}{\partial\alpha_k}\frac{\partial b_i}{\partial\alpha_n}\right\}\frac{d\alpha_k}{dt},\end{aligned}$$

quibus in summis ipsi i valores $1, 2, \ldots, m$, ipsi k valores $1, 2, \ldots, 2m$ tribuendi sunt. Unde e (7) §. antec. fit

$$(1)\quad\begin{cases}\dfrac{\partial\Omega}{\partial\alpha_n} = \Sigma_k(\alpha_n, \alpha_k)\dfrac{d\alpha_k}{dt}\\ \qquad = (\alpha_n, \alpha_1)\dfrac{d\alpha_1}{dt}+(\alpha_n, \alpha_2)\dfrac{d\alpha_2}{dt}+\cdots+(\alpha_n, \alpha_{2m})\dfrac{d\alpha_{2m}}{dt}.\end{cases}$$

Spectentur *deinde* $\alpha_1, \alpha_2, \ldots, \alpha_{2m}$ ut functiones ipsarum $a_1, a_2, \ldots, a_m, b_1, b_2, \ldots, b_m$; habetur e §. 52:

$$\begin{aligned}\frac{d\alpha_n}{dt} &= \Sigma_i\left\{\frac{\partial\alpha_n}{\partial a_i}\frac{da_i}{dt}+\frac{\partial\alpha_n}{\partial b_i}\frac{db_i}{dt}\right\}\\ &= \Sigma_i\left\{-\frac{\partial\alpha_n}{\partial a_i}\frac{\partial\Omega}{\partial b_i}+\frac{\partial\alpha_n}{\partial b_i}\frac{\partial\Omega}{\partial a_i}\right\}\\ &= \Sigma_{i,k}\left\{-\frac{\partial\alpha_n}{\partial a_i}\frac{\partial\alpha_k}{\partial b_i}+\frac{\partial\alpha_n}{\partial b_i}\frac{\partial\alpha_k}{\partial a_i}\right\}\frac{\partial\Omega}{\partial\alpha_k},\end{aligned}$$

quibus in summis ipsi i rursus valores $1, 2, \ldots, m$, ipsi k valores $1, 2, \ldots, 2m$ tribuendi sunt. Unde e (5) §. antec. scribendo α_n, α_k loco φ, ψ prodit:

$$(2)\quad\begin{cases}\dfrac{d\alpha_n}{dt} = \Sigma_k[\alpha_n, \alpha_k]\dfrac{\partial\Omega}{\partial\alpha_k}\\ \qquad = [\alpha_n, \alpha_1]\dfrac{\partial\Omega}{\partial\alpha_1}+[\alpha_n, \alpha_2]\dfrac{\partial\Omega}{\partial\alpha_2}+\cdots+[\alpha_n, \alpha_{2m}]\dfrac{\partial\Omega}{\partial\alpha_{2m}}.\end{cases}$$

Formulae (1) ab Ill. Lagrange, formulae (2) ab Ill. Poisson traditae sunt. Aliae de aliis derivari possunt ope theorematis sequentis:

Theorema:

Sint $q_1, q_2, \ldots, q_m, p_1, p_2, \ldots, p_m$ *functiones quaecunque a se invicem independentes quantitatum* $\alpha_1, \alpha_2, \ldots, \alpha_{2m}$, *ita ut invicem spectari possint* $\alpha_1, \alpha_2, \ldots, \alpha_{2m}$ *ut functiones a se invicem independentes quantitatum* $q_1, q_2, \ldots, q_m, p_1, p_2, \ldots, p_m$; *statuatur in suppositione priore:*

$$(\alpha_i, \alpha_k) = \frac{\partial q_1}{\partial \alpha_k}\frac{\partial p_1}{\partial \alpha_i} + \frac{\partial q_2}{\partial \alpha_k}\frac{\partial p_2}{\partial \alpha_i} + \cdots + \frac{\partial q_m}{\partial \alpha_k}\frac{\partial p_m}{\partial \alpha_i} - \frac{\partial q_1}{\partial \alpha_i}\frac{\partial p_1}{\partial \alpha_k} - \frac{\partial q_2}{\partial \alpha_i}\frac{\partial p_2}{\partial \alpha_k} - \cdots - \frac{\partial q_m}{\partial \alpha_i}\frac{\partial p_m}{\partial \alpha_k},$$

in suppositione posteriore:

$$[\alpha_i, \alpha_k] = \frac{\partial \alpha_i}{\partial q_1}\frac{\partial \alpha_k}{\partial p_1} + \frac{\partial \alpha_i}{\partial q_2}\frac{\partial \alpha_k}{\partial p_2} + \cdots + \frac{\partial \alpha_i}{\partial q_m}\frac{\partial \alpha_k}{\partial p_m} - \frac{\partial \alpha_i}{\partial p_1}\frac{\partial \alpha_k}{\partial q_1} - \frac{\partial \alpha_i}{\partial p_2}\frac{\partial \alpha_k}{\partial q_2} - \cdots - \frac{\partial \alpha_i}{\partial p_m}\frac{\partial \alpha_k}{\partial q_m};$$

quibus statutis significationibus, si proponuntur $2m$ *aequationes lineares sequentes:*

$$\begin{aligned}
v_1 &= \quad * \quad + (\alpha_1, \alpha_2)u_2 + (\alpha_1, \alpha_3)u_3 + \cdots + (\alpha_1, \alpha_{2m})u_{2m},\\
v_2 &= (\alpha_2, \alpha_1)u_1 + \quad * \quad + (\alpha_2, \alpha_3)u_3 + \cdots + (\alpha_2, \alpha_{2m})u_{2m},\\
v_3 &= (\alpha_3, \alpha_1)u_1 + (\alpha_3, \alpha_2)u_2 + \quad * \quad + \cdots + (\alpha_3, \alpha_{2m})u_{2m},\\
&\ldots\ldots\ldots\ldots\ldots\ldots\ldots\ldots\\
v_{2m} &= (\alpha_{2m}, \alpha_1)u_1 + (\alpha_{2m}, \alpha_2)u_2 + (\alpha_{2m}, \alpha_3)u_3 + \cdots + \quad * \quad ,
\end{aligned}$$

eruuntur resolutione harum aequationum valores ipsarum $u_1, u_2, \ldots, u_{2m}$ *sequentes:*

$$\begin{aligned}
u_1 &= \quad * \quad + [\alpha_1, \alpha_2]v_2 + [\alpha_1, \alpha_3]v_3 + \cdots + [\alpha_1, \alpha_{2m}]v_{2m},\\
u_2 &= [\alpha_2, \alpha_1]v_1 + \quad * \quad + [\alpha_2, \alpha_3]v_3 + \cdots + [\alpha_2, \alpha_{2m}]v_{2m},\\
u_3 &= [\alpha_3, \alpha_1]v_1 + [\alpha_3, \alpha_2]v_2 + \quad * \quad + \cdots + [\alpha_3, \alpha_{2m}]v_{2m},\\
&\ldots\ldots\ldots\ldots\ldots\ldots\ldots\ldots\\
u_{2m} &= [\alpha_{2m}, \alpha_1]v_1 + [\alpha_{2m}, \alpha_2]v_2 + [\alpha_{2m}, \alpha_3]v_3 + \cdots + \quad * \quad ;
\end{aligned}$$

et vice versa harum aequationum resolutione illae obtinentur.

Demonstratio:

Multiplicemus aequationes propositas per

$$[\alpha_i,\ \alpha_1],\quad [\alpha_i,\ \alpha_2],\quad \ldots,\quad [\alpha_i,\ \alpha_{2m}]$$

et productorum summationem instituamus. Unde prodibit expressio huiusmodi:

$$[\alpha_i,\ \alpha_1]v_1+[\alpha_i,\ \alpha_2]v_2+\cdots+[\alpha_i,\ \alpha_{2m}]v_{2m} = A_1u_1+A_2u_2+\cdots+A_{2m}u_{2m},$$

in qua:

$$\begin{aligned}
A_k &= [\alpha_i,\ \alpha_1](\alpha_1,\ \alpha_k)+[\alpha_i,\ \alpha_2](\alpha_2,\ \alpha_k)+\cdots+[\alpha_i,\ \alpha_{2m}](\alpha_{2m},\ \alpha_k) \\
&= \Sigma_n[\alpha_i,\ \alpha_n](\alpha_n,\ \alpha_k) \\
&= \Sigma_n \left\{ \begin{array}{l}
\left\{ \begin{array}{l}
\dfrac{\partial\alpha_i}{\partial q_1}\dfrac{\partial\alpha_n}{\partial p_1}+\dfrac{\partial\alpha_i}{\partial q_2}\dfrac{\partial\alpha_n}{\partial p_2}+\cdots+\dfrac{\partial\alpha_i}{\partial q_m}\dfrac{\partial\alpha_n}{\partial p_m} \\
-\dfrac{\partial\alpha_i}{\partial p_1}\dfrac{\partial\alpha_n}{\partial q_1}-\dfrac{\partial\alpha_i}{\partial p_2}\dfrac{\partial\alpha_n}{\partial q_2}-\cdots-\dfrac{\partial\alpha_i}{\partial p_m}\dfrac{\partial\alpha_n}{\partial q_m}
\end{array} \right\} \\
\times\left\{ \begin{array}{l}
\dfrac{\partial q_1}{\partial\alpha_k}\dfrac{\partial p_1}{\partial\alpha_n}+\dfrac{\partial q_2}{\partial\alpha_k}\dfrac{\partial p_2}{\partial\alpha_n}+\cdots+\dfrac{\partial q_m}{\partial\alpha_k}\dfrac{\partial p_m}{\partial\alpha_n} \\
-\dfrac{\partial p_1}{\partial\alpha_k}\dfrac{\partial q_1}{\partial\alpha_n}-\dfrac{\partial p_2}{\partial\alpha_k}\dfrac{\partial q_2}{\partial\alpha_n}-\cdots-\dfrac{\partial p_m}{\partial\alpha_k}\dfrac{\partial q_m}{\partial\alpha_n}
\end{array} \right\}
\end{array} \right\},
\end{aligned}$$

qua in summa ipsi n valores $1, 2, \ldots, 2m$ tribuendi sunt. Eandem expressionem facta multiplicatione sic repraesentare licet:

$$\begin{aligned}
A_k = {} & \Sigma_{i',k'}\left\{\frac{\partial\alpha_i}{\partial q_{i'}}\frac{\partial q_{k'}}{\partial\alpha_k}\cdot\Sigma_n\frac{\partial p_{k'}}{\partial\alpha_n}\frac{\partial\alpha_n}{\partial p_{i'}}\right\} \\
& +\Sigma_{i',k'}\left\{\frac{\partial\alpha_i}{\partial p_{i'}}\frac{\partial p_{k'}}{\partial\alpha_k}\cdot\Sigma_n\frac{\partial q_{k'}}{\partial\alpha_n}\frac{\partial\alpha_n}{\partial q_{i'}}\right\} \\
& -\Sigma_{i',k'}\left\{\frac{\partial\alpha_i}{\partial q_{i'}}\frac{\partial p_{k'}}{\partial\alpha_k}\cdot\Sigma_n\frac{\partial q_{k'}}{\partial\alpha_n}\frac{\partial\alpha_n}{\partial p_{i'}}\right\} \\
& -\Sigma_{i',k'}\left\{\frac{\partial\alpha_i}{\partial p_{i'}}\frac{\partial q_{k'}}{\partial\alpha_k}\cdot\Sigma_n\frac{\partial p_{k'}}{\partial\alpha_n}\frac{\partial\alpha_n}{\partial q_{i'}}\right\},
\end{aligned}$$

quibus in summis ipsi n valores $1, 2, \ldots, 2m$, ipsis i', k' valores $1, 2, \ldots, m$ tribuendi sunt. Iam vero habetur:

$$\Sigma_n \frac{\partial p_{k'}}{\partial \alpha_n}\frac{\partial \alpha_n}{\partial p_{i'}} = \frac{\partial p_{k'}}{\partial p_{i'}},$$

$$\Sigma_n \frac{\partial q_{k'}}{\partial \alpha_n}\frac{\partial \alpha_n}{\partial q_{i'}} = \frac{\partial q_{k'}}{\partial q_{i'}},$$

$$\Sigma_n \frac{\partial q_{k'}}{\partial \alpha_n}\frac{\partial \alpha_n}{\partial p_{i'}} = \frac{\partial q_{k'}}{\partial p_{i'}},$$

$$\Sigma_n \frac{\partial p_{k'}}{\partial \alpha_n}\frac{\partial \alpha_n}{\partial q_{i'}} = \frac{\partial p_{k'}}{\partial q_{i'}},$$

quarum expressionum tertia et quarta semper evanescunt, prima et secunda evanescunt, si i' et k' inter se diversi sunt, in unitatem abeunt, si $i' = k'$. Unde fit:

$$A_k = \Sigma_{i'}\left\{\frac{\partial \alpha_i}{\partial q_{i'}}\frac{\partial q_{i'}}{\partial \alpha_k} + \frac{\partial \alpha_i}{\partial p_{i'}}\frac{\partial p_{i'}}{\partial \alpha_k}\right\} = \frac{\partial \alpha_i}{\partial \alpha_k}.$$

Quae expressio quum evanescat, nisi sit $i = k$, hoc autem casu in unitatem abeat, videmus, in parte posteriore aequationis:

$$[\alpha_i, \alpha_1]v_1 + [\alpha_i, \alpha_2]v_2 + \cdots + [\alpha_i, \alpha_{2m}]v_{2m} = A_1 u_1 + A_2 u_2 + \cdots + A_{2m} u_{2m}$$

coëfficientes $A_1, A_2, \ldots, A_{2m}$ praeter unum A_i evanescere omnes, fieri autem $A_i = 1$. Unde aequatio antecedens haec evadit:

$$[\alpha_i, \alpha_1]v_1 + [\alpha_i, \alpha_2]v_2 + \cdots + [\alpha_i, \alpha_{2m}]v_{2m} = u_i,$$

in qua, si ipsi i successive valores $1, 2, \ldots, 2m$ tribuuntur, eruuntur ipsarum $u_1, u_2, \ldots, u_{2m}$ valores in Theoremate proposito assignati.

Prorsus simili methodo vice versa e secundo systemate aequationum in Theoremate antecedente propositarum systema primum derivari potest.

DE INVESTIGANDO ORDINE SYSTEMATIS AEQUATIONUM DIFFERENTIALIUM VULGARIUM CUJUSCUNQUE

AUCTORE

C. G. J. JACOBI,
PROF. ORD. MATH. REGIOM.

Borchardt Journal für die reine und angewandte Mathematik, Bd. 64 p. 297—320.

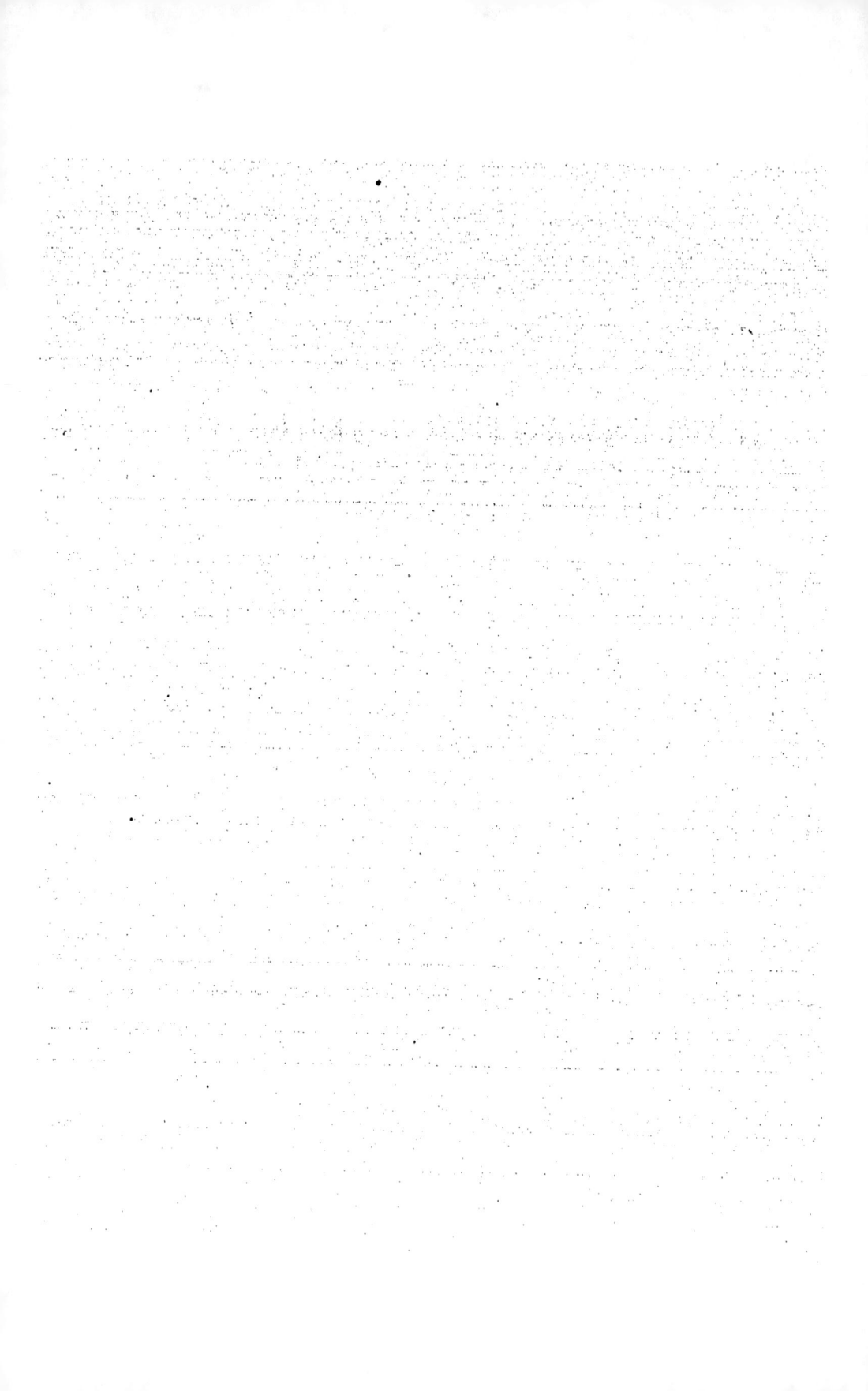

DE INVESTIGANDO ORDINE SYSTEMATIS AEQUATIONUM DIFFERENTIALIUM VULGARIUM CUJUSCUNQUE.

(Ex Ill. C. G. J. Jacobi manuscriptis posthumis in medium protulit C. W. Borchardt.)

1.

Investigatio ad solvendum problema inaequalitatum reducitur.

Systema aequationum differentialium vulgarium est *non canonicum**), si aequationes altissima variabilium dependentium differentialia tali modo continent, ut horum valores ex iis petere non liceat. Id quod fit, quoties aequationes nonnullae altissimis illis differentialibus carentes in systemate proposito vel ipsae inveniuntur vel eliminatione ex eo obtinentur. *Eo casu numerus Constantium arbitrariarum, quas integratio completa inducit, sive ordo systematis semper minor est summa altissimorum ordinum, ad quos differentialia singularum variabilium in aequationibus differentialibus propositis ascendunt.* Qui ordo systematis cognoscitur, si per differentiationes et eliminationes contingit systema propositum redigere in aliud forma canonica gaudens eique aequivalens, ita ut de systemate canonico etiam ad propositum reditus pateat. Nam summa altissimorum ordinum, ad quos in systemate canonico differentialia singularum variabilium dependentium ascendunt, etiam systematis propositi non canonici ordo erit. Ad quem ordinem investigandum non tamen opus est ea ad formam canonicam reductione, sed res per considerationes sequentes absolvi potest.

Ponamus, inter variabilem independentem t atque n variabiles dependentes $x_1, x_2, \ldots, x_n$ haberi n aequationes differentiales

$$(1) \quad u_1 = 0, \quad u_2 = 0, \quad \ldots, \quad u_n = 0,$$

sitque

$$h_k^{(i)}$$

*) Systema, quod hic canonicum seu forma canonica gaudens appellatur, idem est, quod in „theoria novi multiplicatoris“ forma normali praeditum vocatur (diarii Crelliani tom. 29, p. 369. Conf. huj. ed. vol. IV, p. 501), sed plane differt ab eo, cui Jacobi in Commentatione „nova methodus, aequat. diff. partiales primi ordinis integrandi“ (diarii Crelliani tom. 60, p. 121. Conf. h. vol. p. 128) nomen canonici tribuit. B.

altissimus ordo, ad quem in aequatione $u_i = 0$ differentialia variabilis x_k ascendunt. Ac primum observo, quaestionem revocari posse ad casum simpliciorem, quo aequationes differentiales propositae sunt lineares. Etenim variando aequationes (1), inter variationes

$$(2)\quad \delta x_1 = \xi_1,\quad \delta x_2 = \xi_2,\quad \ldots,\quad \delta x_n = \xi_n$$

obtinemus systema aequationum differentialium *linearium*

$$(3)\quad v_1 = 0,\quad v_2 = 0,\quad \ldots,\quad v_n = 0,$$

eritque rursus $h_k^{(i)}$ altissimus ordo, ad quem differentialia ipsius $\xi_k = \delta x_k$ in aequatione $v_i = \delta u_i = 0$ ascendunt. Quarum aequationum differentialium linearium (3) datur integratio completa, si pro valoribus $k = 1, 2, \ldots, n$ ponitur

$$(4)\quad \xi_k = \delta x_k = \beta_1 \frac{\partial x_k}{\partial \alpha_1} + \beta_2 \frac{\partial x_k}{\partial \alpha_2} + \cdots,$$

ubi per $\alpha_1, \alpha_2, \ldots$ illas Constantes arbitrarias designamus, quas valores completi variabilium $x_1, x_2, \ldots, x_n$ integratione aequationum (1) eruti involvunt, per $\beta_1, \beta_2, \ldots$ vero eas Constantes arbitrarias, quas integratio systematis (3) inducit. Unde idem fit numerus Constantium arbitrariarum in integratione completa aequationum differentialium propositarum (1) atque linearium (3), sive utriusque systematis idem ordo est.

In explorando ordine systematis aequationum differentialium linearium (3) supponere licet, Coëfficientes esse Constantes. Eo autem casu integratio completa methodo nota obtinetur, nulla ad formam canonicam reductione facta. Designemus per symbolum

$$(\xi)_m$$

expressionem

$$A_0\xi + A_1 \frac{d\xi}{dt} + A_2 \frac{d^2\xi}{dt^2} + \cdots + A_m \frac{d^m\xi}{dt^m} = (\xi)_m,$$

in qua $A_0, A_1, A_2, \ldots, A_m$ sunt Constantes, gaudebunt aequationes (3), si Coëfficientes earum constantes ponimus, hac forma,

$$(5)\quad \begin{cases} v_1 = (\xi_1)_{h'_1} + (\xi_2)_{h'_2} + \cdots + (\xi_n)_{h'_n} = 0, \\ v_2 = (\xi_1)_{h''_1} + (\xi_2)_{h''_2} + \cdots + (\xi_n)_{h''_n} = 0, \\ \cdot\ \cdot\ \cdot\ \cdot\ \cdot\ \cdot\ \cdot\ \cdot\ \cdot\ \cdot\ \cdot\ \cdot\ \cdot \\ v_n = (\xi_1)_{h_1^{(n)}} + (\xi_2)_{h_2^{(n)}} + \cdots + (\xi_n)_{h_n^{(n)}} = 0. \end{cases}$$

Pono in his aequationibus

$$\xi_k = C_k e^{\lambda t},$$

designantibus C_k et λ Constantes, obtinetur e (5):

$$(6)\quad \begin{cases} 0 = C_1[\lambda]_{h_1'} + C_2[\lambda]_{h_2'} + \cdots + C_n[\lambda]_{h_n'}, \\ 0 = C_1[\lambda]_{h_1''} + C_2[\lambda]_{h_2''} + \cdots + C_n[\lambda]_{h_n''}, \\ \cdot\quad\cdot\quad\cdot\quad\cdot\quad\cdot\quad\cdot\quad\cdot\quad\cdot \\ 0 = C_1[\lambda]_{h_1^{(n)}} + C_2[\lambda]_{h_2^{(n)}} + \cdots + C_n[\lambda]_{h_n^{(n)}}, \end{cases}$$

siquidem per

$$[\lambda]_m$$

functio quantitatis λ integra ordinis m^{ti} designatur.

Eliminatis C_1, C_2, ..., C_n, prodit aequatio algebraica, cujus radices suggerunt valores, quos λ induere potest, et cuique radici sive valori ipsius λ respondet systema valorum ipsarum C_1, C_2, ..., C_n, quos omnes per eandem Constantem arbitrariam multiplicare licet. Jungendo cujusque variabilis ξ_k valores singulis radicibus respondentes, prodit ejus valor completus, et cum singularum variabilium valores sic provenientes iisdem Constantibus arbitrariis afficiantur, aequationum (5) integratio completa tot inducit Constantes arbitrarias, quot sunt ipsius λ valores. Unde ordo systematis aequationum differentialium linearium (3) vel etiam ipsarum aequationum differentialium propositarum (1) aequatur gradui aequationis algebraicae, qua λ definitur. Quam aequationem repraesentare licet hoc modo

$$(7)\quad 0 = \Sigma \pm [\lambda]_{h_1'} [\lambda]_{h_2''} \ldots [\lambda]_{h_n^{(n)}},$$

eritque gradus Determinantis ad dextram aequalis *maximo* ex $1.2.3\ldots n$ aggregatis, quae e sequente

$$h_1' + h_2'' + \cdots + h_n^{(n)}$$

proveniunt, indices inferiores aut superiores omnimodis permutando. Unde jam nacti sumus hanc Propositionem memorabilem:

Propositio I. *Inter variabilem independentem t atque n variabiles dependentes* $x_1, x_2, \ldots, x_n$ *habeantur n aequationes differentiales*

$$u_1 = 0, \quad u_2 = 0, \quad \ldots, \quad u_n = 0,$$

sitque

$$h_k^{(i)}$$

altissimus ordo, ad quem in aequatione $u_i = 0$ *differentialia variabilis* x_k *ascen-*

dunt. Jam si vocatur

$$H$$

maximum e 1.2.3...*n aggregatis*

$$h_1^{(i_1)} + h_2^{(i_2)} + \cdots + h_n^{(i_n)},$$

quae obtinentur sumendo pro indicibus

$$i_1, \; i_2, \; \ldots, \; i_n$$

quoscunque inter se diversos ex indicibus 1, 2, ..., n; *erit* H *ordo systematis aequationum differentialium propositarum sive numerus Constantium arbitrariarum, quas earum integratio completa inducit.*

Maximum in antecedentibus voco valorem nullo alio aggregati propositi minorem, ita ut plura maxima locum habere possint inter se aequalia, diversis indicum i_1, i_2, ..., i_n systematis respondentia.

Gradus aequationis algebraicae (7) non minuitur, nisi in Determinante ad dextram posito Coëfficiens altissimae quantitatis λ potestatis evanescit. Obtinetur autem altissimae ipsius λ potestatis Coëfficiens, si in formando Determinante cuique functioni integrae rationali $[\lambda]_{h_k^{(i)}}$ substituimus Coëfficientem altissimae seu $h_k^{(i)\text{tae}}$ ipsius λ potestatis, quem designabo per

$$[c]_{h_k^{(i)}},$$

atque ex omnibus Determinantis terminis

$$\pm [c]_{h_1^{(i_1)}} [c]_{h_2^{(i_2)}} \cdots [c]_{h_n^{(i_n)}}$$

eos tantum servamus, in quibus summa indicum

$$h_1^{(i_1)} + h_2^{(i_2)} + \cdots + h_n^{(i_n)}$$

valorem maximum H obtinet. Quare nunquam locum habet reductio gradus, nisi pro duobus pluribusve indicum i_1, i_2, ..., i_n systematis aggregatum antecedens eundem valorem maximum induit atque summa productorum

$$\pm [c]_{h_1^{(i_1)}} [c]_{h_2^{(i_2)}} \cdots [c]_{h_n^{(i_n)}}$$

illis indicum systematis respondentium suisque signis sumtorum evanescit. Aequabatur autem in antecedentibus $[c]_{h_k^{(i)}}$ Coëfficienti termini $\delta \frac{d^{h_k^{(i)}} x_k}{dt^{h_k^{(i)}}}$ e variatione functionis u_i provenientis, sive positum erat

$$[c]_{h_k^{(i)}} = \frac{\partial u_i}{\partial \dfrac{d^{h_k^{(i)}} x_k}{dt^{h_k^{(i)}}}}.$$

Quod si tenemus, haec emergit altera Propositio antecedentis supplementaria.

Propositio II. *Vocetur*

$$u_k^{(i)}$$

differentiale partiale ipsius u_i *sumtum secundum variabilis* x_k *altissimum, quod functio* u_i *involvit, differentiale (i. e. ordinis* $h_k^{(i)}$*). Ex omnibus terminis Determinantis*

$$\Sigma \pm u_1' u_2'' \ldots u_n^{(n)}$$

ii soli retineantur $\pm u_1^{(i_1)} u_2^{(i_2)} \ldots u_n^{(i_n)}$, *in quibus summa ordinum differentialium singularum variabilium, secundum quae in singulis*

$$u_1^{(i_1)},\quad u_2^{(i_2)},\quad \ldots,\quad u_n^{(i_n)}$$

differentiatio partialis facta est, valorem maximum H *obtinet. Jam si aggregatum terminorum Determinantis remanentium designatur Determinantis signum uncis includendo hoc modo*

$$(\Sigma \pm u_1' u_2'' \ldots u_n^{(n)}),$$

ordo systematis aequationum differentialium

$$u_1 = 0,\quad u_2 = 0,\quad \ldots,\quad u_n = 0$$

tum demum valore illo maximo H *inferior erit, si habetur*

$$(\Sigma \pm u_1' u_2'' \ldots u_n^{(n)}) = 0,$$

quae ubi locum non habet aequatio, ordo systematis semper valori maximo H *aequatur.*

Nacti sumus antecedentibus novum genus formularum, Determinantia *manca*

$$(\Sigma \pm u_1' u_2'' \ldots u_n^{(n)}).$$

Cujusmodi quantitas evanescens indicio est, ordinem systematis aequationum differentialium

$$u_1 = 0,\quad u_2 = 0,\quad \ldots,\quad u_n = 0$$

per indolem illarum aequationum peculiarem diminutionem pati.

Explorato ordine systematis aequationum differentialium quarumcunque, via sternitur ad inveniendam methodum, qua ipsa reductio earum in formam canonicam praestari possit. Sed in hac Commentatione sufficiat, in naturam maximi, de quo agitur, et quomodo commode inveniatur, accurate inquirere.

2.

De solutione problematis inaequalitatum, quo investigatio ordinis systematis aequationum differentialium quarumcunque innititur. Proposito schemate, definitur Canon. Dato Canone quocunque, invenitur simplicissimus.

Antecedentibus investigatio ordinis systematis aequationum differentialium vulgarium revocata est ad sequens problema inaequalitatum etiam per se tractatu dignum:

Problema.

Disponantur nn quantitates $h_k^{(i)}$ quaecunque in schema Quadrati, ita ut habeantur n series horizontales et n series verticales, quarum quaeque est n terminorum. Ex illis quantitatibus eligantur n transversales, i. e. in seriebus horizontalibus simul atque verticalibus diversis positae, quod fieri potest $1.2\ldots n$ *modis; ex omnibus illis modis quaerendus est is, qui summam n numerorum electorum suppeditet maximam.*

Dispositis quantitatibus $h_k^{(i)}$ in figuram quadraticam

$$\begin{matrix} h_1' & h_2' & \ldots & h_n' \\ h_1'' & h_2'' & \ldots & h_n'' \\ \cdot & \cdot & \cdot & \cdot \\ h_1^{(n)} & h_2^{(n)} & \ldots & h_n^{(n)}, \end{matrix}$$

earum systema appellabo *schema propositum;* omne schema, inde ortum addendo singulis ejusdem seriei horizontalis terminis eandem quantitatem, appellabo *schema derivatum.* Sit

$$l^{(i)}$$

quantitas addenda terminis i^{tae} seriei horizontalis, quo facto singula $1.2\ldots n$ aggregata transversalia, inter quae maximum eligendum est, eadem augebuntur quantitate

$$l'+l''+\cdots+l^{(n)} = L,$$

quippe ad singula aggregata formanda e quaque serie horizontali unus eligendus est terminus. Qua de re si statuitur

$$h_k^{(i)}+l^{(i)} = p_k^{(i)}$$

atque aggregatum transversale maximum e terminis $h_k^{(i)}$ formatum

$$h_1^{(i_1)}+h_2^{(i_2)}+\cdots+h_n^{(i_n)} = H,$$

fit valor aggregati transversalis maximi e terminis $p_k^{(i)}$ formati

$$p_1^{(i_1)}+p_2^{(i_2)}+\cdots+p_n^{(i_n)} = H+L,$$

et vice versa. Itaque ad maximum propositum inveniendum perinde est, sive quaestio de quantitatibus $h_k^{(i)}$, sive de quantitatibus $p_k^{(i)}$ instituatur.

Faciamus, quantitates $l', l'', \ldots, l^{(n)}$ sic determinatas esse, ut, quantitatibus $p_k^{(i)}$ ad instar quantitatum $h_k^{(i)}$ in figuram quadraticam dispositis et e quaque serie verticali termino maximo electo, maxima illa omnia in diversis seriebus horizontalibus jaceant. Unde si $p_k^{(i_k)}$ vocatur maximus terminorum

$$p'_k, \; p''_k, \; \ldots, \; p_k^{(n)},$$

aggregatum

$$p_1^{(i_1)}+p_2^{(i_2)}+\cdots+p_n^{(i_n)}$$

inter omnia aggregata transversalia e quantitatibus $p_k^{(i)}$ formata erit maximum. Hoc igitur casu sine negotio etiam habetur maximum aggregatum transversale e quantitatibus propositis $h_k^{(i)}$ formatum

$$h_1^{(i_1)}+h_2^{(i_2)}+\cdots+h_n^{(i_n)}.$$

Unde solutum est inaequalitatum problema propositum, simulatque inventae sunt quantitates $l', l'', \ldots, l^{(n)}$ dictae conditioni satisfacientes.

Figuram quadraticam, in qua diversarum verticalium maxima simul in diversis seriebus horizontalibus sunt, brevitatis causa vocabo Canonem. Patet, in ejusmodi *Canone* terminos omnes eadem quantitate augeri vel diminui posse; unde sequitur, e quantitatibus $l', l'', \ldots, l^{(n)}$ unam pluresve nullitati aequari posse, dum reliquae fiant positivae. Si $l^{(i)}=0$, series $p_1^{(i)}, p_2^{(i)}, \ldots, p_n^{(i)}$ eadem est atque series figurae propositae $h_1^{(i)}, h_2^{(i)}, \ldots, h_n^{(i)}$, unde Canonis seriem, cui respondet quantitas l evanescens, vocabo in sequentibus seriem *immutatam*. Jam ex omnibus solutionibus una erit simplicissima, in qua scilicet singulae quantitates $l^{(i)}$ valores minimos positivos induunt, ita ut nulla alia detur, pro qua aliquae quantitatum $l^{(i)}$ valores inferiores obtinent, dum reliquae immutatae manent. Canonem ei solutioni respondentem appellabo *Canonem simplicissimum*, de cujus habitu in sequentibus agam.

Ad schema quadraticum quodcunque sequentes denominationes refero, quae bene tenendae sunt. Sub voce *seriei* semper intelligam *horizontalem;* si de verticalibus sermo incidit, id diserte adjicietur. Sub voce *maximi* semper intelligam terminum inter omnes ejusdem *verticalis* maximum seu certe nullo reliquorum minorem. Unde appellabo *seriei maximum* eum seriei horizontalis terminum, qui maximus est inter omnes cum eo in eadem verticali positos. Fieri potest, ut series nullum maximum habeat vel etiam plura inter se diversa.

At si figura Canonis instar constituta est, quaeque series uno certe maximo gaudet, quod, si in eadem serie plura insunt, semper ita sumere licet, ut omnia diversarum serierum maxima ad diversas verticales pertineant, i. e. *maximorum transversalium systema completum* forment. Consideremus in Canone simplicissimo horum maximorum systema, et si plura ejusmodi dantur, unum aliquod eligamus. Jam distribuamus omnes series quocunque modo in duas partes, series J et series K tales, ut nulla serierum K immutata sit, i. e. nulla quantitatum l, quae ad series K pertinent, evanescat: dico haberi

Theorema I. *In Canone simplicissimo e maximis serierum K saltem unum est, cui aequalis exstat terminus in eadem verticali positus et ad series J pertinens.*

Alioquin enim quantitates l ad series K pertinentes omnes eadem quantitate minuere liceret, usque dum aut una quantitatum l evanesceret, aut unum e maximis serierum K aequale evaderet alicui termino in eadem verticali posito et ad series J pertinenti. Neque enim ea re maxima diversarum serierum cessarent esse maxima, neque Canonis constitutio turbaretur. Quantitates l autem propositae eo casu non forent minimae positivae neque igitur Canon foret simplicissimus.

Si pro seriebus K sumitur series singularis, sequitur e Theoremate praecedente hoc alterum

Theorema II. *In Canone simplicissimo seriei uniuscunque non immutatae maximo aequatur alter terminus in eadem verticali.*

Proposito Canone simplicissimo, rursus eligamus unum certum systema completum maximorum transversalium. In serie quacunque α_1^{ta}, cui respondet quantitas l non-evanescens, sumatur *maximum*, cui secundum II in eadem verticali sit aequalis terminus seriei α_2^{tae}, in qua rursus sumatur *maximum*, cui aequatur in eadem verticali terminus seriei α_3^{tae}, et ita porro. Si dato *maximo* plures aequantur termini in eadem verticali, processus praescriptus pluribus modis institui potest, sed habetur

Theorema III. *In Canone simplicissimo e variis modis a data serie per processum praescriptum ad alias transeundi unus semper exstat, quo pervenitur ad seriem immutatam, i. e. seriem, cui respondet valor $l=0$.*

Nam simulac Theorema III locum non habet, Canonis series in duo complexus dividantur, quorum primus omnes series amplectatur, ad quas a data serie per processum praescriptum transire licet, et secundus omnes, ad quas transire non licet, ita ut series immutatae omnes in secundo complexu sint. Quo facto primum complexum pro seriebus K, secundum pro seriebus J Theorematis I sumere licet. Ergo secundum Theorema I a serie primi complexus ad seriem secundi transitus datur, quod est contra hypothesin. Unde suppositio, Theorema III locum non habere, est absurda.

Canonem quemcunque, pro quo quantitates l', l'', ..., $l^{(n)}$ respective induunt valores m', m'', ..., $m^{(n)}$, quos semper positivos aut evanescentes suppono, in sequentibus brevitatis causa vocabo Canonem $(m', m'', \ldots, m^{(n)})$. Quo statuto, de binis Canonibus quibuscunque habetur

Theorema IV. *Propositis binis Canonibus, primo* $(f', f'', \ldots, f^{(n)})$ *et secundo* $(g', g'', \ldots, g^{(n)})$, *semper alius dabitur Canon* $(m', m'', \ldots, m^{(n)})$ *talis, ut unaquaeque quantitas* $m^{(i)}$ *minimae ipsarum* $f^{(i)}$, $g^{(i)}$ *aut aequalis aut ea minor sit.*

Unde sequitur hoc Corollarium:

Canon simplicissimus est unicus, sive unicum datur systema quantitatum l', l'', ..., $l^{(n)}$, *quae Canonem simplicissimum suppeditant.*

Sint quantitates $g^{(\alpha+1)}$, $g^{(\alpha+2)}$, ..., $g^{(n)}$ ipsis $f^{(\alpha+1)}$, $f^{(\alpha+2)}$, ..., $f^{(n)}$ respective majores, reliquae autem g', g'', ..., $g^{(\alpha)}$ ipsis f', f'', ..., $f^{(\alpha)}$ respective aut aequales aut minores. Vocemus respective $q_k^{(i)}$ et $r_k^{(i)}$ quantitates, quae primum et secundum Canonem constituunt, ubi generaliter fit

$$r_k^{(i)} = q_k^{(i)}+g^{(i)}-f^{(i)},$$

sitque rursus systema maximorum transversalium in primo Canone

$$q_1^{(i_1)},\quad q_2^{(i_2)},\quad \ldots,\quad q_n^{(i_n)},$$

ubi omnes i_1, i_2, ..., i_n inter se diversi sunt; in secundo Canone systema maximorum transversalium habetur etiam

$$r_1^{(i_1)},\quad r_2^{(i_2)},\quad \ldots,\quad r_n^{(i_n)}.$$

Nam omnia aggregata transversalia secundi Canonis ab aggregatis respondentibus primi eadem quantitate

$$g'+g''+\cdots+g^{(n)}-\{f'+f''+\cdots+f^{(n)}\}$$

differunt, unde, cum aggregatum

$$q_1^{(i_1)}+q_2^{(i_2)}+\cdots+q_n^{(i_n)}$$

maximum sit, etiam aggregatum

$$r_1^{(i_1)}+r_2^{(i_2)}+\cdots+r_n^{(i_n)}$$

maximum esse debet. At in quoque Canone secundum definitionem ejus stabilitam datur aggregatum transversale maximum, cujus singuli termini sint maximi inter omnes ejusdem verticalis, quibus maximis respective in prima, secunda, ..., n^{ta} verticali aequari debent termini

$$r_1^{(i_1)},\quad r_2^{(i_2)},\quad \ldots,\quad r_n^{(i_n)},$$

ut eorum aggregatum et ipsum constituere possit maximum. Unde cum i_1, i_2, ..., i_n omnes inter se diversi sint, termini illi et ipsi systema maximorum transversalium constituunt, q. d. e.

Cum quantitates $g^{(\alpha+1)}$, $g^{(\alpha+2)}$, ..., $g^{(n)}$ respective ipsis $f^{(\alpha+1)}$, $f^{(\alpha+2)}$, ..., $f^{(n)}$ majores sint, quantitates autem f', f'', ..., $f^{(n)}$ omnes supponantur $= 0$ aut positivae, quantitates $g^{(\alpha+1)}$, $g^{(\alpha+2)}$, ..., $g^{(n)}$ omnes sunt positivae. Jam observo, fieri non posse, ut in Canonis $(g', g'', \ldots, g^{(n)})$ serie $(\alpha+1)^{\text{ta}}$, $(\alpha+2)^{\text{ta}}$, ... vel n^{ta} inveniatur maximum, cui aequalis existat terminus in eadem verticali positus, sed ad unam reliquarum serierum pertinens. Sit enim maximum illud in serie i_k^{ta}, terminus ei aequalis in serie i^{ta}, ut sit

$$r_k^{(i_k)} = r_k^{(i)},$$

ubi i est unus e numeris $1, 2, \ldots, \alpha$, atque i_k unus e numeris $\alpha+1, \alpha+2, \ldots, n$: erit e formula supra tradita

$$q_k^{(i_k)} + g^{(i_k)} - f^{(i_k)} = q_k^{(i)} + g^{(i)} - f^{(i)},$$

ubi secundum suppositionem factam $g^{(i_k)} - f^{(i_k)} > 0$ atque $g^{(i)} - f^{(i)} \leqq 0$. Unde

$$q_k^{(i_k)} < q_k^{(i)},$$

quod absurdum est, cum $q_k^{(i_k)}$ sit maximum inter omnes terminos ejusdem verticalis q_k', q_k'', ..., $q_k^{(n)}$. Hinc cum in secundo Canone maximo in $(\alpha+1)^{\text{ta}}$, $(\alpha+2)^{\text{ta}}$, ... vel n^{ta} serie posito nullus aequalis esse possit terminus in eadem verticali in reliquis seriebus positus, quantitates $g^{(\alpha+1)}$, $g^{(\alpha+2)}$, ..., $g^{(n)}$ omnes eadem quantitate decrescere possunt, reliquis immutatis manentibus, usque dum in aliqua serie $(\alpha+1)^{\text{ta}}$, $(\alpha+2)^{\text{ta}}$, ... vel n^{ta} inveniatur maximum, quod non superet valorem alius termini in eadem verticali ad reliquas series pertinentis, aut dum una quantitatum $g^{(\alpha+1)}$, $g^{(\alpha+2)}$, ..., $g^{(n)}$ evanescat. Qua diminutione nullum maximum neque igitur Canonis natura destruitur. Si hac ratione obtinetur

$$(g', g'', \ldots, g^{(\alpha)}, g_1^{(\alpha+1)}, g_1^{(\alpha+2)}, \ldots, g_1^{(n)})$$

atque inter quantitates $g_1^{(\alpha+1)}$, $g_1^{(\alpha+2)}$, ... ipsae $g_1^{(\beta+1)}$, $g_1^{(\beta+2)}$, ... adhuc quantitatibus $f^{(\beta+1)}$, $f^{(\beta+2)}$, ... majores sunt, eadem methodo novus Canon obtinetur, in quo quantitates illae denuo diminutionem subierunt, sicque pergere licet, usque dum perveniatur ad Canonem

$$(m', m'', \ldots, m^{(\alpha)}, m^{(\alpha+1)}, m^{(\alpha+2)}, \ldots, m^{(n)}),$$

ubi quantitates uncis inclusae omnes quantitatibus respondentibus ipsarum f', f'', ..., $f^{(n)}$ et g', g'', ..., $g^{(n)}$ aut minores aut iis aequales sunt, q. d. e.

Sequitur e Theoremate IV

Theorema V. *Nullus datur Canon, pro quo aliqua quantitatum l', l'', ..., $l^{(n)}$ valorem minorem induat quam pro Canone simplicissimo.*

Scilicet si talis daretur Canon, per methodum antecedentem obtineri posset alius, pro quo una certe quantitatum l', l'', ..., $l^{(n)}$ valorem minorem indueret quam pro Canone simplicissimo, reliquae autem valores non majores, quod est contra Canonis simplicissimi definitionem. Cum valor minimus, quem quantitates l', l'', ..., $l^{(n)}$ obtinere possint, sit $=0$, e Propositione V sequitur tanquam Corollarium

Theorema VI. *Series, quae in Canone quocunque habetur immutata, eadem in Canone simplicissimo inveniatur necesse est.*

Ut cognoscatur, utrum Canon aliquis sit simplicissimus necne, adhiberi potest haec Propositio:

Theorema VII. *Proposito Canone atque in eo maximorum transversalium systemate electo, notentur primum series immutatae A, deinde series B, quarum maximis aequantur termini in eadem verticali ad series A pertinentes; deinde series C, quarum maximis aequantur termini in eadem verticali ad series B pertinentes et ita porro. Si hac ratione pergendo exhaurire licet omnes Canonis series, Canon erit simplicissimus.*

Pertineant quantitates l', l'', ..., $l^{(n)}$ ad Canonem propositum, quantitates l'_1, l''_1, ..., $l^{(n)}_1$ autem ad alterum Canonem. Consideremus idem maximorum transversalium systema atque in Theoremate proposito electum supponitur, cui etiam in altero Canone respondebit maximorum transversalium systema.

Sit $l_1^{(\gamma)} < l^{(\gamma)}$, seriei γ^{tae} maximum in altero Canone gaudebit minore valore quam in Canone proposito. Pertineat series γ^{ta} ad complexum C, ita ut in Canone proposito maximo seriei γ^{tae} aequetur terminus alicujus seriei β^{tae} ad complexum B pertinentis, fieri etiam debet $l_1^{(\beta)} < l^{(\beta)}$. Vocando enim propositi Canonis terminos $p_k^{(i)}$, alterius $q_k^{(i)}$, erit

$$q_k^{(\beta)} = p_k^{(\beta)} + l_1^{(\beta)} - l^{(\beta)},$$

unde, si $p_k^{(\gamma)} = p_k^{(\beta)}$ est maximum seriei γ^{tae}, erit

$$q_k^{(\beta)} = p_k^{(\gamma)} + l_1^{(\beta)} - l^{(\beta)} = q_k^{(\gamma)} + l_1^{(\beta)} - l^{(\beta)} - \{l_1^{(\gamma)} - l^{(\gamma)}\}.$$

Unde, cum sit $q_k^{(\gamma)}$ maximum in k^{ta} verticali ideoque $q_k^{(\gamma)} \geqq q_k^{(\beta)}$ atque $l_1^{(\gamma)} < l^{(\gamma)}$, fieri debet $l_1^{(\beta)} < l^{(\beta)}$.

Porro in Canone proposito aequatur maximo seriei β^{tae} terminus seriei α^{tae} ad complexum A pertinentis, atque eodem modo demonstratur, fieri $l_1^{(\alpha)} < l^{(\alpha)}$, quod absurdum est, quia secundum suppositionem factam $l^{(\alpha)} = 0$ est atque ipsae l_1', l_1'', ..., $l_1^{(n)}$ aut evanescentes aut positivae sunt. Eodem modo procedit reductio ad absurdum, ad quemcunque complexum A, B, C, D, ... pertineat series γ^{ta}, cui respondet in altero Canone quantitas $l_1^{(\gamma)}$ minor quam in proposito $l^{(\gamma)}$. Unde si Canon ita constitutus est atque in VII supponitur, pro nullo alio quantitates l valores induere possunt inferiores quam in proposito; sive Canon propositus est simplicissimus.

Antecedentia solutionem quoque continent problematis, *dato Canone quocunque, invenire simplicissimum*. Supponere licet, in dato Canone unam ad minimum esse seriem immutatam; quae, nisi jam invenitur, obtineri potest ipsas l omnes eadem quantitate diminuendo. Ut in Theoremate VII serierum immutatarum complexum vocemus A atque complexus ibidem definitos B, C, ... formemus. Hac ratione pergendo si omnes series exhauriuntur, Canon secundum VII jam ipse est simplicissimus. Ponamus autem relinqui, series non praeditas talibus *maximis*, quibus aequentur termini ejusdem verticalis ad complexus formatos pertinentes. Tum reliquarum serierum termini (vel quantitates l ad eas series pertinentes) omnes eadem quantitate diminuantur, usque dum earum quantitatum l una evanescat aut earum serierum *maximum* aliquod eo decreverit, ut ei aequalis terminus in eadem verticali ad complexus formatos pertinens inveniatur. Quo facto novus eruitur Canon, in quo auctus est numerus serierum pertinentium ad complexus regula indicata formatos. Si jam omnes series in complexus illos ineunt, Canon erutus erit simplicissimus. Si non, novus novusque Canon eadem methodo eruendus est, semperque pauciores a complexibus, qui formari possunt, relinquuntur series, unde tandem pervenietur ad Canonem, in quo complexus, qui formari possunt, series omnes exhauriunt, qui Canon est simplicissimus quaesitus.

Exemplum.

Schema propositum.

	I	II	III	IV	V	VI	VII
I	7	7	4	15	14	6	1
II	3	8	7	6	11	14	10
III	6	11	15	16	15	28	10
IV	4	11	14	25	20	21	27
V	5	2	8	10	23	18	30
VI	1	8	3	9	6	20	17
VII	11	12	8	22	24	21	40

Canon propositus.

	I	II	III	IV	V	VI	VII	l
I	12*	12	9	20	19	11	6	5
II	11	16*	15	14	19	22	18	8
III	9	14	18*	19	18	26	13	3
IV	5	12	15	26*	21	22	28	1
V	10	7	13	15	28*	23	35	5
VI	7	14	9	15	12	26*	23	6
VII	11	12	8	22	24	21	40*	0

Canon derivatus I.

	I	II	III	IV	V	VI	VII	l
I	11*	11	8	19	18	10	5	4
II	10	15*	14	13	18	21	17	7
III	8	13	17*	18	17	25	12	2
IV	4	11	14	25*	20	21	27	0
V	9	6	12	14	27*	22	34	4
VI	6	13	8	14	11	25*	22	5
VII	11	12	8	22	24	21	40*	0

Canon derivatus II.

	I	II	III	IV	V	VI	VII	l
I	11*	11	8	19	18	10	5	4
II	8	13*	12	11	16	19	15	5
III	6	11	15*	16	15	23	10	0
IV	4	11	14	25*	20	21	27	0
V	7	4	10	12	25*	20	32	2
VI	4	11	6	12	9	23*	20	3
VII	11	12	8	22	24	21	40*	0

Canon simplicissimus.

	I	II	III	IV	V	VI	VII	l
I	11*	11	8	19	18	10	5	4
II	7	12*	11	10	15	18	14	4
III	6	11	15*	16	15	23	10	0
IV	4	11	14	25*	20	21	27	0
V	6	3	9	11	24*	19	31	1
VI	4	11	6	12	9	23*	20	3
VII	11	12	8	22	24	21	40*	0

E schemate proposito, addendo terminis serierum diversarum respective numeros 5, 8, 3, 1, 5, 6, 0, aliud obtinetur schema, in quo termini inter omnes ejusdem verticalis maximi in diversis seriebus horizontalibus sunt, quae est Canonis proprietas characteristica.

Proponitur Canonem simplicissimum investigare. Constituit in dato Canone series VII complexum A. De reliquarum serierum terminis detraho unitatem, prodit Canon derivatus I.

In Canone derivato I series IV et VII constituunt complexum A, series I complexum B. De reliquarum terminis detraho 2, prodit Canon derivatus II.

In Canone derivato II series III, IV, VII constituunt complexum A, series I et VI complexum B; detrahendo de secunda et quinta serie unitatem, prodit Canon ultimus seu simplicissimus, cui respondet ipsarum l valores 4, 4, 0, 0, 1, 3, 0. Quos addendo terminis serierum diversarum schematis propositi, prodit Canon simplicissimus. Series III, IV, VII complexum A, series I, II, V, VI complexum B constituunt; quos complexus series omnes exhaurire videmus, quae est Canonis simplicissimi proprietas characteristica. —

Si non datur Canon aliquis, sed tantum schematis propositi termini, qui aggregatum maximum transversale constituunt, ad Canonem simplicissimum pervenitur, cuique seriei minimam addendo quantitatem, qua efficitur, ut datus ejus terminus ad aggregatum transversale maximum pertinens fiat in sua verticali maximo aequalis. Quo negotio ad omnes series adhibito et, si opus est, repetito, tandem ad Canonem perveniri debet, qui erit simplicissimus, cum incrementa seriebus non majora addita sint, quam necessario postulatur, ut termini dati, in sua quisque verticali, maximi fiant.

Exemplum.

Schema propositum.

	I	II	III	IV	V	VI	VII
I	11*	7	6	4	6	4	11
II	11	12*	11	11	3	11	12
III	8	11	15*	14	9	6	8
IV	19	10	16	25*	11	12	22
V	18	15	15	20	24*	9	24
VI	10	18	23	21	19	23*	21
VII	5	14	10	27	31	20	40*

Schema derivatum.

	I	II	III	IV	V	VI	VII
I	19*	15	14	12	14	12	19
II	17	18*	17	17	9	17	18
III	16	19	23*	22	17	14	16
IV	21	12	18	27*	13	14	24
V	25	22	22	27	31*	16	31
VI	10	18	23	21	19	23*	21
VII	5	14	10	27	31	20	40*

Canon simplicissimus.

	I	II	III	IV	V	VI	VII
I	25*	21	20	18	20	18	25
II	21	22*	21	21	13	21	22
III	16	19	23*	22	17	14	16
IV	21	12	18	27*	13	14	24
V	25	22	22	27	31*	16	31
VI	10	18	23	21	19	23*	21
VII	5	14	10	27	31	20	40*

Termini asteriscis notati aggregatum transversale maximum formant, scilicet sumpsi schema propositum e Canone praecedente, seriebus horizontalibus in verticales, verticalibus in horizontales conversis; quo facto manent termini aggregatum transversale maximum constituentes iidem, schema autem desinit esse Canon.

Seriebus

I, II, III, IV, V

addo respective secundum datam regulam

8, 6, 8, 2, 7,

prodit schema derivatum.

Seriebus

I, II

addo respective

6, 4,

prodit Canon simplicissimus quaesitus, in quo series III, IV, V, VI, VII immutatae manent atque in schemate derivato. In Canone eruto constituunt series VI, VII complexum A, series III, IV, V complexum B, series I, II complexum C, qui complexus cum omnes series amplectantur, indicium obtinuimus, Canonem esse simplicissimum. —

Cum dato Canone etiam innotescat schematis propositi aggregatum transversale maximum, ad problema antecedentibus solutum revocari potest alterum problema, *dato Canone quocunque, investigare simplicissimum.* Cujus igitur duplex habetur solutio, altera per subtractiones successivas, uti supra, altera per additiones successivas procedens, uti fit, si e dato Canone petimus schematis propositi aggregatum transversale maximum eoque cognito methodum antecedentem applicamus.

3.

Solutio problematis inaequalitatum in paragrapho praecedente tractati terminatur. Proposito schemate, invenitur Canon.

Restat, ut demonstretur, quomodo Canon aliquis investigari possit; quippe quocunque invento, vidimus variis modis erui simplicissimum. Proponamus igitur sequens inaequalitatum problema, quod pro principali haberi debet.

Problema.

Datis nn quantitatibus $h_k^{(i)}$, ubi indicibus i et k valores 1, 2, ..., n *conveniunt, invenire tales n quantitates minimas positivas*

$$l', \quad l'', \quad \ldots, \quad l^{(n)},$$

ut, posito

$$h_k^{(i)} + l^{(i)} = p_k^{(i)},$$

atque pro singulis k electo maximo inter terminos

$$p'_k, \quad p''_k, \quad \ldots, \quad p^{(n)}_k,$$

quod sit

$$p^{(i_k)}_k,$$

indices

$$i_1, \quad i_2, \quad \ldots, \quad i_n$$

omnes inter se diversi sint.

Solutio.

Prima et quasi praeparatoria operatio eo consistit, ut, si in schemate proposito habentur series, in quibus nulla inveniantur *maxima*, earum quaeque minima quantitate augeatur, qua fit, ut unus ejus terminus aequalis evadat *maximo* in eadem verticali posito. Sic obtinetur novum schema, quod *schema praeparatum* voco et in quo quaeque series uno pluribusve maximis gaudet. Diversarum schematis praeparati serierum maxima omnia ad diversas verticales pertineant non necesse est. Sed ad minimum *duarum* serierum maxima habentur, quae ad *duas* verticales pertinent, in quem casum extremum non incidimus, nisi omnia maxima in una eademque serie jacent atque insuper in una eademque verticali termini omnes inter se aequales sunt; quod si secus fit, maximorum transversalium numerus semper est > 2. Si $n = 2$, prima illa operatione problema absolvitur.

In schemate praeparato quaero maximum numerum maximorum transversalium, quorum systema ubi pluribus modis eligi potest, sufficit unum certum eorum systema considerare. Quo electo, solutionem problematis propositi ita adorno, ut numerus maximorum transversalium successive augeatur, usque dum eruatur schema systemate completo n maximorum transversalium praeditum, qui erit Canon quaesitus. Sufficit igitur demonstrare, idoneis serierum augmentationibus numerum maximorum transversalium unitate augeri posse.

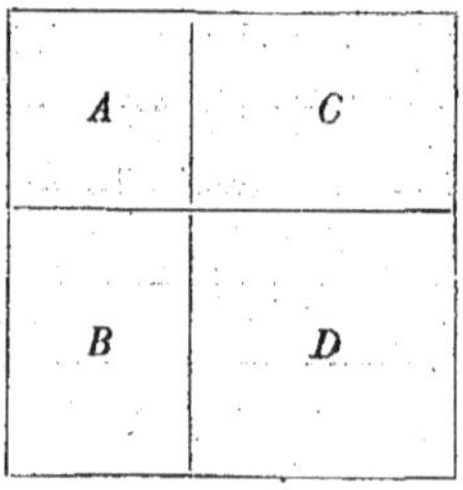

Divido schema praeparatum in quatuor spatia A, B, C, D sicuti in figura apposita. Ponamus, maxima transversalia electa omnia esse in spatio A, ita ut series, in quibus maxima illa sunt, occupent spatia A et C; verticales autem, ad quas pertinent, spatia A et B. Series spatia A et C occupantes voco *superiores*, spatia B et D occupantes *inferiores*. Porro verticales spatia A et B occupantes voco *laevas*, spatia C et D occupantes *dextras*. Jam in spatio D nullum invenitur maximum. Alioquin enim numerus maximorum transversalium augeretur contra hypothesin, maximum numerum maximorum transversalium electum esse. Unde verticales dextrae sua habent maxima in C; termini autem serierum inferiorum in suis verticalibus maximi erunt in B, et eorum quisque aequatur maximo in eadem verticali in A posito, quum in spatio A sint maxima omnium verticalium laevarum, aeque ac serierum omnium superiorum.

His positis, series omnes in tres Classes distribuo, quae sic eruuntur.

Eligo eas serierum superiorum, quae praeter maxima in A alio vel aliis in C positis gaudent, cujusmodi serierum una saltem exstat. Ponamus, alicuius illarum serierum maximo in A posito aequari alium terminum in eadem verticali; quaeratur maximum in eadem serie cum hoc termino positum, et si huic rursus aequatur alius terminus in eadem verticali, rursus quaeratur maximum cum hoc termino in eadem serie positum et sic porro. Omnes series, ad quas hac ratione perveniri potest, junctae seriebus, a quibus proficiscendum erat, constituunt *Classem Primam.*

Dico, inter series Primae Classis nullam inveniri seriem inferiorem, neque igitur ullam seriem superiorem, a qua per methodum indicatam ad seriem inferiorem pervenire liceat. Scilicet proficiscendo a serie, quae praeter maximum in A alio in C gaudet, consideremus systema maximorum in A positorum, ad quae methodo indicata perveniatur; quorum ultimo, si fieri potest, aequetur terminus ejusdem verticalis in B positus. Maxima illa in A posita omnia secundum suppositionem sunt transversalia, quorum in locum aliud obtinebitur systema maximorum transversalium, si cuique substituitur ejusdem verticalis terminus aequalis. Qua in re ultimo maximo substituitur terminus in B positus, prima autem series, a qua profecti sumus, non amplius adhibetur. Unde novo maximorum systemati jungendo hujus seriei *maximum* in C positum, numerus maximorum transversalium unitate augetur, id quod contradicit suppositioni, maximum numerum maximorum transversalium electum fuisse. Scilicet seriebus superioribus accederet inferior, in qua est terminus ultimo maximo aequalis, verticalibus autem laevis accederet dextra, in qua est maximum aliquod seriei, a qua profecti sumus.

Ad *Classem Secundam* pertinent series superiores, quae non ad Primam Classem pertinent et a quibus nec ipsis methodo indicata ad seriem inferiorem transitus datur. Fieri potest, ut haec Classis omnino non existat.

Ad *Classem Tertiam* denique pertinent series inferiores omnes eaeque superiores, a quibus methodo tradita ad series inferiores transitus datur. *Unde, si terminus seriei inferioris aequatur maximo seriei superioris in eadem verticali — quod semper fit —, ea series superior ad Classem Tertiam pertinebit.* Tertia classis, nisi schema jam ipse Canon est, duabus saltem seriebus, una inferiore, una superiore constat.

Id, quod supra de Classe Prima demonstravi, jam ita enuntio, ut dicam, *inter series superiores Tertiae Classis nullam inveniri seriem, quae maximo in C posito gaudeat.* Qua Propositionis forma postea utar.

Observationes hac occasione factae simul praebent methodum exhibendi maximum numerum maximorum transversalium in schemate praeparato. Etenim posito maximorum transversalium systemate, quod primum se offert, ipsa classificatio serierum indicat, si eorum numerus augeri potest.

Facta classificatione antecedentibus praescripta, *tota Classis Tertia eadem quantitate augeatur, eaque minima, qua efficitur, ut unus serierum ejus Classis terminus aequalis evadat termino maximo alicui ejusdem verticalis ad seriem Secundae aut Primae Classis pertinenti.*

Quod si ad Primam Classem pertinet maximum, numerus maximorum transversalium augeri potest. Dabitur enim series superior, quae praeter maximum in A alio in C gaudet, et a qua via indicata ad seriem aliquam inferiorem transitus datur. Quae series adjicienda est serierum superiorum numero, dum verticalium laevarum numerus ea augendus est verticali dextra, in qua maximum illud in C positum invenitur. Si jacet in D terminus ille seriei Tertiae Classis maximo seriei Primae Classis aequalis, maxima transversalia immutata manent, eo tantum accedente termino. Si vero terminus ille jacet in B, omnia mutanda erunt maxima formantia catenam illam, qua ad seriem inferiorem descendebatur a serie praedita maximo in C posito. Scilicet cuique illorum maximorum transversalium substituendus est terminus ejusdem verticalis ei aequalis, ultimo igitur terminus ille in B, novis maximis transversalibus sic erutis accedente insuper maximo primae seriei in C posito, sicuti ad Primam Classem adnotavi.

Si maximum, cui aequatur terminus Tertiae Classis, in serie Secundae Classis est, nihil mutatur, nisi quod haec series ad Tertiam Classem transmigrat simulque reliquae omnes Secundae Classis, a quibus per catenam indicatam ad illam seriem transitus datur. Repetita operatione rursus aut augebitur numerus maximorum transversalium, aut certe numerus serierum Secundae Classis minuitur, unde tandem, nisi antea numerus maximorum transversalium auctus est, ad schema pervenimus seriebus Secundae Classis destitutum, quippe quae omnes ad Tertiam Classem transmigraverunt. Tum autem operatione praescripta certo obtinemus maximorum transversalium augmentationem. Quam si assecuti sumus, pro variis casibus, qui locum habere possunt et quos enumerare longum esset, nova facienda est maximorum transversalium distributio in tres Classes assignatas, quo facto eadem repetenda erit operatio, usque dum ad Canonem pervenimus, in quo series inferiores omnes ad superiores, verticales dextrae ad laevas transmigraverunt.

At per methodum antecedentibus traditam non solum Canonem, sed Canonem simplicissimum eruimus. Quod ut pateat, demonstrabo, quantitates, quibus augentur series, esse minimas, quae poscuntur, ut omnino Canon prodeat. Ac primum, quod operationem praeparatoriam attinet, observo, Canonis terminos terminis respondentibus dati schematis aut superiores esse aut iis aequales, cum e dato schemate propositum sit Canonem eruere addendo singulis seriebus tantum quantitates positivas aut evanescentes. Unde in quaque Canonis verticali maximum aut superat aut aequat maximum in eadem verticali dati schematis. In Canone autem invenitur in quaque serie maximum, ideoque terminus aliquis, qui maximum in eadem verticali dati schematis aut superat aut aequat, unde quamque dati schematis seriem maximo destitutam tali augere debemus quantitate, ut unus ejus terminus maximum ejusdem verticalis superet aut aequet. Quodsi igitur quantitates notamus, quibus singuli seriei termini differunt a maximis in eadem verticali, quantitas, qua series augenda est, non minor esse debet quam illarum quantitatum minima. Unde quamque seriem maximo destitutam augendo quantitate minima, qua unus ejus terminus aequalis efficitur maximo ejusdem verticalis, certe series illas non majoribus auximus quantitatibus, quam ad Canonem formandum flagitatur.

Post praeparationem factam si jam ipse Canon prodit, certo ille est simplicissimns; vidimus enim schematis propositi seriebus minimas quantitates positivas additas esse, quibus fieri possit, ut omnino Canon prodeat. Si vero nondum Canon prodiit, procedendum erat ad serierum distributionem in tres Classes assignatas. Jam demonstrabo, ad Canonem eruendum *fieri non posse, ut aliqua serierum Tertiae Classis immutata maneat.*

In demonstratione vocabo S schema praeparatum, K Canonem erutum. Semper suppono, quod jam ad classificationem serierum poscebatur, in S certum maximorum transversalium systema in spatio A ante oculos haberi, ita ut, si plura ejusmodi dantur systemata in spatio A, unum aliquod ex iis eligendum sit. Similiter in K suppono, si plura maximorum transversalium systemata dantur, unum certum eligi.

Consideremus in S cunctas series superiores Tertiae Classis *immutatas*, si quae dantur, sive eas, quibus nulla quantitas additur Canone K formando seu quae in S et K eaedem sunt. Vocemus harum serierum complexum H earumque consideremus maxima transversalia in S et K electa. *Dico, horum maximorum systema in S atque K in iisdem verticalibus fore.* Sit enim M unum horum maximorum in K, in serie immutata positum; cui respondet in S terminus aequalis ejusdem seriei et ipse in sua verticali maximus. Nam cum a S ad K per additiones positivas perveniatur, cujusque verticalis termini in S inferiores aut aequales sunt respondentibus in K; unde, si eorum maximo in K aequatur ejusdem verticalis terminus in S, is a fortiori inter ejusdem verticalis terminis in S maximus esse debet. Terminus M exstare debet in spatio A, cum series superior Tertiae Classis secundum proprietates Classium stabilitas non habeat terminos in sua verticali maximos in C positos. Vocemus V complexum verticalium, in quibus sunt serierum H maxima in S, atque ponamus, verticalem, in qua sit M, non pertinere ad verticales V. Exstabit in S in illa verticali maximum $N = M$ ad maxima transversalia in spatio A electa pertinens, quare maximum N in serie erit positum, quae non pertinet ad series H. Nam ipsarum H maxima transversalia electa in verticalibus V jacent, ipsum N autem in verticali supponitur, quae ad verticales V non pertinet. Haec nova series et ipsa superior esse debet ad Tertiam Classem pertinens; nam maximum N in spatio A jacet, et e definitione Classium tradita sequitur, si in eadem verticali sumuntur omnes termini maximi inter se aequales, series, in quibus positi sint, ad eandem Classem pertinere. Jam si ad Canonem K formandum illi seriei quantitas non evanescens addenda esset, terminus ipsi N in K respondens evaderet major ipso N ideoque etiam major termino M in eadem verticali posito, quod fieri non potest, cum sit M in sua verticali maximum. Unde series illa ipsa immutata esse debet, quod tamen absurdum est, quia suppositum est, series H *cunctas* esse series Tertiae Classis immutatas. Unde ipsum M necessario in una verticalium V jacet; quod cum de quoque maximorum M valeat, sequitur, systema maximorum transversalium serierum H in K electorum in iisdem verticalibus esse atque systema maximorum transversalium earundem serierum H in S electorum, q. d. e.

Si sumuntur in S termini respondentes et aequales maximis serierum H in K, formabunt illi in S alterum systema terminorum maximorum transversalium, qui cum maximis serierum H in iisdem seriebus horizontalibus et verticalibus sunt. Id quod fieri non potest, nisi utriusque systematis termini in eadem verticali positi inter se aequales sunt. Unde eruitur hoc Corollarium: *si in S in serie superiore Tertiae Classis immutata sumatur maximum, in eadem verticali haberi in K seriei alicujus superioris ejusdem classis maximum illi aequale.* Maxima autem in S ut in K semper suppono e systemate electo maximorum transversalium sumi.

Ceterum eadem ratione demonstratur Propositio antecedens, si H designat complexum serierum Secundae Classis immutatarum; immo pro iis tantum Propositio vi aliqua et significatione gaudet. Etenim Tertiae Classis omnino non existunt series immutatae.

Primum patet, *non dari series inferiores immutatas.* Si enim exstat series inferior immutata, sit M ejus maximum in K e systemate maximorum transversalium electorum; idem terminus in S erit maximus inter omnes ejusdem verticalis ideoque aequivalet maximo seriei alicujus superioris Tertiae Classis in eadem verticali posito et ad maxima transversalia pertinenti*). At secundum Corollarium antecedens in eadem verticali esse debet in K seriei alicujus superioris maximum ad maxima transversalia pertinens, unde in K haberentur duo maxima transversalia in eadem verticali, alterum in serie superiore, alterum M in inferiore, id quod maximorum transversalium notioni contrarium est.

Demonstrabo jam, *si series Tertiae Classis superior exstet immutata, etiam haberi inferiorem immutatam,* quod cum fieri non possit, probatum erit, neque superiorem neque inferiorem seriem Tertiae Classis dari immutatam.

Ponamus, dari seriem superiorem Tertiae Classis immutatam, quam per s designo. Secundum definitionem Tertiae Classis, si s est series superior Tertiae Classis, dabuntur series s, s_1, s_2, $\ldots$, s_{m-1} tales, ut earum maxima M, M_1, M_2, $\ldots$, M_{m-1}, quae e systemate maximorum transversalium electo sumenda sunt, habeant quodque in eadem verticali terminum aequalem N_i in serie subsequente, ultimo vero M_{m-1} aequetur in eadem verticali terminus N_{m-1} seriei inferioris, ut igitur bini N_i et M_{i+1} sint in eadem serie, bini inter se aequales M_i et N_i in eadem verticali. Jam si series superior Tertiae Classis

*) Vide supra Tertiae Classis definitionem p. 209, 210.

s est immutata, secundum Corollarium antecedens dabitur in K maximum ipsi M aequale et in eadem verticali positum; unde ad Canonem formandum non augeri poterit series s_1, alioquin enim augeretur terminus N ipsoque maximo M in eadem verticali posito major evaderet. Unde series s_1 et ipsa immutata esse debet, similiterque probatur, omnes quoque $s_2, s_3, \ldots, s_{m-1}$ nec non seriem inferiorem s_m immutatam fore, quod fieri non posse vidimus.

Cum ad Canonem formandum nulla series Tertiae Classis immutata manere possit, sit f minima quantitatum, quibus illae series augeri debent, ita ut, omnibus quantitate f auctis, in novo schemate certe una earum exstet, quae ad Canonem formandum non amplius augenda sit, sed *immutata* maneat. Sit g quantitas minima, qua ipsius S series Tertiae Classis augentur, ut unus earum terminus aequetur ejusdem verticalis maximo in serie Secundae aut Primae Classis posito. Si $f' < g$ atque omnes series Tertiae Classis quantitate f' augentur, in novo schemate videmus, distributionem serierum in Classes non alterari, sed quamque ad eandem pertinere Classem atque in S. Unde non poterit fieri $f < g$; alioquin enim haberetur schema, in quo daretur series aliqua Tertiae Classis immutata, quod fieri non potest. Hinc videmus, quantitatem minimam, qua series Tertiae Classis augendae sint, ut unus earum terminus aequetur ejusdem verticalis maximo in serie Primae aut Secundae Classis posito, aequalem aut inferiorem esse quantitate minima earum, quibus series Tertiae Classis ad Canonem formandum augeri debent. Unde sequitur regula tradita, nunquam majores adhiberi additiones, quam ad Canonem quemcunque formandum necessarium sit, ideoque *Canonem regula nostra erutum fieri simplicissimum.*

Exemplum.

Schema propositum.

11	7	6	4	6	4	11
11	12	11	11	3	11	12
8	11	15	14	9	6	8
19	10	16	25	11	12	22
18	15	15	20	24	9	24
10	18	23	21	19	23	21
5	14	10	27	31	20	40

Schema praeparatum.

$\underline{19}^*$	15	14	12	14	12	19	t
17	$\underline{18}^*$	17	17	9	17	18	t
15	$\underline{18}$	22	21	16	13	15	t
$\underline{19}$	10	16	25	11	12	22	t
$\underline{19}$	16	16	21	25	10	25	t
10	$\underline{18}$	$\underline{23}$	21	19	$\underline{23}^*$	21	
5	14	10	$\underline{27}$	$\underline{31}$	20	$\underline{40}^*$	

Schema derivatum I.

20*	16	15	13	15	13	20	t
18	19*	18	18	10	18	19	
16	19	23*	22	17	14	16	
20	11	17	26	12	13	23	t
20	17	17	22	26	11	26	t
10	18	23	21	19	23*	21	
5	14	10	27	31	20	40*	

Schema derivatum II.

21*	17	16	14	16	14	21	t
18	19*	18	18	10	18	19	
16	19	23*	22	17	14	16	
21	12	18	27*	13	14	24	
21	18	18	23	27	12	27	t
10	18	23	21	19	23*	21	
5	14	10	27	31	20	40*	

Schema derivatum III.

22*	18	17	15	17	15	22	t
18	19*	18	18	10	18	19	t
16	19	23*	22	17	14	16	
21	12	18	27*	13	14	24	
22	19	19	24	28	13	28	t
10	18	23	21	19	23*	21	
5	14	10	27	31	20	40*	

Canon simplicissimus.

25*	21	20	18	20	18	25
21	22*	21	21	13	21	22
16	19	23*	22	17	14	16
21	12	18	27*	13	14	24
25	22	22	27	31*	16	31
10	18	23	21	19	23*	21
5	14	10	27	31	20	40*

In schemate proposito tres primae series et quinta terminis maximis carent. Quibus seriebus respective additi sunt numeri minimi 8, 6, 7, 1, quibus fieri potuit, ut unus earum terminus evaderet maximus. In schemate sic praeparato in quaque verticali terminos maximos omnes sublineavi, insuper maxima transversalia electa stellavi (asterisco notavi). Deinde juxta scripto t denotavi series Tertiae Classis, quae sic inveniuntur. Primum enim ad eas pertinent omnes series α, quae carent termino stellato, quas supra inferiores appellavi; deinde series β, quae terminum stellatum habent in eadem verticali, in qua et aliquis serierum α terminus sublineatur; series β si praeter terminos stellatos alios habent sublineatos, in iisdem verticalibus quaeruntur novi termini stellati, qui ad series γ pertinent, et ita porro: omnes series α, β, γ etc. facillime inventae formabunt Tertiam Classem. Patet autem, ad regulam exsequendam tantum postulari, ut series Tertiae Classis cognoscantur, neque distributione in Primam et Secundam Classem opus esse. Regula enim nihil poscit, nisi ut series Tertiae Classis omnes simul quantitate minima augeantur, qua fit, ut earum terminus unus aequetur reliquarum serierum termino maximo alicui stellato in eadem verticali posito. Totum igitur negotium consistit in hac augmentatione serierum, electione maximorum transversalium atque distributione serierum Tertiae Classis post quamque augmentationem denuo efficienda. Id quod continuandum est, usque dum series Tertiae Classis non amplius inveniuntur, quo casu ad Canonem simplicissimum pervenimus.

Schematis totius post quamque mutationem denuo scribendi negotium variis artificiis expediri potest. Scilicet, ut a schemate aliquo ad proximum transeamus, non opus est, ut alios terminos ante oculos habeamus, quam qui in quaque verticali maximi sunt et maximis proxime inferiores, unde hos scribere sufficit. Porro cum serierum ordo non respiciendus sit, sufficit series tantum augendas delere et auctas infra reliquas scribere, quae non mutantur. Sed haec et alia, quae commode in magna numerorum mole adhibentur, melius cujusque genio relinquuntur.

ÜBER DIEJENIGEN PROBLEME DER MECHANIK IN WELCHEN EINE KRÄFTEFUNCTION EXISTIRT UND ÜBER DIE THEORIE DER STÖRUNGEN

AUS DEN HINTERLASSENEN PAPIEREN C. G. J. JACOBI'S

HERAUSGEGEBEN VON

A. CLEBSCH

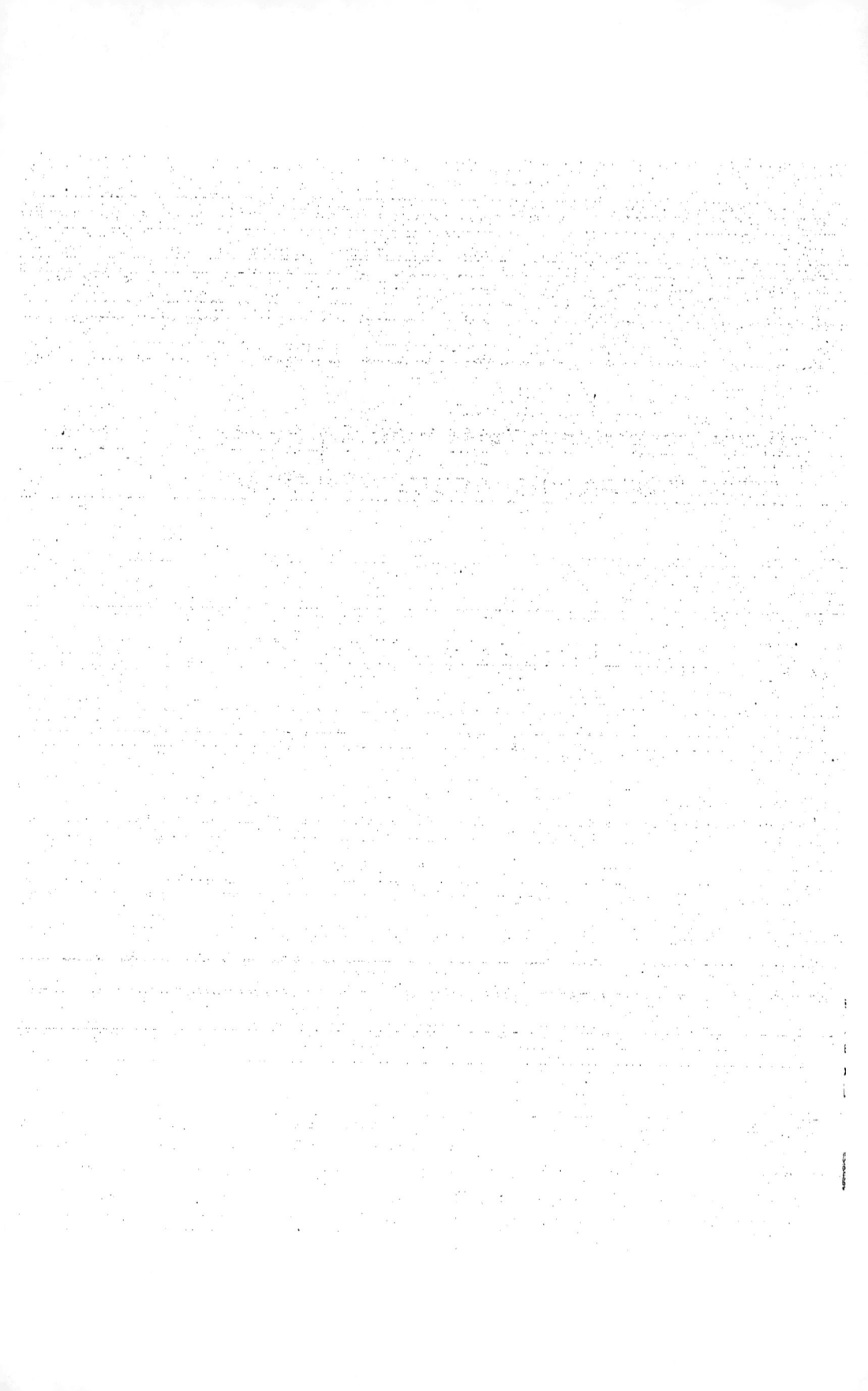

ÜBER DIEJENIGEN PROBLEME DER MECHANIK, IN WELCHEN EINE KRÄFTEFUNCTION EXISTIRT, UND ÜBER DIE THEORIE DER STÖRUNGEN.

Einleitung.

Wenn ein freies System materieller Punkte von keinen anderen Kräften getrieben wird, als solchen, die von ihrer gegenseitigen Anziehung oder Abstossung herrühren, so kann man die Differentialgleichungen ihrer Bewegung vermittelst der partiellen Differentialquotienten einer einzigen Function der Coordinaten der Punkte auf eine einfache Weise darstellen. Lagrange, welcher zuerst diese wichtige Bemerkung gemacht hat, hat zugleich aus dieser Form der Differentialgleichungen grossen Vortheil für die analytische Mechanik gezogen. Es musste daher die hohe Aufmerksamkeit der Mathematiker erregen, als Herr Hamilton, Professor der Astronomie in Dublin und königlicher Astronom für Irland, in den *Philosophical Transactions* nachwies, dass man in dem gedachten Falle der Mechanik auch sämmtliche Integralgleichungen der Bewegung vermittelst der partiellen Differentialquotienten einer einzigen Function auf eben so einfache Weise darstellen kann. Es ist dies ohne Zweifel die bedeutendste Erweiterung, welche die analytische Mechanik seit Lagrange erfahren hat. Ich werde im Folgenden die von Hamilton gefundenen neuen Fundamentaltheoreme aus den bekannten Differentialgleichungen nach Anleitung des Verfassers ableiten und einige wesentliche Erweiterungen derselben angeben, welche in einigen Fällen sogar für die wirkliche Ausführung der Integrationen bisher nicht bemerkte Vortheile darbieten. Die Theoreme Hamilton's, in ihrer Verallgemeinerung aufgefasst, führen die Integration der Differentialgleichungen der Bewegung auf die Integration einer einzigen, nicht linearen, partiellen Differentialgleichung erster Ordnung zurück. Die Theorie dieser partiellen Differentialgleichungen erhält auf diese Weise eine erhöhte Wichtigkeit, indem von ihr ein bedeutender Theil der Probleme der Mechanik abhängig gemacht wird, unter welchem die Bewegung der Körper unseres Sonnensystems mitinbegriffen ist. Man hat diese Theorie mit Unrecht bisher durch die Arbeiten von Lagrange und Pfaff für abgethan erachtet, während sie noch einen grossen Spielraum für Untersuchungen darbietet, welche eben so viel neue und wichtige Resultate für die Mechanik versprechen; die Theoreme Hamilton's selbst tragen auf bedeutende und unerwartete Weise zur Vervollkommnung dieser Theorie bei, obgleich der Verfasser dieses rein analytische Interesse nicht hervorgehoben hat.

§. 1. Die Bewegungsgleichungen bei Existenz einer Kräftefunction. Gleichung der lebendigen Kraft.

Lagrange hat den Differentialgleichungen der Bewegung eines freien Systems von n materiellen Punkten in einem sehr ausgedehnten Falle die einfache und merkwürdige Form gegeben:

$$m_i \frac{d^2 x_i}{dt^2} = \frac{\partial U}{\partial x_i}, \quad m_i \frac{d^2 y_i}{dt^2} = \frac{\partial U}{\partial y_i}, \quad m_i \frac{d^2 z_i}{dt^2} = \frac{\partial U}{\partial z_i}, \qquad (i = 1, 2, \ldots n)$$

oder die den rechtwinkligen Coordinaten parallelen Componenten der auf die verschiedenen Punkte des Systems wirkenden Kräfte durch die nach den entsprechenden Coordinaten genommenen partiellen Differentialquotienten einer einzigen Function ausgedrückt. Dieser Fall tritt ein, wenn die Punkte des Systems gegenseitigen Anziehungen oder Abstossungen unterworfen sind; es können überdies die einzelnen Punkte noch nach festen Centren gezogen oder von denselben abgestossen, auch von constanten Parallelkräften sollicitirt werden. Man braucht hierbei nicht vorauszusetzen, dass jeder Punkt von allen übrigen und den festen Centren nach demselben Gesetze angezogen oder von denselben abgestossen wird; nur muss zwischen je zwei sich anziehenden oder abstossenden Punkten des Systems die Gleichheit der Wirkung und Gegenwirkung stattfinden. Die Function U, deren partielle Differentialquotienten die Kräfte geben, kann man die *Kräftefunction* nennen. Für n Punkte, die sich nach dem Newton'schen Gesetze anziehen, wird sie z. B.

$$U = \Sigma \frac{m_i m_k}{r_{i,k}},$$

wenn r_{ik} die gegenseitige Distanz zweier Punkte des Systems bedeutet, deren Massen m_i und m_k sind, und die Summe auf alle Combinationen je zweier Punkte ausgedehnt wird.

Wenn das System nicht frei, sondern irgend welchen Bedingungen unterworfen ist, sei es, dass die Punkte desselben mit einander oder mit festen Punkten irgendwie verbunden oder gezwungen sind, sich auf gegebenen Curven oder Oberflächen zu bewegen, so hat Lagrange durch glückliche Einführung von Multiplicatoren den Differentialgleichungen der Bewegung dieselbe einfache Form zu erhalten gewusst. Es seien die Bedingungen des Systems ausgedrückt durch die zwischen den Coordinaten der materiellen Punkte gegebenen Gleichungen

$$f = 0, \quad \varphi = 0, \quad \text{etc.},$$

so erhält man für jeden Punkt des Systems, dessen rechtwinklige Coordinaten x_i, y_i, z_i sind, und dessen Masse m_i ist, die Gleichungen:

$$m_i \frac{d^2 x_i}{dt^2} = \frac{\partial U}{\partial x_i} + \lambda \frac{\partial f}{\partial x_i} + \lambda_1 \frac{\partial \varphi}{\partial x_i} + \cdots,$$

$$m_i \frac{d^2 y_i}{dt^2} = \frac{\partial U}{\partial y_i} + \lambda \frac{\partial f}{\partial y_i} + \lambda_1 \frac{\partial \varphi}{\partial y_i} + \cdots,$$

$$m_i \frac{d^2 z_i}{dt^2} = \frac{\partial U}{\partial z_i} + \lambda \frac{\partial f}{\partial z_i} + \lambda_1 \frac{\partial \varphi}{\partial z_i} + \cdots,$$

in welchen Formeln die verschiedenen Multiplicatoren λ, λ_1, etc., welche in die partiellen Differentialquotienten der verschiedenen Functionen f, φ, etc. multiplicirt sind, für alle Punkte des Systems dieselben bleiben. Man erhält die Multiplicatoren vermittelst der Auflösung bloss linearer Gleichungen durch die Coordinaten der Punkte und ihre nach den Coordinatenaxen zerlegten Geschwindigkeiten ausgedrückt, indem man die vorstehenden Werthe der zweiten Ableitungen der Coordinaten in die zweiten Ableitungen der Bedingungsgleichungen $f = 0$, $\varphi = 0$, etc. substituirt.

Man kann immer ein Integral der vorstehenden Differentialgleichungen erhalten, welches von den Bedingungen des Systems unabhängig und unter dem Namen des Princips der Erhaltung der lebendigen Kraft bekannt ist. Multiplicirt man nämlich die vorstehenden Differentialgleichungen mit

$$\frac{dx_i}{dt}, \quad \frac{dy_i}{dt}, \quad \frac{dz_i}{dt}$$

und addirt alle ähnlichen Gleichungen, die man für die verschiedenen Punkte des Systems erhält, so verschwinden die in die Multiplicatoren λ, λ_1, etc. multiplicirten Ausdrücke vermöge der Bedingungsgleichungen des Systems, und die beiden Seiten der Gleichung werden integrabel. Man erhält nach geschehener Integration die Gleichung:

$$\tfrac{1}{2}\Sigma m_i\left\{\left(\frac{dx_i}{dt}\right)^2+\left(\frac{dy_i}{dt}\right)^2+\left(\frac{dz_i}{dt}\right)^2\right\} = U+h$$

oder, wenn man mit v_i die Geschwindigkeit des Punktes, dessen Masse m_i ist, bezeichnet,

$$\tfrac{1}{2}\Sigma m_i v_i^2 = U+h,$$

wo h eine hinzugefügte willkürliche Constante ist. Bezeichnet man mit v_i^0, U^0 die Werthe von v_i und U zu irgend einer Zeit t_0, so kann man die vorstehende Gleichung auch so schreiben:

$$\tfrac{1}{2}[\Sigma m_i v_i v_i - \Sigma m_i v_i^0 v_i^0] = U-U^0.$$

Den Ausdruck

$$\Sigma m_i v_i^2$$

nennt man *die lebendige Kraft des Systems.* Die vorstehende Gleichung besagt also, dass, wenn ein System materieller Punkte, auf welches Kräfte der oben angegebenen Art wirken, und welches irgend welchen Bedingungen unterworfen ist, in einer gewissen Zeit durch seine Bewegung aus einer Position in eine andere rückt und man die Bedingungen des Systems, d. h. die Verbindungen der Punkte unter sich oder mit andern festen Punkten, oder die Curven oder Flächen, auf denen die einzelnen Punkte sich zu bewegen gezwungen sind, auf irgend eine beliebige Art abändert, jedoch so, dass das System wieder in einer gewissen Zeit, während dieselben Kräfte darauf wirken, durch seine Bewegung aus der ersten Position in die zweite rücken kann: der Gewinn oder Verlust an lebendiger Kraft am Ende der Bewegung in beiden Fällen ganz der nämliche ist oder sich unverändert erhält. Dieses ist die Eigenschaft des Systems, welche man die *Erhaltung* seiner lebendigen Kraft genannt und welche dem Principe seinen Namen gegeben hat.

Die obige Form der Differentialgleichungen der Bewegung kann auch noch auf den Fall ausgedehnt werden, wo die Punkte des Systems nach anderen *beweglichen* Centren gezogen werden, wenn dieselben von den Punkten des Systems keine *Reaction* erleiden und ihre Bewegung anderweitig gegeben ist. Dies wäre z. B. der Fall der Bewegung eines Kometen, der von den Körpern des Sonnensystems angezogen wird, wenn man die Bewegung dieser letzteren als bekannt voraussetzt. Die Kräftefunction U enthält dann noch ausser den Coordinaten der Punkte des Systems die Zeit t *explicite*, und der Satz von der lebendigen Kraft hört auf seine Gültigkeit zu haben. Die Gleichung

$$\tfrac{1}{2}\Sigma m_i v_i^2 = U+h$$

wird nämlich für diesen Fall

$$\tfrac{1}{2}\Sigma m_i v_i^2 = U - \int \frac{\partial U}{\partial t}\, dt,$$

wenn $\frac{\partial U}{\partial t}$ den partiellen Differentialquotienten von U nach t bedeutet, insoweit t in U noch ausser den Coordinaten der Punkte vorkommt. Ebensowenig gelten für diesen Fall die anderen Principe der Mechanik. In einem besondern Fall indessen, der für mehrere Bewegungen im Sonnensystem eine bedeutende Annäherung abgiebt, wenn man nämlich die Bewegung eines masselosen Punktes sucht, der von zwei Körpern, die sich in einem Kreise gleichförmig um ihren gemeinschaftlichen Schwerpunkt drehen, nach dem Newton'schen Gesetze angezogen wird, habe ich ein neues Integral gefunden, welches eine gewisse Combination der beiden Principe von der Erhaltung der lebendigen Kraft und der Erhaltung der Flächen darbietet.

Die obige Form der Differentialgleichungen der Bewegung bietet den Vortheil dar, dass man, von ihr ausgehend, mit Leichtigkeit die Probleme der Mechanik dem Calcul unterwerfen, die bekannten Principien der Mechanik beweisen und gehörig begrenzen, ferner alle für nöthig erachteten analytischen Transformationen der Gleichungen ausführen kann; endlich ist es durch diese Form möglich geworden, der Methode der Variation der Constanten die gegenwärtig von ihr erreichte grosse Vollkommenheit und Allgemeinheit zu geben. Aber in neuester Zeit hat Hamilton aus dieser Form der Differentialgleichungen Folgerungen gezogen, welche trotz ihrer Einfachheit und Fruchtbarkeit den Analysten bisher entgangen waren, und welche ihn darauf geführt haben, die oben näher bezeichneten Probleme der Mechanik, für welche die Differentialgleichungen die in Rede stehende Form haben, unter einem ganz neuen Gesichtspunkte darzustellen. Dieser Gesichtspunkt wird desto wichtiger, weil er in Verbindung mit anderen Erweiterungen des Integralcalculs für die *Integration* der erwähnten Differentialgleichungen die merkwürdigsten Vortheile darbietet. Man findet die Arbeiten Hamilton's, von denen ich hier reden will, in den *Philosophical Transactions* der Royal Society in zwei Abhandlungen (1834 P. II, 1835 P. I).

§. 2. Die Hamilton'sche Form der Integralgleichungen. Die Grundfunction.

Wie Lagrange die Differentialgleichungen der Mechanik in den gedachten Fällen durch die partiellen Differentialquotienten einer einzigen Function darstellt: so hat Hamilton gezeigt, dass auch sämmtliche *Integrale* derselben durch die partiellen Differentialquotienten einer einzigen Function dargestellt werden können. Ich werde mich im Folgenden zunächst auf die Betrachtung eines ganz freien Systems materieller Punkte beschränken.

Es seien die Massen der n Punkte des Systems $m_1, m_2, m_3, \ldots, m_n$ und die rechtwinkligen Coordinaten des Punktes, dessen Masse m_i ist, x_i, y_i, z_i; es seien ferner die Differentialgleichungen der Bewegung des Systems, wie oben:

$$m_i \frac{d^2 x_i}{dt^2} = \frac{\partial U}{\partial x_i},$$

$$m_i \frac{d^2 y_i}{dt^2} = \frac{\partial U}{\partial y_i},$$

$$m_i \frac{d^2 z_i}{dt^2} = \frac{\partial U}{\partial z_i},$$

in welchen Gleichungen dem Index i die Werthe $1, 2, 3, \ldots, n$ zu geben sind. Man hat so $3n$ Differentialgleichungen zweiter Ordnung zwischen den $3n$ Coordinaten und der Zeit, deren vollständige Integrale $6n$ Gleichungen zwischen der Zeit, den $3n$ Coordinaten und ihren nach der Zeit genommenen Differentialquotienten sind, welche $6n$ willkürliche Constanten enthalten. Man setze, der Kürze halber, die nach der Zeit genommenen Differentialquotienten der Coordinaten

$$\frac{dx_i}{dt} = x'_i, \quad \frac{dy_i}{dt} = y'_i, \quad \frac{dz_i}{dt} = z'_i$$

und bezeichne mit S das Integral:

$$S = \int_0^t [U + \tfrac{1}{2}\Sigma m_i(x'_i x'_i + y'_i y'_i + z'_i z'_i)]dt.$$

Nimmt man dann für die $6n$ willkürlichen Constanten in den $6n$ Integralgleichungen die Werthe, welche die $6n$ Grössen x_i, y_i, z_i, x'_i, y'_i, z'_i für $t = 0$ annehmen, und welche respective mit a_i, b_i, c_i, a'_i, b'_i, c'_i bezeichnet werden mögen, so geben die Integralgleichungen des vorgelegten Systems von Differentialgleichungen die $6n$ Grössen x_i, y_i, z_i, x'_i, y'_i, z'_i als Functionen von t und von ihren $6n$ Anfangswerthen a_i, b_i, c_i, a'_i, b'_i, c'_i. Man erhält daher durch eine Integration nach t auch S als Function derselben Grössen.

Vermittelst der erwähnten Integralgleichungen kann man auch die $6n$ Grössen x'_i, y'_i, z'_i, a'_i, b'_i, c'_i durch t und die $6n$ Grössen x_i, y_i, z_i, a_i, b_i, c_i ausdrücken. Substituirt man diese Ausdrücke in den gefundenen Werth von S, so wird auch S eine Function von t und den $6n$ Grössen x_i, y_i, z_i, a_i, b_i, c_i, d. h. S wird eine Function der Coordinaten der Orte, welche die Punkte des Systems in zwei verschiedenen Positionen desselben einnehmen, und der Zwischenzeit, welche das System gebraucht hat, um aus einer Position in die andere zu kommen. Kennt man auf irgend eine Art diesen Ausdruck von S durch t und die $6n$ Grössen x_i, y_i, z_i, a_i, b_i, c_i, so geben nach Hamilton die nach diesen letzteren genommenen partiellen Differentialquotienten von S unmittelbar die Ausdrücke der $6n$ übrigen Grössen x'_i, y'_i, z'_i, a'_i, b'_i, c'_i durch dieselben Grössen t, x_i, y_i, z_i, a_i, b_i, c_i und mithin die sämmtlichen $6n$ Integralgleichungen des Problems.

Man hat nämlich, wie Hamilton zeigt, die Gleichungen:

$$\frac{\partial S}{\partial x_i} = m_i x'_i, \quad \frac{\partial S}{\partial a_i} = -m_i a'_i,$$

$$\frac{\partial S}{\partial y_i} = m_i y'_i, \quad \frac{\partial S}{\partial b_i} = -m_i b'_i,$$

$$\frac{\partial S}{\partial z_i} = m_i z'_i, \quad \frac{\partial S}{\partial c_i} = -m_i c'_i,$$

in welchen dem Index i wieder seine n Werthe $1, 2, 3, \ldots, n$ zu geben sind. Die $3n$ Gleichungen rechts sind die endlichen Gleichungen der Bewegung selbst, d. h. $3n$ Gleichungen zwischen den $3n$ Coordinaten x_i, y_i, z_i und der Zeit t mit $6n$ willkürlichen Constanten a_i, b_i, c_i, a'_i, b'_i, c'_i. Die Gleichungen links sind die $3n$ Differentialgleichungen erster Ordnung zwischen der Zeit t, den Coordinaten x_i, y_i, z_i, und ihren nach der Zeit genommenen Differentialquotienten x'_i, y'_i, z'_i mit nur $3n$ willkürlichen Constanten a_i, b_i, c_i. Diese letzteren Gleichungen nennt Hamilton auch die *Zwischenintegrale*. Die Function der Zeit t, der Coordinaten der Punkte des Systems und der einer Zeit $t = 0$ entsprechenden anfänglichen Werthe derselben, welche im Vorstehenden mit S bezeichnet ist, und welche allein sämmtliche Integralgleichungen des Problems giebt, nennt Hamilton die *charakteristische*- oder die *Grundfunction*.

Die vorstehenden Formeln gelten auch dann, wenn die Kräftefunction U die Zeit t *explicite* enthält, auf welchen Fall Hamilton seine Untersuchungen nicht ausgedehnt hat. Wenn U, wie Hamilton dieses voraussetzt, und wie es insgemein der Fall ist, eine blosse Function der Coordinaten ist, welche nicht ausserdem noch die Zeit t explicite enthält, so kann man die Function S auf eine einfachere Weise definiren, als es oben geschehen ist. In diesem Falle gilt nämlich, wie wir oben gesehen haben, der Satz von der Erhaltung der lebendigen Kraft oder die Gleichung

$$\tfrac{1}{2}\Sigma m_i(x_i'x_i'+y_i'y_i'+z_i'z_i') = U+h,$$

und man hat daher

$$\begin{aligned} S &= \int_0^t [U+\tfrac{1}{2}\Sigma m_i(x_i'x_i'+y_i'y_i'+z_i'z_i')]dt \\ &= \int_0^t \Sigma m_i(x_i'x_i'+y_i'y_i'+z_i'z_i')dt-ht \\ &= 2\int_0^t Udt+ht, \end{aligned}$$

in welchen Formeln man die willkürliche Constante h ebenfalls durch die Anfangs- und Endwerthe der Coordinaten auszudrücken hat.

Um die partiellen Differentialquotienten der Function S nach allen Grössen, die sie enthält, zu kennen, muss noch der Werth von

$$\frac{\partial S}{\partial t}$$

angegeben werden. Bedient man sich, wie bereits im Vorigen geschehen ist, der Charakteristik ∂ für die partielle Differentiation, dagegen der Charakteristik d, wenn man die Coordinaten x_i, y_i, z_i als Functionen der Zeit t betrachtet und nach t vollständig differentiirt, so hat man:

$$\frac{dS}{dt} = \frac{\partial S}{\partial t}+\Sigma\left\{\frac{\partial S}{\partial x_i}x_i'+\frac{\partial S}{\partial y_i}y_i'+\frac{\partial S}{\partial z_i}z_i'\right\},$$

wenn man unter dem Summenzeichen dem i seine Werthe 1, 2, 3, ..., n giebt. Substituirt man in diese Gleichung die Werthe

$$\frac{\partial S}{\partial x_i} = m_i x_i', \quad \frac{\partial S}{\partial y_i} = m_i y_i', \quad \frac{\partial S}{\partial z_i} = m_i z_i',$$

so verwandelt sie sich in folgende:

$$\frac{dS}{dt} = \frac{\partial S}{\partial t}+\Sigma m_i(x_i'x_i'+y_i'y_i'+z_i'z_i').$$

Andererseits aber erhält man aus der für S gegebenen Definition

$$\frac{dS}{dt} = U+\tfrac{1}{2}\Sigma m_i(x_i'x_i'+y_i'y_i'+z_i'z_i'),$$

und daher durch Vergleichung beider Ausdrücke

$$\frac{\partial S}{\partial t} = U - \tfrac{1}{2}\Sigma m_i (x'_i x'_i + y'_i y'_i + z'_i z'_i),$$

welches der verlangte partielle Differentialquotient von S nach t ist. Wenn U nicht t explicite enthält, so geht diese Gleichung zufolge des dann geltenden Satzes von der lebendigen Kraft über in

$$\frac{\partial S}{\partial t} = -h,$$

welche Formel den Ausdruck der Constante h durch die Zeit und die Anfangs- und Endwerthe der Coordinaten giebt.

Die Grundfunction kann zugleich mit den Variabeln, welche sie enthält, auf mannigfache Weise abgeändert werden, ohne ihre charakteristische Eigenschaft zu verlieren, das heisst ohne dass sie aufhört, durch ihre partiellen Differentialquotienten die Integralgleichungen des Problems zu geben. Hamilton giebt mehrere Functionen an, welche man zur Grundfunction wählen kann. Die merkwürdigste von diesen ist die von ihm seiner ersten Abhandlung zu Grunde gelegte, in welcher er statt der Zeit t die Grösse

$$\tfrac{1}{2}\Sigma m_i (x'_i x'_i + y'_i y'_i + z'_i z'_i) - U = H,$$

welche nach dem Satze von der lebendigen Kraft eine Constante h wird, als Variable einführt, während die übrigen Variabeln der Grundfunction unverändert bleiben. In der elliptischen Bewegung eines Planeten wird, wenn man die Masse desselben und die Constante der Anziehungskraft der Sonne gleich 1 setzt,

$$h = -\frac{1}{2a},$$

wo a die halbe grosse Axe der Bahn bedeutet. Für diesen Fall ist also diese Wahl der Variabeln der Grundfunction dieselbe, die man mehreren Untersuchungen in der Planeten- und Kometentheorie zu Grunde gelegt hat, in welchen man durch die Anfangs- und Endwerthe der Coordinaten und die grosse Axe die Zwischenzeit und die übrigen Elemente der Bahn ausdrückt.

Man kann die neue Grundfunction aus der Function S durch folgende Betrachtung ableiten. Differentiirt man S gleichzeitig nach allen Grössen, die es enthält, so wird zufolge der oben gegebenen Formeln:

$$\begin{aligned} dS &= \frac{\partial S}{\partial t} dt + \Sigma \left(\frac{\partial S}{\partial x_i} dx_i + \frac{\partial S}{\partial y_i} dy_i + \frac{\partial S}{\partial z_i} dz_i \right) \\ &\quad + \Sigma \left(\frac{\partial S}{\partial a_i} da_i + \frac{\partial S}{\partial b_i} db_i + \frac{\partial S}{\partial c_i} dc_i \right) \\ &= -H dt + \Sigma m_i (x'_i dx_i + y'_i dy_i + z'_i dz_i) \\ &\quad - \Sigma m_i (a'_i da_i + b'_i db_i + c'_i dc_i). \end{aligned}$$

Setzt man

$$S = -Ht+V,$$

so folgt hieraus

$$dV = tdH+\Sigma m_i(x_i'dx_i+y_i'dy_i+z_i'dz_i)$$
$$-\Sigma m_i(a_i'da_i+b_i'db_i+c_i'dc_i).$$

Wenn man daher zu Variabeln der Function V die Anfangs- und Endwerthe der Coordinaten und die Grösse

$$H = \tfrac{1}{2}\Sigma m_i(x_i'x_i'+y_i'y_i'+z_i'z_i')-U$$

nimmt, so erhält man unmittelbar durch die nach diesen Variabeln genommenen partiellen Differentialquotienten von V die $6n$ Grössen x_i', y_i', z_i', a_i', b_i', c_i', und die Zeit t. Die vorstehende Gleichung giebt nämlich die Werthe der $6n+1$ partiellen Differentialquotienten von V:

$$\frac{\partial V}{\partial x_i} = m_i x_i', \quad \frac{\partial V}{\partial a_i} = -m_i a_i',$$
$$\frac{\partial V}{\partial y_i} = m_i y_i', \quad \frac{\partial V}{\partial b_i} = -m_i b_i',$$
$$\frac{\partial V}{\partial z_i} = m_i z_i', \quad \frac{\partial V}{\partial c_i} = -m_i c_i',$$
$$\frac{\partial V}{\partial H} = t.$$

Die Function V wird, wenn man die Werthe von S und H substituirt:

$$V = \int_0^t [\tfrac{1}{2}\Sigma m_i(x_i'x_i'+y_i'y_i'+z_i'z_i')+U]dt$$
$$+[\tfrac{1}{2}\Sigma m_i(x_i'x_i'+y_i'y_i'+z_i'z_i')-U]t.$$

Dieser Ausdruck wird für den Fall, wo der Satz von der lebendigen Kraft gilt und daher H eine Constante wird, viel einfacher. Man hat dann nämlich:

$$[\tfrac{1}{2}\Sigma m_i(x_i'x_i'+y_i'y_i'+z_i'z_i')-U]t = Ht = \int_0^t Hdt = \int_0^t [\tfrac{1}{2}\Sigma m_i(x_i'x_i'+y_i'y_i'+z_i'z_i')-U]dt,$$

und daher

$$V = \int_0^t \Sigma m_i(x_i'x_i'+y_i'y_i'+z_i'z_i')dt.$$

Dies ist der von Hamilton gegebene Ausdruck von V. Weil in demselben die unter dem Integralzeichen in das Zeitelement multiplicirte Grösse die lebendige Kraft ist, nennt Hamilton die Function V auch die *angehäufte lebendige Kraft.*

Wenn die Kräftefunction U nicht t explicite enthält, kann man die Differentialgleichungen der Bewegung bloss als Gleichungen erster Ordnung zwischen den $6n$ Grössen x_i, y_i, z_i, x'_i, y'_i, z'_i ohne t betrachten. Man kann nämlich die Differentialgleichungen der Bewegung folgendermassen darstellen:

$$\frac{dx_i}{dt} = x'_i, \quad m_i\frac{dx'_i}{dt} = \frac{\partial U}{\partial x_i},$$
$$\frac{dy_i}{dt} = y'_i, \quad m_i\frac{dy'_i}{dt} = \frac{\partial U}{\partial y_i},$$
$$\frac{dz_i}{dt} = z'_i, \quad m_i\frac{dz'_i}{dt} = \frac{\partial U}{\partial z_i},$$

oder durch die Proportion

$$\begin{array}{l} dx_1 : dx_2 : dx_3 : \ldots : dx_n : \\ dy_1 : dy_2 : dy_3 : \ldots : dy_n : \\ dz_1 : dz_2 : dz_3 : \ldots : dz_n : \\ dx'_1 : dx'_2 : dx'_3 : \ldots : dx'_n : \\ dy'_1 : dy'_2 : dy'_3 : \ldots : dy'_n : \\ dz'_1 : dz'_2 : dz'_3 : \ldots : dz'_n : \end{array}$$

$$\begin{array}{l} = x'_1 : x'_2 : x'_3 : \ldots : x'_n : \\ \quad y'_1 : y'_2 : y'_3 : \ldots : y'_n : \\ \quad z'_1 : z'_2 : z'_3 : \ldots : z'_n : \\ \quad \frac{1}{m_1}\frac{\partial U}{\partial x_1} : \frac{1}{m_2}\frac{\partial U}{\partial x_2} : \frac{1}{m_3}\frac{\partial U}{\partial x_3} : \ldots : \frac{1}{m_n}\frac{\partial U}{\partial x_n} : \\ \quad \frac{1}{m_1}\frac{\partial U}{\partial y_1} : \frac{1}{m_2}\frac{\partial U}{\partial y_2} : \frac{1}{m_3}\frac{\partial U}{\partial y_3} : \ldots : \frac{1}{m_n}\frac{\partial U}{\partial y_n} : \\ \quad \frac{1}{m_1}\frac{\partial U}{\partial z_1} : \frac{1}{m_2}\frac{\partial U}{\partial z_2} : \frac{1}{m_3}\frac{\partial U}{\partial z_3} : \ldots : \frac{1}{m_n}\frac{\partial U}{\partial z_n}, \end{array}$$

in welcher t nicht mehr vorkommt. Diese Proportion vertritt die Stelle von $6n-1$ Differentialgleichungen erster Ordnung zwischen den $6n$ Grössen x_i, y_i, z_i, x'_i, y'_i, z'_i, welche sich, wenn man den Satz von der lebendigen Kraft benutzen will:

$$\tfrac{1}{2}\Sigma m_i(x'_i x'_i + y'_i y'_i + z'_i z'_i) = U + h,$$

auf $6n-2$ Differentialgleichungen erster Ordnung zwischen $6n-1$ Variabeln reduciren. Hat man diese Gleichungen vollständig integrirt und dadurch alle ihre Variabeln durch eine von ihnen, z. B. x_1, die willkürliche Constante h

und $6n-2$ andere willkürliche Constanten ausgedrückt, so erhält man die Zeit t durch eine einmalige Quadratur vermittelst der Formel:

$$t+\tau = \int \frac{dx_1}{x'_1},$$

wo τ eine neue willkürliche Constante ist. Die Integration der $3n$ Differentialgleichungen zweiter Ordnung kommt daher, wenn U nicht t explicite enthält, auf die Integration von $6n-2$ Differentialgleichungen erster Ordnung, den Satz von der lebendigen Kraft und eine einmalige Quadratur zurück. Wenn t auch explicite in U enthalten ist, also das *eine* Integral der lebendigen Kraft nicht mehr gilt, hat man *zwei* Integrationen mehr auszuführen.

Zur Auffindung von V braucht man nur die $6n-1$ Gleichungen zwischen den $6n$ Grössen x_i, y_i, z_i, x'_i, y'_i, z'_i zu kennen *und hat nicht nöthig die Quadratur, welche t giebt, auszuführen.* Man kann nämlich den oben gegebenen Werth von V folgendermassen darstellen:

$$V = \int \Sigma m_i (x'_i dx_i + y'_i dy_i + z'_i dz_i),$$

wo das Integral, wenn man alle Grössen durch x_1 ausgedrückt hat, von $x_1 = a_1$ an zu nehmen ist, für welche Grenze man gleichzeitig hat:

$$t = \int_{a_1}^{x_1} \frac{dx_1}{x'_1}.$$

Kennt man also die $6n-1$ Gleichungen zwischen den $6n$ Grössen x_i, y_i, z_i, x'_i, y'_i, z'_i, *so werden t und V unabhängig von einander durch je eine Quadratur gefunden.*

Es giebt einen sehr ausgedehnten Fall, der auch die Bewegung der Himmelskörper in sich begreift, in welchem die beiden Quadraturen, durch welche man t und V findet, auf einander zurückgeführt werden können, so dass, wenn man t bereits gefunden hat, es keiner anderen Quadratur bedarf, um V zu finden, und umgekehrt. Es findet dies statt, wenn U eine homogene Function der Coordinaten ist. Ist nämlich dieselbe von der Dimension ε, so beweist man leicht die Formel:

$$\begin{aligned}\frac{2+\varepsilon}{2}\cdot V = \varepsilon ht + \Sigma m_i (x_i x'_i + y_i y'_i + z_i z'_i) \\ - \Sigma m_i (a_i a'_i + b_i b'_i + c_i c'_i).\end{aligned}$$

Hat man also t und die Grösse

$$\begin{aligned}\Sigma m_i (x_i x'_i + y_i y'_i + z_i z'_i) \\ - \Sigma m_i (a_i a'_i + b_i b'_i + c_i c'_i)\end{aligned}$$

durch h und die $6n$ Grössen x_i, y_i, z_i, a_i, b_i, c_i ausgedrückt, so kennt man durch die vorstehende Formel, ohne weiter eine Quadratur auszuführen, den verlangten Ausdruck der charakteristischen Function V. Für das Weltsystem wird, wie oben angegeben ist, die Kräftefunction

$$U = \Sigma \frac{m_i m_k}{r_{i,k}},$$

also eine homogene Function der Coordinaten von der $(-1)^{\text{ten}}$ Dimension. Setzt man daher $s = -1$, so erhält man für das Weltsystem:

$$\begin{aligned} \tfrac{1}{2}V = & -ht + \Sigma m_i(x_i x_i' + y_i y_i' + z_i z_i') \\ & - \Sigma m_i(a_i a_i' + b_i b_i' + c_i c_i'). \end{aligned}$$

Man sieht übrigens aus diesen Formeln, dass man, wenn U eine homogene Function der Coordinaten ist, nicht nur V, sondern auch noch das neue Integral

$$\int V dt$$

allgemein angeben kann.

Wenn U von der $(-2)^{\text{ten}}$ Dimension ist, welches der Fall ist, wenn die Anziehungen sich umgekehrt wie die Cuben der Entfernungen verhalten, so kann man V nicht mehr durch die vorstehenden Formeln bestimmen. Diese geben aber zwei neue Integrale, nämlich die Gleichungen:

$$\begin{aligned} \Sigma m_i(x_i x_i + y_i y_i + z_i z_i) &= \alpha + 2\beta t + 2ht^2, \\ \Sigma m_i(x_i x_i' + y_i y_i' + z_i z_i') &= \beta + 2ht, \end{aligned}$$

wo α, β willkürliche Constanten sind.

Ich will noch bemerken, dass man aus derselben Quelle einen Satz ableiten kann, der sich auf die Stabilität des Weltsystems bezieht. Sind X, Y, Z die Coordinaten des Schwerpunkts des Systems, und setzt man

$$X' = \frac{dX}{dt}, \quad Y' = \frac{dY}{dt}, \quad Z' = \frac{dZ}{dt},$$

so kann man den Ausdruck

$$\Sigma m_i[(x_i' - X')^2 + (y_i' - Y')^2 + (z_i' - Z')^2]$$

die lebendige Kraft des Systems um seinen Schwerpunkt nennen und leicht den Satz beweisen, dass, wenn irgend ein freies System von Körpern, welche sich umgekehrt wie die Quadrate der Entfernungen anziehen, *stabil* sein soll, *seine lebendige Kraft um den Schwerpunkt abwechselnd grösser und kleiner werden muss als die Kräftefunction, aber immer kleiner bleiben muss als der doppelte*

Werth der letzteren. Wenn für irgend einen Zeitmoment also die lebendige Kraft um den Schwerpunkt des Systems grösser als die doppelte Kräftefunction oder der doppelten Kräftefunction gleich ist, so weiss man, dass das System oder wenigstens einige seiner Theile ins Unendliche auseinandergehen.

§. 3. Die charakteristische Function für die Planetenbewegung.

Um ein einfaches und lehrreiches Beispiel zu haben, wollen wir die charakteristische Function V für die elliptische Bewegung eines Planeten aufsuchen. Man nenne r den *Radius Vector*, a die halbe grosse Axe, k^2 die anziehende Kraft für die Einheit der Entfernung, setze ferner

$$r' = \frac{dr}{dt}$$

und nenne r_0, r'_0 die Anfangswerthe von r, r' und ϱ die den Anfangs- und Endpunkt der Bewegung verbindende Sehne, so wird nach dem von mir für V angegebenen Ausdruck in diesem speciellen Falle:

$$\tfrac{1}{2}V = \frac{k^2}{2a}\cdot t + rr' - r_0 r'_0.$$

Die Masse des bewegten Planeten, die eigentlich als gemeinschaftlicher Factor noch die Grössen V und h afficirt, habe ich hier $= 1$ gesetzt, da sie ganz aus der Rechnung herausgeht; für die Constante h habe ich ihren Ausdruck $-\frac{k^2}{2a}$, den sie für die elliptische Bewegung annimmt, eingeführt. Bestimmt man zwei Hülfswinkel ε und ε' vermittelst der Gleichungen:

$$\sin^2\tfrac{1}{2}\varepsilon = \frac{r+r_0+\varrho}{4a},$$

$$\sin^2\tfrac{1}{2}\varepsilon' = \frac{r+r_0-\varrho}{4a},$$

so findet man aus den Formeln, die Gauss in der *Theoria motus* gegeben,

$$rr' - r_0 r'_0 = k\sqrt{a}(\sin\varepsilon - \sin\varepsilon').$$

Es wird ferner nach der bekannten Lambert'schen Formel

$$t = \frac{a^{\frac{3}{2}}}{k}[\varepsilon - \sin\varepsilon - (\varepsilon' - \sin\varepsilon')],$$

und daher

$$V = \frac{k^2}{a}t + 2(rr' - r_0 r'_0)$$

$$= k\sqrt{a}[\varepsilon + \sin\varepsilon - (\varepsilon' + \sin\varepsilon')].$$

Dieser Ausdruck von V ist von dem Lambert'schen Ausdruck von $\frac{k^2 t}{a}$ nur in dem *Zeichen* der beiden Sinus verschieden. Um denselben, wie verlangt wird, durch die Anfangs- und Endwerthe der Coordinaten auszudrücken, braucht man nur in den Werthen der Winkel ε und ε' für r, r_0 und ϱ die Ausdrücke zu substituiren:

$$r = \sqrt{x^2+y^2+z^2},$$
$$r_0 = \sqrt{x_0^2+y_0^2+z_0^2},$$
$$\varrho = \sqrt{(x-x_0)^2+(y-y_0)^2+(z-z_0)^2},$$

wo mit x_0, y_0, z_0 die der Zeit $t=0$ entsprechenden Werthe der Coordinaten bezeichnet sind. Hamilton kommt auf einem anderen Wege zu dem obigen Ausdruck von V, indem er zuerst den Ausdruck desselben ohne Beweis für den Fall eines beliebigen Attractionsgesetzes hinstellt und dann die besonderen Formeln für die elliptische Bewegung daraus ableitet.

Setzt man

$$g = \frac{\varepsilon+\varepsilon'}{2}, \quad g' = \frac{\varepsilon-\varepsilon'}{2} \text{ *)}$$

und nennt $2f$ den Winkel, welchen die beiden Radien Vectoren bilden, so erhält man nach einigen Reductionen durch die partielle Differentiation des für V gefundenen Ausdrucks die nachstehenden Formeln:

$$\frac{\partial V}{\partial x} = x' = \frac{k\sqrt{a}}{\cos f\sqrt{rr_0}}\left[\frac{x-x_0}{\varrho}\sin g - \frac{x}{r}\sin g'\right],$$
$$\frac{\partial V}{\partial y} = y' = \frac{k\sqrt{a}}{\cos f\sqrt{rr_0}}\left[\frac{y-y_0}{\varrho}\sin g - \frac{y}{r}\sin g'\right],$$
$$\frac{\partial V}{\partial z} = z' = \frac{k\sqrt{a}}{\cos f\sqrt{rr_0}}\left[\frac{z-z_0}{\varrho}\sin g - \frac{z}{r}\sin g'\right],$$
$$-\frac{\partial V}{\partial x_0} = x_0' = \frac{k\sqrt{a}}{\cos f\sqrt{rr_0}}\left[\frac{x-x_0}{\varrho}\sin g + \frac{x_0}{r_0}\sin g'\right],$$
$$-\frac{\partial V}{\partial y_0} = y_0' = \frac{k\sqrt{a}}{\cos f\sqrt{rr_0}}\left[\frac{y-y_0}{\varrho}\sin g + \frac{y_0}{r_0}\sin g'\right],$$
$$-\frac{\partial V}{\partial z_0} = z_0' = \frac{k\sqrt{a}}{\cos f\sqrt{rr_0}}\left[\frac{z-z_0}{\varrho}\sin g + \frac{z_0}{r_0}\sin g'\right],$$

wo mit x_0', y_0', z_0' die der Zeit $t=0$ entsprechenden Werthe von x', y', z' bezeichnet sind. Der Winkel g' ist, wie aus den Formeln der *Theoria motus*

*) Die Winkel g und g' sind hier dieselben, welche in der *Theoria motus* mit h, g bezeichnet sind.

erhellt, die halbe Differenz der beiden excentrischen Anomalien; die beiden Grössen $\sin g$ und $\sin g'$ sind durch die Formel miteinander verbunden:

$$\varrho = 2a \sin g \sin g';$$

nennt man die beiden excentrischen Anomalien E und E_0, so hat man auch:

$$\cos g = e \cos \frac{E+E_0}{2},$$

wo e die Excentricität bedeutet. Nennt man p den halben Parameter, so hat man ferner:

$$\sqrt{ap}.\sin g' = \sin f \sqrt{rr_0}.$$

Sind α, β, γ die Winkel, die die Halbirungslinie des Winkels der beiden Radien Vectoren mit den rechtwinkligen Coordinatenaxen bildet, so kann man aus den für x', y', etc. angegebenen Werthen auch folgende einfache Ausdrücke für $x'-x'_0$, $y'-y'_0$, $z'-z'_0$ ableiten:

$$x'-x'_0 = -\frac{2k \sin f}{\sqrt{p}} \cos \alpha,$$

$$y'-y'_0 = -\frac{2k \sin f}{\sqrt{p}} \cos \beta,$$

$$z'-z'_0 = -\frac{2k \sin f}{\sqrt{p}} \cos \gamma,$$

welche Formeln sich ebenfalls bei Hamilton angedeutet finden. Von dem für V angegebenen Werthe kann man auch zu dem Lambert'schen Ausdruck der Zeit zurückkehren vermittelst der Formel:

$$t = \frac{\partial V}{\partial h} = \frac{\partial V}{\partial \frac{-k^2}{2a}} = \frac{2a^2}{k^2} \cdot \frac{\partial V}{\partial a}.$$

Für die *parabolische* Bewegung erhält man aus den obenstehenden Formeln, indem man $a = \infty$ setzt:

$$\sqrt{a}.\varepsilon = \sqrt{a}.\sin \varepsilon = \sqrt{r+r_0+\varrho},$$

$$\sqrt{a}.\varepsilon' = \sqrt{a}.\sin \varepsilon' = \sqrt{r+r_0-\varrho},$$

und daher die charakteristische Function:

$$V = 2k[\sqrt{r+r_0+\varrho} - \sqrt{r+r_0-\varrho}],$$

während der bekannte Ausdruck der Zwischenzeit wird:

$$t = \frac{1}{6k}[\sqrt{(r+r_0+\varrho)^3} - \sqrt{(r+r_0-\varrho)^3}].$$

Hiermit sind die hauptsächlichsten Formeln abgeleitet, welche dazu dienen können, die Form, in welcher die Integralgleichungen der elliptischen Bewegung nach der Hamilton'schen Methode sich darstellen, mit den Formen, welche denselben gewöhnlich gegeben werden, zu vergleichen.

§. 4. Form der Integralgleichungen für unfreie Bewegungen.

Die bisherigen Formeln bezogen sich auf die Bewegung eines freien Systems, für welche die Differentialgleichungen

$$m_i \frac{d^2 x_i}{dt^2} = \frac{\partial U}{\partial x_i},$$
$$m_i \frac{d^2 y_i}{dt^2} = \frac{\partial U}{\partial y_i},$$
$$m_i \frac{d^2 z_i}{dt^2} = \frac{\partial U}{\partial z_i}$$

gelten. Aber **Hamilton** hat bemerkt, dass auch in dem Falle, wo das System irgend welchen Bedingungen unterworfen ist, die durch Gleichungen zwischen den Coordinaten der bewegten Punkte:

$$f = 0, \quad \varphi = 0, \quad \text{etc.}$$

ausgedrückt werden, die Integralgleichungen der Bewegung sich in einer analogen einfachen Form darstellen lassen. Gleichwie nämlich **Lagrange** für diesen Fall die Differentialgleichungen des Problems auf die Form

$$m_i \frac{d^2 x_i}{dt^2} = \frac{\partial U}{\partial x_i} + \lambda \frac{\partial f}{\partial x_i} + \lambda_1 \frac{\partial \varphi}{\partial x_i} + \cdots,$$
$$m_i \frac{d^2 y_i}{dt^2} = \frac{\partial U}{\partial y_i} + \lambda \frac{\partial f}{\partial y_i} + \lambda_1 \frac{\partial \varphi}{\partial y_i} + \cdots,$$
$$m_i \frac{d^2 z_i}{dt^2} = \frac{\partial U}{\partial z_i} + \lambda \frac{\partial f}{\partial z_i} + \lambda_1 \frac{\partial \varphi}{\partial z_i} + \cdots$$

gebracht hat, wo die Multiplicatoren λ, λ_1, etc. vermittelst der Gleichungen $\frac{d^2 f}{dt^2} = 0$, $\frac{d^2 \varphi}{dt^2} = 0$, etc. bestimmt werden können; so erhalten nach **Hamilton** die Integralgleichungen der Bewegung die Gestalt:

$$m_i x_i' = \frac{\partial S}{\partial x_i} + l \frac{\partial f}{\partial x_i} + l_1 \frac{\partial \varphi}{\partial x_i} + \cdots,$$
$$m_i y_i' = \frac{\partial S}{\partial y_i} + l \frac{\partial f}{\partial y_i} + l_1 \frac{\partial \varphi}{\partial y_i} + \cdots,$$
$$m_i z_i' = \frac{\partial S}{\partial z_i} + l \frac{\partial f}{\partial z_i} + l_1 \frac{\partial \varphi}{\partial z_i} + \cdots,$$
$$m_i a_i' = -\frac{\partial S}{\partial a_i} + l^0 \frac{\partial f^0}{\partial a_i} + l_1^0 \frac{\partial \varphi^0}{\partial a_i} + \cdots,$$
$$m_i b_i' = -\frac{\partial S}{\partial b_i} + l^0 \frac{\partial f^0}{\partial b_i} + l_1^0 \frac{\partial \varphi^0}{\partial b_i} + \cdots,$$
$$m_i c_i' = -\frac{\partial S}{\partial c_i} + l^0 \frac{\partial f^0}{\partial c_i} + l_1^0 \frac{\partial \varphi^0}{\partial c_i} + \cdots.^{*)}$$

*) Die Herleitung dieser Gleichungen findet sich im vierten Bande dieser Ausgabe p. 59—65.

Hier haben die Grössen x_i, y_i, z_i, x'_i, y'_i, z'_i, a_i, b_i, c_i, a'_i, b'_i, c'_i dieselbe Bedeutung wie oben, und f^0, φ^0, etc. bezeichnen die Ausdrücke, in welche f, φ, etc. übergehen, wenn man in ihnen a_i, b_i, c_i für x_i, y_i, z_i setzt. Ferner bezeichnet S ebenso wie im Vorhergehenden eine Function der Grössen x_i, y_i, z_i und a_i, b_i, c_i, welche zwar durch die Gleichungen $f=0$, $\varphi=0$, etc. $f^0=0$, $\varphi^0=0$, etc. mit einander verbunden sind, aber bei der Bildung der partiellen Ableitungen von S sowohl als von f, φ, etc. f^0, φ^0, etc., als von einander unabhängige Variable anzusehen sind. Endlich ist zu bemerken, dass die Multiplicatoren l, l_1, etc. der $3n$ ersten Integralgleichungen mit Hülfe der Gleichungen $\frac{df}{dt}=0$, $\frac{d\varphi}{dt}=0$, etc. durch die Grössen x_i, y_i, z_i, x'_i, y'_i, z'_i ausgedrückt werden können, und dass aus diesen Ausdrücken, wenn man in ihnen x_i, y_i, z_i, x'_i, y'_i, z'_i in a_i, b_i, c_i, a'_i, b'_i, c'_i verwandelt, die Multiplicatoren l^0, l^0_1, etc. der $3n$ letzten Integralgleichungen sich ergeben.

Man erhält ganz ähnliche Formeln, wenn man die Function V zur charakteristischen Function annimmt. Die Formeln

$$\frac{\partial S}{\partial t} = -H$$

oder

$$\frac{\partial V}{\partial H} = t$$

bleiben ganz dieselben wie für ein freies System. Ich werde mich im Folgenden zunächst wieder auf ein freies System beschränken, jedoch auf den allgemeineren Fall später zurückkommen.

§. 5. Die beiden partiellen Differentialgleichungen erster Ordnung, denen die charakteristische Function genügt.

Das Auffinden der charakteristischen Function S oder V nach der oben gegebenen Definition setzt die bereits ausgeführte, vollständige Integration der Differentialgleichungen der Bewegung voraus. Die Hamilton'sche Methode giebt dann eine merkwürdige Art, wie man die bereits bekannten Integrale darstellen kann. Aber Hamilton hat noch eine andere Definition der charakteristischen Function gegeben, indem er gezeigt hat, wie für den Fall, wo der Satz von der lebendigen Kraft gilt, S sowohl als V *gleichzeitig zweien partiellen Differentialgleichungen erster Ordnung Genüge leisten.* Diese beiden partiellen Differentialgleichungen vereint dienen ihm zu einer neuen Definition der charakteristischen Function, welche die vollständige Integration des vorgelegten Systems gewöhnlicher Differentialgleichungen nicht voraussetzt.

Wir haben oben (p. 227) für die charakteristische Function S die Gleichung gefunden:

$$\frac{\partial S}{\partial t} = U - \tfrac{1}{2}\Sigma m_i(x'_i x'_i + y'_i y'_i + z'_i z'_i).$$

Substituirt man in diese Gleichung die Ausdrücke

$$\frac{\partial S}{\partial x_i} = m_i x'_i,$$
$$\frac{\partial S}{\partial y_i} = m_i y'_i,$$
$$\frac{\partial S}{\partial z_i} = m_i z'_i,$$

so verwandelt sie sich in die folgende partielle Differentialgleichung erster Ordnung:

$$\frac{\partial S}{\partial t} + \tfrac{1}{2}\Sigma \frac{1}{m_i}\left[\left(\frac{\partial S}{\partial x_i}\right)^2 + \left(\frac{\partial S}{\partial y_i}\right)^2 + \left(\frac{\partial S}{\partial z_i}\right)^2\right] = U.$$

Wenn der Satz von der lebendigen Kraft gilt, ist

$$U - \tfrac{1}{2}\Sigma m_i(x'_i x'_i + y'_i y'_i + z'_i z'_i)$$

einer Constante gleich. Bezeichnet man daher mit U_0, wie oben, den Anfangswerth der Kräftefunction, der erhalten wird, wenn man in U für x_i, y_i, z_i ihre der Zeit $t = 0$ entsprechenden Werthe a_i, b_i, c_i setzt, so hat man:

$$U - \tfrac{1}{2}\Sigma m_i(x'_i x'_i + y'_i y'_i + z'_i z'_i)$$
$$= U_0 - \tfrac{1}{2}\Sigma m_i(a'_i a'_i + b'_i b'_i + c'_i c'_i),$$

und daher auch:

$$\frac{\partial S}{\partial t} = U_0 - \tfrac{1}{2}\Sigma m_i(a'_i a'_i + b'_i b'_i + c'_i c'_i).$$

Substituirt man in diese Gleichung die Ausdrücke

$$\frac{\partial S}{\partial a_i} = -m_i a'_i,$$
$$\frac{\partial S}{\partial b_i} = -m_i b'_i,$$
$$\frac{\partial S}{\partial c_i} = -m_i c'_i,$$

so erhält man eine zweite partielle Differentialgleichung erster Ordnung:

$$\frac{\partial S}{\partial t} + \tfrac{1}{2}\Sigma \frac{1}{m_i}\left[\left(\frac{\partial S}{\partial a_i}\right)^2 + \left(\frac{\partial S}{\partial b_i}\right)^2 + \left(\frac{\partial S}{\partial c_i}\right)^2\right] = U_0,$$

welcher Hamilton's Function S ebenfalls Genüge leistet. Hamilton definirt demnach die Function S auch als eine solche Function der Grösse t, der $3n$ Grössen x_i, y_i, z_i und der $3n$ Grössen a_i, b_i, c_i, welche gleichzeitig den beiden partiellen Differentialgleichungen erster Ordnung

$$\frac{\partial S}{\partial t}+\tfrac{1}{2}\Sigma\frac{1}{m_i}\left[\left(\frac{\partial S}{\partial x_i}\right)^2+\left(\frac{\partial S}{\partial y_i}\right)^2+\left(\frac{\partial S}{\partial z_i}\right)^2\right]=U,$$
$$\frac{\partial S}{\partial t}+\tfrac{1}{2}\Sigma\frac{1}{m_i}\left[\left(\frac{\partial S}{\partial a_i}\right)^2+\left(\frac{\partial S}{\partial b_i}\right)^2+\left(\frac{\partial S}{\partial c_i}\right)^2\right]=U_0$$

Genüge leistet. Hamilton beweist auch umgekehrt, dass, wenn die Function S dieser Definition gemäss bestimmt ist, die $3n$ endlichen Gleichungen

$$\frac{\partial S}{\partial a_i}=-m_i a_i',$$
$$\frac{\partial S}{\partial b_i}=-m_i b_i',$$
$$\frac{\partial S}{\partial c_i}=-m_i c_i'$$

nach einmaliger Differentiation die $3n$ Integrale erster Ordnung

$$\frac{\partial S}{\partial x_i}=m_i x_i',$$
$$\frac{\partial S}{\partial y_i}=m_i y_i',$$
$$\frac{\partial S}{\partial z_i}=m_i z_i'$$

geben und nach abermaliger Differentiation die Differentialgleichungen der Bewegung:

$$m_i\frac{dx_i'}{dt}=m_i\frac{d^2x_i}{dt^2}=\frac{\partial U}{\partial x_i},$$
$$m_i\frac{dy_i'}{dt}=m_i\frac{d^2y_i}{dt^2}=\frac{\partial U}{\partial y_i},$$
$$m_i\frac{dz_i'}{dt}=m_i\frac{d^2z_i}{dt^2}=\frac{\partial U}{\partial z_i},$$

so dass jene $3n$ Gleichungen die vollständigen endlichen Integrale der Differentialgleichungen der Bewegung sind.

Führt man statt der Variabeln t die Grösse H und statt der charakteristischen Function S die charakteristische Function V ein, so definirt Hamilton ebenso die Function V als eine solche Function der Grössen H, x_i, y_i, z_i, a_i, b_i, c_i, welche gleichzeitig den partiellen Differentialgleichungen

$$\tfrac{1}{2}\Sigma\frac{1}{m_i}\left[\left(\frac{\partial V}{\partial x_i}\right)^2+\left(\frac{\partial V}{\partial y_i}\right)^2+\left(\frac{\partial V}{\partial z_i}\right)^2\right] = U+H,$$

$$\tfrac{1}{2}\Sigma\frac{1}{m_i}\left[\left(\frac{\partial V}{\partial a_i}\right)^2+\left(\frac{\partial V}{\partial b_i}\right)^2+\left(\frac{\partial V}{\partial c_i}\right)^2\right] = U_0+H$$

Genüge leistet, und beweist, dass, wenn umgekehrt die Function V dieser Definition gemäss bestimmt ist, die Gleichungen

$$\frac{\partial V}{\partial a_i} = -m_i a_i',$$

$$\frac{\partial V}{\partial b_i} = -m_i b_i',$$

$$\frac{\partial V}{\partial c_i} = -m_i c_i'$$

die endlichen Integrale der Bewegung sind, aus deren Differentiation die vorgelegten $3n$ Differentialgleichungen zweiter Ordnung, sowie auch die oben angegebenen $3n$ Zwischenintegrale folgen. Bei dieser letzten Betrachtung ist zu bemerken, dass die $3n$ Constanten a_i', b_i', c_i' nicht, wie in den für die charakteristische Function S gegebenen Formeln, alle ganz willkürlich sind, sondern dass zwischen ihnen eine Bedingungsgleichung stattfindet, indem sie der Gleichung

$$\tfrac{1}{2}\Sigma m_i(a_i'a_i'+b_i'b_i'+c_i'c_i') = U_0+H$$

Genüge leisten müssen. Die Grösse H wird hier bei der Integration der beiden vorgelegten Differentialgleichungen als eine Constante betrachtet, weil in ihnen kein nach H genommener Differentialquotient vorkommt. Wenn U die Zeit t auch explicite enthält, so gilt nur jedesmal die erste der beiden angegebenen partiellen Differentialgleichungen. Ausserdem bemerke ich noch, dass man in diesem Falle in der Gleichung

$$\tfrac{1}{2}\Sigma\frac{1}{m_i}\left[\left(\frac{\partial V}{\partial x_i}\right)^2+\left(\frac{\partial V}{\partial y_i}\right)^2+\left(\frac{\partial V}{\partial z_i}\right)^2\right] = U+H$$

für t in die Kräftefunction U den Ausdruck

$$t = \frac{\partial V}{\partial H}$$

zu substituiren hat, so dass in diesem Falle in der partiellen Differentialgleichung H als eine der unabhängigen Variabeln zu betrachten ist und daher, wenn die Zeit t in der Kräftefunction explicite vorkommt, die Differentialgleichung eine Variable mehr enthält. Ich werde im Folgenden, wenn ich mich der Function V bediene, immer voraussetzen, dass U die Grösse t nicht explicite enthalte, also der Satz von der lebendigen Kraft gilt, und in diesem Falle statt der Grösse H immer ihren constanten Werth h setzen.

Wenn in dem letztern Fall U eine homogene Function von der Dimension s ist, so beweist man leicht, dass $h^{-\left(\frac{1}{2}+\frac{1}{s}\right)}.V$ nur von den Verhältnissen der Grössen $h^{\frac{1}{s}}$, x_i, y_i, z_i, a_i, b_i, c_i abhängt. Hierdurch kann man alsdann die Bestimmung von V auf den Fall reduciren, für welchen $h = 1$.

§. 6. **Allgemeineres System von Integralgleichungen. Es genügt, die charakteristische Function der *ersten* partiellen Differentialgleichung zu unterwerfen.**

Wenn man es irgendwie unternimmt, die charakteristische Function nach der zuletzt gegebenen Definition aufzusuchen, so fällt es lästig, dass man dabei, wie Hamilton verlangt, gleichzeitig auf zwei partielle Differentialgleichungen erster Ordnung Rücksicht nehmen soll. Betrachtet man aber die Analysis, vermittelst welcher Hamilton aus den von ihm aufgestellten $3n$ endlichen Gleichungen die $3n$ Zwischenintegrale und die Differentialgleichungen der Bewegung selber ableitet, so sieht man, dass er dazu auf keine Weise seine zweite partielle Differentialgleichung gebraucht. Man kann also von derselben gänzlich absehen und dann das Hamilton'sche Theorem allgemeiner und zweckmässiger folgendermassen aussprechen:

Theorem I.

Es sei S eine Function der Zeit t und der 3n Coordinaten x_i, y_i, z_i mit 3n willkürlichen Constanten α_1, α_2, α_3, ..., α_{3n}, welche der partiellen Differentialgleichung

$$\frac{\partial S}{\partial t} + \tfrac{1}{2}\Sigma \frac{1}{m_i}\left[\left(\frac{\partial S}{\partial x_i}\right)^2 + \left(\frac{\partial S}{\partial y_i}\right)^2 + \left(\frac{\partial S}{\partial z_i}\right)^2\right] = U$$

Genüge leistet, wo U irgend eine gegebene Function von t und den 3n Grössen x_i, y_i, z_i ist; es seien ferner die Differentialgleichungen der Bewegung eines freien Systems von n materiellen Punkten:

$$m_i \frac{d^2 x_i}{dt^2} = \frac{\partial U}{\partial x_i},$$
$$m_i \frac{d^2 y_i}{dt^2} = \frac{\partial U}{\partial y_i},$$
$$m_i \frac{d^2 z_i}{dt^2} = \frac{\partial U}{\partial z_i},$$

so werden die $3n$ vollständigen endlichen Integrale der Bewegung:

$$\beta_1 = \frac{\partial S}{\partial \alpha_1},$$
$$\beta_2 = \frac{\partial S}{\partial \alpha_2},$$
$$\beta_3 = \frac{\partial S}{\partial \alpha_3},$$
$$\cdot \quad \cdot \quad \cdot \quad \cdot \quad \cdot$$
$$\beta_{3n} = \frac{\partial S}{\partial \alpha_{3n}},$$

wo $\beta_1, \beta_2, \beta_3, \ldots, \beta_{3n}$ $3n$ neue willkürliche Constanten sind; es werden ferner die $3n$ Integrale erster Ordnung:

$$m_i \frac{dx_i}{dt} = \frac{\partial S}{\partial x_i},$$
$$m_i \frac{dy_i}{dt} = \frac{\partial S}{\partial y_i},$$
$$m_i \frac{dz_i}{dt} = \frac{\partial S}{\partial z_i},$$

in welchen Formeln dem Index i seine Werthe 1, 2, 3, 4, ..., *n zu geben sind.*

Es ist noch zu bemerken, dass im vorstehenden Theorem von den $3n$ willkürlichen Constanten, welche die Function S enthalten soll, keine durch blosse Addition mit S verbunden sein darf.

Wir sehen aus dem vorstehenden Theorem, dass auch bei der allgemeineren Definition, die in demselben von der Function S gegeben wird, dieser die charakteristische Eigenschaft erhalten bleibt, durch ihre partiellen Differentialquotienten unmittelbar die Integralgleichungen der Bewegung, nämlich die $3n$ endlichen Integrale und die $3n$ Integrale erster Ordnung, zu geben. Nur werden im Allgemeinen die $3n$ willkürlichen Constanten $\alpha_1, \alpha_2, \alpha_3, \ldots, \alpha_{3n}$ nicht die Anfangswerthe der Coordinaten x_i, y_i, z_i, noch die $3n$ willkürlichen

Constanten β_1, β_2, β_3, ..., β_{3n} die Anfangswerthe der Grössen $-m_i\frac{dx_i}{dt}$, $-m_i\frac{dy_i}{dt}$, $-m_i\frac{dz_i}{dt}$ sein. Dieses ist aber keineswegs ein Nachtheil, da gerade der Umstand, dass nach der Hamilton'schen Methode Alles durch die Anfangs- und Endwerthe der Coordinaten ausgedrückt werden soll, die Integralgleichungen unnöthig complicirt. Denn in der Regel ist das Problem, die Grösse S durch die Anfangs- und Endwerthe der Coordinaten und die Zwischenzeit t oder die Constante h auszudrücken, nicht ein vollkommen bestimmtes, sondern lässt mehrere Lösungen zu, wie z. B. bei der elliptischen Bewegung zwei Lösungen des Problems möglich sind, und es wird gerade durch die Wahl der genannten Grössen in die Integralgleichungen eine Irrationalität hineingebracht, die dem Problem selber fremd ist und bei der Wahl anderer Bestimmungsstücke verschwindet. Uebrigens kann man, so oft eine solche Form der Integralgleichungen gefordert wird, sie aus jeder anderen herstellen, und es kommt zunächst nur darauf an, irgend eine möglichst einfache aufzufinden, weshalb es vortheilhaft ist, der charakteristischen Function einen möglichst grossen Spielraum zu lassen. Es ist möglich, dass Hamilton gerade dadurch, dass er unnöthiger Weise immer gleichzeitig *zwei* partielle Differentialgleichungen erster Ordnung ins Auge fasste, verhindert worden ist, auf sein Theorem diejenigen Vorschriften anzuwenden, welche Lagrange in seiner merkwürdigen Abhandlung in den *„Berliner Memoiren"* von 1772 für die Integration der partiellen Differentialgleichungen erster Ordnung angiebt, und welche, wenngleich sie sich nur auf partielle Differentialgleichungen erster Ordnung zwischen *drei* Variabeln beziehen, selbst in dieser Beschränkung neue merkwürdige und höchst wichtige Theoreme der Mechanik geben, die den Mathematikern bisher entgangen waren. Ein solches Theorem habe ich vor einiger Zeit der Pariser Akademie der Wissenschaften mitgetheilt *). Diese Betrachtungen erlangen aber dadurch noch eine weit grössere Wichtigkeit, dass es mir seitdem gelungen ist, die Lagrange'sche Methode auf jede Zahl von Variabeln auszudehnen, welche Ausdehnung ich an einem anderen Orte bekannt machen werde.

Wenn der Satz von der lebendigen Kraft gilt, so lässt sich das Hamilton'sche Theorem noch bedeutend vereinfachen, indem man die Function V als charakteristische Function einführt, die man dann so bestimmen kann,

*) Vgl. Vorlesungen über Dynamik, p. 176 der neuen Ausgabe.

dass sie eine Grösse weniger enthält als nach der Hamilton'schen Definition. Man kann nämlich in diesem Falle folgendes Theorem aufstellen:

Theorem II.

„Es sei V eine Function der $3n$ *rechtwinkligen Coordinaten* x_i, y_i, z_i *mit* $3n-1$ *willkürlichen Constanten* $\alpha_1, \alpha_2, \ldots, \alpha_{3n-1}$, *welche der partiellen Differentialgleichung erster Ordnung*

$$\tfrac{1}{2}\Sigma \frac{1}{m_i}\left[\left(\frac{\partial V}{\partial x_i}\right)^2+\left(\frac{\partial V}{\partial y_i}\right)^2+\left(\frac{\partial V}{\partial z_i}\right)^2\right] = U+h$$

Genüge leistet, wo U eine gegebene Function der Coordinaten und h eine Constante ist; es seien ferner die Differentialgleichungen der Bewegung eines freien Systems materieller Punkte, deren Massen mit $m_1, m_2, \ldots, m_n$ *bezeichnet sind,*

$$m_i\frac{d^2x_i}{dt^2} = \frac{\partial U}{\partial x_i},$$
$$m_i\frac{d^2y_i}{dt^2} = \frac{\partial U}{\partial y_i},$$
$$m_i\frac{d^2z_i}{dt^2} = \frac{\partial U}{\partial z_i};$$

so werden die $3n-1$ *endlichen Gleichungen zwischen den* $3n$ *Coordinaten mit* $6n-1$ *willkürlichen Constanten* $h, \alpha_1, \alpha_2, \ldots, \alpha_{3n-1}, \beta_1, \beta_2, \ldots, \beta_{3n-1}$ *durch die Formeln gegeben:*

$$\beta_1 = \frac{\partial V}{\partial \alpha_1},$$
$$\beta_2 = \frac{\partial V}{\partial \alpha_2},$$
$$\cdots\cdots$$
$$\beta_{3n-1} = \frac{\partial V}{\partial \alpha_{3n-1}};$$

die Zeit t erhält man durch die Coordinaten und $3n+1$ *willkürliche Constanten ausgedrückt vermittelst der Gleichung:*

$$t+\tau = \frac{\partial V}{\partial h},$$

wo τ *eine neue willkürliche Constante ist; endlich werden die* $3n$ *Integrale erster Ordnung:*

$$m_i \frac{dx_i'}{dt} = \frac{\partial V}{\partial x_i},$$

$$m_i \frac{dy_i'}{dt} = \frac{\partial V}{\partial y_i},$$

$$m_i \frac{dz_i'}{dt} = \frac{\partial V}{\partial z_i},$$

welche Gleichungen nur die $3n$ *willkürlichen Constanten* $h, \alpha_1, \alpha_2, \ldots, \alpha_{3n-1}$ *enthalten; dabei ist zu bemerken, dass von den* $3n-1$ *willkürlichen Constanten* α_1, $\alpha_2, \ldots, \alpha_{3n-1}$ *keine mit* V *durch eine blosse Addition verbunden sein darf.«*

Ich werde im Folgenden im Allgemeinen unter S und V die charakteristischen Functionen verstehen, wie sie in den beiden von mir aufgestellten Theoremen durch je *eine* partielle Differentialgleichung definirt worden sind; in dem besonderen Falle, wenn sie die von Hamilton angegebenen bestimmten Integrale bedeuten und durch die Anfangs- und Endwerthe der Coordinaten ausgedrückt werden, werde ich ausdrücklich bemerken, dass es die Hamilton'schen Functionen sind.

Bei den Anwendungen der beiden aufgestellten Theoreme bedient man sich des ersten Theorems oder der charakteristischen Function S mit Vortheil, wenn die Kräftefunction die Zeit auch neben den Coordinaten explicite enthält; dagegen des zweiten Theorems oder der charakteristischen Function V in dem insgemein vorkommenden Falle, wenn die Kräftefunction eine blosse Function der Coordinaten ist oder der Satz von der lebendigen Kraft gilt.

§. 7. Ueber den Zusammenhang verschiedener Systeme von Integralgleichungen, welche sich aus verschiedenen vollständigen Lösungen der zur Bestimmung der Functionen S, V dienenden partiellen Differentialgleichungen ergeben.

Die charakteristische Function S oder V kann nach der verallgemeinerten Definition derselben, die ich in den Theoremen I und II gegeben habe, sehr mannigfache Formen annehmen. Man kann aber a priori wissen, dass jede Form immer auf dieselben vollständigen Integralgleichungen der Bewegung führen muss. Denn die aus der charakteristischen Function abgeleiteten Integralgleichungen genügen den Differentialgleichungen der Bewegung, und man kann dasselbe System von Differentialgleichungen nicht auf zwei Arten vollständig integriren, die sich nicht auf einander zurückführen lassen. Ich will aber, um über diesen Gegenstand grösseres Licht zu verbreiten, aus der Natur der verschiedenen Lösungen selbst, welche eine partielle Differentialgleichung erster Ordnung haben kann, nachweisen, dass alle immer dieselben Differentialgleichungen der Bewegung geben.

Ist zur Bestimmung einer unbekannten Function w der m unabhängigen Variabeln $y_1, y_2, y_3, \ldots, y_m$ eine partielle Differentialgleichung erster Ordnung gegeben, so ist im Allgemeinen eine *vollständige* Lösung derselben jeder Ausdruck von w mit m willkürlichen Constanten, welcher der gegebenen partiellen Differentialgleichung Genüge leistet. Aus irgend einer solchen gegebenen vollständigen Lösung kann man die allgemeinste Lösung ableiten, deren die partielle Differentialgleichung fähig ist, und welche eine willkürliche Function von $m-1$ Ausdrücken involvirt. Sind nämlich $\alpha_1, \alpha_2, \ldots, \alpha_m$ die m willkürlichen Constanten, und ist

$$w = f(y_1, y_2, \ldots, y_m, \alpha_1, \alpha_2, \ldots, \alpha_m)$$

eine gegebene vollständige Lösung, so setze man eine der m willkürlichen Constanten, z. B. α_m, als eine willkürliche Function der $m-1$ übrigen $\alpha_1, \alpha_2, \ldots, \alpha_{m-1}$, und nehme *unter dieser Voraussetzung* die partiellen Differentialquotienten von f nach $\alpha_1, \alpha_2, \ldots, \alpha_{m-1}$; hiernach erhält man den allgemeinsten Ausdruck von w, indem man aus dem Ausdrucke

$$w = f$$

die $m-1$ Grössen $\alpha_1, \alpha_2, \ldots, \alpha_{m-1}$ vermittelst der Gleichungen

$$\frac{\partial f}{\partial \alpha_1} = 0, \quad \frac{\partial f}{\partial \alpha_2} = 0, \quad \ldots, \quad \frac{\partial f}{\partial \alpha_{m-1}} = 0$$

eliminirt. Nachdem man aus der einen vollständigen Lösung auf diese Weise die allgemeinste Lösung abgeleitet hat, kann man aus dieser wieder unzählige andere vollständige Lösungen ableiten, indem man die eingeführte willkürliche Function auf irgend eine Weise so bestimmt, dass in dieselbe wieder m willkürliche Constanten eingehen.

Die partiellen Differentialgleichungen, durch welche die charakteristischen Functionen definirt worden sind, enthalten nicht die gesuchte Function selber, sondern nur ihre partiellen Differentialquotienten. Hieraus folgt, dass man zu einem gefundenen Ausdrucke der Function, welche der partiellen Differentialgleichung Genüge leistet, immer noch eine willkürliche Constante addiren kann. Von dieser Constante ist bei der Definition der Functionen S und V abstrahirt worden, so dass man zu ihrem Ausdruck eine willkürliche Constante addiren muss, damit er eine vollständige Lösung giebt. Dem eben Gesagten zufolge will ich einer vollständigen Lösung der Differentialgleichung, durch welche w definirt wird, wenn dieselbe w nicht selber enthält, die Form geben:

$$w = f(y_1, y_2, \ldots, y_m, \alpha_1, \alpha_2, \ldots, \alpha_{m-1}) + \alpha.$$

Um aus dieser Lösung auf die allgemeinste Art irgend eine andere vollständige Lösung abzuleiten, setze ich

$$\alpha = \psi(\alpha_1, \alpha_2, \ldots, \alpha_{m-1}, \mu_1, \mu_2, \ldots, \mu_{m-1}) + \mu,$$

wo $\mu_1, \mu_2, \ldots, \mu_{m-1}, \mu$ neue m willkürliche Constanten sind und ψ eine gänzlich willkürliche Function bedeutet, und eliminire $\alpha_1, \alpha_2, \ldots, \alpha_{m-1}$ aus dem Ausdrucke

$$w = f(y_1, y_2, \ldots, y_m, \alpha_1, \alpha_2, \ldots, \alpha_{m-1}) + \alpha$$

vermittelst der Gleichungen

$$\begin{aligned} \frac{\partial f}{\partial \alpha_1} + \frac{\partial \psi}{\partial \alpha_1} &= 0, \\ \frac{\partial f}{\partial \alpha_2} + \frac{\partial \psi}{\partial \alpha_2} &= 0, \\ \frac{\partial f}{\partial \alpha_3} + \frac{\partial \psi}{\partial \alpha_3} &= 0, \\ \cdots\cdots & \\ \frac{\partial f}{\partial \alpha_{m-1}} + \frac{\partial \psi}{\partial \alpha_{m-1}} &= 0, \end{aligned}$$

wodurch man eine andere vollständige Lösung erhält, die statt der willkürlichen Constanten $\alpha_1, \alpha_2, \ldots, \alpha_{m-1}, \alpha$ die willkürlichen Constanten $\mu_1, \mu_2, \ldots, \mu_{m-1}, \mu$ enthält. Es ist nun zu beweisen, dass, wenn man vermittelst der gegebenen vollständigen Lösung die $m-1$ Gleichungen

$$\begin{aligned} \frac{\partial f}{\partial \alpha_1} &= \beta_1, \\ \frac{\partial f}{\partial \alpha_2} &= \beta_2, \\ \cdots & \\ \frac{\partial f}{\partial \alpha_{m-1}} &= \beta_{m-1} \end{aligned}$$

bildet, wo $\alpha_1, \alpha_2, \ldots, \alpha_{m-1}$ und $\beta_1, \beta_2, \ldots, \beta_{m-1}$ willkürliche Constanten sind, und vermittelst der anderen vollständigen Lösung auf dieselbe Weise die Gleichungen

$$\frac{\partial w}{\partial \mu_1} = \nu_1,$$
$$\frac{\partial w}{\partial \mu_2} = \nu_2,$$
$$\cdot\ \cdot\ \cdot\ \cdot\ \cdot\ \cdot$$
$$\frac{\partial w}{\partial \mu_{m-1}} = \nu_{m-1},$$

wo $\mu_1, \mu_2, \ldots, \mu_{m-1}$ und $\nu_1, \nu_2, \ldots, \nu_{m-1}$ ebenfalls willkürliche Constanten sind, beide Systeme von Gleichungen auf einander zurückkommen.

Zu diesem Zwecke bemerke ich, dass man, weil die nach $\alpha_1, \alpha_2, \ldots, \alpha_{m-1}$ genommenen partiellen Differentialquotienten von

$$w = f + \psi$$

identisch gleich Null sind, die partiellen Differentialquotienten derselben Function, nach $\mu_1, \mu_2, \ldots, \mu_{m-1}$ genommen, nur aus der Differentiation von ψ hervorgehen, und zwar nur insofern ψ diese Constanten ausser in $\alpha_1, \alpha_2, \ldots, \alpha_{m-1}$ noch explicite enthält.

Man hat daher

$$\frac{\partial w}{\partial \mu_1} = \frac{\partial \psi}{\partial \mu_1},$$
$$\frac{\partial w}{\partial \mu_2} = \frac{\partial \psi}{\partial \mu_2},$$
$$\cdot\ \cdot\ \cdot\ \cdot\ \cdot\ \cdot$$
$$\frac{\partial w}{\partial \mu_{m-1}} = \frac{\partial \psi}{\partial \mu_{m-1}}.$$

Setzt man hier die Ausdrücke linker Hand willkürlichen Constanten $\nu_1, \nu_2, \ldots, \nu_{m-1}$ gleich, so werden auch die Ausdrücke rechter Hand willkürlichen Constanten gleich, so dass man $m-1$ Gleichungen zwischen den $m-1$ Grössen $\alpha_1, \alpha_2, \ldots, \alpha_{m-1}$ und willkürlichen Constanten hat, wodurch diese Grössen $\alpha_1, \alpha_2, \ldots, \alpha_{m-1}$ selbst willkürlichen Constanten gleich werden. Es werden daher auch die Ausdrücke

$$\frac{\partial \psi}{\partial \alpha_1}, \quad \frac{\partial \psi}{\partial \alpha_2}, \quad \ldots, \quad \frac{\partial \psi}{\partial \alpha_{m-1}}$$

willkürlichen Constanten gleich, und daher auch nach den obigen Gleichungen die Ausdrücke

$$\frac{\partial f}{\partial \alpha_1}, \quad \frac{\partial f}{\partial \alpha_2}, \quad \ldots, \quad \frac{\partial f}{\partial \alpha_{m-1}},$$

was zu beweisen war. Die Willkürlichkeit der Constanten $\mu_1, \mu_2, \ldots, \mu_{m-1}$ und $\nu_1, \nu_2, \ldots, \nu_{m-1}$ reicht hier hin, um die Grössen $\alpha_1, \alpha_2, \ldots, \alpha_{m-1}$ und $\frac{\partial f}{\partial \alpha_1}, \frac{\partial f}{\partial \alpha_2}, \ldots, \frac{\partial f}{\partial \alpha_{m-1}}$ ebenfalls ganz willkürlichen Constanten gleich zu machen.

§. 8. Entwickelung der charakteristischen Function für das Problem der Planetenbewegung aus der partiellen Differentialgleichung.

Um ein Beispiel zu geben, wie es in besonderen Fällen möglich ist, durch directe Betrachtung der partiellen Differentialgleichung die charakteristische Function zu finden, will ich den oben für die elliptische Bewegung eines Planeten gegebenen Ausdruck von V aus der partiellen Differentialgleichung ableiten, durch welche V für diesen Fall definirt wird. Setzt man statt der Constante h wieder $-\frac{k^2}{2a}$, so wird die für die elliptische Bewegung zu integrirende partielle Differentialgleichung erster Ordnung:

$$\tfrac{1}{2}\left[\left(\frac{\partial V}{\partial x}\right)^2+\left(\frac{\partial V}{\partial y}\right)^2+\left(\frac{\partial V}{\partial z}\right)^2\right] = k^2\left(\frac{1}{r}-\frac{1}{2a}\right).$$

Ich setze voraus, man wisse, V könne durch $r+r_0$ und durch ϱ ausgedrückt werden, oder mache diese Annahme, welche sich durch den Erfolg rechtfertigt; so reicht dieses hin, den Ausdruck von V aus der partiellen Differentialgleichung selber zu finden. Da nämlich

$$r = \sqrt{x^2+y^2+z^2},$$
$$\varrho = \sqrt{(x-x_0)^2+(y-y_0)^2+(z-z_0)^2},$$

so hat man

$$\frac{\partial V}{\partial x} = \frac{\partial V}{\partial r}\cdot\frac{x}{r}+\frac{\partial V}{\partial \varrho}\cdot\frac{x-x_0}{\varrho},$$
$$\frac{\partial V}{\partial y} = \frac{\partial V}{\partial r}\cdot\frac{y}{r}+\frac{\partial V}{\partial \varrho}\cdot\frac{y-y_0}{\varrho},$$
$$\frac{\partial V}{\partial z} = \frac{\partial V}{\partial r}\cdot\frac{z}{r}+\frac{\partial V}{\partial \varrho}\cdot\frac{z-z_0}{\varrho},$$

und daher, da

$$2x(x-x_0)+2y(y-y_0)+2z(z-z_0) = \varrho^2+r^2-r_0^2,$$

wenn man die vorstehenden Gleichungen quadrirt und addirt,

$$\left(\frac{\partial V}{\partial x}\right)^2+\left(\frac{\partial V}{\partial y}\right)^2+\left(\frac{\partial V}{\partial z}\right)^2$$
$$= \left(\frac{\partial V}{\partial r}\right)^2+\frac{\varrho^2+r^2-r_0^2}{r\varrho}\,\frac{\partial V}{\partial r}\,\frac{\partial V}{\partial \varrho}+\left(\frac{\partial V}{\partial \varrho}\right)^2.$$

Man schafft bekanntlich den mittelsten Coefficienten fort, wenn man statt r und ϱ ihre Summe und Differenz einführt. Da der Annahme nach r und r_0 in dem Ausdruck von V mit einander verbunden vorkommen, so setze man:

$$r+r_0+\varrho = \sigma,$$
$$r+r_0-\varrho = \sigma';$$

dann hat man

$$\frac{\partial V}{\partial r} = \frac{\partial V}{\partial \sigma} + \frac{\partial V}{\partial \sigma'},$$
$$\frac{\partial V}{\partial \varrho} = \frac{\partial V}{\partial \sigma} - \frac{\partial V}{\partial \sigma'}$$

und daher:

$$\left(\frac{\partial V}{\partial r}\right)^2 + \frac{\varrho^2+r^2-r_0^2}{r\varrho}\frac{\partial V}{\partial r}\frac{\partial V}{\partial \varrho} + \left(\frac{\partial V}{\partial \varrho}\right)^2$$
$$= \frac{(\varrho+r)^2-r_0^2}{r\varrho}\left(\frac{\partial V}{\partial \sigma}\right)^2 + \frac{r_0^2-(r-\varrho)^2}{r\varrho}\left(\frac{\partial V}{\partial \sigma'}\right)^2$$
$$= \frac{1}{r\varrho}\left[\sigma(\sigma-2r_0)\left(\frac{\partial V}{\partial \sigma}\right)^2 + \sigma'(2r_0-\sigma')\left(\frac{\partial V}{\partial \sigma'}\right)^2\right].$$

Multiplicirt man daher mit $2r\varrho$, so wird die gegebene partielle Differentialgleichung:

$$\sigma(\sigma-2r_0)\left(\frac{\partial V}{\partial \sigma}\right)^2 + \sigma'(2r_0-\sigma')\left(\frac{\partial V}{\partial \sigma'}\right)^2$$
$$= k^2\varrho\left(2-\frac{r}{a}\right) = k^2(\sigma-\sigma') - \frac{k^2}{4a}(\sigma^2-\sigma'^2) + \frac{k^2}{2a}(\sigma-\sigma')r_0.$$

Soll V eine blosse Function von σ, σ' sein, die nicht ausserdem noch r_0 enthält, so müssen in der vorstehenden Differentialgleichung die in r_0 multiplicirten Glieder besonders einander gleich sein. Die Differentialgleichung muss daher in die beiden

$$\sigma^2\left(\frac{\partial V}{\partial \sigma}\right)^2 - \sigma'^2\left(\frac{\partial V}{\partial \sigma'}\right)^2 = k^2\frac{(\sigma-\sigma')}{4a}(4a-\sigma-\sigma'),$$
$$\sigma\left(\frac{\partial V}{\partial \sigma}\right)^2 - \sigma'\left(\frac{\partial V}{\partial \sigma'}\right)^2 = -k^2\frac{(\sigma-\sigma')}{4a}$$

zerfallen, woraus sich

$$\sigma\left(\frac{\partial V}{\partial \sigma}\right)^2 = k^2 \cdot \frac{4a-\sigma}{4a}, \quad \text{oder} \quad \frac{\partial V}{\partial \sigma} = k\sqrt{\frac{4a-\sigma}{4a\sigma}},$$
$$\sigma'\left(\frac{\partial V}{\partial \sigma'}\right)^2 = k^2 \cdot \frac{4a-\sigma'}{4a}, \quad \text{oder} \quad \frac{\partial V}{\partial \sigma'} = -k\sqrt{\frac{4a-\sigma'}{4a\sigma'}}$$

ergiebt, wo ich in der zweiten Gleichung die Wurzelgrösse negativ nehme, um eine Uebereinstimmung mit den oben aufgefundenen Formeln zu erhalten.

Hier trifft es sich nun, worin die Rechtfertigung der gemachten Annahme liegt, dass beide Gleichungen gleichzeitig integrirt werden können, indem die eine bloss σ, die andere bloss σ' enthält. Man erhält nämlich:

$$V = k\int\sqrt{\frac{4a-\sigma}{4a\sigma}}\,d\sigma - k\int\sqrt{\frac{4a-\sigma'}{4a\sigma'}}\,d\sigma',$$

welche Gleichung man, wenn man von der hinzuzufügenden Constante abstrahirt, auch so darstellen kann:

$$V = k\int_{\sigma'}^{\sigma}\sqrt{\frac{4a-\sigma}{4a\sigma}}\,d\sigma.$$

Setzt man, um die Integration auszuführen,

$$\sin^2\varphi = \frac{\sigma}{4a},$$

so erhält man:

$$k\int_0\sqrt{\frac{4a-\sigma}{4a\sigma}}\,d\sigma = 4k\sqrt{a}\int_0\cos^2\varphi\,d\varphi = k\sqrt{a}[2\varphi+\sin 2\varphi].$$

Nennt man daher ε und ε' die Grenzwerthe von 2φ, so dass

$$\sin^2\tfrac{1}{2}\varepsilon = \frac{\sigma}{4a} = \frac{r+r_0+\varrho}{4a},$$

$$\sin^2\tfrac{1}{2}\varepsilon' = \frac{\sigma'}{4a} = \frac{r+r_0-\varrho}{4a},$$

so ergiebt sich für V der Werth:

$$V = k\sqrt{a}[\varepsilon+\sin\varepsilon-(\varepsilon'+\sin\varepsilon')],$$

welches der oben gefundene Ausdruck ist, aus dem man dann alle Integralgleichungen der elliptischen Bewegung ableiten kann. Wir sehen so, dass man durch die alleinige Annahme, V sei eine Function bloss von $r+r_0$ und ϱ, auf ganz directem Wege V aus der partiellen Differentialgleichung bestimmen kann. Wenn man die beiden Quadratwurzeln, die ich mit entgegengesetztem Zeichen genommen habe, mit demselben Zeichen nimmt, erhält man die zweite Ellipse, welche dem Problem genügt. Man erhält bekanntlich die beiden Ellipsen, welche durch dieselben beiden Punkte gehen, dieselbe Länge der grossen Axe $2a$ und den einen Brennpunkt gemein haben, wenn man als ihre zweiten Brennpunkte die beiden Durchschnittspunkte der Kreise nimmt, die man aus dem Anfangspunkt (d. h. dem Punkt, dessen Radius Vector r_0 ist) mit dem Halbmesser $2a-r_0$ und aus dem Endpunkt (dessen Radius Vector r ist) mit dem Halbmesser $2a-r$ beschreibt.

§. 9. **Andere Methoden, welche bei beliebigem Anziehungsgesetz brauchbar bleiben.**

Die im Vorigen gebrauchte Methode hört für ein anderes als das Newton'sche Anziehungsgesetz auf anwendbar zu sein. Man kann sich aber für den Fall, wo das Gesetz der Anziehung durch irgend eine beliebige Function der Entfernung ausgedrückt wird, folgender Methode bedienen.

Es sei die anziehende Kraft ausgedrückt durch

$$-\frac{\partial f(r)}{\partial r},$$

so wird $f(r)$ die Kräftefunction, und die zu integrirende Differentialgleichung ist:

$$\left(\frac{\partial V}{\partial x}\right)^2+\left(\frac{\partial V}{\partial y}\right)^2+\left(\frac{\partial V}{\partial z}\right)^2 = 2f(r)+2h.$$

Führt man Polarcoordinaten ein, indem man

$$x = r\cos\eta,$$
$$y = r\sin\eta\cos\vartheta,$$
$$z = r\sin\eta\sin\vartheta$$

setzt, so erhält man:

$$\left(\frac{\partial V}{\partial x}\right)^2+\left(\frac{\partial V}{\partial y}\right)^2+\left(\frac{\partial V}{\partial z}\right)^2$$
$$=\left(\frac{\partial V}{\partial r}\right)^2+\frac{1}{r^2}\left[\left(\frac{\partial V}{\partial \eta}\right)^2+\frac{1}{\sin^2\eta}\left(\frac{\partial V}{\partial \vartheta}\right)^2\right]=2f(r)+2h.$$

Von dem Ausdruck

$$\left(\frac{\partial V}{\partial \eta}\right)^2+\frac{1}{\sin^2\eta}\left(\frac{\partial V}{\partial \vartheta}\right)^2$$

ist bekannt, dass er bei einer Drehung der rechtwinkligen Coordinatenaxen um den Anfangspunkt ungeändert bleibt. Da er nun für $V=\eta$ gleich 1 wird, so erhält er denselben Werth auch, wenn man allgemeiner für V den Winkel setzt, den der Radius Vector mit irgend einer constanten Linie bildet. Bedeuten $\cos\alpha$, $\sin\alpha\cos\beta$, $\sin\alpha\sin\beta$ die Cosinus der Winkel, welche die constante Linie mit den Coordinatenaxen bildet, so wird bekanntlich der Winkel, den sie mit dem Radius Vector bildet:

$$\text{arc.}\cos[\cos\alpha\cos\eta+\sin\alpha\sin\eta\cos(\vartheta-\beta)];$$

und es ist daher, wenn man

$$w = \text{arc.}\cos[\cos\alpha\cos\eta+\sin\alpha\sin\eta\cos(\vartheta-\beta)]$$

setzt,

$$\left(\frac{\partial w}{\partial \eta}\right)+\frac{1}{\sin^2\eta}\left(\frac{\partial w}{\partial \vartheta}\right)^2 = 1,$$

wovon man sich leicht durch Ausführung der Rechnung überzeugt. Setzt man daher

$$V = bw + R,$$

wo b eine neue willkürliche Constante und R eine blosse Function von r bedeutet, so verwandelt sich die vorgelegte partielle Differentialgleichung in folgende:

$$\left(\frac{\partial V}{\partial r}\right)^2+\frac{1}{r^2}\left[\left(\frac{\partial V}{\partial \eta}\right)^2+\frac{1}{\sin^2\eta}\left(\frac{\partial V}{\partial \vartheta}\right)^2\right]$$
$$=\left(\frac{\partial R}{\partial r}\right)^2+\frac{b^2}{r^2} = 2f(r)+2h,$$

woraus sich

$$R = \int\sqrt{2f(r)+2h-\frac{b^2}{r^2}}\,dr$$

ergiebt. Man erhält daher für die charakteristische Function V den Ausdruck:

$$V = b\,\mathrm{arc.cos}[\cos\alpha\cos\eta+\sin\alpha\sin\eta\cos(\vartheta-\beta)]+\int\sqrt{2f(r)+2h-\frac{b^2}{r^2}}\,dr,$$

in welchem b, α, β, h willkürliche Constanten sind.

Nach dem Theorem II. ist es für unseren Fall, wo $n = 1$, nur nöthig, dass die charakteristische Function V ausser h noch 2 willkürliche Constanten enthält. Da der Ausdruck von V, welchen wir gefunden haben, ausser h *drei* willkürliche Constanten enthält, so kann man einer von ihnen einen bestimmten Werth beilegen, oder allgemeiner, sie irgendwie durch die beiden anderen ausdrücken. Man kann auch, wenn unter c irgend eine der Constanten b, α, β verstanden wird, diese vermittelst der Gleichung $\frac{\partial V}{\partial c} = 0$ eliminiren. Man kann aber auch alle drei Constanten beibehalten und, um die endlichen Integralgleichungen des Problems zu haben, die partiellen Differentialquotienten $\frac{\partial V}{\partial b}$, $\frac{\partial V}{\partial \alpha}$, $\frac{\partial V}{\partial \beta}$ drei neuen Constanten (b', α', β') gleich setzen. In den so sich ergebenden, zur Bestimmung der Bahn des Punktes dienenden Gleichungen:

$$\frac{\partial V}{\partial b} = w - b\int\frac{dr}{r^2\sqrt{2f(r)+2h-\frac{b^2}{r^2}}} = b',$$

$$\frac{\partial V}{\partial \alpha} = \frac{b[\sin\alpha\cos\eta - \cos\alpha\sin\eta\cos(\vartheta-\beta)]}{\sin w} = \alpha',$$

$$\frac{\partial V}{\partial \beta} = \frac{-b\sin\alpha\sin\eta\sin(\vartheta-\beta)}{\sin w} = \beta',$$

wo w durch die Gleichung

$$\cos w = \cos\alpha\cos\eta + \sin\alpha\sin\eta\cos(\vartheta-\beta)$$

bestimmt ist, sind dann aber die eingeführten sechs Constanten nicht unabhängig von einander, sondern es findet unter ihnen, in Folge der identischen Gleichung

$$\left(\frac{\partial V}{\partial \alpha}\right)^2 + \frac{1}{\sin^2\alpha}\left(\frac{\partial V}{\partial \beta}\right)^2 = b^2,$$

die Relation

$$\alpha'\alpha' + \frac{\beta'\beta'}{\sin^2\alpha} = b^2$$

statt, und es vertreten demnach die beiden Gleichungen

$$\frac{\partial V}{\partial \alpha} = \alpha', \quad \frac{\partial V}{\partial \beta} = \beta'$$

nur die Stelle von einer.

Die Zeit erhält man durch die Gleichung:

$$t+\tau = \frac{\partial V}{\partial h} = \int\frac{dr}{\sqrt{2f(r)+2h-\frac{b^2}{r^2}}}.$$

Die Integrale erster Ordnung werden:

$$\frac{\partial V}{\partial x} = \frac{dx}{dt} = \frac{-b(\cos\alpha - \cos\eta\cos w)}{r\sin w} + \cos\eta\sqrt{2f(r)+2h-\frac{b^2}{r^2}},$$

$$\frac{\partial V}{\partial y} = \frac{dy}{dt} = \frac{-b(\sin\alpha\cos\beta - \sin\eta\cos\vartheta\cos w)}{r\sin w} + \sin\eta\cos\vartheta\sqrt{2f(r)+2h-\frac{b^2}{r^2}},$$

$$\frac{\partial V}{\partial z} = \frac{dz}{dt} = \frac{-b(\sin\alpha\sin\beta - \sin\eta\sin\vartheta\cos w)}{r\sin w} + \sin\eta\sin\vartheta\sqrt{2f(r)+2h-\frac{b^2}{r^2}}.$$

Führt man statt der Differentiale der rechtwinkligen Coordinaten die Differentiale der Polarcoordinaten ein, so erhält man hieraus:

$$\frac{dr}{dt} = \sqrt{2f(r)+2h-\frac{b^2}{r^2}} = \frac{\partial V}{\partial r},$$

$$\frac{d\eta}{dt} = \frac{b[\cos\alpha\sin\eta-\sin\alpha\cos\eta\cos(\vartheta-\beta)]}{r^2\sin w} = \frac{1}{r^2}\frac{\partial V}{\partial \eta},$$

$$\frac{d\vartheta}{dt} = \frac{b\sin\alpha\sin(\vartheta-\beta)}{r^2\sin\eta\sin w} = \frac{1}{r^2\sin^2\eta}\frac{\partial V}{\partial\vartheta}.$$

Ich bemerke noch, dass die hier angewandte Analysis sich auf den allgemeineren Fall ausdehnen lässt, wo man statt dreier Variabeln eine beliebige Anzahl derselben hat und die partielle Differentialgleichung

$$\left(\frac{\partial V}{\partial x_1}\right)^2+\left(\frac{\partial V}{\partial x_2}\right)^2+\cdots+\left(\frac{\partial V}{\partial x_n}\right)^2 = f(r)$$

gegeben ist, in welcher

$$r = \sqrt{x_1^2+x_2^2+\cdots+x_n^2}.$$

Man erhält dann

$$V = bw+\int\sqrt{f(r)-\frac{b^2}{r^2}}\cdot dr,$$

wo

$$\cos w = \frac{\alpha_1 x_1+\alpha_2 x_2+\cdots+\alpha_n x_n}{\sqrt{\alpha_1^2+\alpha_2^2+\cdots+\alpha_n^2}.r}$$

und b, α_1, α_2, ..., α_n willkürliche Constanten sind. Hamilton giebt in dem Fall eines beliebigen Anziehungsgesetzes seine charakteristische Function für die Bewegung beider Körper um ihren Schwerpunkt. Wenn man sie, was leicht geschieht, dahin vereinfacht, dass sie sich auf die relative Bewegung des einen um den anderen bezieht, so wird man noch eine wesentliche Differenz zwischen derselben und der hier gefundenen Function V bemerken. Man erhält aus dieser letzteren die complicirtere Hamilton'sche Function, indem man b vermittelst der Gleichung

$$\frac{\partial V}{\partial b} = w-\int\frac{bdr}{r^2\sqrt{2f(r)+2h-\frac{b^2}{r^2}}} = 0$$

eliminirt, für die constante Linie die Anfangsposition des Radius Vector nimmt und die Integration von r_0 anfangen lässt.

Man kann endlich zur Integration der vorliegenden partiellen Differentialgleichung

$$\left(\frac{\partial V}{\partial r}\right)^2+\frac{1}{r^2}\left(\frac{\partial V}{\partial \eta}\right)^2+\frac{1}{r^2\sin^2\eta}\left(\frac{\partial V}{\partial \vartheta}\right)^2 = 2f(r)+2h$$

auch noch folgenden Weg einschlagen. Es ist bekannt, *dass man jede partielle Differentialgleichung erster Ordnung, in welcher die gesuchte Function nicht selber vorkommt, in eine andere verwandeln kann, in welcher die nach mehreren Variabeln genommenen partiellen Differentialquotienten durch neue Variabele, und jene Variabeln durch die nach den neuen Variabeln genommenen partiellen Differentialquotienten ersetzt werden, die übrigen Variabeln unverändert bleiben, die nach ihnen genommenen partiellen Differentialquotienten aber sämmtlich das Zeichen ändern.* Ist nämlich x eine Function von $x_1, x_2, \ldots, x_m$, und setzt man

$$dx = p_1dx_1+p_2dx_2+\cdots+p_mdx_m,$$
$$p_1x_1+p_2x_2+\cdots+p_kx_k-x = y,$$

so hat man

$$dy = x_1dp_1+x_2dp_2+\cdots+x_kdp_k$$
$$-[p_{k+1}dx_{k+1}+p_{k+2}dx_{k+2}+\cdots+p_mdx_m].$$

Führt man daher $p_1, p_2, \ldots, p_k$ statt der Grössen $x_1, x_2, \ldots, x_k$ als Variabele ein und betrachtet y statt x als gesuchte Function, so erhält man:

$$x_1 = \frac{\partial y}{\partial p_1}, \quad x_2 = \frac{\partial y}{\partial p_2}, \quad \ldots, \quad x_k = \frac{\partial y}{\partial p_k},$$
$$p_{k+1} = -\frac{\partial y}{\partial x_{k+1}}, \quad p_{k+2} = -\frac{\partial y}{\partial x_{k+2}}, \quad \ldots, \quad p_m = -\frac{\partial y}{\partial x_m}.$$

Hat man nun für x eine partielle Differentialgleichung erster Ordnung, in welcher x nicht selber vorkommt, d. h. eine Gleichung zwischen $x_1, x_2, \ldots, x_m$ und $p_1, p_2, \ldots, p_m$, so ergiebt sich aus derselben durch die angegebenen Substitutionen für $x_1, x_2, \ldots, x_k, p_{k+1}, p_{k+2}, \ldots, p_m$ eine Gleichung zwischen $p_1, p_2, \ldots, p_k, x_{k+1}, x_{k+2}, \ldots, x_m$ und $\frac{\partial y}{\partial p_1}, \frac{\partial y}{\partial p_2}, \ldots, \frac{\partial y}{\partial p_k}, \frac{\partial y}{\partial x_{k+1}}, \frac{\partial y}{\partial x_{k+2}}, \ldots, \frac{\partial y}{\partial x_m}$, durch welche y als Function von $p_1, p_2, \ldots, p_k, x_{k+1}, x_{k+2}, \ldots, x_m$ definirt wird.

Es folgt aus dem Vorstehenden, dass man jede partielle Differentialgleichung, in welcher die unbekannte Function und ausserdem mehrere Variabele nicht selber vorkommen, sondern nur die nach den letzteren genommenen partiellen Differentialquotienten, in eine andere verwandeln kann, in welcher die nach einer gleichen Anzahl von Variabeln genommenen partiellen Differentialquotienten fehlen. Wenn aber in einer partiellen Differentialgleichung die nach einigen Variabeln genommenen partiellen Differentialquotienten fehlen, so sind diese Variabeln bei der Integration der Gleichung nur als Constanten zu betrachten, da bei Bildung der Differentialgleichung nach ihnen nicht differentiirt worden ist. *Hierdurch kann eine partielle Differentialgleichung erster Ordnung, in welcher ausser der unbekannten Function auch mehrere Variabele nicht selber vorkommen, sondern nur die nach den letzteren genommenen partiellen Differentialquotienten, immer in eine andere verwandelt werden, in welcher die Zahl der unabhängigen Variabeln um eine gleiche Anzahl geringer ist.*

Durch das vorstehende Verfahren ist oben die partielle Differentialgleichung für S, wenn die Kräftefunction nicht t explicite enthält, in die andere für V transformirt worden, welche eine Variabele, t, weniger enthält. Man kann auch leicht beweisen, dass jedesmal, wenn das System sich um eine Axe frei bewegen kann, sich durch dieselbe Methode die Zahl der Variabeln noch um eine vermindern lässt. Wendet man die Methode auf das vorliegende Beispiel an, so hat man

$$\frac{\partial V}{\partial \vartheta}=\gamma, \quad W=(\vartheta+\beta)\frac{\partial V}{\partial \vartheta}-V$$

zu setzen, und γ statt ϑ in W als Variabele einzuführen. Man erhält dann:

$$\vartheta+\beta=\frac{\partial W}{\partial \gamma}, \quad \frac{\partial V}{\partial r}=-\frac{\partial W}{\partial r}, \quad \frac{\partial V}{\partial \eta}=-\frac{\partial W}{\partial \eta},$$

wodurch sich die vorgelegte partielle Differentialgleichung in folgende verwandelt:

$$\left(\frac{\partial W}{\partial r}\right)^2+\frac{1}{r^2}\left(\frac{\partial W}{\partial \eta}\right)^2+\frac{\gamma^2}{r^2\sin^2\eta}=2f(r)+2h,$$

bei deren Integration γ als eine Constante betrachtet wird.

Man integrirt diese Gleichung, indem man sie in die beiden folgenden zerfällt:

$$\left(\frac{\partial W}{\partial r}\right)^2=2f(r)+2h-\frac{b^2}{r^2},$$

$$\left(\frac{\partial W}{\partial \eta}\right)^2=b^2-\frac{\gamma^2}{\sin^2\eta},$$

in welchen b eine neue willkürliche Constante bedeutet. Man erhält hierdurch den vollständigen Werth von W, wenn man

$$W=-\int\left[2f(r)+2h-\frac{b^2}{r^2}\right]^{\frac{1}{2}}dr+\int\left[b^2-\frac{\gamma^2}{\sin^2\eta}\right]^{\frac{1}{2}}d\eta$$

setzt. Das Zeichen der ersten Wurzelgrösse ist hier negativ genommen, um die aus der Form der Function W abzuleitenden Integralgleichungen mit den früher gefundenen in Uebereinstimmung zu setzen.

Die vollständigen Integralgleichungen der Bewegung werden hiernach:

$$\frac{\partial V}{\partial b} = -\frac{\partial W}{\partial b} = b',$$

$$\frac{\partial W}{\partial \gamma} = \vartheta + \beta, \quad \frac{\partial V}{\partial \beta} = \beta',$$

$$\frac{\partial V}{\partial r} = -\frac{\partial W}{\partial r} = \frac{dr}{dt},$$

$$\frac{1}{r^2}\frac{\partial V}{\partial \eta} = -\frac{1}{r^2}\frac{\partial W}{\partial \eta} = \frac{d\eta}{dt},$$

$$\frac{1}{r^2 \sin^2\eta}\frac{\partial V}{\partial \vartheta} = \frac{\gamma}{r^2 \sin^2\eta} = \frac{d\vartheta}{dt},$$

$$\frac{\partial V}{\partial h} = -\frac{\partial W}{\partial h} = t + \tau;$$

und diese verwandeln sich, wenn man den für W gefundenen Werth substituirt, in folgende:

$$-b\int \frac{dr}{r^2\sqrt{2f(r)+2h-\frac{b^2}{r^2}}} - b\int \frac{d\eta}{\sqrt{b^2-\frac{\gamma^2}{\sin^2\eta}}} = b',$$

$$-\gamma\int \frac{d\eta}{\sin^2\eta\sqrt{b^2-\frac{\gamma^2}{\sin^2\eta}}} = \vartheta + \beta,$$

$$\sqrt{2f(r)+2h-\frac{b^2}{r^2}} = \frac{dr}{dt},$$

$$-\frac{1}{r^2}\sqrt{b^2-\frac{\gamma^2}{\sin^2\eta}} = \frac{d\eta}{dt},$$

$$\frac{\gamma}{r^2\sin^2\eta} = \frac{d\vartheta}{dt},$$

$$\int \frac{dr}{\sqrt{2f(r)+2h-\frac{b^2}{r^2}}} = t + \tau.$$

Da

$$V = \gamma\frac{\partial W}{\partial \gamma} - W = \gamma(\vartheta + \beta) - W$$

ist, und β in W nur insofern enthalten ist, als es in γ vorkommt, welches durch die Gleichung

$$\vartheta + \beta = \frac{\partial W}{\partial \gamma}$$

bestimmt wird, so erhält man

$$\beta' = \frac{\partial V}{\partial \beta} = \gamma,$$

und dies zeigt, dass in den vorstehenden Formeln γ als eine Constante angesehen werden kann, so dass in denselben b, b', β, γ, h, τ die 6 willkürlichen Constanten werden.

Der für ϑ gefundene Ausdruck giebt:

$$\vartheta + \beta = \int \frac{\gamma d(\mathrm{cotg}\,\eta)}{\sqrt{b^2 - \gamma^2 - \gamma^2 \mathrm{cotg}^2 \eta}}$$

oder, wenn wir

$$\gamma = \beta' = -b \cos i$$

setzen,

$$\vartheta + \beta = -\int \frac{d(\mathrm{cotg}\,\eta)}{\sqrt{\mathrm{tg}^2 i - \mathrm{cotg}^2 \eta}} = \mathrm{arc.cos}[\mathrm{cotg}\, i\, \mathrm{cotg}\, \eta]$$

oder

$$\cos i \cos \eta - \sin i . \sin \eta . \cos(\vartheta + \beta) = 0,$$

wo i die Neigung und β die Länge des aufsteigenden Knotens der Bahn bedeutet.

In der im Anfange dieses Paragraphen (S. 253) gegebenen Form der Integralgleichungen wird, wenn man $\beta = 0$ setzt, was der Allgemeinheit keinen Eintrag thut:

$$\sin\alpha \cos\eta - \cos\alpha \sin\eta \cos\vartheta = -\frac{\alpha'}{\beta'} \sin\alpha \sin\eta \sin\vartheta,$$

wo man

$$\alpha'^2 + \frac{\beta'^2}{\sin^2\alpha} = b^2$$

hatte. Vergleicht man diese Formel mit der vorhin gefundenen

$$\cos i \cos\eta - \sin i \sin\eta \cos(\vartheta + \beta) = 0,$$

so erhält man

$$\mathrm{cotg}\,\alpha = \mathrm{tg}\, i \cos\beta, \quad \frac{\alpha'}{\beta'} = \mathrm{tg}\, i \sin\beta$$

und daher

$$\frac{b^2}{\beta'^2} = \frac{\alpha'^2}{\beta'^2} + \frac{1}{\sin^2\alpha} = \frac{1}{\cos^2 i}.$$

Da der Werth von $\frac{dr}{dt}$ in beiden Formen der Integralgleichungen derselbe ist, so sieht man, dass die Constante b und daher auch die Constante $\beta' = -b \cos i$ für beide dieselbe Bedeutung haben.

Nennt man r_0 und r_1 das Maximum und Minimum von r, so verschwindet $\frac{dr}{dt}$ für diese Werthe von r, wodurch man erhält:

$$2f(r_0)+2h-\frac{b^2}{r_0^2}=0,$$

$$2f(r_1)+2h-\frac{b^2}{r_1^2}=0,$$

und daher

$$h=-\frac{r_1^2f(r_1)-r_0^2f(r_0)}{r_1^2-r_0^2},$$

$$b^2=2r_0^2r_1^2\frac{f(r_0)-f(r_1)}{r_1^2-r_0^2}.$$

Für das Newton'sche Attractionsgesetz wird:

$$f(r)=\frac{k^2}{r},$$

wo k^2 die Anziehungskraft für die Einheit der Distanz bedeutet, und daher:

$$h=-\frac{k^2}{r_1+r_0},\quad \frac{b^2}{k^2}=\frac{2r_0r_1}{r_1+r_0};$$

$-\frac{k^2}{h}$ ist also die grosse Axe, $\frac{b^2}{k^2}$ der halbe Parameter der Bahn. Bezeichnet man diese, wie gewöhnlich, mit $2a$ und p, und setzt

$$r=\frac{p}{1+e\cos v}=\frac{a(1-e^2)}{1+e\cos v},$$

wo v die excentrische Anomalie, e die Excentricität bedeutet, so wird

$$2f(r)+2h-\frac{b^2}{r^2}=k^2\left(\frac{2}{r}-\frac{1}{a}-\frac{p}{r^2}\right)$$

$$=\frac{k^2}{p}[2(1+e\cos v)-1+e^2-(1+e\cos v)^2]=\frac{k^2e^2\sin^2 v}{p},$$

und daher

$$b\int\frac{dr}{r^2\left(2f(r)+2h-\frac{b^2}{r^2}\right)^{\frac{1}{2}}}=v.$$

Man hat ferner

$$b\int\frac{d\eta}{\sqrt{b^2-\frac{\gamma^2}{\sin^2\eta}}}=\int\frac{b\sin\eta\, d\eta}{\sqrt{b^2-\gamma^2-b^2\cos^2\eta}}$$

$$=\text{arc.}\cos\frac{b\cos\eta}{\sqrt{b^2-\gamma^2}}=\text{arc.}\cos\frac{\cos\eta}{\sin i},$$

wodurch die erste der aufgestellten Integralgleichungen sich in folgende verwandelt:

$$-\text{arc.cos}\frac{\cos\eta}{\sin i} = v+b',$$

oder

$$\cos\eta = \sin i.\cos(v+b').$$

Man erhält hieraus

$$\sin\eta\cos(\vartheta+\beta) = \text{cotg}\, i.\cos\eta = \cos i.\cos(v+b')$$

und daher

$$\sin\eta\sin(\vartheta+\beta) = -\sin(v+b').$$

In dieser Formel ist $b'+\frac{1}{2}\pi$ die Entfernung des Perihels vom aufsteigenden Knoten.

Setzt man

$$z = r\cos\eta,\quad y = r\sin\eta\cos\vartheta,\quad x = r\sin\eta\sin\vartheta,$$

so ist i der Winkel der Ebene der Bahn und der Ebene der x, y; β der Winkel, den der Durchschnitt beider Ebenen mit der Axe der x macht. Aus den Gleichungen

$$\text{cotg}\,\alpha = \text{tg}\, i\cos\beta,\quad \alpha' = \beta'\text{tg}\, i\sin\beta = -b\sin i\sin\beta$$

ersieht man ferner, dass in der ersten Form der Integralgleichungen α der Winkel ist, den der Durchschnitt der Ebene der Bahn und der Ebene der z, y mit der Axe der z macht, und $-\frac{\alpha'}{b}$ der Cosinus des Winkels beider Ebenen. Es ist ferner w der Winkel zwischen diesem Durchschnitt und dem Radius Vector und b' der Winkel zwischen diesem Durchschnitt und dem Perihel. Die in den beiden Formen der Integralgleichungen gebrauchten Elemente erhalten daher durch blosse Vertauschung der Axe der x mit der Axe der z dieselbe Bedeutung.

Die im Vorhergehenden nach r und η ausgeführten Integrationen sind von den kleinsten Werthen an genommen, welche r und η erhalten können. Da diese Werthe Functionen der Elemente sind, so muss man eigentlich bei der Differentiation der charakteristischen Function nach den Elementen auch nach diesen unteren Grenzen der Integrale differentiiren. Man kann aber hiervon abstrahiren, weil wegen der bekannten Eigenschaften des Minimums für die unteren Grenzen die Ausdrücke unter dem Integralzeichen verschwinden und daher auch die aus der Variation der unteren Grenzen der Integrale hervorgehenden Terme.

Die hier eingeführten willkürlichen Constanten der charakteristischen Function und diejenigen, welche ihren nach ersteren partiell genommenen Differentialquotienten gleich gesetzt werden, haben in der Theorie der Variation der Constanten merkwürdige und eigenthümliche Eigenschaften, weshalb ich in dem vorhergehenden Beispiele ihre Bedeutung genau angegeben habe.

Will man die zweite Integrationsmethode auf die allgemeinere Gleichung anwenden:

$$\left(\frac{\partial V}{\partial x_1}\right)^2+\left(\frac{\partial V}{\partial x_2}\right)^2+\cdots+\left(\frac{\partial V}{\partial x_n}\right)^2=f(r),$$

wo

$$r=\sqrt{x_1x_1+x_2x_2+\cdots+x_nx_n},$$

so setze man

$$\begin{aligned}
x_1 &= r\cos\eta_1,\\
x_2 &= r\sin\eta_1\cos\eta_2,\\
x_3 &= r\sin\eta_1\sin\eta_2\cos\eta_3,\\
&\cdots\cdots\cdots\\
x_{n-1} &= r\sin\eta_1\sin\eta_2\ldots\sin\eta_{n-2}\cos\eta_{n-1},\\
x_n &= r\sin\eta_1\sin\eta_2\ldots\sin\eta_{n-2}\sin\eta_{n-1},
\end{aligned}$$

wodurch sich die partielle Differentialgleichung in folgende verwandelt:

$$\left(\frac{\partial V}{\partial r}\right)^2+\frac{1}{r^2}\left(\frac{\partial V}{\partial\eta_1}\right)^2+\frac{1}{r^2\sin^2\eta_1}\left(\frac{\partial V}{\partial\eta_2}\right)^2+\frac{1}{r^2\sin^2\eta_1\sin^2\eta_2}\left(\frac{\partial V}{\partial\eta_3}\right)^2$$
$$+\cdots+\frac{1}{r^2\sin^2\eta_1\sin^2\eta_2\ldots\sin^2\eta_{n-2}}\left(\frac{\partial V}{\partial\eta_{n-1}}\right)^2=f(r).$$

Setzt man

$$\frac{\partial V}{\partial\eta_{n-1}}=p,\quad W=(\eta_{n-1}+a)p-V$$

und führt W statt V, p statt η_{n-1} ein, so erhält man:

$$\left(\frac{\partial W}{\partial r}\right)^2+\frac{1}{r^2}\left(\frac{\partial W}{\partial\eta_1}\right)^2+\frac{1}{r^2\sin^2\eta_1}\left(\frac{\partial W}{\partial\eta_2}\right)^2$$
$$+\cdots+\frac{1}{r^2\sin^2\eta_1\sin^2\eta_2\ldots\sin^2\eta_{n-3}}\left(\frac{\partial W}{\partial\eta_{n-2}}\right)^2$$
$$=f(r)-\frac{p^2}{r^2\sin^2\eta_1\sin^2\eta_2\ldots\sin^2\eta_{n-2}},$$

wo p bei der Integration als Constante angesehen werden kann.

Diese Gleichung kann man in die folgenden zerfällen:

$$\left(\frac{\partial W}{\partial r}\right)^2 = f(r) - \frac{\alpha_1}{r^2},$$

$$\left(\frac{\partial W}{\partial \eta_1}\right)^2 = \alpha_1 - \frac{\alpha_2}{\sin^2\eta_1},$$

$$\left(\frac{\partial W}{\partial \eta_2}\right)^2 = \alpha_2 - \frac{\alpha_3}{\sin^2\eta_2},$$

$$\cdots\cdots\cdots\cdots$$

$$\left(\frac{\partial W}{\partial \eta_{n-3}}\right)^2 = \alpha_{n-3} - \frac{\alpha_{n-2}}{\sin^2\eta_{n-3}},$$

$$\left(\frac{\partial W}{\partial \eta_{n-2}}\right)^2 = \alpha_{n-2} - \frac{p^2}{\sin^2\eta_{n-2}}.$$

Diese Gleichungen lassen sich, wenn $\alpha_1, \alpha_2, \ldots, \alpha_{n-2}$ Constanten bedeuten, alle einzeln integriren, und man erhält daher:

$$V = (\eta_{n-1}+\alpha)p - W$$

$$= (\eta_{n-1}+\alpha)p - \int dr\left[f(r)-\frac{\alpha_1}{r^2}\right]^{\frac{1}{2}} - \int d\eta_1\left[\alpha_1-\frac{\alpha_2}{\sin^2\eta_1}\right]^{\frac{1}{2}}$$

$$-\int d\eta_2\left[\alpha_2-\frac{\alpha_3}{\sin^2\eta_2}\right]^{\frac{1}{2}} - \cdots - \int d\eta_{n-2}\left[\alpha_{n-2}-\frac{p^2}{\sin^2\eta_{n-2}}\right]^{\frac{1}{2}}.$$

Diesen Ausdruck von V kann man entweder als eine vollständige Lösung mit den $n-1$ willkürlichen Constanten $\alpha, \alpha_1, \ldots, \alpha_{n-2}$ betrachten, in welchem die Variabele p durch η_{n-1} ersetzt werden muss mit Hülfe der Gleichung

$$\eta_{n-1}+\alpha = \frac{\partial W}{\partial p} = -p\int\frac{d\eta_{n-2}}{\sin^2\eta_{n-2}\left[\alpha_{n-2}-\frac{p^2}{\sin^2\eta_{n-2}}\right]^{\frac{1}{2}}},$$

oder als eine vollständige Lösung mit den $n-1$ willkürlichen Constanten p, $\alpha_1, \alpha_2, \ldots, \alpha_{n-2}$, wobei dann das Glied αp als bloss additive Constante nicht mitzurechnen ist. Die willkürlichen Constanten $\alpha_1, \alpha_2, \ldots, \alpha_{n-2}$ sind positiv zu nehmen und so, dass

$$\alpha_1 > \alpha_2 > \alpha_3 > \cdots > \alpha_{n-2}$$

ist, damit man eine reelle Lösung erhält.

Eine andere Lösung der im Vorigen behandelten allgemeinen partiellen Differentialgleichung habe ich oben gegeben. Man erhält dadurch zugleich die Integration der Differentialgleichungen

$$\frac{d^2x_1}{dt^2} = \frac{x_1}{r}\cdot R,\quad \frac{d^2x_2}{dt^2} = \frac{x_2}{r}\cdot R,\quad \ldots,\quad \frac{d^2x_n}{dt^2} = \frac{x_n}{r}\cdot R,$$

in welchen R eine gegebene Function von r und

$$r = \sqrt{x_1x_1+x_2x_2+\cdots+x_nx_n}$$

ist, wenn man

$$R = \frac{df(r)}{dr}$$

setzt. Man findet über die Integration dieser Differentialgleichungen eine lehrreiche Abhandlung von Herrn Binet in dem 2ten Bande des mathematischen Journals von Liouville.

§. 10. Die zweite Lagrange'sche und die Hamilton'sche Form der Differentialgleichungen der Bewegung.

Wir haben oben bei Aufstellung der Differentialgleichungen der Mechanik zu Bestimmungsstücken der Punkte des Systems ihre rechtwinkligen Coordinaten gewählt. Man findet aber in der „Mécanique Analytique" die Differentialgleichungen der Bewegung auch für den allgemeineren Fall angegeben, wenn man irgend welche Bestimmungsstücke der Punkte als Variabele einführt. Diese allgemeineren Formeln sind besonders dann von Vortheil, wenn das System nicht frei, sondern irgend welchen Bedingungen unterworfen ist. Man kann dann nämlich die Coordinaten so durch neue Variabele ausdrücken, dass den Bedingungsgleichungen von selber genügt wird. Hamilton hat diesen allgemeineren Differentialgleichungen eine etwas modificirte Form gegeben, welche ich im Folgenden mittheilen will. Zuerst aber werde ich die bekannten Formeln der analytischen Mechanik, aus welchen sich die von Hamilton gegebenen leicht ableiten lassen, selber entwickeln.

Die oben (§. 1.) mitgetheilten Differentialgleichungen der Bewegung eines Systems materieller Punkte hat Lagrange durch die Zeichen seiner Variationsrechnung in eine einzige *symbolische* Gleichung zusammengefasst. Bezeichnet man nämlich durch

$$\delta x_1, \quad \delta y_1, \quad \delta z_1, \quad \ldots, \quad \delta x_n, \quad \delta y_n, \quad \delta z_n,$$

wenn das System frei ist, ganz beliebige Grössen, wenn aber die Bewegung des Systems Beschränkungen von der a. a. O. angegebenen Art unterworfen ist, beliebige Grössen, welche die linearen Bedingungsgleichungen

$$\begin{aligned} \Sigma\left[\frac{\partial f}{\partial x_i}\delta x_i + \frac{\partial f}{\partial y_i}\delta y_i + \frac{\partial f}{\partial z_i}\delta z_i\right] &= 0, \\ \Sigma\left[\frac{\partial \varphi}{\partial x_i}\delta x_i + \frac{\partial \varphi}{\partial y_i}\delta y_i + \frac{\partial \varphi}{\partial z_i}\delta z_i\right] &= 0, \\ \ldots\ldots\ldots\ldots \end{aligned} \qquad (i = 1, 2, \ldots, n)$$

erfüllen; so kann man die oben gegebenen Gleichungen

$$m_i\frac{d^2x_i}{dt^2}=\frac{\partial U}{\partial x_i}+\lambda\frac{\partial f}{\partial x_i}+\lambda_1\frac{\partial\varphi}{\partial x_i}+\cdots,$$

$$m_i\frac{d^2y_i}{dt^2}=\frac{\partial U}{\partial y_i}+\lambda\frac{\partial f}{\partial y_i}+\lambda_1\frac{\partial\varphi}{\partial y_i}+\cdots,$$

$$m_i\frac{d^2z_i}{dt^2}=\frac{\partial U}{\partial z_i}+\lambda\frac{\partial f}{\partial z_i}+\lambda_1\frac{\partial\varphi}{\partial z_i}+\cdots$$

in die einzige

$$\Sigma m_i\left[\frac{d^2x_i}{dt^2}\delta x_i+\frac{d^2y_i}{dt^2}\delta y_i+\frac{d^2z_i}{dt^2}\delta z_i\right]$$
$$=\Sigma\left[\frac{\partial U}{\partial x_i}\delta x_i+\frac{\partial U}{\partial y_i}\delta y_i+\frac{\partial U}{\partial z_i}\delta z_i\right]$$

zusammenfassen. Bezeichnet man ferner durch die einer Function der Coordinaten x_i, y_i, z_i vorgesetzte Charakteristik δ die Aenderung, welche die Function erfährt, wenn man darin $x_i+\delta x_i$, $y_i+\delta y_i$, $z_i+\delta z_i$ statt x_i, y_i, z_i setzt und δx_i, δy_i, δz_i als unendlich kleine Grössen betrachtet, so kann man diese symbolische Gleichung kürzer so darstellen:

$$\Sigma m_i\left[\frac{d^2x_i}{dt^2}\delta x_i+\frac{d^2y_i}{dt^2}\delta y_i+\frac{d^2z_i}{dt^2}\delta z_i\right]=\delta U$$

oder, wenn man wieder

$$x_i'=\frac{dx_i}{dt},\quad y_i'=\frac{dy_i}{dt},\quad z_i'=\frac{dz_i}{dt}$$

setzt,

$$\Sigma m_i\left[\frac{dx_i'}{dt}\delta x_i+\frac{dy_i'}{dt}\delta y_i+\frac{dz_i'}{dt}\delta z_i\right]=\delta U.$$

Dieser Gleichung kann man auch die Form geben:

$$\frac{d\,\Sigma m_i[x_i'\delta x_i+y_i'\delta y_i+z_i'\delta z_i]}{dt}=\delta T+\delta U,$$

wenn man der Kürze halber setzt:

$$T=\tfrac{1}{2}\Sigma m_i[x_i'x_i'+y_i'y_i'+z_i'z_i'],$$

d. h. unter T die halbe lebendige Kraft versteht. Die Integration dieser Gleichung von $t=0$ bis $t=t$ hat Hamilton zu seinen oben angeführten Theoremen geführt. Hier soll dieselbe Formel dazu dienen, die Differentialgleichungen der Bewegung auf eine allgemeine Art zu transformiren.

Es seien $q_1, q_2, q_3, \ldots, q_m$ irgend welche von einander unabhängige Grössen, durch welche die Punkte des Systems bestimmt werden, so dass man die $3n$ Coordinaten x_i, y_i, z_i durch diese m Grössen ausdrücken kann. Wenn das System ganz frei ist, wird $m = 3n$ sein; wenn aber l Bedingungsgleichungen gegeben sind, denen die Coordinaten der Punkte des Systems unterworfen sind, so wird $m = 3n-l$ sein. Setzt man

$$q_1' = \frac{dq_1}{dt}, \quad q_2' = \frac{dq_2}{dt}, \quad \ldots, \quad q_m' = \frac{dq_m}{dt},$$

so werden x_i', y_i', z_i' lineare homogene Functionen von $q_1', q_2', q_3', \ldots, q_m'$ und daher T eine homogene Function der zweiten Ordnung von denselben Grössen.

Setzt man daher:

$$\frac{\partial T}{\partial q_1'} = p_1, \quad \frac{\partial T}{\partial q_2'} = p_2, \quad \ldots, \quad \frac{\partial T}{\partial q_m'} = p_m,$$

so hat man nach einer bekannten Eigenschaft homogener Functionen:

$$q_1'p_1 + q_2'p_2 + \cdots + q_m'p_m = 2T.$$

Die Grössen $p_1, p_2, \ldots, p_m$ sind lineare homogene Ausdrücke von $q_1', q_2', \ldots, q_m'$; drückt man umgekehrt diese Grössen durch jene aus, so werden auch $q_1', q_2', \ldots, q_m'$ lineare homogene Ausdrücke von $p_1, p_2, \ldots, p_m$, und daher wird auch T, durch die Grössen $q_1, q_2, \ldots, q_m$ und die Grössen $p_1, p_2, \ldots, p_m$ ausgedrückt, eine homogene Function der zweiten Ordnung von diesen letzteren.

Man gebe den Grössen $p_1, p_2, \ldots, p_m$ unendlich kleine, ganz willkürliche und von einander unabhängige Aenderungen $\delta' p_1, \delta' p_2, \ldots, \delta' p_m$ und bezeichne die entsprechenden Aenderungen von $q_1', q_2', \ldots, q_m'$ und T durch $\delta' q_1', \delta' q_2', \ldots, \delta' q_m', \delta' T$. Setzt man für T den aus der oben gegebenen Gleichung folgenden Ausdruck

$$\begin{aligned} T &= p_1 q_1' + p_2 q_2' + \cdots + p_m q_m' - T \\ &= \frac{\partial T}{\partial q_1'} q_1' + \frac{\partial T}{\partial q_2'} q_2' + \cdots + \frac{\partial T}{\partial q_m'} q_m' - T, \end{aligned}$$

so erhält man:

$$\begin{aligned} \delta' T = &\quad q_1' \delta' p_1 + q_2' \delta' p_2 + \cdots + q_m' \delta' p_m \\ &+ p_1 \delta' q_1' + p_2 \delta' q_2' + \cdots + p_m \delta' q_m' \\ &- \left[\frac{\partial T}{\partial q_1'} \delta' q_1' + \frac{\partial T}{\partial q_2'} \delta' q_2' + \cdots + \frac{\partial T}{\partial q_m'} \delta' q_m' \right] \end{aligned}$$

oder, da

$$\frac{\partial T}{\partial q_1'} = p_1, \quad \frac{\partial T}{\partial q_2'} = p_2, \quad \ldots, \quad \frac{\partial T}{\partial q_m'} = p_m$$

ist, die Gleichung

$$\delta' T = q_1'\delta' p_1 + q_2'\delta' p_2 + \cdots + q_m'\delta' p_m,$$

woraus

$$\frac{\partial T}{\partial p_1} = q_1', \quad \frac{\partial T}{\partial p_2} = q_2', \quad \ldots, \quad \frac{\partial T}{\partial p_m} = q_m'$$

folgt.

Diese Formeln enthalten eine in mehreren Untersuchungen anwendbare Eigenschaft der homogenen Functionen zweiter Ordnung, dass nämlich, *wenn T eine homogene Function zweiter Ordnung von den Grössen q_1', q_2', ..., q_m' ist, und man dieselbe als homogene Function zweiter Ordnung der Grössen*

$$p_1 = \frac{\partial T}{\partial q_1'}, \quad p_2 = \frac{\partial T}{\partial q_2'}, \quad \ldots, \quad p_m = \frac{\partial T}{\partial q_m'}$$

ausdrückt, die nach diesen Grössen genommenen partiellen Differentialquotienten von T wieder die vorigen Variabeln geben,

$$q_1' = \frac{\partial T}{\partial p_1}, \quad q_2' = \frac{\partial T}{\partial p_2}, \quad \ldots, \quad q_m' = \frac{\partial T}{\partial p_m}.$$

Für drei Variabele liegt hierin der analytische Grund von Sätzen über die reciproken Polaren der Oberflächen zweiter Ordnung.

Man hat:

$$x_i' = \frac{dx_i}{dt} = \frac{\partial x_i}{\partial q_1} q_1' + \frac{\partial x_i}{\partial q_2} q_2' + \cdots + \frac{\partial x_i}{\partial q_m} q_m',$$

$$y_i' = \frac{dy_i}{dt} = \frac{\partial y_i}{\partial q_1} q_1' + \frac{\partial y_i}{\partial q_2} q_2' + \cdots + \frac{\partial y_i}{\partial q_m} q_m',$$

$$z_i' = \frac{dz_i}{dt} = \frac{\partial z_i}{\partial q_1} q_1' + \frac{\partial z_i}{\partial q_2} q_2' + \cdots + \frac{\partial z_i}{\partial q_m} q_m'.$$

Wenn daher q_k eine der Grössen q_1, q_2, ..., q_m bedeutet, so wird

$$\frac{\partial x_i'}{\partial q_k'} = \frac{\partial x_i}{\partial q_k},$$

$$\frac{\partial y_i'}{\partial q_k'} = \frac{\partial y_i}{\partial q_k},$$

$$\frac{\partial z_i'}{\partial q_k'} = \frac{\partial z_i}{\partial q_k}.$$

und daher

$$p_k = \frac{\partial T}{\partial q'_k} = \Sigma m_i\left[x'_i\frac{\partial x'_i}{\partial q'_k}+y'_i\frac{\partial y'_i}{\partial q'_k}+z'_i\frac{\partial z'_i}{\partial q'_k}\right]$$
$$= \Sigma m_i\left[x'_i\frac{\partial x_i}{\partial q_k}+y'_i\frac{\partial y_i}{\partial q_k}+z'_i\frac{\partial z_i}{\partial q_k}\right].$$

Es ist aber

$$\Sigma m_i[\,x'_i\delta x_i + y'_i\delta y_i + z'_i\delta z_i]$$
$$= \delta q_1\Sigma m_i\left[x'_i\frac{\partial x_i}{\partial q_1}+y'_i\frac{\partial y_i}{\partial q_1}+z'_i\frac{\partial z_i}{\partial q_1}\right]$$
$$+\delta q_2\Sigma m_i\left[x'_i\frac{\partial x_i}{\partial q_2}+y'_i\frac{\partial y_i}{\partial q_2}+z'_i\frac{\partial z_i}{\partial q_2}\right]$$
$$\cdots\cdots\cdots\cdots\cdots\cdots$$
$$+\delta q_m\Sigma m_i\left[x'_i\frac{\partial x_i}{\partial q_m}+y'_i\frac{\partial y_i}{\partial q_m}+z'_i\frac{\partial z_i}{\partial q_m}\right]$$

und daher

$$\Sigma m_i[x'_i\delta x_i+y'_i\delta y_i+z'_i\delta z_i] = p_1\delta q_1+p_2\delta q_2+\cdots+p_m\delta q_m.$$

Die Gleichung

$$\frac{d\,\Sigma m_i(x'_i\delta x_i+y'_i\delta y_i+z'_i\delta z_i)}{dt} = \delta T+\delta U$$

giebt daher

$$\frac{d(p_1\delta q_1+p_2\delta q_2+\cdots+p_m\delta q_m)}{dt}$$
$$= \frac{dp_1}{dt}\delta q_1+\frac{dp_2}{dt}\delta q_2+\cdots+\frac{dp_m}{dt}\delta q_m$$
$$+\quad p_1\delta q'_1+\quad p_2\delta q'_2+\cdots+\quad p_m\delta q'_m$$
$$= \delta T+\delta U.$$

Es ist aber, da U die Grössen q'_i gar nicht enthält,

$$\delta T+\delta U$$
$$= \frac{\partial T}{\partial q'_1}\delta q'_1+\frac{\partial T}{\partial q'_2}\delta q'_2+\cdots+\frac{\partial T}{\partial q'_m}\delta q'_m$$
$$+\frac{\partial(T+U)}{\partial q_1}\delta q_1+\frac{\partial(T+U)}{\partial q_2}\delta q_2+\cdots+\frac{\partial(T+U)}{\partial q_m}\delta q_m.$$

Man hat daher, da wegen der Gleichung

$$\frac{\partial T}{\partial q'_k} = p_k$$

die in die Variationen $\delta q'_k$ multiplicirten Terme sich aufheben, die in der „Mécanique Analytique" gegebene Gleichung:

$$\frac{dp_1}{dt}\delta q_1 + \frac{dp_2}{dt}\delta q_2 + \cdots + \frac{dp_m}{dt}\delta q_m$$
$$= \frac{\partial(T+U)}{\partial q_1}\delta q_1 + \frac{\partial(T+U)}{\partial q_2}\delta q_2 + \cdots + \frac{\partial(T+U)}{\partial q_m}\delta q_m,$$

woraus, wenn die Grössen q von einander unabhängig sind, die Gleichungen folgen:

$$\frac{dp_1}{dt} = \frac{\partial(T+U)}{\partial q_1},$$
$$\frac{dp_2}{dt} = \frac{\partial(T+U)}{\partial q_2},$$
$$\cdots\cdots\cdots$$
$$\frac{dp_m}{dt} = \frac{\partial(T+U)}{\partial q_m}.$$

In den vorstehenden Lagrange'schen Formeln ist T ausgedrückt durch die Grössen $q_1, q_2, \ldots, q_m$ und $q'_1, q'_2, \ldots, q'_m$, und in diesem Sinne ist die partielle Differentiation auszuführen. Hamilton führt statt der letzten m Grössen die Grössen $p_1, p_2, \ldots, p_m$ als Variabele ein. Die auf diese Wahl der Variabeln bezüglichen Formeln erhält man auf folgende Weise:

Es ist nach den obigen Formeln

$$T = p_1 q'_1 + p_2 q'_2 + \cdots + p_m q'_m - T$$

und daher

$$\delta T = p_1 \delta q'_1 + p_2 \delta q'_2 + \cdots + p_m \delta q'_m$$
$$+ q'_1 \delta p_1 + q'_2 \delta p_2 + \cdots + q'_m \delta p_m - \delta T.$$

Da wir oben

$$\frac{\partial T}{\partial p_k} = q'_k$$

fanden, so hat man

$$\delta T = q_1' \delta p_1 + q_2' \delta p_2 + \cdots + q_m' \delta p_m + \frac{\partial T}{\partial q_1} \delta q_1 + \frac{\partial T}{\partial q_2} \delta q_2 + \cdots + \frac{\partial T}{\partial q_m} \delta q_m.$$

Substituirt man diesen Ausdruck von δT in die vorhergehende Gleichung rechter Hand vom Gleichheitszeichen, so erhält man:

$$\delta T = p_1 \delta q_1' + p_2 \delta q_2' + \cdots + p_m \delta q_m' - \left[\frac{\partial T}{\partial q_1} \delta q_1 + \frac{\partial T}{\partial q_2} \delta q_2 + \cdots + \frac{\partial T}{\partial q_m} \delta q_m\right].$$

Benutzt man diesen Ausdruck von δT und setzt wieder

$$T - U = H,$$

so verwandelt sich die oben gefundene Gleichung

$$\frac{dp_1}{dt} \delta q_1 + \frac{dp_2}{dt} \delta q_2 + \cdots + \frac{dp_m}{dt} \delta q_m + p_1 \delta q_1' + p_2 \delta q_2' + \cdots + p_m \delta q_m' = \delta T + \delta U$$

in die folgende:

$$\frac{dp_1}{dt} \delta q_1 + \frac{dp_2}{dt} \delta q_2 + \cdots + \frac{dp_m}{dt} \delta q_m = -\left[\frac{\partial H}{\partial q_1} \delta q_1 + \frac{\partial H}{\partial q_2} \delta q_2 + \cdots + \frac{\partial H}{\partial q_m} \delta q_m\right],$$

aus der sich die m Gleichungen

$$\frac{dp_1}{dt} = -\frac{\partial H}{\partial q_1},$$
$$\frac{dp_2}{dt} = -\frac{\partial H}{\partial q_2},$$
$$\cdots\cdots$$
$$\frac{dp_m}{dt} = -\frac{\partial H}{\partial q_m}$$

ergeben.

Dies sind die Differentialgleichungen der Bewegung in der neuen, von Hamilton ihnen gegebenen Form.

Da U die Grössen p_k nicht enthält, und daher

$$q'_k = \frac{dq_k}{dt} = \frac{\partial T}{\partial p_k} = \frac{\partial H}{\partial p_k}$$

ist, so hat man folgendes Theorem, welches die Hamilton'sche Darstellung der *Differentialgleichungen* der Mechanik enthält.

Theorem III.

„Es seien $q_1, q_2, \ldots, q_m$ die von einander unabhängigen Bestimmungsstücke eines Systems von n materiellen Punkten, welches entweder ganz frei oder irgend welchen Bedingungen der oben angegebenen Art unterworfen ist; die Zahl m der Bestimmungsstücke ist $3n$ bei einem freien System, dagegen, wenn die Punkte desselben l Bedingungen unterworfen sind, $3n - l$; man drücke die Kräftefunction U durch die Grössen $q_1, q_2, \ldots, q_m$ und die halbe lebendige Kraft T des Systems durch die Grössen $q_1, q_2, \ldots, q_m$ und $q'_1 = \frac{dq_1}{dt}$, $q'_2 = \frac{dq_2}{dt}$, $\ldots$, $q'_m = \frac{dq_m}{dt}$ aus, setze

$$\frac{\partial T}{\partial q'_1} = p_1, \quad \frac{\partial T}{\partial q'_2} = p_2, \quad \ldots, \quad \frac{\partial T}{\partial q'_m} = p_m$$

und stelle mit Hülfe dieser Gleichungen T als Function der Grössen $q_1, q_2, \ldots, q_m, p_1, p_2, \ldots, p_m$ dar; dann werden, wenn $T - U = H$ gesetzt wird, die Differentialgleichungen der Bewegung:

$$\frac{dq_1}{dt} = \frac{\partial H}{\partial p_1}, \quad \frac{dp_1}{dt} = -\frac{\partial H}{\partial q_1},$$

$$\frac{dq_2}{dt} = \frac{\partial H}{\partial p_2}, \quad \frac{dp_2}{dt} = -\frac{\partial H}{\partial q_2},$$

$$\cdots\cdots\cdots\cdots$$

$$\frac{dq_m}{dt} = \frac{\partial H}{\partial p_m}, \quad \frac{dp_m}{dt} = -\frac{\partial H}{\partial q_m}.\text{“}$$

Die Formeln des vorstehenden Theorems gelten, wie aus dem gegebenen Beweise erhellt, auch, was Hamilton nicht angemerkt hat, für den Fall, dass die Kräftefunction U die Zeit t explicite enthält, wovon man sich leicht überzeugt, wenn man erwägt, dass die Charakteristik δ, wie ich ausdrücklich angemerkt habe, nur diejenigen Aenderungen anzeigt, welche aus der Variation der Coordinaten hervorgehen.

Die im Vorigen gefundenen Formeln lehren, dass die partiellen Differentialquotienten von T nach $q_1, q_2, \ldots, q_m$ einen gerade entgegengesetzten Werth bekommen, je nachdem man T als Function von $q_1, q_2, \ldots, q_m$ und $q'_1, q'_2, \ldots, q'_m$ oder als Function von $q_1, q_2, \ldots, q_m$ und $p_1, p_2, \ldots, p_m$ betrachtet. Wir fanden nämlich für den letzteren Fall:

$$\begin{aligned}\delta T = \; & p_1 \delta q'_1 + p_2 \delta q'_2 + \cdots + p_m \delta q'_m \\ & - \left[\frac{\partial T}{\partial q_1}\delta q_1 + \frac{\partial T}{\partial q_2}\delta q_2 + \cdots + \frac{\partial T}{\partial q_m}\delta q_m\right],\end{aligned}$$

während man nach der ersteren Annahme hat:

$$\begin{aligned}\delta T = \; & p_1 \delta q'_1 + p_2 \delta q'_2 + \cdots + p_m \delta q'_m \\ & + \frac{\partial T}{\partial q_1}\delta q_1 + \frac{\partial T}{\partial q_2}\delta q_2 + \cdots + \frac{\partial T}{\partial q_m}\delta q_m.\end{aligned}$$

Man hat daher jedesmal genau den Sinn zu fixiren, in welchem die partiellen Differentiationen ausgeführt werden sollen.

Wenn man eine grössere Zahl von Variabeln q einführt, als zur Bestimmung der Punkte des Systems nöthig ist, so finden zwischen denselben (deren Anzahl auch in diesem Falle mit m bezeichnet werde) mehrere Bedingungsgleichungen $f = 0$, $\varphi = 0$ etc. statt, und es sind die Variationen δq_1, $\delta q_2, \ldots, \delta q_m$ nicht mehr von einander unabhängig. Man kann daher aus der Gleichung

$$\begin{aligned}& \frac{dp_1}{dt}\delta q_1 + \frac{dp_2}{dt}\delta q_2 + \cdots + \frac{dp_m}{dt}\delta q_m \\ & = -\left[\frac{\partial H}{\partial q_1}\delta q_1 + \frac{\partial H}{\partial q_2}\delta q_2 + \cdots + \frac{\partial H}{\partial q_m}\delta q_m\right]\end{aligned}$$

nicht mehr auf die Gleichheit der mit derselben Variation multiplicirten Terme schliessen, sondern muss vermittelst der zwischen den Variationen stattfindenden Bedingungsgleichungen

$$\begin{aligned}& \frac{\partial f}{\partial q_1}\delta q_1 + \frac{\partial f}{\partial q_2}\delta q_2 + \cdots + \frac{\partial f}{\partial q_m}\delta q_m = 0, \\ & \frac{\partial \varphi}{\partial q_1}\delta q_1 + \frac{\partial \varphi}{\partial q_2}\delta q_2 + \cdots + \frac{\partial \varphi}{\partial q_m}\delta q_m = 0, \\ & \cdots\cdots\cdots\cdots\cdots\end{aligned}$$

einige der Variationen durch die übrigen unabhängigen ausdrücken und dann nur die in diese multiplicirten Terme einzeln einander gleich setzen. Bewerkstelligt man die Elimination wieder nach der Lagrange'schen Methode, indem man die vorstehenden Gleichungen, mit Factoren λ, λ_1 etc. multiplicirt, hinzufügt und dann die einzelnen in $\delta q_1, \delta q_2, \ldots, \delta q_m$ multiplicirten Terme einander gleich setzt, so erhalten die Differentialgleichungen der Dynamik die Form:

$$\frac{dq_1}{dt} = \frac{\partial H}{\partial p_1}, \quad \frac{dp_1}{dt} = -\frac{\partial H}{\partial q_1} + \lambda\frac{\partial f}{\partial q_1} + \lambda_1\frac{\partial \varphi}{\partial q_1} + \cdots,$$

$$\frac{dq_2}{dt} = \frac{\partial H}{\partial p_2}, \quad \frac{dp_2}{dt} = -\frac{\partial H}{\partial q_2} + \lambda\frac{\partial f}{\partial q_2} + \lambda_1\frac{\partial \varphi}{\partial q_2} + \cdots,$$

$$\cdots\cdots\cdots\cdots\cdots\cdots\cdots\cdots$$

$$\frac{dq_m}{dt} = \frac{\partial H}{\partial p_m}, \quad \frac{dp_m}{dt} = -\frac{\partial H}{\partial q_m} + \lambda\frac{\partial f}{\partial q_m} + \lambda_1\frac{\partial \varphi}{\partial q_m} + \cdots.$$

Die Multiplicatoren λ, λ_1 etc. werden dadurch bestimmt, dass man in die Gleichungen

$$\frac{d\left[\frac{\partial f}{\partial q_1}\frac{\partial H}{\partial p_1} + \frac{\partial f}{\partial q_2}\frac{\partial H}{\partial p_2} + \cdots + \frac{\partial f}{\partial q_m}\frac{\partial H}{\partial p_m}\right]}{dt} = 0,$$

$$\frac{d\left[\frac{\partial \varphi}{\partial q_1}\frac{\partial H}{\partial p_1} + \frac{\partial \varphi}{\partial q_2}\frac{\partial H}{\partial p_2} + \cdots + \frac{\partial \varphi}{\partial q_m}\frac{\partial H}{\partial p_m}\right]}{dt} = 0,$$

$$\cdots\cdots\cdots\cdots\cdots\cdots\cdots\cdots$$

welche sich durch zweimalige Differentiation der Bedingungsgleichungen $f = 0$, $\varphi = 0$ etc. ergeben, die Werthe

$$\frac{dq_i}{dt} = \frac{\partial H}{\partial p_i}, \quad \frac{dp_i}{dt} = -\frac{\partial H}{\partial q_i} + \lambda\frac{\partial f}{\partial q_i} + \lambda_1\frac{\partial \varphi}{\partial q_i} \cdots$$

substituirt.

Wenn man unter $\delta q_1, \delta q_2, \ldots, \delta q_m$ die *virtuellen* Variationen versteht, d. h. solche, die den Bedingungen $\delta f = 0$, $\delta\varphi = 0$ etc. Genüge leisten, so kann man in allen Fällen die Differentialgleichungen in die einzige symbolische Gleichung zusammenfassen:

$$\begin{aligned} &\frac{dq_1}{dt}\delta p_1 + \frac{dq_2}{dt}\delta p_2 + \cdots + \frac{dq_m}{dt}\delta p_m \\ &- \left[\frac{dp_1}{dt}\delta q_1 + \frac{dp_2}{dt}\delta q_2 + \cdots + \frac{dp_m}{dt}\delta q_m\right] \\ &= \delta H, \end{aligned}$$

ein Resultat von grosser Allgemeinheit und Eleganz, welches, wie ich glaube, in dieser Form Hamilton zuerst aufgestellt hat.

§. 11. Hamilton's Methode, zu der von ihm angegebenen Form der Integralgleichungen zu gelangen.

Die Darstellung der *Integralgleichungen* der Mechanik durch die partiellen Differentialquotienten der charakteristischen Function, wenn man statt der Coordinaten irgend welche Bestimmungsstücke der Punkte des Systems einführt, findet **Hamilton** durch folgende einfache Betrachtung.

Es sei wieder

$$S = \int_0^t (T+U)dt.$$

Da

$$p_1 \frac{\partial H}{\partial p_1} + p_2 \frac{\partial H}{\partial p_2} + \cdots + p_m \frac{\partial H}{\partial p_m}$$
$$= p_1 \frac{\partial T}{\partial p_1} + p_2 \frac{\partial T}{\partial p_2} + \cdots + p_m \frac{\partial T}{\partial p_m} = 2T$$

ist, so hat man

$$T+U = 2T-H = p_1 \frac{\partial H}{\partial p_1} + p_2 \frac{\partial H}{\partial p_2} + \cdots + p_m \frac{\partial H}{\partial p_m} - H.$$

Man kann daher den Ausdruck von S auch so darstellen:

$$S = \int_0^t \left[p_1 \frac{\partial H}{\partial p_1} + p_2 \frac{\partial H}{\partial p_2} + \cdots + p_m \frac{\partial H}{\partial p_m} - H\right] dt$$

oder, da

$$\frac{\partial H}{\partial p_k} = \frac{dq_k}{dt},$$

$$S = \int_0^t \left[p_1 \frac{dq_1}{dt} + p_2 \frac{dq_2}{dt} + \cdots + p_m \frac{dq_m}{dt} - H\right] dt.$$

Hieraus folgt

$$\delta S = \int_0^t \left[p_1 \frac{d\delta q_1}{dt} + p_2 \frac{d\delta q_2}{dt} + \cdots + p_m \frac{d\delta q_m}{dt}\right] dt$$
$$- \int_0^t \left[\frac{\partial H}{\partial q_1} \delta q_1 + \frac{\partial H}{\partial q_2} \delta q_2 + \cdots + \frac{\partial H}{\partial q_m} \delta q_m\right] dt.$$

Integrirt man das erste Integral per partes und bezeichnet die Anfangswerthe von $q_1, q_2, \ldots, q_m$ mit $c_1, c_2, \ldots, c_m$ und die Anfangswerthe von $p_1, p_2, \ldots, p_m$

mit $b_1, b_2, \ldots, b_m$, so erhält man aus der vorstehenden Formel:

$$\begin{aligned} 0 = \delta S - [p_1 \delta q_1 + p_2 \delta q_2 + \cdots + p_m \delta q_m] \\ + b_1 \delta c_1 + b_2 \delta c_2 + \cdots + b_m \delta c_m \\ + \int_0^t \left[\Sigma \left(\frac{dp_k}{dt} + \frac{\partial H}{\partial q_k} \right) \delta q_k \right] dt, \end{aligned}$$

wenn man dem Index k unter dem Summenzeichen die Werthe 1, 2, ..., m giebt. *Diese eine merkwürdige Gleichung, welche durch eine einfache Integration per partes, wie sie in der Variationsrechnung üblich ist, gefunden wird, umfasst zu gleicher Zeit die Differentialgleichungen und die Integralgleichungen des mechanischen Problems.*

Setzt man nämlich die Ausdrücke unter dem Integralzeichen und ausserhalb des Integralzeichens besonders gleich Null, so ergeben sich sowohl die Differentialgleichungen als auch die Integralgleichungen, und zwar die ersteren vermittelst der partiellen Differentialquotienten eines der halben lebendigen Kraft weniger der Kräftefunction gleichen Ausdrucks, die letzteren vermittelst der partiellen Differentialquotienten der charakteristischen Function. In dem sogenannten Princip der *kleinsten Wirkung*, welches man analytisch durch die Gleichung $\delta S = 0$ ersetzen kann, sieht man die Grenzwerthe q_k und c_k als gegeben an; man setzt also $\delta q_k = 0$, $\delta c_k = 0$, und in Folge dessen verschwindet der Ausdruck ausserhalb des Integralzeichens von selber. Dies Princip giebt daher nur die Differentialgleichungen des Problems, während die gleichzeitige Variation der Grenzen des Integrals ausserdem die Darstellung der Integralgleichungen durch die charakteristische Function giebt. Hamilton schlägt daher vor, das Princip der kleinsten Wirkung *the law of stationary action*, das seinige dagegen *the law of varying action* zu nennen, indem das Integral, welches variirt wird, zuweilen als die *action* (*Kraftaufwand*) angesehen worden ist.

Um dies zu erläutern, bemerke ich, dass, wenn man den Ausdruck unter dem Integralzeichen gleich Null setzt,

$$\Sigma \left(\frac{dp_k}{dt} + \frac{\partial H}{\partial q_k} \right) \delta q_k = 0,$$

diese Gleichung, wenn zwischen den m Grössen q_k keine Bedingungsgleichungen stattfinden, also die Variationen δq_k von einander unabhängig sind, in die m Gleichungen zerfällt:

$$\frac{dp_k}{dt} = -\frac{\partial H}{\partial q_k},$$

dagegen, wenn zwischen den Grössen q_k die Bedingungsgleichungen $f = 0$, $\varphi = 0$ etc. stattfinden, in die m Gleichungen:

$$\frac{dp_k}{dt} = -\frac{\partial H}{\partial q_k} + \lambda \frac{\partial f}{\partial q_k} + \lambda_1 \frac{\partial \varphi}{\partial q_k} + \cdots,$$

in welchen die verschiedenen in die partiellen Differentialquotienten von f, φ etc. multiplicirten Factoren λ, λ_1 etc. für alle m Werthe des Index k dieselben bleiben. Dies sind die Differentialgleichungen des Problems.

Wenn die Grösse unter dem Integralzeichen verschwindet, so hat man eine hinlängliche Anzahl von Differentialgleichungen, um daraus die m Grössen q_k als Functionen von t und $2m$ willkürlichen Constanten bestimmen zu können; es wird daher auch S eine gegebene Function von t und den $2m$ willkürlichen Constanten; und da die Charakteristik δ sich nicht auf t bezieht, so wird δS, wofern die angegebenen Differentialgleichungen stattfinden, die Variation von S, wenn man die willkürlichen Constanten, die ihre Integration mit sich bringt, variirt, als die einzigen Grössen, welche noch variirt werden können. Man hatte aber, wenn die Grösse unter dem Integralzeichen,

$$\Sigma\left(\frac{dp_k}{dt} + \frac{\partial H}{\partial q_k}\right)\delta q_k,$$

verschwindet,

$$\begin{aligned}\delta S &= p_1 \delta q_1 + p_2 \delta q_2 + \cdots + p_m \delta q_m \\ &\quad -(b_1 \delta c_1 + b_2 \delta c_2 + \cdots + b_m \delta c_m),\end{aligned}$$

in welchem Ausdrucke δq_k, δc_k die Variationen von q_k, c_k bedeuten, wenn man diese Grössen vermittelst der Integralgleichungen des Problems durch die willkürlichen Constanten und t ausdrückt und die ersteren variirt. Man kann aber auch umgekehrt vermittelst der vollständigen Integralgleichungen des Problems die willkürlichen Constanten, die in S vorkommen, durch die Grössen q_k, c_k und t ausdrücken, so dass S eine Function von t und den $2m$ Grössen q_k, c_k wird, die weiter keine Variabele oder willkürliche Constante enthält. Es führt dann die vorstehende Gleichung, wenn keine Bedingungsgleichungen zwischen den Grössen q_k gegeben sind, sofort zu den folgenden Integralgleichungen des Systems, in denen c_1, c_2, ..., c_m, b_1, b_2, ..., b_m die willkürlichen Constanten sind:

$$\frac{\partial S}{\partial q_1} = p_1, \quad \frac{\partial S}{\partial c_1} = -b_1,$$
$$\frac{\partial S}{\partial q_2} = p_2, \quad \frac{\partial S}{\partial c_2} = -b_2,$$
$$\cdots\cdots\cdots$$
$$\frac{\partial S}{\partial q_m} = p_m, \quad \frac{\partial S}{\partial c_m} = -b_m.$$

Wenn aber zwischen den Grössen q_k die Gleichungen $f = 0$, $\varphi = 0$ etc. gegeben sind, so lässt sich aus der genannten Gleichung nur schliessen, dass sich die Grössen $\frac{\partial S}{\partial q_k}$, $\frac{\partial S}{\partial c_k}$ in der Form

$$\frac{\partial S}{\partial q_1} = \quad p_1 + \mu \frac{\partial f}{\partial q_1} + \mu_1 \frac{\partial \varphi}{\partial q_1} + \cdots,$$
$$\frac{\partial S}{\partial q_2} = \quad p_2 + \mu \frac{\partial f}{\partial q_2} + \mu_1 \frac{\partial \varphi}{\partial q_2} + \cdots,$$
$$\cdots\cdots\cdots$$
$$\frac{\partial S}{\partial q_m} = \quad p_m + \mu \frac{\partial f}{\partial q_m} + \mu_1 \frac{\partial \varphi}{\partial q_m} + \cdots,$$
$$\frac{\partial S}{\partial c_1} = -b_1 + \mu^0 \frac{\partial f^0}{\partial c_1} + \mu_1^0 \frac{\partial \varphi^0}{\partial c_1} + \cdots,$$
$$\frac{\partial S}{\partial c_2} = -b_2 + \mu^0 \frac{\partial f^0}{\partial c_2} + \mu_1^0 \frac{\partial \varphi^0}{\partial c_2} + \cdots,$$
$$\cdots\cdots\cdots$$
$$\frac{\partial S}{\partial c_m} = -b_m + \mu^0 \frac{\partial f^0}{\partial c_m} + \mu_1^0 \frac{\partial \varphi^0}{\partial c_m} + \cdots$$

darstellen lassen, wo f^0, φ^0 etc. die Ausdrücke bedeuten, in welche f, φ etc. übergehen, wenn man darin für die Grössen q_k ihre Anfangswerthe c_k setzt, und die eingeführten Multiplicatoren $\mu, \mu_1, \ldots, \mu^0, \mu_1^0, \ldots$ folgendermassen bestimmt werden können. Differentiirt man die Gleichungen $f = 0$, $\varphi = 0$ etc. nach t und setzt $dq_1 = \frac{\partial H}{\partial p_1} dt$, $dq_2 = \frac{\partial H}{\partial p_2} dt, \ldots, dq_m = \frac{\partial H}{\partial p_m} dt$, so ergiebt sich:

$$\frac{\partial f}{\partial q_1}\frac{\partial H}{\partial p_1} + \frac{\partial f}{\partial q_2}\frac{\partial H}{\partial p_2} + \cdots + \frac{\partial f}{\partial q_m}\frac{\partial H}{\partial p_m} = 0,$$
$$\frac{\partial \varphi}{\partial q_1}\frac{\partial H}{\partial p_1} + \frac{\partial \varphi}{\partial q_2}\frac{\partial H}{\partial p_2} + \cdots + \frac{\partial \varphi}{\partial q_m}\frac{\partial H}{\partial p_m} = 0;$$
$$\cdots\cdots\cdots$$

Substituirt man in diese Gleichungen für $p_1, p_2, \ldots, p_m$ die aus den m ersten Integralgleichungen sich ergebenden Werthe derselben, so erhält man zur Bestimmung der Multiplicatoren μ, μ_1 etc. eine gleiche Anzahl linearer Gleichungen.

Ebenso dienen die vorstehenden Gleichungen, wenn man in ihnen $c_1, c_2, \ldots, c_m, b_1, b_2, \ldots, b_m$ für $q_1, q_2, \ldots, q_m, p_1, p_2, \ldots, p_m$ setzt und die m letzten Integralgleichungen benutzt, zur Bestimmung der Multiplicatoren μ^0, μ_1^0 etc. Ferner geben sie dann, in Verbindung mit den Gleichungen $f^0 = 0$, $\varphi^0 = 0$ etc., die Bedingungen an, welche die in den aufgestellten Integralgleichungen als Constanten auftretenden Grössen c_k, b_k erfüllen müssen.

Den partiellen Differentialquotienten von S, nach t genommen, findet man durch die Gleichung:

$$\begin{aligned}\frac{dS}{dt} &= p_1\frac{\partial H}{\partial p_1}+p_2\frac{\partial H}{\partial p_2}+\cdots+p_m\frac{\partial H}{\partial p_m}-H\\ &= \frac{\partial S}{\partial t}+\frac{\partial S}{\partial q_1}\frac{dq_1}{dt}+\frac{\partial S}{\partial q_2}\frac{dq_2}{dt}+\cdots+\frac{\partial S}{\partial q_m}\frac{dq_m}{dt}\\ &= \frac{\partial S}{\partial t}+p_1\frac{\partial H}{\partial p_1}+p_2\frac{\partial H}{\partial p_2}+\cdots+p_m\frac{\partial H}{\partial p_m},\end{aligned}$$

woraus

$$\frac{\partial S}{\partial t} = -H = U-T$$

folgt, wie wir auch oben gefunden hatten, wo die rechtwinkligen Coordinaten zu Bestimmungsstücken der Punkte des Systems gewählt waren.

Wenn zwischen den Grössen q_k keine Bedingungsgleichungen stattfinden, und man in den Ausdruck von H oder T für die Grössen p_k ihre Werthe setzt:

$$p_k = \frac{\partial S}{\partial q_k},$$

so wird die vorstehende Gleichung

$$\frac{\partial S}{\partial t}+T = U$$

eine partielle Differentialgleichung erster Ordnung zwischen der Function S und den unabhängigen Variabeln $t, q_1, q_2, \ldots, q_m$. Wenn das System ganz frei ist, also $m = 3n$, so muss dieses dieselbe partielle Differentialgleichung sein, wie die oben für diesen Fall angegebene:

$$\frac{\partial S}{\partial t}+\Sigma\frac{1}{m_i}\left[\left(\frac{\partial S}{\partial x_i}\right)^2+\left(\frac{\partial S}{\partial y_i}\right)^2+\left(\frac{\partial S}{\partial z_i}\right)^2\right] = U,$$

wenn man in dieselbe statt der $3n$ Grössen x_i, y_i, z_i die $3n$ Grössen q_k einführt. In der That folgen auch aus der oben (p. 267) gefundenen Gleichung:

$$\Sigma m_i[x'_i\delta x_i+y'_i\delta y_i+z'_i\delta z_i]$$
$$=p_1\delta q_1+p_2\delta q_2+\cdots+p_m\delta q_m$$

die Gleichungen:

$$m_i x'_i = p_1\frac{\partial q_1}{\partial x_i}+p_2\frac{\partial q_2}{\partial x_i}+\cdots+p_m\frac{\partial q_m}{\partial x_i},$$
$$m_i y'_i = p_1\frac{\partial q_1}{\partial y_i}+p_2\frac{\partial q_2}{\partial y_i}+\cdots+p_m\frac{\partial q_m}{\partial y_i},$$
$$m_i z'_i = p_1\frac{\partial q_1}{\partial z_i}+p_2\frac{\partial q_2}{\partial z_i}+\cdots+p_m\frac{\partial q_m}{\partial z_i};$$

es ist also

$$\begin{aligned}T = &\ \tfrac{1}{2}\Sigma\frac{1}{m_i}\left[p_1\frac{\partial q_1}{\partial x_i}+p_2\frac{\partial q_2}{\partial x_i}+\cdots+p_m\frac{\partial q_m}{\partial x_i}\right]^2\\ &+\tfrac{1}{2}\Sigma\frac{1}{m_i}\left[p_1\frac{\partial q_1}{\partial y_i}+p_2\frac{\partial q_2}{\partial y_i}+\cdots+p_m\frac{\partial q_m}{\partial y_i}\right]^2\\ &+\tfrac{1}{2}\Sigma\frac{1}{m_i}\left[p_1\frac{\partial q_1}{\partial z_i}+p_2\frac{\partial q_2}{\partial z_i}+\cdots+p_m\frac{\partial q_m}{\partial z_i}\right]^2\end{aligned}$$

und daher, wenn man die Werthe

$$p_k=\frac{\partial S}{\partial q_k}$$

substituirt,

$$\begin{aligned}T = &\ \tfrac{1}{2}\Sigma\frac{1}{m_i}\left[\frac{\partial S}{\partial q_1}\frac{\partial q_1}{\partial x_i}+\frac{\partial S}{\partial q_2}\frac{\partial q_2}{\partial x_i}+\cdots+\frac{\partial S}{\partial q_m}\frac{\partial q_m}{\partial x_i}\right]^2\\ &+\tfrac{1}{2}\Sigma\frac{1}{m_i}\left[\frac{\partial S}{\partial q_1}\frac{\partial q_1}{\partial y_i}+\frac{\partial S}{\partial q_2}\frac{\partial q_2}{\partial y_i}+\cdots+\frac{\partial S}{\partial q_m}\frac{\partial q_m}{\partial y_i}\right]^2\\ &+\tfrac{1}{2}\Sigma\frac{1}{m_i}\left[\frac{\partial S}{\partial q_1}\frac{\partial q_1}{\partial z_i}+\frac{\partial S}{\partial q_2}\frac{\partial q_2}{\partial z_i}+\cdots+\frac{\partial S}{\partial q_m}\frac{\partial q_m}{\partial z_i}\right]^2,\end{aligned}$$

in welchem Ausdrucke man noch vermittelst der zwischen den Grössen q_k und x_i, y_i, z_i stattfindenden $3n$ Gleichungen die partiellen Differentialquotienten

$$\frac{\partial q_k}{\partial x_i},\quad \frac{\partial q_k}{\partial y_i},\quad \frac{\partial q_k}{\partial z_i}$$

durch die Grössen q_k auszudrücken hat, damit die Gleichung

$$\frac{\partial S}{\partial t} + T = U$$

eine partielle Differentialgleichung zwischen S, t und den Grössen q_k werde. Der vorstehende Werth von T ist aber offenbar

$$T = \Sigma \frac{1}{m_i} \left[\left(\frac{\partial S}{\partial x_i} \right)^2 + \left(\frac{\partial S}{\partial y_i} \right)^2 + \left(\frac{\partial S}{\partial z_i} \right)^2 \right]$$

und giebt, in die Gleichung

$$\frac{\partial S}{\partial t} + T = U$$

substituirt, die früher angegebene partielle Differentialgleichung.

Setzt man wieder

$$V = S + tH$$

und führt statt t die Variabele H ein, so erhält man durch ähnliche Formeln die $2m$ Integralgleichungen durch die partiellen Differentialquotienten von V ausgedrückt. Statt der Gleichung

$$\frac{\partial S}{\partial t} = -H$$

erhält man wieder, wie früher,

$$\frac{\partial V}{\partial H} = t.$$

Die partielle Differentialgleichung wird

$$T = U + H,$$

wenn man in T für die Grössen p_k die Werthe

$$p_k = \frac{\partial V}{\partial q_k}$$

setzt und in U, wenn darin die Zeit t auch explicite vorkommt, seinen Werth

$$t = \frac{\partial V}{\partial H}.$$

Wenn t nicht explicite in U vorkommt, und daher vermittelst der Gleichungen der Bewegung H einer Constante gleich wird,

$$H = h,$$

so erhält man noch eine zweite partielle Differentialgleichung für jede der

Functionen S und V*). Ist nämlich H^0 der Ausdruck, in den H übergeht, wenn man c_k, b_k für q_k, p_k setzt, so hat man

$$\frac{\partial S}{\partial t} + H^0 = 0,$$

$$H^0 = h,$$

wenn man in der ersten Gleichung in H^0 die Grössen b_k durch ihre Werthe

$$b_k = -\frac{\partial S}{\partial c_k}$$

und in der zweiten durch die Werthe

$$b_k = -\frac{\partial V}{\partial c_k}$$

ersetzt.

§. 12. Die partielle Differentialgleichung für das Problem der Rotation.

Ehe ich mich zu anderen Betrachtungen wende, will ich noch die partielle Differentialgleichung aufsuchen, auf welche nach der vorstehenden Theorie die Rotation eines festen Körpers um einen festen Punkt zurückkommt, wobei ich die von Poisson in seiner Abhandlung im 15ten Hefte des „Journal de l'École Polytechnique" gebrauchten Bezeichungen beibehalten will.

Es seien X, Y zwei feste, auf einander senkrecht stehende Linien, XY ihre Ebene; ferner X_1, Y_1 zwei der beweglichen Hauptdrehungsaxen des Körpers, X_1Y_1 ihre Ebene. Es sei:

ψ der Winkel zwischen X und dem Durchschnitt der Ebenen XY und X_1Y_1;

φ der Winkel zwischen diesem Durchschnitt und X_1;

ϑ der Neigungswinkel beider Ebenen XY und X_1Y_1;

es seien ferner A, B, C die Momente der Trägheit des Körpers in Bezug auf die Axen X_1, Y_1 und die dritte auf ihnen senkrecht stehende. Setzt man

$$\frac{d\psi}{dt} = \psi', \quad \frac{d\varphi}{dt} = \varphi', \quad \frac{d\vartheta}{dt} = \vartheta',$$

ferner

$$p = \sin\varphi\sin\vartheta.\psi' - \cos\varphi.\vartheta',$$
$$q = \cos\varphi\sin\vartheta.\psi' + \sin\varphi.\vartheta',$$
$$r = \varphi' - \cos\vartheta.\psi',$$

*) Vgl. p. 237.

so hat man für die lebendige Kraft:

$$2T = Ap^2 + Bq^2 + Cr^2.$$

Setzt man ferner mit Poisson:

$$\frac{\partial T}{\partial \varphi'} = s,$$

$$\frac{\partial T}{\partial \vartheta'} = v,$$

$$\frac{\partial T}{\partial \psi'} = u,$$

so hat man die am angeführten Ort S. 326 entwickelten Formeln:

$$Cr = s,$$

$$Bq = \frac{\cos\varphi}{\sin\vartheta}(u + \cos\vartheta . s) + \sin\varphi . v,$$

$$Ap = \frac{\sin\varphi}{\sin\vartheta}(u + \cos\vartheta . s) - \cos\varphi . v,$$

woraus sich

$$T = \frac{1}{2C} . s^2 + \frac{1}{2B}\left[\frac{\cos\varphi}{\sin\vartheta}(u + \cos\vartheta . s) + \sin\varphi . v\right]^2 + \frac{1}{2A}\left[\frac{\sin\varphi}{\sin\vartheta}(u + \cos\vartheta . s) - \cos\varphi . v\right]^2$$

ergiebt. Was in unseren allgemeinen Formeln die Grössen q_k waren, sind hier die Winkel φ, ψ, ϑ, und was die Grössen p_k, sind hier die den Winkeln φ, ψ, ϑ entsprechenden Grössen s, u, v. Man hat daher:

$$\frac{\partial V}{\partial \varphi} = s,$$

$$\frac{\partial V}{\partial \psi} = u,$$

$$\frac{\partial V}{\partial \vartheta} = v,$$

so dass, wenn U die Kräftefunction ist und h die in dem Satze von der lebendigen Kraft vorkommende Constante, die Bestimmung der Rotation eines Körpers zurückkommt auf die Integration der partiellen Differentialgleichung:

$$\frac{1}{2C}\left(\frac{\partial V}{\partial \varphi}\right)^2$$
$$+\frac{1}{2B}\left[\frac{\cos\varphi}{\sin\vartheta}\left(\frac{\partial V}{\partial \psi}+\cos\vartheta\frac{\partial V}{\partial \varphi}\right)+\sin\varphi\frac{\partial V}{\partial \vartheta}\right]^2$$
$$+\frac{1}{2A}\left[\frac{\sin\varphi}{\sin\vartheta}\left(\frac{\partial V}{\partial \psi}+\cos\vartheta\frac{\partial V}{\partial \varphi}\right)-\cos\varphi\frac{\partial V}{\partial \vartheta}\right]^2$$
$$= U+h.$$

Die Integration dieser partiellen Differentialgleichung für den Fall, dass die Kräftefunction $U = 0$ ist oder der feste Körper durch einen augenblicklichen Impuls um den festen Punkt in Bewegung gesetzt wird, werde ich an einem anderen Orte mittheilen und zeigen, wie sich das Problem in diesem Falle auf blosse Quadraturen zurückführen lässt. Dasselbe gilt bei *allen* mechanischen Problemen, in welchen die Bestimmung der Lage der Punkte des Systems nur von drei Grössen abhängt, und die Gleichung für die Erhaltung der lebendigen Kraft, sowie die drei Gleichungen für die Erhaltung der Flächenräume gelten*).

§. 13. Zurückführung der allgemeinsten partiellen Differentialgleichung erster Ordnung auf ein einziges System gewöhnlicher Differentialgleichungen.

Die im Vorhergehenden mitgetheilte Hamilton'sche Analysis setzt auf keine Weise voraus, dass die Function H aus t und den $2m$ Grössen q_k und p_k gerade auf die Weise zusammengesetzt sei, welche die Probleme der Mechanik erfordern, sondern diese Analyse gilt unverändert, *was auch H für eine Function von t und den Grössen q_k und p_k bedeutet.* Man erhält hierdurch, wenn man für H irgend eine Function f setzt, allgemein folgendes Theorem.

Theorem IV.

„Es sei

$$f(t, q_1, q_2, \ldots, q_m, p_1, p_2, \ldots, p_m)$$

irgend eine Function der $2m+1$ Grössen $t, q_1, q_2, \ldots, q_m, p_1, p_2, \ldots, p_m$, und zwischen diesen Variabeln sei folgendes System von $2m$ Differentialgleichungen erster Ordnung gegeben:

*) Vgl. die Abhandlung „Nova methodus aequationes differentiales partiales primi ordinis integrandi" (S. 1—189 dieses Bandes), wo in §. 65 diese Fragen behandelt sind.

$$\frac{dq_1}{dt} = \frac{\partial f}{\partial p_1}, \quad \frac{dp_1}{dt} = -\frac{\partial f}{\partial q_1},$$

$$\frac{dq_2}{dt} = \frac{\partial f}{\partial p_2}, \quad \frac{dp_2}{dt} = -\frac{\partial f}{\partial q_2},$$

$$\cdots\cdots\cdots\cdots$$

$$\frac{dq_m}{dt} = \frac{\partial f}{\partial p_m}, \quad \frac{dp_m}{dt} = -\frac{\partial f}{\partial q_m};$$

es seien $c_1, c_2, \ldots, c_m$ *die Werthe der Grössen* $q_1, q_2, \ldots, q_m$ *und* $b_1, b_2, \ldots, b_m$ *die Werthe der Grössen* $p_1, p_2, \ldots, p_m$ *für* $t = 0$, *wodurch die in den 2m Integralen des vorgelegten Systems von Differentialgleichungen vorkommenden 2m willkürlichen Constanten bestimmt sind; drückt man hiernach das Integral*

$$W = \int_0^t \left[p_1 \frac{\partial f}{\partial p_1} + p_2 \frac{\partial f}{\partial p_2} + \cdots + p_m \frac{\partial f}{\partial p_m} - f\right] dt$$

durch die Grössen $t, q_1, q_2, \ldots, q_m, c_1, c_2, \ldots, c_m$ *aus, wie dieses vermittelst der 2m Integralgleichungen möglich ist, so hat man die Gleichungen:*

$$\frac{\partial W}{\partial q_1} = p_1, \quad \frac{\partial W}{\partial c_1} = -b_1,$$

$$\frac{\partial W}{\partial q_2} = p_2, \quad \frac{\partial W}{\partial c_2} = -b_2,$$

$$\cdots\cdots\cdots\cdots$$

$$\frac{\partial W}{\partial q_m} = p_m, \quad \frac{\partial W}{\partial c_m} = -b_m,$$

welche man als die 2m Integralgleichungen des Problems betrachten kann; zugleich ist der angegebene Ausdruck von W eine Lösung der partiellen Differentialgleichung erster Ordnung:

$$\frac{\partial W}{\partial t} + f\left(t, q_1, q_2, \ldots, q_m, \frac{\partial W}{\partial q_1}, \frac{\partial W}{\partial q_2}, \ldots, \frac{\partial W}{\partial q_m}\right) = 0,$$

in welcher Lösung $c_1, c_2, \ldots, c_m$ *die m willkürlichen Constanten sind, denen man noch eine hinzufügen kann, welche durch blosse Addition mit W verbunden wird.*"

Der Beweis des ersten Theils dieses Theorems ist in der einen Gleichung enthalten:

$$\delta W = \delta\int_0^t \left(p_1\frac{\partial f}{\partial p_1}+p_2\frac{\partial f}{\partial p_2}+\cdots+p_m\frac{\partial f}{\partial p_m}-f\right)dt$$

$$=\int_0^t\left\{\begin{array}{l} p_1\delta\frac{\partial f}{\partial p_1}+p_2\delta\frac{\partial f}{\partial p_2}+\cdots+p_m\delta\frac{\partial f}{\partial p_m}\\ -\frac{\partial f}{\partial q_1}\delta q_1-\frac{\partial f}{\partial q_2}\delta q_2-\cdots-\frac{\partial f}{\partial q_m}\delta q_m\end{array}\right\}dt$$

$$=\int_0^t\left\{\begin{array}{l} p_1\delta\frac{dq_1}{dt}+p_2\delta\frac{dq_2}{dt}+\cdots+p_m\delta\frac{dq_m}{dt}\\ +\delta q_1\frac{dp_1}{dt}+\delta q_2\frac{dp_2}{dt}+\cdots+\delta q_m\frac{dp_m}{dt}\end{array}\right\}dt$$

$$= p_1\delta q_1+p_2\delta q_2+\cdots+p_m\delta q_m$$
$$-b_1\delta c_1-b_2\delta c_2-\cdots-b_m\delta c_m,$$

in welcher Gleichung die Charakteristik δ sich bloss auf die Variation der in den Integralgleichungen vorkommenden willkürlichen Constanten bezieht. Man erhält dann den zweiten Theil des Theorems durch die Gleichung:

$$p_1\frac{\partial f}{\partial p_1}+p_2\frac{\partial f}{\partial p_2}+\cdots+p_m\frac{\partial f}{\partial p_m}-f$$
$$=\frac{dW}{dt}=\frac{\partial W}{\partial t}+\frac{\partial W}{\partial q_1}\frac{dq_1}{dt}+\frac{\partial W}{\partial q_2}\frac{dq_2}{dt}+\cdots+\frac{\partial W}{\partial q_m}\frac{dq_m}{dt}$$
$$=\frac{\partial W}{\partial t}+p_1\frac{\partial f}{\partial p_1}+p_2\frac{\partial f}{\partial p_2}+\cdots+p_m\frac{\partial f}{\partial p_m},$$

woraus die Gleichung

$$\frac{\partial W}{\partial t}+f=0$$

folgt, in welcher man für die Grössen p_k ihre Werthe $\frac{\partial W}{\partial q_k}$ zu substituiren hat, wenn sie als partielle Differentialgleichung betrachtet werden soll.

Die partielle Differentialgleichung, deren vollständige Lösung vermittelst der vollständigen Integration eines einzigen Systems gewöhnlicher Differentialgleichungen durch das Theorem IV gegeben ist, hat nicht die allgemeinste Form partieller Differentialgleichungen erster Ordnung, indem sie nur die Differentialquotienten der gesuchten Function W, nicht diese Function selber involvirt. Für diesen allgemeinsten Fall habe ich folgendes Theorem gefunden.

Theorem V.

„Es sei

$$f(W, t, q_1, q_2, \ldots, q_m, p_1, p_2, \ldots, p_m)$$

irgend eine beliebige Function der Grössen $W, t, q_1, q_2, \ldots, q_m, p_1, p_2, \ldots, p_m$, *und zwischen diesen Variabeln sei folgendes System von* $2m+1$ *gewöhnlichen Differentialgleichungen erster Ordnung gegeben:*

$$\frac{dq_1}{dt} = \frac{\partial f}{\partial p_1}, \quad \frac{dp_1}{dt} = -\frac{\partial f}{\partial q_1} - p_1 \frac{\partial f}{\partial W},$$

$$\frac{dq_2}{dt} = \frac{\partial f}{\partial p_2}, \quad \frac{dp_2}{dt} = -\frac{\partial f}{\partial q_2} - p_2 \frac{\partial f}{\partial W},$$

$$\cdots\cdots\cdots\cdots\cdots\cdots$$

$$\frac{dq_m}{dt} = \frac{\partial f}{\partial p_m}, \quad \frac{dp_m}{dt} = -\frac{\partial f}{\partial q_m} - p_m \frac{\partial f}{\partial W},$$

$$\frac{dW}{dt} = p_1 \frac{\partial f}{\partial p_1} + p_2 \frac{\partial f}{\partial p_2} + \cdots + p_m \frac{\partial f}{\partial p_m} - f;$$

es seien für $W=0$ *die Werthe der Grössen* $t, q_1, q_2, \ldots, q_m; p_1, p_2, \ldots, p_m$ *respective* $t_0, c_1, c_2, \ldots, c_m, b_1, b_2, \ldots, b_m$, *wodurch die in den* $2m+1$ *Integralgleichungen des vorgelegten Systems gewöhnlicher Differentialgleichungen vorkommenden* $2m+1$ *willkürlichen Constanten bestimmt sind; drückt man hiernach vermittelst der* $2m+1$ *Integralgleichungen die Grösse* W *durch* $t, t_0, q_1, q_2, \ldots, q_m, c_1, c_2, \ldots, c_m$ *aus und nimmt in diesem Sinne die partiellen Differentialquotienten von* W, *so erhält man*

$$\frac{\partial W}{\partial q_1} = p_1, \quad \frac{\partial W}{\partial c_1} = -Mb_1,$$

$$\frac{\partial W}{\partial q_2} = p_2, \quad \frac{\partial W}{\partial c_2} = -Mb_2,$$

$$\cdots\cdots\cdots\cdots$$

$$\frac{\partial W}{\partial q_m} = p_m, \quad \frac{\partial W}{\partial c_m} = -Mb_m,$$

wo

$$M = e^{-\int_{t_0}^{t} \frac{\partial f}{\partial W} dt}$$

ist; die vorstehenden Gleichungen, verbunden mit dem Ausdrucke von W *durch* $t, t_0, q_1, q_2, \ldots, q_m, c_1, c_2, \ldots, c_m$, *kann man als die* $2m+1$ *Integralgleichungen des vorgelegten Systems von Differentialgleichungen mit* $2m+1$ *willkürlichen Constanten* $t_0, c_1, c_2, \ldots, c_m, b_1, b_2, \ldots, b_m$ *ansehen; zugleich ist der angegebene Ausdruck von* W *eine vollständige Lösung der partiellen Differentialgleichung erster Ordnung*

$$\frac{\partial W}{\partial t}+f\left(W, t, q_1, q_2, \ldots, q_m, \frac{\partial W}{\partial q_1}, \frac{\partial W}{\partial q_2}, \ldots, \frac{\partial W}{\partial q_m}\right)=0,$$

in welcher Lösung $t_0, c_1, c_2, \ldots, c_m$ *die* $m+1$ *willkürlichen Constanten sind*".

Der Beweis des ersten Theils dieses Theorems ist in folgenden Gleichungen enthalten, in welchen die Charakteristik δ sich wieder nur auf die willkürlichen Constanten bezieht, welche in den $2m+1$ Integralgleichungen vorkommen. Man hat zuerst

$$\begin{aligned}
\delta\frac{dW}{dt}=\frac{d\delta W}{dt} &= p_1\delta\frac{\partial f}{\partial p_1}+p_2\delta\frac{\partial f}{\partial p_2}+\cdots+p_m\delta\frac{\partial f}{\partial p_m} \\
&\quad -\frac{\partial f}{\partial q_1}\delta q_1-\frac{\partial f}{\partial q_2}\delta q_2-\cdots-\frac{\partial f}{\partial q_m}\delta q_m-\frac{\partial f}{\partial W}\delta W \\
&= p_1\delta\frac{dq_1}{dt}+p_2\delta\frac{dq_2}{dt}+\cdots+p_m\delta\frac{dq_m}{dt} \\
&\quad +\frac{dp_1}{dt}\delta q_1+\frac{dp_2}{dt}\delta q_2+\cdots+\frac{dp_m}{dt}\delta q_m \\
&\quad +\frac{\partial f}{\partial W}(p_1\delta q_1+p_2\delta q_2+\cdots+p_m\delta q_m-\delta W) \\
&= \frac{d(p_1\delta q_1+p_2\delta q_2+\cdots+p_m\delta q_m)}{dt} \\
&\quad +\frac{\partial f}{\partial W}(p_1\delta q_1+p_2\delta q_2+\cdots+p_m\delta q_m-\delta W).
\end{aligned}$$

Daraus folgt:

$$\begin{aligned}
&\frac{d(p_1\delta q_1+p_2\delta q_2+\cdots+p_m\delta q_m-\delta W)}{dt} \\
&+\frac{\partial f}{\partial W}(p_1\delta q_1+p_2\delta q_2+\cdots+p_m\delta q_m-\delta W)=0.
\end{aligned}$$

Dividirt man diese Gleichung durch M und integrirt von $t=t_0$ bis $t=t$, so erhält man, wenn man mit $(\delta W)_0$ den Werth von δW für $t=t_0$ bezeichnet:

$$\begin{aligned}
&\frac{1}{M}(p_1\delta q_1+p_2\delta q_2+\cdots+p_m\delta q_m-\delta W) \\
&-[b_1\delta c_1+b_2\delta c_2+\cdots+b_m\delta c_m-(\delta W)_0]=0.
\end{aligned}$$

Bezeichnet man mit W_0 und $\left(\frac{\partial W}{\partial t}\right)_0$ die Werthe von W und $\frac{\partial W}{\partial t}$ für $t = t_0$, so hat man

$$\delta W_0 = (\delta W)_0 + \left(\frac{\partial W}{\partial t}\right)_0 \delta t_0$$

oder, da ich vorausgesetzt habe, dass W_0 identisch $= 0$ sei, und daher auch $\delta W_0 = 0$ ist,

$$(\delta W)_0 = -\left(\frac{\partial W}{\partial t}\right)_0 \delta t_0.$$

Hiernach verwandelt sich die gefundene Gleichung in die folgende:

$$\delta W = p_1 \delta q_1 + p_2 \delta q_2 + \cdots + p_m \delta q_m$$
$$-M\left[b_1 \delta c_1 + b_2 \delta c_2 + \cdots + b_m \delta c_m + \left(\frac{\partial W}{\partial t}\right)_0 \delta t_0\right],$$

welche den ersten Theil des Theorems umfasst und ausserdem noch die Gleichung:

$$\frac{\partial W}{\partial t_0} = -M\left(\frac{\partial W}{\partial t}\right)_0.$$

Man hat ferner:

$$p_1 \frac{\partial f}{\partial p_1} + p_2 \frac{\partial f}{\partial p_2} + \cdots + p_m \frac{\partial f}{\partial p_m} - f$$
$$= \frac{dW}{dt} = \frac{\partial W}{\partial t} + \frac{\partial W}{\partial q_1}\frac{dq_1}{dt} + \frac{\partial W}{\partial q_2}\frac{dq_2}{dt} + \cdots + \frac{\partial W}{\partial q_m}\frac{dq_m}{dt}$$
$$= \frac{\partial W}{\partial t} + p_1 \frac{\partial f}{\partial p_1} + p_2 \frac{\partial f}{\partial p_2} + \cdots + p_m \frac{\partial f}{\partial p_m},$$

woraus man

$$\frac{\partial W}{\partial t} + f = 0$$

erhält, welche Gleichung, wenn man darin für die Grössen p_k ihre Werthe $\frac{\partial W}{\partial q_k}$ substituirt, den zweiten Theil des Theorems giebt.

Pfaff hat zuerst bemerkt (in den Abhandlungen der Berliner Akademie der Wissenschaften vom Jahre 1815), dass die Integration der partiellen Differentialgleichung

$$\frac{\partial W}{\partial t} + f\left(W, t, q_1, q_2, \ldots, q_m, \frac{\partial W}{\partial q_1}, \frac{\partial W}{\partial q_2}, \ldots, \frac{\partial W}{\partial q_m}\right) = 0$$

die Integration des im Theorem V aufgestellten Systems gewöhnlicher Differentialgleichungen erfordert. Aber nach seiner Analysis war die vollständige

Integration dieses Systems nur ein erster Schritt, nach welchem noch mehrere andere Systeme gewöhnlicher Differentialgleichungen zu integriren blieben. Das Theorem V lehrt aber, dass die vollständige Integration des einen Systems gewöhnlicher Differentialgleichungen hinreicht, eine vollständige Lösung der partiellen Differentialgleichung zu finden. Man kann auch über den Zusammenhang des Systems gewöhnlicher Differentialgleichungen mit der partiellen Differentialgleichung meine Abhandlung im 2ten Bande des Crelle'schen Journals „*Ueber die Integration der partiellen Differentialgleichungen erster Ordnung*" vergleichen. (Cf. Bd. IV dieser Ausgabe, p. 1 ff.)

§. 14. Es wird gezeigt, wie umgekehrt jede vollständige Lösung einer partiellen Differentialgleichung erster Ordnung die Integrale eines gewissen Systems gewöhnlicher Differentialgleichungen liefert.

Um die vollständigen Integrale der in den Theoremen IV und V aufgestellten Systeme gewöhnlicher Differentialgleichungen zu erhalten, ist es nicht nöthig, dass man gerade diejenige vollständige Lösung der partiellen Differentialgleichungen kenne, welche in diesen Theoremen als die Function W definirt worden ist, sondern es genügt, wenn man *irgend eine* vollständige Lösung dieser partiellen Differentialgleichungen kennt. Man hat nämlich folgendes Theorem, welches als die Umkehrung des Theorems IV betrachtet werden kann:

Theorem VI.

„*Es sei W irgend eine vollständige Lösung der partiellen Differentialgleichung:*

$$0 = \frac{\partial W}{\partial t} + f\left(t, q_1, q_2, \ldots, q_m, \frac{\partial W}{\partial q_1}, \frac{\partial W}{\partial q_2}, \ldots, \frac{\partial W}{\partial q_m}\right),$$

welche Lösung ausser einer zu W hinzukommenden Constante die m willkürlichen Constanten $\alpha_1, \alpha_2, \ldots, \alpha_m$ enthalte, so sind die Gleichungen:

$$\frac{\partial W}{\partial q_1} = p_1, \quad \frac{\partial W}{\partial \alpha_1} = \beta_1,$$
$$\frac{\partial W}{\partial q_2} = p_2, \quad \frac{\partial W}{\partial \alpha_2} = \beta_2,$$
$$\cdots\cdots\cdots\cdots$$
$$\frac{\partial W}{\partial q_m} = p_m, \quad \frac{\partial W}{\partial \alpha_m} = \beta_m,$$

in welchen $\beta_1, \beta_2, \ldots, \beta_m$ andere m willkürliche Constanten bedeuten, die vollständigen Integralgleichungen folgender 2m gewöhnlichen Differentialgleichungen erster Ordnung:

$$\frac{dq_1}{dt} = \frac{\partial f}{\partial p_1}, \quad \frac{dp_1}{dt} = -\frac{\partial f}{\partial q_1},$$

$$\frac{dq_2}{dt} = \frac{\partial f}{\partial p_2}, \quad \frac{dp_2}{dt} = -\frac{\partial f}{\partial q_2},$$

$$\cdots\cdots\cdots\cdots$$

$$\frac{dq_m}{dt} = \frac{\partial f}{\partial p_m}, \quad \frac{dp_m}{dt} = -\frac{\partial f}{\partial q_m},$$

in welchen f die obige Function

$$f\left(t, q_1, q_2, \ldots, q_m, \frac{\partial W}{\partial q_1}, \frac{\partial W}{\partial q_2}, \ldots, \frac{\partial W}{\partial q_m}\right)$$

ist, wenn man darin für

$$\frac{\partial W}{\partial q_1}, \frac{\partial W}{\partial q_2}, \ldots, \frac{\partial W}{\partial q_m}$$

respective

$$p_1, p_2, \ldots, p_m$$

setzt."

Der Beweis dieses Theorems ist in der zweifachen Darstellung des Ausdrucks

$$\delta\frac{dW}{dt} = \frac{d\delta W}{dt}$$

enthalten, welche man erhält, wenn man W zuerst nach t differentiirt und dann variirt, oder zuerst variirt und dann nach t differentiirt, wobei alle Variabeln als Functionen von t betrachtet werden, wie sie sich durch die aufgestellten $2m$ Integralgleichungen ergeben, und das Variationszeichen δ sich wieder nur auf die in denselben enthaltenen willkürlichen Constanten bezieht.

Es ist

$$\frac{dW}{dt} = \frac{\partial W}{\partial t} + \frac{\partial W}{\partial q_1}\frac{dq_1}{dt} + \frac{\partial W}{\partial q_2}\frac{dq_2}{dt} + \cdots + \frac{\partial W}{\partial q_m}\frac{dq_m}{dt}$$

$$= -f + p_1\frac{dq_1}{dt} + p_2\frac{dq_2}{dt} + \cdots + p_m\frac{dq_m}{dt},$$

und daher:

$$\delta\frac{dW}{dt} = -\frac{\partial f}{\partial q_1}\delta q_1 - \frac{\partial f}{\partial q_2}\delta q_2 - \cdots - \frac{\partial f}{\partial q_m}\delta q_m$$

$$+\left(\frac{dq_1}{dt} - \frac{\partial f}{\partial p_1}\right)\delta p_1 + \left(\frac{dq_2}{dt} - \frac{\partial f}{\partial p_2}\right)\delta p_2 + \cdots + \left(\frac{dq_m}{dt} - \frac{\partial f}{\partial p_m}\right)\delta p_m$$

$$+p_1\,\delta\frac{dq_1}{dt} + p_2\,\delta\frac{dq_2}{dt} + \cdots + p_m\,\delta\frac{dq_m}{dt}.$$

Andererseits hat man

$$\delta W = \frac{\partial W}{\partial q_1}\delta q_1 + \frac{\partial W}{\partial q_2}\delta q_2 + \cdots + \frac{\partial W}{\partial q_m}\delta q_m$$

$$+\frac{\partial W}{\partial \alpha_1}\delta\alpha_1 + \frac{\partial W}{\partial \alpha_2}\delta\alpha_2 + \cdots + \frac{\partial W}{\partial \alpha_m}\delta\alpha_m$$

$$= p_1\delta q_1 + p_2\delta q_2 + \cdots + p_m\delta q_m$$

$$+\beta_1\delta\alpha_1 + \beta_2\delta\alpha_2 + \cdots + \beta_m\delta\alpha_m$$

und daher:

$$\delta\frac{dW}{dt} = \frac{d\delta W}{dt} = \frac{dp_1}{dt}\delta q_1 + \frac{dp_2}{dt}\delta q_2 + \cdots + \frac{dp_m}{dt}\delta q_m$$

$$+p_1\frac{d\delta q_1}{dt} + p_2\frac{d\delta q_2}{dt} + \cdots + p_m\frac{d\delta q_m}{dt}.$$

Setzt man beide Ausdrücke von $\delta\frac{dW}{dt}$ einander gleich, und bemerkt man, dass

$$\delta\frac{dq_k}{dt} = \frac{d\delta q_k}{dt}$$

ist, so erhält man:

$$\left(\frac{dq_1}{dt} - \frac{\partial f}{\partial p_1}\right)\delta p_1 + \left(\frac{dq_2}{dt} - \frac{\partial f}{\partial p_2}\right)\delta p_2 + \cdots + \left(\frac{dq_m}{dt} - \frac{\partial f}{\partial p_m}\right)\delta p_m$$

$$-\left(\frac{dp_1}{dt} + \frac{\partial f}{\partial q_1}\right)\delta q_1 - \left(\frac{dp_2}{dt} + \frac{\partial f}{\partial q_2}\right)\delta q_2 - \cdots - \left(\frac{dp_m}{dt} + \frac{\partial f}{\partial q_m}\right)\delta q_m = 0.$$

Da die $2m$ Variationen δq_k, δp_k von $2m$ willkürlich anzunehmenden Variationen $\delta\alpha_k$ und $\delta\beta_k$ abhängen, so sind sie selber willkürlich und von einander unabhängig, weshalb die in dieselben multiplicirten Ausdrücke einzeln verschwinden müssen; wodurch sich die zu erweisenden Differentialgleichungen des aufgestellten Theorems ergeben.

Wenn die partielle Differentialgleichung die Function W selber enthält, so gestaltet sich das Theorem VI folgendermassen:

Theorem VII.

„Es sei W irgend eine vollständige Lösung der partiellen Differentialgleichung:

$$\frac{\partial W}{\partial t}+f\left(W, t, q_1, q_2, \ldots, q_m, \frac{\partial W}{\partial q_1}, \frac{\partial W}{\partial q_2}, \ldots, \frac{\partial W}{\partial q_m}\right)=0$$

mit m+1 willkürlichen Constanten $\alpha, \alpha_1, \alpha_2, \ldots, \alpha_m$, *so sind die Gleichungen:*

$$\frac{\partial W}{\partial q_1}=p_1, \quad \frac{\partial W}{\partial \alpha_1}=\beta_1\frac{\partial W}{\partial \alpha},$$

$$\frac{\partial W}{\partial q_2}=p_2, \quad \frac{\partial W}{\partial \alpha_2}=\beta_2\frac{\partial W}{\partial \alpha},$$

$$\cdots\cdots\cdots\cdots$$

$$\frac{\partial W}{\partial q_m}=p_m, \quad \frac{\partial W}{\partial \alpha_m}=\beta_m\frac{\partial W}{\partial \alpha},$$

in welchen $\beta_1, \beta_2, \ldots, \beta_m$ *neue willkürliche Constanten sind, verbunden mit dem Ausdrucke von W die 2m+1 vollständigen Integralgleichungen der Differentialgleichungen:*

$$\frac{dq_1}{dt}=\frac{\partial f}{\partial p_1}, \quad \frac{dp_1}{dt}=-\frac{\partial f}{\partial q_1}-p_1\frac{\partial f}{\partial W},$$

$$\frac{dq_2}{dt}=\frac{\partial f}{\partial p_2}, \quad \frac{dp_2}{dt}=-\frac{\partial f}{\partial q_2}-p_2\frac{\partial f}{\partial W},$$

$$\cdots\cdots\cdots\cdots\cdots\cdots$$

$$\frac{dq_m}{dt}=\frac{\partial f}{\partial p_m}, \quad \frac{dp_m}{dt}=-\frac{\partial f}{\partial q_m}-p_m\frac{\partial f}{\partial W},$$

$$\frac{dW}{dt}=p_1\frac{\partial f}{\partial p_1}+p_2\frac{\partial f}{\partial p_2}+\cdots+p_m\frac{\partial f}{\partial p_m}-f,$$

in welchen f die obige Function

$$f\left(W, t, q_1, q_2, \ldots, q_m, \frac{\partial W}{\partial q_1}, \frac{\partial W}{\partial q_2}, \ldots, \frac{\partial W}{\partial q_m}\right)$$

ist, wenn man darin für die Grössen

$$\frac{\partial W}{\partial q_1}, \frac{\partial W}{\partial q_2}, \ldots, \frac{\partial W}{\partial q_m}$$

respective

$$p_1, p_2, \ldots, p_m$$

setzt."

Man hat nämlich, wenn man in demselben Sinne wie bei dem vorigen Theorem differentiirt und variirt,

$$\frac{dW}{dt} = \frac{\partial W}{\partial t} + \frac{\partial W}{\partial q_1}\frac{dq_1}{dt} + \frac{\partial W}{\partial q_2}\frac{dq_2}{dt} + \cdots + \frac{\partial W}{\partial q_m}\frac{dq_m}{dt}$$

$$= -f + p_1\frac{dq_1}{dt} + p_2\frac{dq_2}{dt} + \cdots + p_m\frac{dq_m}{dt}$$

und daher:

$$\delta\frac{dW}{dt} = -\frac{\partial f}{\partial q_1}\delta q_1 - \frac{\partial f}{\partial q_2}\delta q_2 - \cdots - \frac{\partial f}{\partial q_m}\delta q_m - \frac{\partial f}{\partial W}\delta W$$

$$+\left(\frac{dq_1}{dt} - \frac{\partial f}{\partial p_1}\right)\delta p_1 + \left(\frac{dq_2}{dt} - \frac{\partial f}{\partial p_2}\right)\delta p_2 + \cdots + \left(\frac{dq_m}{dt} - \frac{\partial f}{\partial p_m}\right)\delta p_m$$

$$+p_1\delta\frac{dq_1}{dt} + p_2\delta\frac{dq_2}{dt} + \cdots + p_m\delta\frac{dq_m}{dt}.$$

Man hat ferner

$$\delta W = \frac{\partial W}{\partial q_1}\delta q_1 + \frac{\partial W}{\partial q_2}\delta q_2 + \cdots + \frac{\partial W}{\partial q_m}\delta q_m$$

$$+\frac{\partial W}{\partial \alpha}\delta\alpha + \frac{\partial W}{\partial \alpha_1}\delta\alpha_1 + \frac{\partial W}{\partial \alpha_2}\delta\alpha_2 + \cdots + \frac{\partial W}{\partial \alpha_m}\delta\alpha_m$$

$$= p_1\delta q_1 + p_2\delta q_2 + \cdots + p_m\delta q_m + \frac{\partial W}{\partial \alpha}\cdot\Delta,$$

wenn man der Kürze halber

$$\Delta = \delta\alpha + \beta_1\delta\alpha_1 + \beta_2\delta\alpha_2 + \cdots + \beta_m\delta\alpha_m$$

setzt. Hieraus folgt

$$\frac{d\delta W}{dt} = \frac{dp_1}{dt}\delta q_1 + \frac{dp_2}{dt}\delta q_2 + \cdots + \frac{dp_m}{dt}\delta q_m$$

$$+p_1\frac{d\delta q_1}{dt} + p_2\frac{d\delta q_2}{dt} + \cdots + p_m\frac{d\delta q_m}{dt}$$

$$+\frac{d\frac{\partial W}{\partial \alpha}}{dt}\cdot\Delta.$$

Setzt man diesen Ausdruck dem oben für $\delta\frac{dW}{dt}$ gefundenen gleich und substituirt in letzterem für δW den Ausdruck

$$\delta W = p_1\delta q_1 + p_2\delta q_2 + \cdots + p_m\delta q_m + \frac{\partial W}{\partial \alpha}\cdot\Delta,$$

so erhält man:

$$0 = \left(\frac{dq_1}{dt}-\frac{\partial f}{\partial p_1}\right)\delta p_1+\left(\frac{dq_2}{dt}-\frac{\partial f}{\partial p_2}\right)\delta p_2+\cdots+\left(\frac{dq_m}{dt}-\frac{\partial f}{\partial p_m}\right)\delta p_m$$
$$-\left(\frac{dp_1}{dt}+\frac{\partial f}{\partial q_1}+p_1\frac{\partial f}{\partial W}\right)\delta q_1-\cdots-\left(\frac{dp_m}{dt}+\frac{\partial f}{\partial q_m}+p_m\frac{\partial f}{\partial W}\right)\delta q_m$$
$$-\left(\frac{\partial f}{\partial W}\frac{\partial W}{\partial \alpha}+\frac{d\frac{\partial W}{\partial \alpha}}{dt}\right).\Delta.$$

Die $2m+1$ Grössen $\delta p_1, \delta p_2, \ldots, \delta p_m, \delta q_1, \delta q_2, \ldots, \delta q_m, \Delta$ sind aus den $2m+1$ Variationen $\delta\alpha, \delta\alpha_1, \delta\alpha_2, \ldots, \delta\alpha_m, \delta\beta_1, \delta\beta_2, \ldots, \delta\beta_m$ zusammengesetzt, und da diese willkürlich und von einander unabhängig sind, so sind es auch jene. Die vorstehende Gleichung kann daher nur erfüllt werden, wenn die in die einzelnen Variationen multiplicirten Ausdrücke verschwinden, wodurch man die zu erweisenden Differentialgleichungen des aufgestellten Theorems erhält. Die letzte dieser Gleichungen folgt nämlich aus der Gleichung:

$$\frac{dW}{dt} = -f+p_1\frac{dq_1}{dt}+p_2\frac{dq_2}{dt}+\cdots+p_m\frac{dq_m}{dt},$$

wenn man darin die Substitutionen

$$\frac{dq_1}{dt} = \frac{\partial f}{\partial p_1}, \quad \frac{dq_2}{dt} = \frac{\partial f}{\partial p_2}, \quad \ldots, \quad \frac{dq_m}{dt} = \frac{\partial f}{\partial p_m}$$

vornimmt. Man findet ausserdem noch, wenn man den in Δ multiplicirten Ausdruck gleich Null setzt, die Gleichung:

$$\frac{\partial f}{\partial W}\frac{\partial W}{\partial \alpha}+\frac{d\frac{\partial W}{\partial \alpha}}{dt} = 0.$$

Ganz ähnliche Gleichungen gelten auch für jede der anderen willkürlichen Constanten $\alpha_1, \alpha_2, \ldots, \alpha_m$.

Ich will für den Fall, in welchem die partielle Differentialgleichung die gesuchte Function nicht selber enthält, auch noch annehmen, dass sie die eine Variabele t nicht selber involvire, wie dies in denjenigen Problemen der Mechanik der Fall ist, in welchen der Satz von der lebendigen Kraft gilt. Für diese Annahme erhält man eine vollständige Lösung der Gleichung

$$0 = \frac{\partial W}{\partial t}+f\left(q_1, q_2, \ldots, q_m, \frac{\partial W}{\partial q_1}, \frac{\partial W}{\partial q_2}, \ldots, \frac{\partial W}{\partial q_m}\right),$$

wenn man

$$W = V-ht$$

setzt, wo h eine willkührliche Constante ist und V eine vollständige Lösung der partiellen Differentialgleichung:

$$h = f\left(q_1, q_2, \ldots, q_m, \frac{\partial V}{\partial q_1}, \frac{\partial V}{\partial q_2}, \ldots, \frac{\partial V}{\partial q_m}\right),$$

welche ausser einer willkürlichen Constanten, die hinzuaddirt werden kann, noch $m-1$ willkürliche Constanten $\alpha_1, \alpha_2, \ldots, \alpha_{m-1}$ enthält. Schreibt man in dem Theorem VI $-h$ und $-\tau$ statt α_m und β_m und bemerkt, dass

$$\frac{\partial W}{\partial q_1} = \frac{\partial V}{\partial q_1}, \quad \frac{\partial W}{\partial q_2} = \frac{\partial V}{\partial q_2}, \quad \ldots, \quad \frac{\partial W}{\partial q_m} = \frac{\partial V}{\partial q_m},$$

$$\frac{\partial W}{\partial \alpha_1} = \frac{\partial V}{\partial \alpha_1}, \quad \frac{\partial W}{\partial \alpha_2} = \frac{\partial V}{\partial \alpha_2}, \quad \ldots, \quad \frac{\partial W}{\partial \alpha_{m-1}} = \frac{\partial V}{\partial \alpha_{m-1}},$$

$$\frac{\partial W}{\partial \alpha_m} = -\frac{\partial W}{\partial h} = t - \frac{\partial V}{\partial h}$$

ist, so verwandelt sich das Theorem VI in folgendes:

Theorem VIII.

„Es sei V eine vollständige Lösung der partiellen Differentialgleichung:

$$h = f\left(q_1, q_2, \ldots, q_m, \frac{\partial V}{\partial q_1}, \frac{\partial V}{\partial q_2}, \ldots, \frac{\partial V}{\partial q_m}\right),$$

in welcher h eine Constante ist; es seien $\alpha_1, \alpha_2, \ldots, \alpha_{m-1}$ die $m-1$ willkürlichen Constanten, welche ausser einer, die zu V hinzuaddirt werden kann, in V enthalten sind; so sind die $2m$ Gleichungen:

$$\frac{\partial V}{\partial q_1} = p_1, \qquad \frac{\partial V}{\partial \alpha_1} = \beta_1,$$

$$\frac{\partial V}{\partial q_2} = p_2, \qquad \frac{\partial V}{\partial \alpha_2} = \beta_2,$$

$$\cdots\cdots\cdots\cdots$$

$$\frac{\partial V}{\partial q_{m-1}} = p_{m-1}, \qquad \frac{\partial V}{\partial \alpha_{m-1}} = \beta_{m-1},$$

$$\frac{\partial V}{\partial q_m} = p_m, \qquad \frac{\partial V}{\partial h} = t+\tau,$$

in welchen $\beta_1, \beta_2, \ldots, \beta_{m-1}, \tau$ neue willkürliche Constanten sind, die vollständigen, $2m$ willkürliche Constanten $\alpha_1, \alpha_2, \ldots, \alpha_{m-1}, \beta_1, \beta_2, \ldots, \beta_{m-1}, h, \tau$ enthaltenden Integralgleichungen der $2m$ Differentialgleichungen:

$$\frac{dq_1}{dt} = \frac{\partial f}{\partial p_1}, \quad \frac{dp_1}{dt} = -\frac{\partial f}{\partial q_1},$$
$$\frac{dq_2}{dt} = \frac{\partial f}{\partial p_2}, \quad \frac{dp_2}{dt} = -\frac{\partial f}{\partial q_2},$$
$$\cdots\cdots\cdots\cdots\cdots$$
$$\frac{dq_m}{dt} = \frac{\partial f}{\partial p_m}, \quad \frac{dp_m}{dt} = -\frac{\partial f}{\partial q_m},$$

in welchen f *die obige Function* $f\left(q_1, q_2, \ldots, q_m, \frac{\partial V}{\partial q_1}, \frac{\partial V}{\partial q_2}, \ldots, \frac{\partial V}{\partial q_m}\right)$ *ist, wenn man darin* $p_1, p_2, \ldots, p_m$ *für* $\frac{\partial V}{\partial q_1}, \frac{\partial V}{\partial q_2}, \ldots, \frac{\partial V}{\partial q_m}$ *schreibt.*"

§. 15. Ausdrücke der charakteristischen Function und ihrer Differentialquotienten durch die ursprünglichen Coordinaten bei unfreier Bewegung.

Man erhält aus den Theoremen VI und VIII die auf die Mechanik bezüglichen Formeln, wenn man für f die Function $H = T - U$ setzt. Die Grössen q_i bedeuten solche Bestimmungsstücke der bewegten Punkte, zwischen welchen keine Bedingungsgleichungen stattfinden, so dass man für die orthogonalen Coordinaten sämmtlicher vollkommen bestimmte Ausdrücke durch die Grössen q_i hat. Diese Ausdrücke der Coordinaten und ihre Differentialquotienten hat man in den Ausdruck der halben lebendigen Kraft T und der Kräftefunction U zu substituiren und die partiellen Differentialquotienten von T, nach den Grössen $q_i' = \frac{dq_i}{dt}$ genommen, gleich p_i zu setzen; endlich in T für die Grössen q_i' die Grössen p_i einzuführen. Es wird dann $H = T - U$ eine Function der Grössen q_i und p_i, welche nur dann noch ausserdem die Grösse t enthält, wenn dieselbe in der Kräftefunction ausser den Coordinaten vorkommt, und diese Function H hat man in den genannten Theoremen für f zu setzen. Ich will nun annehmen, dass rückwärts in die *charakteristische* Function W, welche irgend ein vollständiges Integral der Gleichung

$$\frac{\partial W}{\partial t} + H = 0$$

bedeutete, statt der Grössen q_i wieder die rechtwinkligen Coordinaten substituirt werden, so dass W eine Function von x_i, y_i, z_i und von den m willkürlichen Constanten $\alpha_1, \alpha_2, \ldots, \alpha_m$ wird, wobei ich von einer weiteren Constanten abstrahire, die noch durch Addition mit W verbunden sein kann. Wenn zwischen den Coordinaten Bedingungsgleichungen gegeben sind, so wird

$$m < 3n,$$

wenn n die Zahl der bewegten materiellen Punkte ist; man kann dann die Grössen q_i auf unendlich verschiedene Arten durch die Coordinaten x_i, y_i, z_i ausdrücken, indem man vermittelst der zwischen den Coordinaten stattfindenden Bedingungsgleichungen, deren Anzahl $3n-m$ beträgt, die Ausdrücke variirt. Es kann daher auch die Function W, wenn man in sie statt der Grössen q_i die Coordinaten einführt, verschiedene Formen annehmen, welche aber, wenn $F=0$, $\Phi=0$ etc. die Bedingungsgleichungen sind, alle aus einer erhalten werden, wenn man zu ihr die Functionen F, Φ etc., jede mit einem Factor versehen, hinzufügt.

Hat man nun für die Grössen q_i Ausdrücke durch die Coordinaten x_i, y_i, z_i in irgend einer Form, welche dieselben vermittelst der Bedingungsgleichungen $F=0$, $\Phi=0$ etc. erhalten können, angenommen und dieselben in die Function W substituirt, so wird, wenn ξ eine der Coordinaten x_i, y_i, z_i bedeutet,

$$\begin{aligned}\frac{\partial W}{\partial \xi} &= \frac{\partial W}{\partial q_1}\frac{\partial q_1}{\partial \xi}+\frac{\partial W}{\partial q_2}\frac{\partial q_2}{\partial \xi}+\cdots+\frac{\partial W}{\partial q_m}\frac{\partial q_m}{\partial \xi}\\ &= p_1\frac{\partial q_1}{\partial \xi}+p_2\frac{\partial q_2}{\partial \xi}+\cdots+p_m\frac{\partial q_m}{\partial \xi}.\end{aligned}$$

Es war aber, wenn man sich T durch die Grössen q_i und q_i' ausgedrückt denkt,

$$p_i = \frac{\partial T}{\partial q_i'},$$

wodurch die vorige Gleichung sich in folgende verwandelt:

$$\frac{\partial W}{\partial \xi} = \frac{\partial T}{\partial q_1'}\frac{\partial q_1}{\partial \xi}+\frac{\partial T}{\partial q_2'}\frac{\partial q_2}{\partial \xi}+\cdots+\frac{\partial T}{\partial q_m'}\frac{\partial q_m}{\partial \xi}.$$

Betrachtet man q_i' als Function der Grössen x_i, y_i, z_i, x_i', y_i', z_i', welche in Bezug auf die Grössen x_i', y_i', z_i' linear sein wird, so hat man:

$$\frac{\partial q_i'}{\partial \xi'} = \frac{\partial q_i}{\partial \xi},$$

da in dem durch Differentiation erhaltenen Ausdruck von q_i' die Grösse ξ' nur linear und in $\frac{\partial q_i}{\partial \xi}$ multiplicirt vorkommt. Man hat daher:

$$\frac{\partial W}{\partial \xi} = \frac{\partial T}{\partial q_1'}\frac{\partial q_1'}{\partial \xi'} + \frac{\partial T}{\partial q_2'}\frac{\partial q_2'}{\partial \xi'} + \cdots + \frac{\partial T}{\partial q_m'}\frac{\partial q_m'}{\partial \xi'}$$

oder

$$\frac{\partial W}{\partial \xi} = \frac{\partial T}{\partial \xi'}.$$

Diese Gleichung gilt für jede der Coordinaten. Setzt man für ξ die Werthe x_i, y_i, z_i, so erhält man:

$$\frac{\partial W}{\partial x_i} = \frac{\partial T}{\partial x_i'}, \quad \frac{\partial W}{\partial y_i} = \frac{\partial T}{\partial y_i'}, \quad \frac{\partial W}{\partial z_i} = \frac{\partial T}{\partial z_i'}.$$

Wenn man, um die Ausdrücke rechter Hand oder die partiellen Differentialquotienten von T nach x_i', y_i', z_i' zu erhalten, in die Function T, wie sie durch die Grössen q_i und q_i' ausgedrückt ist, die angenommenen Ausdrücke der Grössen q_i durch die Grössen x_i, y_i, z_i substituirt, sowie die daraus durch Differentiation abgeleiteten Ausdrücke der Grössen q_i' durch die Grössen x_i, y_i, z_i, x_i', y_i', z_i', so wird sich die Function T im Allgemeinen nicht in den Ausdruck

$$\tfrac{1}{2}\Sigma m_i(x_i'x_i'+y_i'y_i'+z_i'z_i')$$

verwandeln, sondern in einen anderen, der ihm vermittelst der Gleichungen

$$F=0, \quad \Phi=0, \quad \ldots$$

und der daraus durch Differentiation folgenden

$$\frac{dF}{dt}=0, \quad \frac{d\Phi}{dt}=0, \quad \ldots$$

gleich wird. Es wird daher der Ausdruck, in welchen sich die Function T verwandelt, folgende Form annehmen:

$$T = \tfrac{1}{2}\Sigma m_i(x_i'x_i'+y_i'y_i'+z_i'z_i')+\lambda\frac{dF}{dt}+\mu\frac{d\Phi}{dt}+\cdots+\lambda_1 F+\mu_1\Phi+\cdots.$$

Die Functionen F, Φ etc. enthalten die Grössen x_i', y_i', z_i' gar nicht, die Functionen $\frac{dF}{dt}$, $\frac{d\Phi}{dt}$ etc. enthalten dieselben nur linear und in die Grössen

$$\frac{\partial F}{\partial x_i}, \quad \frac{\partial \Phi}{\partial x_i}, \quad \ldots, \quad \frac{\partial F}{\partial y_i}, \quad \frac{\partial \Phi}{\partial y_i}, \quad \ldots, \quad \frac{\partial F}{\partial z_i}, \quad \frac{\partial \Phi}{\partial z_i}, \quad \ldots$$

multiplicirt. Wenn man daher den vorstehenden Ausdruck von T partiell nach x_i', y_i', z_i' differentiirt und die in F, Φ etc., $\frac{dF}{dt}$, $\frac{d\Phi}{dt}$ etc. multiplicirten Terme als verschwindend fortlässt, so erhält man die Gleichungen:

$$\frac{\partial W}{\partial x_i}=\frac{\partial T}{\partial x_i'}=m_i x_i'+\lambda\frac{\partial F}{\partial x_i}+\mu\frac{\partial \Phi}{\partial x_i}+\cdots,$$

$$\frac{\partial W}{\partial y_i}=\frac{\partial T}{\partial y_i'}=m_i y_i'+\lambda\frac{\partial F}{\partial y_i}+\mu\frac{\partial \Phi}{\partial y_i}+\cdots,$$

$$\frac{\partial W}{\partial z_i}=\frac{\partial T}{\partial z_i'}=m_i z_i'+\lambda\frac{\partial F}{\partial z_i}+\mu\frac{\partial \Phi}{\partial z_i}+\cdots.$$

Die Multiplicatoren λ, μ etc. können aus diesen Gleichungen eliminirt werden vermittelst der Gleichungen:

$$\frac{dF}{dt}=\Sigma\left(\frac{\partial F}{\partial x_i}x_i'+\frac{\partial F}{\partial y_i}y_i'+\frac{\partial F}{\partial z_i}z_i'\right)=0,$$

$$\frac{d\Phi}{dt}=\Sigma\left(\frac{\partial \Phi}{\partial x_i}x_i'+\frac{\partial \Phi}{\partial y_i}y_i'+\frac{\partial \Phi}{\partial z_i}z_i'\right)=0,$$

. . . .,

welche, wenn man die Werthe von x_i', y_i', z_i' substituirt, sich in folgende verwandeln:

$$\Sigma\frac{1}{m_i}\left(\frac{\partial W}{\partial x_i}\frac{\partial F}{\partial x_i}+\frac{\partial W}{\partial y_i}\frac{\partial F}{\partial y_i}+\frac{\partial W}{\partial z_i}\frac{\partial F}{\partial z_i}\right)=A\,\lambda+B\,\mu+\cdots,$$

$$\Sigma\frac{1}{m_i}\left(\frac{\partial W}{\partial x_i}\frac{\partial \Phi}{\partial x_i}+\frac{\partial W}{\partial y_i}\frac{\partial \Phi}{\partial y_i}+\frac{\partial W}{\partial z_i}\frac{\partial \Phi}{\partial z_i}\right)=A_1\lambda+B_1\mu+\cdots,$$

. . . .,

wo

$$A=\Sigma\frac{1}{m_i}\left(\frac{\partial F}{\partial x_i}\frac{\partial F}{\partial x_i}+\frac{\partial F}{\partial y_i}\frac{\partial F}{\partial y_i}+\frac{\partial F}{\partial z_i}\frac{\partial F}{\partial z_i}\right),$$

$$B=A_1=\Sigma\frac{1}{m_i}\left(\frac{\partial F}{\partial x_i}\frac{\partial \Phi}{\partial x_i}+\frac{\partial F}{\partial y_i}\frac{\partial \Phi}{\partial y_i}+\frac{\partial F}{\partial z_i}\frac{\partial \Phi}{\partial z_i}\right),$$

$$B_1=\Sigma\frac{1}{m_i}\left(\frac{\partial \Phi}{\partial x_i}\frac{\partial \Phi}{\partial x_i}+\frac{\partial \Phi}{\partial y_i}\frac{\partial \Phi}{\partial y_i}+\frac{\partial \Phi}{\partial z_i}\frac{\partial \Phi}{\partial z_i}\right),$$

. . . .

ist. Hat man aus diesen Gleichungen die Werthe von λ, μ etc. bestimmt, welche in Bezug auf die partiellen Differentialquotienten der Function W eine lineare Form erhalten, so wird sich die partielle Differentialgleichung

$$\frac{\partial W}{\partial t}+H=\frac{\partial W}{\partial t}+T-U=0,$$

welcher die Function W zu genügen hat, in folgende verwandeln:

$$\frac{\partial W}{\partial t}+\tfrac{1}{2}\Sigma\frac{1}{m_i}\left(\frac{\partial W}{\partial x_i}-\lambda\frac{\partial F}{\partial x_i}-\mu\frac{\partial \Phi}{\partial x_i}-\cdots\right)^2$$
$$+\tfrac{1}{2}\Sigma\frac{1}{m_i}\left(\frac{\partial W}{\partial y_i}-\lambda\frac{\partial F}{\partial y_i}-\mu\frac{\partial \Phi}{\partial y_i}-\cdots\right)^2$$
$$+\tfrac{1}{2}\Sigma\frac{1}{m_i}\left(\frac{\partial W}{\partial z_i}-\lambda\frac{\partial F}{\partial z_i}-\mu\frac{\partial \Phi}{\partial z_i}-\cdots\right)^2=U,$$

wo U irgend eine gegebene Function der Grössen x_i, y_i, z_i und von t sein kann. Wenn U nicht t selber enthält, so führt man besser wieder für W die Function V und für t die Grösse h ein vermittelst der Gleichungen:

$$V=W-(t+\tau)\frac{\partial W}{\partial t},\quad \frac{\partial W}{\partial t}=-h;$$

die partiellen Differentialquotienten von W nach x_i, y_i, z_i verwandeln sich in die von V, nach denselben Grössen genommen.

Ich bemerke noch, dass die partiellen Differentialquotienten von W oder V, welche nach den willkürlichen Constanten genommen werden, die diese Functionen enthalten, sich dadurch, dass man statt der Grössen q_i wieder die Coordinaten x_i, y_i, z_i einführt, nicht ändern, da die zwischen den Grössen q_i, x_i, y_i, z_i stattfindenden Relationen die willkürlichen Constanten nicht enthalten. Es werden daher wieder, auch wenn die Functionen W oder V durch die Coordinaten x_i, y_i, z_i selbst ausgedrückt sind, die endlichen Integralgleichungen:

$$\frac{\partial W}{\partial \alpha_1}=\beta_1,\quad \frac{\partial W}{\partial \alpha_2}=\beta_2,\quad \ldots,\quad \frac{\partial W}{\partial \alpha_m}=\beta_m$$

oder:

$$\frac{\partial V}{\partial \alpha_1}=\beta_1,\quad \frac{\partial V}{\partial \alpha_2}=\beta_2,\quad \ldots,\quad \frac{\partial V}{\partial \alpha_{m-1}}=\beta_{m-1},\quad \frac{\partial V}{\partial h}=t+\tau,$$

wie wir sie zufolge der obigen Theoreme fanden, in welchen W und V Functionen der Grössen q_i waren.

§. 16. Untersuchung des Falles, in welchem die vollständige Lösung eine zu grosse Anzahl von Constanten enthält, welche durch Bedingungsgleichungen mit einander verbunden sind.

Ich will noch kurz erwähnen, wie man sich der Multiplicatoren bedienen kann, wenn für die m willkürlichen Constanten eine grössere Anzahl, $m+k$, von solchen eingeführt wird, zwischen denen k Bedingungsgleichungen

$$\psi_1 = 0, \quad \psi_2 = 0, \quad \ldots, \quad \psi_k = 0$$

stattfinden. Der hier zu befolgende Gang weicht von dem gewöhnlichen etwas ab, wenn man in dem angeführten Falle den Integralgleichungen eine symmetrische Form erhalten will.

Es seien $\alpha_1, \alpha_2, \ldots, \alpha_{m+k}$ die in der Function W enthaltenen willkürlichen Constanten, zwischen denen die angegebenen k Gleichungen gegeben sind. Man betrachte $\alpha_1, \alpha_2, \ldots, \alpha_m$ als unabhängige Grössen und α_{m+1}, $\alpha_{m+2}, \ldots, \alpha_{m+k}$ als Functionen derselben, wie sie durch die k Gleichungen bestimmt sind. Schliesst man die unter dieser Annahme nach $\alpha_1, \alpha_2, \ldots, \alpha_m$ genommenen partiellen Differentialquotienten von W in Klammern ein, so hat man

$$\left(\frac{\partial W}{\partial \alpha_1}\right) = \frac{\partial W}{\partial \alpha_1} + \frac{\partial W}{\partial \alpha_{m+1}} \frac{\partial \alpha_{m+1}}{\partial \alpha_1} + \cdots + \frac{\partial W}{\partial \alpha_{m+k}} \frac{\partial \alpha_{m+k}}{\partial \alpha_1},$$

$$\left(\frac{\partial W}{\partial \alpha_2}\right) = \frac{\partial W}{\partial \alpha_2} + \frac{\partial W}{\partial \alpha_{m+1}} \frac{\partial \alpha_{m+1}}{\partial \alpha_2} + \cdots + \frac{\partial W}{\partial \alpha_{m+k}} \frac{\partial \alpha_{m+k}}{\partial \alpha_2},$$

$$\cdots\cdots\cdots\cdots\cdots\cdots\cdots\cdots$$

$$\left(\frac{\partial W}{\partial \alpha_m}\right) = \frac{\partial W}{\partial \alpha_m} + \frac{\partial W}{\partial \alpha_{m+1}} \frac{\partial \alpha_{m+1}}{\partial \alpha_m} + \cdots + \frac{\partial W}{\partial \alpha_{m+k}} \frac{\partial \alpha_{m+k}}{\partial \alpha_m}.$$

Man denke sich jetzt k Functionen $\varepsilon_1, \varepsilon_2, \ldots, \varepsilon_k$ durch die Gleichungen bestimmt:

$$0 = \frac{\partial W}{\partial \alpha_{m+1}} + \varepsilon_1 \frac{\partial \psi_1}{\partial \alpha_{m+1}} + \cdots + \varepsilon_k \frac{\partial \psi_k}{\partial \alpha_{m+1}},$$

$$0 = \frac{\partial W}{\partial \alpha_{m+2}} + \varepsilon_1 \frac{\partial \psi_1}{\partial \alpha_{m+2}} + \cdots + \varepsilon_k \frac{\partial \psi_k}{\partial \alpha_{m+2}},$$

$$\cdots\cdots\cdots\cdots\cdots\cdots\cdots\cdots$$

$$0 = \frac{\partial W}{\partial \alpha_{m+k}} + \varepsilon_1 \frac{\partial \psi_1}{\partial \alpha_{m+k}} + \cdots + \varepsilon_k \frac{\partial \psi_k}{\partial \alpha_{m+k}}.$$

Substituirt man die diesen Gleichungen entnommenen Werthe von

$$\frac{\partial W}{\partial \alpha_{m+1}}, \quad \frac{\partial W}{\partial \alpha_{m+2}}, \quad \ldots, \quad \frac{\partial W}{\partial \alpha_{m+k}}$$

in die obigen Gleichungen, und bemerkt die Gleichungen:

$$0 = \frac{\partial \psi}{\partial \alpha_i} + \frac{\partial \psi}{\partial \alpha_{m+1}} \frac{\partial \alpha_{m+1}}{\partial \alpha_i} + \frac{\partial \psi}{\partial \alpha_{m+2}} \frac{\partial \alpha_{m+2}}{\partial \alpha_i} + \cdots + \frac{\partial \psi}{\partial \alpha_{m+k}} \frac{\partial \alpha_{m+k}}{\partial \alpha_i},$$

in welchen i jede der Zahlen $1, 2, \ldots, m$ und ψ jede der Functionen $\psi_1, \psi_2, \ldots, \psi_k$ bedeuten kann, so erhält man:

$$\left(\frac{\partial W}{\partial \alpha_1}\right) = \frac{\partial W}{\partial \alpha_1} + \varepsilon_1 \frac{\partial \psi_1}{\partial \alpha_1} + \varepsilon_2 \frac{\partial \psi_2}{\partial \alpha_1} + \cdots + \varepsilon_k \frac{\partial \psi_k}{\partial \alpha_1},$$

$$\left(\frac{\partial W}{\partial \alpha_2}\right) = \frac{\partial W}{\partial \alpha_2} + \varepsilon_1 \frac{\partial \psi_1}{\partial \alpha_2} + \varepsilon_2 \frac{\partial \psi_2}{\partial \alpha_2} + \cdots + \varepsilon_k \frac{\partial \psi_k}{\partial \alpha_2},$$

$$\cdots\cdots\cdots\cdots\cdots\cdots$$

$$\left(\frac{\partial W}{\partial \alpha_m}\right) = \frac{\partial W}{\partial \alpha_m} + \varepsilon_1 \frac{\partial \psi_1}{\partial \alpha_m} + \varepsilon_2 \frac{\partial \psi_2}{\partial \alpha_m} + \cdots + \varepsilon_k \frac{\partial \psi_k}{\partial \alpha_m},$$

$$0 = \frac{\partial W}{\partial \alpha_{m+1}} + \varepsilon_1 \frac{\partial \psi_1}{\partial \alpha_{m+1}} + \varepsilon_2 \frac{\partial \psi_2}{\partial \alpha_{m+1}} + \cdots + \varepsilon_k \frac{\partial \psi_k}{\partial \alpha_{m+1}},$$

$$\cdots\cdots\cdots\cdots\cdots\cdots$$

$$0 = \frac{\partial W}{\partial \alpha_{m+k}} + \varepsilon_1 \frac{\partial \psi_1}{\partial \alpha_{m+k}} + \varepsilon_2 \frac{\partial \psi_2}{\partial \alpha_{m+k}} + \cdots + \varepsilon_k \frac{\partial \psi_k}{\partial \alpha_{m+k}}.$$

Zufolge des gefundenen Theorems werden die endlichen Integralgleichungen, welche in einer neuen Form darzustellen sind,

$$\left(\frac{\partial W}{\partial \alpha_1}\right) = \beta_1, \quad \left(\frac{\partial W}{\partial \alpha_2}\right) = \beta_2, \quad \ldots, \quad \left(\frac{\partial W}{\partial \alpha_m}\right) = \beta_m,$$

wo $\beta_1, \beta_2, \ldots, \beta_m$ neue willkürliche Constanten sind. Aus diesen Gleichungen folgt allgemein, dass, wenn $\zeta_1, \zeta_2, \ldots, \zeta_m$ irgend welche Constanten sind, auch der Ausdruck

$$\zeta_1 \left(\frac{\partial W}{\partial \alpha_1}\right) + \zeta_2 \left(\frac{\partial W}{\partial \alpha_2}\right) + \cdots + \zeta_m \left(\frac{\partial W}{\partial \alpha_m}\right)$$

einer willkürlichen Constante gleich wird. *Bedeutet daher* $\zeta_1^{(i)}, \zeta_2^{(i)}, \ldots, \zeta_{m+k}^{(i)}$ *irgend ein System von* $m+k$ *Constanten, für welches die* k *Gleichungen stattfinden:*

$$\zeta_1^{(i)} \frac{\partial \psi_1}{\partial \alpha_1} + \zeta_2^{(i)} \frac{\partial \psi_1}{\partial \alpha_2} + \cdots + \zeta_{m+k}^{(i)} \frac{\partial \psi_1}{\partial \alpha_{m+k}} = 0,$$

$$\zeta_1^{(i)} \frac{\partial \psi_2}{\partial \alpha_1} + \zeta_2^{(i)} \frac{\partial \psi_2}{\partial \alpha_2} + \cdots + \zeta_{m+k}^{(i)} \frac{\partial \psi_2}{\partial \alpha_{m+k}} = 0,$$

$$\cdots\cdots\cdots\cdots\cdots\cdots$$

$$\zeta_1^{(i)} \frac{\partial \psi_k}{\partial \alpha_1} + \zeta_2^{(i)} \frac{\partial \psi_k}{\partial \alpha_2} + \cdots + \zeta_{m+k}^{(i)} \frac{\partial \psi_k}{\partial \alpha_{m+k}} = 0,$$

und wählt man irgend m *solcher von einander unabhängigen Systeme, welchen die Indices* $i = 1, 2, 3, \ldots, m$ *entsprechen mögen, so erhält man, wenn man die vorstehenden Gleichungen mit* $\zeta_1^{(i)}, \zeta_2^{(i)}, \ldots, \zeta_{m+k}^{(i)}$ *multiplicirt und addirt, die m Integralgleichungen unter folgender Form:*

$$\zeta_1' \frac{\partial W}{\partial \alpha_1} + \zeta_2' \frac{\partial W}{\partial \alpha_2} + \cdots + \zeta_{m+k}' \frac{\partial W}{\partial \alpha_{m+k}} = \gamma_1,$$

$$\zeta_1'' \frac{\partial W}{\partial \alpha_1} + \zeta_2'' \frac{\partial W}{\partial \alpha_2} + \cdots + \zeta_{m+k}'' \frac{\partial W}{\partial \alpha_{m+k}} = \gamma_2,$$

$$\cdots\cdots\cdots\cdots\cdots\cdots$$

$$\zeta_1^{(m)} \frac{\partial W}{\partial \alpha_1} + \zeta_2^{(m)} \frac{\partial W}{\partial \alpha_2} + \cdots + \zeta_{m+k}^{(m)} \frac{\partial W}{\partial \alpha_{m+k}} = \gamma_m,$$

in welchen $\gamma_1, \gamma_2, \ldots, \gamma_m$ *die neuen m willkürlichen Constanten sind.*

Die in dem vorstehenden Theorem enthaltenen Formeln haben in Bezug auf die Grössen $\alpha_1, \alpha_2, \ldots, \alpha_{m+k}$ die gewünschte symmetrische Form.

§. 17. Ueber den Fall, in welchem eine vollständige Lösung der betrachteten partiellen Differentialgleichung überzählige Constanten enthält.

Ich will nun noch einiges über den Fall sagen, wenn die Function W, welche der partiellen Differentialgleichung

$$\frac{\partial W}{\partial t} + H = 0,$$

in der H irgend eine gegebene Function der $m+1$ unabhängigen Variabeln $t, q_1, q_2, \ldots, q_m$ und der partiellen Differentialquotienten $\frac{\partial W}{\partial q_1}, \frac{\partial W}{\partial q_2}, \ldots, \frac{\partial W}{\partial q_m}$ ist, Genüge leistet, ausser einer mit ihr durch Addition verbundenen Constante, von welcher ich immer abstrahire, mehr als m willkürliche Constanten involvirt, zwischen welchen keine Bedingungsgleichung gegeben ist. Dieses ist um so eher möglich, weil die Function W sogar willkürliche Functionen, also *unendlich viele* willkürliche Constanten involviren kann.

Die nachstehenden Betrachtungen werden zugleich dazu dienen, die Natur der Theoreme VI und VIII, welche als Fundamentaltheoreme betrachtet werden können, näher zu erläutern.

Man denke sich irgend eine Lösung der partiellen Differentialgleichung

$$\frac{\partial W}{\partial t} + H = 0$$

gegeben, und das System von m gewöhnlichen Differentialgleichungen erster Ordnung vorgelegt:

$$\frac{dq_1}{dt} = \frac{\partial H}{\partial p_1}, \quad \frac{dq_2}{dt} = \frac{\partial H}{\partial p_2}, \quad \ldots, \quad \frac{dq_m}{dt} = \frac{\partial H}{\partial p_m},$$

in welchen p_i *für* $\frac{\partial W}{\partial q_i}$ *geschrieben ist: so hat man das Theorem, dass, wenn W irgend eine willkürliche Constante* α *enthält, die Gleichung*

$$\frac{\partial W}{\partial \alpha} = \beta$$

ein Integral des vorstehenden Systems von Differentialgleichungen ist.

Differentiirt man nämlich die Gleichung

$$\frac{\partial W}{\partial \alpha} = \beta,$$

und setzt darauf $\frac{\partial H}{\partial p_k}$ für $\frac{dq_k}{dt}$, so erhält man:

$$\frac{d\beta}{dt} = \frac{\partial^2 W}{\partial \alpha \partial t} + \frac{\partial^2 W}{\partial \alpha \partial q_1}\frac{\partial H}{\partial p_1} + \frac{\partial^2 W}{\partial \alpha \partial q_2}\frac{\partial H}{\partial p_2} + \cdots + \frac{\partial^2 W}{\partial \alpha \partial q_m}\frac{\partial H}{\partial p_m}.$$

Da die Constante α in H nur vorkommt, insofern sie in den Grössen $p_i = \frac{\partial W}{\partial q_i}$ enthalten ist, so ist der Ausdruck rechter Hand der nach α genommene partielle Differentialquotient des Ausdrucks

$$\frac{\partial W}{\partial t} + H$$

und also identisch gleich Null, wodurch β einer willkürlichen Constante gleich wird, was zu erweisen war.

Die Constante α ist nur willkürliche Constante genannt worden, insofern sie nicht in der partiellen Differentialgleichung, welcher W genügt, vorkommt; dagegen afficirt sie das aufgestellte System gewöhnlicher Differentialgleichungen und ist daher bei Integration desselben als *gegebene* und nur β als *willkürliche* Constante zu betrachten.

Enthält die Function W mehrere willkürliche Constanten $\alpha_1, \alpha_2, \ldots, \alpha_n$, welche daher auch in den aufgestellten Differentialgleichungen als gegebene Constanten vorkommen werden, so hat man nach dem Vorstehenden n Integrale dieser Differentialgleichungen:

$$\frac{\partial W}{\partial \alpha_1} = \beta_1, \quad \frac{\partial W}{\partial \alpha_2} = \beta_2, \quad \ldots, \quad \frac{\partial W}{\partial \alpha_n} = \beta_n,$$

wo $\beta_1, \beta_2, \ldots, \beta_n$ Constanten bedeuten. Ist $n > m$, so kann es unter diesen Integralen nicht mehr als m von einander unabhängige geben; es bestehen also zwischen den n nach den Constanten α genommenen partiellen Differentialquotienten der Function W nothwendig $n-m$ oder mehr Relationen.

Da man jede partielle Differentialgleichung erster Ordnung mit $m+1$ unabhängigen Variabeln, in welcher die unbekannte Function selbst nicht vorkommt, dadurch, dass man sie nach einem der in ihr vorkommenden Differentialquotienten auflöst, auf die im Vorhergehenden angenommene Form

$$\frac{\partial W}{\partial t}+H=0$$

bringen kann, so ergiebt sich aus dem Vorstehenden folgender Satz:

„*Wenn man von einer partiellen Differentialgleichung erster Ordnung mit* $m+1$ *unabhängigen Variabeln, in welcher die unbekannte Function selber nicht vorkommt, eine Lösung mit* $m+k$ *willkürlichen Constanten hat, so bestehen unter den nach diesen Constanten genommenen partiellen Differentialquotienten der Lösung stets* k *Relationen, d. h. Gleichungen, die ausser den genannten Differentialquotienten zwar noch die willkürlichen Constanten enthalten können, nicht aber die unabhängigen Variabeln selber.*“

Ein Beispiel dieses Satzes habe ich oben bei Aufsuchung derjenigen charakteristischen Function gegeben, von welcher die elliptische Bewegung eines Planeten abhängt. Die dort gefundene charakteristische Function V enthielt eine willkürliche Constante mehr als nöthig war, und zwischen ihren nach den willkürlichen Constanten, die sie enthält, genommenen partiellen Differentialquotienten ergab sich die Gleichung:

$$\left(\frac{\partial V}{\partial \alpha}\right)^2+\frac{1}{\sin^2\alpha}\left(\frac{\partial V}{\partial \beta}\right)^2=b^2,$$

welche, wie man sieht, ausser $\frac{\partial V}{\partial \alpha}$, $\frac{\partial V}{\partial \beta}$ nur die willkürlichen Constanten involvirt.

§. 18. Ausdehnung der vorhergehenden Untersuchung auf den Fall, wenn die partielle Differentialgleichung die gesuchte Function selbst enthält.

Ich will jetzt das im Vorhergehenden gegebene Theorem auf den Fall ausdehnen, in welchem die partielle Differentialgleichung auch die unbekannte Function W selber involvirt. Die hier angestellten Betrachtungen werden ebenso dazu dienen, das Theorem VII seiner wahren Natur nach näher zu erläutern, wie die vorstehenden Betrachtungen auf das Theorem VI Licht werfen.

Man kann die im Theorem VII gegebenen endlichen Integralgleichungen durch die Gleichungen ersetzen:

$$\frac{\partial f}{\partial W}\frac{\partial W}{\partial \alpha}+\frac{d\frac{\partial W}{\partial \alpha}}{dt}=0,$$

indem man für α nach und nach die $m+1$ willkürlichen Constanten $\alpha, \alpha_1, \ldots, \alpha_m$ setzt. Diese Gleichungen sind in dem Beweise, welchen ich von dem Theorem VII gegeben habe, enthalten. Sie haben zwar die Form von Differentialgleichungen erster Ordnung; da man aber aus ihnen ersieht, dass die Differentiale der Logarithmen der Grössen

$$\frac{\partial W}{\partial \alpha}, \quad \frac{\partial W}{\partial \alpha_1}, \quad \ldots, \quad \frac{\partial W}{\partial \alpha_m}$$

alle derselben Grösse

$$-\frac{\partial f}{\partial W}dt$$

und daher auch unter einander selbst gleich sind, so folgt hieraus, dass diese Grössen

$$\frac{\partial W}{\partial \alpha}, \quad \frac{\partial W}{\partial \alpha_1}, \quad \ldots, \quad \frac{\partial W}{\partial \alpha_m}$$

sich wie Constanten verhalten müssen. Die Gleichungen

$$\frac{\partial f}{\partial W}\frac{\partial W}{\partial \alpha}+\frac{d\frac{\partial W}{\partial \alpha}}{dt}=0$$

können also an die Stelle der im Theorem VII aufgestellten endlichen Integralgleichungen

$$\frac{\partial W}{\partial \alpha}:\frac{\partial W}{\partial \alpha_1}:\frac{\partial W}{\partial \alpha_2}:\ldots:\frac{\partial W}{\partial \alpha_m}=1:\beta_1:\beta_2:\ldots:\beta_m$$

gesetzt werden, in welchen $\beta_1, \beta_2, \ldots, \beta_m$ willkürliche Constanten waren.

Man kann aber auch jede *einzelne* dieser Gleichungen

$$\frac{\partial f}{\partial W}\frac{\partial W}{\partial \alpha}+\frac{d\frac{\partial W}{\partial \alpha}}{dt}=0$$

besonders beweisen, ohne dass man darauf Rücksicht nimmt, ob W noch andere willkürliche Constanten ausser α enthalte. Man hat nämlich folgenden Satz:

„*Es sei eine Function W gegeben, welche der partiellen Differentialgleichung*

$$\frac{\partial W}{\partial t}+f\left(W, t, q_1, q_2, \ldots, q_m, \frac{\partial W}{\partial q_1}, \frac{\partial W}{\partial q_2}, \ldots, \frac{\partial W}{\partial q_m}\right)=0$$

Genüge leistet, es sei ferner zwischen den Grössen $t, q_1, q_2, \ldots, q_m$ *das folgende System gewöhnlicher Differentialgleichungen vorgelegt:*

$$\frac{dq_1}{dt}=\frac{\partial f}{\partial p_1}, \quad \frac{dq_2}{dt}=\frac{\partial f}{\partial p_2}, \quad \ldots, \quad \frac{dq_m}{dt}=\frac{\partial f}{\partial p_m},$$

wo der Kürze halber $p_1, p_2, \ldots, p_m$ *für* $\frac{\partial W}{\partial q_1}, \frac{\partial W}{\partial q_2}, \ldots, \frac{\partial W}{\partial q_m}$ *geschrieben ist. Enthält dann die Function W eine willkürliche Constante* α, *d. h. eine Constante* α, *die nicht in der partiellen Differentialgleichung vorkommt, so findet vermöge der vorgelegten gewöhnlichen Differentialgleichungen die identische Gleichung statt:*

$$\frac{\partial f}{\partial W}\frac{\partial W}{\partial \alpha}+\frac{d\frac{\partial W}{\partial \alpha}}{dt}=0;$$

und wenn die Function W irgend zwei willkürliche Constanten α, α_1 *enthält, so wird*

$$\frac{\partial W}{\partial \alpha_1}:\frac{\partial W}{\partial \alpha}=\text{Const.}$$

ein Integral des vorgelegten Systems gewöhnlicher Differentialgleichungen.«

Es wird nämlich die Gleichung

$$\frac{\partial f}{\partial W}\frac{\partial W}{\partial \alpha}+\frac{d\frac{\partial W}{\partial \alpha}}{dt}=0,$$

wenn man die Differentiation ausführt und die vorgelegten Differentialgleichungen substituirt:

$$\frac{\partial f}{\partial W}\frac{\partial W}{\partial \alpha}+\frac{\partial^2 W}{\partial \alpha \partial t}+\frac{\partial^2 W}{\partial \alpha \partial q_1}\frac{\partial f}{\partial p_1}+\frac{\partial^2 W}{\partial \alpha \partial q_2}\frac{\partial f}{\partial p_2}+\cdots+\frac{\partial^2 W}{\partial \alpha \partial q_m}\frac{\partial f}{\partial p_m}=0,$$

und diese Gleichung wird identisch erfüllt. Denn der Ausdruck links vom Gleichheitszeichen ist der nach α genommene partielle Differentialquotient von $\frac{\partial W}{\partial t}+f$ und also identisch gleich Null, da $\frac{\partial W}{\partial t}+f$ identisch gleich Null ist. Enthält W noch eine zweite willkürliche Constante α_1, so hat man ebenso:

$$\frac{\partial f}{\partial W}\frac{\partial W}{\partial \alpha_1}+\frac{d\frac{\partial W}{\partial \alpha_1}}{dt}=0.$$

Man hat daher auch vermittelst des vorgelegten Systems gewöhnlicher Differentialgleichungen die identische Gleichung

$$\frac{\partial W}{\partial \alpha}\frac{d\frac{\partial W}{\partial \alpha_1}}{dt}-\frac{\partial W}{\partial \alpha_1}\frac{d\frac{\partial W}{\partial \alpha}}{dt}=0,$$

oder

$$\frac{d\left(\frac{\partial W}{\partial \alpha_1}:\frac{\partial W}{\partial \alpha}\right)}{dt}=0,\quad \frac{\partial W}{\partial \alpha_1}:\frac{\partial W}{\partial \alpha}=\text{Const.},$$

was zu beweisen war.

Wenn die Function W $m+k+1$ willkürliche Constanten $\alpha, \alpha_1, \alpha_2, \ldots, \alpha_{m+k}$ enthält, so erhält man nach dem Vorigen $m+k$ Integrale des vorgelegten Systems gewöhnlicher Differentialgleichungen:

$$\frac{\partial W}{\partial \alpha_1}=\beta_1\frac{\partial W}{\partial \alpha},\quad \frac{\partial W}{\partial \alpha_2}=\beta_2\frac{\partial W}{\partial \alpha},\quad \ldots,\quad \frac{\partial W}{\partial \alpha_{m+k}}=\beta_{m+k}\frac{\partial W}{\partial \alpha},$$

in welchen $\beta_1, \beta_2, \ldots, \beta_{m+k}$ Constanten sind. Diese Constanten können aber nicht alle willkürlich sein, sondern, wenn m von ihnen willkürlich sind, müssen die übrigen k durch sie und die Constanten $\alpha, \alpha_1, \ldots, \alpha_{m+k}$ bestimmt sein. Man hat daher, wenn man m statt $m+1$ setzt, folgenden Satz:

„Wenn man von einer partiellen Differentialgleichung erster Ordnung mit m unabhängigen Variabeln eine Lösung mit m+k willkürlichen Constanten hat, so finden zwischen den Verhältnissen der nach diesen willkürlichen Constanten genommenen partiellen Differentialquotienten der Lösung stets k Relationen statt, d. h. k Gleichungen, welche ausser diesen Verhältnissen nur noch die willkürlichen Constanten enthalten."

§. 19. Andere Darstellung. Ueber die zweite von Hamilton aufgestellte partielle Differentialgleichung.

Man kann die im Vorhergehenden gegebenen Beweise auch noch auf eine andere Art darstellen. Es sei

$$\varphi=0$$

eine partielle Differentialgleichung erster Ordnung mit m unabhängigen Variabeln $q_1, q_2, \ldots, q_m$, in welcher die abhängige Variabele oder die gesuchte Function nicht selbst vorkommt. Eine specielle Lösung W dieser Differentialgleichung enthalte eine willkürliche Constante α, und man setze

$$\frac{\partial W}{\partial \alpha} = u,$$

wobei angenommen wird, dass aus $\frac{\partial W}{\partial \alpha}$ die Variabeln q nicht sämmtlich verschwinden. Die partiellen Differentialquotienten von W nach $q_1, q_2, \ldots, q_m$ bezeichne man wieder mit $p_1, p_2, \ldots, p_m$, so werden die partiellen Differentialquotienten dieser Grössen nach α die partiellen Differentialquotienten von u nach $q_1, q_2, \ldots, q_m$ sein. Differentiirt man nun die Gleichung $\varphi = 0$ nach α, so erhält man

$$0 = \frac{\partial \varphi}{\partial p_1}\frac{\partial p_1}{\partial \alpha} + \frac{\partial \varphi}{\partial p_2}\frac{\partial p_2}{\partial \alpha} + \cdots + \frac{\partial \varphi}{\partial p_m}\frac{\partial p_m}{\partial \alpha}$$

oder

$$0 = \frac{\partial \varphi}{\partial p_1}\frac{\partial u}{\partial q_1} + \frac{\partial \varphi}{\partial p_2}\frac{\partial u}{\partial q_2} + \cdots + \frac{\partial \varphi}{\partial p_m}\frac{\partial u}{\partial q_m}.$$

Werden in dieser Gleichung die Grössen $\frac{\partial \varphi}{\partial p_1}, \frac{\partial \varphi}{\partial p_2}, \ldots, \frac{\partial \varphi}{\partial p_m}$ als gegebene Functionen von $q_1, q_2, \ldots, q_m$ betrachtet, so giebt es $m-1$ von einander unabhängige Functionen u, welche dieser Gleichung Genüge leisten, und jede andere, welche dieses ebenfalls thut, ist eine Function derselben. Hat man daher $m+k-1$ solcher Functionen, so müssen zwischen ihnen k Relationen stattfinden. Enthält W eine Anzahl von $m+k-1$ willkürlichen Constanten, so sind nach dem Vorhergehenden die partiellen Differentialquotienten von W nach ihnen solche $m+k-1$ Functionen; es müssen daher zwischen denselben k Relationen stattfinden, was zu beweisen war.

Wenn φ noch W selber enthält, so hat man:

$$0 = \frac{\partial \varphi}{\partial W} u + \frac{\partial \varphi}{\partial p_1}\frac{\partial u}{\partial q_1} + \frac{\partial \varphi}{\partial p_2}\frac{\partial u}{\partial q_2} + \cdots + \frac{\partial \varphi}{\partial p_m}\frac{\partial u}{\partial q_m}.$$

Kennt man noch eine zweite Function u_1, welche dieser Gleichung Genüge leistet, so hat man auch:

$$0 = \frac{\partial \varphi}{\partial W} u_1 + \frac{\partial \varphi}{\partial p_1}\frac{\partial u_1}{\partial q_1} + \frac{\partial \varphi}{\partial p_2}\frac{\partial u_1}{\partial q_2} + \cdots + \frac{\partial \varphi}{\partial p_m}\frac{\partial u_1}{\partial q_m}.$$

Man dividire die erste Gleichung durch u, die zweite durch u_1 und ziehe sie nachher von einander ab, so erhält man, wenn

$$w = \log \frac{u_1}{u}$$

gesetzt wird, die Gleichung:

$$0 = \frac{\partial \varphi}{\partial p_1} \frac{\partial w}{\partial q_1} + \frac{\partial \varphi}{\partial p_2} \frac{\partial w}{\partial q_2} + \cdots + \frac{\partial \varphi}{\partial p_m} \frac{\partial w}{\partial q_m}.$$

Man hat hierdurch diesen Fall auf den vorigen zurückgeführt. Man sieht daher durch dieselben Betrachtungen, dass, wenn man $m+k-1$ Functionen w kennt, welche dieser Gleichung Genüge leisten, zwischen ihnen, und daher auch zwischen den Functionen e^w, k Relationen stattfinden müssen. Man erhält aber $m+k-1$ Functionen e^w, wenn man $m+k$ Functionen u kennt, welche der Gleichung

$$\frac{\partial \varphi}{\partial W} u + \frac{\partial \varphi}{\partial p_1} \frac{\partial u}{\partial q_1} + \frac{\partial \varphi}{\partial p_2} \frac{\partial u}{\partial q_2} + \cdots + \frac{\partial \varphi}{\partial p_m} \frac{\partial u}{\partial q_m} = 0$$

Genüge leisten, und durch eine derselben die übrigen dividirt; es müssen daher zwischen den Verhältnissen solcher $m+k$ Functionen k Relationen stattfinden. Da nun ferner $m+k$ solcher Functionen u erhalten werden, wenn W eine gleiche Zahl willkürlicher Constanten enthält und nach ihnen partiell differentiirt wird, so müssen für den Fall, dass W $m+k$ willkürliche Constanten enthält, zwischen den nach ihnen genommenen partiellen Differentialquotienten von W sich k Relationen ergeben, was der obige Satz war.

Die vorstehenden Betrachtungen werfen auch auf den Umstand Licht, dass Hamilton seine charakteristische Function durch *zwei* partielle Differentialgleichungen, denen sie gleichzeitig genügt, definiren konnte. Nach dem Vorhergehenden nämlich ist dies immer möglich, wenn die Zahl der willkürlichen Constanten um eins grösser ist, als zu einer *vollständigen* Lösung nöthig ist. Denn es ist im Vorhergehenden bewiesen worden, dass in diesem Falle zwischen den willkürlichen Constanten und den nach ihnen genommenen partiellen Differentialquotienten der gefundenen Lösung eine Gleichung stattfindet. *Hat man daher von einer vorgelegten partiellen Differentialgleichung erster Ordnung eine Lösung gefunden mit einer willkürlichen Constanten mehr, als die Zahl der unabhängigen Variabeln beträgt oder als zur vollständigen Lösung nöthig ist, so genügt dieselbe Function gleichzeitig zwei partiellen Differentialgleichungen, nämlich der vorgelegten zwischen den unabhängigen Variabeln, der unbekannten Function und ihren nach den unabhängigen Variabeln genommenen partiellen Differentialquotienten, welche die willkürlichen Constanten nicht enthält, und einer anderen zwischen den willkürlichen Constanten und den nach ihnen genommenen partiellen Differentialquotienten der unbekannten Function, welche die unabhängigen Variabeln nicht enthält.* Die charakteristischen Functionen V und W, welche Hamilton braucht, genügen den partiellen Differentialgleichungen:

$$H = h, \quad \frac{\partial W}{\partial t} + H = 0,$$

welche die gesuchte Function nicht selber enthalten. In der ersten dieser Gleichungen sind die m Grössen $q_1, q_2, \ldots, q_m$, in der andern die $m+1$ Grössen $q_1, q_2, \ldots, q_m$, t die unabhängigen Variabeln; jedoch kommt in den Fällen, welche Hamilton betrachtet, in der letztern nicht t selber, sondern nur der partielle Differentialquotient von W nach t vor. Die von Hamilton gegebenen, oben mitgetheilten Ausdrücke von V und W enthalten als willkürliche Constanten die Anfangswerthe der Grössen $q_1, q_2, \ldots, q_m$, zu denen noch durch blosse Addition eine willkürliche Constante hinzugefügt werden kann; ausserdem kann in W noch t in $t+\tau$ verwandelt werden, wo τ ebenfalls eine willkürliche Constante ist. Auf diese Weise erhalten beide Functionen V und W eine willkürliche Constante mehr, als die Zahl der unabhängigen Variabeln beträgt, so dass sie zwei partiellen Differentialgleichungen gleichzeitig genügen. Man erhält für die Function W die zweite von Hamilton gegebene partielle Differentialgleichung, wenn man für $\frac{\partial W}{\partial \tau}$ den ihm gleichen Ausdruck $\frac{\partial W}{\partial t}$ und $\tau = 0$ setzt.

§. 20. Nachweis, dass sich die in grösserer Anzahl vorhandenen willkürlichen Constanten aus der gefundenen Function mit Hülfe ihrer Differentialquotienten wirklich eliminiren lassen.

Wenn eine Lösung einer partiellen Differentialgleichung erster Ordnung mehr willkürliche Constanten enthält, als zu einer *vollständigen* Lösung erforderlich sind, so finden, wie wir im Vorhergehenden gesehen haben, zwischen ihren nach diesen willkürlichen Constanten genommenen partiellen Differentialquotienten Relationen statt. Es lassen sich aber die hierüber gefundenen Sätze auch umkehren. Man kann nämlich auch zeigen, dass, wenn diese Relationen stattfinden, die Constanten sich sämmtlich vermittelst der partiellen Differentialquotienten der Function eliminiren lassen. Es reicht hin, dies für den Fall zu zeigen, wenn die Function nur *eine* willkürliche Constante mehr enthält, als zur vollständigen Lösung erfordert wird. Denn wenn von jeder der überzähligen Constanten besonders gezeigt ist, dass sie bei der Elimination der zu einer vollständigen Lösung erforderlichen Anzahl von Constanten von selbst mit herausgeht, so hat man bewiesen, dass bei der Elimination der letzteren gleichzeitig *sämmtliche* andere Constanten mit herausgehen.

Ich will zuerst wieder den Fall betrachten, wenn die vorgelegte partielle Differentialgleichung nicht die unbekannte Function selber enthält. Für diesen Fall kann man den Satz, welchen ich im Vorhergehenden bewiesen habe, so ausdrücken:

A. „*Es sei*

$$W(t,\ q_1,\ q_2,\ \ldots,\ q_m,\ \alpha,\ \alpha_1,\ \alpha_2,\ \ldots,\ \alpha_m)$$

irgend eine Function der $2m+2$ *Grössen* $t,\ q_1,\ q_2,\ \ldots,\ q_m,\ \alpha,\ \alpha_1,\ \ldots,\ \alpha_m$, *und es werde gesetzt:*

$$(1)\qquad \frac{\partial W}{\partial t} = p,\quad \frac{\partial W}{\partial q_1} = p_1,\quad \ldots,\quad \frac{\partial W}{\partial q_m} = p_m,$$

$$(2)\qquad \frac{\partial W}{\partial \alpha} = \beta,\quad \frac{\partial W}{\partial \alpha_1} = \beta_1,\quad \ldots,\quad \frac{\partial W}{\partial \alpha_m} = \beta_m;$$

so wird man, wenn der Fall eintritt, dass man aus dem ersten Systeme von $m+1$ *Gleichungen die* $m+1$ *Grössen* $\alpha,\ \alpha_1,\ \alpha_2,\ \ldots,\ \alpha_m$ *eliminiren kann und so eine Gleichung bloss zwischen den Grössen* $t,\ q_1,\ q_2,\ \ldots,\ q_m,\ p,\ p_1,\ p_2,\ \ldots,\ p_m$ *erhält, immer auch aus dem zweiten Systeme von* $m+1$ *Gleichungen sämmtliche* $m+1$ *Grössen* $t,\ q_1,\ q_2,\ \ldots,\ q_m$ *eliminiren oder eine Gleichung bloss zwischen den Grössen* $\alpha,\ \alpha_1,\ \alpha_2,\ \ldots,\ \alpha_m,\ \beta,\ \beta_1,\ \beta_2,\ \ldots,\ \beta_m$ *erhalten können.*“

Will man diesen Satz umkehren, so hat man zu beweisen, dass, wenn man aus den Gleichungen (2) die Grössen $t,\ q_1,\ q_2,\ \ldots,\ q_m$ eliminiren kann, man immer auch aus den Gleichungen (1) die Grössen $\alpha,\ \alpha_1,\ \alpha_2,\ \ldots,\ \alpha_m$ eliminiren kann. Dieser Satz lässt sich aber aus dem Vorhergehenden ohne weiteres folgern, wenn man nur die Grössen $t,\ q_1,\ q_2,\ \ldots,\ q_m,\ p,\ p_1,\ p_2,\ \ldots,\ p_m$ mit den Grössen $\alpha,\ \alpha_1,\ \alpha_2,\ \ldots,\ \alpha_m,\ \beta,\ \beta_1,\ \beta_2,\ \ldots,\ \beta_m$ vertauscht.

Für den Fall, dass die vorgelegte partielle Differentialgleichung die unbekannte Function selber enthält, wird der oben gefundene Satz folgender:

B. „*Es sei*

$$W = \chi(q_1, q_2, \ldots, q_m, \alpha, \alpha_1, \alpha_2, \ldots, \alpha_m),$$

ferner:

$$(1)\quad \frac{\partial \chi}{\partial q_1} = p_1, \quad \frac{\partial \chi}{\partial q_2} = p_2, \quad \ldots, \quad \frac{\partial \chi}{\partial q_m} = p_m,$$

$$(2)\quad \frac{\partial \chi}{\partial \alpha} = \beta, \quad \frac{\partial \chi}{\partial \alpha_1} = \beta_1, \quad \frac{\partial \chi}{\partial \alpha_2} = \beta_2, \quad \ldots, \quad \frac{\partial \chi}{\partial \alpha_m} = \beta_m;$$

kann man aus der Gleichung $W = \chi$ *und den* m *Gleichungen* (1) *die* $m+1$ *Grössen* $\alpha, \alpha_1, \alpha_2, \ldots, \alpha_m$ *eliminiren, so dass man bloss eine Gleichung zwischen* $W, q_1, q_2, \ldots, q_m, p_1, p_2, \ldots, p_m$ *erhält, so kann man auch aus den* m *Gleichungen*

$$(3)\quad \frac{\partial \chi}{\partial \alpha_1} = \frac{\beta_1}{\beta}\frac{\partial \chi}{\partial \alpha}, \quad \frac{\partial \chi}{\partial \alpha_2} = \frac{\beta_2}{\beta}\frac{\partial \chi}{\partial \alpha}, \quad \ldots, \quad \frac{\partial \chi}{\partial \alpha_m} = \frac{\beta_m}{\beta}\frac{\partial \chi}{\partial \alpha}$$

die m *Grössen* $q_1, q_2, \ldots, q_m$ *eliminiren, so dass man eine Gleichung bloss zwischen den Grössen* $\alpha, \alpha_1, \alpha_2, \ldots, \alpha_m, \frac{\beta_1}{\beta}, \frac{\beta_2}{\beta}, \ldots, \frac{\beta_m}{\beta}$ *erhält.*"

Man kann diesen Satz aus dem vorhergehenden ableiten, wenn man darin für $W, p, p_1, p_2, \ldots, p_m$ schreibt $t\chi, W, tp_1, tp_2, \ldots, tp_m$, und diese Bemerkung dient auch dazu, den umgekehrten Satz zu beweisen, da wir gesehen haben, dass man den vorhergehenden Satz umkehren kann. Es ist nämlich, da χ nach der Voraussetzung nicht t enthalten soll, dasselbe, ob man sagt, man könne aus den Gleichungen (3) die Grössen $q_1, q_2, \ldots, q_m$ eliminiren, oder, man könne aus den Gleichungen:

$$t\frac{\partial \chi}{\partial \alpha} = \beta, \quad t\frac{\partial \chi}{\partial \alpha_1} = \beta_1, \quad \ldots, \quad t\frac{\partial \chi}{\partial \alpha_m} = \beta_m$$

die Grössen $t, q_1, q_2, \ldots, q_m$ eliminiren. Denn stellt man die Elimination so an, dass man zuerst t und dann die übrigen Grössen eliminirt, so hat man, um t herauszuschaffen, die vorstehenden Gleichungen durch eine derselben zu dividiren, wodurch man auf die Gleichungen (3) kommt. Kann man aber aus den Gleichungen

$$t\frac{\partial \chi}{\partial \alpha} = \beta, \quad t\frac{\partial \chi}{\partial \alpha_1} = \beta_1, \quad \ldots, \quad t\frac{\partial \chi}{\partial \alpha_m} = \beta_m$$

sämmtliche Grössen $t, q_1, q_2, \ldots, q_m$ eliminiren, so folgt aus der Umkehrung des Theorems A, wenn man darin $t\chi$ für W und W für p setzt, dass man auch aus den Gleichungen

$$\frac{\partial(t\chi)}{\partial t} = \chi = W, \quad \frac{\partial(t\chi)}{\partial q_1} = t\frac{\partial \chi}{\partial q_1} = p_1, \quad \ldots, \quad \frac{\partial(t\chi)}{\partial q_m} = t\frac{\partial \chi}{\partial q_m} = p_m$$

sämmtliche Grössen $\alpha, \alpha_1, \alpha_2, \ldots, \alpha_m$ eliminiren kann, wodurch man eine Gleichung bloss zwischen $W, q_1, q_2, \ldots, q_m, \frac{p_1}{t}, \frac{p_2}{t}, \ldots, \frac{p_m}{t}$ erhält. Oder, wenn man $p_1, p_2, \ldots, p_m$ für $\frac{p_1}{t}, \frac{p_2}{t}, \ldots, \frac{p_m}{t}$ schreibt, so wird man aus den Gleichungen

$$\chi = W, \quad \frac{\partial \chi}{\partial q_1} = p_1, \quad \frac{\partial \chi}{\partial q_2} = p_2, \quad \ldots, \quad \frac{\partial \chi}{\partial q_m} = p_m$$

sämmtliche Grössen $\alpha, \alpha_1, \alpha_2, \ldots, \alpha_m$ eliminiren können, so dass man eine Gleichung bloss zwischen $W, q_1, q_2, \ldots, q_m, p_1, p_2, \ldots, p_m$ erhält. Man sieht also, dass, wenn man aus den Gleichungen (3) die Grössen $q_1, q_2, \ldots, q_m$ eliminiren kann, man auch aus der Gleichung $W = \chi$ und den Gleichungen (1) die Grössen $\alpha, \alpha_1, \alpha_2, \ldots, \alpha_m$ eliminiren kann, welches die Umkehrung des Satzes B ist, die wir beweisen wollten.

Ich will noch im Folgenden einen *directen* Beweis des Satzes A geben; es wird dies nur für diesen Satz nöthig sein, da der Satz B auf die von mir angedeutete Weise sich aus ihm ableiten lässt.

In dem Satze A wurde angenommen, dass sich aus den Gleichungen

$$\frac{\partial W}{\partial t} = p, \quad \frac{\partial W}{\partial q_1} = p_1, \quad \frac{\partial W}{\partial q_2} = p_2, \quad \ldots, \quad \frac{\partial W}{\partial q_m} = p_m$$

die Grössen $\alpha, \alpha_1, \alpha_2, \ldots, \alpha_m$ eliminiren lassen. Man kann dies auch so ausdrücken, dass, wenn man vermittelst der Gleichungen

$$(1) \quad \frac{\partial W}{\partial q_1} = p_1, \quad \frac{\partial W}{\partial q_2} = p_2, \quad \ldots, \quad \frac{\partial W}{\partial q_m} = p_m$$

die Grössen $\alpha_1, \alpha_2, \ldots, \alpha_m$ durch $t, q_1, q_2, \ldots, q_m, p_1, p_2, \ldots, p_m, \alpha$ ausdrückt und diese Ausdrücke für dieselben in $\frac{\partial W}{\partial t}$ substituirt, in dem so sich ergebenden Ausdrucke von $\frac{\partial W}{\partial t}$ die Grösse α nicht vorkomme. Betrachtet man daher $\alpha_1, \alpha_2, \ldots, \alpha_m$ als Functionen der angegebenen Grössen und nimmt in diesem Sinne ihre partiellen Differentialquotienten, so hat man in dem angenommenen Falle die Gleichung:

$$(2)\quad 0=\frac{\partial^2 W}{\partial t\partial\alpha}+\frac{\partial^2 W}{\partial t\partial\alpha_1}\frac{\partial\alpha_1}{\partial\alpha}+\frac{\partial^2 W}{\partial t\partial\alpha_2}\frac{\partial\alpha_2}{\partial\alpha}+\cdots+\frac{\partial^2 W}{\partial t\partial\alpha_m}\frac{\partial\alpha_m}{\partial\alpha}.$$

Man denke sich ferner durch die Gleichungen

$$(3)\quad \frac{\partial W}{\partial\alpha_1}=\beta_1,\quad \frac{\partial W}{\partial\alpha_2}=\beta_2,\quad \ldots,\quad \frac{\partial W}{\partial\alpha_m}=\beta_m$$

die Grössen $q_1, q_2, \ldots, q_m$ durch $t, \alpha, \alpha_1, \alpha_2, \ldots, \alpha_m, \beta_1, \beta_2, \ldots, \beta_m$ ausgedrückt und diese Ausdrücke in

$$\frac{\partial W}{\partial\alpha}=\beta$$

substituirt, so soll bewiesen werden, dass der so erhaltene Werth von β die Grösse t nicht enthält, oder dass

$$\frac{\partial^2 W}{\partial t\partial\alpha}+\frac{\partial^2 W}{\partial\alpha\partial q_1}\frac{\partial q_1}{\partial t}+\frac{\partial^2 W}{\partial\alpha\partial q_2}\frac{\partial q_2}{\partial t}+\cdots+\frac{\partial^2 W}{\partial\alpha\partial q_m}\frac{\partial q_m}{\partial t}=0$$

ist. Da die Ausdrücke, welche man in (2) für $\alpha_1, \alpha_2, \ldots, \alpha_m$ substituirt hat, die Gleichungen (1) identisch erfüllen, so hat man, wenn man diese Gleichungen nach α differentiirt, und die Gleichung (2) hinzufügt:

$$(4)\quad \begin{cases} 0=\dfrac{\partial^2 W}{\partial t\partial\alpha}+\dfrac{\partial^2 W}{\partial t\partial\alpha_1}\dfrac{\partial\alpha_1}{\partial\alpha}+\dfrac{\partial^2 W}{\partial t\partial\alpha_2}\dfrac{\partial\alpha_2}{\partial\alpha}+\cdots+\dfrac{\partial^2 W}{\partial t\partial\alpha_m}\dfrac{\partial\alpha_m}{\partial\alpha}, \\ 0=\dfrac{\partial^2 W}{\partial q_1\partial\alpha}+\dfrac{\partial^2 W}{\partial q_1\partial\alpha_1}\dfrac{\partial\alpha_1}{\partial\alpha}+\dfrac{\partial^2 W}{\partial q_1\partial\alpha_2}\dfrac{\partial\alpha_2}{\partial\alpha}+\cdots+\dfrac{\partial^2 W}{\partial q_1\partial\alpha_m}\dfrac{\partial\alpha_m}{\partial\alpha}, \\ 0=\dfrac{\partial^2 W}{\partial q_2\partial\alpha}+\dfrac{\partial^2 W}{\partial q_2\partial\alpha_1}\dfrac{\partial\alpha_1}{\partial\alpha}+\dfrac{\partial^2 W}{\partial q_2\partial\alpha_2}\dfrac{\partial\alpha_2}{\partial\alpha}+\cdots+\dfrac{\partial^2 W}{\partial q_2\partial\alpha_m}\dfrac{\partial\alpha_m}{\partial\alpha}, \\ \cdots\cdots\cdots\cdots\cdots\cdots\cdots\cdots \\ 0=\dfrac{\partial^2 W}{\partial q_m\partial\alpha}+\dfrac{\partial^2 W}{\partial q_m\partial\alpha_1}\dfrac{\partial\alpha_1}{\partial\alpha}+\dfrac{\partial^2 W}{\partial q_m\partial\alpha_2}\dfrac{\partial\alpha_2}{\partial\alpha}+\cdots+\dfrac{\partial^2 W}{\partial q_m\partial\alpha_m}\dfrac{\partial\alpha_m}{\partial\alpha}. \end{cases}$$

Setzt man ferner für $q_1, q_2, \ldots, q_m$ solche Ausdrücke in $t, \alpha, \alpha_1, \alpha_2, \ldots, \alpha_m, \beta_1, \beta_2, \ldots, \beta_m$, welche die Gleichungen (3) identisch erfüllen, und differentiirt jene Gleichungen in diesem Sinne partiell nach t, so hat man:

$$(5)\quad \begin{cases} 0=\dfrac{\partial^2 W}{\partial\alpha_1\partial t}+\dfrac{\partial^2 W}{\partial\alpha_1\partial q_1}\dfrac{\partial q_1}{\partial t}+\dfrac{\partial^2 W}{\partial\alpha_1\partial q_2}\dfrac{\partial q_2}{\partial t}+\cdots+\dfrac{\partial^2 W}{\partial\alpha_1\partial q_m}\dfrac{\partial q_m}{\partial t}, \\ 0=\dfrac{\partial^2 W}{\partial\alpha_2\partial t}+\dfrac{\partial^2 W}{\partial\alpha_2\partial q_1}\dfrac{\partial q_1}{\partial t}+\dfrac{\partial^2 W}{\partial\alpha_2\partial q_2}\dfrac{\partial q_2}{\partial t}+\cdots+\dfrac{\partial^2 W}{\partial\alpha_2\partial q_m}\dfrac{\partial q_m}{\partial t}, \\ \cdots\cdots\cdots\cdots\cdots\cdots\cdots\cdots \\ 0=\dfrac{\partial^2 W}{\partial\alpha_m\partial t}+\dfrac{\partial^2 W}{\partial\alpha_m\partial q_1}\dfrac{\partial q_1}{\partial t}+\dfrac{\partial^2 W}{\partial\alpha_m\partial q_2}\dfrac{\partial q_2}{\partial t}+\cdots+\dfrac{\partial^2 W}{\partial\alpha_m\partial q_m}\dfrac{\partial q_m}{\partial t}. \end{cases}$$

Multiplicirt man die Gleichungen (4) der Reihe nach mit $1, \frac{\partial q_1}{\partial t}, \frac{\partial q_2}{\partial t}, \ldots, \frac{\partial q_m}{\partial t}$ und addirt, so verschwinden wegen der Gleichungen (5) die in $\frac{\partial \alpha_1}{\partial \alpha}, \frac{\partial \alpha_2}{\partial \alpha}, \ldots, \frac{\partial \alpha_m}{\partial \alpha}$ multiplicirten Grössen, und man erhält:

$$0 = \frac{\partial^2 W}{\partial \alpha \partial t} + \frac{\partial^2 W}{\partial \alpha \partial q_1}\frac{\partial q_1}{\partial t} + \frac{\partial^2 W}{\partial \alpha \partial q_2}\frac{\partial q_2}{\partial t} + \cdots + \frac{\partial^2 W}{\partial \alpha \partial q_m}\frac{\partial q_m}{\partial t},$$

welches die zu beweisende Gleichung ist.

§. 21. Gleichungen zwischen den Differentialquotienten der Variabeln nach den Constanten und denen der Constanten nach den Variabeln.

Die im Vorhergehenden gebrauchte Analysis giebt noch andere Theoreme, welche sowohl auf die bewiesenen Sätze Licht werfen, als auch an sich sehr merkwürdig sind und als Fundamentaltheoreme betrachtet werden können.

Es sei W irgend eine Function von $q_1, q_2, \ldots, q_m, \alpha_1, \alpha_2, \ldots, \alpha_m$. Differentiirt man die Gleichungen

$$(1) \quad \frac{\partial W}{\partial q_1} = p_1, \quad \frac{\partial W}{\partial q_2} = p_2, \quad \ldots, \quad \frac{\partial W}{\partial q_m} = p_m$$

nach q_i, indem man $\alpha_1, \alpha_2, \ldots, \alpha_m$ als solche Functionen von $q_1, q_2, \ldots, q_m, p_1, p_2, \ldots, p_m$ betrachtet, welche diese Gleichungen identisch machen, so erhält man:

$$0 = \frac{\partial^2 W}{\partial q_1 \partial q_i} + \frac{\partial^2 W}{\partial q_1 \partial \alpha_1}\frac{\partial \alpha_1}{\partial q_i} + \frac{\partial^2 W}{\partial q_1 \partial \alpha_2}\frac{\partial \alpha_2}{\partial q_i} + \cdots + \frac{\partial^2 W}{\partial q_1 \partial \alpha_m}\frac{\partial \alpha_m}{\partial q_i},$$

$$0 = \frac{\partial^2 W}{\partial q_2 \partial q_i} + \frac{\partial^2 W}{\partial q_2 \partial \alpha_1}\frac{\partial \alpha_1}{\partial q_i} + \frac{\partial^2 W}{\partial q_2 \partial \alpha_2}\frac{\partial \alpha_2}{\partial q_i} + \cdots + \frac{\partial^2 W}{\partial q_2 \partial \alpha_m}\frac{\partial \alpha_m}{\partial q_i},$$

$$\cdots\cdots\cdots\cdots\cdots\cdots\cdots\cdots$$

$$0 = \frac{\partial^2 W}{\partial q_m \partial q_i} + \frac{\partial^2 W}{\partial q_m \partial \alpha_1}\frac{\partial \alpha_1}{\partial q_i} + \frac{\partial^2 W}{\partial q_m \partial \alpha_2}\frac{\partial \alpha_2}{\partial q_i} + \cdots + \frac{\partial^2 W}{\partial q_m \partial \alpha_m}\frac{\partial \alpha_m}{\partial q_i}.$$

Differentiirt man ferner die Gleichungen

$$(2) \quad \frac{\partial W}{\partial \alpha_1} = \beta_1, \quad \frac{\partial W}{\partial \alpha_2} = \beta_2, \quad \ldots, \quad \frac{\partial W}{\partial \alpha_m} = \beta_m$$

nach α_k, indem man $q_1, q_2, \ldots, q_m$ als Functionen von $\alpha_1, \alpha_2, \ldots, \alpha_m, \beta_1, \beta_2, \ldots, \beta_m$ betrachtet, welche diese Gleichung identisch machen, so erhält man:

$$0 = \frac{\partial^2 W}{\partial \alpha_1 \partial \alpha_k} + \frac{\partial^2 W}{\partial \alpha_1 \partial q_1} \frac{\partial q_1}{\partial \alpha_k} + \frac{\partial^2 W}{\partial \alpha_1 \partial q_2} \frac{\partial q_2}{\partial \alpha_k} + \cdots + \frac{\partial^2 W}{\partial \alpha_1 \partial q_m} \frac{\partial q_m}{\partial \alpha_k},$$

$$0 = \frac{\partial^2 W}{\partial \alpha_2 \partial \alpha_k} + \frac{\partial^2 W}{\partial \alpha_2 \partial q_1} \frac{\partial q_1}{\partial \alpha_k} + \frac{\partial^2 W}{\partial \alpha_2 \partial q_2} \frac{\partial q_2}{\partial \alpha_k} + \cdots + \frac{\partial^2 W}{\partial \alpha_2 \partial q_m} \frac{\partial q_m}{\partial \alpha_k},$$

. . . .

$$0 = \frac{\partial^2 W}{\partial \alpha_m \partial \alpha_k} + \frac{\partial^2 W}{\partial \alpha_m \partial q_1} \frac{\partial q_1}{\partial \alpha_k} + \frac{\partial^2 W}{\partial \alpha_m \partial q_2} \frac{\partial q_2}{\partial \alpha_k} + \cdots + \frac{\partial^2 W}{\partial \alpha_m \partial q_m} \frac{\partial q_m}{\partial \alpha_k}.$$

Multiplicirt man die ersten Gleichungen der Reihe nach mit

$$\frac{\partial q_1}{\partial \alpha_k}, \quad \frac{\partial q_2}{\partial \alpha_k}, \quad \ldots, \quad \frac{\partial q_m}{\partial \alpha_k}$$

und addirt, so erhält man durch die letzteren Gleichungen:

$$\frac{\partial^2 W}{\partial q_1 \partial q_i} \frac{\partial q_1}{\partial \alpha_k} + \frac{\partial^2 W}{\partial q_2 \partial q_i} \frac{\partial q_2}{\partial \alpha_k} + \cdots + \frac{\partial^2 W}{\partial q_m \partial q_i} \frac{\partial q_m}{\partial \alpha_k}$$

$$= \frac{\partial^2 W}{\partial \alpha_1 \partial \alpha_k} \frac{\partial \alpha_1}{\partial q_i} + \frac{\partial^2 W}{\partial \alpha_2 \partial \alpha_k} \frac{\partial \alpha_2}{\partial q_i} + \cdots + \frac{\partial^2 W}{\partial \alpha_m \partial \alpha_k} \frac{\partial \alpha_m}{\partial q_i}.$$

Addirt man zu den beiden Ausdrücken, deren Gleichheit wir nachgewiesen haben, noch $\frac{\partial^2 W}{\partial q_i \partial \alpha_k}$, so kann man diese Gleichungen kürzer so darstellen:

$$\frac{\partial p_i}{\partial \alpha_k} = \frac{\partial \beta_k}{\partial q_i},$$

wenn man in $p_i = \frac{\partial W}{\partial q_i}$ die Grössen $q_1, q_2, \ldots, q_m$ durch $\alpha_1, \alpha_2, \ldots, \alpha_m$, $\beta_1, \beta_2, \ldots, \beta_m$ vermittelst der Gleichungen

$$\frac{\partial W}{\partial \alpha_1} = \beta_1, \quad \frac{\partial W}{\partial \alpha_2} = \beta_2, \quad \ldots, \quad \frac{\partial W}{\partial \alpha_m} = \beta_m$$

und umgekehrt in $\beta_k = \frac{\partial W}{\partial \alpha_k}$ die Grössen $\alpha_1, \alpha_2, \ldots, \alpha_m$ durch $q_1, q_2, \ldots, q_m$, $p_1, p_2, \ldots, p_m$ vermittelst der Gleichungen

$$\frac{\partial W}{\partial q_1} = p_1, \quad \frac{\partial W}{\partial q_2} = p_2, \quad \ldots, \quad \frac{\partial W}{\partial q_m} = p_m$$

ausdrückt.

Man erhält auf dieselbe Weise, wenn man die Gleichungen (1) nach p_i, die Gleichungen (2) nach α_k differentiirt:

$$\frac{\partial q_i}{\partial \alpha_k} = -\frac{\partial \beta_k}{\partial p_i};$$

ferner, wenn man die Gleichungen (1) nach q_i, die Gleichungen (2) nach β_k differentiirt:

$$\frac{\partial p_i}{\partial \beta_k} = -\frac{\partial \alpha_k}{\partial q_i};$$

endlich, wenn man die Gleichungen (1) nach p_i, die Gleichungen (2) nach β_k differentiirt:

$$\frac{\partial q_i}{\partial \beta_k} = \frac{\partial \alpha_k}{\partial p_i}.$$

Ich will diese Resultate in folgendem Theorem zusammenstellen:

Fundamentaltheorem.

„Es sei

$$W(q_1, q_2, \ldots, q_m, \alpha_1, \alpha_2, \ldots, \alpha_m)$$

irgend eine Function der 2m Grössen $q_1, q_2, \ldots, q_m, \alpha_1, \alpha_2, \ldots, \alpha_m$, *und*

$$\frac{\partial W}{\partial q_1} = p_1, \quad \frac{\partial W}{\partial q_2} = p_2, \quad \ldots, \quad \frac{\partial W}{\partial q_m} = p_m,$$

$$\frac{\partial W}{\partial \alpha_1} = \beta_1, \quad \frac{\partial W}{\partial \alpha_2} = \beta_2, \quad \ldots, \quad \frac{\partial W}{\partial \alpha_m} = \beta_m;$$

drückt man vermittelst dieser Gleichungen einmal die Grössen $q_1, q_2, \ldots, q_m, p_1, p_2, \ldots, p_m$ *als Functionen von* $\alpha_1, \alpha_2, \ldots, \alpha_m, \beta_1, \beta_2, \ldots, \beta_m$ *aus und nimmt in diesem Sinne ihre nach den letzteren Grössen genommenen partiellen Differentialquotienten, und drückt man umgekehrt wieder vermittelst derselben Gleichungen die Grössen* $\alpha_1, \alpha_2, \ldots, \alpha_m, \beta_1, \beta_2, \ldots, \beta_m$ *durch* $q_1, q_2, \ldots, q_m, p_1, p_2, \ldots, p_m$ *aus und nimmt in diesem Sinne ihre nach den letzteren Grössen genommenen partiellen Differentialquotienten, so hat man:*

$$\frac{\partial p_i}{\partial \alpha_k} = \frac{\partial \beta_k}{\partial q_i}, \quad \frac{\partial p_i}{\partial \beta_k} = -\frac{\partial \alpha_k}{\partial q_i},$$

$$\frac{\partial q_i}{\partial \beta_k} = \frac{\partial \alpha_k}{\partial p_i}, \quad \frac{\partial q_i}{\partial \alpha_k} = -\frac{\partial \beta_k}{\partial p_i}.\text{“}$$

In dem vorstehenden Theorem ist angenommen, dass die Grösse α_k eine der Grössen $\alpha_1, \alpha_2, \ldots, \alpha_m$, und dass die Grösse q_k eine der Grössen

$q_1, q_2, \ldots, q_m$ sei. Aber der von diesem Theorem gegebene Beweis setzt dieses auf keine Weise voraus, sondern ist eben so gültig, wenn α_k und q_i irgend welche noch ausser den angegebenen $2m$ Grössen in der Function W enthaltene Grössen sind. Man erhält dann folgendes Theorem, welches das vorstehende mit in sich begreift:

„Es sei

$$W(q_1, q_2, \ldots, q_{m+n}, \alpha_1, \alpha_2, \ldots, \alpha_{m+l})$$

irgend eine Function der Grössen $q_1, q_2, \ldots, q_{m+n}, \alpha_1, \alpha_2, \ldots, \alpha_{m+l}$, *und*

$$\frac{\partial W}{\partial q_1} = p_1, \quad \frac{\partial W}{\partial q_2} = p_2, \quad \ldots, \quad \frac{\partial W}{\partial q_{m+n}} = p_{m+n},$$

$$\frac{\partial W}{\partial \alpha_1} = \beta_1, \quad \frac{\partial W}{\partial \alpha_2} = \beta_2, \quad \ldots, \quad \frac{\partial W}{\partial \alpha_{m+l}} = \beta_{m+l};$$

man drücke vermittelst dieser Gleichungen die Grössen $q_1, q_2, \ldots, q_m, p_1, p_2, \ldots, p_{m+n}$ *durch* $\alpha_1, \alpha_2, \ldots, \alpha_{m+l}, \beta_1, \beta_2, \ldots, \beta_m, q_{m+1}, q_{m+2}, \ldots, q_{m+n}$, *und umgekehrt die Grössen* $\alpha_1, \alpha_2, \ldots, \alpha_m, \beta_1, \beta_2, \ldots, \beta_{m+l}$ *durch* $q_1, q_2, \ldots, q_{m+n}, p_1, p_2, \ldots, p_m, \alpha_{m+1}, \alpha_{m+2}, \ldots, \alpha_{m+l}$ *aus und führe in diesem Sinne die partiellen Differentiationen aus, so hat man,*

1) *wenn sowohl* i *als* k *irgend einen der Indices* $1, 2, \ldots, m$ *bedeuten,*

$$\frac{\partial q_i}{\partial \beta_k} = \frac{\partial \alpha_k}{\partial p_i};$$

2) *wenn* i *einen der Indices* $1, 2, \ldots, m$ *und* k *einen der Indices* $1, 2, \ldots, m+l$ *bedeutet,*

$$\frac{\partial q_i}{\partial \alpha_k} = -\frac{\partial \beta_k}{\partial p_i};$$

3) *wenn* i *einen der Indices* $1, 2, \ldots, m+n$ *und* k *einen der Indices* $1, 2, \ldots, m$ *bedeutet,*

$$\frac{\partial p_i}{\partial \beta_k} = -\frac{\partial \alpha_k}{\partial q_i};$$

4) *wenn* i *einen der Indices* $1, 2, \ldots, m+n$ *und* k *einen der Indices* $1, 2, \ldots, m+l$ *bedeutet,*

$$\frac{\partial p_i}{\partial \alpha_k} = \frac{\partial \beta_k}{\partial q_i}.\text{“}$$

Man sieht, dass für den Fall 1) alle vier Gleichungen gelten, welches das obige Fundamentaltheorem ist. Ebenso gilt die Gleichung 4) auch für den

Fall 2) und 3). Man kann auch in diesem zweiten Theorem, ohne seiner Allgemeinheit in etwas zu schaden, $n=0$ setzen, indem man die Grössen $q_{m+1}, q_{m+2}, \ldots, q_{m+n}$ mit zu den Grössen $\alpha_{m+1}, \alpha_{m+2}$ etc. zählt. Wenn man in der Gleichung 4) eine der Grössen $q_{m+1}, q_{m+2}, \ldots, q_{m+n}$ mit α und eine der Grössen $\alpha_{m+1}, \alpha_{m+2}, \ldots, \alpha_{m+l}$ mit t bezeichnet, so erhält man als besonderen Fall das im vorigen §. gegebene Theorem A. Denn die Gleichheit der beiden Ausdrücke in 4) lehrt, dass, wenn der eine verschwindet, der andere zugleich mit verschwindet, und dieses giebt das Theorem A, wenn man

$$\alpha_k = t, \quad \beta_k = p, \quad q_i = \alpha, \quad p_i = \beta$$

setzt. Dasselbe Theorem giebt auch sogleich die Differentialgleichungen der Dynamik aus den Integralgleichungen:

$$\frac{\partial W}{\partial q_1} = p_1, \quad \frac{\partial W}{\partial q_2} = p_2, \quad \ldots, \quad \frac{\partial W}{\partial q_m} = p_m,$$

$$\frac{\partial W}{\partial \alpha_1} = \beta_1, \quad \frac{\partial W}{\partial \alpha_2} = \beta_2, \quad \ldots, \quad \frac{\partial W}{\partial \alpha_m} = \beta_m,$$

in welchen W eine Function von $q_1, q_2, \ldots, q_m, t, \alpha_1, \alpha_2, \ldots, \alpha_m$ ist, und die Grössen $\alpha_1, \alpha_2, \ldots, \alpha_m, \beta_1, \beta_2, \ldots, \beta_m$ als Constanten angesehen werden. Wenn man nämlich in den Gleichungen 2) und 4) $\alpha_k = t$ setzt, so erhält man:

$$\frac{\partial q_i}{\partial t} = -\frac{\partial \frac{\partial W}{\partial t}}{\partial p_i}, \quad \frac{\partial p_i}{\partial t} = \frac{\partial \frac{\partial W}{\partial t}}{\partial q_i}.$$

Ist nun, wie dieses in Bezug auf die Integralgleichungen der Dynamik der Fall war,

$$\frac{\partial W}{\partial t} + H = 0,$$

wo H eine Function der Grössen $q_1, q_2, \ldots, q_m, p_1, p_2, \ldots, p_m, t$ bedeutet, welche die Constanten $\alpha_1, \alpha_2, \ldots, \alpha_m$ nicht enthält, so erhält man hieraus die Differentialgleichungen der Dynamik:

$$\frac{dq_i}{dt} = \frac{\partial H}{\partial p_i}, \quad \frac{dp_i}{dt} = -\frac{\partial H}{\partial q_i},$$

wo das Zeichen d auf die Variabele t zu beziehen ist.

Das aufgestellte Theorem giebt eine merkwürdige Wechselbeziehung, die zwischen den beiden Formen, unter welchen man die Integralgleichungen eines Systems von Differentialgleichungen zu betrachten pflegt, für die Probleme der Dynamik stattfindet, wenn man diejenige Wahl der willkürlichen Constanten trifft, welche nach der oben gegebenen Theorie die Integration der partiellen Differentialgleichung, auf welche sich das Problem zurückführen lässt, von selber an die Hand giebt. Man betrachtet nämlich in der einen Form die Variabeln, welche in den Integralgleichungen vorkommen, sämmtlich als Functionen einer von ihnen (der Grösse t) und der willkürlichen Constanten. Oder man stellt in der andern Form diejenigen von einander unabhängigen Ausdrücke der Variabeln*) auf, welche willkürlichen Constanten gleich werden. Jede solche Gleichung, welche eine Function der Variabeln einer willkürlichen Constante gleich setzt, wird vorzugsweise *ein Integral* des vorgelegten Systems von Differentialgleichungen genannt, und das Charakteristische einer solchen Integralgleichung besteht darin, dass ihr Differential vermittelst der blossen vorgelegten Differentialgleichungen, ohne auch die Integralgleichungen selbst zu Hülfe zu nehmen, *identisch* verschwindet. Man kann in der einen Form die Ausdrücke der Variabeln nach den willkürlichen Constanten, in der anderen die Ausdrücke der willkürlichen Constanten nach den Variabeln partiell differentiiren, und das vorstehende Theorem lehrt, dass in dem hier betrachteten Falle und bei der hier getroffenen Wahl der willkürlichen Constanten die beiden Arten von partiellen Differentialquotienten unmittelbar auf einander zurückkommen. Wenn man die Anfangswerthe der Variabeln, die einem Werthe $t=0$ entsprechen, als willkürliche Constanten einführt, so werden beide Formen der Integralgleichungen sogleich aus einander erhalten, wenn man die Variabeln und ihre Anfangswerthe mit einander vertauscht und zugleich $-t$ statt t setzt, wobei jedoch zu bemerken ist, dass die Wurzelzeichen, welche die Formeln enthalten, hierbei geändert werden können.

§. 22. Anwendung der entwickelten Formeln auf die freie Bewegung.

Ich will noch den ersten der beiden gefundenen Sätze auf den besonderen Fall der Dynamik anwenden, wenn die Bewegung des betrachteten Systems materieller Punkte ganz frei ist, und die Kräftefunction nicht die Zeit

*) Wenn die Integrale auch die Differentialquotienten der Variabeln enthalten, so betrachte ich diese hier als besondere Variabele.

t implicirt. In diesem Falle gelten die in §. 2 aufgestellten Differentialgleichungen:

$$m_i \frac{d^2 x_i}{dt^2} = \frac{\partial U}{\partial x_i}, \quad m_i \frac{d^2 y_i}{dt^2} = \frac{\partial U}{\partial y_i}, \quad m_i \frac{d^2 z_i}{dt^2} = \frac{\partial U}{\partial z_i},$$

wo U die Kräftefunction ist. Man kann also für die Grössen q die rechtwinkligen Coordinaten der Punkte annehmen; die nach t genommenen Differentialquotienten derselben, eine jede mit der Masse des zugehörigen Punktes multiplicirt, werden dann die Grössen p, und die zu integrirende partielle Differentialgleichung ist:

$$\tfrac{1}{2}\Sigma \frac{1}{m_i}\left\{\left(\frac{\partial V}{\partial x_i}\right)^2+\left(\frac{\partial V}{\partial y_i}\right)^2+\left(\frac{\partial V}{\partial z_i}\right)^2\right\} = U+h,$$

wo h eine willkürliche Constante bezeichnet. Ist n die Zahl der materiellen Punkte, so enthält eine vollständige Lösung V dieser Differentialgleichung ausser einer durch blosse Addition hinzukommenden Constanten, von der ich abstrahire, und ausser h noch $3n-1$ willkürliche Constanten α. Kennt man eine solche Lösung V, so erhält man die Integralgleichungen des Problems zufolge des oben bemerkten Theorems durch die $3n$ Gleichungen

$$m_i x_i' = \frac{\partial V}{\partial x_i}, \quad m_i y_i' = \frac{\partial V}{\partial y_i}, \quad m_i z_i' = \frac{\partial V}{\partial z_i},$$

durch die $3n-1$ Gleichungen

$$\frac{\partial V}{\partial \alpha} = \beta$$

und durch die Gleichung

$$\frac{\partial V}{\partial h} = \tau+t.$$

Die $3n-1$ Constanten α, die $3n-1$ Constanten β und die beiden Grössen h und τ sind die $6n$ willkürlichen Constanten des Problems. Drückt man nun einmal die Grössen x_i, y_i, z_i, x_i', y_i', z_i' durch die $6n-2$ Grössen α, β und durch h und $\tau+t$, und dann umgekehrt α, β, h, $\tau+t$ durch jene aus, so hat man zufolge des ersten der beiden gefundenen Sätze:

$$m_i \frac{\partial x_i'}{\partial \alpha} = \frac{\partial \beta}{\partial x_i}, \quad m_i \frac{\partial x_i}{\partial \beta} = \frac{\partial \alpha}{\partial x_i'},$$

$$m_i \frac{\partial y_i'}{\partial \alpha} = \frac{\partial \beta}{\partial y_i}, \quad m_i \frac{\partial y_i}{\partial \beta} = \frac{\partial \alpha}{\partial y_i'},$$

$$m_i \frac{\partial z_i'}{\partial \alpha} = \frac{\partial \beta}{\partial z_i}, \quad m_i \frac{\partial z_i}{\partial \beta} = \frac{\partial \alpha}{\partial z_i'};$$

ferner ist

$$m_i \frac{\partial x_i'}{\partial \beta} = -\frac{\partial \alpha}{\partial x_i}, \quad m_i \frac{\partial x_i}{\partial \alpha} = -\frac{\partial \beta}{\partial x_i'},$$

$$m_i \frac{\partial y_i'}{\partial \beta} = -\frac{\partial \alpha}{\partial y_i}, \quad m_i \frac{\partial y_i}{\partial \alpha} = -\frac{\partial \beta}{\partial y_i'},$$

$$m_i \frac{\partial z_i'}{\partial \beta} = -\frac{\partial \alpha}{\partial z_i}, \quad m_i \frac{\partial z_i}{\partial \alpha} = -\frac{\partial \beta}{\partial z_i'};$$

endlich hat man noch:

$$m_i \frac{\partial x_i'}{\partial h} = \frac{\partial(\tau+t)}{\partial x_i}, \quad m_i \frac{\partial x_i}{\partial(\tau+t)} = \frac{\partial h}{\partial x_i'},$$

$$m_i \frac{\partial y_i'}{\partial h} = \frac{\partial(\tau+t)}{\partial y_i}, \quad m_i \frac{\partial y_i}{\partial(\tau+t)} = \frac{\partial h}{\partial y_i'},$$

$$m_i \frac{\partial z_i'}{\partial h} = \frac{\partial(\tau+t)}{\partial z_i}, \quad m_i \frac{\partial z_i}{\partial(\tau+t)} = \frac{\partial h}{\partial z_i'},$$

$$m_i \frac{\partial x_i'}{\partial(\tau+t)} = -\frac{\partial h}{\partial x_i}, \quad m_i \frac{\partial x_i}{\partial h} = -\frac{\partial(\tau+t)}{\partial x_i'},$$

$$m_i \frac{\partial y_i'}{\partial(\tau+t)} = -\frac{\partial h}{\partial y_i}, \quad m_i \frac{\partial y_i}{\partial h} = -\frac{\partial(\tau+t)}{\partial y_i'},$$

$$m_i \frac{\partial z_i'}{\partial(\tau+t)} = -\frac{\partial h}{\partial z_i}, \quad m_i \frac{\partial z_i}{\partial h} = -\frac{\partial(\tau+t)}{\partial z_i'},$$

wo die drei letzten Gleichungen links und die drei ersten rechts die Differentialgleichungen des Problems selber sind. Es ist nämlich in ihnen für h der Ausdruck zu setzen:

$$h = \tfrac{1}{2}\Sigma m_i(x_i'x_i' + y_i'y_i' + z_i'z_i') - U,$$

und

$$\frac{\partial x_i}{\partial(\tau+t)} = \frac{dx_i}{dt} = x_i', \quad \frac{\partial x_i'}{\partial(\tau+t)} = \frac{dx_i'}{dt} = \frac{d^2 x_i}{dt^2},$$

und ebenso für die anderen Coordinaten.

Will man diese Formeln zum Beispiel auf die elliptische Bewegung eines Planeten anwenden, so wird man zufolge der oben mitgetheilten Integration der auf dieses Problem bezüglichen partiellen Differentialgleichung*) für die

*) Vgl. p. 256 folgg.

Constanten α_1, α_2 und die entsprechenden β_1, β_2 folgende Annahmen machen können:

α_1 ... Länge des aufsteigenden Knotens,

α_2 ... k mal der Quadratwurzel aus dem halben Parameter,

β_1 ... $-k$ mal der Quadratwurzel aus dem halben Parameter mal dem Cosinus der Neigung der Bahn,

β_2 ... Entfernung des Perihels vom aufsteigenden Knoten,

h ... $-k^2$ dividirt durch die grosse Axe,

$-\tau$ ... Durchgangszeit durch das Perihel,

welche Elemente auf unendlich viele Arten variirt werden können. Die Constante k^2 ist hier die anziehende Kraft für die Einheit der Entfernung, so dass die Differentialgleichungen

$$\frac{d^2x}{dt^2} = -\frac{k^2x}{r^3}, \quad \frac{d^2y}{dt^2} = -\frac{k^2y}{r^3}, \quad \frac{d^2z}{dt^2} = -\frac{k^2z}{r^3}$$

zu Grunde gelegt sind.

§. 23. **Behandlung der Aufgabe, in dem oben (§. 17) betrachteten Falle die zu grosse Anzahl von Integralgleichungen auf die hinreichende zurückzuführen, deren Constanten Functionen der ursprünglichen sind. Fall der Planetenbewegung.**

Ich will jetzt noch eine andere Aufgabe behandeln, welche man sich in dem oben (§. 17) betrachteten Falle stellen kann, wo angenommen wurde, dass die Lösung W der partiellen Differentialgleichung, aus welcher man die Integralgleichungen des vorgelegten Systems gewöhnlicher Differentialgleichungen ableitet, eine grössere Anzahl willkürlicher Constanten enthalte, als zu einer vollständigen Lösung erforderlich ist, falls man die überzähligen Constanten nicht dadurch fortschaffen will, dass man denselben bestimmte Werthe beilegt, oder sie beliebigen Functionen der anderen Constanten gleich setzt, oder auch dieselben durch eben so viele Gleichungen eliminirt, welche man erhält, wenn man die nach ihnen genommenen partiellen Differentialquotienten der Function gleich Null setzt, oder auf andere Art. Wir haben oben gesehen, dass in diesem Falle die $m+k$ Gleichungen

$$\frac{\partial W}{\partial \alpha_1} = \beta_1, \quad \frac{\partial W}{\partial \alpha_2} = \beta_2, \quad \ldots, \quad \frac{\partial W}{\partial \alpha_{m+k}} = \beta_{m+k}$$

nur die Stelle von m Gleichungen vertreten, indem k derselben, z. B.

$$\frac{\partial W}{\partial \alpha_{m+1}} = \beta_{m+1}, \quad \frac{\partial W}{\partial \alpha_{m+2}} = \beta_{m+2}, \quad \ldots, \quad \frac{\partial W}{\partial \alpha_{m+k}} = \beta_{m+k},$$

eine blosse Folge der übrigen m Gleichungen

$$\frac{\partial W}{\partial \alpha_1} = \beta_1, \quad \frac{\partial W}{\partial \alpha_2} = \beta_2, \quad \ldots, \quad \frac{\partial W}{\partial \alpha_m} = \beta_m$$

und die Constanten $\beta_{m+1}, \beta_{m+2}, \ldots, \beta_{m+k}$ nicht mehr willkürlich sind, sondern bestimmte Functionen der übrigen $\beta_1, \beta_2, \ldots, \beta_m$ und der Constanten $\alpha_1, \alpha_2, \ldots, \alpha_{m+k}$. Diese letzteren m Gleichungen, verbunden mit den m Gleichungen

$$\frac{\partial W}{\partial q_1} = p_1, \quad \frac{\partial W}{\partial q_2} = p_2, \quad \ldots, \quad \frac{\partial W}{\partial q_m} = p_m,$$

bilden die sämmtlichen Integralgleichungen, die aber, wie wir sehen, $2m+k$ willkürliche Constanten $\alpha_1, \alpha_2, \ldots, \alpha_{m+k}, \beta_1, \beta_2, \ldots, \beta_m$ enthalten, während sie nicht mehr als $2m$ willkürliche Constanten enthalten dürfen. Es muss daher immer möglich sein, die $2m$ Gleichungen

$$\frac{\partial W}{\partial \alpha_1} = \beta_1, \quad \frac{\partial W}{\partial \alpha_2} = \beta_2, \quad \ldots, \quad \frac{\partial W}{\partial \alpha_m} = \beta_m,$$

$$\frac{\partial W}{\partial q_1} = p_1, \quad \frac{\partial W}{\partial q_2} = p_2, \quad \ldots, \quad \frac{\partial W}{\partial q_m} = p_m$$

durch solche $2m$ andere Gleichungen zu ersetzen, in welchen ausser den Grössen $t, q_1, q_2, \ldots, q_m, p_1, p_2, \ldots, p_m$ nur $2m$ Functionen der $2m+k$ willkürlichen Constanten $\alpha_1, \alpha_2, \ldots, \alpha_{m+k}, \beta_1, \beta_2, \ldots, \beta_m$ vorkommen; diese kann man statt der letzteren als willkürliche Constanten einführen, deren Zahl dann in der That auf $2m$ zurückgeführt ist.

Nehmen wir als Beispiel die oben für die Bewegung eines Punktes um ein anziehendes Centrum gegebenen Formeln. Es waren dort nur drei unabhängige Variabele, die drei Coordinaten des Punktes, da die Zeit t in der partiellen Differentialgleichung nicht vorkam. Die gefundene Lösung V brauchte also nur zwei willkürliche Constanten zu impliciren, um eine vollständige Lösung zu sein, da wir immer von einer willkürlichen Constanten, die noch durch blosse Addition hinzukommen kann, abstrahiren. Die Lösung, welche wir fanden (p. 252),

$$V = b\,\mathrm{arc.cos}[\cos\alpha\cos\eta + \sin\alpha\sin\eta\cos(\vartheta-\beta)]$$
$$+\int\sqrt{2f(r)+2h-\frac{b^2}{r^2}}\,dr$$

enthält aber deren *drei*, b, α, β, da die Constante h in dieser Lösung nicht als willkürliche Constante betrachtet wird, weil sie schon in der partiellen Differentialgleichung selbst vorkommt. Setzt man

$$\cos w = \cos\alpha\cos\eta + \sin\alpha\sin\eta\cos(\vartheta-\beta),$$

so leiten wir aus dieser Lösung durch partielle Differentiation nach b, α, β, r, η, ϑ die Integralgleichungen ab:

$$w - b\int\frac{dr}{r^2\sqrt{2f(r)+2h-\frac{b^2}{r^2}}} = b',$$

$$\frac{b[\sin\alpha\cos\eta - \cos\alpha\sin\eta\cos(\vartheta-\beta)]}{\sin w} = \alpha',$$

$$-\frac{b\sin\alpha\sin\eta\sin(\vartheta-\beta)}{\sin w} = \beta',$$

$$\sqrt{2f(r)+2h-\frac{b^2}{r^2}} = \frac{dr}{dt},$$

$$\frac{b[\cos\alpha\sin\eta - \sin\alpha\cos\eta\cos(\vartheta-\beta)]}{r^2\sin w} = \frac{d\eta}{dt},$$

$$\frac{b\sin\alpha\sin(\vartheta-\beta)}{r^2\sin\eta\sin w} = \frac{d\vartheta}{dt}.$$

Es wurde schon oben bemerkt, dass die zweite und dritte Gleichung nur die Stelle von einer vertreten, weil man aus ihnen erhält:

$$\alpha'\alpha' + \frac{\beta'\beta'}{\sin^2\alpha} = b^2,$$

also eine blosse Gleichung zwischen den willkürlichen Constanten, die dadurch, wenn man wieder h nicht mitrechnet, auf *fünf* reducirt werden. Sie müssen sich aber auf *vier* reduciren lassen. Dieses kann man keineswegs auf den ersten Blick erkennen; sogar der Beweis würde einigermassen weitläufig ausfallen, wenn man nicht einige einfache geometrische Betrachtungen zu Hülfe nehmen könnte.

Zuerst leite ich aus der zweiten und dritten Gleichung folgende ab:

$$\sin\alpha\cos\eta - \cos\alpha\sin\eta\cos(\vartheta-\beta) + \frac{\alpha'}{\beta'}\sin\alpha\sin\eta\sin(\vartheta-\beta) = 0$$

oder

$$\sin\alpha\cos\eta - \left(\cos\alpha\cos\beta + \frac{\alpha'}{\beta'}\sin\alpha\sin\beta\right)\sin\eta\cos\vartheta$$
$$-\left(\cos\alpha\sin\beta - \frac{\alpha'}{\beta'}\sin\alpha\cos\beta\right)\sin\eta\sin\vartheta = 0.$$

Für diese Gleichung setze ich:

$$\cos i\cos\eta + \sin i\cos a.\sin\eta\cos\vartheta + \sin i\sin a.\sin\eta\sin\vartheta = 0,$$

indem ich zwei Winkel i und a einführe, welche durch die Verhältnisse

$$\sin\alpha : \left(\cos\alpha\cos\beta + \frac{\alpha'}{\beta'}\sin\alpha\sin\beta\right) : \left(\cos\alpha\sin\beta - \frac{\alpha'}{\beta'}\sin\alpha\cos\beta\right)$$
$$= \cos i : -\sin i\cos a : -\sin i \sin a$$

bestimmt werden. Diese Proportion giebt zugleich:

$$\cos i = \frac{\sin\alpha}{\sqrt{1+\frac{\alpha'\alpha'\sin^2\alpha}{\beta'\beta'}}} = -\frac{\beta'}{b} = \frac{\sin\alpha\sin\eta\sin(\vartheta-\beta)}{\sin w},$$

und es wird daher die letzte der Integralgleichungen:

$$\frac{b\cos i}{r^2\sin^2\eta} = \frac{d\vartheta}{dt};$$

ferner giebt dieselbe Proportion:

$$\cos i\cos\alpha + \sin i\cos a . \sin\alpha\cos\beta + \sin i\sin a . \sin\alpha\sin\beta = 0.$$

Nennen wir l die Linie, die mit den Coordinatenaxen Winkel bildet, deren Cosinus $\cos\alpha$, $\sin\alpha\cos\beta$, $\sin\alpha\sin\beta$ sind, und E die Ebene, welche mit den Coordinatenebenen Winkel bildet, deren Cosinus $\cos i$, $\sin i\cos a$, $\sin i\sin a$ sind, so folgt aus den Gleichungen

$$\cos i\cos\eta + \sin i\cos a . \sin\eta\cos\vartheta + \sin i\sin a . \sin\eta\sin\vartheta = 0,$$
$$\cos i\cos\alpha + \sin i\cos a . \sin\alpha\cos\beta + \sin i\sin a . \sin\alpha\sin\beta = 0,$$

dass der Radius Vector (der mit den Coordinatenaxen Winkel bildet, deren Cosinus $\cos\eta$, $\sin\eta\cos\vartheta$, $\sin\eta\sin\vartheta$ sind) und die Linie l in derselben Ebene E liegen. Die Linie l ist zugleich eine ganz willkürliche Linie in der Ebene E, so dass der Winkel w, welches der Winkel zwischen l und dem Radius Vector ist, die Bedeutung hat, dass er ein Winkel zwischen dem Radius Vector und einer willkürlichen Linie der Ebene E ist. Diese Willkürlichkeit wird aber auf keine Weise vermehrt, wenn ich von w die willkürliche Constante b' abziehe, wie die erste der Integralgleichungen:

$$w - b' = b\int\frac{dr}{r^2\sqrt{2f(r)+2h-\frac{b^2}{r^2}}}$$

erfordert; es vereinigen sich hier nur zwei willkürliche Constanten durch Addition in eine einzige. Nennt man nämlich v und λ die Winkel, welche der Radius Vector und die Linie l mit einer bestimmten Linie der Ebene E einschliessen, so ist

$$w = v - \lambda, \quad w - b' = v - \lambda - b',$$

und $\lambda+b'$ ist nur für *eine* willkürliche Constante anzusehen, wodurch die Anzahl der willkürlichen Constanten auf *vier* beschränkt wird, wie verlangt wurde. Es lassen sich nämlich die Integralgleichungen jetzt so darstellen:

$$v-\lambda-b' = b\int\frac{dr}{r^2\sqrt{2f(r)+2h-\frac{b^2}{r^2}}},$$

$$\cos i\cos\eta+\sin i\sin\eta\cos(\vartheta-a) = 0,$$

$$\sqrt{2f(r)+2h-\frac{b^2}{r^2}} = \frac{dr}{dt},$$

$$\frac{b\cos i}{r^2\sin^2\eta} = \frac{d\vartheta}{dt},$$

$$\frac{b^2}{r^4} = \left(\frac{d\eta}{dt}\right)^2+\sin^2\eta\left(\frac{d\vartheta}{dt}\right)^2,$$

wo $v-\lambda-b'$ der Winkel ist, den der Radiusvector mit einer beliebigen Linie der Ebene E bildet; zu diesen Gleichungen kommt noch der Ausdruck der Zeit:

$$t+\tau = \int\frac{dr}{\sqrt{2f(r)+2h-\frac{b^2}{r^2}}},$$

in welchem keine Reduction vorzunehmen ist.

§. 24. Allgemeine Behandlung derselben Aufgabe.

Da das hier gewählte einfache Beispiel schon zeigt, dass die verlangte Reduction der willkürlichen Constanten auf ihre wahre Anzahl bisweilen Schwierigkeiten macht, welche hier nur durch einige geometrische Betrachtungen gehoben wurden, so wird es der Mühe werth sein, allgemein zu zeigen, wie diese Reduction geleistet werden kann. Zu diesem Ende nehme ich an, es sei eine vollständige Lösung gegeben

$$W(t,\ q_1,\ q_2,\ \dots,\ q_m,\ a_1,\ a_2,\ \dots,\ a_m)$$

mit m willkürlichen Constanten $a_1,\ a_2,\ \dots,\ a_m$, von denen keine durch blosse Addition mit den übrigen Termen von W verbunden ist; und es sei aus dieser Lösung eine andere abgeleitet mit $m+k$ willkürlichen Constanten $\alpha_1,\ \alpha_2,\ \dots,\ \alpha_{m+k}$

$$W+\psi(a_1,\ a_2,\ \dots,\ a_m,\ \alpha_1,\ \alpha_2,\ \dots,\ \alpha_{m+k}),$$

in welcher die Grössen $a_1,\ a_2,\ \dots,\ a_m$ vermittelst der Gleichungen

$$\frac{\partial(W+\psi)}{\partial a_1}=0,\quad \frac{\partial(W+\psi)}{\partial a_2}=0,\quad \ldots,\quad \frac{\partial(W+\psi)}{\partial a_m}=0$$

zu eliminiren sind. Diese Gleichungen zeigen, dass man bei der partiellen Differentiation von $W+\psi$ nach irgend einer Grösse auf die Veränderlichkeit der Grössen $a_1, a_2, \ldots, a_m$ keine Rücksicht zu nehmen braucht. Die $2m$ Integralgleichungen sind daher, da W die Grössen $\alpha_1, \alpha_2, \ldots, \alpha_{m+k}$ und ψ die Grössen $t, q_1, q_2, \ldots, q_m$ nicht enthält:

$$\begin{aligned}
\frac{\partial\psi}{\partial a_1}&=\beta_1, & \frac{\partial W}{\partial q_1}&=p_1,\\
\frac{\partial\psi}{\partial a_2}&=\beta_2, & \frac{\partial W}{\partial q_2}&=p_2,\\
&\cdots\cdots & &\cdots\cdots\\
\frac{\partial\psi}{\partial a_m}&=\beta_m, & \frac{\partial W}{\partial q_m}&=p_m.
\end{aligned}$$

Die m Gleichungen links zeigen, dass die Grössen $a_1, a_2, \ldots, a_m$ ebenfalls willkürliche Constanten werden und daher auch die Grössen

$$\frac{\partial\psi}{\partial a_1},\quad \frac{\partial\psi}{\partial a_2},\quad \ldots,\quad \frac{\partial\psi}{\partial a_m}.$$

Nennt man diese $-b_1, -b_2, \ldots, -b_m$, so werden die Integralgleichungen:

$$\begin{aligned}
\frac{\partial W}{\partial a_1}&=b_1, & \frac{\partial W}{\partial a_2}&=b_2, & \ldots,\quad \frac{\partial W}{\partial a_m}&=b_m,\\
\frac{\partial W}{\partial q_1}&=p_1, & \frac{\partial W}{\partial q_2}&=p_2, & \ldots,\quad \frac{\partial W}{\partial q_m}&=p_m;
\end{aligned}$$

die $2m$ Functionen der $2m+k$ Grössen $\alpha_1, \alpha_2, \ldots, \alpha_{m+k}, \beta_1, \beta_2, \ldots, \beta_m$, welche man als die auf ihre wahre Anzahl reducirten willkürlichen Constanten zu wählen hat, sind die Grössen $a_1, a_2, \ldots, a_m, b_1, b_2, \ldots, b_m$, wie sie durch die Gleichungen bestimmt werden:

$$\begin{aligned}
\frac{\partial\psi}{\partial a_1}&=\beta_1, & \frac{\partial\psi}{\partial a_2}&=\beta_2, & \ldots,\quad \frac{\partial\psi}{\partial a_m}&=\beta_m,\\
\frac{\partial\psi}{\partial \alpha_1}&=-b_1, & \frac{\partial\psi}{\partial \alpha_2}&=-b_2, & \ldots,\quad \frac{\partial\psi}{\partial \alpha_m}&=-b_m.
\end{aligned}$$

Wenn die Lösung noch eine Constante h enthält, die auch in der partiellen Differentialgleichung selber vorkommt, und man zu den Integralgleichungen noch eine neue hinzufügt, indem man den nach h genommenen partiellen

Differentialquotienten der Lösung $\frac{\partial W}{\partial h}+\frac{\partial \psi}{\partial h}$ gleich einer neuen Variabeln, vermehrt um eine willkürliche Constante τ, setzt, so hat man, um auch in der neuen Gleichung die Reduction der Constanten zu bewerkstelligen, nur $\tau-\frac{\partial \psi}{\partial h}$ für τ als willkürliche Constante einzuführen. Es ist dies der Fall, wenn in einem Probleme der Mechanik der Satz von der lebendigen Kraft gilt und man die Integralgleichungen des Problems aus der Function V statt aus der Function W ableitet.

Die Lösung, welche die $m+k$ willkürlichen Constanten $\alpha_1, \alpha_2, \ldots, \alpha_{m+k}$ enthält, kann auch aus W erhalten werden, wenn zwischen $a_1, a_2, \ldots, a_m$ und $\alpha_1, \alpha_2, \ldots, \alpha_{m+k}$ gewisse Gleichungen $\psi_1=0$, $\psi_2=0$ etc. stattfinden und man aus $W+\psi$ die Grössen $a_1, a_2, \ldots, a_m$ vermittelst der Gleichungen

$$\begin{gathered}
\frac{\partial(W+\psi)}{\partial a_1}+\lambda_1\frac{\partial \psi_1}{\partial a_1}+\lambda_2\frac{\partial \psi_2}{\partial a_1}+\cdots=0,\\
\frac{\partial(W+\psi)}{\partial a_2}+\lambda_1\frac{\partial \psi_1}{\partial a_2}+\lambda_2\frac{\partial \psi_2}{\partial a_2}+\cdots=0,\\
\cdots\cdots\cdots\cdots\cdots\cdots\\
\frac{\partial(W+\psi)}{\partial a_m}+\lambda_1\frac{\partial \psi_1}{\partial a_m}+\lambda_2\frac{\partial \psi_2}{\partial a_m}+\cdots=0,\\
\psi_1=0,\quad \psi_2=0,\quad \ldots
\end{gathered}$$

eliminirt. Durch diese Gleichungen werden sowohl die Multiplicatoren λ_1, λ_2 etc., als auch die Grössen $a_1, a_2, \ldots, a_m$ als Functionen von $t, q_1, q_2, \ldots, q_m$, $\alpha_1, \alpha_2, \ldots, \alpha_{m+k}$ bestimmt. Bedeutet α eine der Grössen $\alpha_1, \alpha_2, \ldots, \alpha_m$, so hat man, wenn β eine willkürliche Constante bedeutet,

$$\begin{aligned}
\beta &= \frac{\partial(W+\psi)}{\partial \alpha}\\
&= \frac{\partial(W+\psi)}{\partial a_1}\frac{\partial a_1}{\partial \alpha}+\frac{\partial(W+\psi)}{\partial a_2}\frac{\partial a_2}{\partial \alpha}+\cdots+\frac{\partial(W+\psi)}{\partial a_m}\frac{\partial a_m}{\partial \alpha}+\frac{\partial \psi}{\partial \alpha}
\end{aligned}$$

oder wegen der vorstehenden Gleichungen:

$$\begin{aligned}
\beta&+\lambda_1\left(\frac{\partial \psi_1}{\partial a_1}\frac{\partial a_1}{\partial \alpha}+\frac{\partial \psi_1}{\partial a_2}\frac{\partial a_2}{\partial \alpha}+\cdots+\frac{\partial \psi_1}{\partial a_m}\frac{\partial a_m}{\partial \alpha}\right)\\
&+\lambda_2\left(\frac{\partial \psi_2}{\partial a_1}\frac{\partial a_1}{\partial \alpha}+\frac{\partial \psi_2}{\partial a_2}\frac{\partial a_2}{\partial \alpha}+\cdots+\frac{\partial \psi_2}{\partial a_m}\frac{\partial a_m}{\partial \alpha}\right)\\
&+\cdots\cdots\cdots\cdots\\
&=\frac{\partial \psi}{\partial \alpha}.
\end{aligned}$$

Differentiirt man aber die Gleichungen $\psi_1 = 0$, $\psi_2 = 0$ etc. nach α, so erhält man:

$$0 = \frac{\partial \psi_1}{\partial a_1}\frac{\partial a_1}{\partial \alpha} + \frac{\partial \psi_1}{\partial a_2}\frac{\partial a_2}{\partial \alpha} + \cdots + \frac{\partial \psi_1}{\partial a_m}\frac{\partial a_m}{\partial \alpha} + \frac{\partial \psi_1}{\partial \alpha},$$

$$0 = \frac{\partial \psi_2}{\partial a_1}\frac{\partial a_1}{\partial \alpha} + \frac{\partial \psi_2}{\partial a_2}\frac{\partial a_2}{\partial \alpha} + \cdots + \frac{\partial \psi_2}{\partial a_m}\frac{\partial a_m}{\partial \alpha} + \frac{\partial \psi_2}{\partial \alpha},$$

$$\cdots\cdots\cdots\cdots\cdots\cdots$$

und daher:

$$\beta = \frac{\partial \psi}{\partial \alpha} + \lambda_1 \frac{\partial \psi_1}{\partial \alpha} + \lambda_2 \frac{\partial \psi_2}{\partial \alpha} + \cdots.$$

Setzt man in dieser Gleichung für α die Werthe $\alpha_1, \alpha_2, \ldots, \alpha_m$ und für β willkürliche Constanten, so erhält man, wenn man die Gleichungen $\psi_1 = 0$, $\psi_2 = 0$ etc. hinzunimmt, eine hinlängliche Anzahl von Gleichungen, um $a_1, a_2, \ldots, a_m$ so wie die Multiplicatoren λ_1, λ_2 etc. aus den willkürlichen Constanten α und β zu bestimmen, so dass vermittelst dieser Gleichungen $a_1, a_2, \ldots, a_m, \lambda_1, \lambda_2$ etc. ebenfalls willkürlichen Constanten gleich werden, und daher auch die Ausdrücke

$$\frac{\partial \psi}{\partial a_1} + \lambda_1 \frac{\partial \psi_1}{\partial a_1} + \lambda_2 \frac{\partial \psi_2}{\partial a_1} + \cdots,$$

$$\frac{\partial \psi}{\partial a_2} + \lambda_1 \frac{\partial \psi_1}{\partial a_2} + \lambda_2 \frac{\partial \psi_2}{\partial a_2} + \cdots,$$

$$\cdots\cdots\cdots\cdots$$

$$\frac{\partial \psi}{\partial a_m} + \lambda_1 \frac{\partial \psi_1}{\partial a_m} + \lambda_2 \frac{\partial \psi_2}{\partial a_m} + \cdots.$$

Nennt man diese letzteren willkürlichen Constanten $-b_1, -b_2, \ldots, -b_m$, so hat man die Gleichungen:

$$\frac{\partial W}{\partial a_1} = b_1, \quad \frac{\partial W}{\partial a_2} = b_2, \quad \ldots, \quad \frac{\partial W}{\partial a_m} = b_m.$$

Diese Gleichungen, verbunden mit den Gleichungen

$$\frac{\partial W}{\partial q_1} = p_1, \quad \frac{\partial W}{\partial q_2} = p_2, \quad \ldots, \quad \frac{\partial W}{\partial q_m} = p_m,$$

geben die $2m$ Integralgleichungen in der verlangten Form, in welcher sie statt der $2m+k$ willkürlichen Constanten $\alpha_1, \alpha_2, \ldots, \alpha_{m+k}, \beta_1, \beta_2, \ldots, \beta_m$ nur noch die $2m$ willkürlichen Constanten $a_1, a_2, \ldots, a_m, b_1, b_2, \ldots, b_m$ enthalten.

§. 25. Wie man aus einer gegebenen vollständigen Lösung eine andere ableitet, deren Constanten die Anfangswerthe der Variabeln sind.

Ich will noch zeigen, wie man aus einer gefundenen vollständigen Lösung eine andere ableiten kann, in welcher die willkürlichen Constanten die besondere Bedeutung haben, dass sie in den Integralgleichungen, die man aus der vollständigen Lösung erhält, die Anfangswerthe oder die einer bestimmten Zeit (Epoche) entsprechenden Werthe der Variabeln werden.

Es sei wieder

$$W(t, q_1, q_2, \ldots, q_m, \alpha_1, \alpha_2, \ldots, \alpha_m)$$

die vollständige Lösung mit den m willkürlichen Constanten $\alpha_1, \alpha_2, \ldots, \alpha_m$; es sei ferner W_0 der Werth dieser Function, wenn man darin für $t, q_1, q_2, \ldots, q_m$ die Grössen $\tau, a_1, a_2, \ldots, a_m$ setzt. Eliminirt man jetzt aus $W-W_0$ die Grössen $\alpha_1, \alpha_2, \ldots, \alpha_m$ vermittelst der Gleichungen

$$\frac{\partial(W-W_0)}{\partial\alpha_1} = 0, \quad \frac{\partial(W-W_0)}{\partial\alpha_2} = 0, \quad \ldots, \quad \frac{\partial(W-W_0)}{\partial\alpha_m} = 0,$$

so erhält man eine neue vollständige Lösung, in welcher $a_1, a_2, \ldots, a_m$ die willkürlichen Constanten sind, und in welcher man τ irgend einem bestimmten Werthe, z. B. Null, gleich setzen kann. Da man nämlich zu W für den Fall, welchen ich hier betrachte, in welchem die partielle Differentialgleichung nicht W selber enthält, immer noch eine willkürliche Constante addiren muss, wenn die Lösung so viel willkürliche Constanten als unabhängige Variabele enthalten soll, so nehme ich $W-W_0$ für die vollständige Lösung. Aus dieser erhalte ich nach einer bekannten Regel die sogenannte allgemeine Lösung, wenn ich die eine der willkürlichen Constanten, W_0, einer Function der übrigen $\alpha_1, \alpha_2, \ldots, \alpha_m$ gleich setze und diese letzteren vermittelst der Gleichungen

$$\frac{\partial(W-W_0)}{\partial\alpha_1} = 0, \quad \frac{\partial(W-W_0)}{\partial\alpha_2} = 0, \quad \ldots, \quad \frac{\partial(W-W_0)}{\partial\alpha_m} = 0$$

eliminire. Der hier betrachtete Fall ist der, wenn die willkürlich anzunehmende Function der Grössen $\alpha_1, \alpha_2, \ldots, \alpha_m$ die besondere oben angegebene Form

$$W_0 = W(\tau, a_1, a_2, \ldots, a_m, \alpha_1, \alpha_2, \ldots, \alpha_m)$$

hat, in welcher ausser $\alpha_1, \alpha_2, \ldots, \alpha_m$ noch die willkürlichen Constanten τ, $a_1, a_2, \ldots, a_m$ vorkommen.

Hat man nach Elimination von $\alpha_1, \alpha_2, \ldots, \alpha_m$ die Function $W - W_0$ durch $t, q_1, q_2, \ldots, q_m, \tau, a_1, a_2, \ldots, a_m$ ausgedrückt, so werden die Integralgleichungen, welche man aus der neuen Lösung $W - W_0$ ableitet,

$$\frac{\partial(W-W_0)}{\partial q_1} = p_1, \quad \frac{\partial(W-W_0)}{\partial q_2} = p_2, \quad \ldots, \quad \frac{\partial(W-W_0)}{\partial q_m} = p_m,$$

$$\frac{\partial(W-W_0)}{\partial a_1} = -b_1, \quad \frac{\partial(W-W_0)}{\partial a_2} = -b_2, \quad \ldots, \quad \frac{\partial(W-W_0)}{\partial a_m} = -b_m,$$

wo $b_1, b_2, \ldots, b_m$ neue willkürliche Constanten sind. Setzt man, um die partiellen Differentialquotienten von $W - W_0$ in diesen Gleichungen zu bilden, in dem ursprünglichen Ausdruck von $W - W_0$ für $\alpha_1, \alpha_2, \ldots, \alpha_m$ ihre Werthe, wie sie sich aus den Gleichungen

$$\frac{\partial(W-W_0)}{\partial \alpha_1} = 0, \quad \frac{\partial(W-W_0)}{\partial \alpha_2} = 0, \quad \ldots, \quad \frac{\partial(W-W_0)}{\partial \alpha_m} = 0$$

ergeben, so hat man nicht nöthig, nach $q_1, q_2, \ldots, q_m, a_1, a_2, \ldots, a_m$ auch in sofern zu differentiiren, als sich diese Ausdrücke auch in $\alpha_1, \alpha_2, \ldots, \alpha_m$ vorfinden, weil die daraus hervorgehenden Terme wegen der vorstehenden Gleichungen verschwinden. Man kann daher die Integralgleichungen, weil in W nicht die Grössen $a_1, a_2, \ldots, a_m$, in W_0 nicht die Grössen $q_1, q_2, \ldots, q_m$ explicite vorkommen, folgendermassen darstellen:

$$\frac{\partial W}{\partial q_1} = p_1, \quad \frac{\partial W}{\partial q_2} = p_2, \quad \ldots, \quad \frac{\partial W}{\partial q_m} = p_m,$$

$$\frac{\partial W_0}{\partial a_1} = b_1, \quad \frac{\partial W_0}{\partial a_2} = b_2, \quad \ldots, \quad \frac{\partial W_0}{\partial a_m} = b_m.$$

Die letzten m Gleichungen

$$\frac{\partial W_0}{\partial a_1} = b_1, \quad \frac{\partial W_0}{\partial a_2} = b_2, \quad \ldots, \quad \frac{\partial W_0}{\partial a_m} = b_m$$

lehren hier bloss, dass die Grössen $\alpha_1, \alpha_2, \ldots, \alpha_m$ Constanten gleich werden, und zeigen ihre Abhängigkeit von den willkürlichen Constanten $a_1, a_2, \ldots, a_m$, $b_1, b_2, \ldots, b_m$. Als die eigentlichen Integralgleichungen, d. h. als die erforderlichen $2m$ Gleichungen zwischen den $2m$ Variabeln $q_1, q_2 \ldots, q_m$, $p_1, p_2, \ldots, p_m$ hat man sich daher die Gleichungen zu denken:

$$\frac{\partial W}{\partial q_1} = p_1, \quad \frac{\partial W}{\partial q_2} = p_2, \quad \ldots, \quad \frac{\partial W}{\partial q_m} = p_m,$$

$$\frac{\partial(W-W_0)}{\partial \alpha_1} = 0, \quad \frac{\partial(W-W_0)}{\partial \alpha_2} = 0, \quad \ldots, \quad \frac{\partial(W-W_0)}{\partial \alpha_m} = 0,$$

in welchen für α_1, α_2, ..., α_m die constanten Werthe zu setzen sind, wie sie sich aus den Gleichungen

$$\frac{\partial W_0}{\partial a_1} = b_1, \quad \frac{\partial W_0}{\partial a_2} = b_2, \quad \ldots, \quad \frac{\partial W_0}{\partial a_m} = b_m$$

ergeben.

Aus den angegebenen Integralgleichungen kann man die Grössen q_1, q_2, ..., q_m, p_1, p_2, ..., p_m durch t und die willkürlichen Constanten bestimmen. Ich will jetzt die Werthe dieser Grössen für $t = \tau$ aufsuchen. Man setze hierzu in W für t, q_1, q_2, ..., q_m die zweitheiligen Ausdrücke $\tau + (t - \tau)$, $a_1 + (q_1 - a_1)$, $a_2 + (q_2 - a_2)$, ..., $a_m + (q_m - a_m)$ und entwickle die Ausdrücke

$$\frac{\partial W}{\partial \alpha_1}, \quad \frac{\partial W}{\partial \alpha_2}, \quad \ldots, \quad \frac{\partial W}{\partial \alpha_m}$$

nach den aufsteigenden Potenzen von $t - \tau$, $q_1 - a_1$, $q_2 - a_2$, ..., $q_m - a_m$. Es verwandeln sich hierdurch in den Gleichungen

$$\frac{\partial(W - W_0)}{\partial a_1} = 0, \quad \frac{\partial(W - W_0)}{\partial a_2} = 0, \quad \ldots, \quad \frac{\partial(W - W_0)}{\partial a_m} = 0,$$

wenn man $t - \tau = 0$ setzt, die Ausdrücke links in Reihen, die nach den positiven, aufsteigenden Potenzen von $q_1 - a_1$, $q_2 - a_2$, ..., $q_m - a_m$ fortschreiten und kein ganz constantes Glied enthalten. Man wird daher aus diesen Gleichungen schliessen können, dass

$$q_1 - a_1 = 0, \quad q_2 - a_2 = 0, \quad \ldots, \quad q_m - a_m = 0$$

ist, oder es werden a_1, a_2, ..., a_m die Werthe von q_1, q_2, ..., q_m für $t = \tau$. Setzt man ferner in die Ausdrücke

$$p_1 = \frac{\partial W}{\partial q_1}, \quad p_2 = \frac{\partial W}{\partial q_2}, \quad \ldots, \quad p_m = \frac{\partial W}{\partial q_m}$$

für t den Werth τ und zugleich für q_1, q_2, ..., q_m die Werthe a_1, a_2, ..., a_m, so erhält man dafür die Werthe

$$b_1 = \frac{\partial W_0}{\partial a_1}, \quad b_2 = \frac{\partial W_0}{\partial a_2}, \quad \ldots, \quad b_m = \frac{\partial W_0}{\partial a_m}.$$

Es werden daher die willkürlichen Constanten a_1, a_2, ..., a_m die Werthe von q_1, q_2, ..., q_m und die willkürlichen Constanten b_1, b_2, ..., b_m die Werthe von p_1, p_2, ..., p_m, welche dem Werthe $t = \tau$ entsprechen.

Ganz ähnliche Resultate erhalten wir in Bezug auf die Function V, welche t nicht enthält, sondern ausser den willkürlichen Constanten α_1, α_2, ..., α_{m-1}

noch eine gegebene Constante h, die in der partiellen Differentialgleichung selber vorkommt. Bezeichnet man mit V_0 den Werth von V, wenn man darin $a_1, a_2, \ldots, a_m$ für $q_1, q_2, \ldots, q_m$ setzt, so erhält man die neue Lösung, wenn man aus $V-V_0$ die Grössen $\alpha_1, \alpha_2, \ldots, \alpha_{m-1}$ vermittelst der Gleichungen

$$\frac{\partial(V-V_0)}{\partial\alpha_1}=0,\quad \frac{\partial(V-V_0)}{\partial\alpha_2}=0,\quad \ldots,\quad \frac{\partial(V-V_0)}{\partial\alpha_{m-1}}=0$$

eliminirt. Fügt man hierzu die Gleichung

$$\frac{\partial(V-V_0)}{\partial h}=t-\tau,$$

so erhält man für $t=\tau$ aus diesen Gleichungen, ganz wie früher, die Gleichungen:

$$q_1-a_1=0,\quad q_2-a_2=0,\quad \ldots,\quad q_m-a_m=0.$$

Es verwandeln sich ferner, wenn man diese Werthe substituirt, die Ausdrücke

$$\frac{\partial V}{\partial q_1},\quad \frac{\partial V}{\partial q_2},\quad \ldots,\quad \frac{\partial V}{\partial q_m}\ \text{ in }\ \frac{\partial V_0}{\partial a_1},\quad \frac{\partial V_0}{\partial a_2},\quad \ldots,\quad \frac{\partial V_0}{\partial a_m}.$$

Man sieht daher aus den Integralgleichungen

$$\frac{\partial(V-V_0)}{\partial q_1}=\frac{\partial V}{\partial q_1}=p_1,\quad \frac{\partial(V-V_0)}{\partial a_1}=-\frac{\partial V_0}{\partial a_1}=-b_1,$$

$$\frac{\partial(V-V_0)}{\partial q_2}=\frac{\partial V}{\partial q_2}=p_2,\quad \frac{\partial(V-V_0)}{\partial a_2}=-\frac{\partial V_0}{\partial a_2}=-b_2,$$

$$\cdots\cdots\cdots\cdots\cdots\cdots\cdots\cdots$$

$$\frac{\partial(V-V_0)}{\partial q_m}=\frac{\partial V}{\partial q_m}=p_m,\quad \frac{\partial(V-V_0)}{\partial a_m}=-\frac{\partial V_0}{\partial a_m}=-b_m,$$

dass $b_1, b_2, \ldots, b_m$ die Werthe von $p_1, p_2, \ldots, p_m$ für $t=\tau$ sind.

§. 26. Beispiel der Planetenbewegung.

Als Beispiel will ich die charakteristische Function

$$V=b\,\text{arc.cos}[\cos\alpha\cos\eta+\sin\alpha\sin\eta\cos(\vartheta-\beta)]+\int\sqrt{2f(r)+2h-\frac{b^2}{r^2}}\,dr,$$

welche wir oben (p. 252) für die Bewegung eines nach einem festen Centrum angezogenen Punktes fanden, in eine andere verwandeln, in der die Anfangswerthe von r, η, ϑ, die ich mit r_0, η_0, ϑ_0 bezeichne, die willkürlichen Constanten sind. Setzt man

$$\cos w = \cos\alpha\cos\eta + \sin\alpha\sin\eta\cos(\vartheta-\beta),$$
$$\cos w_0 = \cos\alpha\cos\eta_0 + \sin\alpha\sin\eta_0\cos(\vartheta_0-\beta),$$

so wird die neue Lösung:

$$V - V_0 = b(w-w_0) + \int_{r_0}^{r} \sqrt{2f(r)+2h-\frac{b^2}{r^2}}\,dr,$$

wenn man darin die Constanten α, β, b vermittelst der Gleichungen

$$\frac{\partial(V-V_0)}{\partial\alpha} = 0,\quad \frac{\partial(V-V_0)}{\partial\beta} = 0,\quad \frac{\partial(V-V_0)}{\partial b} = 0$$

eliminirt. Die beiden ersten geben:

$$\frac{\partial(w-w_0)}{\partial\alpha} = 0,\quad \frac{\partial(w-w_0)}{\partial\beta} = 0,$$

und man kann zeigen, dass eine dieser Gleichungen aus der anderen von selber folgt. Hierzu, und um die verlangte Elimination von α und β auszuführen, können folgende geometrische Betrachtungen dienen.

Man bilde ein sphärisches Dreieck, in welchem zwei Seiten α und η und der von ihnen eingeschlossene Winkel $\vartheta-\beta$ sind, und ein anderes, welches mit demselben die Seite α gemein hat, und in welchem die andere Seite und der von beiden eingeschlossene Winkel η_0 und $\vartheta_0-\beta$ sind.

Zufolge der für $\cos w$ und $\cos w_0$ angegebenen Ausdrücke sind w und w_0 die dritten Seiten dieser sphärischen Dreiecke, welche den Winkeln $\vartheta-\beta$ und $\vartheta_0-\beta$ gegenüberstehen, und man hat nach den bekannten Differentialformeln des sphärischen Dreiecks:

$$\frac{\partial w}{\partial\alpha} = \cos A,\quad \frac{\partial w}{\partial(\vartheta-\beta)} = -\frac{\partial w}{\partial\beta} = \sin\alpha\sin A,$$

wenn A der der Seite η gegenüberstehende Winkel ist. Ebenso hat man, wenn A_0 der der Seite η_0 im zweiten Dreieck gegenüberliegende Winkel ist,

$$\frac{\partial w_0}{\partial\alpha} = \cos A_0,\quad \frac{\partial w_0}{\partial(\vartheta_0-\beta)} = -\frac{\partial w_0}{\partial\beta} = \sin\alpha\sin A_0;$$

und es giebt daher jede der Gleichungen

$$\frac{\partial w}{\partial\alpha} = \frac{\partial w_0}{\partial\alpha},\quad \frac{\partial w}{\partial\beta} = \frac{\partial w_0}{\partial\beta}$$

dasselbe Resultat

$$A = A_0,$$

oder beide Dreiecke haben auch den der Seite α anliegenden und den Seiten

η und η_0 gegenüberstehenden Winkel A gemein. Man sieht hieraus, dass $w-w_0$ die dritte Seite in einem sphärischen Dreieck ist, in welchem die beiden anderen Seiten η und η_0 und der von ihnen eingeschlossene Winkel $\vartheta-\vartheta_0$ sind. Man hat daher

$$\cos(w-w_0) = \cos\eta_0\cos\eta+\sin\eta_0\sin\eta\cos(\vartheta-\vartheta_0),$$

und die charakteristische Function wird:

$$V-V_0 = b\,\text{arc.}\cos[\cos\eta_0\cos\eta+\sin\eta_0\sin\eta\cos(\vartheta-\vartheta_0)]$$
$$+\int_{r_0}^{r}\sqrt{2f(r)+2h-\frac{b^2}{r^2}}\,dr,$$

aus welchem Ausdruck α und β eliminirt sind, so dass nur noch die eine Grösse b vermittelst der Gleichung

$$\frac{\partial(V-V_0)}{\partial b} = 0$$

oder

$$w-w_0 = \int_{r_0}^{r}\frac{b\,dr}{r^2\sqrt{2f(r)+2h-\frac{b^2}{r^2}}}$$

zu eliminiren ist, wo $w-w_0$ den Winkel zwischen der Anfangs- und Endposition des Radius Vector bedeutet.

Es wird nicht ohne Nutzen sein zu zeigen, wie man die Elimination von α und β auch auf einfachem, rein analytischem Wege ausführen kann, wobei ich die Formeln auf n Variabele ausdehnen werde. Es sei

$$a_1a_1+a_2a_2+\cdots+a_na_n = AA,$$
$$x_1x_1+x_2x_2+\cdots+x_nx_n = rr,$$
$$x_1^0x_1^0+x_2^0x_2^0+\cdots+x_n^0x_n^0 = r^0r^0,$$

ferner

$$\cos w = \frac{a_1x_1+a_2x_2+\cdots+a_nx_n}{Ar},$$
$$\cos w^0 = \frac{a_1x_1^0+a_2x_2^0+\cdots+a_nx_n^0}{Ar^0}.$$

Man soll vermittelst der Gleichungen

$$\frac{\partial(w-w^0)}{\partial a_1} = \frac{\partial(w-w^0)}{\partial a_2} = \cdots = \frac{\partial(w-w^0)}{\partial a_n} = 0$$

die Grössen $a_1, a_2, \ldots, a_n$ aus dem Werthe von $w-w^0$ eliminiren. Wenn man die Werthe von $\cos w$, $\cos w^0$ substituirt und bemerkt, dass die Gleichung $dw-dw^0=0$ sich auch so darstellen lässt:

$$\sin w^0 d\cos w - \sin w\, d\cos w^0 = 0,$$

so werden die angegebenen Gleichungen folgende:

$$\sin w^0 \frac{x_1}{r} - \sin w \frac{x_1^0}{r^0} = \sin(w^0-w)\frac{a_1}{A},$$

$$\sin w^0 \frac{x_2}{r} - \sin w \frac{x_2^0}{r^0} = \sin(w^0-w)\frac{a_2}{A},$$

$$\cdots\cdots\cdots\cdots\cdots\cdots$$

$$\sin w^0 \frac{x_n}{r} - \sin w \frac{x_n^0}{r^0} = \sin(w^0-w)\frac{a_n}{A}.$$

Von diesen n Gleichungen sind zwei eine blosse Folge der übrigen, so dass dieses System nur die Stelle von $n-2$ Gleichungen vertritt. Denn multiplicirt man die n Gleichungen mit $\frac{a_1}{A}, \frac{a_2}{A}, \ldots, \frac{a_n}{A}$ und addirt, so erhält man beiderseits $\sin(w^0-w)$, also eine identische Gleichung. Ebenso ergiebt sich, wenn man die n Gleichungen mit

$$\sin w^0 \frac{x_1}{r} + \sin w \frac{x_1^0}{r^0},\quad \sin w^0 \frac{x_2}{r} + \sin w \frac{x_2^0}{r^0},\quad \ldots,\quad \sin w^0 \frac{x_n}{r} + \sin w \frac{x_n^0}{r^0}$$

multiplicirt und addirt, eine identische Gleichung, nämlich:

$$\sin^2 w^0 - \sin^2 w = \sin(w^0-w)\sin(w^0+w).$$

Multiplicirt man aber die n Gleichungen mit $\frac{x_1}{r}, \frac{x_2}{r}, \ldots, \frac{x_n}{r}$ und addirt, so erhält man:

$$\sin w^0 - \sin w \frac{x_1^0 x_1 + x_2^0 x_2 + \cdots + x_n^0 x_n}{r^0 r} = \sin(w^0-w)\cos w.$$

Es ist aber

$$\sin w^0 - \sin(w^0-w)\cos w = \sin w \cos(w^0-w)$$

und daher

$$\cos(w-w^0) = \frac{x_1^0 x_1 + x_2^0 x_2 + \cdots + x_n^0 x_n}{r^0 r}$$

oder

$$w-w^0 = \operatorname{arc.cos} \frac{x_1^0 x_1 + x_2^0 x_2 + \cdots + x_n^0 x_n}{r^0 r},$$

welches der verlangte Ausdruck ist, da $a_1, a_2, \ldots, a_n$ aus ihm eliminirt sind. Man erhält aus diesen Formeln die vorigen, wenn man $n = 3$ setzt und statt der rechtwinkligen Coordinaten die Polarcoordinaten einführt.

§. 27. Die Lagrange'schen Störungsformeln.

Die Form, welche Hamilton den Differentialgleichungen der Bewegung giebt, wenn man irgend welche Bestimmungsstücke der Punkte des bewegten Systems zu Variabeln wählt, ist dadurch charakterisirt, dass sämmtliche Variabele sich in zwei Systeme theilen und jeder Variabeln des einen Systems eine des anderen Systems in der Art entspricht, dass der nach der Zeit genommene Differentialquotient einer Variabeln des einen Systems gleich ist dem partiellen Differentialquotienten einer gegebenen Function, nach der entsprechenden Variabeln des andern Systems genommen, und der nach der Zeit genommene Differentialquotient dieser gleich ist dem nach der ersteren genommenen partiellen Differentialquotienten derselben Function mit entgegengesetztem Zeichen. Ich will der Kürze halber diese Form die *canonische* Form der Differentialgleichungen nennen. Auf dieselbe Form der Differentialgleichungen waren schon früher Lagrange und Poisson in ihren Arbeiten über die Variation der Constanten in den Problemen der Mechanik gekommen, wenn die der Zeit $t = 0$ entsprehenden Anfangswerthe der Grössen q_k, p_k oder die Grössen c_k, b_k als die veränderlichen Elemente betrachtet wurden. Ist nämlich H_1 die *Störungsfunction*, so dass man die Differentialgleichungen des gestörten Problems aus den Differentialgleichungen des ungestörten erhält, indem man $H + H_1$ statt H schreibt, so hat man (Méc. Analyt. 2ième éd., T. I., pag. 336) die Formeln:

$$\frac{dc_1}{dt} = \frac{\partial H_1}{\partial b_1}, \quad \frac{db_1}{dt} = -\frac{\partial H_1}{\partial c_1},$$
$$\frac{dc_2}{dt} = \frac{\partial H_1}{\partial b_2}, \quad \frac{db_2}{dt} = -\frac{\partial H_1}{\partial c_2},$$
$$\cdots\cdots\cdots\cdots\cdots$$
$$\frac{dc_m}{dt} = \frac{\partial H_1}{\partial b_m}, \quad \frac{db_m}{dt} = -\frac{\partial H_1}{\partial c_m},$$

welche, wie man sieht, die angegebene Form haben. Hamilton hat diesen Formeln und denen für die Variation der Constanten überhaupt die merkwürdige Ausdehnung gegeben, dass die Störungsfunction H_1 eine beliebige Function sowohl der Grössen q_k als der Grössen p_k sein kann, während man dieselbe vorher immer als eine blosse Function der Grössen q_k betrachtete. Hierdurch hört die Eigenschaft der bisherigen Formeln, dass die ersten Differentialquotienten der Coordinaten oder, was dasselbe ist, der Grössen q_k auf dieselbe Weise im gestörten und ungestörten Problem ausgedrückt werden, auf, Gültigkeit zu haben. Man sieht nämlich aus den Differentialgleichungen des gestörten Problems

$$\frac{dq_1}{dt} = \frac{\partial(H+H_1)}{\partial p_1}, \quad \frac{dp_1}{dt} = -\frac{\partial(H+H_1)}{\partial q_1},$$
$$\frac{dq_2}{dt} = \frac{\partial(H+H_1)}{\partial p_2}, \quad \frac{dp_2}{dt} = -\frac{\partial(H+H_1)}{\partial q_2},$$
$$\cdots\cdots\cdots\cdots\cdots\cdots$$
$$\frac{dq_m}{dt} = \frac{\partial(H+H_1)}{\partial p_m}, \quad \frac{dp_m}{dt} = -\frac{\partial(H+H_1)}{\partial q_m},$$

dass, wenn H_1 die Grössen p_k gar nicht enthält, die Werthe der Grössen $\frac{dq_k}{dt}$ dieselben wie im ungestörten Problem werden, dass dieses aber aufhört, sobald H_1 auch diese Grössen involvirt. In letzterem Falle werden die Grössen q_k und p_k zwar durch dieselben Formeln im gestörten Problem wie im ungestörten durch t und die Elemente ausgedrückt, aber die Art der Abhängigkeit der Grössen

$$\frac{dq_k}{dt}$$

von den Grössen p_k und q_k ist nicht mehr dieselbe.

Es giebt bekanntlich zweierlei Formen der Störungsgleichungen; die eine, die Lagrange'sche, drückt die partiell nach den Elementen genommenen Differentialquotienten der Störungsfunction durch die Differentialquotienten der Elemente aus; die andere, die Poisson'sche, drückt diese durch jene aus. Die Poisson'schen Störungsformeln geben daher direct die gesuchten Ausdrücke, während die Lagrange'schen nur lineare Gleichungen geben, aus denen man durch Elimination die gesuchten Ausdrücke abzuleiten hat. Gleichwohl haben Lagrange und Poisson selbst bemerkt, dass diese indirecten Formeln bisweilen in den Anwendungen auf bestimmte Probleme vorzuziehen sind. Denn die Bildung der Lagrange'schen Formeln setzt die Ausdrücke der Grössen q_k

und p_k durch t und die willkürlichen Constanten als gegeben voraus, und diese sind weniger complicirt, als die umgekehrten Ausdrücke der willkürlichen Constanten durch t und die Grössen q_k und p_k, welche man bei der Bildung der Poisson'schen Formeln kennen muss. Auch gelten die Lagrange'schen Formeln unverändert für den Fall, wo zwischen den Grössen q_k Bedingungsgleichungen gegeben sind, auf welchen sich die anderen Formeln nicht ausdehnen lassen. Ich will jetzt zuerst die Gültigkeit der Lagrange'schen Störungsformeln für den Fall nachweisen, dass H_1 ausser den Grössen q_k noch die Grössen p_k involvirt.

Beim Differentiiren nach t denke ich mir im Folgenden vermittelst der Formeln des ungestörten Problems alles durch t und die willkürlichen Constanten oder die Elemente ausgedrückt; ich werde mich, wenn ich diese Elemente auch als Functionen der Zeit betrachte, wie es im gestörten Problem geschieht, der Charakteristik d bedienen; dagegen der Charakteristik ∂, wenn ich partiell nach t differentiire oder die Elemente als constant setze. Man wird daher haben:

$$\frac{\partial q_k}{\partial t} = \frac{\partial H}{\partial p_k}, \quad \frac{\partial p_k}{\partial t} = -\frac{\partial H}{\partial q_k},$$

dagegen:

$$\frac{dq_k}{dt} = \frac{\partial H}{\partial p_k} + \frac{\partial H_1}{\partial p_k},$$

$$\frac{dp_k}{dt} = -\frac{\partial H}{\partial q_k} - \frac{\partial H_1}{\partial q_k}$$

und daher:

$$\frac{\partial H_1}{\partial p_k} = \frac{dq_k}{dt} - \frac{\partial q_k}{\partial t},$$

$$-\frac{\partial H_1}{\partial q_k} = \frac{dp_k}{dt} - \frac{\partial p_k}{\partial t}.$$

Nennt man daher α ein Element und dehnt das Summenzeichen Σ auf alle Elemente α aus, so hat man:

$$\frac{\partial H_1}{\partial p_k} = \Sigma \frac{\partial q_k}{\partial \alpha} \frac{d\alpha}{dt},$$

$$-\frac{\partial H_1}{\partial q_k} = \Sigma \frac{\partial p_k}{\partial \alpha} \frac{d\alpha}{dt}.$$

Bezeichnet man mit β irgend ein bestimmtes Element und setzt

$$(\alpha,\beta)=\left[\frac{\partial q_1}{\partial\alpha}\frac{\partial p_1}{\partial\beta}+\frac{\partial q_2}{\partial\alpha}\frac{\partial p_2}{\partial\beta}+\cdots+\frac{\partial q_m}{\partial\alpha}\frac{\partial p_m}{\partial\beta}\right]$$
$$-\left[\frac{\partial p_1}{\partial\alpha}\frac{\partial q_1}{\partial\beta}+\frac{\partial p_2}{\partial\alpha}\frac{\partial q_2}{\partial\beta}+\cdots+\frac{\partial p_m}{\partial\alpha}\frac{\partial q_m}{\partial\beta}\right],$$

so erhält man hieraus:

$$\frac{\partial H_1}{\partial\beta}=\Sigma(\alpha,\beta)\frac{d\alpha}{dt},$$

wo man das Summenzeichen nur auf α erstreckt, während β ein bestimmtes Element bleibt. Die vorstehende Gleichung kommt, wenn H_1 nicht die Grössen p_i enthält, mit den Lagrange'schen Störungsformeln überein. Es bleibt noch zu zeigen übrig, dass auch für den hier betrachteten allgemeineren Fall der berühmte Lagrange'sche Satz gilt, dass (α,β) eine blosse Function der Elemente ist oder

$$\frac{\partial(\alpha,\beta)}{\partial t}=0.$$

Hierzu bemerke ich, dass

$$(\alpha,\beta)=\frac{\partial\left[p_1\frac{\partial q_1}{\partial\alpha}+p_2\frac{\partial q_2}{\partial\alpha}+\cdots+p_m\frac{\partial q_m}{\partial\alpha}\right]}{\partial\beta}-\frac{\partial\left[p_1\frac{\partial q_1}{\partial\beta}+p_2\frac{\partial q_2}{\partial\beta}+\cdots+p_m\frac{\partial q_m}{\partial\beta}\right]}{\partial\alpha}$$

ist. Da ferner

$$q_k'=\frac{\partial q_k}{\partial t}=\frac{\partial H}{\partial p_k},$$
$$\frac{\partial p_k}{\partial t}=-\frac{\partial H}{\partial q_k}$$

ist, so erhält man:

$$\frac{\partial\left[p_1\frac{\partial q_1}{\partial\alpha}+p_2\frac{\partial q_2}{\partial\alpha}+\cdots+p_m\frac{\partial q_m}{\partial\alpha}\right]}{\partial t}$$
$$=-\left[\frac{\partial H}{\partial q_1}\frac{\partial q_1}{\partial\alpha}+\frac{\partial H}{\partial q_2}\frac{\partial q_2}{\partial\alpha}+\cdots+\frac{\partial H}{\partial q_m}\frac{\partial q_m}{\partial\alpha}\right]$$
$$+\left[p_1\frac{\partial q_1'}{\partial\alpha}+p_2\frac{\partial q_2'}{\partial\alpha}+\cdots+p_m\frac{\partial q_m'}{\partial\alpha}\right]$$
$$=\frac{\partial\left[p_1\frac{\partial H}{\partial p_1}+p_2\frac{\partial H}{\partial p_2}+\cdots+p_m\frac{\partial H}{\partial p_m}-H\right]}{\partial\alpha}.$$

Differentiirt man noch einmal nach β, so erhält man einen Ausdruck, in welchem man α und β vertauschen kann, weil es erlaubt ist, die Ordnung der in dem zuletzt stehenden Ausdruck erst nach α und dann nach β vorzunehmenden Differentiation umzukehren. Man erhält daher:

$$\frac{\partial^2\left[p_1\frac{\partial q_1}{\partial\alpha}+p_2\frac{\partial q_2}{\partial\alpha}+\cdots+p_m\frac{\partial q_m}{\partial\alpha}\right]}{\partial\beta\partial t}$$
$$-\frac{\partial^2\left[p_1\frac{\partial q_1}{\partial\beta}+p_2\frac{\partial q_2}{\partial\beta}+\cdots+p_m\frac{\partial q_m}{\partial\beta}\right]}{\partial\alpha\partial t}$$
$$=\frac{\partial(\alpha,\beta)}{\partial t}=0,$$

was zu beweisen war. Da die Grössen (α, β) die Coefficienten der Differentialquotienten der Elemente in dem Ausdrucke der partiell nach den Elementen genommenen Differentialquotienten der Störungsfunction H_1 sind und daher von der besondern Wahl der Variabeln q_k nicht abhängen können, so folgt, dass die Grössen

$$(\alpha,\beta)=\left[\frac{\partial q_1}{\partial\alpha}\frac{\partial p_1}{\partial\beta}+\frac{\partial q_2}{\partial\alpha}\frac{\partial p_2}{\partial\beta}+\cdots+\frac{\partial q_m}{\partial\alpha}\frac{\partial p_m}{\partial\beta}\right]$$
$$-\left[\frac{\partial p_1}{\partial\alpha}\frac{\partial q_1}{\partial\beta}+\frac{\partial p_2}{\partial\alpha}\frac{\partial q_2}{\partial\beta}+\cdots+\frac{\partial p_m}{\partial\alpha}\frac{\partial q_m}{\partial\beta}\right]$$

unverändert bleiben, welche Bestimmungsstücke der Punkte des Systems man auch als die Variabeln q_k setzt, wenn nur die Elemente dieselbe Bedeutung behalten.

Man kann den Lagrange'schen Satz auch auf folgende Art aus einer leicht zu beweisenden identischen Gleichung ableiten. Wenn nämlich die Functionen p_k und q_k irgend drei Variabele α, β und t enthalten und man sich der angegebenen Bezeichnung bedient, so wird identisch:

$$\frac{\partial(\alpha,\beta)}{\partial t}+\frac{\partial(\beta,t)}{\partial\alpha}+\frac{\partial(t,\alpha)}{\partial\beta}=0.$$

Für den hier betrachteten Fall sind die Grössen q_k und p_k solche Functionen, dass man identisch hat:

$$\frac{\partial q_k}{\partial t}=\frac{\partial H}{\partial p_k},\quad \frac{\partial p_k}{\partial t}=-\frac{\partial H}{\partial q_k},$$

wenn man in den Ausdrücken $\frac{\partial H}{\partial p_k}$, $-\frac{\partial H}{\partial q_k}$ für die Grössen p_i und q_i ihre Werthe in t, α, β und den übrigen Elementen setzt. Hierdurch wird

$$(\beta, t) = -\frac{\partial H}{\partial \beta}, \quad (t, \alpha) = \frac{\partial H}{\partial \alpha},$$

und daher ist für den hier betrachteten Fall

$$\frac{\partial(\beta, t)}{\partial \alpha} + \frac{\partial(t, \alpha)}{\partial \beta} = 0,$$

wodurch die obige identische Gleichung das gesuchte Resultat giebt:

$$\frac{\partial(\alpha, \beta)}{\partial t} = 0.$$

Sind α, β, γ drei beliebige Elemente, und setzt man in der angeführten identischen Gleichung γ statt t, so sieht man, dass je drei Ausdrücke (β, γ), (γ, α), (α, β) durch die Gleichung

$$\frac{\partial(\beta, \gamma)}{\partial \alpha} + \frac{\partial(\gamma, \alpha)}{\partial \beta} + \frac{\partial(\alpha, \beta)}{\partial \gamma} = 0$$

verbunden sind.

§. 28. Die Poisson'schen Störungsformeln. Der Poisson'sche Satz.

Die von Poisson gegebenen Störungsformeln können auch für den allgemeineren Fall, wenn H_1 die Grössen p_i enthält, folgendermassen abgeleitet werden.

Es sei durch die Integralgleichungen der ungestörten Bewegung das Element α durch die Grössen q_k, p_k und durch t ausgedrückt, so hat man vermittelst der Differentialgleichungen der ungestörten Bewegung, indem man nach der Zeit differentiirt:

$$\begin{aligned}
0 &= \frac{\partial \alpha}{\partial q_1}\frac{\partial q_1}{\partial t} + \frac{\partial \alpha}{\partial q_2}\frac{\partial q_2}{\partial t} + \cdots + \frac{\partial \alpha}{\partial q_m}\frac{\partial q_m}{\partial t} \\
&\quad + \frac{\partial \alpha}{\partial p_1}\frac{\partial p_1}{\partial t} + \frac{\partial \alpha}{\partial p_2}\frac{\partial p_2}{\partial t} + \cdots + \frac{\partial \alpha}{\partial p_m}\frac{\partial p_m}{\partial t} + \frac{\partial \alpha}{\partial t} \\
&= \frac{\partial \alpha}{\partial q_1}\frac{\partial H}{\partial p_1} + \frac{\partial \alpha}{\partial q_2}\frac{\partial H}{\partial p_2} + \cdots + \frac{\partial \alpha}{\partial q_m}\frac{\partial H}{\partial p_m} \\
&\quad - \left[\frac{\partial \alpha}{\partial p_1}\frac{\partial H}{\partial q_1} + \frac{\partial \alpha}{\partial p_2}\frac{\partial H}{\partial q_2} + \cdots + \frac{\partial \alpha}{\partial p_m}\frac{\partial H}{\partial q_m}\right] + \frac{\partial \alpha}{\partial t}.
\end{aligned}$$

Vermittelst der Differentialgleichungen der gestörten Bewegung erhält man:

$$\frac{d\alpha}{dt} = \frac{\partial\alpha}{\partial q_1}\frac{dq_1}{dt} + \frac{\partial\alpha}{\partial q_2}\frac{dq_2}{dt} + \cdots + \frac{\partial\alpha}{\partial q_m}\frac{dq_m}{dt}$$

$$+ \frac{\partial\alpha}{\partial p_1}\frac{dp_1}{dt} + \frac{\partial\alpha}{\partial p_2}\frac{dp_2}{dt} + \cdots + \frac{\partial\alpha}{\partial p_m}\frac{\partial p_m}{dt} + \frac{\partial\alpha}{\partial t}$$

$$= \frac{\partial\alpha}{\partial q_1}\frac{\partial(H+H_1)}{\partial p_1} + \frac{\partial\alpha}{\partial q_2}\frac{\partial(H+H_1)}{\partial p_2} + \cdots + \frac{\partial\alpha}{\partial q_m}\frac{\partial(H+H_1)}{\partial p_m}$$

$$-\left[\frac{\partial\alpha}{\partial p_1}\frac{\partial(H+H_1)}{\partial q_1} + \frac{\partial\alpha}{\partial p_2}\frac{\partial(H+H_1)}{\partial q_2} + \cdots + \frac{\partial\alpha}{\partial p_m}\frac{\partial(H+H_1)}{\partial q_m}\right] + \frac{\partial\alpha}{\partial t}$$

und daher, wenn man die vorstehende Gleichung abzieht:

$$\frac{d\alpha}{dt} = \frac{\partial\alpha}{\partial q_1}\frac{\partial H_1}{\partial p_1} + \frac{\partial\alpha}{\partial q_2}\frac{\partial H_1}{\partial p_2} + \cdots + \frac{\partial\alpha}{\partial q_m}\frac{\partial H_1}{\partial p_m}$$

$$-\left[\frac{\partial\alpha}{\partial p_1}\frac{\partial H_1}{\partial q_1} + \frac{\partial\alpha}{\partial p_2}\frac{\partial H_1}{\partial q_2} + \cdots + \frac{\partial\alpha}{\partial p_m}\frac{\partial H_1}{\partial q_m}\right].$$

Bezeichnet β wieder ein Element, und dehnt man das Summenzeichen auf alle Elemente aus, so hat man:

$$\frac{\partial H_1}{\partial p_k} = \Sigma \frac{\partial H_1}{\partial\beta}\frac{\partial\beta}{\partial p_k},$$

$$\frac{\partial H_1}{\partial q_k} = \Sigma \frac{\partial H_1}{\partial\beta}\frac{\partial\beta}{\partial q_k}$$

und daher, wenn man

$$\frac{\partial\alpha}{\partial q_1}\frac{\partial\beta}{\partial p_1} + \frac{\partial\alpha}{\partial q_2}\frac{\partial\beta}{\partial p_2} + \cdots + \frac{\partial\alpha}{\partial q_m}\frac{\partial\beta}{\partial p_m}$$

$$-\left[\frac{\partial\alpha}{\partial p_1}\frac{\partial\beta}{\partial q_1} + \frac{\partial\alpha}{\partial p_2}\frac{\partial\beta}{\partial q_2} + \cdots + \frac{\partial\alpha}{\partial p_m}\frac{\partial\beta}{\partial p_m}\right] = [\alpha, \beta]$$

setzt:

$$\frac{d\alpha}{dt} = \Sigma[\alpha, \beta]\frac{\partial H_1}{\partial\beta},$$

in welcher Formel unter dem Summenzeichen für β nach und nach alle $2m$ Elemente zu setzen sind. Diese von Poisson zuerst aufgestellte Gleichung giebt direct die Differentialquotienten der veränderlichen Elemente. Sie gilt, wie wir sehen, auch für den zuerst von Hamilton betrachteten allgemeineren Fall, wenn die Störungsfunction H_1 auch die Grössen p_i enthält; nur werden dann wieder die Grössen $\frac{dq_i}{dt}$ nicht mehr durch dieselben Formeln wie im ungestörten Problem durch t und die Elemente ausgedrückt werden, indem die Terme $\frac{\partial H_1}{\partial p_i}$ noch hinzukommen.

Da die Gleichungen

$$\frac{d\alpha}{dt} = \Sigma[\alpha, \beta]\frac{\partial H_1}{\partial \beta}$$

durch Elimination aus den Lagrange'schen Gleichungen

$$\frac{\partial H_1}{\partial \beta} = \Sigma(\alpha, \beta)\frac{d\alpha}{dt}$$

gefunden werden müssen, so folgt daraus, dass, wenn die Coefficienten (α, β) blosse Functionen der Elemente ohne t sind, dieses auch mit den Coefficienten $[\alpha, \beta]$ der Fall sein wird. Ich will indessen den directen Beweis hierfür, da er mehrere lehrreiche Formeln enthält, hier wiederholen.

Man hat, wenn man die Differentiationen nach t auf die ungestörte Bewegung bezieht, zufolge der Differentialgleichungen dieser Bewegung:

$$\frac{d\frac{\partial \alpha}{\partial q_k}}{dt} = \frac{\partial^2 \alpha}{\partial q_k \partial t} + \sum_{k'}\left[\frac{\partial^2 \alpha}{\partial q_k \partial q_{k'}}\frac{\partial H}{\partial p_{k'}} - \frac{\partial^2 \alpha}{\partial q_k \partial p_{k'}}\frac{\partial H}{\partial q_{k'}}\right],$$

$$\frac{d\frac{\partial \alpha}{\partial p_k}}{dt} = \frac{\partial^2 \alpha}{\partial p_k \partial t} + \sum_{k'}\left[\frac{\partial^2 \alpha}{\partial p_k \partial q_{k'}}\frac{\partial H}{\partial p_{k'}} - \frac{\partial^2 \alpha}{\partial p_k \partial p_{k'}}\frac{\partial H}{\partial q_{k'}}\right].$$

Dem Index k' sind hier die Werthe $1, 2, \ldots, m$ zu geben; ich habe denselben, um dadurch anzuzeigen, dass nach ihm summirt wird, unter dem Summenzeichen Σ beigefügt. Differentiirt man die oben gegebene Gleichung

$$0 = \frac{\partial \alpha}{\partial t} + \sum_{k'}\left[\frac{\partial \alpha}{\partial q_{k'}}\frac{\partial H}{\partial p_{k'}} - \frac{\partial \alpha}{\partial p_{k'}}\frac{\partial H}{\partial q_{k'}}\right].$$

partiell nach q_k und nach p_k und zieht die dadurch erhaltenen Ausdrücke von den vorstehenden beiden Gleichungen ab, so erhält man:

$$\frac{d\frac{\partial \alpha}{\partial q_k}}{dt} = \sum_{k'}\left[-\frac{\partial \alpha}{\partial q_{k'}}\frac{\partial^2 H}{\partial q_k \partial p_{k'}} + \frac{\partial \alpha}{\partial p_{k'}}\frac{\partial^2 H}{\partial q_k \partial q_{k'}}\right],$$

$$\frac{d\frac{\partial \alpha}{\partial p_k}}{dt} = \sum_{k'}\left[-\frac{\partial \alpha}{\partial q_{k'}}\frac{\partial^2 H}{\partial p_k \partial p_{k'}} + \frac{\partial \alpha}{\partial p_{k'}}\frac{\partial^2 H}{\partial p_k \partial q_{k'}}\right].$$

Ich multiplicire die erste Gleichung mit $\frac{\partial\beta}{\partial p_k}$, die zweite mit $\frac{\partial\beta}{\partial q_k}$ und summire aufs neue, indem ich dem Index k ebenfalls die Werthe $1, 2, \ldots, m$ gebe. Wenn man dann die Differenz der aus beiden Gleichungen erhaltenen Doppelsummen nimmt und darin die Indices k und k' vertauscht (wodurch sich der Werth der Doppelsummen nicht ändert, weil beide Indices über dieselben Werthe ausgedehnt werden), so erhält man denselben Ausdruck, als wenn man unter dem doppelten Summenzeichen die beiden Elemente α und β mit einander vertauscht. Es wird daher auch der Ausdruck

$$\sum_k \left[\frac{\partial\beta}{\partial p_k} \frac{d\frac{\partial\alpha}{\partial q_k}}{dt} - \frac{\partial\beta}{\partial q_k} \frac{d\frac{\partial\alpha}{\partial p_k}}{dt} \right]$$

ungeändert bleiben, wenn ich darin α und β vertausche, oder man erhält:

$$\sum_k \left[\frac{\partial\beta}{\partial p_k} \frac{d\frac{\partial\alpha}{\partial q_k}}{dt} + \frac{\partial\alpha}{\partial q_k} \frac{d\frac{\partial\beta}{\partial p_k}}{dt} \right]$$
$$- \sum_k \left[\frac{\partial\beta}{\partial q_k} \frac{d\frac{\partial\alpha}{\partial p_k}}{dt} + \frac{\partial\alpha}{\partial p_k} \frac{d\frac{\partial\beta}{\partial q_k}}{dt} \right] = 0.$$

Der Ausdruck linker Hand ist ein genaues Differential des Ausdrucks

$$[\alpha, \beta] = \sum_k \left[\frac{\partial\alpha}{\partial q_k} \frac{\partial\beta}{\partial p_k} - \frac{\partial\alpha}{\partial p_k} \frac{\partial\beta}{\partial q_k} \right],$$

wodurch sich die vorstehende Gleichung in folgende verwandelt:

$$\frac{d[\alpha, \beta]}{dt} = 0,$$

welche zu beweisen war. Man kann übrigens auch für die Grössen $[\alpha, \beta]$ bemerken, dass ihre Werthe dieselben bleiben, welche Bestimmungsstücke der Punkte des Systems man auch für die Grössen q_k annimmt, wenn nur die Bedeutung der Elemente sich nicht ändert. Ich bemerke ferner noch, dass sowohl die Lagrange'schen als die Poisson'schen Störungsformeln ungeändert bleiben, wenn H ausser den Grössen q_i, p_i noch t explicite enthält, und dass auch für diesen Fall die Ausdrücke (α, β) und $[\alpha, \beta]$ blosse Functionen der Elemente sind.

Wenn das System ganz frei ist und man für die Grössen q_k die rechtwinkligen Coordinaten selber nimmt, so wird die Grösse p_k, je nachdem q_k die Werthe x_i, y_i, z_i erhält, die Werthe $m_i x'_i$, $m_i y'_i$, $m_i z'_i$ annehmen. Es verschwinden für diesen Fall die Grössen

$$\frac{\partial^2 H}{\partial p_k \partial q_{k'}},$$

und die Grössen

$$\frac{\partial^2 H}{\partial p_k \partial p_{k'}}$$

erhalten nur dann einen von Null verschiedenen Werth, wenn $k = k'$ ist, und zwar den Werth $\frac{1}{m_i}$. Man erhält daher aus den obigen Formeln für ein freies System die merkwürdigen Gleichungen:

$$\frac{d\frac{\partial \alpha}{\partial x'_i}}{dt} = -\frac{\partial \alpha}{\partial x_i},$$

$$\frac{d\frac{\partial \alpha}{\partial y'_i}}{dt} = -\frac{\partial \alpha}{\partial y_i},$$

$$\frac{d\frac{\partial \alpha}{\partial z'_i}}{dt} = -\frac{\partial \alpha}{\partial z_i},$$

welche bereits Lagrange angemerkt hat. Man sieht aus diesen Formeln, dass jedes Integral (d. h. ein Ausdruck von t und den $6n$ Grössen x_i, y_i, z_i, x'_i, y'_i, z'_i, welcher einer willkürlichen Constante gleich wird, ohne dass der Ausdruck selber noch andere willkürliche Constanten enthält), wenn es eine Coordinate enthält, auch ihren nach der Zeit genommenen Differentialquotienten enthalten muss, und dass umgekehrt, wenn der nach der Zeit genommene Differentialquotient einer Coordinate gar nicht oder bloss linear, mit einer Constante multiplicirt, in dem Integral vorkommt, auch die entsprechende Coordinate in dem Integral nicht vorkommen wird.

Ich bemerke noch, dass, wenn der Satz der lebendigen Kraft gilt, immer auch $\frac{\partial \alpha}{\partial t}$ eine blosse Function der Elemente ist. Denn man erhält in diesem Falle $2m-1$ Gleichungen mit $2m-1$ willkürlichen Constanten zwischen den $2m$ Grössen q_k, p_k, ohne t, und durch eine $2m^{te}$ Gleichung $t+\tau$, wo τ die $2m^{te}$ willkürliche Constante ist, durch die Grössen q_k, p_k ausgedrückt. Wenn daher α eine jener $2m-1$ willkürlichen Constanten ist, wird $\frac{\partial \alpha}{\partial t} = 0$, und nur, wenn $\alpha = \tau$, wird $\frac{\partial \alpha}{\partial t} = -1$. Es wird daher auch, wenn α irgend eine Function aller willkürlichen Constanten ist,

$$\frac{\partial \alpha}{\partial t} = \frac{\partial \alpha}{\partial \tau}\frac{\partial \tau}{\partial t} = -\frac{\partial \alpha}{\partial \tau}$$

oder ebenfalls einer Constante gleich.

§. 29. Anderer Beweis des Poisson'schen Satzes. Wie aus zwei Integralen der dynamischen Gleichungen weitere gefunden werden.

Ich will auch für den Satz, dass der Ausdruck $[\alpha, \beta]$ sich bloss durch die Elemente ohne die Zeit t darstellen lasse, den Beweis noch auf eine andere Art ableiten, indem ich wieder von einer rein *identischen* Gleichung ausgehe.

Es seien α, β, γ irgend drei Functionen der Grössen $q_1, q_2, \ldots, q_m$ und der Grössen $p_1, p_2, \ldots, p_m$. Man setze wieder, wenn ε, ζ zwei Functionen dieser Grössen sind,

$$\begin{aligned}[\varepsilon, \zeta] = & \frac{\partial \varepsilon}{\partial q_1}\frac{\partial \zeta}{\partial p_1} + \frac{\partial \varepsilon}{\partial q_2}\frac{\partial \zeta}{\partial p_2} + \cdots + \frac{\partial \varepsilon}{\partial q_m}\frac{\partial \zeta}{\partial p_m} \\ & - \frac{\partial \varepsilon}{\partial p_1}\frac{\partial \zeta}{\partial q_1} - \frac{\partial \varepsilon}{\partial p_2}\frac{\partial \zeta}{\partial q_2} - \cdots - \frac{\partial \varepsilon}{\partial p_m}\frac{\partial \zeta}{\partial q_m}.\end{aligned}$$

Nach dieser Bezeichnung sei

$$[\beta, \gamma] = \mathrm{A}, \quad [\gamma, \alpha] = \mathrm{B}, \quad [\alpha, \beta] = \Gamma,$$

dann ist

$$[\mathrm{A}, \alpha] + [\mathrm{B}, \beta] + [\Gamma, \gamma] = 0.$$

Indem ich den leicht zu ergänzenden Beweis dieser identischen Gleichung übergehe, will ich bloss zeigen, wie daraus der zu beweisende Satz folgt.

Es seien nämlich α und β solche Functionen der Grössen $q_1, q_2, \ldots, q_m$, $p_1, p_2, \ldots, p_m$ und der Zeit t, welche vermittelst der Integralgleichungen des ungestörten Problems einer willkürlichen Constante gleich werden, so müssen die Gleichungen

$$\frac{d\alpha}{dt}=0,\quad \frac{d\beta}{dt}=0$$

identisch erfüllt werden, wenn man darin die Differentialgleichungen des Problems, d. h. die Werthe

$$\frac{dq_i}{dt}=\frac{\partial H}{\partial p_i},\quad \frac{dp_i}{dt}=-\frac{\partial H}{\partial q_i},$$

substituirt. Dies giebt die identischen Gleichungen:

$$[\beta, H]+\frac{\partial\beta}{\partial t}=0,\quad [H,\alpha]-\frac{\partial\alpha}{\partial t}=0$$

oder, wenn man

$$[\beta, H]=\mathrm{A},\quad [H,\alpha]=\mathrm{B}$$

setzt, die Gleichungen:

$$\mathrm{A}=-\frac{\partial\beta}{\partial t},\quad \mathrm{B}=\frac{\partial\alpha}{\partial t}.$$

Wenn man daher in der oben aufgestellten identischen Gleichung

$$[\mathrm{A},\alpha]+[\mathrm{B},\beta]+[\Gamma,\gamma]=0$$

die Function H für γ setzt, so verwandelt sie sich in die Gleichung:

$$\left[-\frac{\partial\beta}{\partial t},\alpha\right]+\left[\frac{\partial\alpha}{\partial t},\beta\right]+[\Gamma,H]=0.$$

Man hat aber:

$$\left[-\frac{\partial\beta}{\partial t},\alpha\right]+\left[\frac{\partial\alpha}{\partial t},\beta\right]=\left[\frac{\partial\alpha}{\partial t},\beta\right]+\left[\alpha,\frac{\partial\beta}{\partial t}\right]=\frac{\partial[\alpha,\beta]}{\partial t}=\frac{\partial\Gamma}{\partial t},$$

und daher gilt die identische Gleichung:

$$\frac{\partial\Gamma}{\partial t}+[\Gamma,H]=0.$$

Der Ausdruck links wird dem Ausdrucke $\frac{d\Gamma}{dt}$ gleich, wenn man darin die Differentialgleichungen des Problems substituirt, und daher Γ selbst vermittelst der Integralgleichungen des Problems eine Constante, was zu beweisen war.

Wie grossen Werth auch immer Alle, welche sich mit analytischer Mechanik beschäftigen, auf **Poisson's** Arbeit über die Variation der Constanten in den Problemen der Mechanik gelegt haben, so scheint mir noch Niemand die wahre und merkwürdige Bedeutung des Satzes, dass $[\alpha,\beta]$ sich durch die

Elemente ohne t ausdrücken lässt, gehörig hervorgehoben zu haben. In den Anwendungen, welche Poisson selbst von seinen Formeln auf die elliptische Bewegung eines Planeten und auf die Rotation eines festen Körpers um einen seiner Punkte gemacht hat, wurden von ihm solche Elemente α, β gewählt, für welche fast immer der Ausdruck $[\alpha, \beta]$ eine *bestimmte* Grösse, z. B. $+1$ oder -1 oder 0 wurde, und der Zweck, welchen man sich vorgesetzt hatte, machte eine solche Wahl sehr wünschenswerth. Dies ist aber nur ein besonderer Fall und gewissermassen ein Ausnahmefall. Im Allgemeinen wird der Ausdruck $[\alpha, \beta]$ eine Function von den Grössen q_i und p_i und der Zeit t sein, welche sich auf keine Weise durch die Functionen α und β ausdrücken lässt. Man hat also im Allgemeinen das merkwürdige Theorem:

„*Wenn H irgend eine Function von t und den Grössen $q_1, q_2, \ldots, q_m, p_1, p_2, \ldots, p_m$ ist, und man von den Differentialgleichungen*

$$\frac{dq_1}{dt} = \frac{\partial H}{\partial p_1}, \quad \frac{dq_2}{dt} = \frac{\partial H}{\partial p_2}, \quad \ldots, \quad \frac{dq_m}{dt} = \frac{\partial H}{\partial p_m},$$

$$\frac{dp_1}{dt} = -\frac{\partial H}{\partial q_1}, \quad \frac{dp_2}{dt} = -\frac{\partial H}{\partial q_2}, \quad \ldots, \quad \frac{dp_m}{dt} = -\frac{\partial H}{\partial q_m}$$

zwei Integrale kennt, so kann man daraus durch blosse partielle Differentiation ein drittes ableiten."

Hieraus folgt der Satz:

„*Wenn man von einem Problem der Mechanik, in welchem der Satz von der lebendigen Kraft gilt, noch zwei Integrale kennt, so kann man daraus durch blosse partielle Differentiation ein drittes ableiten.*"

Der vorige Satz ist aber auch noch auf mechanische Probleme anwendbar, in welchen der Satz der Erhaltung der lebendigen Kraft nicht gilt.

Es hindert nichts, das gefundene dritte Integral mit einem der beiden gegebenen zu combiniren, um nach derselben Regel ein viertes abzuleiten. Wenn dieses nicht bereits in den gefundenen Integralen enthalten ist, kann man so fortfahren, und *es können auf diese Weise bei jedem Problem der Mechanik, in welchem der Satz von der lebendigen Kraft gilt, aus zwei Integralen sämmtliche übrige durch blosse partielle Differentiation nach einer bestimmten Regel abgeleitet werden.*

§. 30. Einfachste Störungsformeln für ein System canonischer Elemente.

Da nach dem Obigen die mit (α, β) und $[\alpha, \beta]$ bezeichneten Ausdrücke nur von den α, β abhängen, so kann man in den Grössen q_k, p_k der Veränderlichen t jeden beliebigen Werth beilegen. Man hat also auch

$$(\alpha, \beta) = \frac{\partial c_1}{\partial \alpha}\frac{\partial b_1}{\partial \beta} + \frac{\partial c_2}{\partial \alpha}\frac{\partial b_2}{\partial \beta} + \cdots + \frac{\partial c_m}{\partial \alpha}\frac{\partial b_m}{\partial \beta}$$
$$-\left(\frac{\partial c_1}{\partial \beta}\frac{\partial b_1}{\partial \alpha} + \frac{\partial c_2}{\partial \beta}\frac{\partial b_2}{\partial \alpha} + \cdots + \frac{\partial c_m}{\partial \beta}\frac{\partial b_m}{\partial \alpha}\right),$$

$$[\alpha, \beta] = \frac{\partial \alpha}{\partial c_1}\frac{\partial \beta}{\partial b_1} + \frac{\partial \alpha}{\partial c_2}\frac{\partial \beta}{\partial b_2} + \cdots + \frac{\partial \alpha}{\partial c_m}\frac{\partial \beta}{\partial b_m}$$
$$-\left(\frac{\partial \alpha}{\partial b_1}\frac{\partial \beta}{\partial c_1} + \frac{\partial \alpha}{\partial b_2}\frac{\partial \beta}{\partial c_2} + \cdots + \frac{\partial \alpha}{\partial b_m}\frac{\partial \beta}{\partial c_m}\right),$$

wenn wieder c_k, b_k die zu $t = 0$ gehörigen Werthe von q_k, p_k bedeuten.

Nimmt man die Grössen c_k und b_k selber zu Elementen, so folgt hieraus, wenn i und k verschieden sind,

$$(c_i, b_k) = 0, \quad [c_i, b_k] = 0;$$

dagegen ergiebt sich, wenn $k = i$ ist,

$$(c_i, b_i) = -(b_i, c_i) = 1,$$
$$[c_i, b_i] = -[b_i, c_i] = 1.$$

Es folgen daher aus jeder der beiden Gleichungen

$$\frac{\partial H_1}{\partial \beta} = \Sigma(\alpha, \beta)\frac{d\alpha}{dt},$$
$$\frac{d\alpha}{dt} = \Sigma[\alpha, \beta]\frac{\partial H_1}{\partial \beta}$$

für diese Annahme der Elemente die einfachen Gleichungen, welche ich bereits oben mitgetheilt habe:

$$\frac{dc_1}{dt} = \frac{\partial H_1}{\partial b_1}, \quad \frac{db_1}{dt} = -\frac{\partial H_1}{\partial c_1},$$
$$\frac{dc_2}{dt} = \frac{\partial H_1}{\partial b_2}, \quad \frac{db_2}{dt} = -\frac{\partial H_1}{\partial c_2},$$
$$\cdots\cdots\cdots\cdots$$
$$\frac{dc_m}{dt} = \frac{\partial H_1}{\partial b_m}, \quad \frac{db_m}{dt} = -\frac{\partial H_1}{\partial c_m}.$$

Nimmt man bei einem freien System die rechtwinkligen Coordinaten für die Grössen q_k und nennt wieder a_i, b_i, c_i, a'_i, b'_i, c'_i die Anfangswerthe von x_i, y_i, z_i, x'_i, y'_i, z'_i, so verwandeln sich die vorstehenden Gleichungen in folgende:

$$m_i\frac{da_i}{dt} = \frac{\partial H_1}{\partial a'_i}, \quad m_i\frac{da'_i}{dt} = -\frac{\partial H_1}{\partial a_i},$$
$$m_i\frac{db_i}{dt} = \frac{\partial H_1}{\partial b'_i}, \quad m_i\frac{db'_i}{dt} = -\frac{\partial H_1}{\partial b_i},$$
$$m_i\frac{dc_i}{dt} = \frac{\partial H_1}{\partial c'_i}, \quad m_i\frac{dc'_i}{dt} = -\frac{\partial H_1}{\partial c_i}.$$

Diese von Lagrange in der Mécanique Analytique gegebenen Gleichungen gelten daher auch für den Fall, wenn die Störungsfunction H_1 auch die Grössen p_i oder x'_i, y'_i, z'_i enthält.

Setzt man in H_1, welches man vermittelst der Formeln der ungestörten Bewegung durch die Elemente $b_1, b_2, \ldots, b_m, c_1, c_2, \ldots, c_m$ auszudrücken hat, für $b_1, b_2, \ldots, b_m$ die Ausdrücke

$$\frac{\partial W}{\partial c_1}, \quad \frac{\partial W}{\partial c_2}, \quad \ldots, \quad \frac{\partial W}{\partial c_m},$$

so findet man nach dem Theorem VI die Elemente als Functionen der Zeit durch die Integration der partiellen Differentialgleichung:

$$0 = \frac{\partial W}{\partial t} + H_1.$$

Ist nämlich W eine vollständige Lösung dieser Gleichung mit m willkürlichen Constanten $\alpha_1, \alpha_2, \ldots, \alpha_m$, zu welchen eine mit W durch blosse Addition verbundene nicht gerechnet wird, so sind die Gleichungen:

$$\frac{\partial W}{\partial c_1} = b_1, \quad \frac{\partial W}{\partial c_2} = b_2, \quad \ldots, \quad \frac{\partial W}{\partial c_m} = b_m,$$
$$\frac{\partial W}{\partial \alpha_1} = \beta_1, \quad \frac{\partial W}{\partial \alpha_2} = \beta_2, \quad \ldots, \quad \frac{\partial W}{\partial \alpha_m} = \beta_m,$$

in welchen $\beta_1, \beta_2, \ldots, \beta_m$ neue willkürliche Constanten sind, die Integralgleichungen für die veränderlichen Elemente.

§. 31. Die Störungsformeln für die Planetenbewegung.

In der Theorie der Störung der elliptischen Bewegung der Planeten haben die bekannten Differentialgleichungen für die sechs Elemente beinahe eben dieselbe einfache Form, welche oben näher bezeichnet ist. Hamilton führt sie *genau* auf diese Form zurück, indem er statt der Neigung den Sinus versus der Neigung, multiplicirt mit der Quadratwurzel aus dem halben Parameter, als Element einführt. Nennt man nämlich mit Hamilton

M die Masse der Sonne,
m die Masse des Planeten,
w die Länge des Perihels,
ν die Länge des aufsteigenden Knotens,
τ die Durchgangszeit durch das Perihel;

setzt man ferner

$$\mu = -\frac{M+m}{2a},$$
$$\varkappa = \sqrt{M+m}\sqrt{p},$$
$$\lambda = \sqrt{M+m}\sqrt{p}(1-\cos i),$$

wo a, p, i die halbe grosse Axe, den halben Parameter und die Neigung der Ebene der Bahn gegen eine feste Ebene bedeuten, so giebt Hamilton die folgenden Formeln, welche sich leicht aus den bekannten ableiten lassen:

$$\frac{d\tau}{dt} = \frac{\partial\Omega}{\partial\mu}, \quad \frac{d\mu}{dt} = -\frac{\partial\Omega}{\partial\tau},$$
$$\frac{d\varkappa}{dt} = \frac{\partial\Omega}{\partial w}, \quad \frac{dw}{dt} = -\frac{\partial\Omega}{\partial\varkappa},$$
$$\frac{d\nu}{dt} = \frac{\partial\Omega}{\partial\lambda}, \quad \frac{d\lambda}{dt} = -\frac{\partial\Omega}{\partial\nu}.$$

Diese Gleichungen haben genau jene *canonische* Form. Sie gelten auch unverändert für jedes beliebige Anziehungsgesetz, wie Hamilton bemerkt, wenn man μ den constanten Theil des halben Quadrats der Geschwindigkeit und $\varkappa$ die doppelte Arealgeschwindigkeit bedeuten lässt und $\frac{\lambda}{\varkappa}$ wieder dem Sinus versus der Neigung der Bahn gleich setzt. Die Störungsfunction Ω ist hier in dem gewöhnlichen Sinne genommen, so dass

$$\frac{d^2x}{dt^2} = -R\frac{x}{r},$$

$$\frac{d^2y}{dt^2} = -R\frac{y}{r},$$

$$\frac{d^2z}{dt^2} = -R\frac{z}{r},$$

wo R durch das Gesetz der Anziehung als Function der Entfernung gegeben ist, die Differentialgleichungen der ungestörten Bewegung und

$$\frac{d^2x}{dt^2} = -R\frac{x}{r} + \frac{\partial \Omega}{\partial x},$$

$$\frac{d^2y}{dt^2} = -R\frac{y}{r} + \frac{\partial \Omega}{\partial y},$$

$$\frac{d^2z}{dt^2} = -R\frac{z}{r} + \frac{\partial \Omega}{\partial z}$$

die Differentialgleichungen der gestörten Bewegung sind. Für die elliptische Bewegung um die Sonne, auf welche sich die obige Bedeutung der Elemente bezieht, ist

$$R = \frac{M+m}{r^2}$$

zu setzen.

Zufolge des Theorems VI kann man die Integralgleichungen für die gestörten Elemente unmittelbar angeben, wenn man eine vollständige Lösung der partiellen Differentialgleichung

$$0 = \frac{\partial W}{\partial t} + \Omega$$

kennt, in welcher für die Grössen μ, w, λ, welche in Ω vorkommen, zu setzen ist

$$\mu = \frac{\partial W}{\partial \tau}, \quad w = \frac{\partial W}{\partial \varkappa}, \quad \lambda = \frac{\partial W}{\partial v}.$$

Wenn W ausser einer bloss hinzuaddirten Constante noch die drei willkürlichen Constanten α, β, γ enthält, so werden die sechs Elemente als Functionen der Zeit durch die Gleichungen

$$\mu = \frac{\partial W}{\partial \tau}, \quad w = \frac{\partial W}{\partial \varkappa}, \quad \lambda = \frac{\partial W}{\partial \nu},$$
$$\alpha' = \frac{\partial W}{\partial \alpha}, \quad \beta' = \frac{\partial W}{\partial \beta}, \quad \gamma' = \frac{\partial W}{\partial \gamma}$$

bestimmt, in welchen α', β', γ' drei neue willkürliche Constanten bedeuten.

§. 32. Uebergang von einem System canonischer Elemente zu einem anderen.

Wenn man die Anfangswerthe der Grössen p und q als Elemente wählt, so erhalten, wie wir gesehen haben, in der gestörten Bewegung die Differentialgleichungen für diese Elemente in allen Problemen der Mechanik, in denen der Satz von der lebendigen Kraft gilt, die einfache Form, die ich die canonische genannt habe. Aber diese Form, so sehen wir aus dem Vorigen, erhält man nach den Entwickelungen des §. 31 bei der elliptischen Bewegung eines Planeten auch für ein ganz anderes, wesentlich verschiedenes System von Elementen; denn unter den sechs Elementen τ, $\varkappa$, ν, μ, w, λ ist keines, welches sich allein durch die Anfangswerthe der Coordinaten des Planeten ausdrücken oder als Anfangswerth einer Grösse q betrachten liesse. Da also die Anfangswerthe der Grössen q und p nicht das einzige System von Elementen bilden, deren Differentialgleichungen die canonische Form haben, so bietet sich die Frage dar, wie man für jedes Problem der Mechanik, für welches der Satz von der lebendigen Kraft gilt, alle solche Systeme von Elementen finden könne. Diese Frage, welche nach den bekannten Methoden schwer zu beantworten sein dürfte, wird durch die Verallgemeinerung des Hamilton'schen Theorems, die in dem Theorem VI enthalten ist, leicht erledigt. Man hat nämlich das folgende allgemeine Theorem, welches als ein Fundamentaltheorem in der Theorie der Variation der Constanten betrachtet werden kann.

Theorem IX.

„Es sei H eine Function von t und den Grössen $p_1, p_2, \ldots, p_m$, $q_1, q_2, \ldots, q_m$, *und es seien*

$$\frac{dq_1}{dt} = \frac{\partial H}{\partial p_1}, \quad \frac{dp_1}{dt} = -\frac{\partial H}{\partial q_1},$$
$$\frac{dq_2}{dt} = \frac{\partial H}{\partial p_2}, \quad \frac{dp_2}{dt} = -\frac{\partial H}{\partial q_2},$$
$$\cdots\cdots\cdots\cdots$$
$$\frac{dq_m}{dt} = \frac{\partial H}{\partial p_m}, \quad \frac{dp_m}{dt} = -\frac{\partial H}{\partial q_m}$$

die Differentialgleichungen des ungestörten Problems, aus denen die Differentialgleichungen des gestörten erhalten werden, wenn man $H+H_1$ *statt* H *schreibt, wo* H_1 *eine beliebige Function der* $2m$ *Grössen* q_k *und* p_k *und der Grösse* t *sei. Es sei* W *eine vollständige Lösung der partiellen Differentialgleichung*

$$0=\frac{\partial W}{\partial t}+H,$$

in welcher die Grössen $p_1, p_2, \ldots, p_m$, *die in* H *vorkommen, respective durch* $\frac{\partial W}{\partial q_1}, \frac{\partial W}{\partial q_2}, \ldots, \frac{\partial W}{\partial q_m}$ *zu ersetzen sind. Man nenne* $\alpha_1, \alpha_2, \ldots, \alpha_m$ *die* m *willkürlichen Constanten, die ausser einer bloss hinzu zu addirenden die Function* W *enthält, und es seien*

$$\frac{\partial W}{\partial \alpha_1}=\beta_1, \quad \frac{\partial W}{\partial \alpha_2}=\beta_2, \quad \ldots, \quad \frac{\partial W}{\partial \alpha_m}=\beta_m$$

die Integralgleichungen des ungestörten Problems, in welchen $\beta_1, \beta_2, \ldots, \beta_m$ *neue* m *willkürliche Constanten sind. Drückt man vermittelst dieser Gleichungen und der Gleichungen*

$$\frac{\partial W}{\partial q_1}=p_1, \quad \frac{\partial W}{\partial q_2}=p_2, \quad \ldots, \quad \frac{\partial W}{\partial q_m}=p_m$$

die Störungsfunction H_1 *durch* t *und durch die Elemente* $\alpha_1, \alpha_2, \ldots, \alpha_m, \beta_1, \beta_2, \ldots, \beta_m$ *aus und betrachtet in dem gestörten Problem diese Elemente als veränderlich, so werden die Differentialgleichungen für diese gestörten Elemente:*

$$\frac{d\alpha_1}{dt}=-\frac{\partial H_1}{\partial \beta_1}, \quad \frac{d\beta_1}{dt}=\frac{\partial H_1}{\partial \alpha_1},$$

$$\frac{d\alpha_2}{dt}=-\frac{\partial H_1}{\partial \beta_2}, \quad \frac{d\beta_2}{dt}=\frac{\partial H_1}{\partial \alpha_2},$$

$$\cdots\cdots\cdots\cdots\cdots$$

$$\frac{d\alpha_m}{dt}=-\frac{\partial H_1}{\partial \beta_m}, \quad \frac{d\beta_m}{dt}=\frac{\partial H_1}{\partial \alpha_m}.\text{“}$$

In der Hamilton'schen Darstellung der Integralgleichungen des ungestörten Problems müssen die Constanten $\alpha_1, \alpha_2, \ldots, \alpha_m$ die Anfangswerthe der Grössen $q_1, q_2, \ldots, q_m$ sein, und die Constanten $\beta_1, \beta_2, \ldots, \beta_m$ die Anfangswerthe der Grössen $p_1, p_2, \ldots, p_m$, mit entgegengesetzten Zeichen genommen. Das Theorem IX giebt für diesen Fall nur die bekannten Formeln, welche oben mitgetheilt sind, in welchen die Anfangswerthe der Grössen q_i, p_i als die gestörten Elemente betrachtet werden.

Den Beweis dieses für die Theorie der Variation der Constanten wichtigen Theorems geben folgende einfache Betrachtungen. Man schliesse die partiellen Differentialquotienten von W, wenn dasselbe als Function von t und den $2m$ Constanten $\alpha_1, \alpha_2, \ldots, \alpha_m, \beta_1, \beta_2, \ldots, \beta_m$ betrachtet wird, in Klammern ein, lasse dagegen, wie früher, die Klammern fort, wenn W als Function von t, den m Grössen $q_1, q_2, \ldots, q_m$ und den m Grössen $\alpha_1, \alpha_2, \ldots, \alpha_m$ betrachtet wird. Man hat nach dieser Bezeichnung:

$$\left(\frac{\partial W}{\partial \alpha_k}\right) = \frac{\partial W}{\partial q_1}\frac{\partial q_1}{\partial \alpha_k} + \frac{\partial W}{\partial q_2}\frac{\partial q_2}{\partial \alpha_k} + \cdots + \frac{\partial W}{\partial q_m}\frac{\partial q_m}{\partial \alpha_k} + \frac{\partial W}{\partial \alpha_k},$$

$$\left(\frac{\partial W}{\partial \beta_k}\right) = \frac{\partial W}{\partial q_1}\frac{\partial q_1}{\partial \beta_k} + \frac{\partial W}{\partial q_2}\frac{\partial q_2}{\partial \beta_k} + \cdots + \frac{\partial W}{\partial q_m}\frac{\partial q_m}{\partial \beta_k}$$

oder zufolge der Integralgleichungen des ungestörten Problems, welche in unveränderter Form auch für das gestörte Problem gelten sollen, nur dass darin die Elemente als variabel betrachtet werden:

$$\left(\frac{\partial W}{\partial \alpha_k}\right) = p_1\frac{\partial q_1}{\partial \alpha_k} + p_2\frac{\partial q_2}{\partial \alpha_k} + \cdots + p_m\frac{\partial q_m}{\partial \alpha_k} + \beta_k,$$

$$\left(\frac{\partial W}{\partial \beta_k}\right) = p_1\frac{\partial q_1}{\partial \beta_k} + p_2\frac{\partial q_2}{\partial \beta_k} + \cdots + p_m\frac{\partial q_m}{\partial \beta_k}.$$

Wenn α, β irgend zwei von den $2m$ willkürlichen Constanten bedeuten, so setzten wir oben:

$$\begin{aligned}(\alpha,\beta) = {} & \frac{\partial q_1}{\partial \alpha}\frac{\partial p_1}{\partial \beta} + \frac{\partial q_2}{\partial \alpha}\frac{\partial p_2}{\partial \beta} + \cdots + \frac{\partial q_m}{\partial \alpha}\frac{\partial p_m}{\partial \beta} \\ & - \left(\frac{\partial p_1}{\partial \alpha}\frac{\partial q_1}{\partial \beta} + \frac{\partial p_2}{\partial \alpha}\frac{\partial q_2}{\partial \beta} + \cdots + \frac{\partial p_m}{\partial \alpha}\frac{\partial q_m}{\partial \beta}\right) \\ = {} & \frac{\partial\left(p_1\frac{\partial q_1}{\partial \alpha} + p_2\frac{\partial q_2}{\partial \alpha} + \cdots + p_m\frac{\partial q_m}{\partial \alpha}\right)}{\partial \beta} \\ & - \frac{\partial\left(p_1\frac{\partial q_1}{\partial \beta} + p_2\frac{\partial q_2}{\partial \beta} + \cdots + p_m\frac{\partial q_m}{\partial \beta}\right)}{\partial \alpha}.\end{aligned}$$

Macht man daher die drei Annahmen

$$\alpha = \alpha_i, \quad \beta = \alpha_k,$$

$$\alpha = \alpha_i, \quad \beta = \beta_k,$$

$$\alpha = \beta_i, \quad \beta = \beta_k,$$

so erhält man aus den vorstehenden Formeln diesen Annahmen entsprechend, da die aus der zweifachen Differentiation von W herrührenden Terme sich aufheben, *wenn die Elemente α_i und β_i die in dem Theorem IX angegebene Bedeutung haben,*

$$(\alpha_i, \alpha_k) = 0, \quad (\beta_i, \beta_k) = 0,$$

ferner, wenn i und k verschieden sind,

$$(\alpha_i, \beta_k) = 0,$$

wenn aber $k = i$,

$$(\alpha_i, \beta_i) = -(\beta_i, \alpha_i) = -1.$$

Wenn daher $\beta = \alpha_i$, so verschwindet (α, β) nur dann nicht, wenn $\alpha = \beta_i$, und wenn $\beta = \beta_i$, so verschwindet (α, β) nur dann nicht, wenn $\alpha = \alpha_i$; und es erhält im ersteren Falle (α, β) den Werth $+1$, im zweiten den Werth -1. Die allgemeine Lagrange'sche Formel

$$\frac{\partial H_1}{\partial \beta} = \Sigma(\alpha, \beta)\frac{d\alpha}{dt},$$

in welcher unter dem Summenzeichen für α nach und nach sämmtliche $2m$ Elemente zu setzen sind, giebt daher:

$$\frac{\partial H_1}{\partial \alpha_i} = \frac{d\beta_i}{dt}, \quad \frac{\partial H_1}{\partial \beta_i} = -\frac{d\alpha_i}{dt},$$

was zu beweisen war.

Da man nach den Poisson'schen Formeln auch die Gleichungen hat:

$$\frac{d\alpha}{dt} = \Sigma[\alpha, \beta]\frac{\partial H_1}{\partial \beta},$$

wenn man unter dem Summenzeichen für β nach und nach alle $2m$ Elemente setzt, so folgt aus den vorstehenden Gleichungen, dass, *wenn man für die Elemente die in dem Theorem IX angegebenen willkürlichen Constanten $\alpha_1, \alpha_2, \ldots, \alpha_m$ und $\beta_1, \beta_2, \ldots, \beta_m$ annimmt, man die identischen Gleichungen hat:*

$$[\alpha_i, \alpha_k] = 0, \quad [\beta_i, \beta_k] = 0,$$

ferner, wenn i und k verschieden sind,

$$[\alpha_i, \beta_k] = 0,$$

wenn aber $k = i$,

$$[\alpha_i, \beta_i] = -[\beta_i, \alpha_i] = -1.$$

Diese allgemeinen Formeln sind von grosser Wichtigkeit sowohl für die Theorie der Variation der Constanten, welche dazu die Veranlassung gab, als für die Integration der Differentialgleichungen des ungestörten Problems selber.

Ich werde im Folgenden ein System von Elementen, wie das im vorstehenden Theorem angegebene, ein *canonisches* nennen.

§. 33. Eigenschaften der Ausdrücke $[a_i, a_k]$, (a_i, a_k). Bestimmung einer Störungsfunction, welche beliebig gegebene Aenderungen der Elemente liefert.

Die Poisson'schen Functionen

$$[a_i, a_k],$$

in welchen a_i, a_k *irgend* zwei Elemente oder willkürliche Constanten bedeuten, haben die doppelte merkwürdige Eigenschaft, dass sie 1) von der Wahl der Variabeln $q_1, q_2, \ldots, q_m$ oder der Bestimmungsstücke der Orte der materiellen Punkte unabhängig sind, und dass sie 2) bloss von den beiden Elementen a_i und a_k selber abhängen, so dass der Werth des Ausdrucks $[a_i, a_k]$ derselbe bleibt, welches auch die willkürlichen Constanten sind, die man zu den übrigen Elementen gewählt hat. Die erste dieser Eigenschaften lässt sich durch folgende Betrachtungen erweisen.

In der Form der Poisson'schen Störungsformeln werden die Differentialquotienten der veränderlichen Elemente gleich linearen Ausdrücken aus den nach ihnen genommenen partiellen Differentialquotienten der Störungsfunction H_1, und die Function $[a_i, a_k]$ ist der Coefficient von $\frac{\partial H_1}{\partial a_k}$ in dem Ausdrucke von $\frac{da_i}{dt}$. Um diese partiellen Differentialquotienten zu bilden, muss man H_1 durch die Elemente und t ausdrücken, und dieser Ausdruck ist gänzlich davon unabhängig, welche Functionen der Coordinaten der bewegten materiellen Punkte man als die Variabeln $q_1, q_2, \ldots, q_m$ gewählt hat. Die Störungsfunction H_1 kann ferner in derjenigen Allgemeinheit, welche Hamilton den Störungsformeln gegeben hat, und in welcher ich sie oben aufgestellt habe, eine *beliebige* Function von t und den $2m$ Grössen $q_1, q_2, \ldots, q_m, p_1, p_2, \ldots, p_m$ sein, sie wird daher auch eine beliebige Function von t und den $2m$ Elementen sein können; die Functionen $[a_i, a_k]$ endlich sind gänzlich von der Störungsfunction unabhängig und werden bloss durch die Formeln der ungestörten Bewegung bestimmt. Hat man nun für eine Wahl der Variabeln $q_1, q_2, \ldots, q_m$ gefunden:

$$\frac{da_i}{dt} = A_1 \frac{\partial H_1}{\partial a_1} + A_2 \frac{\partial H_1}{\partial a_2} + \cdots + A_{2m} \frac{\partial H_1}{\partial a_{2m}}$$

und für eine andere Wahl:

$$\frac{da_i}{dt} = B_1 \frac{\partial H_1}{\partial a_1} + B_2 \frac{\partial H_1}{\partial a_2} + \cdots + B_{2m} \frac{\partial H_1}{\partial a_{2m}},$$

so wird

$$(A_1 - B_1)\frac{\partial H_1}{\partial a_1} + (A_2 - B_2)\frac{\partial H_1}{\partial a_2} + \cdots + (A_{2m} - B_{2m})\frac{\partial H_1}{\partial a_{2m}} = 0,$$

wo $A_1, A_2, \ldots, A_{2m}, B_1, B_2, \ldots, B_{2m}$ Functionen von t und den Elementen $a_1, a_2, \ldots, a_{2m}$ sind. Da in dieser Gleichung H_1 eine *beliebige* Function derselben Grössen sein kann, so muss man haben:

$$A_1 = B_1, \quad A_2 = B_2, \quad \ldots, \quad A_{2m} = B_{2m};$$

und da $A_1, A_2, \ldots, A_{2m}, B_1, B_2, \ldots, B_{2m}$ bloss durch die Formeln der ungestörten Bewegung bestimmt werden und die Formeln der ungestörten Bewegung keine Gleichung zwischen $a_1, a_2, \ldots, a_{2m}, t$, d. h. zwischen den willkürlichen Constanten und der Zeit ergeben, so müssen diese Gleichungen identisch sein, oder die Coefficienten $A_1, A_2, \ldots, A_{2m}$ sind von der Wahl der Variabeln $q_1, q_2, \ldots, q_m$ unabhängig, was zu beweisen war. Ich habe zu diesem Beweise den Umstand nicht benutzt, dass die Coefficienten $A_1, A_2, \ldots, A_{2m}$ von t unabhängig sind.

Die zweite Eigenschaft der Functionen $[a_i, a_k]$ folgt unmittelbar aus der Gleichung

$$[a_i, a_k] = \frac{\partial a_i}{\partial q_1}\frac{\partial a_k}{\partial p_1} + \frac{\partial a_i}{\partial q_2}\frac{\partial a_k}{\partial p_2} + \cdots + \frac{\partial a_i}{\partial q_m}\frac{\partial a_k}{\partial p_m}$$
$$- \frac{\partial a_i}{\partial p_1}\frac{\partial a_k}{\partial q_1} - \frac{\partial a_i}{\partial p_2}\frac{\partial a_k}{\partial q_2} - \cdots - \frac{\partial a_i}{\partial p_m}\frac{\partial a_k}{\partial q_m}.$$

Denn diese Gleichung lehrt, dass, um den Ausdruck $[a_i, a_k]$ zu erhalten, man bloss die Ausdrücke von a_i und a_k durch $t, q_1, q_2, \ldots, q_m, p_1, p_2, \ldots, p_m$ zu kennen braucht, also nur zwei Integrale der ungestörten Bewegung. Man braucht also nicht zu wissen, welche Combinationen aus den willkürlichen Constanten für die übrigen Elemente gewählt sind, oder welche der Functionen von $t, q_1, q_2, \ldots, q_m, p_1, p_2, \ldots, p_m$, die zufolge der Integralgleichungen des ungestörten Problems willkürlichen Constanten gleich sind, als die übrigen $2m-2$ der Grössen $a_1, a_2, \ldots, a_{2m}$ angenommen werden. Man braucht sogar, wie die Natur der angegebenen Formel lehrt, die übrigen Integrale des ungestörten Problems gar nicht einmal gefunden zu haben, um den Werth von $[a_i, a_k]$ angeben zu können. Nur wenn man diesen Werth durch die willkürlichen Constanten allein ausdrücken will, was, wie oben gezeigt worden, immer möglich ist, muss man auch noch andere Integrale kennen. Hierbei kann man Folgendes festhalten. Kennt man eine gewisse Anzahl von Integralen, welche eine gleiche Anzahl willkürlicher Constanten enthalten, so kann man die Grösse $[a_i, a_k]$ entweder vermittelst dieser Integrale durch die in letzteren enthaltenen Constanten ausdrücken, oder, falls dieses nicht möglich ist, einer neuen willkürlichen Constante gleich setzen. In diesem Falle erhält man also ein weiteres Integral, dessen Constante als ein neues Element anzusehen ist.

Die Lagrange'schen Functionen (a_i, a_k) haben mit den Poisson'schen Functionen die erste der beiden genannten Eigenschaften gemein, dass sie ihren Werth nicht ändern, welche Functionen der Coordinaten man auch als die unabhängigen Variabeln $q_1, q_2, \ldots, q_m$ angenommen hat. Man könnte dies daraus folgern, dass die Lagrange'schen und Poisson'schen Störungsformeln aus einander vermittelst der Auflösung von $2m$ linearen Gleichungen erhalten werden können, und man also die Functionen (a_i, a_k) und die Functionen $[a_i, a_k]$ immer durch einander ausdrücken kann; denn es ergiebt sich hieraus, dass, wenn die Werthe der einen von der Wahl der Variabeln $q_1, q_2, \ldots, q_m$ unabhängig sind, dies auch mit den anderen der Fall sein muss. Um jedoch auch für die Lagrange'schen Functionen diese Eigenschaft direct zu beweisen, bemerke ich, dass es nicht möglich ist, für zwei verschiedene Annahmen der Variabeln $q_1, q_2, \ldots, q_m$ zwei verschiedene Störungsgleichungen

$$\frac{\partial H_1}{\partial a_i} = C_1\frac{da_1}{dt} + C_2\frac{da_2}{dt} + \cdots + C_{2m}\frac{da_{2m}}{dt},$$

$$\frac{\partial H_1}{\partial a_i} = D_1\frac{da_1}{dt} + D_2\frac{da_2}{dt} + \cdots + D_{2m}\frac{da_{2m}}{dt}$$

zu erhalten. Denn könnten die Grössen $C_1, C_2, \ldots, C_{2m}$ von den Grössen $D_1, D_2, \ldots, D_{2m}$ verschieden sein, so würde man die Differentialgleichung haben:

$$(C_1-D_1)da_1+(C_2-D_2)da_2+\cdots+(C_{2m}-D_{2m})da_{2m} = 0,$$

in welcher C_1-D_1, C_2-D_2 etc. Functionen von den Elementen $a_1, a_2, \ldots, a_{2m}$

und von t sind, die bloss durch die Gleichungen des ungestörten Problems bestimmt sind. In der oben gegebenen Ableitung der Störungsgleichungen, in welchen die Störungsfunction H_1 jede beliebige Function von $t, q_1, q_2, \ldots, q_m, p_1, p_2, \ldots, p_m$ sein konnte, wurde aber keine Annahme gemacht, welche auf eine Differentialgleichung zwischen den Elementen und der Zeit führen könnte, die von der Störungsfunction unabhängig ist. *Auch kann man die Störungsfunction bei der Allgemeinheit, in welcher sie hier genommen wird, leicht so bestimmen, dass die veränderlichen Elemente irgend welche Functionen der Zeit werden, die der vorstehenden Gleichung nicht genügen.*

Unter den unendlich vielen Arten, wie man H_1 annehmen kann, damit die $2m$ Differentialgleichungen

$$\frac{dq_i}{dt}-\frac{\partial H}{\partial p_i}=\frac{\partial H_1}{\partial p_i},\quad \frac{dp_i}{dt}+\frac{\partial H}{\partial q_i}=-\frac{\partial H_1}{\partial q_i}$$

erfüllt werden, wenn die Elemente der ungestörten Bewegung $a_1, a_2, \ldots, a_{2m}$ irgend welchen gegebenen Functionen der Zeit t gleich gesetzt werden, will ich des Beispiels wegen nur die einfachste und zunächst sich darbietende angeben. Da $q_1, q_2, \ldots, q_m, p_1, p_2, \ldots, p_m$ gegebene Functionen von t und $a_1, a_2, \ldots, a_{2m}$ sind, welche durch die Gleichungen der ungestörten Bewegung bestimmt werden, so erhält man die Werthe von $q_1, q_2, \ldots, q_m, p_1, p_2, \ldots, p_m$ für die gestörte Bewegung, wenn man die für $a_1, a_2, \ldots, a_{2m}$ gegebenen Functionen von t substituirt, wodurch die Ausdrücke von

$$\frac{dq_i}{dt}-\frac{\partial H}{\partial p_i},\quad \frac{dp_i}{dt}+\frac{\partial H}{\partial q_i}$$

ebenfalls gegebene Functionen von t werden. Es seien diese Functionen von t:

$$T_i=\frac{dq_i}{dt}-\frac{\partial H}{\partial p_i},\quad \tau_i=\frac{dp_i}{dt}+\frac{\partial H}{\partial q_i},$$

so kann man für H_1, welches eine beliebige Function von $t, q_1, q_2, \ldots, q_m, p_1, p_2, \ldots, p_m$ sein kann, den Ausdruck setzen:

$$\begin{aligned}H_1 &= T_1p_1+T_2p_2+\cdots+T_mp_m\\ &\quad-(\tau_1q_1+\tau_2q_2+\cdots+\tau_mq_m).\end{aligned}$$

Denn man erhält hierfür:

$$\frac{\partial H_1}{\partial p_i} = T_i, \quad -\frac{\partial H_1}{\partial q_i} = \tau_i,$$

so dass die Differentialgleichungen der gestörten Bewegung durch die Functionen der Zeit, die man für die gestörten Elemente gesetzt hat, erfüllt werden.

§. 34. **Beweis, dass die partiellen Differentialquotienten der Störungsfunction, den Lagrange'schen Formeln entsprechend, sich nur auf *eine* Weise als lineare Functionen der Differentialquotienten der Constanten so darstellen lassen, dass die Coefficienten von der Zeit unabhängig sind.**

Lagrange macht die Annahme, dass die ersten Differentialquotienten der Grössen $q_1, q_2, \ldots, q_m$ unverändert dieselben bleiben, ob man in ihren Ausdrücken durch die Elemente und die Zeit die Elemente als constant oder als veränderlich betrachte. Man hat daher zwischen den Elementen und der Zeit m Differentialgleichungen:

$$\frac{\partial q_1}{\partial a_1} da_1 + \frac{\partial q_1}{\partial a_2} da_2 + \cdots + \frac{\partial q_1}{\partial a_{2m}} da_{2m} = 0,$$

$$\frac{\partial q_2}{\partial a_1} da_1 + \frac{\partial q_2}{\partial a_2} da_2 + \cdots + \frac{\partial q_2}{\partial a_{2m}} da_{2m} = 0,$$

$$\cdots\cdots\cdots\cdots$$

$$\frac{\partial q_m}{\partial a_1} da_1 + \frac{\partial q_m}{\partial a_2} da_2 + \cdots + \frac{\partial q_m}{\partial a_{2m}} da_{2m} = 0.$$

Aber ungeachtet dieser Gleichungen kann man beweisen, dass man nicht zwei Gleichungen

$$\frac{\partial H_1}{\partial a_i} = C_1 \frac{da_1}{dt} + C_2 \frac{da_2}{dt} + \cdots + C_{2m} \frac{da_{2m}}{dt},$$

$$\frac{\partial H_1}{\partial a_i} = D_1 \frac{da_1}{dt} + D_2 \frac{da_2}{dt} + \cdots + D_{2m} \frac{da_{2m}}{dt}$$

erhalten kann, in welchen die Grössen $D_1, D_2, \ldots, D_{2m}$ von den Grössen $C_1, C_2, \ldots, C_{2m}$ verschieden sind, wenn man als Bedingung die für die Coefficienten (a_i, a_k) bewiesene Eigenschaft hinzufügt, dass die Grössen $C_1, C_2, \ldots, C_{2m}$ und $D_1, D_2, \ldots, D_{2m}$ blosse Functionen der Elemente $a_1, a_2, \ldots, a_{2m}$ ohne die Zeit t sein sollen. Setzt man

$$C_1 - D_1 = E_1, \quad C_2 - D_2 = E_2, \quad \ldots, \quad C_{2m} - D_{2m} = E_{2m},$$

so ist zu beweisen, dass aus den angenommenen m Differentialgleichungen keine Gleichung

$$E_1 da_1 + E_2 da_2 + \cdots + E_{2m} da_{2m} = 0$$

gefolgert werden kann, in welcher die Grössen $E_1, E_2, \ldots, E_{2m}$ nicht t enthalten, sondern blosse Functionen von $a_1, a_2, \ldots, a_{2m}$ sind. Man erhält auf die allgemeinste Weise eine Differentialgleichung

$$E_1 da_1 + E_2 da_2 + \cdots + E_{2m} da_{2m} = 0,$$

welche aus den m angenommenen Differentialgleichungen folgt, wenn man dieselben mit m Factoren $N_1, N_2, \ldots, N_m$ multiplicirt, welche beliebige Functionen von $a_1, a_2, \ldots, a_{2m}, t$ sein können, und hernach sämmtliche Gleichungen addirt. Man erhält dann:

$$E_1 = N_1 \frac{\partial q_1}{\partial a_1} + N_2 \frac{\partial q_2}{\partial a_1} + \cdots + N_m \frac{\partial q_m}{\partial a_1},$$

$$E_2 = N_1 \frac{\partial q_1}{\partial a_2} + N_2 \frac{\partial q_2}{\partial a_2} + \cdots + N_m \frac{\partial q_m}{\partial a_2},$$

$$\cdots\cdots\cdots\cdots$$

$$E_{2m} = N_1 \frac{\partial q_1}{\partial a_{2m}} + N_2 \frac{\partial q_2}{\partial a_{2m}} + \cdots + N_m \frac{\partial q_m}{\partial a_{2m}}.$$

Sollen diese Ausdrücke nicht t enthalten, so müssen folgende $2m$ Gleichungen stattfinden, in welchen

$$q_1' = \frac{\partial q_1}{\partial t}, \quad q_2' = \frac{\partial q_2}{\partial t}, \quad \ldots, \quad q_m' = \frac{\partial q_m}{\partial t},$$

$$N_1' = \frac{\partial N_1}{\partial t}, \quad N_2' = \frac{\partial N_2}{\partial t}, \quad \ldots, \quad N_m' = \frac{\partial N_m}{\partial t}$$

gesetzt ist:

$$0 = N_1' \frac{\partial q_1}{\partial a_1} + N_2' \frac{\partial q_2}{\partial a_1} + \cdots + N_m' \frac{\partial q_m}{\partial a_1}$$
$$+ N_1 \frac{\partial q_1'}{\partial a_1} + N_2 \frac{\partial q_2'}{\partial a_1} + \cdots + N_m \frac{\partial q_m'}{\partial a_1},$$

$$0 = N_1' \frac{\partial q_1}{\partial a_2} + N_2' \frac{\partial q_2}{\partial a_2} + \cdots + N_m' \frac{\partial q_m}{\partial a_2}$$
$$+ N_1 \frac{\partial q_1'}{\partial a_2} + N_2 \frac{\partial q_2'}{\partial a_2} + \cdots + N_m \frac{\partial q_m'}{\partial a_2},$$

$$\cdots\cdots\cdots\cdots$$

$$0 = N_1' \frac{\partial q_1}{\partial a_{2m}} + N_2' \frac{\partial q_2}{\partial a_{2m}} + \cdots + N_m' \frac{\partial q_m}{\partial a_{2m}}$$
$$+ N_1 \frac{\partial q_1'}{\partial a_{2m}} + N_2 \frac{\partial q_2'}{\partial a_{2m}} + \cdots + N_m \frac{\partial q_m'}{\partial a_{2m}}.$$

Aus diesen $2m$ Gleichungen kann man die $2m$ Factoren $N'_1, N'_2, \ldots, N'_m, N_1, N_2, \ldots, N_m$ eliminiren und erhält dann eine Gleichung zwischen den partiellen Differentialquotienten von $q_1, q_2, \ldots, q_m, q'_1, q'_2, \ldots, q'_m$ nach $a_1, a_2, \ldots, a_{2m}$, welche anzeigt, dass zwischen den Grössen $q_1, q_2, \ldots, q_m, q'_1, q'_2, \ldots, q'_m$ eine Relation existirt, welche nicht zugleich die Grössen $a_1, a_2, \ldots, a_{2m}$ involvirt, welche jedoch die Grösse t enthalten kann. Setzt man für $q'_1, q'_2, \ldots, q'_m$ ihre Werthe

$$q'_1 = \frac{\partial H}{\partial p_1}, \quad q'_2 = \frac{\partial H}{\partial p_2}, \quad \ldots, \quad q'_m = \frac{\partial H}{\partial p_m},$$

so erhält man eine Gleichung zwischen $q_1, q_2, \ldots, q_m, p_1, p_2, \ldots, p_m, t$ ohne willkürliche Constante, welche Gleichung aus den vollständigen Integralgleichungen des ungestörten Problems folgen müsste. Dies ist aber unmöglich, denn man könnte eine solche Gleichung aus den gegebenen Differentialgleichungen des ungestörten Problems nur durch eine Integration erhalten, die, da die Differentialgleichungen vollständig integrirt sein sollen, eine willkürliche Constante mit sich führen müsste.

Wenn man $a_1, a_2, \ldots, a_{2m}$ als Variabele betrachtet, die Functionen $q_1, q_2, \ldots, q_m$ willkürlichen Constanten gleich setzt und ausserdem auch noch t als eine willkürliche Constante annimmt, so ergeben die im Vorigen angestellten Betrachtungen folgendes Theorem:

„*Es sei zwischen den* $2m$ *Variabeln* $a_1, a_2, \ldots, a_{2m}$ *eine Differentialgleichung gegeben:*

$$E_1 da_1 + E_2 da_2 + \cdots + E_{2m} da_{2m} = 0,$$

und diese Differentialgleichung durch ein System von m *Gleichungen integrirt:*

$$q_1 = c_1, \quad q_2 = c_2, \quad \ldots, \quad q_m = c_m,$$

in welchen $c_1, c_2, \ldots, c_m$ *willkürliche Constanten bedeuten, die in den Functionen* $q_1, q_2, \ldots, q_m$ *nicht selber vorkommen; enthalten diese Functionen eine von* $c_1, c_2, \ldots, c_m$ *ganz unabhängige willkürliche Constante* t, *so muss zwischen den* $2m$ *Ausdrücken*

$$q_1, \quad q_2, \quad \ldots, \quad q_m, \quad \frac{\partial q_1}{\partial t}, \quad \frac{\partial q_2}{\partial t}, \quad \ldots, \quad \frac{\partial q_m}{\partial t}$$

eine Relation stattfinden."

Dieses Theorem ist in der wichtigen Theorie der Integration der Differentialgleichung

$$E_1 da_1 + E_2 da_2 + \cdots + E_{2m} da_{2m} = 0$$

durch ein System von m Gleichungen, welche zuerst Pfaff gelehrt hat, nicht ohne Interesse.

§. 35. Beweis, dass, den Poisson'schen Formeln entsprechend, die Differentialquotienten der Constanten sich nur auf *eine* Art als lineare Functionen der partiellen Differentialquotienten der Störungsfunction so darstellen lassen, dass die Coefficienten von der Zeit unabhängig sind.

Ich will auch noch in Bezug auf die Poisson'schen Störungsformeln *a priori* zeigen, dass man selbst unter der gewöhnlich gemachten Voraussetzung, die Störungsfunction sei frei von den Grössen $p_1, p_2, \ldots, p_m$, nicht zwei Gleichungen

$$\frac{da_i}{dt} = A_1 \frac{\partial H_1}{\partial a_1} + A_2 \frac{\partial H_1}{\partial a_2} + \cdots + A_{2m} \frac{\partial H_1}{\partial a_{2m}},$$

$$\frac{da_i}{dt} = B_1 \frac{\partial H_1}{\partial a_1} + B_2 \frac{\partial H_1}{\partial a_2} + \cdots + B_{2m} \frac{\partial H_1}{\partial a_{2m}}$$

erhalten kann, in welchen $B_1, B_2, \ldots, B_{2m}$ von $A_1, A_2, \ldots, A_{2m}$ verschieden sind, wofern man nur die Bedingung hinzufügt, dass diese Grössen blosse Functionen von $a_1, a_2, \ldots, a_{2m}$ ohne t sein sollen. Da H_1 jede beliebige Function von $a_2, a_3, \ldots, a_{2m}, t$ sein kann, welche so beschaffen ist, dass nach Substitution der Ausdrücke von $a_1, a_2, \ldots, a_{2m}$ durch $q_1, q_2, \ldots, q_m, p_1, p_2, \ldots, p_m, t$ die Grössen $p_1, p_2, \ldots, p_m$ aus ihr gänzlich herausgehen, so kann man für H_1 jede Function von $a_1, a_2, \ldots, a_{2m}, t$ setzen, welche den Gleichungen genügt:

$$\frac{\partial H_1}{\partial a_1}\frac{\partial a_1}{\partial p_1} + \frac{\partial H_1}{\partial a_2}\frac{\partial a_2}{\partial p_1} + \cdots + \frac{\partial H_1}{\partial a_{2m}}\frac{\partial a_{2m}}{\partial p_1} = 0,$$

$$\frac{\partial H_1}{\partial a_1}\frac{\partial a_1}{\partial p_2} + \frac{\partial H_1}{\partial a_2}\frac{\partial a_2}{\partial p_2} + \cdots + \frac{\partial H_1}{\partial a_{2m}}\frac{\partial a_{2m}}{\partial p_2} = 0,$$

$$\cdots\cdots\cdots\cdots\cdots\cdots\cdots\cdots$$

$$\frac{\partial H_1}{\partial a_1}\frac{\partial a_1}{\partial p_m} + \frac{\partial H_1}{\partial a_2}\frac{\partial a_2}{\partial p_m} + \cdots + \frac{\partial H_1}{\partial a_{2m}}\frac{\partial a_{2m}}{\partial p_m} = 0.$$

Setzt man

$$A_1 - B_1 = F_1, \quad A_2 - B_2 = F_2, \quad \ldots, \quad A_{2m} - B_{2m} = F_{2m},$$

so muss sich aus diesen Gleichungen die folgende ableiten lassen:

$$F_1 \frac{\partial H_1}{\partial a_1} + F_2 \frac{\partial H_1}{\partial a_2} + \cdots + F_{2m} \frac{\partial H_1}{\partial a_{2m}} = 0,$$

in welcher $F_1, F_2, \ldots, F_{2m}$ blosse Functionen von $a_1, a_2, \ldots, a_{2m}$ ohne t sind. Es muss daher, wenn man m Multiplicatoren $K_1, K_2, \ldots, K_m$ einführt, den $2m$ Gleichungen

$$\begin{aligned}
K_1 \frac{\partial a_1}{\partial p_1} + K_2 \frac{\partial a_1}{\partial p_2} + \cdots + K_m \frac{\partial a_1}{\partial p_m} &= F_1, \\
K_1 \frac{\partial a_2}{\partial p_1} + K_2 \frac{\partial a_2}{\partial p_2} + \cdots + K_m \frac{\partial a_2}{\partial p_m} &= F_2, \\
&\cdots\cdots\cdots \\
K_1 \frac{\partial a_{2m}}{\partial p_1} + K_2 \frac{\partial a_{2m}}{\partial p_2} + \cdots + K_m \frac{\partial a_{2m}}{\partial p_m} &= F_{2m}
\end{aligned}$$

Genüge geschehen können. Man denke sich $q_1, q_2, \ldots, q_m$ durch $a_1, a_2, \ldots, a_{2m}$, t ausgedrückt und differentiire diese Ausdrücke nach $p_1, p_2, \ldots, p_m$, wodurch man für jedes q_i die m Gleichungen erhält:

$$\begin{aligned}
\frac{\partial q_i}{\partial a_1}\frac{\partial a_1}{\partial p_1} + \frac{\partial q_i}{\partial a_2}\frac{\partial a_2}{\partial p_1} + \cdots + \frac{\partial q_i}{\partial a_{2m}}\frac{\partial a_{2m}}{\partial p_1} &= 0, \\
\frac{\partial q_i}{\partial a_1}\frac{\partial a_1}{\partial p_2} + \frac{\partial q_i}{\partial a_2}\frac{\partial a_2}{\partial p_2} + \cdots + \frac{\partial q_i}{\partial a_{2m}}\frac{\partial a_{2m}}{\partial p_2} &= 0, \\
&\cdots\cdots\cdots \\
\frac{\partial q_i}{\partial a_1}\frac{\partial a_1}{\partial p_m} + \frac{\partial q_i}{\partial a_2}\frac{\partial a_2}{\partial p_m} + \cdots + \frac{\partial q_i}{\partial a_{2m}}\frac{\partial a_{2m}}{\partial p_m} &= 0.
\end{aligned}$$

Vermittelst dieser Gleichungen erhält man aus den vorigen $2m$ Gleichungen, wenn man sie der Reihe nach mit den Factoren

$$\frac{\partial q_i}{\partial a_1}, \quad \frac{\partial q_i}{\partial a_2}, \quad \ldots, \quad \frac{\partial q_i}{\partial a_{2m}}$$

multiplicirt und addirt:

$$F_1 \frac{\partial q_i}{\partial a_1} + F_2 \frac{\partial q_i}{\partial a_2} + \cdots + F_{2m} \frac{\partial q_i}{\partial a_{2m}} = 0.$$

Wenn $F_1, F_2, \ldots, F_{2m}$, wie die Voraussetzung ist, blosse Functionen von $a_1, a_2, \ldots, a_{2m}$ ohne t sind, so erhält man, indem man die vorstehende Gleichung nach t differentiirt und für i seine m Werthe $1, 2, 3, \ldots, m$ setzt, die $2m$ Gleichungen:

$$F_1\frac{\partial q_1}{\partial a_1}+F_2\frac{\partial q_1}{\partial a_2}+\cdots+F_{2m}\frac{\partial q_1}{\partial a_{2m}}=0,$$
$$F_1\frac{\partial q_2}{\partial a_1}+F_2\frac{\partial q_2}{\partial a_2}+\cdots+F_{2m}\frac{\partial q_2}{\partial a_{2m}}=0,$$
$$\cdots\cdots\cdots\cdots\cdots$$
$$F_1\frac{\partial q_m}{\partial a_1}+F_2\frac{\partial q_m}{\partial a_2}+\cdots+F_{2m}\frac{\partial q_m}{\partial a_{2m}}=0,$$
$$F_1\frac{\partial q_1'}{\partial a_1}+F_2\frac{\partial q_1'}{\partial a_2}+\cdots+F_{2m}\frac{\partial q_1'}{\partial a_{2m}}=0,$$
$$F_1\frac{\partial q_2'}{\partial a_1}+F_2\frac{\partial q_2'}{\partial a_2}+\cdots+F_{2m}\frac{\partial q_2'}{\partial a_{2m}}=0,$$
$$\cdots\cdots\cdots\cdots\cdots$$
$$F_1\frac{\partial q_m'}{\partial a_1}+F_2\frac{\partial q_m'}{\partial a_2}+\cdots+F_{2m}\frac{\partial q_m'}{\partial a_{2m}}=0.$$

Aus diesen Gleichungen folgt, dass es, falls die Grössen F_1, F_2, ..., F_{2m} nicht sämmtlich verschwänden, eine Gleichung zwischen den Grössen q_1, q_2, ..., q_m, q_1', q_2', ..., q_m', t geben müsste, welche keine der Grössen a_1, a_2, ..., a_{2m} enthielte. Eine solche Gleichung aber wäre eine Integralgleichung des ungestörten Problems ohne willkürliche Constante, die es nicht geben kann, weil man das ungestörte Problem vollständig integrirt voraussetzt. Es muss also

$$F_1=F_2=\cdots=F_{2m}=0$$

sein oder

$$A_1=B_1,\quad A_2=B_2,\quad \ldots,\quad A_{2m}=B_{2m},$$

was zu beweisen war.

§. 36. Weiteres über die Ausdrücke (a_i, a_k).

Der Satz, dass der Werth der Functionen

$$(a_i, a_k)=\frac{\partial q_1}{\partial a_i}\frac{\partial p_1}{\partial a_k}+\frac{\partial q_2}{\partial a_i}\frac{\partial p_2}{\partial a_k}+\cdots+\frac{\partial q_m}{\partial a_i}\frac{\partial p_m}{\partial a_k}$$
$$-\frac{\partial q_1}{\partial a_k}\frac{\partial p_1}{\partial a_i}-\frac{\partial q_2}{\partial a_k}\frac{\partial p_2}{\partial a_i}-\cdots-\frac{\partial q_m}{\partial a_k}\frac{\partial p_m}{\partial a_i}$$

von der Wahl der Functionen der Coordinaten, welche für die unabhängigen Variabeln q_1, q_2, ..., q_m genommen werden, unabhängig ist, ergiebt sich von selber aus einer wichtigen Bemerkung Poisson's in seiner zweiten Abhandlung über die Variation der Constanten, welche sich in den Memoiren der Pariser Akademie der Wissenschaften vom Jahre 1816 befindet. Poisson zeigt nämlich, dass man diese Functionen unmittelbar aus den Ausdrücken der Coordinaten durch die Elemente und die Zeit ableiten kann, ohne dass man nöthig hat, neue von einander unabhängige Variabele $q_1, q_2, \ldots, q_m$ einzuführen, wodurch also die besondere Wahl dieser Variabeln bei der Bestimmung der Werthe der Functionen (a_i, a_k) gar nicht in Betracht kommt. Die neuen von Poisson gegebenen Ausdrücke dieser Functionen haben ferner die merkwürdige Eigenschaft, dass sie gänzlich von den zwischen den Coordinaten gegebenen Bedingungsgleichungen unabhängig sind. Sind nämlich wieder x, y, z die rechtwinkligen Coordinaten eines Punktes, dessen Masse m ist, und setzt man

$$x' = \frac{dx}{dt}, \quad y' = \frac{dy}{dt}, \quad z' = \frac{dz}{dt},$$

so giebt Poisson die Formel:

$$(a_i, a_k) = \Sigma m\left(\frac{\partial x}{\partial a_i}\frac{\partial x'}{\partial a_k} - \frac{\partial x}{\partial a_k}\frac{\partial x'}{\partial a_i} + \frac{\partial y}{\partial a_i}\frac{\partial y'}{\partial a_k} - \frac{\partial y}{\partial a_k}\frac{\partial y'}{\partial a_i} + \frac{\partial z}{\partial a_i}\frac{\partial z'}{\partial a_k} - \frac{\partial z}{\partial a_k}\frac{\partial z'}{\partial a_i}\right),$$

in welcher die Summe auf alle Punkte m des Systems auszudehnen ist. Wenn das System ganz frei ist, und man für die Grössen $q_1, q_2, \ldots, q_m$ die Coordinaten der Punkte nimmt, so erhält man diese Formel aus der obigen, von Lagrange gegebenen. Aber, wie Poisson bemerkt hat, gilt dieselbe Formel auch unverändert, wenn das System irgend welchen Bedingungen unterworfen ist. Sie gilt auch noch für die verallgemeinerten Hamilton'schen Störungsformeln, in welchen H_1 eine beliebige Function von $q_1, q_2, \ldots, q_m, p_1, p_2, \ldots, p_m$ ist.

§. 37. Aus den Störungsgleichungen für *ein* System canonischer Elemente werden die Störungsgleichungen für ein anderes derartiges System abgeleitet.

Da man aus *einer* vollständigen Lösung einer partiellen Differentialgleichung alle übrigen ableiten kann, so kann man auch vermittelst des Theorems IX aus einem System von Elementen, deren Differentialquotienten die canonische Form haben, alle übrigen ableiten, deren Differentialquotienten dieselbe einfache Form annehmen. Nach der oben auseinandergesetzten Theorie erhält man auf die allgemeinste Art aus einer vollständigen Lösung W eine neue vollständige Lösung $W+\psi$, wenn man für ψ eine willkürliche Function der Constanten $\alpha_1, \alpha_2, \ldots, \alpha_m$ annimmt, welche m neue willkürliche Constanten α_1', α_2', ..., α_m' enthält,

$$\psi(\alpha_1, \alpha_2, \ldots, \alpha_m, \alpha_1', \alpha_2', \ldots, \alpha_m')$$

und vermittelst der Gleichungen

$$\frac{\partial W}{\partial \alpha_1} + \frac{\partial \psi}{\partial \alpha_1} = 0,$$
$$\frac{\partial W}{\partial \alpha_2} + \frac{\partial \psi}{\partial \alpha_2} = 0,$$
$$\cdots\cdots$$
$$\frac{\partial W}{\partial \alpha_m} + \frac{\partial \psi}{\partial \alpha_m} = 0$$

aus $W+\psi$ die Grössen α_1, α_2, ..., α_m eliminirt, wodurch für diese Grössen in $W+\psi$ die Grössen α_1', α_2', ..., α_m' eingeführt werden. Man erhält dann, wenn man $W+\psi$ nach α_1', α_2', ..., α_m' differentiirt, die Integralgleichungen des ungestörten Problems unter der Form:

$$\frac{\partial(W+\psi)}{\partial \alpha_1'} = \frac{\partial \psi}{\partial \alpha_1'} = \beta_1',$$
$$\frac{\partial(W+\psi)}{\partial \alpha_2'} = \frac{\partial \psi}{\partial \alpha_2'} = \beta_2',$$
$$\cdots\cdots\cdots$$
$$\frac{\partial(W+\psi)}{\partial \alpha_m'} = \frac{\partial \psi}{\partial \alpha_m'} = \beta_m',$$

und es müssen zufolge des Theorems IX die neuen Constanten α_1', α_2', ..., α_m' und β_1', β_2', ..., β_m' wieder ein solches System von Elementen bilden, deren Differentialquotienten die canonische Form haben. Es verwandeln sich ferner die Gleichungen, welche man für die ersten Elemente hatte,

$$\frac{\partial W}{\partial \alpha_i} = \beta_i$$

vermittelst der Gleichungen

$$\frac{\partial W}{\partial \alpha_i} + \frac{\partial \psi}{\partial \alpha_i} = 0$$

in die Gleichungen:

$$\frac{\partial \psi}{\partial \alpha_i} = -\beta_i.$$

Man hat daher folgendes Theorem:

Theorem X.

„*Es seien die Differentialquotienten der veränderlichen Elemente* $\alpha_1, \alpha_2, \ldots, \alpha_m, \beta_1, \beta_2, \ldots, \beta_m$ *durch die Gleichungen gegeben:*

$$\frac{d\alpha_1}{dt} = -\frac{\partial H_1}{\partial \beta_1}, \quad \frac{d\beta_1}{dt} = \frac{\partial H_1}{\partial \alpha_1},$$

$$\frac{d\alpha_2}{dt} = -\frac{\partial H_1}{\partial \beta_2}, \quad \frac{d\beta_2}{dt} = \frac{\partial H_1}{\partial \alpha_2},$$

$$\cdots\cdots\cdots\cdots\cdots$$

$$\frac{d\alpha_m}{dt} = -\frac{\partial H_1}{\partial \beta_m}, \quad \frac{d\beta_m}{dt} = \frac{\partial H_1}{\partial \alpha_m},$$

wo H_1 *die Störungsfunction bedeutet; es sei ferner*

$$\psi(\alpha_1, \alpha_2, \ldots, \alpha_m, \alpha'_1, \alpha'_2, \ldots, \alpha'_m)$$

eine willkürliche Function der m Grössen $\alpha_1, \alpha_2, \ldots, \alpha_m$ *und der m neuen Grössen* $\alpha'_1, \alpha'_2, \ldots, \alpha'_m$; *bestimmt man diese neuen Grössen und die m anderen neuen Grössen* $\beta'_1, \beta'_2, \ldots, \beta'_m$ *aus* $\alpha_1, \alpha_2, \ldots, \alpha_m, \beta_1, \beta_2, \ldots, \beta_m$ *vermittelst der Gleichungen*

$$\frac{\partial \psi}{\partial \alpha_1} = -\beta_1, \quad \frac{\partial \psi}{\partial \alpha_2} = -\beta_2, \quad \ldots, \quad \frac{\partial \psi}{\partial \alpha_m} = -\beta_m,$$

$$\frac{\partial \psi}{\partial \alpha'_1} = \beta'_1, \quad \frac{\partial \psi}{\partial \alpha'_2} = \beta'_2, \quad \ldots, \quad \frac{\partial \psi}{\partial \alpha'_m} = \beta'_m$$

und drückt die Störungsfunction H_1 *durch t und diese neuen Elemente* $\alpha'_1, \alpha'_2, \ldots, \alpha'_m, \beta'_1, \beta'_2, \ldots, \beta'_m$ *aus, so erhält man die Differentialquotienten dieser neuen Elemente durch die ganz ähnlichen Gleichungen:*

$$\frac{d\alpha'_1}{dt} = -\frac{\partial H_1}{\partial \beta'_1}, \quad \frac{d\beta'_1}{dt} = \frac{\partial H_1}{\partial \alpha'_1},$$

$$\frac{d\alpha'_2}{dt} = -\frac{\partial H_1}{\partial \beta'_2}, \quad \frac{d\beta'_2}{dt} = \frac{\partial H_1}{\partial \alpha'_2},$$

$$\cdots\cdots\cdots\cdots\cdots$$

$$\frac{d\alpha'_m}{dt} = -\frac{\partial H_1}{\partial \beta'_m}, \quad \frac{d\beta'_m}{dt} = \frac{\partial H_1}{\partial \alpha'_m}.\text{“}$$

Wenn das Theorem IX in Verbindung mit der bekannten Methode, aus *einer* vollständigen Lösung einer partiellen Differentialgleichung erster Ordnung unendlich viele andere abzuleiten, auf das vorstehende Theorem geführt hat, so ist dasselbe doch seiner Natur nach von allen vorhergehenden Betrachtungen unabhängig und kann direct für sich, wie folgt, bewiesen werden.

Man denke sich durch die Gleichungen des Theorems,

$$\frac{\partial\psi}{\partial\alpha_1} = -\beta_1, \quad \frac{\partial\psi}{\partial\alpha_2} = -\beta_2, \quad \ldots, \quad \frac{\partial\psi}{\partial\alpha_m} = -\beta_m,$$

$$\frac{\partial\psi}{\partial\alpha_1'} = \beta_1', \quad \frac{\partial\psi}{\partial\alpha_2'} = \beta_2', \quad \ldots, \quad \frac{\partial\psi}{\partial\alpha_m'} = \beta_m',$$

die Grössen $\alpha_1, \alpha_2, \ldots, \alpha_m, \beta_1, \beta_2, \ldots, \beta_m$ durch $\alpha_1', \alpha_2', \ldots, \alpha_m', \beta_1', \beta_2', \ldots, \beta_m'$ ausgedrückt und in diesem Sinne die partiellen Differentialquotienten von jenen nach diesen genommen. Giebt man dem i die Werthe 1, 2, ..., m, so hat man:

$$\frac{\partial H_1}{\partial\beta_k'} = \Sigma \frac{\partial H_1}{\partial\beta_i}\frac{\partial\beta_i}{\partial\beta_k'} + \Sigma \frac{\partial H_1}{\partial\alpha_i}\frac{\partial\alpha_i}{\partial\beta_k'}.$$

Da nach den Gleichungen des Theorems

$$\frac{\partial H_1}{\partial\beta_i} = -\frac{d\alpha_i}{dt}, \quad \frac{\partial H_1}{\partial\alpha_i} = \frac{d\beta_i}{dt}$$

ist, so folgt hieraus:

$$\frac{\partial H_1}{\partial\beta_k'} = -\Sigma \frac{\partial\beta_i}{\partial\beta_k'}\frac{d\alpha_i}{dt} + \Sigma \frac{\partial\alpha_i}{\partial\beta_k'}\frac{d\beta_i}{dt}.$$

Es ist aber, da

$$\frac{\partial\psi}{\partial\alpha_i} = -\beta_i$$

ist, wenn man unter dem Summenzeichen dem Index i' die Werthe 1, 2, ..., m beilegt,

$$-\frac{\partial\beta_i}{\partial\beta_k'} = \Sigma \frac{\partial^2\psi}{\partial\alpha_i\partial\alpha_{i'}}\frac{\partial\alpha_{i'}}{\partial\beta_k'}$$

und daher:

$$\frac{\partial H_1}{\partial\beta_k'} = \Sigma \frac{\partial\alpha_{i'}}{\partial\beta_k'}\left(\Sigma \frac{\partial^2\psi}{\partial\alpha_i\partial\alpha_{i'}}\frac{d\alpha_i}{dt} + \frac{d\beta_{i'}}{dt}\right).$$

Da ferner auch

$$\beta_{i'} = -\frac{\partial\psi}{\partial\alpha_{i'}}$$

ist, so hat man, wenn man diese Gleichung differentiirt und dem i die Werthe 1, 2, ..., m giebt:

$$\Sigma \frac{\partial^2 \psi}{\partial \alpha_i \partial \alpha_{i'}} \frac{d\alpha_i}{dt} + \frac{d\beta_{i'}}{dt} = -\Sigma \frac{\partial^2 \psi}{\partial \alpha'_i \partial \alpha_{i'}} \frac{d\alpha'_i}{dt}$$

und daher

$$\frac{\partial H_1}{\partial \beta'_k} = -\Sigma\Sigma \frac{\partial^2 \psi}{\partial \alpha'_i \partial \alpha_{i'}} \frac{\partial \alpha_{i'}}{\partial \beta'_k} \frac{d\alpha'_i}{dt}.$$

Aus der Gleichung

$$\frac{\partial \psi}{\partial \alpha'_i} = \beta'_i$$

folgt aber durch partielle Differentiation nach β'_k, wenn man dem i' die Werthe 1, 2, ..., m giebt:

$$\Sigma \frac{\partial^2 \psi}{\partial \alpha_{i'} \partial \alpha'_i} \frac{\partial \alpha_{i'}}{\partial \beta'_k} = 0 \quad \text{oder} \quad 1,$$

je nachdem i und k verschieden sind, oder $i = k$ ist; hierdurch wird

$$\frac{\partial H_1}{\partial \beta'_k} = -\frac{d\alpha'_k}{dt},$$

wie zu beweisen war.

Ebenso erhält man:

$$\frac{\partial H_1}{\partial \alpha'_k} = -\Sigma\Sigma \frac{\partial^2 \psi}{\partial \alpha'_i \partial \alpha_{i'}} \frac{\partial \alpha_{i'}}{\partial \alpha'_k} \frac{d\alpha'_i}{dt} + \Sigma \frac{\partial^2 \psi}{\partial \alpha_i \partial \alpha'_k} \frac{d\alpha_i}{dt}.$$

Es ist aber, wenn man dem i' die Werthe 1, 2, ..., m giebt,

$$\Sigma \frac{\partial^2 \psi}{\partial \alpha_{i'} \partial \alpha'_i} \frac{\partial \alpha_{i'}}{\partial \alpha'_k} + \frac{\partial^2 \psi}{\partial \alpha'_i \partial \alpha'_k} = 0$$

und daher

$$\frac{\partial H_1}{\partial \alpha'_k} = \Sigma \left(\frac{\partial^2 \psi}{\partial \alpha'_i \partial \alpha'_k} \frac{d\alpha'_i}{dt} + \frac{\partial^2 \psi}{\partial \alpha_i \partial \alpha'_k} \frac{d\alpha_i}{dt} \right)$$

$$= \frac{d\beta'_k}{dt},$$

wie zu beweisen war.

§. 38. Noch andere vollständige Lösungen und andere Systeme canonischer Elemente.

Man kann bekanntlich aus *einer* vollständigen Lösung einer partiellen Differentialgleichung erster Ordnung auch noch andere erhalten, welche nicht in der vorhin angegebenen Methode mit einbegriffen sind. Ist nämlich

$$W(t,\, q_1,\, q_2,\, \ldots,\, q_m,\, \alpha_1,\, \alpha_2,\, \ldots,\, \alpha_m)+\alpha$$

die vollständige Lösung, in der α die willkürliche Constante bedeutet, die man immer zu W addiren kann, so nehme man k der $m+1$ Constanten als Functionen der übrigen an und setze die nach diesen genommenen partiellen Differentialquotienten vom $W+\alpha$ einzeln gleich Null. Wenn die angenommenen Functionen m neue Constanten $\alpha_1',\, \alpha_2',\, \ldots,\, \alpha_m'$ enthalten, so wird $W+\alpha$, nachdem man durch die aufgestellten Gleichungen $\alpha,\, \alpha_1,\, \alpha_2,\, \ldots,\, \alpha_m$ eliminirt hat, eine neue vollständige Lösung sein. Sind die k Gleichungen, durch welche k von den Grössen $\alpha,\, \alpha_1,\, \alpha_2,\, \ldots,\, \alpha_m$ als Functionen der übrigen und der neuen Constanten $\alpha_1',\, \alpha_2',\, \ldots,\, \alpha_m'$ bestimmt werden, folgende:

$$\begin{aligned}
\alpha &= \psi\;\;\, (\alpha_1,\, \alpha_2,\, \ldots,\, \alpha_m,\, \alpha_1',\, \alpha_2',\, \ldots,\, \alpha_m'),\\
0 &= \psi_1\;\, (\alpha_1,\, \alpha_2,\, \ldots,\, \alpha_m,\, \alpha_1',\, \alpha_2',\, \ldots,\, \alpha_m'),\\
0 &= \psi_2\;\, (\alpha_1,\, \alpha_2,\, \ldots,\, \alpha_m,\, \alpha_1',\, \alpha_2',\, \ldots,\, \alpha_m'),\\
&\cdots\cdots\cdots\cdots\cdots\cdots\cdots\cdots\\
0 &= \psi_{k-1}(\alpha_1,\, \alpha_2,\, \ldots,\, \alpha_m,\, \alpha_1',\, \alpha_2',\, \ldots,\, \alpha_m'),
\end{aligned}$$

so wird $W+\psi$ die neue vollständige Lösung, wenn man vermittelst der vorstehenden Gleichungen und der m Gleichungen

$$\begin{aligned}
\frac{\partial W}{\partial \alpha_1}+\frac{\partial \psi}{\partial \alpha_1}+\lambda_1\frac{\partial \psi_1}{\partial \alpha_1}+\lambda_2\frac{\partial \psi_2}{\partial \alpha_1}+\cdots+\lambda_{k-1}\frac{\partial \psi_{k-1}}{\partial \alpha_1} &= 0,\\
\frac{\partial W}{\partial \alpha_2}+\frac{\partial \psi}{\partial \alpha_2}+\lambda_1\frac{\partial \psi_1}{\partial \alpha_2}+\lambda_2\frac{\partial \psi_2}{\partial \alpha_2}+\cdots+\lambda_{k-1}\frac{\partial \psi_{k-1}}{\partial \alpha_2} &= 0,\\
\cdots\cdots\cdots\cdots\cdots\cdots\cdots\cdots\cdots\cdots\cdots\cdots\\
\frac{\partial W}{\partial \alpha_m}+\frac{\partial \psi}{\partial \alpha_m}+\lambda_1\frac{\partial \psi_1}{\partial \alpha_m}+\lambda_2\frac{\partial \psi_2}{\partial \alpha_m}+\cdots+\lambda_{k-1}\frac{\partial \psi_{k-1}}{\partial \alpha_m} &= 0
\end{aligned}$$

die Grössen $\alpha,\, \alpha_1,\, \alpha_2,\, \ldots,\, \alpha_m,\, \lambda_1,\, \lambda_2,\, \ldots,\, \lambda_{k-1}$ eliminirt. Differentiirt man die neue vollständige Lösung nach den Constanten $\alpha_1',\, \alpha_2',\, \ldots,\, \alpha_m'$, die sie enthält, und setzt die partiellen Differentialquotienten respective gleich $\beta_1',\, \beta_2',\, \ldots,\, \beta_m'$, so erhält man:

$$\beta_i' = \frac{\partial(W+\psi)}{\partial \alpha_1}\frac{\partial \alpha_1}{\partial \alpha_i'}+\frac{\partial(W+\psi)}{\partial \alpha_2}\frac{\partial \alpha_2}{\partial \alpha_i'}+\cdots+\frac{\partial(W+\psi)}{\partial \alpha_m}\frac{\partial \alpha_m}{\partial \alpha_i'}+\frac{\partial \psi}{\partial \alpha_i'}.$$

Substituirt man in diesen Ausdruck die vorstehenden Gleichungen und bemerkt, dass sich durch partielle Differentiation der Gleichung $\psi_p = 0$ nach α_i' die Gleichung

$$\frac{\partial\psi_p}{\partial\alpha_1}\frac{\partial\alpha_1}{\partial\alpha'_i}+\frac{\partial\psi_p}{\partial\alpha_2}\frac{\partial\alpha_2}{\partial\alpha'_i}+\cdots+\frac{\partial\psi_p}{\partial\alpha_m}\frac{\partial\alpha_m}{\partial\alpha'_i}=-\frac{\partial\psi_p}{\partial\alpha'_i}$$

ergiebt, so erhält man:

$$\beta'_i=\frac{\partial\psi}{\partial\alpha'_i}+\lambda_1\frac{\partial\psi_1}{\partial\alpha'_i}+\lambda_2\frac{\partial\psi_2}{\partial\alpha'_i}+\cdots+\lambda_{k-1}\frac{\partial\psi_{k-1}}{\partial\alpha'_i}.$$

Verbindet man diese Betrachtungen mit dem Theorem IX, so erhält man folgendes Theorem:

Theorem XI.

„Es seien die Differentialquotienten der gestörten Elemente $\alpha_1, \alpha_2, \ldots, \alpha_m, \beta_1, \beta_2, \ldots, \beta_m$ durch die Gleichungen gegeben:

$$\frac{d\alpha_1}{dt}=-\frac{\partial H_1}{\partial\beta_1},\quad \frac{d\beta_1}{dt}=\frac{\partial H_1}{\partial\alpha_1},$$
$$\frac{d\alpha_2}{dt}=-\frac{\partial H_1}{\partial\beta_2},\quad \frac{d\beta_2}{dt}=\frac{\partial H_1}{\partial\alpha_2},$$
$$\cdots\cdots\cdots$$
$$\frac{d\alpha_m}{dt}=-\frac{\partial H_1}{\partial\beta_m},\quad \frac{d\beta_m}{dt}=\frac{\partial H_1}{\partial\alpha_m},$$

in welchen H_1 die Störungsfunction bedeutet. Es sei ψ eine beliebige Function der Grössen $\alpha_1, \alpha_2, \ldots, \alpha_m$ und der m neuen Grössen $\alpha'_1, \alpha'_2, \ldots, \alpha'_m$, und zwischen den $2m$ Grössen seien die $k-1$ Gleichungen

$$\psi_1=0,\quad \psi_2=0,\quad \ldots,\quad \psi_{k-1}=0$$

gegeben; wenn man vermittelst dieser Gleichungen und der $2m$ Gleichungen

$$\beta_1+\frac{\partial\psi}{\partial\alpha_1}+\lambda_1\frac{\partial\psi_1}{\partial\alpha_1}+\lambda_2\frac{\partial\psi_2}{\partial\alpha_1}+\cdots+\lambda_{k-1}\frac{\partial\psi_{k-1}}{\partial\alpha_1}=0,$$
$$\beta_2+\frac{\partial\psi}{\partial\alpha_2}+\lambda_1\frac{\partial\psi_1}{\partial\alpha_2}+\lambda_2\frac{\partial\psi_2}{\partial\alpha_2}+\cdots+\lambda_{k-1}\frac{\partial\psi_{k-1}}{\partial\alpha_2}=0,$$
$$\cdots\cdots\cdots$$
$$\beta_m+\frac{\partial\psi}{\partial\alpha_m}+\lambda_1\frac{\partial\psi_1}{\partial\alpha_m}+\lambda_2\frac{\partial\psi_2}{\partial\alpha_m}+\cdots+\lambda_{k-1}\frac{\partial\psi_{k-1}}{\partial\alpha_m}=0,$$
$$-\beta'_1+\frac{\partial\psi}{\partial\alpha'_1}+\lambda_1\frac{\partial\psi_1}{\partial\alpha'_1}+\lambda_2\frac{\partial\psi_2}{\partial\alpha'_1}+\cdots+\lambda_{k-1}\frac{\partial\psi_{k-1}}{\partial\alpha'_1}=0,$$
$$-\beta'_2+\frac{\partial\psi}{\partial\alpha'_2}+\lambda_1\frac{\partial\psi_1}{\partial\alpha'_2}+\lambda_2\frac{\partial\psi_2}{\partial\alpha'_2}+\cdots+\lambda_{k-1}\frac{\partial\psi_{k-1}}{\partial\alpha'_2}=0,$$
$$\cdots\cdots\cdots$$
$$-\beta'_m+\frac{\partial\psi}{\partial\alpha'_m}+\lambda_1\frac{\partial\psi_1}{\partial\alpha'_m}+\lambda_2\frac{\partial\psi_2}{\partial\alpha'_m}+\cdots+\lambda_{k-1}\frac{\partial\psi_{k-1}}{\partial\alpha'_m}=0$$

nach Elimination der Multiplicatoren $\lambda_1, \lambda_2, \ldots, \lambda_{k-1}$ die Grössen $\alpha_1, \alpha_2, \ldots, \alpha_m$, $\beta_1, \beta_2, \ldots, \beta_m$ durch $\alpha'_1, \alpha'_2, \ldots, \alpha'_m$, $\beta'_1, \beta'_2, \ldots, \beta'_m$ bestimmt und auch die Störungsfunction durch t und diese neuen Elemente ausdrückt, so erhält man für die Differentialquotienten derselben die den früheren ganz ähnlichen Ausdrücke:

$$\frac{d\alpha'_1}{dt} = -\frac{\partial H_1}{\partial \beta'_1}, \quad \frac{d\beta'_1}{dt} = \frac{\partial H_1}{\partial \alpha'_1},$$

$$\frac{d\alpha'_2}{dt} = -\frac{\partial H_1}{\partial \beta'_2}, \quad \frac{d\beta'_2}{dt} = \frac{\partial H_1}{\partial \alpha'_2},$$

$$\cdots\cdots\cdots\cdots\cdots$$

$$\frac{d\alpha'_m}{dt} = -\frac{\partial H_1}{\partial \beta'_m}, \quad \frac{d\beta'_m}{dt} = \frac{\partial H_1}{\partial \alpha'_m}.\text{“}$$

Man sieht, dass das vorstehende Theorem sich vom Theorem X nur dadurch unterscheidet, dass statt ψ der Ausdruck

$$\psi + \lambda_1 \psi_1 + \lambda_2 \psi_2 + \cdots + \lambda_{k-1} \psi_{k-1}$$

gesetzt ist, und dass die Gleichungen

$$\psi_1 = 0, \quad \psi_2 = 0, \quad \ldots, \quad \psi_{k-1} = 0$$

hinzugefügt sind, wodurch die aus der Differentiation der Multiplicatoren $\lambda_1, \lambda_2, \ldots, \lambda_{k-1}$ hervorgehenden Terme verschwinden. Durch dieselbe Betrachtung findet man auch unmittelbar aus dem für das Theorem X gegebenen *directen* Beweise einen *directen* Beweis für das vorstehende Theorem.

Giebt man dem k seinen äussersten Werth $k = m$, so kann man $\alpha_1, \alpha_2, \ldots, \alpha_m$ als Functionen von α und den neuen Grössen $\alpha'_1, \alpha'_2, \ldots, \alpha'_m$ ansehen, und man erhält die entsprechenden Grössen $\beta'_1, \beta'_2, \ldots, \beta'_m$ vermittelst der Gleichungen

$$\beta_1 \frac{\partial \alpha_1}{\partial \alpha} + \beta_2 \frac{\partial \alpha_2}{\partial \alpha} + \cdots + \beta_m \frac{\partial \alpha_m}{\partial \alpha} = -1,$$

$$\beta_1 \frac{\partial \alpha_1}{\partial \alpha'_1} + \beta_2 \frac{\partial \alpha_2}{\partial \alpha'_1} + \cdots + \beta_m \frac{\partial \alpha_m}{\partial \alpha'_1} = \beta'_1,$$

$$\beta_1 \frac{\partial \alpha_1}{\partial \alpha'_2} + \beta_2 \frac{\partial \alpha_2}{\partial \alpha'_2} + \cdots + \beta_m \frac{\partial \alpha_m}{\partial \alpha'_2} = \beta'_2,$$

$$\cdots\cdots\cdots\cdots\cdots$$

$$\beta_1 \frac{\partial \alpha_1}{\partial \alpha'_m} + \beta_2 \frac{\partial \alpha_2}{\partial \alpha'_m} + \cdots + \beta_m \frac{\partial \alpha_m}{\partial \alpha'_m} = \beta'_m,$$

aus welchen man α durch die erste von ihnen zu eliminiren hat.

Auch die von Poisson und Lagrange gegebenen Formeln, in welchen die Hälfte der Elemente aus den Anfangswerthen der Bestimmungsstücke q_i der bewegten materiellen Punkte besteht und die andere Hälfte aus den Anfangswerthen der nach einer bestimmten Regel aus ihnen und ihren Differentialquotienten gebildeten Grössen p_i, umfassen unendlich viele Systeme von Elementen, deren Differentialquotienten die canonische Form haben, da man irgend m von einander unabhängige Functionen der m Bestimmungsstücke q_i als Bestimmungsstücke ansehen und statt der vorigen einführen kann. Aber es ist wohl zu merken, dass keines von allen Systemen von Elementen, die man auf diese Weise aus einem ableiten kann, eines von denjenigen ergiebt, welche man durch die vorstehenden Betrachtungen aus demselben Systeme ableitet. Die verschiedenen Systeme von Elementen, welche bloss den verschiedenen Arten, die Bestimmungsstücke zu wählen, entsprechen, können durch die Betrachtung erhalten werden,

Theorem XII.

„*dass man die willkürlichen Constanten* $\alpha_1, \alpha_2, \ldots, \alpha_m$ *als beliebige Functionen von m anderen willkürlichen Constanten* $\alpha'_1, \alpha'_2, \ldots, \alpha'_m$ *betrachten kann. Man erhält dann die anderen m Elemente* $\beta'_1, \beta'_2, \ldots, \beta'_m$, *welche diesen entsprechen, vermittelst der Gleichungen:*

$$\beta'_1 = \frac{\partial W}{\partial \alpha'_1} = \beta_1 \frac{\partial \alpha_1}{\partial \alpha'_1} + \beta_2 \frac{\partial \alpha_2}{\partial \alpha'_1} + \cdots + \beta_m \frac{\partial \alpha_m}{\partial \alpha'_1},$$

$$\beta'_2 = \frac{\partial W}{\partial \alpha'_2} = \beta_1 \frac{\partial \alpha_1}{\partial \alpha'_2} + \beta_2 \frac{\partial \alpha_2}{\partial \alpha'_2} + \cdots + \beta_m \frac{\partial \alpha_m}{\partial \alpha'_2},$$

$$\cdots\cdots\cdots\cdots\cdots\cdots$$

$$\beta'_m = \frac{\partial W}{\partial \alpha'_m} = \beta_1 \frac{\partial \alpha_1}{\partial \alpha'_m} + \beta_2 \frac{\partial \alpha_2}{\partial \alpha'_m} + \cdots + \beta_m \frac{\partial \alpha_m}{\partial \alpha'_m}.\text{“}$$

Die Theoreme X—XII umfassen *alle möglichen* Systeme von Elementen, deren Differentialquotienten die angegebene canonische Form haben, und welche aus einem derselben abgeleitet werden können. Die Form der Integralgleichungen des ungestörten Problems kommt hierbei ganz ausser Betracht.

§. 39. **Modificationen, welche eintreten, wenn die Kräftefunction des ungestörten Problems die Zeit nicht enthält.**

Wenn in dem Theorem IX die Function H nicht t explicite enthält, so haben die Differentialgleichungen des ungestörten Problems das eine Integral

$$H = h,$$

wo h eine willkürliche Constante ist. In der vollständigen Lösung W kommen t und eine willkürliche Constante τ immer in der Verbindung $t+\tau$ vor, und eine der Integralgleichungen wird:

$$\frac{\partial W}{\partial \tau} = \frac{\partial W}{\partial t} = -H = -h.$$

Man kann daher in dem Theorem IX

$$\alpha_m = \tau, \quad \beta_m = -h$$

setzen, woraus folgt, dass in dem gestörten Problem die Differentialquotienten der beiden Elemente τ und h immer durch die Gleichungen

$$\frac{d\tau}{dt} = \frac{\partial H_1}{\partial h}, \quad \frac{dh}{dt} = -\frac{\partial H_1}{\partial \tau}$$

gegeben sind. Die zweite dieser Formeln hat Lagrange in der Mécanique analytique aufgestellt und ihr, wegen ihrer Anwendung auf die Stabilität des Weltsystems, eine besondere Aufmerksamkeit gewidmet. Es hat aber diese Anwendung, welche zu den berühmtesten Resultaten der physischen Astronomie gehört, wie Poisson gezeigt hat, nicht diejenige Ausdehnung, welche man ihr früher geben zu können meinte.

Wenn man statt W die Function

$$V = W - (t+\tau)\frac{\partial W}{\partial t}$$

einführt, so kann man das Theorem IX folgendermassen darstellen.

Theorem XIII.

„*Es sei H eine Function der Grössen* $q_1, q_2, \ldots, q_m, p_1, p_2, \ldots, p_m$, *welche die Grösse t nicht enthält, und es seien*

$$\frac{dq_1}{dt} = \frac{\partial H}{\partial p_1}, \quad \frac{dp_1}{dt} = -\frac{\partial H}{\partial q_1},$$

$$\frac{dq_2}{dt} = \frac{\partial H}{\partial p_2}, \quad \frac{dp_2}{dt} = -\frac{\partial H}{\partial q_2},$$

$$\cdots\cdots\cdots\cdots$$

$$\frac{dq_m}{dt} = \frac{\partial H}{\partial p_m}, \quad \frac{dp_m}{dt} = -\frac{\partial H}{\partial q_m}$$

die Differentialgleichungen des ungestörten Problems, aus welchen die Differentialgleichungen des gestörten Problems erhalten werden, wenn man $H+H_1$ statt H schreibt, wo H_1 eine beliebige Function der $2m$ Grössen q_k und p_k und der

Grösse t bedeute. Es sei V eine vollständige Lösung der partiellen Differentialgleichung

$$H = h,$$

in welcher die in H vorkommenden Grössen $p_1, p_2, \ldots, p_m$ *respective durch* $\frac{\partial V}{\partial q_1}, \frac{\partial V}{\partial q_2}, \ldots, \frac{\partial V}{\partial q_m}$ *zu ersetzen sind. Man nenne* $\alpha_1, \alpha_2, \ldots, \alpha_{m-1}$ *die willkürlichen Constanten, welche die vollständige Lösung V ausser einer bloss durch Addition mit ihr verbundenen enthalten muss, und setze*

$$\frac{\partial V}{\partial \alpha_1} = \beta_1, \quad \frac{\partial V}{\partial \alpha_2} = \beta_2, \quad \ldots, \quad \frac{\partial V}{\partial \alpha_{m-1}} = \beta_{m-1},$$

$$\frac{\partial V}{\partial h} = t + \tau,$$

welche Gleichungen, wenn $\alpha_1, \alpha_2, \ldots, \alpha_{m-1}, \beta_1, \beta_2, \ldots, \beta_{m-1}, h, \tau$ *willkürliche Constanten bedeuten, als die vollständigen Integralgleichungen des ungestörten Problems angesehen werden können. Drückt man vermittelst derselben und der Gleichungen*

$$\frac{\partial V}{\partial q_1} = p_1, \quad \frac{\partial V}{\partial q_2} = p_2, \quad \ldots, \quad \frac{\partial V}{\partial q_m} = p_m$$

die Störungsfunction H_1 *durch t und die Elemente* $\alpha_1, \alpha_2, \ldots, \alpha_{m-1}, \beta_1, \beta_2, \ldots, \beta_{m-1}, h, \tau$ *aus und betrachtet für das gestörte Problem diese Elemente als veränderlich, so werden die Differentialquotienten dieser gestörten Elemente:*

$$\frac{d\alpha_1}{dt} = -\frac{\partial H_1}{\partial \beta_1}, \quad \frac{d\beta_1}{dt} = \frac{\partial H_1}{\partial \alpha_1},$$

$$\frac{d\alpha_2}{dt} = -\frac{\partial H_1}{\partial \beta_2}, \quad \frac{d\beta_2}{dt} = \frac{\partial H_1}{\partial \alpha_2},$$

$$\cdots\cdots\cdots\cdots\cdots\cdots$$

$$\frac{d\alpha_{m-1}}{dt} = -\frac{\partial H_1}{\partial \beta_{m-1}}, \quad \frac{d\beta_{m-1}}{dt} = \frac{\partial H_1}{\partial \alpha_{m-1}},$$

$$\frac{dh}{dt} = -\frac{\partial H_1}{\partial \tau}, \quad \frac{d\tau}{dt} = \frac{\partial H_1}{\partial h}.\text{“}$$

Ist das System materieller Punkte ganz frei, und nimmt man ihre rechtwinkligen Coordinaten als Bestimmungsstücke an, so erhält man aus dem Theorem XIII folgendes:

Theorem XIV.

„Es seien die 3n Differentialgleichungen des ungestörten Problems:

$$m_i \frac{d^2 x_i}{dt^2} = \frac{\partial U}{\partial x_i},$$

$$m_i \frac{d^2 y_i}{dt^2} = \frac{\partial U}{\partial y_i},$$

$$m_i \frac{d^2 z_i}{dt^2} = \frac{\partial U}{\partial z_i},$$

wo m_i die Masse eines Punktes bedeutet, dessen rechtwinklige Coordinaten x_i, y_i, z_i sind, und wo U eine blosse Function der 3n Coordinaten x_i, y_i, z_i ist; es sei h die Constante, welche in diesem Falle der halben lebendigen Kraft weniger der Kräftefunction U gleich ist,

$$h = \tfrac{1}{2}\Sigma m_i \left[\left(\frac{dx_i}{dt}\right)^2 + \left(\frac{dy_i}{dt}\right)^2 + \left(\frac{dz_i}{dt}\right)^2\right] - U.$$

Ferner sei V eine vollständige Lösung der partiellen Differentialgleichung

$$\tfrac{1}{2}\Sigma \frac{1}{m_i}\left[\left(\frac{\partial V}{\partial x_i}\right)^2 + \left(\frac{\partial V}{\partial y_i}\right)^2 + \left(\frac{\partial V}{\partial z_i}\right)^2\right] = U + h,$$

welche ausser einer durch Addition hinzugefügten Constante die 3n—1 Constanten $\alpha_1, \alpha_2, \ldots, \alpha_{3n-1}$ involvirt. Dann sind die Gleichungen

$$\frac{\partial V}{\partial \alpha_1} = \beta_1, \quad \frac{\partial V}{\partial \alpha_2} = \beta_2, \quad \ldots, \quad \frac{\partial V}{\partial \alpha_{3n-1}} = \beta_{3n-1},$$

$$\frac{\partial V}{\partial h} = t + \tau$$

die 3n endlichen Integralgleichungen des ungestörten Problems, und die Constanten $\alpha_1, \alpha_2, \ldots, \alpha_{3n-1}, \beta_1, \beta_2, \ldots, \beta_{3n-1}, h, \tau$ sind die ungestörten Elemente. Sind jetzt die Differentialgleichungen des gestörten Problems:

$$m_i \frac{d^2 x_i}{dt^2} = \frac{\partial U}{\partial x_i} + \frac{\partial \Omega}{\partial x_i},$$

$$m_i \frac{d^2 y_i}{dt^2} = \frac{\partial U}{\partial y_i} + \frac{\partial \Omega}{\partial y_i},$$

$$m_i \frac{d^2 z_i}{dt^2} = \frac{\partial U}{\partial z_i} + \frac{\partial \Omega}{\partial z_i},$$

so werden die Differentialquotienten der gestörten Elemente:

$$\frac{d\alpha_1}{dt} = \frac{\partial\Omega}{\partial\beta_1}, \quad \frac{d\beta_1}{dt} = -\frac{\partial\Omega}{\partial\alpha_1},$$
$$\frac{d\alpha_2}{dt} = \frac{\partial\Omega}{\partial\beta_2}, \quad \frac{\partial\beta_2}{dt} = -\frac{\partial\Omega}{\partial\alpha_2},$$
$$\cdots\cdots\cdots\cdots$$
$$\frac{d\alpha_{3n-1}}{dt} = \frac{\partial\Omega}{\partial\beta_{3n-1}}, \quad \frac{d\beta_{3n-1}}{dt} = -\frac{\partial\Omega}{\partial\alpha_{3n-1}},$$
$$\frac{dh}{dt} = \frac{\partial\Omega}{\partial\tau}, \quad \frac{d\tau}{dt} = -\frac{\partial\Omega}{\partial h}.\text{«}$$

Um dieses Theorem aus IX zu erhalten, hat man

$$H_1 = -\Omega, \quad W = V-(t+\tau)h = V-h\frac{\partial V}{\partial h}$$

zu setzen.

Ein Beispiel geben die Formeln, welche wir oben (p. 251 ff.) für die Bewegung eines nach einem festen Centrum angezogenen Punktes gefunden haben. Nach der zweiten dort angegebenen Integrationsmethode involvirte V ausser h die Constanten b, β, denen die Constanten b', β' ebenso entsprachen, wie in dem vorstehenden Theorem den Constanten α_i die Constanten β_i. Man erhält daher, wenn man die obige Bedeutung der Elemente b, β, b', β' beibehält:

$$\frac{db}{dt} = \frac{\partial\Omega}{\partial b'}, \quad \frac{db'}{dt} = -\frac{\partial\Omega}{\partial b},$$
$$\frac{d\beta}{dt} = \frac{\partial\Omega}{\partial\beta'}, \quad \frac{d\beta'}{dt} = -\frac{\partial\Omega}{\partial\beta},$$
$$\frac{dh}{dt} = \frac{\partial\Omega}{\partial\tau}, \quad \frac{d\tau}{dt} = -\frac{\partial\Omega}{\partial h}.$$

Für das Newton'sche Attractionsgesetz und die elliptische Bewegung fanden wir oben*)

$$b = k\sqrt{p}, \quad h = \frac{-k^2}{2a}, \quad \beta = \Omega, \quad b' = w-\frac{\pi}{2}, \quad \beta' = -k\sqrt{p}.\cos i,$$

wenn a die halbe grosse Axe, p den halben Parameter, Ω die Länge des aufsteigenden Knotens, w die Entfernung des Perihels vom aufsteigenden Knoten, i die Neigung der Bahn, k^2 die anziehende Kraft für die Einheit der Distanz

*) Seite 257—260.

bedeutet; es ist ferner $-\tau$ die Durchgangszeit durch das Perihel. Sind daher die Differentialgleichungen der gestörten elliptischen Bewegung:

$$\frac{d^2x}{dt^2} = -\frac{k^2x}{r^3} + \frac{\partial\Omega}{\partial x},$$

$$\frac{d^2y}{dt^2} = -\frac{k^2y}{r^3} + \frac{\partial\Omega}{\partial y},$$

$$\frac{d^2z}{dt^2} = -\frac{k^2z}{r^3} + \frac{\partial\Omega}{\partial z},$$

so werden zufolge des zuletzt angeführten Theorems die Differentialquotienten der gestörten Elemente:

$$\frac{d(k\sqrt{p})}{dt} = \frac{\partial\Omega}{\partial w}, \qquad \frac{dw}{dt} = -\frac{\partial\Omega}{\partial(k\sqrt{p})},$$

$$\frac{d(k\sqrt{p}.\cos i)}{dt} = \frac{\partial\Omega}{\partial\Omega}, \qquad \frac{d\Omega}{dt} = -\frac{\partial\Omega}{\partial(k\sqrt{p}.\cos i)},$$

$$\frac{d\tau}{dt} = \frac{\partial\Omega}{\partial\frac{k^2}{2a}}, \qquad \frac{d\frac{k^2}{2a}}{dt} = -\frac{\partial\Omega}{\partial\tau}.$$

Diese Formeln sind von den oben (p. 353) mitgetheilten Formeln Hamilton's darin verschieden, dass statt der Länge des Perihels und des Sinus versus der Neigung multiplicirt in die Quadratwurzel des halben Parameters die Entfernung des Perihels vom aufsteigenden Knoten und der Cosinus der Neigung multiplicirt in die Quadratwurzel des halben Parameters als Elemente eingeführt sind.

Die beiden Classen, in welche sich die Elemente theilen, wenn ihre Differentialquotienten die canonische Form haben, werden leicht verändert, indem man zunächst jedes Element aus der einen Classe in die andere bloss dadurch bringen kann, dass man das ihm entsprechende mit entgegengesetztem Zeichen einführt. Hierdurch kann man z. B. sechs solcher Elemente auf vier verschiedene Arten in die beiden Classen theilen; entsprechen nämlich respective den drei Elementen der einen Classe a, b, c die der anderen a', b', c', so hat man die vier Classificationen:

$$\begin{array}{cc|cc|cc|cc|}
a, & a' & a', & -a & a, & a' & a, & a' \\
b, & b' & b, & b' & b', & -b & b, & b' \\
c, & c' & c, & c' & c, & c' & c', & -c
\end{array},$$

in welchen die Elemente derselben Classe unter einander, die entsprechenden neben einander stehen. Man kann dann ferner statt der Elemente einer Classe irgend welche Functionen derselben als Elemente einer Classe betrachten und allgemein nach dem Theorem XII die Elemente der andern Classe bestimmen.

Sind nämlich $\alpha_1, \alpha_2, \ldots, \alpha_m$ die Elemente der einen Classe, und betrachtet man sie als Functionen der neuen Elemente $\alpha'_1, \alpha'_2, \ldots, \alpha'_m$, so entspricht nach dem angeführten Theorem einem der neuen Elemente α'_i das Element der andern Classe

$$\beta'_i = \beta_1 \frac{\partial \alpha_1}{\partial \alpha'_i} + \beta_2 \frac{\partial \alpha_2}{\partial \alpha'_i} + \cdots + \beta_m \frac{\partial \alpha_m}{\partial \alpha'_i}.$$

Wenn man daher für ein Element α eine Function α' desselben einführt, so dass $\alpha = \varphi(\alpha')$ ist, so hat man für β zu setzen:

$$\beta' = \beta \frac{d\varphi(\alpha')}{d\alpha'}.$$

Führt man z. B. in den vorstehenden Formeln statt $\frac{k^2}{2a}$ das Element a ein, so hat man für das entsprechende Element τ zu setzen:

$$-\frac{k^2\tau}{2a^2},$$

so dass man für die letzte Horizontalreihe in diesen Formeln auch schreiben kann:

$$\frac{da}{dt} = \frac{\partial \Omega}{\partial \frac{k^2\tau}{2a^2}}, \quad \frac{d\frac{k^2\tau}{2a^2}}{dt} = -\frac{\partial \Omega}{\partial a}.$$

Will man statt $k\sqrt{p}.\cos i$ bloss $\cos i$ als Element einführen, so setze man $\alpha_1 = \alpha'_1 = k\sqrt{p}$, $\alpha_2 = \alpha'_1\alpha'_2 = k\sqrt{p}.\cos i$, woraus man erhält:

$$\beta'_1 = \beta_1 + \beta_2\alpha'_2, \quad \beta'_2 = \beta_2\alpha'_1,$$

so dass man statt w und Ω zu setzen hat $w + \cos i.\Omega$ und $k\sqrt{p}.\Omega$. Um die Hamilton'schen Formeln abzuleiten, setze man $\alpha_1 = \alpha'_1 = k\sqrt{p}$, $\alpha_2 = \alpha'_1 - \alpha'_2 = k\sqrt{p}.\cos i$, dann giebt die allgemeine Regel:

$$\beta'_1 = \beta_1 + \beta_2, \quad \beta'_2 = -\beta_2,$$

so dass, wenn man noch α'_2 an Stelle von β'_2, $-\beta'_2$ an Stelle von α'_2 setzt, in der ersten Classe von Elementen $k\sqrt{p}$ und Ω, in der zweiten $\Omega+w$ und $k\sqrt{p}(1-\cos i)$ erscheinen, wie es in den Hamilton'schen Formeln der Fall ist; u. s. w. Allgemeinere Aenderungen geben die Theoreme X und XI, doch umfassen schon die vorstehenden Betrachtungen, wenn man die Uebertragung der Elemente aus einer Classe in die andere und die Einführung von Functionen der Elemente einer Classe statt dieser vereint und wiederholt anwendet, eine grosse Mannigfaltigkeit von Elementensystemen der angegebenen Art.

§. 40. Betrachtung der Fälle, in welchen die Kräftefunction durch Drehung oder Verschiebung des Coordinatensystems keine Aenderung erfährt.

In seiner ersten Abhandlung über die Variation der Constanten hatte Poisson gefunden, dass für die elliptische Bewegung eines Himmelskörpers und für die Rotation eines Körpers, der durch einen augenblicklichen Impuls um einen festen Punkt in Bewegung gesetzt wird, die Differentialquotienten der gestörten Elemente sich auf dieselbe Weise ausdrücken lassen. Es liess sich hiernach vermuthen, dass dieselben Formeln, welche für zwei so verschiedenartige mechanische Probleme gelten, überhaupt eine allgemeinere Bedeutung haben. Dies hat Poisson in einer zweiten merkwürdigen Abhandlung über die Variation der Constanten in den Memoiren der Pariser Akademie für 1816 gezeigt.

Ich will im Folgenden diese allgemeinen Resultate aus den im Vorhergehenden gefundenen Sätzen ableiten.

Es seien die bekannten Formeln für die Transformation rechtwinkliger Coordinaten:

$$x_i = \alpha\ \xi_i+\beta\ \eta_i+\gamma\ \zeta_i,$$
$$y_i = \alpha'\ \xi_i+\beta'\ \eta_i+\gamma'\ \zeta_i,$$
$$z_i = \alpha''\xi_i+\beta''\eta_i+\gamma''\zeta_i,$$

wo

$$\alpha = \cos\Omega\cos w-\cos i\sin\Omega\sin w,\quad \beta = -\cos\Omega\sin w-\cos i\sin\Omega\cos w,\quad \gamma = \sin\Omega\sin i,$$
$$\alpha' = \sin\Omega\cos w+\cos i\cos\Omega\sin w,\quad \beta' = -\sin\Omega\sin w+\cos i\cos\Omega\cos w,\quad \gamma' = -\cos\Omega\sin i,$$
$$\alpha'' = \sin i\sin w,\quad \beta'' = \sin i\cos w,\quad \gamma'' = \cos i$$

gesetzt ist. Man leitet aus diesen Ausdrücken leicht folgende ebenfalls bekannte Formeln ab, welche von einem allgemeineren Gebrauch sind:

$$\frac{\partial x_i}{\partial \Omega} = -y_i, \quad \frac{\partial x_i}{\partial w} = -(\cos i . y_i + \cos \Omega \sin i . z_i), \quad \frac{\partial x_i}{\partial i} = \sin \Omega . z_i,$$
$$\frac{\partial y_i}{\partial \Omega} = x_i, \quad \frac{\partial y_i}{\partial w} = \cos i . x_i - \sin \Omega \sin i . z_i, \quad \frac{\partial y_i}{\partial i} = -\cos \Omega . z_i,$$
$$\frac{\partial z_i}{\partial \Omega} = 0, \quad \frac{\partial z_i}{\partial w} = \cos \Omega \sin i . x_i + \sin \Omega \sin i . y_i, \quad \frac{\partial z_i}{\partial i} = \cos \Omega . y_i - \sin \Omega . x_i .$$

Für die Fälle der Mechanik, welche wir hier betrachten, geht die partielle Differentialgleichung

$$\tfrac{1}{2} \Sigma \frac{1}{m_i} \left[\left(\frac{\partial V}{\partial x_i}\right)^2 + \left(\frac{\partial V}{\partial y_i}\right)^2 + \left(\frac{\partial V}{\partial z_i}\right)^2 \right] = U + h$$

durch die angeführte Substitution in folgende über:

$$\tfrac{1}{2} \Sigma \frac{1}{m_i} \left[\left(\frac{\partial V}{\partial \xi_i}\right)^2 + \left(\frac{\partial V}{\partial \eta_i}\right)^2 + \left(\frac{\partial V}{\partial \zeta_i}\right)^2 \right] = U + h,$$

wo in U für x_i, y_i, z_i bloss ξ_i, η_i, ζ_i zu setzen sind. Denn die angegebene Substitution kommt mit einer blossen Aenderung der Lage der rechtwinkligen Coordinatenaxen überein, durch welche sich, wie vorausgesetzt werden soll, die Differentialgleichungen des mechanischen Problems nicht ändern. Hat man daher einen Ausdruck von V in ξ_i, η_i, ζ_i gefunden, so erhält man daraus sogleich einen anderen mit drei neuen willkürlichen Constanten Ω, w, i, indem man für ξ_i, η_i, ζ_i die Ausdrücke

$$x_i = \alpha \ \xi_i + \beta \ \eta_i + \gamma \ \zeta_i,$$
$$y_i = \alpha' \ \xi_i + \beta' \ \eta_i + \gamma' \ \zeta_i,$$
$$z_i = \alpha'' \xi_i + \beta'' \eta_i + \gamma'' \zeta_i$$

setzt. Nennt man die den Ω, w, i entsprechenden Constanten Ω', w', i', so werden drei Integralgleichungen des mechanischen Problems:

$$\Omega' = \frac{\partial V}{\partial \Omega}, \quad w' = \frac{\partial V}{\partial w}, \quad i' = \frac{\partial V}{\partial i},$$

oder

$$\Omega' = \Sigma \left(\frac{\partial V}{\partial x_i} \frac{\partial x_i}{\partial \Omega} + \frac{\partial V}{\partial y_i} \frac{\partial y_i}{\partial \Omega} + \frac{\partial V}{\partial z_i} \frac{\partial z_i}{\partial \Omega} \right),$$
$$w' = \Sigma \left(\frac{\partial V}{\partial x_i} \frac{\partial x_i}{\partial w} + \frac{\partial V}{\partial y_i} \frac{\partial y_i}{\partial w} + \frac{\partial V}{\partial z_i} \frac{\partial z_i}{\partial w} \right),$$
$$i' = \Sigma \left(\frac{\partial V}{\partial x_i} \frac{\partial x_i}{\partial i} + \frac{\partial V}{\partial y_i} \frac{\partial y_i}{\partial i} + \frac{\partial V}{\partial z_i} \frac{\partial z_i}{\partial i} \right) *).$$

*) Es braucht nicht hervorgehoben werden, dass der Index i mit dem Winkel i nicht zu verwechseln ist.

Da

$$\frac{\partial V}{\partial x_i} = m_i \frac{dx_i}{dt}, \quad \frac{\partial V}{\partial y_i} = m_i \frac{dy_i}{dt}, \quad \frac{\partial V}{\partial z_i} = m_i \frac{dz_i}{dt}$$

ist, so verwandeln sich diese Gleichungen in folgende:

$$\Omega' = \Sigma m_i \left(\frac{\partial x_i}{\partial \Omega} \frac{dx_i}{dt} + \frac{\partial y_i}{\partial \Omega} \frac{dy_i}{dt} + \frac{\partial z_i}{\partial \Omega} \frac{dz_i}{dt} \right),$$

$$w' = \Sigma m_i \left(\frac{\partial x_i}{\partial w} \frac{dx_i}{dt} + \frac{\partial y_i}{\partial w} \frac{dy_i}{dt} + \frac{\partial z_i}{\partial w} \frac{dz_i}{dt} \right),$$

$$i' = \Sigma m_i \left(\frac{\partial x_i}{\partial i} \frac{dx_i}{dt} + \frac{\partial y_i}{\partial i} \frac{dy_i}{dt} + \frac{\partial z_i}{\partial i} \frac{dz_i}{dt} \right),$$

wodurch man, vermittelst der angegebenen Werthe der partiell nach Ω, w, i genommenen Differentialquotienten von x_i, y_i, z_i, die Gleichungen erhält:

$$\Omega' = \Sigma m_i \left(x_i \frac{dy_i}{dt} - y_i \frac{dx_i}{dt} \right),$$

$$\begin{aligned} w' = {} & \cos i \, \Sigma m_i \left(x_i \frac{dy_i}{dt} - y_i \frac{dx_i}{dt} \right) \\ & + \cos \Omega \sin i \, \Sigma m_i \left(x_i \frac{dz_i}{dt} - z_i \frac{dx_i}{dt} \right) \\ & + \sin \Omega \sin i \, \Sigma m_i \left(y_i \frac{dz_i}{dt} - z_i \frac{dy_i}{dt} \right), \end{aligned}$$

$$\begin{aligned} i' = {} & -\sin \Omega \, \Sigma m_i \left(x_i \frac{dz_i}{dt} - z_i \frac{dx_i}{dt} \right) \\ & + \cos \Omega \, \Sigma m_i \left(y_i \frac{dz_i}{dt} - z_i \frac{dy_i}{dt} \right). \end{aligned}$$

Diese drei Gleichungen enthalten die bekannten Sätze von der Erhaltung der Flächenräume, die hier nicht, wie gewöhnlich, durch Integration, sondern, wie man sieht, durch Differentiation abgeleitet werden.

Damit der Ausdruck von V in ξ_i, η_i, ζ_i nicht bereits die willkürlichen Constanten enthalte, welche aus der beliebigen Annahme der Coordinatenaxen hervorgehen, kann man die von Laplace sogenannte unveränderliche Ebene zur Ebene der ξ, η annehmen, wodurch bekanntlich die drei Flächensätze die Form erhalten:

$$\Sigma m_i\left(\xi_i\frac{d\eta_i}{dt}-\eta_i\frac{d\xi_i}{dt}\right)=-k\sqrt{p},$$

$$\Sigma m_i\left(\xi_i\frac{d\zeta_i}{dt}-\zeta_i\frac{d\xi_i}{dt}\right)=0,$$

$$\Sigma m_i\left(\eta_i\frac{d\zeta_i}{dt}-\zeta_i\frac{d\eta_i}{dt}\right)=0,$$

wenn man mit $k\sqrt{p}$ die constante Summe der in die respectiven Massen multiplicirten und auf die unveränderliche Ebene projicirten Arealgeschwindigkeiten der einzelnen Punkte bezeichnet. Man erhält für diese Annahme:

$$-\Sigma m_i\left(x_i\frac{dy_i}{dt}-y_i\frac{dx_i}{dt}\right)=k\sqrt{p}.\cos i,$$

$$-\Sigma m_i\left(x_i\frac{dz_i}{dt}-z_i\frac{dx_i}{dt}\right)=k\sqrt{p}.\cos\Omega\sin i,$$

$$-\Sigma m_i\left(y_i\frac{dz_i}{dt}-z_i\frac{dy_i}{dt}\right)=k\sqrt{p}.\sin\Omega\sin i;$$

daher ist

$$\frac{\partial V}{\partial\Omega}=\Omega'=-k\sqrt{p}.\cos i,$$

$$\frac{\partial V}{\partial w}=w'=-k\sqrt{p},$$

$$\frac{\partial V}{\partial i}=i'=0.$$

Die letzte Formel zeigt, dass i in V gar nicht vorkommen wird; die beiden ersteren geben nach Theorem XII:

$$\frac{d\Omega}{dt}=-\frac{\partial\mathfrak{Q}}{\partial(k\sqrt{p}.\cos i)},\quad\frac{d(k\sqrt{p}.\cos i)}{dt}=\frac{\partial\mathfrak{Q}}{\partial\Omega},$$

$$\frac{dw}{dt}=-\frac{\partial\mathfrak{Q}}{\partial(k\sqrt{p})},\quad\frac{d(k\sqrt{p})}{dt}=\frac{\partial\mathfrak{Q}}{\partial w},$$

welches die für die elliptische Bewegung gefundenen Formeln sind, die also, wie wir aus dem Vorstehenden sehen, für alle Probleme der Mechanik gelten, für welche die Flächensätze stattfinden.

Kann man auch noch den Anfangspunkt des Coordinatensystems beliebig ändern, so setze man

$$x_i=a+\xi_i,\quad y_i=b+\eta_i,\quad z_i=c+\zeta_i;$$

dieselbe Methode, die wir im Vorigen angewendet haben, giebt dann:

$$a' = \frac{\partial V}{\partial a} = \Sigma \frac{\partial V}{\partial x_i} = \Sigma m_i \frac{dx_i}{dt},$$

$$b' = \frac{\partial V}{\partial b} = \Sigma \frac{\partial V}{\partial y_i} = \Sigma m_i \frac{dy_i}{dt},$$

$$c' = \frac{\partial V}{\partial c} = \Sigma \frac{\partial V}{\partial z_i} = \Sigma m_i \frac{dz_i}{dt}.$$

Diese Formeln zeigen, dass der Schwerpunkt des Systems sich mit constanter Geschwindigkeit geradlinig fortbewegt. Die Constanten a', b', c' sind die Componenten dieser Geschwindigkeit, multiplicirt in die Summe der Massen. Giebt man daher den Constanten diese Bedeutung, so erhält man für ihre Störung nach Theorem XII die ebenfalls von Poisson gegebenen Formeln:

$$\frac{da}{dt} = \frac{\partial \Omega}{\partial a'}, \quad \frac{da'}{dt} = -\frac{\partial \Omega}{\partial a},$$

$$\frac{db}{dt} = \frac{\partial \Omega}{\partial b'}, \quad \frac{db'}{dt} = -\frac{\partial \Omega}{\partial b},$$

$$\frac{dc}{dt} = \frac{\partial \Omega}{\partial c'}, \quad \frac{dc'}{dt} = -\frac{\partial \Omega}{\partial c}.$$

In seiner ersten Abhandlung in den Phil. Trans. vom J. 1834. P. II. leitet Hamilton ebenfalls die Sätze von der Erhaltung der Flächen und von der Erhaltung des Schwerpunktes aus der Form ab, welche er den Integralgleichungen vermittelst seiner charakteristischen Function V gegeben hat. Das Theorem XII zeigt aber, wie man durch dieselben Betrachtungen zugleich allgemein die Störungsformeln für die hierbei vorkommenden Elemente erhält. Die hier angewandte Methode empfiehlt sich auch dadurch, dass sie in allen Fällen anwendbar ist, wenn man statt der Bestimmungsstücke der Punkte Ausdrücke mit einer Anzahl willkürlicher Constanten einführen kann von der Art, dass diese Constanten aus der partiellen Differentialgleichung oder, was dasselbe besagen will, aus der Formel für die lebendige Kraft gänzlich herausgehen. In allen diesen Fällen erhält man durch diese Methode vermittelst Differentiation der charakteristischen Function nach diesen Constanten eine gleiche Zahl von Integralgleichungen mit neuen willkürlichen Constanten und hierdurch zu gleicher Zeit nach Theorem XII die Differentialquotienten der gestörten Werthe dieser Constanten.

§. 41. Ueber den Charakter und die Tragweite der oben aufgestellten Theoreme.

Die Theoreme X—XII sind gänzlich unabhängig von der Bedeutung, welche darin den Grössen $\alpha_1, \alpha_2, \ldots, \alpha_m, \beta_1, \beta_2, \ldots, \beta_m$ gegeben wurde, dass sie in einem Problem der Mechanik die constanten Elemente seien; denn alles, was sich auf ein solches Problem bezieht, ist aus diesen Theoremen herausgegangen. Hiernach geben die Theoreme X—XII *die allgemeinste Art, wie man ein System von Differentialgleichungen, welches die canonische Form hat, durch Einführung anderer Variabeln in ein anderes System von der nämlichen Form transformiren kann.*

Die Differentialgleichungen der Bewegung eines freien Systems in der Lagrange'schen Form,

$$m_i \frac{d^2 x_i}{dt^2} = \frac{\partial U}{\partial x_i}, \quad m_i \frac{d^2 y_i}{dt^2} = \frac{\partial U}{\partial y_i}, \quad m_i \frac{d^2 z_i}{dt^2} = \frac{\partial U}{\partial z_i},$$

erhalten die canonische Form, wenn man die Ausdrücke

$$m_i \frac{dx_i}{dt}, \quad m_i \frac{dy_i}{dt}, \quad m_i \frac{dz_i}{dt}$$

als $3n$ neue Variabele und statt der Function U die Function

$$\tfrac{1}{2}\Sigma m_i \left[\left(\frac{dx_i}{dt}\right)^2 + \left(\frac{dy_i}{dt}\right)^2 + \left(\frac{dz_i}{dt}\right)^2\right] - U = H$$

einführt. Die allgemeineren Gleichungen, welche Poisson und Lagrange für den Fall erhalten haben, dass man irgend welche andere Bestimmungsstücke der Punkte des Systems statt der rechtwinkligen Coordinaten als Variabele einführt, erhalten in der Modification, die ihnen Hamilton gegeben hat, ebenfalls die canonische Form. Dieselbe canonische Form der Differentialgleichungen wird, wie Poisson und Lagrange gezeigt haben, erhalten, wenn man das vorgelegte mechanische Problem als ein Störungsproblem betrachtet, und die der Zeit $t = 0$ in dem Näherungsproblem entprechenden Werthe der oben mit q und p bezeichneten Grössen als Variabele einführt. Endlich werden auch die bekannten Ausdrücke für die Differentialquotienten der gestörten Elemente der elliptischen Bewegung eines Planeten durch eine leichte Modification, wie wir oben gesehen haben, in die canonische Form gebracht, und das Gleiche gilt für die durch eine beschleunigende Kraft gestörten Elemente der Rotation eines festen Körpers um einen festen Punkt. Man hatte so mehrere Beispiele, in welchen ein und dasselbe System von Differentialgleichungen, welches die canonische Form hat, auf mannigfaltige Art durch Einführung neuer Variabeln wieder in die canonische Form zurückkehrt. Indessen war es wünschenswerth, hierfür eine allgemeine Regel und ein allgemeines Verfahren aufzufinden, wie dieses in den Theoremen X—XII geschehen ist. Die Formeln für die Variation der Constanten in den Problemen der Mechanik, und zwar in ihrer einfachsten Gestalt, sind hiernach nur ein Fall der Transformation einer canonischen Form in eine andere. Diesen Fall giebt das allgemeine Theorem X auf folgende Art,

Es seien die Differentialgleichungen eines Problems:

$$\frac{dq_1}{dt} = \frac{\partial H}{\partial p_1} + \frac{\partial H_1}{\partial p_1}, \quad \frac{dp_1}{dt} = -\frac{\partial H}{\partial q_1} - \frac{\partial H_1}{\partial q_1},$$
$$\frac{dq_2}{dt} = \frac{\partial H}{\partial p_2} + \frac{\partial H_1}{\partial p_2}, \quad \frac{dp_2}{dt} = -\frac{\partial H}{\partial q_2} - \frac{\partial H_1}{\partial q_2},$$
$$\cdots\cdots\cdots\cdots\cdots\cdots$$
$$\frac{dq_m}{dt} = \frac{\partial H}{\partial p_m} + \frac{\partial H_1}{\partial p_m}, \quad \frac{dp_m}{dt} = -\frac{\partial H}{\partial q_m} - \frac{\partial H_1}{\partial q_m},$$

in welchen H_1 eine beliebige Function der Grössen q_k, p_k und der Grösse t, H eine Function derselben Grössen q_k, p_k bedeute, die aber nicht t enthält. Setzt man in dem Theorem X $-(H+H_1)$ für H_1, die Grössen $q_1, q_2, \ldots, q_m$ für $\alpha_1, \alpha_2, \ldots, \alpha_m$, die Grössen $p_1, p_2, \ldots, p_m$ für $\beta_1, \beta_2, \ldots, \beta_m$, ferner $\alpha_1, \alpha_2, \ldots, \alpha_m, \beta_1, \beta_2, \ldots, \beta_m$ für $\alpha_1', \alpha_2', \ldots, \alpha_m', \beta_1', \beta_2', \ldots, \beta_m'$, so erhält man die allgemeinste Transformation der vorgelegten Differentialgleichungen in andere von der nämlichen Form, indem man eine beliebige Function der Grössen $q_1, q_2, \ldots, q_m, \alpha_1, \alpha_2, \ldots, \alpha_m$ annimmt,

$$\psi(q_1, q_2, \ldots, q_m, \alpha_1, \alpha_2, \ldots, \alpha_m),$$

und die Gleichungen bildet:

$$\frac{\partial\psi}{\partial q_1} = -p_1, \quad \frac{\partial\psi}{\partial q_2} = -p_2, \quad \ldots, \quad \frac{\partial\psi}{\partial q_m} = -p_m,$$
$$\frac{\partial\psi}{\partial \alpha_1} = \beta_1, \quad \frac{\partial\psi}{\partial \alpha_2} = \beta_2, \quad \ldots, \quad \frac{\partial\psi}{\partial \alpha_m} = \beta_m;$$

führt man die durch diese Gleichungen bestimmten Variabeln $\alpha_1, \alpha_2, \ldots, \alpha_m, \beta_1, \beta_2, \ldots, \beta_m$ statt der ursprünglichen Variabeln $q_1, q_2, \ldots, q_m, p_1, p_2, \ldots, p_m$ in die gegebenen Differentialgleichungen ein, so erhalten sie zufolge des Theorems X wieder dieselbe Form. Es werden nämlich zufolge dieses Theorems, wenn man $H+H_1$ durch die neuen Variabeln $\alpha_1, \alpha_2, \ldots, \alpha_m, \beta_1, \beta_2, \ldots, \beta_m$ ausdrückt, die gegebenen Differentialgleichungen in die folgenden transformirt:

$$\frac{d\alpha_1}{dt} = \frac{\partial H}{\partial \beta_1} + \frac{\partial H_1}{\partial \beta_1}, \quad \frac{d\beta_1}{dt} = -\frac{\partial H}{\partial \alpha_1} - \frac{\partial H_1}{\partial \alpha_1},$$
$$\frac{d\alpha_2}{dt} = \frac{\partial H}{\partial \beta_2} + \frac{\partial H_1}{\partial \beta_2}, \quad \frac{d\beta_2}{dt} = -\frac{\partial H}{\partial \alpha_2} - \frac{\partial H_1}{\partial \alpha_2},$$
$$\cdots\cdots\cdots\cdots\cdots\cdots\cdots\cdots$$
$$\frac{d\alpha_m}{dt} = \frac{\partial H}{\partial \beta_m} + \frac{\partial H_1}{\partial \beta_m}, \quad \frac{d\beta_m}{dt} = -\frac{\partial H}{\partial \alpha_m} - \frac{\partial H_1}{\partial \alpha_m}.$$

Man erhält die Formeln für die Variation der Constanten, wenn man die ganz willkürliche Function ψ so bestimmt, dass vermittelst der Gleichungen

$$\frac{\partial \psi}{\partial q_1} = -p_1, \quad \frac{\partial \psi}{\partial q_2} = -p_2, \quad \ldots, \quad \frac{\partial \psi}{\partial q_m} = -p_m$$

die Function H sich auf eine der Grössen α, z. B. auf α_m, reducirt, was immer möglich ist. Vermittelst dieser Gleichungen wird nämlich

$$H = \alpha_m$$

eine partielle Differentialgleichung zwischen ψ und den unabhängigen Variabeln $q_1, q_2, \ldots, q_m$, in welcher die gesuchte Function ψ nicht selber vorkommt, sondern nur ihre ersten, nach diesen Variabeln genommenen partiellen Differentialquotienten. Man wird immer eine solche Function ψ finden können, welche dieser Gleichung

$$H = \alpha_m$$

Genüge leistet und ausser den Grössen $q_1, q_2, \ldots, q_m, \alpha_m$ noch $m-1$ andere Grössen $\alpha_1, \alpha_2, \ldots, \alpha_{m-1}$ involvirt, unter welche eine bloss durch Addition mit ψ verbundene nicht mit zu rechnen ist. Hat man eine solche Function ψ gefunden, für welche der Ausdruck

$$H(q_1, q_2, \ldots, q_m, p_1, p_2, \ldots, p_m) - \alpha_m$$
$$= H\left(q_1, q_2, \ldots, q_m, -\frac{\partial \psi}{\partial q_1}, -\frac{\partial \psi}{\partial q_2}, \ldots, -\frac{\partial \psi}{\partial q_m}\right) - \alpha_m$$

identisch gleich Null wird, so reduciren sich die transformirten Differentialgleichungen für diese besondere Function auf folgende:

$$\begin{aligned}
\frac{d\alpha_1}{dt} &= \frac{\partial H_1}{\partial \beta_1}, & \frac{d\beta_1}{dt} &= -\frac{\partial H_1}{\partial \alpha_1},\\
\frac{d\alpha_2}{dt} &= \frac{\partial H_1}{\partial \beta_2}, & \frac{d\beta_2}{dt} &= -\frac{\partial H_1}{\partial \alpha_2},\\
&\cdots\cdots & &\cdots\cdots\\
\frac{d\alpha_{m-1}}{dt} &= \frac{\partial H_1}{\partial \beta_{m-1}}, & \frac{d\beta_{m-1}}{dt} &= -\frac{\partial H_1}{\partial \alpha_{m-1}},\\
\frac{d\alpha_m}{dt} &= \frac{\partial H_1}{\partial \beta_m}, & \frac{d\beta_m}{dt} &= -\frac{\partial H_1}{\partial \alpha_m}-1.
\end{aligned}$$

Setzt man

$$\alpha_m = h, \quad \beta_m = -(t+\tau),$$

so werden die beiden letzten Gleichungen:

$$\frac{dh}{dt} = -\frac{\partial H_1}{\partial \tau}, \quad \frac{d\tau}{dt} = \frac{\partial H_1}{\partial h}.$$

Man erhält dann die nach t genommenen Differentialquotienten aller neuen Variabeln durch die partiellen Differentialquotienten der Function H_1 allein ausgedrückt, welche man, wenn H den hauptsächlichsten Theil von $H+H_1$ ausmacht, als Störungsfunction betrachten kann. Setzt man in den vorstehenden Formeln

$$H_1 = 0,$$

so zeigen dieselben, dass die Differentialgleichungen

$$\begin{aligned}
\frac{dq_1}{dt} &= \frac{\partial H}{\partial p_1}, & \frac{dq_2}{dt} &= \frac{\partial H}{\partial p_2}, & \ldots, && \frac{dq_m}{dt} &= \frac{\partial H}{\partial p_m},\\
\frac{dp_1}{dt} &= -\frac{\partial H}{\partial q_1}, & \frac{dp_2}{dt} &= -\frac{\partial H}{\partial q_2}, & \ldots, && \frac{dp_m}{dt} &= -\frac{\partial H}{\partial q_m}
\end{aligned}$$

sich vermittelst der Gleichungen

$$\begin{aligned}
&\frac{\partial \psi}{\partial q_1} = -p_1, \quad \frac{\partial \psi}{\partial q_2} = -p_2, \quad \ldots, \quad \frac{\partial \psi}{\partial q_m} = -p_m,\\
&\frac{\partial \psi}{\partial \alpha_1} = \beta_1, \quad \frac{\partial \psi}{\partial \alpha_2} = \beta_2, \quad \ldots, \quad \frac{\partial \psi}{\partial \alpha_{m-1}} = \beta_{m-1}, \quad \frac{\partial \psi}{\partial h} = -(t+\tau),
\end{aligned}$$

in welchen

$$\psi(q_1, q_2, \ldots, q_m, \alpha_1, \alpha_2, \ldots, \alpha_{m-1}, h) + \text{Const.}$$

eine vollständige Lösung der partiellen Differentialgleichung

$$H(q_1, q_2, \ldots, q_m, p_1, p_2, \ldots, p_m)$$
$$= H\left(q_1, q_2, \ldots, q_m, -\frac{\partial\psi}{\partial q_1}, -\frac{\partial\psi}{\partial q_2}, \ldots, -\frac{\partial\psi}{\partial q_m}\right) = h$$

ist, in die Gleichungen

$$\frac{d\alpha_1}{dt} = 0, \quad \frac{d\alpha_2}{dt} = 0, \quad \ldots, \quad \frac{d\alpha_{m-1}}{dt} = 0, \quad \frac{dh}{dt} = 0,$$
$$\frac{d\beta_1}{dt} = 0, \quad \frac{d\beta_2}{dt} = 0, \quad \ldots, \quad \frac{d\beta_{m-1}}{dt} = 0, \quad \frac{d\tau}{dt} = 0$$

transformiren, oder dass ihre vollständigen Integrale erhalten werden, wenn man in den Gleichungen

$$\frac{\partial\psi}{\partial q_1} = -p_1, \quad \frac{\partial\psi}{\partial q_2} = -p_2, \quad \ldots, \quad \frac{\partial\psi}{\partial q_m} = -p_m,$$
$$\frac{\partial\psi}{\partial\alpha_1} = \beta_1, \quad \frac{\partial\psi}{\partial\alpha_2} = \beta_2, \quad \ldots, \quad \frac{\partial\psi}{\partial\alpha_{m-1}} = \beta_{m-1}, \quad \frac{\partial\psi}{\partial h} = -(t+\tau)$$

die Grössen $\alpha_1, \alpha_2, \ldots, \alpha_{m-1}, \beta_1, \beta_2, \ldots, \beta_{m-1}, h, \tau$ als willkürliche Constanten betrachtet. Diese Grössen werden aber variabel, wenn H_1 nicht verschwindet, und sind, wenn man H_1 als Störungsfunction betrachtet, gleichzeitig die gestörten oder veränderlichen Elemente.

Die vorstehenden Betrachtungen zeigen, dass das Theorem X, von dem ich oben einen directen Beweis gegeben habe, sowohl die Zurückführung eines mechanischen Problems, in welchem der Satz von der lebendigen Kraft gilt, auf die vollständige Integration einer partiellen Differentialgleichung erster Ordnung umfasst, als auch die allgemeinsten und einfachsten Formeln für die Variation der Constanten. Ich bemerke auch noch, dass der hier gegebene Beweis der Formeln für die Variation der Constanten sich dadurch von anderen unterscheidet, dass man nicht besonders den Satz zu beweisen braucht, dass die in die partiellen Differentialquotienten der Störungsfunction multiplicirten Ausdrücke nicht t explicite enthalten. Man findet nämlich durch eine directe Transformation der gegebenen Differentialgleichungen Formeln für die Variation der Elemente, in welchen die partiellen Differentialquotienten der Störungsfunction nur mit $+1$ oder -1 multiplicirt sind, woraus, wie man weiss, der angeführte Satz für jedes beliebige System von Elementen von selber folgt.

§. 42. Allgemeinste Transformation einer partiellen Differentialgleichung erster Ordnung.

Wir haben oben gesehen, dass die Integration eines Systems gewöhnlicher Differentialgleichungen, welches die canonische Form hat, auf die vollständige Integration einer partiellen Differentialgleichung erster Ordnung zurückkommt, in welcher die gesuchte Function nicht selber, sondern nur ihre ersten Differentialquotienten vorkommen. Die allgemeinste Art der Transformation einer canonischen Form in eine andere muss daher zu gleicher Zeit die allgemeinste Transformation einer partiellen Differentialgleichung der erwähnten Art geben. Denn wenn man statt der unbekannten Function und der unabhängigen Variabeln eine gleiche Anzahl beliebiger Functionen derselben als neue unbekannte Function und unabhängige Variabele einführt, so giebt dies noch keineswegs die allgemeinste Transformation, indem die allgemeinsten Substitutionen zu gleicher Zeit noch die partiellen Differentialquotienten selber involviren, wie dieses aus nachfolgendem Theorem erhellt, in welchem die gegebene partielle Differentialgleichung auch die unbekannte Function selber auf irgend eine Weise enthalten kann.

Theorem XV.

„Es sei die partielle Differentialgleichung gegeben:

$$F\left(W, x_1, x_2, \ldots, x_n, \frac{\partial W}{\partial x_1}, \frac{\partial W}{\partial x_2}, \ldots, \frac{\partial W}{\partial x_n}\right) = 0,$$

so erhält man ihre allgemeinste Transformation, wenn man eine neue unbekannte Function Z einführt, welche man einer beliebigen Function von W, x_1, x_2, ..., x_n und n neuen Grössen t_1, t_2, ..., t_n gleichsetzt,

$$Z = f(W, x_1, x_2, \ldots, x_n, t_1, t_2, \ldots, t_n),$$

und aus den $2n+2$ Gleichungen

$$F = 0, \quad Z = f,$$

$$\frac{\partial f}{\partial W}\frac{\partial W}{\partial x_1} + \frac{\partial f}{\partial x_1} = 0, \quad \frac{\partial Z}{\partial t_1} = \frac{\partial f}{\partial t_1},$$

$$\frac{\partial f}{\partial W}\frac{\partial W}{\partial x_2} + \frac{\partial f}{\partial x_2} = 0, \quad \frac{\partial Z}{\partial t_2} = \frac{\partial f}{\partial t_2},$$

$$\cdots\cdots\cdots\cdots\cdots\cdots$$

$$\frac{\partial f}{\partial W}\frac{\partial W}{\partial x_n} + \frac{\partial f}{\partial x_n} = 0, \quad \frac{\partial Z}{\partial t_n} = \frac{\partial f}{\partial t_n}$$

die $2n+1$ Grössen W, x_1, x_2, ..., x_n, $\frac{\partial W}{\partial x_1}$, $\frac{\partial W}{\partial x_2}$, ..., $\frac{\partial W}{\partial x_n}$ eliminirt. Hierdurch erhält man eine Gleichung zwischen Z, t_1, t_2, ..., t_n, $\frac{\partial Z}{\partial t_1}$, $\frac{\partial Z}{\partial t_2}$, ..., $\frac{\partial Z}{\partial t_n}$, welche die transformirte partielle Differentialgleichung ist.“

Weniger allgemein ist die in dem folgenden Theorem enthaltene Transformation.

Theorem XVI.

„*Es sei zwischen W und den n unabhängigen Variabeln $x_1, x_2, \ldots, x_n$ eine partielle Differentialgleichung erster Ordnung gegeben, so erhält man eine Transformation derselben, wenn man Z einer beliebigen Function dieser und der n Variabeln $t_1, t_2, \ldots, t_n$ gleichsetzt,*

$$Z = f(W, x_1, x_2, \ldots, x_n, t_1, t_2, \ldots, t_n),$$

und ausserdem zwischen den in f enthaltenen Variabeln beliebige Relationen annimmt,

$$f_1(W, x_1, x_2, \ldots, x_n, t_1, t_2, \ldots, t_n) = 0,$$
$$f_2(W, x_1, x_2, \ldots, x_n, t_1, t_2, \ldots, t_n) = 0,$$
$$\cdots\cdots\cdots\cdots$$
$$f_k(W, x_1, x_2, \ldots, x_n, t_1, t_2, \ldots, t_n) = 0,$$

deren Zahl k aber kleiner als n sein muss; eliminirt man aus der gegebenen Differentialgleichung vermittelst dieser $k+1$ Gleichungen und vermittelst der Gleichungen

$$M\frac{\partial W}{\partial x_1} + \frac{\partial f}{\partial x_1} + \lambda_1\frac{\partial f_1}{\partial x_1} + \lambda_2\frac{\partial f_2}{\partial x_1} + \cdots + \lambda_k\frac{\partial f_k}{\partial x_1} = 0,$$
$$M\frac{\partial W}{\partial x_2} + \frac{\partial f}{\partial x_2} + \lambda_1\frac{\partial f_1}{\partial x_2} + \lambda_2\frac{\partial f_2}{\partial x_2} + \cdots + \lambda_k\frac{\partial f_k}{\partial x_2} = 0,$$
$$\cdots\cdots\cdots\cdots$$
$$M\frac{\partial W}{\partial x_n} + \frac{\partial f}{\partial x_n} + \lambda_1\frac{\partial f_1}{\partial x_n} + \lambda_2\frac{\partial f_2}{\partial x_n} + \cdots + \lambda_k\frac{\partial f_k}{\partial x_n} = 0,$$
$$\frac{\partial Z}{\partial t_1} = \frac{\partial f}{\partial t_1} + \lambda_1\frac{\partial f_1}{\partial t_1} + \lambda_2\frac{\partial f_2}{\partial t_1} + \cdots + \lambda_k\frac{\partial f_k}{\partial t_1},$$
$$\frac{\partial Z}{\partial t_2} = \frac{\partial f}{\partial t_2} + \lambda_1\frac{\partial f_1}{\partial t_2} + \lambda_2\frac{\partial f_2}{\partial t_2} + \cdots + \lambda_k\frac{\partial f_k}{\partial t_2},$$
$$\cdots\cdots\cdots\cdots$$
$$\frac{\partial Z}{\partial t_n} = \frac{\partial f}{\partial t_n} + \lambda_1\frac{\partial f_1}{\partial t_n} + \lambda_2\frac{\partial f_2}{\partial t_n} + \cdots + \lambda_k\frac{\partial f_k}{dt_n},$$
$$M = \frac{\partial f}{\partial W} + \lambda_1\frac{\partial f_1}{\partial W} + \lambda_2\frac{\partial f_2}{\partial W} + \cdots + \lambda_k\frac{\partial f_k}{\partial W}$$

die Grössen $W, x_1, x_2, \ldots, x_n, \frac{\partial W}{\partial x_1}, \frac{\partial W}{\partial x_2}, \ldots, \frac{\partial W}{\partial x_n}, \lambda_1, \lambda_2, \ldots, \lambda_k$, so verwandelt sich die gegebene Differentialgleichung in eine andere zwischen Z und den unabhängigen Variabeln $t_1, t_2, \ldots, t_n$."

Die beiden Theoreme XV und XVI bedürfen keines Beweises.

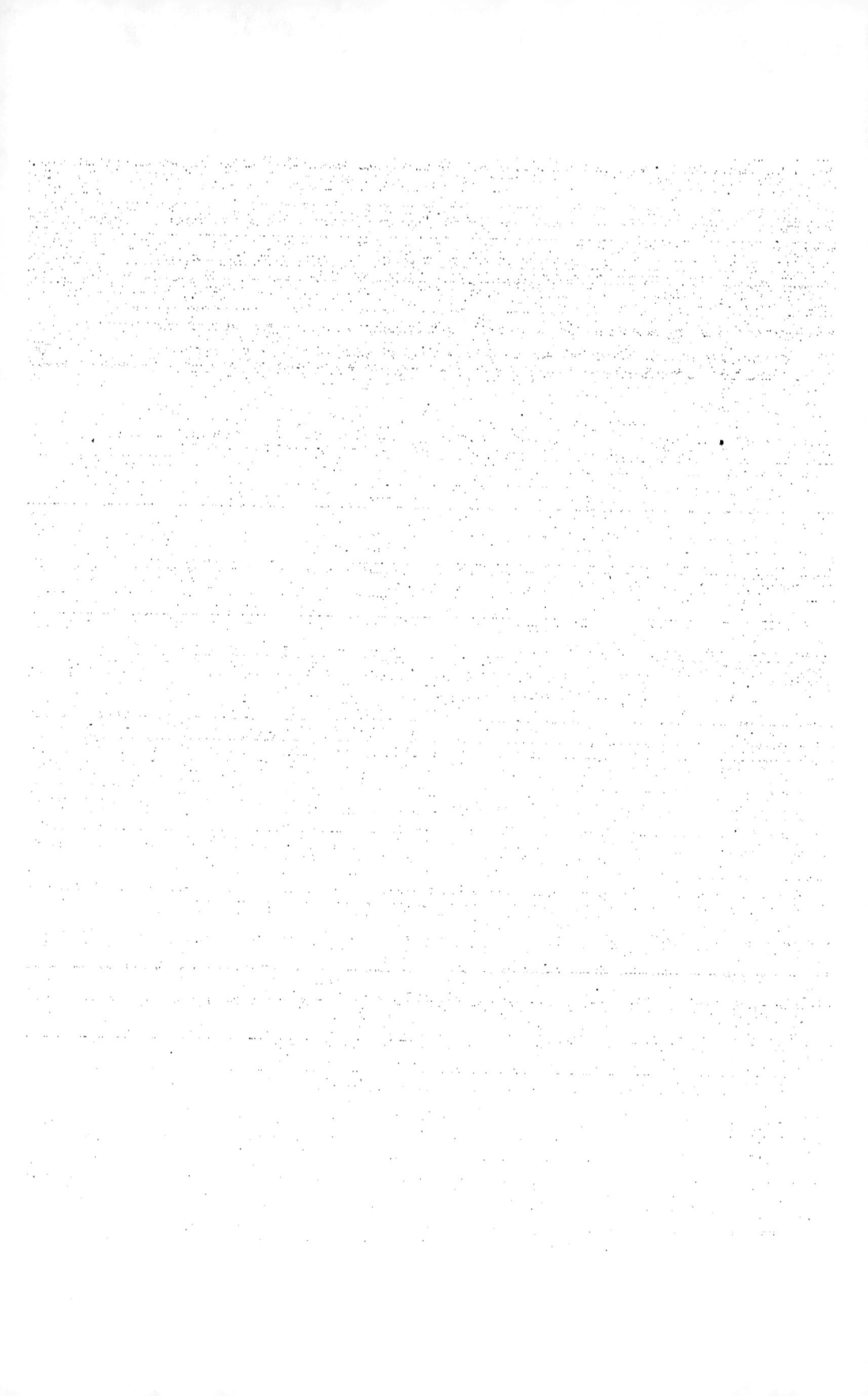

ÜBER DIE VOLLSTÄNDIGEN LÖSUNGEN EINER PARTIELLEN DIFFERENTIALGLEICHUNG ERSTER ORDNUNG

AUS DEN HINTERLASSENEN PAPIEREN C. G. J. JACOBI'S

HERAUSGEGEBEN VON

A. CLEBSCH

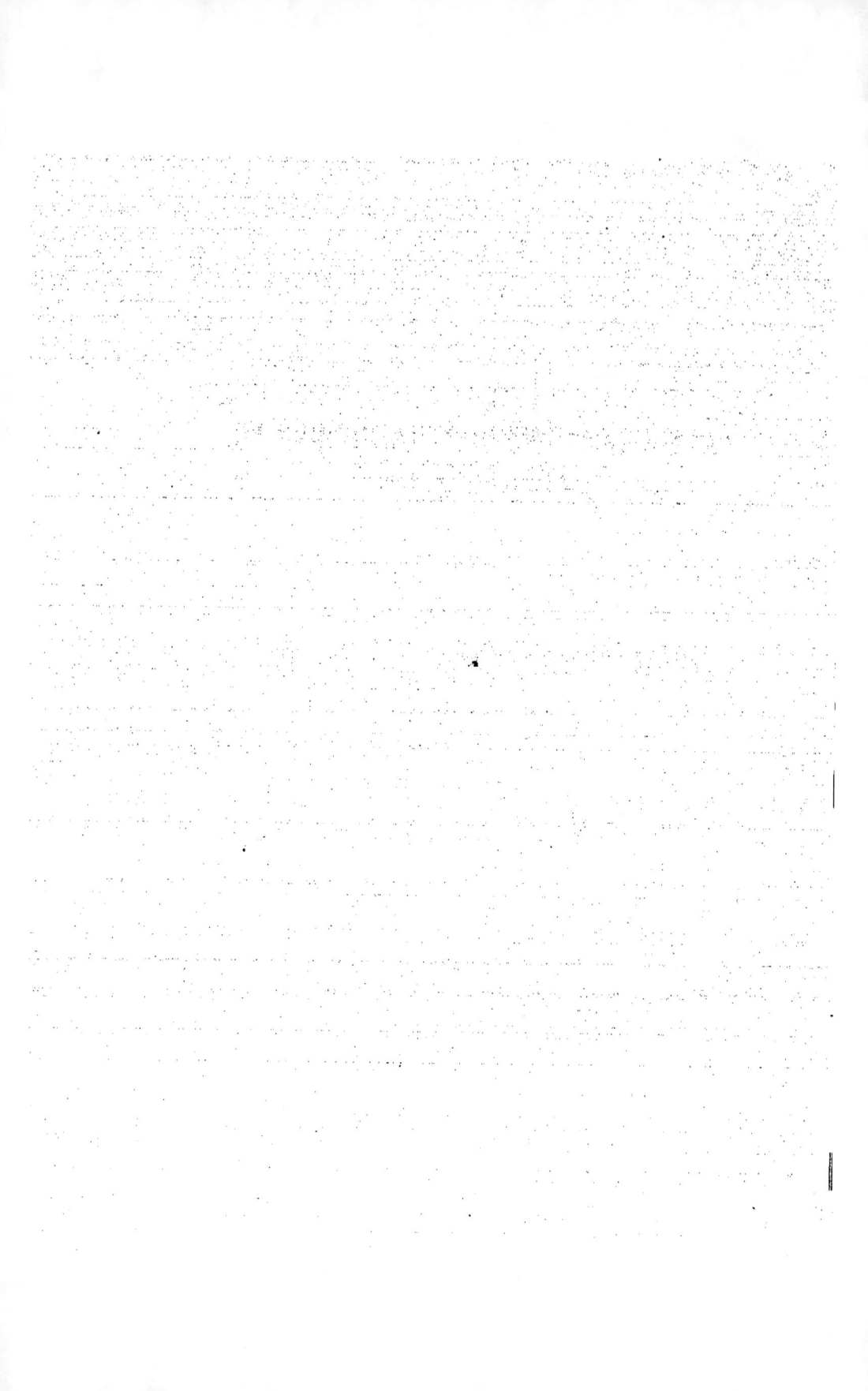

ÜBER DIE VOLLSTÄNDIGEN LÖSUNGEN EINER PARTIELLEN DIFFERENTIALGLEICHUNG ERSTER ORDNUNG.

§. 1. Zusammenhang der vollständigen Lösung einer partiellen Differentialgleichung mit dem System der vollständigen Integralgleichungen eines Systems gewöhnlicher Differentialgleichungen.

Wenn eine partielle Differentialgleichung erster Ordnung die gesuchte Function selbst enthält, so giebt eine vollständige Lösung derselben die vollständigen Integralgleichungen eines Systems gewöhnlicher Differentialgleichungen, welche den in der Dynamik auftretenden ähnlich, aber von allgemeinerem Charakter sind. Man hat dann folgendes Theorem:

„Es sei

$$S = f(t,\, q_1,\, q_2,\, \ldots,\, q_m,\, \alpha,\, \alpha_1,\, \alpha_2,\, \ldots,\, \alpha_m)$$

eine vollständige Lösung der partiellen Differentialgleichung

$$\frac{\partial S}{\partial t} + H = 0,$$

wo H eine Function von

$$t,\; q_1,\; q_2,\; \ldots,\; q_m,\; S,\; \frac{\partial S}{\partial q_1},\; \frac{\partial S}{\partial q_2},\; \ldots,\; \frac{\partial S}{\partial q_m}$$

ist und $\alpha, \alpha_1, \alpha_2, \ldots, \alpha_m$ *die willkürlichen Constanten bedeuten; man setze in H für* $\frac{\partial S}{\partial q_1}, \frac{\partial S}{\partial q_2}, \ldots, \frac{\partial S}{\partial q_m}$ *die Grössen* $p_1, p_2, \ldots, p_m$ *und bilde die Gleichungen*

$$(1)\quad \begin{cases} S = f(t,\, q_1,\, q_2,\, \ldots,\, q_m,\, \alpha,\, \alpha_1,\, \alpha_2,\, \ldots,\, \alpha_m), \\ \dfrac{\partial f}{\partial q_1} = p_1,\quad \dfrac{\partial f}{\partial q_2} = p_2,\quad \ldots,\quad \dfrac{\partial f}{\partial q_m} = p_m, \\ \dfrac{\partial f}{\partial \alpha} : \dfrac{\partial f}{\partial \alpha_1} : \dfrac{\partial f}{\partial \alpha_2} : \ldots : \dfrac{\partial f}{\partial \alpha_m} = \beta : \beta_1 : \beta_2 : \ldots : \beta_m, \end{cases}$$

wo $\beta, \beta_1, \beta_2, \ldots, \beta_m$ *neue willkürliche Constanten bedeuten, so sind diese Gleichungen die vollständigen Integralgleichungen eines zwischen den Variabeln*

$$t,\ q_1,\ q_2,\ \ldots,\ q_m,\ S,\ p_1,\ p_2,\ \ldots,\ p_m$$

stattfindenden Systems gewöhnlicher Differentialgleichungen:

$$(2)\quad \begin{cases} \dfrac{dq_1}{dt} = \dfrac{\partial H}{\partial p_1}, & \dfrac{dp_1}{dt} = -\dfrac{\partial H}{\partial q_1} - p_1\dfrac{\partial H}{\partial S}, \\ \dfrac{dq_2}{dt} = \dfrac{\partial H}{\partial p_2}, & \dfrac{dp_2}{dt} = -\dfrac{\partial H}{\partial q_2} - p_2\dfrac{\partial H}{\partial S}, \\ \cdots\cdots & \cdots\cdots \\ \dfrac{dq_m}{dt} = \dfrac{\partial H}{\partial p_m}, & \dfrac{dp_m}{dt} = -\dfrac{\partial H}{\partial q_m} - p_m\dfrac{\partial H}{\partial S}, \\ \dfrac{dS}{dt} = p_1\dfrac{\partial H}{\partial p_1} + p_2\dfrac{\partial H}{\partial p_2} + \cdots + p_m\dfrac{\partial H}{\partial p_m} - H. \text{“} \end{cases}$$

Man kann in den Gleichungen (1) die Proportionen

$$\frac{\partial f}{\partial \alpha} : \frac{\partial f}{\partial \alpha_1} : \ldots : \frac{\partial f}{\partial \alpha_m} = \beta : \beta_1 : \ldots : \beta_m$$

durch folgende Gleichungen ersetzen:

$$(3)\quad \log\frac{\partial f}{\partial \alpha} = \gamma + T,\quad \log\frac{\partial f}{\partial \alpha_1} = \gamma_1 + T,\quad \ldots,\quad \log\frac{\partial f}{\partial \alpha_m} = \gamma_m + T,$$

wo $\gamma = \log\beta$, $\gamma_1 = \log\beta_1$, $\ldots$, $\gamma_m = \log\beta_m$ ebenfalls willkürliche Constanten bedeuten und

$$\frac{dT}{dt} = -\frac{\partial H}{\partial S}$$

zu setzen ist.

Der Beweis des vorstehenden Theorems kann folgendermassen geführt werden. Wenn man die Integralgleichungen differentiirt und nach geschehener Differentiation die Differentialgleichungen (2) substituirt, so hat man nur zu zeigen, dass die so erhaltenen Gleichungen durch Substitution der aus den Integralgleichungen entnommenen Werthe

$$(4)\quad S = f,\quad p_1 = \frac{\partial f}{\partial q_1},\quad p_2 = \frac{\partial f}{\partial q_2},\quad \ldots,\quad p_m = \frac{\partial f}{\partial q_m}$$

identisch werden. Dies folgt aber unmittelbar daraus, dass die Function

$$\frac{\partial S}{\partial t} + H$$

selbst, mithin auch ihre nach den Grössen

$$q_1, q_2, \ldots, q_m, a, \alpha_1, \alpha_2, \ldots, \alpha_m$$

genommenen partiellen Differentialquotienten identisch gleich Null werden, wenn man in denselben vor den anzustellenden partiellen Differentiationen die nämlichen Werthe (4) substituirt.

Ich will aber jetzt zeigen, dass, wenn die zu Grunde gelegte Lösung $S = f$ eine vollständige ist, die Gleichungen (1) auch wirklich ein System *vollständiger* Integralgleichungen bilden können.

Damit die Lösung $S = f$ einer gegebenen partiellen Differentialgleichung erster Ordnung eine vollständige sei, darf dieselbe keiner anderen von den willkürlichen Constanten freien partiellen Differentialgleichung erster Ordnung zwischen denselben Variabeln Genüge leisten. Da man aus zwei partiellen Differentialgleichungen erster Ordnung zwischen den Variabeln

$$S, t, q_1, q_2, \ldots, q_m$$

immer einen partiellen Differentialquotienten, z. B. $\frac{\partial S}{\partial t}$, eliminiren kann, so kann man die aufgestellte Bedingung auch so aussprechen, dass es keine identische Gleichung allein zwischen den Grössen

$$f, \frac{\partial f}{\partial q_1}, \frac{\partial f}{\partial q_2}, \ldots, \frac{\partial f}{\partial q_m}, t, q_1, q_2, \ldots, q_m$$

geben darf, oder dass die Ausdrücke

$$f, \frac{\partial f}{\partial q_1}, \frac{\partial f}{\partial q_2}, \ldots, \frac{\partial f}{\partial q_m},$$

als Functionen der willkürlichen Constanten

$$a, \alpha_1, \alpha_2, \ldots, \alpha_m$$

betrachtet, von einander unabhängig sein müssen. Es wird daher, wenn $S = f$ eine vollständige Lösung ist, die aus den Grössen

$$\begin{array}{ccccc}
\frac{\partial f}{\partial a}, & \frac{\partial f}{\partial \alpha_1}, & \frac{\partial f}{\partial \alpha_2}, & \ldots, & \frac{\partial f}{\partial \alpha_m}, \\
\frac{\partial^2 f}{\partial a \partial q_1}, & \frac{\partial^2 f}{\partial \alpha_1 \partial q_1}, & \frac{\partial^2 f}{\partial \alpha_2 \partial q_1}, & \ldots, & \frac{\partial^2 f}{\partial \alpha_m \partial q_1}, \\
\frac{\partial^2 f}{\partial a \partial q_2}, & \frac{\partial^2 f}{\partial \alpha_1 \partial q_2}, & \frac{\partial^2 f}{\partial \alpha_2 \partial q_2}, & \ldots, & \frac{\partial^2 f}{\partial \alpha_m \partial q_2}, \\
\ldots & \ldots & \ldots & \ldots & \ldots \\
\frac{\partial^2 f}{\partial a \partial q_m}, & \frac{\partial^2 f}{\partial \alpha_1 \partial q_m}, & \frac{\partial^2 f}{\partial \alpha_2 \partial q_m}, & \ldots, & \frac{\partial^2 f}{\partial \alpha_m \partial q_m}
\end{array}$$

gebildete Determinante nicht verschwinden. Setzt man

$$\frac{\partial f}{\partial \alpha} = u, \quad \frac{\partial f}{\partial \alpha_1} = u_1, \quad \frac{\partial f}{\partial \alpha_2} = u_2, \quad \ldots, \quad \frac{\partial f}{\partial \alpha_m} = u_m$$

so werden die vorstehenden Grössen:

$$\begin{array}{llll} u, & u_1, & u_2, & \ldots, \; u_m, \\ \frac{\partial u}{\partial q_1}, & \frac{\partial u_1}{\partial q_1}, & \frac{\partial u_2}{\partial q_1}, & \ldots, \; \frac{\partial u_m}{\partial q_1}, \\ \frac{\partial u}{\partial q_2}, & \frac{\partial u_1}{\partial q_2}, & \frac{\partial u_2}{\partial q_2}, & \ldots, \; \frac{\partial u_m}{\partial q_2}, \\ \cdot & \cdot & \cdot & \cdot \\ \frac{\partial u}{\partial q_m}, & \frac{\partial u_1}{\partial q_m}, & \frac{\partial u_2}{\partial q_m}, & \ldots, \; \frac{\partial u_m}{\partial q_m}. \end{array}$$

Nach einer von mir in dem Aufsatze *„De binis quibuslibet functionibus homogeneis etc."* aufgestellten und auf die Transformation der vielfachen Integrale angewandten Satze*) *ist die Determinante der vorstehenden Grössen gleich der in Bezug auf* $q_1, q_2, \ldots, q_m$ *gebildeten Functionaldeterminante der Grössen*

$$\frac{u_1}{u}, \quad \frac{u_2}{u}, \quad \ldots, \quad \frac{u_m}{u},$$

multiplicirt mit u^{m+1}. Man hat daher den folgenden Satz:

Theorem I.

„Es sei f eine beliebige Function der Grössen

$$t, \; q_1, \; q_2, \; \ldots, \; q_m, \; \alpha, \; \alpha_1, \; \alpha_2, \; \ldots, \; \alpha_m,$$

so ist die in Bezug auf $\alpha, \alpha_1, \alpha_2, \ldots, \alpha_m$ *gebildete Functionaldeterminante der* $m+1$ *Functionen*

$$f, \quad \frac{\partial f}{\partial q_1}, \quad \frac{\partial f}{\partial q}, \quad \ldots, \quad \frac{\partial f}{\partial q_m}$$

gleich der in Bezug auf $q_1, q_2, \ldots, q_m$ *gebildeten Functionaldeterminante der m Functionen*

$$\frac{\frac{\partial f}{\partial \alpha_1}}{\frac{\partial f}{\partial \alpha}}, \quad \frac{\frac{\partial f}{\partial \alpha_2}}{\frac{\partial f}{\partial \alpha}}, \quad \ldots, \quad \frac{\frac{\partial f}{\partial \alpha_m}}{\frac{\partial f}{\partial \alpha}},$$

multiplicirt mit $\left(\frac{\partial f}{\partial \alpha}\right)^{m+1}$."

*) Crelle's Journal, Bd. XII p. 40; diese Ausgabe, Bd. III p. 235—236.

Aus dem vorstehenden Theorem ergiebt sich das folgende:

Theorem II.

„Es sei $S = f$ eine vollständige Lösung einer zwischen der Function S und $m+1$ unabhängigen Variabeln gegebenen partiellen Differentialgleichung erster Ordnung; es seien ferner die in f enthaltenen willkürlichen Constanten

$$\alpha, \ \alpha_1, \ \alpha_2, \ \ldots, \ \alpha_m,$$

so sind die m Quotienten

$$\frac{\frac{\partial f}{\partial \alpha_1}}{\frac{\partial f}{\partial \alpha}}, \ \frac{\frac{\partial f}{\partial \alpha_2}}{\frac{\partial f}{\partial \alpha}}, \ \ldots, \ \frac{\frac{\partial f}{\partial \alpha_m}}{\frac{\partial f}{\partial \alpha}}$$

in Bezug auf je m der $m+1$ Variabeln von einander unabhängige Functionen, oder es giebt zwischen diesen Quotienten, einer der $m+1$ Variabeln und den willkürlichen Constanten keine identische Gleichung.“

Daraus, dass zufolge der Definition einer vollständigen Lösung die Functionen

$$f, \ \frac{\partial f}{\partial q_1}, \ \frac{\partial f}{\partial q_2}, \ \ldots, \ \frac{\partial f}{\partial q_m}$$

in Bezug auf $\alpha, \alpha_1, \alpha_2, \ldots, \alpha_m$ von einander unabhängig sind, folgt, dass man aus den Gleichungen (1) die willkürlichen Constanten

$$\alpha, \ \alpha_1, \ \alpha_2, \ \ldots, \ \alpha_m, \ \frac{\beta_1}{\beta}, \ \frac{\beta_2}{\beta}, \ \ldots, \ \frac{\beta_m}{\beta}$$

durch die Variabeln

$$S, \ t, \ q_1, \ q_2, \ \ldots, \ q_m, \ p_1, \ p_2, \ \ldots, \ p_m$$

ausgedrückt erhalten kann. Aus dem Theorem II ergiebt sich aber ferner, dass man, wenn $S = f$ eine vollständige Lösung ist, vermittelst der Gleichungen (1) immer auch die Grössen

$$S, \ q_1, \ q_2, \ \ldots, \ q_m, \ p_1, \ p_2, \ \ldots, \ p_m$$

durch t und die angegebenen willkürlichen Constanten ausdrücken kann. Wenn daher $S = f$ eine vollständige Lösung ist, so erfüllen die Gleichungen (1) die Bedingungen, welche im Allgemeinen zu einem System vollständiger Integralgleichungen erforderlich sind. Ist aber diesen allgemeinen Bedingungen genügt, so zeigt der im Vorhergehenden angedeutete Beweis, dass, wenn $S = f$ die vollständige Lösung der partiellen Differentialgleichung

$$\frac{\partial S}{\partial t} + H = 0$$

ist, durch die Gleichungen (1) das System der gewöhnlichen Differentialgleichungen (2) vollständig integrirt wird.

§. 2. Von den überzähligen willkürlichen Constanten.

Bei Aufsuchung einer vollständigen Lösung einer partiellen Differentialgleichung ereignet es sich bisweilen, dass durch den naturgemässen Gang der Betrachtung eine grössere Zahl willkürlicher Constanten in die Lösung eingeführt wird, als zu einer vollständigen Lösung erfordert wird. Setzt man, wie es verstattet ist, einige derselben gleich Null, so wird unter Umständen die Symmetrie gestört; daher wird es zuweilen rathsam sein, sämmtliche willkürliche Constanten in der Lösung beizubehalten. Die Function S enthält dann, falls wir uns auf den Fall der Dynamik beschränken, in welchem S in der partiellen Differentialgleichung nicht vorkommt, und wenn wir von der additiven Constante abstrahiren, mehr als m willkürliche Constanten, die ich mit

$$\alpha_1, \quad \alpha_2, \quad \ldots, \quad \alpha_k$$

bezeichnen will, wo $k > m$ ist. Es wird hierbei vorausgesetzt, dass diese willkürlichen Constanten sich in der Function S nicht auf eine kleinere Anzahl bringen lassen, indem man gewisse Functionen von ihnen als die willkürlichen Constanten einführt.

Um den hier betrachteten Fall auf den früheren zurückzuführen, wo die Function S gerade die gehörige Anzahl von m willkürlichen Constanten enthält, kann man sich vorstellen, dass beliebige m von den Grössen $\alpha_1, \alpha_2, \ldots, \alpha_k$ diese m willkürlichen Constanten, die übrigen $k-m$ aber *beliebige particulare Constanten* sind. Man kann hierdurch sämmtliche im Vorigen gefundene Resultate auf den Fall anwenden, wo die Lösung S *überzählige willkürliche Constanten enthält.*

Es folgt hieraus zunächst, dass die Gleichungen

$$(1)\quad \begin{cases} \dfrac{\partial S}{\partial q_1} = p_1, & \dfrac{\partial S}{\partial q_2} = p_2, & \ldots, & \dfrac{\partial S}{\partial q_m} = p_m, \\[2ex] \dfrac{\partial S}{\partial \alpha_1} = \beta_1, & \dfrac{\partial S}{\partial \alpha_2} = \beta_2, & \ldots, & \dfrac{\partial S}{\partial \alpha_k} = \beta_k \end{cases}$$

wiederum Integralgleichungen des Systems der dynamischen Gleichungen sein werden, und dass, wenn man von den letzteren k eine Anzahl m beliebig auswählt, diese mit den ersteren m zusammen als das ganze System der vollständigen dynamischen Integralgleichungen angesehen werden können. Die übrigen $k-m$ Gleichungen müssen daher aus ihnen folgen. Wenn diese Gleichungen aber auch nichts Neues ergeben, so können sie doch bemerkenswerthe Combinationen der übrigen sein, zu welchen man auf diese Weise durch die überzähligen Constanten gelangt.

Aus dem Vorhergehenden folgt, dass die Constanten $\beta_1, \beta_2, \ldots, \beta_k$ nicht alle willkürlich sein können, sondern dass $k-m$ unter ihnen von den übrigen und von den Constanten $\alpha_1, \alpha_2, \ldots, \alpha_k$ abhängen, und eben so müssen sich $k-m$ der Functionen

$$\frac{\partial S}{\partial \alpha_1}, \quad \frac{\partial S}{\partial \alpha_2}, \quad \ldots, \quad \frac{\partial S}{\partial \alpha_k}$$

durch die übrigen und die Constanten $\alpha_1, \alpha_2, \ldots, \alpha_k$ bestimmen lassen. Dies ergiebt sich auch durch die folgenden Betrachtungen.

Zwischen den Functionen

$$\frac{\partial S}{\partial t}, \quad \frac{\partial S}{\partial q_1}, \quad \frac{\partial S}{\partial q_2}, \quad \ldots, \quad \frac{\partial S}{\partial q_m}$$

und den Grössen $t, q_1, q_2, \ldots, q_m$ giebt es eine von allen willkürlichen Constanten freie Gleichung, die gegebene partielle Differentialgleichung. Wenn daher diese Functionen willkürliche Constanten $\alpha_1, \alpha_2, \ldots, \alpha_{m+1}$ enthalten, so sind sie, als Functionen von diesen betrachtet, nicht von einander unabhängig, und es verschwindet daher ihre in Bezug auf $\alpha_1, \alpha_2, \ldots, \alpha_{m+1}$ gebildete Functionaldeterminante. Aber diese ist dieselbe, wie die in Bezug auf $t, q_1, q_2, \ldots, q_m$ gebildete Functionaldeterminante der Functionen

$$\frac{\partial S}{\partial \alpha_1}, \quad \frac{\partial S}{\partial \alpha_2}, \quad \ldots, \quad \frac{\partial S}{\partial \alpha_{m+1}},$$

und ihr Verschwinden lehrt, dass es auch zwischen den letzteren Functionen eine von den Grössen $t, q_1, q_2, \ldots, q_m$ unabhängige Gleichung giebt, welche nur noch die Grössen $\alpha_1, \alpha_2, \ldots, \alpha_{m+1}$ enthält. Dies aber giebt den zu beweisenden Satz, wenn man nach und nach $\alpha_{m+1}, \alpha_{m+2}, \ldots, \alpha_k$ für α_{m+1} setzt oder allgemeiner für $\alpha_1, \alpha_2, \ldots, \alpha_{m+1}$ beliebige $m+1$ von den Grössen $\alpha_1, \alpha_2, \ldots, \alpha_k$ nimmt.

Ich bemerke ferner, dass es zwischen den Grössen

$$t, q_1, q_2, \ldots, q_m, a_1, a_2, \ldots, a_k$$

keine Relation giebt, sondern dass, wenn man auf eine Gleichung zwischen diesen Grössen kommt, dieselbe identisch sein muss.

In meiner Abhandlung „*Dilucidationes de aequationum differentialium vulgarium systematis etc.*"*) habe ich die Folgerungen, welche sich aus dem Vorkommen überzähliger willkürlicher Constanten in den Integralgleichungen ziehen lassen, ausführlich und, wie ich glaube, zuerst untersucht, indem ich in dieser Abhandlung alle allgemeinen Betrachtungen über die Natur eines Systems gewöhnlicher Differentialgleichungen und ihrer Integralgleichungen zusammenstellen wollte, durch welche die Darstellung der von mir in Bezug auf die dynamischen Differentialgleichungen gefundenen Resultate an Klarheit gewinnen kann. Man habe im Allgemeinen eine Anzahl zu einem System vollständiger Integralgleichungen gehöriger Gleichungen

$$(2)\quad u_1 = 0,\quad u_2 = 0,\quad \ldots,\quad u_m = 0,$$

aus denen man durch Differentiation und Substitution der gegebenen Differentialgleichungen keine neue Gleichung erhalten kann, die sich nicht aus ihnen von selbst ergiebt. Enthalten die Gleichungen (2) mehr als m willkürliche Constanten

$$a_1,\ a_2,\ \ldots,\ a_m,\ a_{m+1},\ \ldots,\ a_k,$$

so kann man beliebige $k-m$ derselben als überzählige betrachten. Löst man die Gleichungen (2) nach $a_1, a_2, \ldots, a_m$ auf und erhält dadurch die Gleichungen

$$(3)\quad v_1 = a_1,\quad v_2 = a_2,\quad \ldots,\quad v_m = a_m,$$

so enthalten die Functionen $v_1, v_2, \ldots, v_m$ bloss die überzähligen willkürlichen Constanten

$$a_{m+1},\ a_{m+2},\ \ldots,\ a_k.$$

Durch Substitution der gegebenen Differentialgleichungen müssen die Gleichungen

$$dv_1 = 0,\quad dv_2 = 0,\quad \ldots,\quad dv_m = 0,$$

welche aus (3) durch Differentiation hervorgehen, identisch werden, weil man sonst aus (2) gegen die Annahme durch Differentiation und Substitution der gegebenen Differentialgleichungen neue Integralgleichungen ableiten könnte, welche

*) Crelle's Journal, Bd. XXIII p. 1—104; diese Ausgabe, Bd. IV p. 147—255.

nicht in (2) enthalten sind. Differentiirt man die Functionen $v_1, v_2, \ldots, v_m$ beliebig oft hinter einander und setzt für jede derselben

$$\frac{\partial^{i_1+i_2+\cdots+i_{k-m}} v}{\partial \alpha_{m+1}^{i_1} \partial \alpha_{m+2}^{i_2} \ldots \partial \alpha_k^{i_{k-m}}} = v^{i_1, i_2, \ldots, i_{k-m}},$$

so folgt aus dem Umstande, dass die Gleichungen

$$dv_1 = 0, \quad dv_2 = 0, \quad \ldots, \quad dv_m = 0$$

durch Substitution der gegebenen Differentialgleichungen identisch werden, auch, dass die Gleichungen

$$dv_1^{i_1, i_2, \ldots, i_{k-m}} = 0, \quad dv_2^{i_1, i_2, \ldots, i_{k-m}} = 0, \quad \ldots, \quad dv_m^{i_1, i_2, \ldots, i_{k-m}} = 0$$

durch die Substitution der gegebenen Differentialgleichungen identisch werden, weil in den zu substituirenden Differentialgleichungen die Grössen $\alpha_{m+1}, \alpha_{m+2}, \ldots, \alpha_k$ nicht vorkommen. *Wenn daher die Functionen $v_1, v_2, \ldots, v_m$ überzählige willkürliche Constanten $\alpha_{m+1}, \alpha_{m+2}, \ldots, \alpha_k$ enthalten, so werden nicht bloss diese Functionen selbst, sondern auch alle ihre beliebige Male hintereiander nach $\alpha_{m+1}, \alpha_{m+2}, \ldots, \alpha_k$ genommenen partiellen Differentialquotienten Constanten gleich.*

Da die Gleichungen (3) durch Auflösung aus den Gleichungen (2) erhalten worden sind, so müssen die Gleichungen (2) identisch werden, wenn man in ihnen für die Constanten $\alpha_1, \alpha_2, \ldots, \alpha_m$ die ihnen gleichen Functionen $v_1, v_2, \ldots, v_m$ setzt. Man muss daher auch identische Gleichungen erhalten, wenn man nach dieser Substitution die Gleichungen (2),

$$u_1 = 0, \quad u_2 = 0, \quad \ldots, \quad u_m = 0,$$

in Bezug auf die überzähligen Constanten $\alpha_{m+1}, \alpha_{m+2}, \ldots, \alpha_k$ differentiirt. Um die hierdurch entstehenden Gleichungen zu bilden, hat man die nach den Constanten $\alpha_1, \alpha_2, \ldots, \alpha_k$ genommenen partiellen Differentialquotienten der Functionen $u_1, u_2, \ldots, u_m$ mit den nach $\alpha_{m+1}, \alpha_{m+2}, \ldots, \alpha_k$ genommenen partiellen Differentialquotienten der Functionen $v_1, v_2, \ldots, v_m$ zu multipliciren. Da aber diese letzteren, so wie die Functionen $v_1, v_2, \ldots, v_m$, Constanten gleich sind, *so erhält man aus jeder zu einem Systeme vollständiger Integralgleichungen gehörigen Gleichung $u = 0$, welche überzählige willkürliche Constanten enthält, andere $U = 0$, in welchen U eine lineare Function der nach den willkürlichen Constanten genommenen partiellen Differentialquotienten gleich hoher Ordnung ist, während die Coefficienten dieser linearen Functionen Constanten sind.*

Man erhält auf diese Weise aus den Gleichungen

$$u_1 = 0, \quad u_2 = 0, \quad \ldots, \quad u_m = 0,$$

wenn man bloss einmal nach α_{m+1} differentiirt, die folgenden:

$$(4) \quad \begin{cases} \gamma_1 \dfrac{\partial u_1}{\partial \alpha_1} + \gamma_2 \dfrac{\partial u_1}{\partial \alpha_2} + \cdots + \gamma_m \dfrac{\partial u_1}{\partial \alpha_m} + \dfrac{\partial u_1}{\partial \alpha_{m+1}} = 0, \\ \gamma_1 \dfrac{\partial u_2}{\partial \alpha_1} + \gamma_2 \dfrac{\partial u_2}{\partial \alpha_2} + \cdots + \gamma_m \dfrac{\partial u_2}{\partial \alpha_m} + \dfrac{\partial u_2}{\partial \alpha_{m+1}} = 0, \\ \cdots\cdots\cdots\cdots\cdots\cdots \\ \gamma_1 \dfrac{\partial u_m}{\partial \alpha_1} + \gamma_2 \dfrac{\partial u_m}{\partial \alpha_2} + \cdots + \gamma_m \dfrac{\partial u_m}{\partial \alpha_m} + \dfrac{\partial u_m}{\partial \alpha_{m+1}} = 0. \end{cases}$$

Hier sind $\gamma_1, \gamma_2, \ldots, \gamma_m$ die Constanten, welchen respective die Functionen

$$\frac{\partial v_1}{\partial \alpha_{m+1}}, \quad \frac{\partial v_2}{\partial \alpha_{m+1}}, \quad \ldots, \quad \frac{\partial v_m}{\partial \alpha_{m+1}}$$

gleich werden. Wenn eine von den Gleichungen (4) nicht identisch ist, so können auch zufolge der bekannten Theorie der linearen partiellen Differentialgleichungen erster Ordnung in einer der Gleichungen (2) die willkürlichen Constanten auf eine kleinere Anzahl gebracht werden.

Differentiirt man zweimal hinter einander nach derselben Constante α_{m+1}, so erhält man aus jeder der Gleichungen (2), $u = 0$, die Gleichung

$$0 = \varepsilon_1 \frac{\partial u}{\partial \alpha_1} + \varepsilon_2 \frac{\partial u}{\partial \alpha_2} + \cdots + \varepsilon_m \frac{\partial u}{\partial \alpha_m}$$
$$+ \gamma_1\gamma_1 \frac{\partial^2 u}{\partial \alpha_1 \partial \alpha_1} + 2\gamma_1\gamma_2 \frac{\partial^2 u}{\partial \alpha_1 \partial \alpha_2} + \cdots + 2\gamma_m \frac{\partial^2 u}{\partial \alpha_m \partial \alpha_{m+1}} + \frac{\partial^2 u}{\partial \alpha_{m+1} \partial \alpha_{m+1}},$$

wo $\varepsilon_1, \varepsilon_2, \ldots, \varepsilon_m$ die constanten Werthe der Functionen

$$\frac{\partial^2 v_1}{\partial \alpha_{m+1} \partial \alpha_{m+1}}, \quad \frac{\partial^2 v_2}{\partial \alpha_{m+1} \partial \alpha_{m+1}}, \quad \ldots$$

sind. Differentiirt man zweimal hinter einander nach verschiedenen Constanten, einmal nach α_{m+1} und dann nach α_{m+2}, so erhält man aus $u = 0$ die Gleichung

$$0 = \zeta_1 \frac{\partial u}{\partial \alpha_1} + \zeta_2 \frac{\partial u}{\partial \alpha_2} + \cdots + \zeta_m \frac{\partial u}{\partial \alpha_m} + \gamma_1\gamma_1' \frac{\partial^2 u}{\partial \alpha_1 \partial \alpha_1} + (\gamma_1\gamma_2' + \gamma_2\gamma_1') \frac{\partial^2 u}{\partial \alpha_1 \partial \alpha_2} + \cdots$$
$$\cdots + \gamma_m' \frac{\partial^2 u}{\partial \alpha_m \partial \alpha_{m+1}} + \gamma_m \frac{\partial^2 u}{\partial \alpha_m \partial \alpha_{m+2}} + \frac{\partial^2 u}{\partial \alpha_{m+1} \partial \alpha_{m+2}},$$

wo $\zeta_1, \zeta_2, \ldots, \zeta_m, \gamma'_1, \gamma'_2, \ldots, \gamma'_m$ respective die constanten Werthe der Functionen

$$\frac{\partial^2 v_1}{\partial\alpha_{m+1}\partial\alpha_{m+2}}, \quad \frac{\partial^2 v_2}{\partial\alpha_{m+1}\partial\alpha_{m+2}}, \quad \ldots, \quad \frac{\partial^2 v_m}{\partial\alpha_{m+1}\partial\alpha_{m+2}}, \quad \frac{\partial v_1}{\partial\alpha_{m+2}}, \quad \frac{\partial v_2}{\partial\alpha_{m+2}}, \quad \ldots, \quad \frac{\partial v_m}{\partial\alpha_{m+2}}$$

bedeuten. Diese durch Differentiation nach den willkürlichen Constanten abgeleiteten Gleichungen können entweder neue Integralgleichungen sein oder sich aus den Gleichungen (2) ergeben.

Die Werthe der Constanten γ_1, γ_2 etc. lassen sich im Allgemeinen nicht angeben, sondern müssen nach der besonderen Natur der Gleichungen (2) und der gegebenen Differentialgleichungen jedesmal bestimmt werden. Nur in einem besonderen Falle habe ich ihre allgemeinen Werthe angegeben. Sind nämlich die zwischen den $n+1$ Variabeln $x, x_1, x_2, \ldots, x_n$ gegebenen Differentialgleichungen:

$$dx : dx_1 : dx_2 : \ldots : dx_n = X : X_1 : X_2 : \ldots : X_n,$$

und nimmt man an, dass für $x = x^0$ gleichzeitig

$$x_1 = x_1^0, \quad x_2 = x_2^0, \quad \ldots, \quad x_n = x_n^0$$

ist, so kann man in den vollständigen Integralgleichungen die Constanten $x^0, x_1^0, x_2^0, \ldots, x_n^0$ für die willkürlichen Constanten annehmen, von denen eine *überzählig* sein wird. Hat man eine dieser Integralgleichungen, $u = 0$, welche diese willkürlichen Constanten sämmtlich enthält oder jedenfalls eine mehr, als die gesammte Zahl der Gleichungen beträgt, die man aus $u = 0$ durch Differentiation und Substitution der gegebenen Differentialgleichungen ableiten kann, so differentiire man diese Gleichung einige Male hinter einander so, als wären nur die Grössen $x^0, x_1^0, x_2^0, \ldots, x_n^0$ variabel, die Grössen $x, x_1, x_2, \ldots, x_n$ dagegen constant, und als hätte man die Differentialgleichungen

$$dx^0 : dx_1^0 : dx_2^0 : \ldots : dx_n^0 = X^0 : X_1^0 : X_2^0 : \ldots : X_n^0,$$

wo $X^0, X_1^0, X_2^0, \ldots, X_n^0$ die Werthe von $X, X_1, X_2, \ldots, X_n$ für $x = x^0$, $x_1 = x_1^0$, $x_2 = x_2^0, \ldots, x_n = x_n^0$ bedeuten. Wenn man nach jeder Differentiation durch diese Gleichungen die Differentiale $dx^0, dx_1^0, dx_2^0, \ldots, dx_n^0$ eliminirt, so erhält man immer durch dieses Verfahren wieder Integralgleichungen. Die erste und einfachste derselben ist

$$X^0 \frac{\partial u}{\partial x^0} + X_1^0 \frac{\partial u}{\partial x_1^0} + X_2^0 \frac{\partial u}{\partial x_2^0} + \cdots + X_n^0 \frac{\partial u}{\partial x_n^0} = 0,$$

welche, wie man sieht, die Form der Gleichungen (4) hat.

§. 3. Anwendung der vorhergehenden Betrachtungen auf das aus einer vollständigen Lösung mit überzähligen Constanten entspringende System der dynamischen Integralgleichungen.

Diese in der angeführten Abhandlung ausführlicher auseinander gesetzten Betrachtungen will ich jetzt auf den Fall anwenden, wo die zur Bildung der Integralgleichungen gebrauchte vollständige Lösung S die willkürlichen Constanten $\alpha_1, \alpha_2, \ldots, \alpha_k$ enthält, von denen $k-m$ überzählige sind. Die Anzahl dieser überzähligen willkürlichen Constanten kann auch unendlich gross sein.

Die Integralgleichungen

$$(1)\quad p_1 = \frac{\partial S}{\partial q_1}, \quad p_2 = \frac{\partial S}{\partial q_2}, \quad \ldots, \quad p_m = \frac{\partial S}{\partial q_m}$$

sind solche, aus denen durch Differentiation und Substitution der gegebenen Differentialgleichungen keine weitere abgeleitet werden kann, die nicht schon in den Gleichungen (1) enthalten ist. Es ergeben sich daher durch die Formeln (4) des vorigen §. aus diesen die neuen Integralgleichungen:

$$(2)\quad \begin{cases} 0 = \gamma_1 \frac{\partial p_1}{\partial \alpha_1} + \gamma_2 \frac{\partial p_1}{\partial \alpha_2} + \cdots + \gamma_m \frac{\partial p_1}{\partial \alpha_m} + \frac{\partial p_1}{\partial \alpha_{m+1}}, \\ 0 = \gamma_1 \frac{\partial p_2}{\partial \alpha_1} + \gamma_2 \frac{\partial p_2}{\partial \alpha_2} + \cdots + \gamma_m \frac{\partial p_2}{\partial \alpha_m} + \frac{\partial p_2}{\partial \alpha_{m+1}}, \\ \cdots\cdots\cdots\cdots\cdots\cdots \\ 0 = \gamma_1 \frac{\partial p_m}{\partial \alpha_1} + \gamma_2 \frac{\partial p_m}{\partial \alpha_2} + \cdots + \gamma_m \frac{\partial p_m}{\partial \alpha_m} + \frac{\partial p_m}{\partial \alpha_{m+1}}, \end{cases}$$

wo der Kürze wegen $p_1, p_2, \ldots, p_m$ für $\frac{\partial S}{\partial q_1}, \frac{\partial S}{\partial q_2}, \ldots, \frac{\partial S}{\partial q_m}$ gesetzt ist. Erhält man durch Auflösung der Gleichungen (1) nach den Grössen $\alpha_1, \alpha_2, \ldots, \alpha_m$ die Gleichungen

$$\alpha_1 = A_1, \quad \alpha_2 = A_2, \quad \ldots, \quad \alpha_m = A_m,$$

so sind $\gamma_1, \gamma_2, \ldots, \gamma_m$ zufolge der im vorigen §. mitgetheilten Sätze diejenigen Werthe, welchen die Functionen

$$\frac{\partial A_1}{\partial \alpha_{m+1}}, \quad \frac{\partial A_2}{\partial \alpha_{m+1}}, \quad \ldots, \quad \frac{\partial A_m}{\partial \alpha_{m+1}}$$

gleich werden müssen. Substituirt man für $\gamma_1, \gamma_2, \ldots, \gamma_m$ diese Functionen, so werden die Gleichungen (2) identisch.

Man kann aber zu den Gleichungen (1) auch noch die anderen Integralgleichungen

$$(3)\quad \beta_1 = \frac{\partial S}{\partial \alpha_1},\quad \beta_2 = \frac{\partial S}{\partial \alpha_2},\quad \ldots,\quad \beta_k = \frac{\partial S}{\partial \alpha_k}$$

hinzunehmen und erhält dann folgendes System von Integralgleichungen:

$$(4)\quad \begin{cases} \delta_1 = \gamma_1 \frac{\partial \beta_1}{\partial \alpha_1} + \gamma_2 \frac{\partial \beta_1}{\partial \alpha_2} + \cdots + \gamma_m \frac{\partial \beta_1}{\partial \alpha_m} + \frac{\partial \beta_1}{\partial \alpha_{m+1}}, \\ \delta_2 = \gamma_1 \frac{\partial \beta_2}{\partial \alpha_1} + \gamma_2 \frac{\partial \beta_2}{\partial \alpha_2} + \cdots + \gamma_m \frac{\partial \beta_2}{\partial \alpha_m} + \frac{\partial \beta_2}{\partial \alpha_{m+1}}, \\ \cdots\cdots\cdots\cdots\cdots \\ \delta_k = \gamma_1 \frac{\partial \beta_k}{\partial \alpha_1} + \gamma_2 \frac{\partial \beta_k}{\partial \alpha_2} + \cdots + \gamma_m \frac{\partial \beta_k}{\partial \alpha_m} + \frac{\partial \beta_k}{\partial \alpha_{m+1}}, \end{cases}$$

wo die Grössen $\beta_1, \beta_2, \ldots, \beta_k$ der Kürze halber für die Functionen $\frac{\partial S}{\partial \alpha_1}, \frac{\partial S}{\partial \alpha_2}, \ldots, \frac{\partial S}{\partial \alpha_k}$ gesetzt sind. Erhält man durch Substitution der Werthe

$$\alpha_1 = A_1,\quad \alpha_2 = A_2,\quad \ldots,\quad \alpha_m = A_m$$

in die Gleichungen (3) die Gleichungen

$$\beta_1 = B_1,\quad \beta_2 = B_2,\quad \ldots,\quad \beta_k = B_k,$$

so werden $\delta_1, \delta_2, \ldots, \delta_k$ die constanten Werthe, welchen nach den im vorigen §. angestellten Betrachtungen die Functionen

$$\frac{\partial B_1}{\partial \alpha_{m+1}},\quad \frac{\partial B_2}{\partial \alpha_{m+1}},\quad \ldots,\quad \frac{\partial B_k}{\partial \alpha_{m+1}}$$

gleich werden. Die Gleichungen (4) werden identisch, wenn man in denselben für $\gamma_1, \gamma_2, \ldots, \gamma_m, \delta_1, \delta_2, \ldots, \delta_k$ die aequivalenten Ausdrücke

$$(5)\quad \begin{cases} \gamma_1 = \frac{\partial A_1}{\partial \alpha_{m+1}},\quad \gamma_2 = \frac{\partial A_2}{\partial \alpha_{m+1}},\quad \ldots,\quad \gamma_m = \frac{\partial A_m}{\partial \alpha_{m+1}}, \\ \delta_1 = \frac{\partial B_1}{\partial \alpha_{m+1}},\quad \delta_2 = \frac{\partial B_2}{\partial \alpha_{m+1}},\quad \ldots,\quad \delta_k = \frac{\partial B_k}{\partial \alpha_{m+1}} \end{cases}$$

substituirt. Die Werthe, welche die Constanten

$$\gamma_1,\ \gamma_2,\ \ldots,\ \gamma_m,\ \delta_1,\ \delta_2,\ \ldots,\ \delta_k$$

in den Integralgleichungen (2) und (4) oder in den Integralgleichungen (5) annehmen, sind Functionen der Constanten

$$\alpha_1,\ \alpha_2,\ \ldots,\ \alpha_k,\ \beta_1,\ \beta_2,\ \ldots,\ \beta_k.$$

Man erhält diese Functionen, wenn man in (5) die Werthe von $q_1, q_2, \ldots, q_m$, durch t und die willkürlichen Constanten

$$\alpha_1,\ \alpha_2,\ \ldots,\ \alpha_k,\ \beta_1,\ \beta_2,\ \ldots,\ \beta_m$$

ausgedrückt, substituirt, nach welcher Substitution die Variabele t aus den Ausdrücken rechts vom Gleichheitszeichen ganz herausgehen muss. Man kann daher in (5) auch $t = 0$ setzen, und für $q_1, q_2, \ldots, q_m$ gleichzeitig die Functionen der willkürlichen Constanten substituiren, welche ihren Anfangswerthen gleich sind. Aehnliche Formeln, wie die vorstehenden, erhält man in Bezug auf jede der übrigen überzähligen willkürlichen Constanten $\alpha_{m+2}, \alpha_{m+3}, \ldots, \alpha_k$.

Die Gleichungen (2) und (4) kann man auch folgendermassen schreiben:

$$(6)\quad \begin{cases} 0 = \gamma_1 \dfrac{\partial \beta_1}{\partial q_1} + \gamma_2 \dfrac{\partial \beta_2}{\partial q_1} + \cdots + \gamma_m \dfrac{\partial \beta_m}{\partial q_1} + \dfrac{\partial \beta_{m+1}}{\partial q_1}, \\ 0 = \gamma_1 \dfrac{\partial \beta_1}{\partial q_2} + \gamma_2 \dfrac{\partial \beta_2}{\partial q_2} + \cdots + \gamma_m \dfrac{\partial \beta_m}{\partial q_2} + \dfrac{\partial \beta_{m+1}}{\partial q_2}, \\ \cdots\cdots\cdots\cdots\cdots\cdots \\ 0 = \gamma_1 \dfrac{\partial \beta_1}{\partial q_m} + \gamma_2 \dfrac{\partial \beta_2}{\partial q_m} + \cdots + \gamma_m \dfrac{\partial \beta_m}{\partial q_m} + \dfrac{\partial \beta_{m+1}}{\partial q_m}, \\ \delta_1 = \gamma_1 \dfrac{\partial \beta_1}{\partial \alpha_1} + \gamma_2 \dfrac{\partial \beta_2}{\partial \alpha_1} + \cdots + \gamma_m \dfrac{\partial \beta_m}{\partial \alpha_1} + \dfrac{\partial \beta_{m+1}}{\partial \alpha_1}, \\ \delta_2 = \gamma_1 \dfrac{\partial \beta_1}{\partial \alpha_2} + \gamma_2 \dfrac{\partial \beta_2}{\partial \alpha_2} + \cdots + \gamma_m \dfrac{\partial \beta_m}{\partial \alpha_2} + \dfrac{\partial \beta_{m+1}}{\partial \alpha_2}, \\ \cdots\cdots\cdots\cdots\cdots\cdots \\ \delta_k = \gamma_1 \dfrac{\partial \beta_1}{\partial \alpha_k} + \gamma_2 \dfrac{\partial \beta_2}{\partial \alpha_k} + \cdots + \gamma_m \dfrac{\partial \beta_m}{\partial \alpha_k} + \dfrac{\partial \beta_{m+1}}{\partial \alpha_k}, \end{cases}$$

wo die Grössen $\beta_1, \beta_2, \ldots, \beta_{m+1}$ immer die Functionen (3) bedeuten. Es ist aber β_{m+1} einer Function der Grössen

$$\beta_1, \beta_2, \ldots, \beta_m, \alpha_1, \alpha_2, \ldots, \alpha_k$$

gleich, welche ausser diesen Grössen keine der Variabeln enthält, wie wir oben gesehen haben. Substituirt man diese Function für β_{m+1}, so zeigen die Gleichungen (6), *dass die Constanten* $-\gamma_1, -\gamma_2, \ldots, -\gamma_m$ *den partiellen Differentialquotienten von* β_{m+1}, *nach* $\beta_1, \beta_2, \ldots, \beta_m$ *genommen, die Constanten* $\delta_1, \delta_2, \ldots, \delta_k$ *den partiellen Differentialquotienten von* β_{m+1}, *nach* $\alpha_1, \alpha_2, \ldots, \alpha_k$ *genommen, gleich werden, oder dass man die Gleichungen hat:*

$$\begin{aligned} \gamma_1 &= \frac{\partial \alpha_1}{\partial \alpha_{m+1}} = -\frac{\partial \beta_{m+1}}{\partial \beta_1}, & \delta_1 &= \frac{\partial \beta_1}{\partial \alpha_{m+1}} = \frac{\partial \beta_{m+1}}{\partial \alpha_1}, \\ \gamma_2 &= \frac{\partial \alpha_2}{\partial \alpha_{m+1}} = -\frac{\partial \beta_{m+1}}{\partial \beta_2}, & \delta_2 &= \frac{\partial \beta_2}{\partial \alpha_{m+1}} = \frac{\partial \beta_{m+1}}{\partial \alpha_2}, \\ &\cdots\cdots\cdots\cdots \\ \gamma_m &= \frac{\partial \alpha_m}{\partial \alpha_{m+1}} = -\frac{\partial \beta_{m+1}}{\partial \beta_m}, & \delta_k &= \frac{\partial \beta_k}{\partial \alpha_{m+1}} = \frac{\partial \beta_{m+1}}{\partial \alpha_k}; \end{aligned}$$

wo in jeder Gleichung in den partiellen Differentialquotienten links die Grössen $\alpha_1, \alpha_2, \ldots, \alpha_m, \beta_1, \beta_2, \ldots, \beta_k$ *als Functionen der Variabeln und der überzähligen Constanten* $\alpha_{m+1}, \alpha_{m+2}, \ldots, \alpha_k$ *betrachtet werden, in den partiellen Differentialquotienten rechts dagegen die Grösse* β_{m+1} *als Function der Constanten* $\beta_1, \beta_2, \ldots, \beta_m, \alpha_1, \alpha_2, \ldots, \alpha_k$. Es folgt hieraus von selbst, dass die Grössen $\gamma_1, \gamma_2, \ldots, \gamma_m, \delta_1, \delta_2, \ldots, \delta_k$ constante Werthe haben.

Man sieht aus der vorstehenden Untersuchung, dass der in den Formeln (4) des vorigen §. enthaltene allgemeine Satz für den besonderen hier betrachteten Fall sich unmittelbar daraus ergiebt, dass in demselben die Constanten $\beta_{m+1}, \beta_{m+2}, \ldots, \beta_k$ Functionen der willkürlichen Constanten

$$\alpha_1, \alpha_2, \ldots, \alpha_k, \beta_1, \beta_2, \ldots, \beta_m$$

sind. Die complicirteren Formeln, welche sich durch *wiederholte* Differentiation nach den überzähligen Constanten ergeben, übergehe ich, da auch diese Formeln sich für den hier betrachteten Fall daraus ableiten lassen, dass die Constanten $\beta_{m+1}, \beta_{m+2}, \ldots, \beta_k$ Functionen der übrigen sind.

§. 4. Wie man aus einer beliebigen vollständigen Lösung einer partiellen Differentialgleichung erster Ordnung ihre sämmtlichen übrigen Lösungen ableitet.

Lagrange hat gezeigt, wie man aus jeder vollständigen Lösung einer partiellen Differentialgleichung erster Ordnung *allgemeinere* ableiten kann. Es gehört diese wichtige Untersuchung zu seinen frühesten Arbeiten über die partiellen Differentialgleichungen. Aber zur Vollständigkeit seiner Theorie gehört der Nachweis, welchen er nicht gegeben hat, dass die von ihm eingeführten allgemeinen Formen wirklich alle Lösungen umfassen, oder dass die *willkürlichen Functionen*, welche sie enthalten, immer so bestimmt werden können, dass eine gegebene Lösung erhalten wird. Es scheint ferner die Natur der verschiedenen allgemeinen Formen nicht in das rechte Licht gesetzt worden zu sein. Ich werde im Folgenden eine neue Darstellung dieses Gegenstandes zu geben versuchen.

Es sei eine partielle Differentialgleichung erster Ordnung gegeben, in welcher wieder die gesuchte Function S heisse und die Grössen

$$t, q_1, q_2, \ldots, q_m$$

die unabhängigen Variabeln seien. Man kenne irgend eine vollständige Lösung dieser partiellen Differentialgleichung mit den willkürlichen Constanten $\alpha, \alpha_1, \alpha_2, \ldots, \alpha_m$

$$S = f(t, q_1, q_2, \ldots, q_m, \alpha, \alpha_1, \alpha_2, \ldots, \alpha_m).$$

Setzt man in f für $\alpha, \alpha_1, \alpha_2, \ldots, \alpha_{i-1}$ beliebige Functionen der übrigen $\alpha_i, \alpha_{i+1}, \ldots, \alpha_m$ und nimmt nach dieser Substitution die partiellen Differentialquotienten von f, so will ich der Unterscheidung wegen dieselben in Klammern einschliessen, so dass also z. B.

$$\left(\frac{\partial f}{\partial \alpha_i}\right) = \frac{\partial f}{\partial \alpha}\frac{\partial \alpha}{\partial \alpha_i} + \frac{\partial f}{\partial \alpha_1}\frac{\partial \alpha_1}{\partial \alpha_i} + \cdots + \frac{\partial f}{\partial \alpha_{i-1}}\frac{\partial \alpha_{i-1}}{\partial \alpha_i} + \frac{\partial f}{\partial \alpha_i}$$

ist, und ferner, da die Functionen von $\alpha_i, \alpha_{i+1}, \ldots, \alpha_m$, welche man für $\alpha, \alpha_1, \ldots, \alpha_{i-1}$ gesetzt hat, nicht noch ausserdem die Grössen $t, q_1, q_2, \ldots, q_m$ enthalten:

$$\left(\frac{\partial f}{\partial q_1}\right) = \frac{\partial f}{\partial q_1}, \quad \left(\frac{\partial f}{\partial q_2}\right) = \frac{\partial f}{\partial q_2}, \quad \ldots, \quad \left(\frac{\partial f}{\partial q_m}\right) = \frac{\partial f}{\partial q_m}, \quad \left(\frac{\partial f}{\partial t}\right) = \frac{\partial f}{\partial t}.$$

Man bestimme jetzt die Grössen $\alpha_i, \alpha_{i+1}, \ldots, \alpha_m$ als Functionen der unabhängigen Variabeln mittelst der Gleichungen

$$(1) \quad \left(\frac{\partial f}{\partial \alpha_i}\right) = 0, \quad \left(\frac{\partial f}{\partial \alpha_{i+1}}\right) = 0, \quad \ldots, \quad \left(\frac{\partial f}{\partial \alpha_m}\right) = 0,$$

so werden auch $\alpha, \alpha_1, \alpha_2, \ldots, \alpha_{i-1}$ Functionen der unabhängigen Variabeln. Aus den Gleichungen (1) folgt, dass die partiellen Differentialquotienten von f, nach den Variabeln $t, q_1, q_2, \ldots, q_m$ genommen, dieselben Werthe erhalten, ob man vor oder nach der partiellen Differentiation für $\alpha_i, \alpha_{i+1}, \ldots, \alpha_m$ ihre veränderlichen Werthe substituirt. Wird durch diese Substitution

$$(2) \quad f = F,$$

so hat man demnach auch:

$$(3) \quad \frac{\partial F}{\partial q_1} = \frac{\partial f}{\partial q_1}, \quad \frac{\partial F}{\partial q_2} = \frac{\partial f}{\partial q_2}, \quad \ldots, \quad \frac{\partial F}{\partial q_m} = \frac{\partial f}{\partial q_m}, \quad \frac{\partial F}{\partial t} = \frac{\partial f}{\partial t},$$

wenn man nach der partiellen Differentiation für $\alpha, \alpha_1, \alpha_2, \ldots, \alpha_m$ ihre veränderlichen Werthe setzt. Die gegebene partielle Differentialgleichung giebt eine *identische* Gleichung zwischen den Grössen

$$f, \quad \frac{\partial f}{\partial q_1}, \quad \frac{\partial f}{\partial q_2}, \quad \ldots, \quad \frac{\partial f}{\partial q_m}, \quad \frac{\partial f}{\partial t}, \quad q_1, \quad q_2, \quad \ldots, \quad q_m, \quad t,$$

in welcher ausserdem nicht noch die Grössen $\alpha, \alpha_1, \alpha_2, \ldots, \alpha_m$ vorkommen. Es bleibt diese Gleichung daher identisch, was für Werthe man diesen Grössen auch beilegt. Setzt man aber dafür die veränderlichen Werthe, welche nach der im Vorhergehenden angegebenen Art bestimmt sind, so verwandeln sich die vorstehenden Grössen in

$$F, \quad \frac{\partial F}{\partial q_1}, \quad \frac{\partial F}{\partial q_2}, \quad \ldots, \quad \frac{\partial F}{\partial q_m}, \quad \frac{\partial F}{\partial t}, \quad q_1, \quad q_2, \quad \ldots, \quad q_m, \quad t,$$

oder es ist $S = F$ ebenfalls eine Lösung der gegebenen partiellen Differentialgleichung.

Ich will jetzt zeigen, dass man auf die angegebene Art alle Lösungen der gegebenen partiellen Differentialgleichung erhält. Ist nämlich umgekehrt F irgend eine beliebig gegebene Lösung, so will ich beweisen, dass man diese bestimmte Lösung aus jeder beliebigen vollständigen Lösung f erhalten kann, wenn man eine bestimmte Zahl i ihrer $m+1$ willkürlichen Constanten bestimmten Functionen der übrigen gleich setzt und für diese letzteren wiederum die durch die Gleichungen (1) bestimmten Functionen substituirt. *Es ist daher, wenn F und f gegeben sind, zuerst die Zahl i zu bestimmen, oder festzustellen, wie viele der Grössen α, α_1, α_2, ..., α_m man als Functionen der übrigen zu setzen hat; alsdann sind diese Functionen selbst zu ermitteln.*

Da die beiden Functionen f und F Lösungen derselben Differentialgleichung sind, so ist von den $m+2$ Gleichungen (2) und (3) eine die Folge der übrigen, so dass sie die Stelle von nur $m+1$ Gleichungen vertreten, zu welchen man die Gleichungen

$$(4)\quad f = F,\quad \frac{\partial f}{\partial q_1} = \frac{\partial F}{\partial q_1},\quad \frac{\partial f}{\partial q_2} = \frac{\partial F}{\partial q_2},\quad \ldots,\quad \frac{\partial f}{\partial q_m} = \frac{\partial F}{\partial q_m}$$

wählen kann. Aus diesen $m+1$ Gleichungen können immer die Werthe der $m+1$ Functionen α, α_1, α_2, ..., α_m bestimmt werden. Denn diese Grössen kommen in diesen Gleichungen nur in den Ausdrücken

$$f,\quad \frac{\partial f}{\partial q_1},\quad \frac{\partial f}{\partial q_2},\quad \ldots,\quad \frac{\partial f}{\partial q_m}$$

vor, welche, als Functionen von α, α_1, α_2, ..., α_m betrachtet, von einander unabhängig sind, weil sonst die Function f noch einer zweiten partiellen Differentialgleichung, welche die willkürlichen Constanten α, α_1, α_2, ..., α_m nicht enthält, genügen würde und daher nach der oben gegebenen Definition keine *vollständige* Lösung sein könnte. Man kann daher die Grössen α, α_1, α_2, ..., α_m umgekehrt und auf identische Weise als Functionen der Grössen

$$f,\quad \frac{\partial f}{\partial q_1},\quad \frac{\partial f}{\partial q_2},\quad \ldots,\quad \frac{\partial f}{\partial q_m},\quad t,\quad q_1,\quad q_2,\quad \ldots,\quad q_m$$

darstellen und erhält hieraus, wenn man zufolge (4) für f, $\frac{\partial f}{\partial q_1}$, $\frac{\partial f}{\partial q_2}$, ..., $\frac{\partial f}{\partial q_m}$ die Functionen F, $\frac{\partial F}{\partial q_1}$, $\frac{\partial F}{\partial q_2}$, ..., $\frac{\partial F}{\partial q_m}$ setzt, die verlangten Werthe der

Grössen $\alpha, \alpha_1, \alpha_2, \ldots, \alpha_m$, die ich mit

$$(5)\quad A = \alpha,\quad A_1 = \alpha_1,\quad A_2 = \alpha_2,\quad \ldots,\quad A_m = \alpha_m$$

bezeichnen will.

Durch Substitution der Werthe (5) für $\alpha, \alpha_1, \alpha_2, \ldots, \alpha_m$ werden die Gleichungen (4) identisch, und dasselbe gilt dann von der Gleichung

$$\frac{\partial f}{\partial t} = \frac{\partial F}{\partial t},$$

welche eine Folge von ihnen ist. Ich will nun beweisen, *dass die Functionen $A, A_1, A_2, \ldots, A_m$ nicht von einander unabhängig sind.*

Wenn man nämlich die identische Gleichung

$$f(t, q_1, q_2, \ldots, q_m, A, A_1, A_2, \ldots, A_m) = F$$

partiell nach $t, q_1, q_2, \ldots, q_m$ differentiirt, so erhält man, weil durch die Gleichungen (5) die Gleichungen (3) identisch werden,

$$(6)\quad \begin{cases} \dfrac{\partial f}{\partial A}\dfrac{\partial A}{\partial t} + \dfrac{\partial f}{\partial A_1}\dfrac{\partial A_1}{\partial t} + \cdots + \dfrac{\partial f}{\partial A_m}\dfrac{\partial A_m}{\partial t} = 0, \\ \dfrac{\partial f}{\partial A}\dfrac{\partial A}{\partial q_1} + \dfrac{\partial f}{\partial A_1}\dfrac{\partial A_1}{\partial q_1} + \cdots + \dfrac{\partial f}{\partial A_m}\dfrac{\partial A_m}{\partial q_1} = 0, \\ \dfrac{\partial f}{\partial A}\dfrac{\partial A}{\partial q_2} + \dfrac{\partial f}{\partial A_1}\dfrac{\partial A_1}{\partial q_2} + \cdots + \dfrac{\partial f}{\partial A_m}\dfrac{\partial A_m}{\partial q_2} = 0, \\ \cdot\quad\cdot\quad\cdot\quad\cdot\quad\cdot\quad\cdot\quad\cdot\quad\cdot\quad\cdot\quad\cdot\quad\cdot\quad\cdot \\ \dfrac{\partial f}{\partial A}\dfrac{\partial A}{\partial q_m} + \dfrac{\partial f}{\partial A_1}\dfrac{\partial A_1}{\partial q_m} + \cdots + \dfrac{\partial f}{\partial A_m}\dfrac{\partial A_m}{\partial q_m} = 0. \end{cases}$$

Es sind dies zwischen den $m+1$ Grössen

$$\frac{\partial f}{\partial A},\quad \frac{\partial f}{\partial A_1},\quad \frac{\partial f}{\partial A_2},\quad \ldots,\quad \frac{\partial f}{\partial A_m}$$

eine gleiche Anzahl linearer Gleichungen, in denen die von jenen Grössen unabhängigen Glieder gleich Null sind. Man kann daher aus ihnen diese Grössen eliminiren, wodurch man

$$\Sigma \pm \frac{\partial A}{\partial t}\frac{\partial A_1}{\partial q_1}\frac{\partial A_2}{\partial q_2}\cdots\frac{\partial A_m}{\partial q_m} = 0$$

erhält; d. h. es verschwindet die Functionaldeterminante von $A, A_1, A_2, \ldots, A_m$, oder diese Functionen sind von einander nicht unabhängig.

Da von den Functionen A, A_1, A_2, ..., A_m bewiesen ist, dass sie von einander nicht unabhängig sind, so werden eine oder mehrere von ihnen Functionen der übrigen sein. Es seien i von diesen Grössen Functionen der übrigen. Die $m+1$ Gleichungen (4) lassen sich in diesem Falle durch successive Elimination immer in die Form der Gleichungen

$$(7)\quad \alpha = \mathfrak{A},\quad \alpha_1 = \mathfrak{A}_1,\quad \alpha_2 = \mathfrak{A}_2,\quad \ldots,\quad \alpha_{i-1} = \mathfrak{A}_{i-1},$$

$$(8)\quad q_i = Q,\quad q_{i+1} = Q_1,\quad q_{i+2} = Q_2,\quad \ldots,\quad q_m = Q_{m-i}$$

bringen, wo die Functionen Q, Q_1, Q_2, ..., Q_{m-i} die Grössen t, q_1, q_2, ..., q_{i-1}, α_i, α_{i+1}, ..., α_m, die Functionen $\mathfrak{A}$, $\mathfrak{A}_1$, $\mathfrak{A}_2$, ..., $\mathfrak{A}_{i-1}$ nur die Grössen α_i, α_{i+1}, ..., α_m enthalten. Die Zahl und Beschaffenheit der Gleichungen (7) ist durch die Gleichungen (4), also durch die beiden gegebenen Lösungen f und F, von denen die eine eine vollständige, die andere eine beliebige ist, vollkommen bestimmt. Die Zahl i wird wenigstens gleich 1 sein und kann den Werth $m+1$ erreichen. Es wird daher von den Gleichungen (7) immer wenigstens eine geben, und dieses wird sogar im Allgemeinen der Fall sein. Die Gleichungen (8) dagegen werden nicht stattfinden, wenn $i = m+1$ ist, in welchem Falle die Grössen $\mathfrak{A}$, $\mathfrak{A}_1$, $\mathfrak{A}_2$, ..., $\mathfrak{A}_m$ Constanten werden. Die Functionen f und F kommen dann dadurch mit einander überein, dass man für α, α_1, α_2, ..., α_m constante Werthe setzt, oder die gegebene Lösung F ist in der vollständigen Lösung f selbst enthalten. Aus den Gleichungen (8) erhält man α_i, α_{i+1}, ..., α_m als Functionen der unabhängigen Variabeln:

$$(9)\quad A_i = \alpha_i,\quad A_{i+1} = \alpha_{i+1},\quad \ldots,\quad A_m = \alpha_m.$$

Umgekehrt folgen aus (9) die Gleichungen (8); es müssen daher die Functionen A_i, A_{i+1}, ..., A_m in Bezug auf die Grössen q_i, q_{i+1}, ..., q_m von einander unabhängig sein. Setzt man in (7) für α_i, α_{i+1}, ..., α_m ihre Werthe (9), so erhält man die Werthe von α, α_1, α_2, ..., α_{i-1} als Functionen von A_i, A_{i+1}, ..., A_m:

$$\alpha = A,\quad \alpha_1 = A_1,\quad \alpha_2 = A_2,\quad \ldots,\quad \alpha_{i-1} = A_{i-1}.$$

Substituirt man diese Functionen für A, A_1, A_2, ..., A_{i-1} in die identische Gleichung

$$f(t, q_1, q_2, \ldots, q_m, A, A_1, A_2, \ldots, A_m) = F$$

und differentiirt hierauf diese identische Gleichung partiell nach den Grössen q_i, q_{i+1}, ..., q_m, so erhält man wegen (3):

$$\left(\frac{\partial f}{\partial A_i}\right)\frac{\partial A_i}{\partial q_i}+\left(\frac{\partial f}{\partial A_{i+1}}\right)\frac{\partial A_{i+1}}{\partial q_i}+\cdots+\left(\frac{\partial f}{\partial A_m}\right)\frac{\partial A_m}{\partial q_i}=0,$$

$$\left(\frac{\partial f}{\partial A_i}\right)\frac{\partial A_i}{\partial q_{i+1}}+\left(\frac{\partial f}{\partial A_{i+1}}\right)\frac{\partial A_{i+1}}{\partial q_{i+1}}+\cdots+\left(\frac{\partial f}{\partial A_m}\right)\frac{\partial A_m}{\partial q_{i+1}}=0,$$

$$\cdots\cdots\cdots\cdots\cdots\cdots\cdots\cdots$$

$$\left(\frac{\partial f}{\partial A_i}\right)\frac{\partial A_i}{\partial q_m}+\left(\frac{\partial f}{\partial A_{i+1}}\right)\frac{\partial A_{i+1}}{\partial q_m}+\cdots+\left(\frac{\partial f}{\partial A_m}\right)\frac{\partial A_m}{\partial q_m}=0,$$

wobei die Klammern andeuten, dass vor den partiellen Differentiationen von f die Grössen A, A_1, A_2, ..., A_{i-1} durch die aequivalenten Functionen von A_i, A_{i+1}, ..., A_m ersetzt worden sind. In den vorstehenden, zwischen den $m+1-i$ Grössen

$$\left(\frac{\partial f}{\partial A_i}\right),\quad \left(\frac{\partial f}{\partial A_{i+1}}\right),\quad \ldots,\quad \left(\frac{\partial f}{\partial A_m}\right)$$

stattfindenden linearen Gleichungen fehlen die ganz constanten Glieder. Die Determinante dieser Gleichungen

$$\Sigma\pm\frac{\partial A_i}{\partial q_i}\frac{\partial A_{i+1}}{\partial q_{i+1}}\cdots\frac{\partial A_m}{\partial q_m}$$

kann nicht verschwinden, weil A_i, A_{i+1}, ..., A_m in Bezug auf q_i, q_{i+1}, ..., q_m von einander unabhängige Functionen sind. Es müssen daher die Grössen verschwinden, welche in den linearen Gleichungen die Stelle der Unbekannten einnehmen, wodurch man die Gleichungen

$$(10)\quad \left(\frac{\partial f}{\partial A_i}\right)=0,\quad \left(\frac{\partial f}{\partial A_{i+1}}\right)=0,\quad \ldots,\quad \left(\frac{\partial f}{\partial A_m}\right)=0$$

erhält. Auf diese Weise kommt man auf dem umgekehrten Wege zu den Gleichungen (1) zurück, von welchen oben ausgegangen worden ist, um aus der vollständigen Lösung andere in ihr nicht enthaltene abzuleiten, und man sieht daher, dass man auf dem angegebenen Wege von irgend einer vollständigen Lösung zu jeder beliebigen anderen gelangen kann, und dass sowohl die Zahl als die Natur der Relationen, welche zwischen den willkürlichen Constanten der vollständigen Lösungen angenommen werden müssen, durch die Lösung, zu welcher man gelangen will, bestimmt ist.

Die vorstehenden Betrachtungen lassen nur einen einzigen Ausnahmefall zu. Es ist nämlich oben angenommen worden, dass die Determinante der linearen Gleichungen (6) verschwindet, weil ihre ganz constanten Glieder sämmtlich gleich Null sind. Diese Annahme ist aber in dem Falle nicht nothwendig, wenn sämmtliche Grössen

$$\frac{\partial f}{\partial A}, \frac{\partial f}{\partial A_1}, \frac{\partial f}{\partial A_2}, \ldots, \frac{\partial f}{\partial A_m}$$

verschwinden. Dieser Fall kann in der That eintreten. Hat man nämlich die Functionen $A, A_1, A_2, \ldots, A_m$ durch die Gleichungen

$$(11) \quad \frac{\partial f}{\partial A} = 0, \quad \frac{\partial f}{\partial A_1} = 0, \quad \frac{\partial f}{\partial A_2} = 0, \ldots, \frac{\partial f}{\partial A_m} = 0$$

bestimmt, und setzt dann

$$f(t, q_1, q_2, \ldots, q_m, A, A_1, A_2, \ldots, A_m) = F,$$

so wird

$$\frac{\partial f}{\partial q_1} = \frac{\partial F}{\partial q_1}, \quad \frac{\partial f}{\partial q_2} = \frac{\partial F}{\partial q_2}, \ldots, \frac{\partial f}{\partial q_m} = \frac{\partial F}{\partial q_m}, \quad \frac{\partial f}{\partial t} = \frac{\partial F}{\partial t},$$

und daher ist die zwischen f und seinen partiellen Differentialquotienten bestehende Gleichung auch für F gültig oder F eine Lösung. Aber es kann nur für ganz besonders gebildete, leicht erkennbare partielle Differentialgleichungen sich ereignen, dass die Gleichungen (11) *legitim* sind, wie ich diesen Begriff in meiner Abhandlung über den Multiplicator näher entwickelt habe. Für diese besonderen partiellen Differentialgleichungen kann man diese sogenannte *singuläre* Lösung, welche man mittelst (11) aus der vollständigen ableitet, auch *a priori* aus der partiellen Differentialgleichung ohne eine Integration finden. Für alle anderen partiellen Differentialgleichungen haben die Functionen

$$\frac{\partial f}{\partial \alpha}, \frac{\partial f}{\partial \alpha_1}, \frac{\partial f}{\partial \alpha_2}, \ldots, \frac{\partial f}{\partial \alpha_m}$$

immer den Charakter von Exponentialgrössen oder von Brüchen und können nicht als verschwindend gesetzt werden, ohne den Variabeln unendliche Werthe beizulegen. Ich werde diese singulären Fälle hier um so eher übergehen, als sie in dem Falle der Dynamik nicht eintreten können, in welchem die gesuchte Function in der partiellen Differentialgleichung fehlt. Denn man kann für diesen Fall die Constante α als bloss durch Addition mit der vollständigen Lösung f verbunden ansehen, wodurch man

$$\frac{\partial f}{\partial \alpha} = 1$$

erhält, so dass man also die Grösse $\frac{\partial f}{\partial \alpha}$ nicht als verschwindend ansehen darf.

§. 5. Wie man aus *einer* vollständigen Lösung *alle* vollständigen Lösungen ableiten kann, wenn die partielle Differentialgleichung die gesuchte Function selbst nicht enthält, und wie alle verschiedenen vollständigen Lösungen dieselben dynamischen Integralgleichungen geben.

Wir haben im Vorhergehenden gesehen, dass man aus einer vollständigen Lösung f, welche die willkürlichen Constanten $\alpha, \alpha_1, \alpha_2, \ldots, \alpha_m$ enthält, alle anderen ableiten kann, wenn man für einige der willkürlichen Constanten, $\alpha, \alpha_1, \alpha_2, \ldots, \alpha_{i-1}$, willkürliche Functionen der übrigen $\alpha_i, \alpha_{i+1}, \ldots, \alpha_m$ setzt und dann $\alpha_i, \alpha_{i+1}, \ldots, \alpha_m$ als Functionen der unabhängigen Variabeln bestimmt. Wenn die willkürlichen Functionen von $\alpha_i, \alpha_{i+1}, \ldots, \alpha_m$, welche man für $\alpha, \alpha_1, \alpha_2, \ldots, \alpha_{i-1}$ setzt, $m+1$ willkürliche Constanten

$$a, \; a_1, \; a_2, \; \ldots, \; a_m$$

enthalten, so wird die abgeleitete neue Lösung F wieder, wie die Lösung f, von der man ausgegangen ist, $m+1$ willkürliche Constanten enthalten. Es fragt sich, auf welche Art die neuen willkürlichen Constanten in die angenommenen willkürlichen Functionen eingehen müssen, damit die neue Lösung F ebenfalls als eine vollständige Lösung angesehen werden kann.

Ich will diese Untersuchung mit einem einfacheren Falle beginnen, der aber in Bezug auf die dynamischen Probleme von hauptsächlichem Interesse ist. Ich will nämlich annehmen, dass die gegebene partielle Differentialgleichung nicht S selbst enthält, und demgemäss α mit f bloss durch Addition verbunden ist, ferner dass bloss diese eine Grösse α durch die übrigen mittelst einer Gleichung

$$\alpha = \varphi(\alpha_1, \alpha_2, \ldots, \alpha_m, a_1, a_2, \ldots, a_m) + a$$

ausgedrückt wird, wo $a, a_1, a_2, \ldots, a_m$ die neuen willkürlichen Constanten bedeuten. Die Grössen $\alpha_1, \alpha_2, \ldots, \alpha_m$ werden als Functionen der unabhängigen Variabeln durch die Gleichungen

$$(1) \quad \frac{\partial f}{\partial \alpha_1} + \frac{\partial \varphi}{\partial \alpha_1} = 0, \quad \frac{\partial f}{\partial \alpha_2} + \frac{\partial \varphi}{\partial \alpha_2} = 0, \quad \ldots, \quad \frac{\partial f}{\partial \alpha_m} + \frac{\partial \varphi}{\partial \alpha_m} = 0$$

bestimmt, worauf die neue Lösung

$$F = f(t, q_1, q_2, \ldots, q_m, \alpha_1, \alpha_2, \ldots, \alpha_m) + \varphi + a$$

wird.

Zufolge der oben für die Vollständigkeit einer Lösung gegebenen Kriterien wird die Function F, welche ausser der mit ihr durch blosse Addition verbundenen willkürlichen Constante a noch die m anderen $a_1, a_2, \ldots, a_m$ enthält, dann immer eine *vollständige* Lösung, wenn man aus den m Gleichungen

$$\frac{\partial F}{\partial a_1} = b_1, \quad \frac{\partial F}{\partial a_2} = b_2, \quad \ldots, \quad \frac{\partial F}{\partial a_m} = b_m$$

die Variabeln $q_1, q_2, \ldots, q_m$ durch t und die Grössen $a_1, a_2, \ldots, a_m, b_1, b_2, \ldots, b_m$ ausgedrückt erhalten kann. Zufolge (1) ist aber

$$\frac{\partial F}{\partial a_1} = \frac{\partial \varphi}{\partial a_1}, \quad \frac{\partial F}{\partial a_2} = \frac{\partial \varphi}{\partial a_2}, \quad \ldots, \quad \frac{\partial F}{\partial a_m} = \frac{\partial \varphi}{\partial a_m}.$$

Es müssen also die Werthe von $q_1, q_2, \ldots, q_m$, durch $t, a_1, a_2, \ldots, a_m, b_1, b_2, \ldots, b_m$ ausgedrückt, aus den Gleichungen

$$(2) \qquad \frac{\partial \varphi}{\partial a_1} = b_1, \quad \frac{\partial \varphi}{\partial a_2} = b_2, \quad \ldots, \quad \frac{\partial \varphi}{\partial a_m} = b_m$$

erhalten werden können. Aber weil f eine vollständige Lösung ist, kann man $q_1, q_2, \ldots, q_m$ identisch durch

$$t, \quad \alpha_1, \quad \alpha_2, \quad \ldots, \quad \alpha_m, \quad \frac{\partial f}{\partial \alpha_1}, \quad \frac{\partial f}{\partial \alpha_2}, \quad \ldots, \quad \frac{\partial f}{\partial \alpha_m}$$

ausdrücken. Die Gleichungen (1) ergeben daher $q_1, q_2, \ldots, q_m$ als Functionen von

$$t, \quad \alpha_1, \quad \alpha_2, \quad \ldots, \quad \alpha_m, \quad \frac{\partial \varphi}{\partial \alpha_1}, \quad \frac{\partial \varphi}{\partial \alpha_2}, \quad \ldots, \quad \frac{\partial \varphi}{\partial \alpha_m}$$

oder von

$$t, \quad a_1, \quad a_2, \quad \ldots, \quad \alpha_m, \quad a_1, \quad a_2, \quad \ldots, \quad a_m.$$

Es wird daher das Verlangte erfüllt, wenn man aus den Gleichungen (2) die Grössen $\alpha_1, \alpha_2, \ldots, \alpha_m$ als Functionen von

$$a_1, \quad a_2, \quad \ldots, \quad a_m, \quad b_1, \quad b_2, \quad \ldots, \quad b_m$$

erhalten kann. *Man erhält daher aus der vollständigen Lösung*

$$S = f(t, q_1, q_2, \ldots, q_m, \alpha_1, \alpha_2, \ldots, \alpha_m) + \alpha$$

durch Elimination von $\alpha_1, \alpha_2, \ldots, \alpha_m$ *aus den Gleichungen*

$$F = f + \varphi(\alpha_1, \alpha_2, \ldots, \alpha_m, a_1, a_2, \ldots, a_m) + a,$$

$$\frac{\partial f}{\partial \alpha_1} + \frac{\partial \varphi}{\partial \alpha_1} = 0, \quad \frac{\partial f}{\partial \alpha_2} + \frac{\partial \varphi}{\partial \alpha_2} = 0, \quad \ldots, \quad \frac{\partial f}{\partial \alpha_m} + \frac{\partial \varphi}{\partial \alpha_m} = 0$$

eine neue vollständige Lösung mit den willkürlichen Constanten $a, a_1, a_2, \ldots a_m$, *wenn die willkürliche Function* φ *so beschaffen ist, dass die Functionen*

$$\frac{\partial \varphi}{\partial a_1}, \quad \frac{\partial \varphi}{\partial a_2}, \quad \ldots, \quad \frac{\partial \varphi}{\partial a_m}$$

in Bezug auf $\alpha_1, \alpha_2, \ldots, \alpha_m$ *von einander unabhängig sind, oder auch, was dasselbe ist, wenn die Functionen*

$$\frac{\partial\varphi}{\partial\alpha_1},\ \frac{\partial\varphi}{\partial\alpha_2},\ \ldots,\ \frac{\partial\varphi}{\partial\alpha_m}$$

in Bezug auf $a_1, a_2, \ldots, a_m$ *von einander unabhängig sind.*

Vermöge der ersten Bestimmung kann man $\alpha_1, \alpha_2, \ldots, \alpha_m$ identisch durch $a_1, a_2, \ldots, a_m, \frac{\partial\varphi}{\partial a_1}, \frac{\partial\varphi}{\partial a_2}, \ldots, \frac{\partial\varphi}{\partial a_m}$, vermöge der letzten Bestimmung kann man $a_1, a_2, \ldots, a_m$ identisch durch $\alpha_1, \alpha_2, \ldots, \alpha_m, \frac{\partial\varphi}{\partial\alpha_1}, \frac{\partial\varphi}{\partial\alpha_2}, \ldots, \frac{\partial\varphi}{\partial\alpha_m}$ ausdrücken. Setzt man daher

$$(3)\quad \begin{cases} \dfrac{\partial\varphi}{\partial a_1} = b_1, & \dfrac{\partial\varphi}{\partial a_2} = b_2, \quad \ldots, \quad \dfrac{\partial\varphi}{\partial a_m} = b_m, \\[2ex] \dfrac{\partial\varphi}{\partial\alpha_1} = -\beta_1, & \dfrac{\partial\varphi}{\partial\alpha_2} = -\beta_2, \quad \ldots, \quad \dfrac{\partial\varphi}{\partial\alpha_m} = -\beta_m, \end{cases}$$

so kann man von den beiden Systemen von Grössen

$$\alpha_1,\ \alpha_2,\ \ldots,\ \alpha_m,\ \beta_1,\ \beta_2,\ \ldots,\ \beta_m$$

und

$$a_1,\ a_2,\ \ldots,\ a_m,\ b_1,\ b_2,\ \ldots,\ b_m$$

jede Grösse des einen Systems durch die Grössen des anderen ausdrücken. Sind dann die Grössen des einen Systems willkürliche, von einander unabhängige Constanten, so sind es auch die Grössen des anderen Systems.

Wenn man zwischen den Variabeln $t, q_1, q_2, \ldots, q_m$ und den willkürlichen Constanten des ersten Systems die Gleichungen

$$(4)\quad \frac{\partial f}{\partial\alpha_1} = \beta_1,\quad \frac{\partial f}{\partial\alpha_2} = \beta_2,\quad \ldots,\quad \frac{\partial f}{\partial\alpha_m} = \beta_m$$

aufstellt, welches die endlichen Integralgleichungen sind, und mittelst der Gleichungen (3) statt der willkürlichen Constanten $\alpha_1, \alpha_2, \ldots, \alpha_m, \beta_1, \beta_2, \ldots, \beta_m$ die willkürlichen Constanten $a_1, a_2, \ldots, a_m, b_1, b_2, \ldots, b_m$ einführt, so verwandeln sich die Gleichungen (4) in:

$$(5)\quad \frac{\partial f}{\partial\alpha_1} + \frac{\partial\varphi}{\partial\alpha_1} = 0,\quad \frac{\partial f}{\partial\alpha_2} + \frac{\partial\varphi}{\partial\alpha_2} = 0,\quad \ldots,\quad \frac{\partial f}{\partial\alpha_m} + \frac{\partial\varphi}{\partial\alpha_m} = 0.$$

Aus (5) ergeben sich die Werthe der Grössen $\alpha_1, \alpha_2, \ldots, \alpha_m$, durch $t, q_1, q_2, \ldots, q_m, a_1, a_2, \ldots, a_m$ ausgedrückt. Substituirt man diese Werthe in die Function

$$F = f(t, q_1, q_2, \ldots, q_m, \alpha_1, \alpha_2, \ldots, \alpha_m) + \varphi(\alpha_1, \alpha_2, \ldots, \alpha_m, a_1, a_2, \ldots, a_m),$$

in welcher ich die durch diese Addition hinzukommende Constante fortgelassen habe, so wird F ebenfalls eine Function der Grössen t, $q_1, q_2, \ldots, q_m$, $a_1, a_2, \ldots, a_m$, und man erhält wegen (5):

$$\frac{\partial F}{\partial a_1} = \frac{\partial \varphi}{\partial a_1}, \quad \frac{\partial F}{\partial a_2} = \frac{\partial \varphi}{\partial a_2}, \quad \ldots, \quad \frac{\partial F}{\partial a_m} = \frac{\partial \varphi}{\partial a_m},$$

und daher wegen (3):

$$(6) \qquad \frac{\partial F}{\partial a_1} = b_1, \quad \frac{\partial F}{\partial a_2} = b_2, \quad \ldots, \quad \frac{\partial F}{\partial a_m} = b_m.$$

Man sieht also, dass man dieselben endlichen Integralgleichungen erhält, ob man zu ihrer Bildung die vollständige Lösung f, oder ob man die vollständige Lösung F anwendet. Denn wenn man für die willkürlichen Constanten $\alpha_1, \alpha_2, \ldots, \alpha_m$, $\beta_1, \beta_2, \ldots, \beta_m$ die willkürlichen Constanten $a_1, a_2, \ldots, a_m$, $b_1, b_2, \ldots, b_m$ einführt, verwandeln sich, wie wir gesehen haben, die Gleichungen (4) in (6). Ebenso verwandeln sich auch die intermediären Integralgleichungen

$$\frac{\partial f}{\partial q_1} = p_1, \quad \frac{\partial f}{\partial q_2} = p_2, \quad \ldots, \quad \frac{\partial f}{\partial q_m} = p_m$$

in die analog gebildeten

$$\frac{\partial F}{\partial q_1} = p_1, \quad \frac{\partial F}{\partial q_2} = p_2, \quad \ldots, \quad \frac{\partial F}{\partial q_m} = p_m,$$

da aus (5) auch die Gleichungen

$$\frac{\partial F}{\partial q_1} = \frac{\partial f}{\partial q_1}, \quad \frac{\partial F}{\partial q_2} = \frac{\partial f}{\partial q_2}, \quad \ldots, \quad \frac{\partial F}{\partial q_m} = \frac{\partial f}{\partial q_m}$$

folgen.

Ich will jetzt annehmen, dass man für $\alpha, \alpha_1, \alpha_2, \ldots, \alpha_{i-1}$ Functionen der Grössen

$$\alpha_i, \quad \alpha_{i+1}, \quad \ldots, \quad \alpha_m, \quad a_1, \quad a_2, \quad \ldots, \quad a_m$$

setzt, welche ich mit

$$(7) \qquad \varphi = \alpha, \quad \varphi_1 = \alpha_1, \quad \varphi_2 = \alpha_2, \quad \ldots, \quad \varphi_{i-1} = \alpha_{i-1}$$

bezeichnen will, und aus der vollständigen Lösung f eine neue Lösung F dadurch ableitet, dass man mittelst der Gleichungen

$$(8) \quad \begin{cases} \dfrac{\partial f}{\partial \varphi_1}\dfrac{\partial \varphi_1}{\partial \alpha_i} + \dfrac{\partial f}{\partial \varphi_2}\dfrac{\partial \varphi_2}{\partial \alpha_i} + \cdots + \dfrac{\partial f}{\partial \varphi_{i-1}}\dfrac{\partial \varphi_{i-1}}{\partial \alpha_i} + \dfrac{\partial f}{\partial \alpha_i} + \dfrac{\partial \varphi}{\partial \alpha_i} = 0, \\ \dfrac{\partial f}{\partial \varphi_1}\dfrac{\partial \varphi_1}{\partial \alpha_{i+1}} + \dfrac{\partial f}{\partial \varphi_2}\dfrac{\partial \varphi_2}{\partial \alpha_{i+1}} + \cdots + \dfrac{\partial f}{\partial \varphi_{i-1}}\dfrac{\partial \varphi_{i-1}}{\partial \alpha_{i+1}} + \dfrac{\partial f}{\partial \alpha_{i+1}} + \dfrac{\partial \varphi}{\partial \alpha_{i+1}} = 0, \\ \cdots\cdots\cdots\cdots\cdots\cdots\cdots\cdots \\ \dfrac{\partial f}{\partial \varphi_1}\dfrac{\partial \varphi_1}{\partial \alpha_m} + \dfrac{\partial f}{\partial \varphi_2}\dfrac{\partial \varphi_2}{\partial \alpha_m} + \cdots + \dfrac{\partial f}{\partial \varphi_{i-1}}\dfrac{\partial \varphi_{i-1}}{\partial \alpha_m} + \dfrac{\partial f}{\partial \alpha_m} + \dfrac{\partial \varphi}{\partial \alpha_m} = 0 \end{cases}$$

die Werthe der Grössen $\alpha_i, \alpha_{i+1}, \ldots, \alpha_m$ durch

$$t, \; q_1, \; q_2, \; \ldots, \; q_m, \; a_1, \; a_2, \; \ldots, \; a_m$$

ausdrückt, und diese Werthe in die Function

$$f(t, q_1, q_2, \ldots, q_m, \varphi_1, \varphi_2, \ldots, \varphi_{i-1}, \alpha_i, \alpha_{i+1}, \ldots, \alpha_m)+\varphi = F$$

substituirt. Die Grössen $a_1, a_2, \ldots, a_m$ bedeuten hier wieder willkürliche Constanten, und es fragt sich, wie dieselben in die Functionen

$$\varphi, \; \varphi_1, \; \ldots, \; \varphi_{i-1}$$

eingehen müssen, damit die Lösung F eine vollständige sei.

Man erhält zufolge (8):

$$(9) \quad \left\{ \begin{aligned} \frac{\partial F}{\partial a_1} &= \frac{\partial f}{\partial \varphi_1}\frac{\partial \varphi_1}{\partial a_1} + \frac{\partial f}{\partial \varphi_2}\frac{\partial \varphi_2}{\partial a_1} + \cdots + \frac{\partial f}{\partial \varphi_{i-1}}\frac{\partial \varphi_{i-1}}{\partial a_1} + \frac{\partial \varphi}{\partial a_1}, \\ \frac{\partial F}{\partial a_2} &= \frac{\partial f}{\partial \varphi_1}\frac{\partial \varphi_1}{\partial a_2} + \frac{\partial f}{\partial \varphi_2}\frac{\partial \varphi_2}{\partial a_2} + \cdots + \frac{\partial f}{\partial \varphi_{i-1}}\frac{\partial \varphi_{i-1}}{\partial a_2} + \frac{\partial \varphi}{\partial a_2}, \\ &\cdots\cdots\cdots\cdots\cdots\cdots\cdots\cdots\cdots \\ \frac{\partial F}{\partial a_m} &= \frac{\partial f}{\partial \varphi_1}\frac{\partial \varphi_1}{\partial a_m} + \frac{\partial f}{\partial \varphi_2}\frac{\partial \varphi_2}{\partial a_m} + \cdots + \frac{\partial f}{\partial \varphi_{i-1}}\frac{\partial \varphi_{i-1}}{\partial a_m} + \frac{\partial \varphi}{\partial a_m}. \end{aligned} \right.$$

Betrachtet man $\alpha_1, \alpha_2, \ldots, \alpha_m, a_1, a_2, \ldots, a_m$ als willkürliche Constanten, so folgt aus den endlichen Integralgleichungen

$$(10) \quad \frac{\partial f}{\partial \alpha_1} = \beta_1, \quad \frac{\partial f}{\partial \alpha_2} = \beta_2, \quad \ldots, \quad \frac{\partial f}{\partial \alpha_m} = \beta_m,$$

wo $\beta_1, \beta_2, \ldots, \beta_m$ ebenfalls willkürliche Constanten bedeuten, und aus den Gleichungen (7) und (9), dass auch die Functionen $\frac{\partial F}{\partial a_1}, \frac{\partial F}{\partial a_2}, \ldots, \frac{\partial F}{\partial a_m}$ constanten Werthen gleich werden, welche ich mit

$$(11) \quad b_1 = \frac{\partial F}{\partial a_1}, \quad b_2 = \frac{\partial F}{\partial a_2}, \quad \ldots, \quad b_m = \frac{\partial F}{\partial a_m}$$

bezeichnen will. Wenn zwischen diesen Constanten $b_1, b_2, \ldots, b_m$ und den willkürlichen Constanten $a_1, a_2, \ldots, a_m$ keine Relation stattfindet, so ist F eine vollständige Lösung, und die vollständigen endlichen Integralgleichungen können auch durch die Gleichungen (11) dargestellt werden. Die Gleichungen, welche die beiden Systeme willkürlicher Constanten mit einander verbinden, sind zufolge (7), (8), (10), (11):

$$
(12)\quad \begin{cases}
\alpha_1 = \varphi_1, \quad \alpha_2 = \varphi_2, \quad \ldots, \quad \alpha_{i-1} = \varphi_{i-1}, \\
-\beta_i = \dfrac{\partial \varphi}{\partial \alpha_i} + \beta_1 \dfrac{\partial \varphi_1}{\partial \alpha_i} + \beta_2 \dfrac{\partial \varphi_2}{\partial \alpha_i} + \cdots + \beta_{i-1} \dfrac{\partial \varphi_{i-1}}{\partial \alpha_i}, \\
-\beta_{i+1} = \dfrac{\partial \varphi}{\partial \alpha_{i+1}} + \beta_1 \dfrac{\partial \varphi_1}{\partial \alpha_{i+1}} + \beta_2 \dfrac{\partial \varphi_2}{\partial \alpha_{i+1}} + \cdots + \beta_{i-1} \dfrac{\partial \varphi_{i-1}}{\partial \alpha_{i+1}}, \\
\cdots\cdots\cdots\cdots\cdots\cdots\cdots\cdots \\
-\beta_m = \dfrac{\partial \varphi}{\partial \alpha_m} + \beta_1 \dfrac{\partial \varphi_1}{\partial \alpha_m} + \beta_2 \dfrac{\partial \varphi_2}{\partial \alpha_m} + \cdots + \beta_{i-1} \dfrac{\partial \varphi_{i-1}}{\partial \alpha_m};
\end{cases}
$$

$$
(13)\quad \begin{cases}
b_1 = \dfrac{\partial \varphi}{\partial a_1} + \beta_1 \dfrac{\partial \varphi_1}{\partial a_1} + \beta_2 \dfrac{\partial \varphi_2}{\partial a_1} + \cdots + \beta_{i-1} \dfrac{\partial \varphi_{i-1}}{\partial a_1}, \\
b_2 = \dfrac{\partial \varphi}{\partial a_2} + \beta_1 \dfrac{\partial \varphi_1}{\partial a_2} + \beta_2 \dfrac{\partial \varphi_2}{\partial a_2} + \cdots + \beta_{i-1} \dfrac{\partial \varphi_{i-1}}{\partial a_2}, \\
\cdots\cdots\cdots\cdots\cdots\cdots\cdots\cdots \\
b_m = \dfrac{\partial \varphi}{\partial a_m} + \beta_1 \dfrac{\partial \varphi_1}{\partial a_m} + \beta_2 \dfrac{\partial \varphi_2}{\partial a_m} + \cdots + \beta_{i-1} \dfrac{\partial \varphi_{i-1}}{\partial a_m}.
\end{cases}
$$

Kann man aus (13) die Werthe von

$$\beta_1, \quad \beta_2, \quad \ldots, \quad \beta_{i-1}, \quad \alpha_i, \quad \alpha_{i+1}, \quad \ldots, \quad \alpha_m$$

durch die Constanten des zweiten Systems $a_1, a_2, \ldots, a_m, b_1, b_2, \ldots, b_m$ bestimmen, so erhält man aus (12) die Werthe der übrigen Constanten des ersten Systems

$$\alpha_1, \quad \alpha_2, \quad \ldots, \quad \alpha_{i-1}, \quad \beta_i, \quad \beta_{i+1}, \quad \ldots, \quad \beta_m$$

durch dieselben Grössen $a_1, a_2, \ldots, a_m, b_1, b_2, \ldots, b_m$ bestimmt. Kann man aus (12) die Werthe von $a_1, a_2, \ldots, a_m$ durch die Constanten des ersten Systems $\alpha_1, \alpha_2, \ldots, \alpha_m, \beta_1, \beta_2, \ldots, \beta_m$ ausgedrückt erhalten, so geben die Gleichungen (13) auch die Werthe von $b_1, b_2, \ldots, b_m$ durch die Constanten des ersten Systems $\alpha_1, \alpha_2, \ldots, \alpha_m, \beta_1, \beta_2, \ldots, \beta_m$ ausgedrückt. Beide Bedingungen aber finden immer gleichzeitig statt. Setzt man nämlich

$$\varphi + \beta_1 \varphi_1 + \beta_2 \varphi_2 + \cdots + \beta_{i-1} \varphi_{i-1} = \Phi,$$

so dass

$$\frac{\partial \Phi}{\partial \beta_1} = \varphi_1, \quad \frac{\partial \Phi}{\partial \beta_2} = \varphi_2, \quad \ldots, \quad \frac{\partial \Phi}{\partial \beta_{i-1}} = \varphi_{i-1}$$

ist, so fordert die erstere Bedingung, dass die in Bezug auf die Grössen $\beta_1, \beta_2, \ldots, \beta_{i-1}, \alpha_i, \alpha_{i+1}, \ldots, \alpha_m$ gebildete Functionaldeterminante der partiellen Differentialquotienten

$$\frac{\partial \Phi}{\partial a_1}, \quad \frac{\partial \Phi}{\partial a_2}, \quad \ldots, \quad \frac{\partial \Phi}{\partial a_m},$$

die zweite Bedingung, dass die in Bezug auf die Grössen $a_1, a_2, \ldots, a_m$ gebildete Functionaldeterminante der partiellen Differentialquotienten

$$\frac{\partial\Phi}{\partial\beta_1}, \frac{\partial\Phi}{\partial\beta_2}, \ldots, \frac{\partial\Phi}{\partial\beta_{i-1}}, \frac{\partial\Phi}{\partial\alpha_i}, \frac{\partial\Phi}{\partial\alpha_{i+1}}, \ldots, \frac{\partial\Phi}{\partial\alpha_m}$$

nicht verschwindet. Beide Functionaldeterminanten sind aber derselben Grösse, welche ich mit $\varDelta$ bezeichnen will, gleich. Wenn dieses $\varDelta$ nicht verschwindet, kann man nach dem Vorhergehenden mittelst der Gleichungen (12) und (13) die beiden Systeme von Grössen

$$\alpha_1, \alpha_2, \ldots, \alpha_m, \beta_1, \beta_2, \ldots, \beta_m$$

und

$$a_1, a_2, \ldots, a_m, b_1, b_2, \ldots, b_m$$

durch einander ausdrücken, woraus folgt, dass, wenn die Grössen des einen Systems von einander unabhängige willkürliche Constanten sind, auch die Grössen des anderen Systems als solche angesehen werden können, so dass zwischen den Grössen $a_1, a_2, \ldots, a_m, b_1, b_2, \ldots, b_m$ keine Relation stattfindet. Wenn daher $\varDelta$ nicht verschwindet, so wird F eine vollständige Lösung, und wenn man mittelst der Gleichungen (12) und (13) die willkürlichen Constanten des zweiten Systems für die des ersten Systems in die vollständigen endlichen Integralgleichungen (10) einführt, so erhalten sie die Form der Integralgleichungen (11).

Ich bemerke, dass die Gleichung $\varDelta = 0$, welche stattfinden muss, wenn die Lösung F keine vollständige ist, in mehrere andere zerfällt. Es ist nämlich $\varDelta$ in Bezug auf die Grössen $\beta_1, \beta_2, \ldots, \beta_{i-1}$ eine ganze rationale Function der $(m-i+1)^{\text{ten}}$ Ordnung, von der jedes einzelne Glied besonders für sich verschwinden muss. Die Gleichung $\varDelta = 0$ zerfällt daher in

$$\frac{m.(m-1)\ldots i}{1.2\ldots(m-i+1)}$$

andere, von den Grössen $\beta_1, \beta_2, \ldots, \beta_{i-1}$ freie Gleichungen.

§. 6. Ueber die bei der Ableitung einer vollständigen Lösung aus einer anderen auftretenden Functionaldeterminanten.

Wenn man die $2m$ Grössen $\alpha_1, \alpha_2, \ldots, \alpha_m, \beta_1, \beta_2, \ldots, \beta_m$ durch $2m$ andere $a_1, a_2, \ldots, a_m, b_1, b_2, \ldots, b_m$ oder umgekehrt diese durch jene ausdrückt, so haben nach einem bekannten Satze die in Bezug auf $a_1, a_2, \dots, a_m, b_1, b_2, \dots, b_m$ gebildete Functionaldeterminante von $\alpha_1, \alpha_2, \dots, \alpha_m, \beta_1, \beta_2, \dots, \beta_m$ und die in Bezug auf $\alpha_1, \alpha_2, \dots, \alpha_m, \beta_1, \beta_2, \dots, \beta_m$ gebildete Functionaldeterminante von $a_1, a_2, \dots, a_m, b_1, b_2, \dots, b_m$ reciproke Werthe. Wenn daher die eine Functionaldeterminante gleich ± 1 wird, erhält auch die andere diesen Werth. Ich will jetzt zeigen, dass die erste der beiden Functionaldeterminanten und also auch die zweite diesen Werth annimmt, wenn zwischen den $4m$ Grössen die Gleichungen (12) und (13) gelten.

Eine Functionaldeterminante ändert nach einem ebenfalls bekannten Satze ihren Werth nicht, wenn man in die Ausdrücke einiger der Functionen die anderen einführt, und diese bei den partiellen Differentiationen als constant betrachtet. So enthalten die Ausdrücke von $\alpha_1, \alpha_2, \dots, \alpha_{i-1}, \beta_i, \beta_{i+1}, \dots, \beta_m$, die durch die Gleichungen (12) gegeben werden, die anderen Functionen $\alpha_i, \alpha_{i+1}, \dots, \alpha_m, \beta_1, \beta_2, \dots, \beta_{i-1}$. Man kann daher bei Bildung der Functionaldeterminante von $\alpha_1, \alpha_2, \dots, \alpha_m, \beta_1, \beta_2, \dots, \beta_m$ in Bezug auf $a_1, a_2, \dots, a_m, b_1, b_2, \dots, b_m$ für $\alpha_1, \alpha_2, \dots, \alpha_{i-1}, \beta_i, \beta_{i+1}, \dots, \beta_m$ die in (12) rechts vom Gleichheitszeichen befindlichen Functionen setzen, und bei ihrer partiellen Differentiation die Grössen $\beta_1, \beta_2, \dots, \beta_{i-1}, \alpha_i, \alpha_{i+1}, \dots, \alpha_m$ als constant betrachten. Da diese Functionen die Grössen $b_1, b_2, \dots, b_m$ nicht enthalten, so wird die Functionaldeterminante das Product zweier einfacheren, nämlich gleich

$$\Sigma \pm \frac{\partial \alpha_1}{\partial a_1} \frac{\partial \alpha_2}{\partial a_2} \cdots \frac{\partial \alpha_{i-1}}{\partial a_{i-1}} \frac{\partial \beta_i}{\partial a_i} \frac{\partial \beta_{i+1}}{\partial a_{i+1}} \cdots \frac{\partial \beta_m}{\partial a_m}$$

$$\times \Sigma \pm \frac{\partial \beta_1}{\partial b_1} \frac{\partial \beta_2}{\partial b_2} \cdots \frac{\partial \beta_{i-1}}{\partial b_{i-1}} \frac{\partial \alpha_i}{\partial b_i} \frac{\partial \alpha_{i+1}}{\partial b_{i+1}} \cdots \frac{\partial \alpha_m}{\partial b_m}.$$

Die Ausdrücke von $\beta_1, \beta_2, \dots, \beta_{i-1}, \alpha_i, \alpha_{i+1}, \dots, \alpha_m$, welche bei Bildung des zweiten Factors dieses Productes gebraucht werden, erhält man durch Auflösung der Gleichungen (13). Setzt man für diesen Factor, wie es verstattet ist, den reciproken Werth der in Bezug auf $\beta_1, \beta_2, \dots, \beta_{i-1}, \alpha_i, \alpha_{i+1}, \dots, \alpha_m$ gebildeten Determinante von $b_1, b_2, \dots, b_m$, so verwandelt sich das vorstehende Product in

$$\frac{\Sigma \pm \frac{\partial \alpha_1}{\partial a_1} \frac{\partial \alpha_2}{\partial a_2} \cdots \frac{\partial \alpha_{i-1}}{\partial a_{i-1}} \frac{\partial \beta_i}{\partial a_i} \frac{\partial \beta_{i+1}}{\partial a_{i+1}} \cdots \frac{\partial \beta_m}{\partial a_m}}{\Sigma \pm \frac{\partial b_1}{\partial \beta_1} \frac{\partial b_2}{\partial \beta_2} \cdots \frac{\partial b_{i-1}}{\partial \beta_{i-1}} \frac{\partial b_i}{\partial \alpha_i} \frac{\partial b_{i+1}}{\partial \alpha_{i+1}} \cdots \frac{\partial b_m}{\partial \alpha_m}}.$$

Der Zähler dieses Bruches ist, abgesehen vom Vorzeichen, die in Bezug auf die Grössen $a_1, a_2, \ldots, a_m$ gebildete Functionaldeterminante von

$$\varphi_1, \varphi_2, \ldots, \varphi_{i-1}, \frac{\partial\Phi}{\partial\alpha_i}, \frac{\partial\Phi}{\partial\alpha_{i+1}}, \ldots, \frac{\partial\Phi}{\partial\alpha_m}$$

oder von

$$\frac{\partial\Phi}{\partial\beta_1}, \frac{\partial\Phi}{\partial\beta_2}, \ldots, \frac{\partial\Phi}{\partial\beta_{i-1}}, \frac{\partial\Phi}{\partial\alpha_i}, \frac{\partial\Phi}{\partial\alpha_{i+1}}, \ldots, \frac{\partial\Phi}{\partial\alpha_m}.$$

Der Nenner des Bruches ist dagegen die in Bezug auf die Grössen $\beta_1, \beta_2, \ldots, \beta_{i-1}, \alpha_i, \alpha_{i+1}, \ldots, \alpha_m$ gebildete Functionaldeterminante von

$$\frac{\partial\Phi}{\partial a_1}, \frac{\partial\Phi}{\partial a_2}, \ldots, \frac{\partial\Phi}{\partial a_m},$$

und da nach einem oben bemerkten Satze diese beiden Functionaldeterminanten bis auf das Vorzeichen identisch sind, so wird der Bruch gleich ± 1, wie zu beweisen war. Es ergiebt sich hieraus das folgende

Theorem I.

„*Wenn zwischen den 4m Grössen*

$$\alpha_1, \alpha_2, \ldots, \alpha_m, \beta_1, \beta_2, \ldots, \beta_m,$$
$$a_1, a_2, \ldots, a_m, b_1, b_2, \ldots, b_m$$

die 2m Gleichungen (12) *und* (13) *stattfinden, in welchen* $\varphi, \varphi_1, \varphi_2, \ldots, \varphi_{i-1}$ *Functionen von*

$$\alpha_i, \alpha_{i+1}, \ldots, \alpha_m, a_1, a_2, \ldots, a_m$$

sind, und man mittelst dieser Gleichungen die Grössen $\alpha_1, \alpha_2, \ldots, \alpha_m, \beta_1, \beta_2, \ldots, \beta_m$ *als Functionen von* $a_1, a_2, \ldots, a_m, b_1, b_2, \ldots, b_m$ *oder die Grössen* $a_1, a_2, \ldots, a_m, b_1, b_2, \ldots, b_m$ *als Functionen von* $\alpha_1, \alpha_2, \ldots, \alpha_m, \beta_1, \beta_2, \ldots, \beta_m$ *ausdrückt, so ist in beiden Fällen die Functionaldeterminante gleich* ± 1.“

Wenn i gleich 1 ist, reducirt sich die Function Φ auf φ, und die zwischen den $4m$ Grössen stattfindenden Gleichungen werden die obigen Gleichungen (3). Man erhält dann das folgende einfachere

Theorem II.

„*Wenn* φ *eine Function von* $\alpha_1, \alpha_2, \ldots, \alpha_m, a_1, a_2, \ldots, a_m$ *ist, und man mittelst der Gleichungen*

$$\frac{\partial\varphi}{\partial a_1} = b_1, \quad \frac{\partial\varphi}{\partial a_2} = b_2, \quad \ldots, \quad \frac{\partial\varphi}{\partial a_m} = b_m,$$

$$\frac{\partial\varphi}{\partial \alpha_1} = -\beta_1, \quad \frac{\partial\varphi}{\partial \alpha_2} = -\beta_2, \quad \ldots, \quad \frac{\partial\varphi}{\partial \alpha_m} = -\beta_m$$

die Grössen $\alpha_1, \alpha_2, \ldots, \alpha_m, \beta_1, \beta_2, \ldots, \beta_m$ *als Functionen der Grössen* $a_1, a_2, \ldots, a_m, b_1, b_2, \ldots, b_m$ *oder diese Grössen als Functionen von jenen ausdrückt, so wird in beiden Fällen die Functionaldeterminante gleich* ± 1".

Wenn man aus den dynamischen Integralgleichungen

$$(A) \begin{cases} \dfrac{\partial S}{\partial q_1} = p_1, \quad \dfrac{\partial S}{\partial q_2} = p_2, \quad \ldots, \quad \dfrac{\partial S}{\partial q_m} = p_m, \\ \dfrac{\partial S}{\partial \alpha_1} = \beta_1, \quad \dfrac{\partial S}{\partial \alpha_2} = \beta_2, \quad \ldots, \quad \dfrac{\partial S}{\partial \alpha_m} = \beta_m \end{cases}$$

die Functionen der Variabeln bestimmt, welche den willkürlichen Constanten gleich werden, oder die Variabeln $q_1, q_2, \ldots, q_m, p_1, p_2, \ldots, p_m$ als Functionen von t und den willkürlichen Constanten ausdrückt, so folgt aus dem vorstehenden Theorem, dass in beiden Fällen die Functionaldeterminante gleich ± 1 wird, wenn man bei der Bildung der zweiten die Grösse t als constant betrachtet.

Legt man der Bildung der dynamischen Integralgleichungen eine andere vollständige Lösung F zu Grunde, welche die willkürlichen Constanten $a_1, a_2, \ldots, a_m$ enthält, und bezeichnet die willkürlichen Constanten, welche ihren nach $a_1, a_2, \ldots, a_m$ genommenen partiellen Differentialquotienten gleich werden, respective mit $b_1, b_2, \ldots, b_m$, so muss auch die in Bezug auf $q_1, q_2, \ldots, q_m, p_1, p_2, \ldots, p_m$ gebildete Functionaldeterminante von $a_1, a_2, \ldots, a_m, b_1, b_2, \ldots, b_m$ den Werth ± 1 erhalten, da der vorstehende Satz in Bezug auf jede vollständige Lösung gilt. Nach einem Satze über die Functionaldeterminanten unterscheiden sich die in Bezug auf dieselben Grössen $q_1, q_2, \ldots, q_m, p_1, p_2, \ldots, p_m$ gebildeten Functionaldeterminanten von $\alpha_1, \alpha_2, \ldots, \alpha_m, \beta_1, \beta_2, \ldots, \beta_m$ und $a_1, a_2, \ldots, a_m, b_1, b_2, \ldots, b_m$ durch einen Factor, welcher der in Bezug auf die Grössen $a_1, a_2, \ldots, a_m, b_1, b_2, \ldots, b_m$ gebildeten Functionaldeterminante von $\alpha_1, \alpha_2, \ldots, \alpha_m, \beta_1, \beta_2, \ldots, \beta_m$ gleich ist. Es muss also diese letztere Functionaldeterminante für je zwei vollständige Lösungen ebenfalls den Werth ± 1 haben, woraus sich das obige allgemeine Theorem I ergiebt, da hierbei die Art, wie die vollständigen Lösungen aus einander abgeleitet werden können, gar nicht in Betracht kommt.

Durch die Gleichungen (A) wird das System gewöhnlicher Differentialgleichungen

$$(B)\quad \begin{cases} \dfrac{dq_1}{dt} = \dfrac{\partial H}{\partial p_1}, & \dfrac{dq_2}{dt} = \dfrac{\partial H}{\partial p_2}, \quad \ldots, \quad \dfrac{dq_m}{dt} = \dfrac{\partial H}{\partial p_m}, \\[2ex] \dfrac{dp_1}{dt} = -\dfrac{\partial H}{\partial q_1}, & \dfrac{dp_2}{dt} = -\dfrac{\partial H}{\partial q_2}, \quad \ldots, \quad \dfrac{dp_m}{dt} = -\dfrac{\partial H}{\partial q_m} \end{cases}$$

vollständig integrirt. Wenn man aus (A) die Functionen bestimmt, welche den willkürlichen Constanten gleich werden,

$$A_1 = \alpha_1, \quad A_2 = \alpha_2, \quad \ldots, \quad A_m = \alpha_m,$$
$$B_1 = \beta_1, \quad B_2 = \beta_2, \quad \ldots, \quad B_m = \beta_m,$$

so erhält man durch Differentiation der vorstehenden Gleichungen $2m$ lineare Gleichungen zwischen den ersten Differentialquotienten

$$\frac{dq_1}{dt}, \quad \frac{dq_2}{dt}, \quad \ldots, \quad \frac{dq_m}{dt}, \quad \frac{dp_1}{dt}, \quad \frac{dp_2}{dt}, \quad \ldots, \quad \frac{dp_m}{dt}.$$

Die Determinante dieser linearen Gleichungen wird die nach $q_1, q_2, \ldots, q_m$, $p_1, p_2, \ldots, p_m$ gebildete Functionaldeterminante von $A_1, A_2, \ldots, A_m, B_1, B_2, \ldots, B_m$ und erhält daher dem Obigen zufolge den Werth ± 1. Hieraus folgt durch Auflösung der linearen Gleichungen ferner, *dass, wenn man von den Ausdrücken* $A_1, A_2, \ldots, A_m, B_1, B_2, \ldots, B_m$, *welche in den dynamischen Integralgleichungen den willkürlichen Constanten* $\alpha_1, \alpha_2, \ldots, \alpha_m, \beta_1, \beta_2, \ldots, \beta_m$ *gleich werden, die verschiedenen Functionaldeterminanten bildet, indem man die Grösse* t *als eine der Variabeln annimmt, dagegen immer eine der anderen Variabeln* $q_1, q_2, \ldots, q_m$, $p_1, p_2, \ldots, p_m$ *als constant betrachtet, diese Functionaldeterminanten, abgesehen vom Vorzeichen, respective den Functionen*

$$\frac{\partial H}{\partial p_1}, \quad \frac{\partial H}{\partial p_2}, \quad \ldots, \quad \frac{\partial H}{\partial p_m}, \quad -\frac{\partial H}{\partial q_1}, \quad -\frac{\partial H}{\partial q_2}, \quad \ldots, \quad -\frac{\partial H}{\partial q_m}$$

gleich werden.

Aus demselben Theorem II folgt auch noch, dass, *wenn man aus den dynamischen Differentialgleichungen (B) die Grössen*

$$p_1, \quad p_2, \quad \ldots, \quad p_m, \quad \frac{dq_1}{dt}, \quad \frac{dq_2}{dt}, \quad \ldots, \quad \frac{dq_m}{dt}$$

durch Functionen von

$$q_1, \quad q_2, \quad \ldots, \quad q_m, \quad \frac{dp_1}{dt}, \quad \frac{dp_2}{dt}, \quad \ldots, \quad \frac{dp_m}{dt}$$

oder diese Grössen durch Functionen von jenen ausdrückt, und die Grösse t *selbst, wenn sie in diesen Functionen vorkommt, als constant betrachtet, die Functionaldeterminante in beiden Fällen den Werth* ± 1 *annimmt.* Bei allen diesen Sätzen aber setzt man voraus, dass überhaupt aus den jedesmaligen Gleichungen die Werthe der Grössen, deren Functionaldeterminante man zu bilden hat, gezogen werden können, was z. B. bei den dynamischen Differentialgleichungen (B) nicht der Fall ist, wenn für ein ganz freies System die Grössen $q_1, q_2, \ldots, q_m$ die rechtwinkligen Coordinaten der materiellen Punkte sind.

§. 7. Ausdehnung der vorhergehenden Untersuchungen auf den allgemeineren Fall, in welchem die partielle Differentialgleichung auch die gesuchte Function selbst enthält.

Ich will noch die im Vorhergehenden angestellten Untersuchungen auf den Fall ausdehnen, in welchem die partielle Differentialgleichung auch die gesuchte Function enthält.

Es enthalte die vollständige Lösung f die willkürlichen Constanten $\alpha, \alpha_1, \alpha_2, \ldots, \alpha_m$, so erhält man eine neue Lösung F mit den willkürlichen Constanten $a, a_1, a_2, \ldots, a_m$, wenn man in f zunächst

$$\alpha = \varphi, \quad \alpha_1 = \varphi_1, \quad \alpha_2 = \varphi_2, \quad \ldots, \quad \alpha_{i-1} = \varphi_{i-1}$$

setzt, wo $\varphi, \varphi_1, \varphi_2, \ldots, \varphi_{i-1}$ Functionen von

$$\alpha_i, \quad \alpha_{i+1}, \quad \ldots, \quad \alpha_m, \quad a, \quad a_1, \quad a_2, \quad \ldots, \quad a_m$$

sind, und dann mittelst der Gleichungen

$$\left(\frac{\partial f}{\partial \alpha_i}\right) = 0, \quad \left(\frac{\partial f}{\partial \alpha_{i+1}}\right) = 0, \quad \ldots, \quad \left(\frac{\partial f}{\partial \alpha_m}\right) = 0$$

aus f die Grössen $\alpha_i, \alpha_{i+1}, \ldots, \alpha_m$ eliminirt. Die Klammern zeigen hier wieder an, dass man vor den partiellen Differentiationen von f die angegebenen Werthe von $\alpha, \alpha_1, \alpha_2, \ldots, \alpha_{i-1}$ substituirt hat. Um zu entscheiden, ob die Lösung F eine vollständige sei, bilde man die Gleichungen

$$(1)\quad \begin{cases} \alpha = \varphi, \quad \alpha_1 = \varphi_1, \quad \alpha_2 = \varphi_2, \quad \ldots, \quad \alpha_{i-1} = \varphi_{i-1}, \\ -\beta_i = \dfrac{\partial \varphi}{\partial \alpha_i} + \beta_1 \dfrac{\partial \varphi_1}{\partial \alpha_i} + \beta_2 \dfrac{\partial \varphi_2}{\partial \alpha_i} + \cdots + \beta_{i-1} \dfrac{\partial \varphi_{i-1}}{\partial \alpha_i}, \\ -\beta_{i+1} = \dfrac{\partial \varphi}{\partial \alpha_{i+1}} + \beta_1 \dfrac{\partial \varphi_1}{\partial \alpha_{i+1}} + \beta_2 \dfrac{\partial \varphi_2}{\partial \alpha_{i+1}} + \cdots + \beta_{i-1} \dfrac{\partial \varphi_{i-1}}{\partial \alpha_{i+1}}, \\ \cdots\cdots\cdots\cdots\cdots\cdots \\ -\beta_m = \dfrac{\partial \varphi}{\partial \alpha_m} + \beta_1 \dfrac{\partial \varphi_1}{\partial \alpha_m} + \beta_2 \dfrac{\partial \varphi_2}{\partial \alpha_m} + \cdots + \beta_{i-1} \dfrac{\partial \varphi_{i-1}}{\partial \alpha_m}, \end{cases}$$

oder die Gleichungen

$$(2)\quad\begin{cases} b_1 = \dfrac{\dfrac{\partial\varphi}{\partial a_1}+\beta_1\dfrac{\partial\varphi_1}{\partial a_1}+\beta_2\dfrac{\partial\varphi_2}{\partial a_1}+\cdots+\beta_{i-1}\dfrac{\partial\varphi_{i-1}}{\partial a_1}}{\dfrac{\partial\varphi}{\partial a}+\beta_1\dfrac{\partial\varphi_1}{\partial a}+\beta_2\dfrac{\partial\varphi_2}{\partial a}+\cdots+\beta_{i-1}\dfrac{\partial\varphi_{i-1}}{\partial a}}, \\ b_2 = \dfrac{\dfrac{\partial\varphi}{\partial a_2}+\beta_1\dfrac{\partial\varphi_1}{\partial a_2}+\beta_2\dfrac{\partial\varphi_2}{\partial a_2}+\cdots+\beta_{i-1}\dfrac{\partial\varphi_{i-1}}{\partial a_2}}{\dfrac{\partial\varphi}{\partial a}+\beta_1\dfrac{\partial\varphi_1}{\partial a}+\beta_2\dfrac{\partial\varphi_2}{\partial a}+\cdots+\beta_{i-1}\dfrac{\partial\varphi_{i-1}}{\partial a}}, \\ \cdots\cdots\cdots\cdots\cdots\cdots \\ b_m = \dfrac{\dfrac{\partial\varphi}{\partial a_m}+\beta_1\dfrac{\partial\varphi_1}{\partial a_m}+\beta_2\dfrac{\partial\varphi_2}{\partial a_m}+\cdots+\beta_{i-1}\dfrac{\partial\varphi_{i-1}}{\partial a_m}}{\dfrac{\partial\varphi}{\partial a}+\beta_1\dfrac{\partial\varphi_1}{\partial a}+\beta_2\dfrac{\partial\varphi_2}{\partial a}+\cdots+\beta_{i-1}\dfrac{\partial\varphi_{i-1}}{\partial a}}. \end{cases}$$

Die Gleichungen (1) unterscheiden sich von (12) des §. 5 nur durch die hinzutretende Gleichung $\alpha = \varphi$ und dadurch, dass die Fuuction φ auch noch die Grösse a enthält. Die Gleichungen (2) unterscheiden sich von (13) des §. 5 nur durch den allen Ausdrücken rechts vom Gleichheitszeichen gemeinschaftlichen Nenner. Die Bedingung dafür, dass F eine vollständige Lösung sei, ist, dass man aus (1) die Werthe von $a, a_1, a_2, \ldots, a_m$ erhalten kann, und diese kommt, wie ich unten zeigen werde, mit der Bedingung überein, dass man aus (2) die Werthe von $\beta_1, \beta_2, \ldots, \beta_{i-1}, \alpha_i, \alpha_{i+1}, \ldots, \alpha_m$ erhalten kann. Man kann dann mittelst der $2m+1$ Gleichungen (1) und (2) sowohl die Grössen $\alpha, \alpha_1, \alpha_2, \ldots, \alpha_m, \beta_1, \beta_2, \ldots, \beta_m$ durch $a, a_1, a_2, \ldots, a_m, b_1, b_2, \ldots, b_m$, als auch umgekehrt die Grössen $a, a_1, a_2, \ldots, a_m, b_1, b_2, \ldots, b_m$ durch $\alpha, \alpha_1, \alpha_2, \ldots, \alpha_m, \beta_1, \beta_2, \ldots, \beta_m$ ausdrücken. Es verwandeln sich ferner die Gleichungen

$$(3)\quad\begin{cases} f = S, \quad \dfrac{\partial f}{\partial q_1} = p_1, \quad \dfrac{\partial f}{\partial q_2} = p_2, \quad \ldots, \quad \dfrac{\partial f}{\partial q_m} = p_m, \\ \dfrac{\partial f}{\partial \alpha_1} = \beta_1\dfrac{\partial f}{\partial \alpha}, \quad \dfrac{\partial f}{\partial \alpha_2} = \beta_2\dfrac{\partial f}{\partial \alpha}, \quad \ldots, \quad \dfrac{\partial f}{\partial \alpha_m} = \beta_m\dfrac{\partial f}{\partial \alpha} \end{cases}$$

durch Anwendung der Gleichungen (1) und (2) in die analog gebildeten

$$(4)\quad\begin{cases} F = S, \quad \dfrac{\partial F}{\partial q_1} = p_1, \quad \dfrac{\partial F}{\partial q_2} = p_2, \quad \ldots, \quad \dfrac{\partial F}{\partial q_m} = p_m, \\ \dfrac{\partial F}{\partial a_1} = b_1\dfrac{\partial F}{\partial a}, \quad \dfrac{\partial F}{\partial a_2} = b_2\dfrac{\partial F}{\partial a}, \quad \ldots, \quad \dfrac{\partial F}{\partial a_m} = b_m\dfrac{\partial F}{\partial a}. \end{cases}$$

Die Gleichungen (3) waren nach §. 1 die vollständigen Integralgleichungen des dort aufgestellten Systems gewöhnlicher Differentialgleichungen, indem man die Grössen $\alpha, \alpha_1, \alpha_2, \ldots, \alpha_m, \beta_1, \beta_2, \ldots, \beta_m$ als willkürliche Constanten betrachtete. (Die dort der Symmetrie wegen eingeführte Grösse β habe ich hier gleich 1 gesetzt.) Um statt dieser die Grössen $a, a_1, a_2, \ldots, a_m, b_1, b_2, \ldots, b_m$, welche mit ihnen durch die Gleichungen (1) und (2) verbunden sind, als willkürliche Constanten in das System der Integralgleichungen (3) einzuführen, hat man daher nur nöthig, die eine Function f mittelst der aufgestellten Gleichungen in die Function F zu verwandeln, d. h. sie durch die Grössen $t, q_1, q_2, \ldots, q_m, a, a_1, a_2, \ldots, a_m$ auszudrücken, worauf man durch blosse partielle Differentiation von F die transformirten Integralgleichungen (4) erhält.

Setzt man wieder

$$\varphi+\beta_1\varphi_1+\beta_2\varphi_2+\cdots+\beta_{i-1}\varphi_{i-1} = \Phi,$$

so werden in den Gleichungen (2) die den Grössen $b_1, b_2, \ldots, b_m$ gleich gesetzten Brüche

$$\frac{\frac{\partial\Phi}{\partial a_1}}{\frac{\partial\Phi}{\partial a}},\quad \frac{\frac{\partial\Phi}{\partial a_2}}{\frac{\partial\Phi}{\partial a}},\quad \ldots,\quad \frac{\frac{\partial\Phi}{\partial a_m}}{\frac{\partial\Phi}{\partial a}}.$$

Damit aus den Gleichungen (2) die Werthe der Grössen $\beta_1, \beta_2, \ldots, \beta_{i-1}, \alpha_i, \alpha_{i+1}, \ldots, \alpha_m$ erhalten werden können, darf die nach diesen Grössen gebildete Functionaldeterminante der vorstehenden Ausdrücke, die ich mit

$$\Sigma\pm\frac{\partial b_1}{\partial\beta_1}\frac{\partial b_2}{\partial\beta_2}\cdots\frac{\partial b_{i-1}}{\partial\beta_{i-1}}\frac{\partial b_i}{\partial\alpha_i}\frac{\partial b_{i+1}}{\partial\alpha_{i+1}}\cdots\frac{\partial b_m}{\partial\alpha_m}$$

bezeichne, nicht verschwinden. Aber diese Functionaldeterminante wird gleich $\left(\frac{\partial\Phi}{\partial a}\right)^{-(m+1)}$, multiplicirt mit der nach den Grössen $a, a_1, a_2, \ldots, a_m$ gebildeten Functionaldeterminante der Functionen

$$\Phi,\ \frac{\partial\Phi}{\partial\beta_1},\ \frac{\partial\Phi}{\partial\beta_2},\ \ldots,\ \frac{\partial\Phi}{\partial\beta_{i-1}},\ \frac{\partial\Phi}{\partial\alpha_i},\ \frac{\partial\Phi}{\partial\alpha_{i+1}},\ \ldots,\ \frac{\partial\Phi}{\partial\alpha_m}$$

oder der Functionen

$$\Phi,\ \varphi_1,\ \varphi_2,\ \ldots,\ \varphi_{i-1},\ \frac{\partial\Phi}{\partial\alpha_i},\ \frac{\partial\Phi}{\partial\alpha_{i+1}},\ \ldots,\ \frac{\partial\Phi}{\partial\alpha_m},$$

wie aus dem im §. 1 mitgetheilten Theorem I erhellt, wenn man in demselben für $f, q_1, q_2, \ldots, q_m, \alpha, \alpha_1, \alpha_2, \ldots, \alpha_m$ respective die Buchstaben $\Phi, \beta_1, \beta_2, \ldots, \beta_{i-1}, \alpha_i, \alpha_{i+1}, \ldots, \alpha_m, a, a_1, a_2, \ldots, a_m$ setzt. Für die an erster

Stelle stehende Function Φ kann man auch die Function φ setzen, da eine Functionaldeterminante sich nicht ändert, wenn man zu einer der Functionen die anderen, mit beliebigen Constanten multiplicirt, addirt, wo unter Constanten alle Grössen zu verstehen sind, die von denen, nach welchen bei Bildung der Functionaldeterminante differentiirt wird, unabhängig sind. Hat man φ für Φ gesetzt, so werden die Ausdrücke, deren Functionaldeterminante in Bezug auf die Grössen $a, a_1, a_2, \ldots, a_m$ zu bilden ist, dieselben wie die in den Gleichungen (1) rechts vom Gleichheitszeichen befindlichen Ausdrücke. Wenn man daher aus den Gleichungen (1) die Werthe von

$$\alpha, \quad \alpha_1, \quad \alpha_2, \quad \ldots, \quad \alpha_{i-1}, \quad \beta_i, \quad \beta_{i+1}, \quad \ldots, \quad \beta_m$$

und aus den Gleichungen (2) die Werthe von

$$b_1, \quad b_2, \quad \ldots, \quad b_m$$

entnimmt, so hat man

$$(5) \quad \begin{cases} (-1)^{m-i+1} \Sigma \pm \dfrac{\partial b_1}{\partial \beta_1} \dfrac{\partial b_2}{\partial \beta_2} \cdots \dfrac{\partial b_{i-1}}{\partial \beta_{i-1}} \dfrac{\partial b_i}{\partial \alpha_i} \dfrac{\partial b_{i+1}}{\partial \alpha_{i+1}} \cdots \dfrac{\partial b_m}{\partial \alpha_m} \\ = \left(\dfrac{\partial \Phi}{\partial a}\right)^{-m-1} \Sigma \pm \dfrac{\partial \alpha}{\partial a} \dfrac{\partial \alpha_1}{\partial a_1} \cdots \dfrac{\partial \alpha_{i-1}}{\partial a_{i-1}} \dfrac{\partial \beta_i}{\partial a_i} \dfrac{\partial \beta_{i+1}}{\partial a_{i+1}} \cdots \dfrac{\partial \beta_m}{\partial a_m}. \end{cases}$$

Damit aus den Gleichungen (1) die Werthe von $a, a_1, a_2, \ldots, a_m$ erhalten werden können, darf die Functionaldeterminante

$$\Sigma \pm \frac{\partial \alpha}{\partial a} \frac{\partial \alpha_1}{\partial a_1} \cdots \frac{\partial \alpha_{i-1}}{\partial a_{i-1}} \frac{\partial \beta_i}{\partial a_i} \frac{\partial \beta_{i+1}}{\partial a_{i+1}} \cdots \frac{\partial \beta_m}{\partial a_m}$$

nicht verschwinden. Die Gleichung (5) zeigt daher, dass, wenn man aus (2) die Werthe von $\beta_1, \beta_2, \ldots, \beta_{i-1}, \alpha_i, \alpha_{i+1}, \ldots, \alpha_m$ entnehmen kann, man immer auch aus (1) die Werthe von $a, a_1, a_2, \ldots, a_m$ erhält. Die Grösse $\dfrac{\partial \Phi}{\partial a}$ kann weder verschwinden, noch unendlich werden, da aus Gleichungen wie (1) und (2) keine Relation zwischen den Grössen $\beta_1, \beta_2, \ldots, \beta_{i-1}, \alpha_i, \alpha_{i+1}, \ldots, \alpha_m$, $a, a_1, a_2, \ldots, a_m$ folgen kann, welche von den Grössen $\alpha, \alpha_1, \alpha_2, \ldots, \alpha_{i-1}$, $\beta_i, \beta_{i+1}, \ldots, \beta_m, b_1, b_2, \ldots, b_m$ frei ist.

Es seien nun

$$u = 0, \quad u_1 = 0, \quad u_2 = 0, \quad \ldots, \quad u_{2m} = 0$$

die zwischen den Grössen

$$\alpha, \quad \alpha_1, \quad \alpha_2, \quad \ldots, \quad \alpha_m, \quad \beta_1, \quad \beta_2, \quad \ldots, \quad \beta_m$$

einerseits und den Grössen

$$a,\ a_1,\ a_2,\ \ldots,\ a_m,\ b_1,\ b_2,\ \ldots,\ b_m$$

andererseits bestehenden Gleichungen, welche man erhält, indem man in den Gleichungen (1), (2) die auf der rechten Seite befindlichen Grössen auf die linke hinüberschafft. Es wird dann zufolge der in meiner Abhandlung „*De determinantibus functionalibus*"*) bewiesenen Formeln die Functionaldeterminante von $\alpha, \alpha_1, \alpha_2, \ldots, \alpha_m, \beta_1, \beta_2, \ldots, \beta_m$ in Bezug auf $a, a_1, a_2, \ldots, a_m, b_1, b_2, \ldots, b_m$ oder der reciproke Werth der Functionaldeterminante von $a, a_1, a_2, \ldots, a_m, b_1, b_2, \ldots, b_m$ in Bezug auf $\alpha, \alpha_1, \alpha_2, \ldots, \alpha_m, \beta_1, \beta_2, \ldots, \beta_m$ gleich der Functionaldeterminante von $u, u_1, u_2, \ldots, u_{2m}$ in Bezug auf $a, a_1, a_2, \ldots, a_m, b_1, b_2, \ldots, b_m$, dividirt durch die Functionaldeterminante von $u, u_1, u_2, \ldots, u_{2m}$ in Bezug auf $\alpha, \alpha_1, \alpha_2, \ldots, \alpha_m, \beta_1, \beta_2, \ldots, \beta_m$. Es sind ferner, abgesehen vom Vorzeichen, die Functionaldeterminanten von $u, u_1, u_2, \ldots, u_{2m}$ in Bezug auf $a, a_1, a_2, \ldots, a_m, b_1, b_2, \ldots, b_m$ und in Bezug auf $\alpha, \alpha_1, \alpha_2, \ldots, \alpha_m, \beta_1, \beta_2, \ldots, \beta_m$ dieselben, wie die beiden Functionaldeterminanten, welche sich in der obigen Gleichung (5) respective auf der rechten und linken Seite des Gleichheitszeichens befinden, und deren Quotient $\left(\frac{\partial \Phi}{\partial a}\right)^{m+1}$ ist. Man hat daher den folgenden Satz:

„*Wenn man durch die Gleichungen* (1) *und* (2) *die Werthe der Grössen* $\alpha, \alpha_1, \alpha_2, \ldots, \alpha_m, \beta_1, \beta_2, \ldots, \beta_m$ *als Functionen von* $a, a_1, a_2, \ldots, a_m, b_1, b_2, \ldots, b_m$ *ausdrückt, so ist ihre Functionaldeterminante gleich*

$$\left\{\frac{\partial \varphi}{\partial a}+\beta_1\frac{\partial \varphi_1}{\partial a}+\beta_2\frac{\partial \varphi_2}{\partial a}+\cdots+\beta_{i-1}\frac{\partial \varphi_{i-1}}{\partial a}\right\}^{m+1}."$$

In dem den dynamischen Problemen entsprechenden Falle wird

$$\frac{\partial \varphi}{\partial a}=1,\quad \frac{\partial \varphi_1}{\partial a}=\frac{\partial \varphi_2}{\partial a}=\cdots=\frac{\partial \varphi_{i-1}}{\partial a}=0.$$

Der vorstehende Satz vereinfacht sich dann zu dem in §. 6 bewiesenen.

§. 8. Wie man von einer abgeleiteten Lösung zu der ursprünglichen zurückgelangt.

Ich will jetzt zeigen, wie man von einer abgeleiteten vollständigen Lösung F zu der ursprünglich gegebenen f zurückkehrt, wobei ich gleich den allgemeinen Fall betrachten werde, in welchem die partielle Differentialgleichung die gesuchte Function selber enthält. Auf ähnliche Art nämlich,

*) Crelle's Journal, Bd. XXII p. 319—352; diese Ausgabe, Bd. III p. 393—438.

wie man aus f eine andere vollständige Lösung F abgeleitet hat, kann man auch aus F andere vollständige Lösungen ableiten. Man hat dann in dem Ausdruck F für einige von den Grössen $a, a_1, a_2, \ldots, a_m$, z. B. $a, a_1, a_2, \ldots, a_{k-1}$, Functionen der übrigen $a_k, a_{k+1}, \ldots, a_m$ zu setzen, welche $m+1$ willkürliche Constanten enthalten, und nach geschehener Substitution der Werthe von $a, a_1, a_2, \ldots, a_{k-1}$ die Werthe von $a_k, a_{k+1}, \ldots, a_m$ so zu bestimmen, dass die nach ihnen genommenen partiellen Differentialquotienten von F gleich Null werden. *Nimmt man $k = i$ und für die Relationen, durch welche $a, a_1, a_2, \ldots, a_{i-1}$ als Functionen von $a_i, a_{i+1}, \ldots, a_m$ bestimmt werden, welche ausserdem noch die willkürlichen Constanten $\alpha, \alpha_1, \alpha_2, \ldots, \alpha_m$ enthalten, dieselben Gleichungen, welche dazu dienen, aus f die Lösung F abzuleiten, nämlich die Gleichungen*

$$(1) \quad a = \varphi, \quad a_1 = \varphi_1, \quad a_2 = \varphi_2, \quad \ldots, \quad a_{i-1} = \varphi_{i-1},$$

in welchen $\varphi, \varphi_1, \varphi_2, \ldots, \varphi_{i-1}$ Functionen von $a_i, a_{i+1}, \ldots, a_m, \alpha, \alpha_1, \alpha_2, \ldots, \alpha_m$ waren, so kommt man von der vollständigen Lösung F auf die ursprünglich gegebene f zurück. Man beweist dies durch die folgenden Betrachtungen.

Die Lösung F ergab sich, indem man mittelst der Gleichungen (1) und der Gleichungen

$$(2) \quad \left(\frac{\partial f}{\partial a_i}\right) = 0, \quad \left(\frac{\partial f}{\partial a_{i+1}}\right) = 0, \quad \ldots, \quad \left(\frac{\partial f}{\partial a_m}\right) = 0$$

die Grössen $\alpha, \alpha_1, \alpha_2, \ldots, \alpha_m$ aus f eliminirte. Die Gleichung $F = f$ wird daher mittelst der Gleichungen (1) und (2) identisch. Hieraus folgt, dass umgekehrt die ursprünglich gegebene Lösung f erhalten wird, wenn man aus F mittelst derselben Gleichungen (1) und (2) die Grössen $a, a_1, a_2, \ldots, a_m$ eliminirt. Man erhält aber auch nach der angegebenen Regel eine Lösung, indem man aus F die Grössen $a, a_1, a_2, \ldots, a_m$ vermittelst der Gleichungen (1) und der Gleichungen

$$(3) \quad \frac{\partial F}{\partial a}\frac{\partial a}{\partial a_k} + \frac{\partial F}{\partial a_1}\frac{\partial a_1}{\partial a_k} + \cdots + \frac{\partial F}{\partial a_{i-1}}\frac{\partial a_{i-1}}{\partial a_k} + \frac{\partial F}{\partial a_k} = 0$$

eliminirt, wo a_k jede der Grössen $a_i, a_{i+1}, \ldots, a_m$ und $a, a_1, a_2, \ldots, a_{i-1}$ Functionen von $a_i, a_{i+1}, \ldots, a_m$ und willkürlichen Constanten bedeuten. Setzt man insbesondere für $a, a_1, a_2, \ldots, a_{i-1}$ die sich als ihre Werthe aus (1) ergebenden Functionen von $a_i, a_{i+1}, \ldots, a_m, \alpha, \alpha_1, \alpha_2, \ldots, \alpha_m$, so folgen, wie ich unten zeigen werde, aus (1) und (2) auch die Gleichungen (3), so dass man für die Gleichungen (1) und (2) auch die Gleichungen (1) und (3) setzen kann. Es ist daher gleich, ob man sagt, dass man mittelst der Gleichungen (1) und (2) oder mittelst der

Gleichungen (1) und (3) die Grössen $a, a_1, a_2, \ldots, a_m$ aus F eliminirt, und es ist daher die Lösung, die sich durch die letztere Elimination ergiebt, die ursprünglich gegebene f, wie zu beweisen war.

Es bleibt noch zu zeigen übrig, dass aus (1) und (2) die Gleichungen (3) folgen. Die Function F wurde aus f gefunden, indem man in f für $\alpha, \alpha_1, \alpha_2, \ldots, \alpha_{i-1}$ die Functionen $\varphi, \varphi_1, \varphi_2, \ldots, \varphi_{i-1}$ setzte und mittelst (2) die Grössen $\alpha_i, \alpha_{i+1}, \ldots, \alpha_m$ durch die unabhängigen Variabeln und die Grössen $a, a_1, a_2, \ldots, a_m$ ausdrückte. Es wird daher, wenn man mit a_r irgend eine der Grössen $a, a_1, a_2, \ldots, a_m$ bezeichnet,

$$\frac{\partial F}{\partial a_r} = \frac{\partial f}{\partial \varphi}\frac{\partial \varphi}{\partial a_r} + \frac{\partial f}{\partial \varphi_1}\frac{\partial \varphi_1}{\partial a_r} + \cdots + \frac{\partial f}{\partial \varphi_{i-1}}\frac{\partial \varphi_{i-1}}{\partial a_r},$$

da wegen (2) die in die partiellen Differentialquotienten von $\alpha_i, \alpha_{i+1}, \ldots, \alpha_m$ multiplicirten Ausdrücke verschwinden. Substituirt man diesen Werth von $\frac{\partial F}{\partial a_r}$ in die Gleichung (3), welche zu beweisen ist, so erhält der Ausdruck links vom Gleichheitszeichen die Form

$$\Phi \frac{\partial f}{\partial \varphi} + \Phi_1 \frac{\partial f}{\partial \varphi_1} + \cdots + \Phi_{i-1} \frac{\partial f}{\partial \varphi_{i-1}},$$

wo

$$\Phi_h = \frac{\partial \varphi_h}{\partial a}\frac{\partial a}{\partial a_k} + \frac{\partial \varphi_h}{\partial a_1}\frac{\partial a_1}{\partial a_k} + \cdots + \frac{\partial \varphi_h}{\partial a_{i-1}}\frac{\partial a_{i-1}}{\partial a_k} + \frac{\partial \varphi_h}{\partial a_k}.$$

Da aber $a, a_1, a_2, \ldots, a_{i-1}$ diejenigen Functionen von $a_i, a_{i+1}, \ldots, a_m, \alpha, \alpha_1, \alpha_2, \ldots, \alpha_m$ sind, welche, in die Ausdrücke $\varphi, \varphi_1, \varphi_2, \ldots, \varphi_{i-1}$ gesetzt, dieselben respective den Grössen $\alpha, \alpha_1, \alpha_2, \ldots, \alpha_{i-1}$ identisch gleich machen, wodurch also $\varphi_h = \alpha_h$ wird, so verschwindet der vorstehende Ausdruck von Φ_h, und es sind daher die Gleichungen (3) bewiesen.

Wir haben oben gesehen, dass man aus einer gegebenen vollständigen Lösung jede andere bestimmte nur auf eine einzige Art ableiten kann, d. h. dass die hierzu zwischen den willkürlichen Constanten der vollständigen Lösung anzunehmenden Relationen sowohl ihrer Zahl als Natur nach bestimmt sind. Wenn man daher aus einer gegebenen vollständigen Lösung f eine andere F abgeleitet hat und die gegebene Lösung f ihrerseits aus F ableiten will, so kann dies nur mittelst derjenigen Relationen geschehen, welche im Vorhergehenden zwischen den in F enthaltenen willkürlichen Constanten angenommen worden sind. Diese Relationen, welche gemeinschaftlich dazu dienen, F aus f

und f aus F abzuleiten, wo f und F zwei *beliebige* vollständige Lösungen bedeuten können, werden erhalten, wenn man die unabhängigen Variabeln $t, q_1, q_2, \ldots, q_m$ aus den Gleichungen

$$F = f, \quad \frac{\partial F}{\partial q_1} = \frac{\partial f}{\partial q_1}, \quad \frac{\partial F}{\partial q_2} = \frac{\partial f}{\partial q_2}, \quad \ldots, \quad \frac{\partial F}{\partial q_m} = \frac{\partial f}{\partial q_m}$$

eliminirt, was immer möglich ist, da F und f Lösungen derselben partiellen Differentialgleichung sind.

Wenn man eine bestimmte vollständige Lösung zu Grunde legt, so theilen sich alle Lösungen in verschiedene Classen, je nachdem man, um sie aus der vollständigen Lösung abzuleiten, eine oder zwei etc. oder $m+1$ Relationen zwischen den in denselben enthaltenen willkürlichen Constanten anzunehmen hat. Die erste Classe ist die allgemeinste, die letzte umfasst die Lösungen selbst, welche in der zu Grunde gelegten vollständigen Lösung enthalten sind. Diese Eintheilung drückt aber nichts den Lösungen selbst Immanentes aus, sondern nur ihre Beziehung zu der zu Grunde gelegten vollständigen Lösung. Denn es kann jede gegebene Lösung zu jeder beliebigen Classe gehören, je nachdem man verschiedene vollständige Lösungen zu Grunde legt. Man kann nämlich, wenn die gegebene Lösung ebenfalls eine vollständige ist, leicht solche vollständigen Lösungen angeben, in Bezug auf welche die gegebene Lösung zu einer bestimmten Classe gehört. Denn man hat nur aus der gegebenen Lösung irgend eine der i^{ten} Classe abzuleiten und diese zu Grunde zu legen, so gehört die gegebene Lösung auch ihrerseits in Bezug auf dieselbe zur i^{ten} Classe, wie im Vorhergehenden bewiesen worden ist. Es kann aber jede gegebene Lösung, welche keine vollständige Lösung selbst ist, als particulärer Fall einer vollständigen Lösung angesehen werden. Denn man kann sie immer aus irgend einer zu Grunde gelegten vollständigen Lösung mittelst gewisser Relationen ableiten, die man zwischen den willkürlichen Constanten derselben annimmt. Bezeichnet man diese Relationen mit $u = 0$, $v = 0$ etc., so kann man allgemeinere

$$u + \delta u_1 = 0, \quad v + \varepsilon v_1 = 0 \quad \text{etc.}$$

annehmen, in welchen δ, ε etc. willkürliche Constanten sind, und u_1, v_1 etc. ebenfalls willkürliche Constanten enthalten, so, dass die mittelst dieser allgemeineren Relationen abgeleitete Lösung eine vollständige wird. In dem besonderen Fall, wo $\delta = 0$, $\varepsilon = 0$ etc., erhält man dann aus dieser vollständigen Lösung die gegebene.

ÜBER DIE INTEGRATION DER PARTIELLEN DIFFERENTIALGLEICHUNGEN ERSTER ORDNUNG ZWISCHEN VIER VARIABELN

AUS DEN HINTERLASSENEN PAPIEREN C. G. J. JACOBI'S

HERAUSGEGEBEN VON

A. CLEBSCH

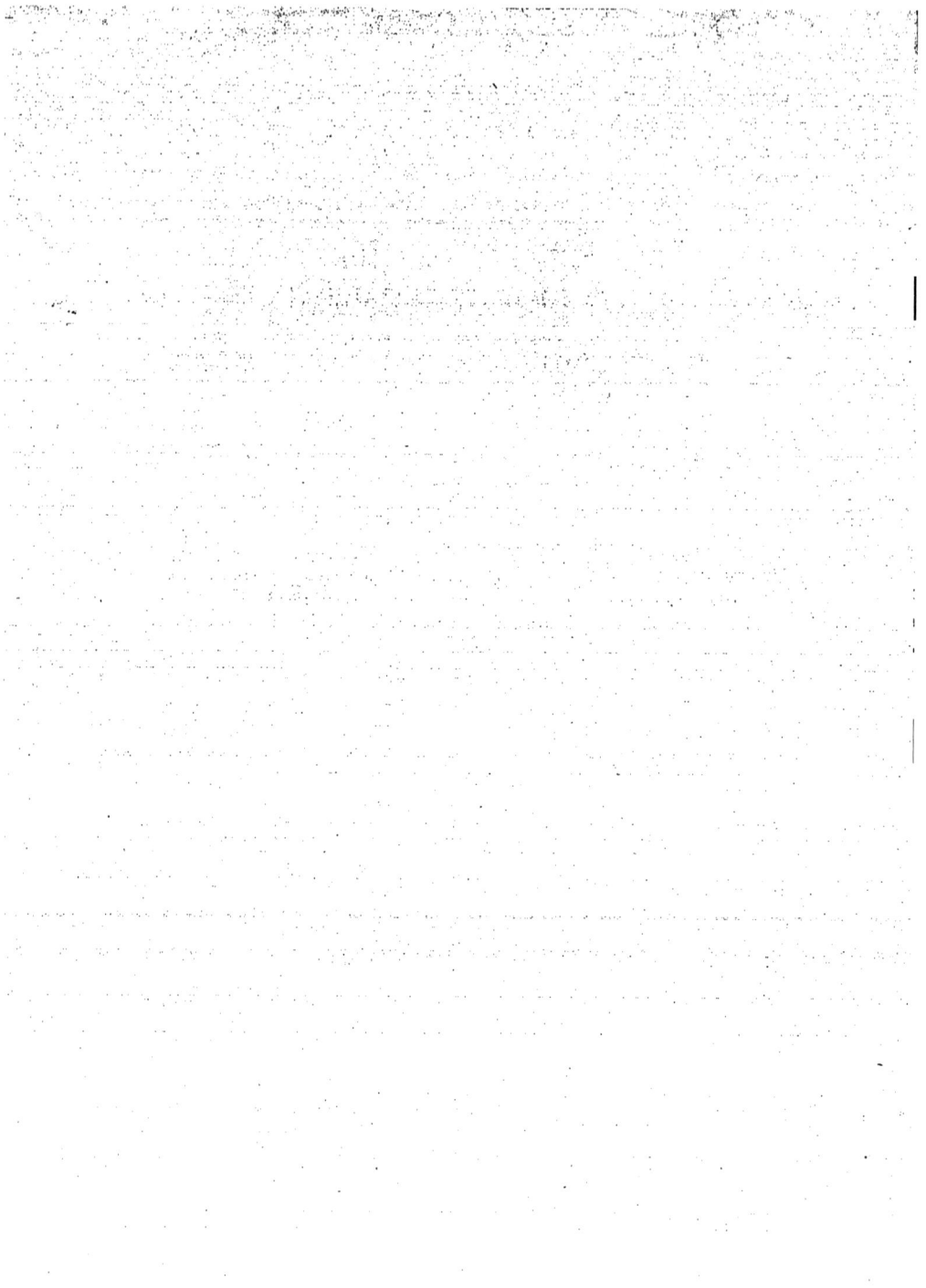

ÜBER DIE INTEGRATION DER PARTIELLEN DIFFERENTIALGLEICHUNGEN ERSTER ORDNUNG ZWISCHEN VIER VARIABELN.

1.

Historisches.

Lagrange hat in den Berliner Memoiren von 1772 die partiellen Differentialgleichungen erster Ordnung zwischen *drei* Variabeln integriren gelehrt. Nach seiner dort gegebenen Methode wird zuerst ein System von drei gewöhnlichen Differentialgleichungen zwischen *vier* Variabeln aufgestellt; da diese Differentialgleichungen von der *ersten* Ordnung sind, so kann die Integration dieses Systems auf die Integration einer gewöhnlichen Differentialgleichung *dritter* Ordnung, die nur zwei Variabele enthält, zurückgeführt werden. Lagrange fordert aber zur Auffindung eines vollständigen Integrals der vorgelegten partiellen Differentialgleichung nicht die vollständige Integration des Systems gewöhnlicher Differentialgleichungen, sondern er zeigt, dass, wenn man *ein* Integral desselben kennt, man nur noch zwei Differentialgleichungen *erster* Ordnung zwischen *zwei* Variabeln zu integriren hat. Da man, wie ich im 17ten Bande des Crelle'schen Journals*) nach einer von Hamilton gegebenen Methode gezeigt habe, immer umgekehrt die vollständigen Integrale des Systems gewöhnlicher Differentialgleichungen angeben kann, wenn man irgend ein vollständiges Integral der partiellen Differentialgleichung kennt, so folgt für den von Lagrange behandelten Fall, dass das von ihm aufgestellte System gewöhnlicher Differentialgleichungen, welches auf eine Differentialgleichung dritter Ordnung zwischen zwei Variabeln zurückkommt, die merkwürdige Eigenschaft hat, dass, wenn man *ein* Integral desselben kennt, man nur noch Differentialgleichungen erster Ordnung zwischen zwei Variabeln und keine Differentialgleichung zweiter Ordnung zu integriren

*) Vergl. diese Ausgabe, Bd. IV p. 57–127.

braucht, um die vollständigen Integralgleichungen zu haben; oder, was dasselbe ist, es wird die Differentialgleichung zweiter Ordnung, die man noch zu integriren hat, sich immer auf zwei Differentialgleichungen erster Ordnung zwischen zwei Variabeln reduciren lassen. Es bekommen hierdurch die gewöhnlichen Differentialgleichungen, welche in der Theorie der partiellen Differentialgleichungen vorkommen, einen besonderen Character, der sie von anderen Differentialgleichungen unterscheidet und für ihre Integration Vortheile darbieten kann. Besonders einfach wird die Lagrange'sche Methode, wenn die partielle Differentialgleichung nicht die unbekannte Function selber involvirt, sondern nur die beiden unabhängigen Variabeln und die nach ihnen genommenen partiellen Differentialquotienten der gesuchten Function. In diesem Falle ist nur ein Integral eines Systems von zwei Differentialgleichungen erster Ordnung zwischen drei Variabeln oder einer Differentialgleichung zweiter Ordnung zwischen zwei Variabeln zu suchen, wonach das Problem auf Quadraturen zurückgeführt ist. Man kann hier also zufolge der obigen Betrachtungen die Differentialgleichung erster Ordnung, welche nach Auffindung des einen Integrals noch zu integriren bleibt, immer auf Quadraturen zurückführen oder nach einer allgemeinen Regel den Multiplicator angeben, welcher die Differentialgleichung integrabel macht. Die Differentialgleichung zweiter Ordnung, auf welche die zwei Differentialgleichungen erster Ordnung zwischen drei Variabeln zurückgeführt werden können, hat daher die Eigenschaft mit den *linearen* Differentialgleichungen zweiter Ordnung gemein, dass nach Auffindung eines Integrals man das zweite durch blosse Quadratur erhält, sie lässt sich jedoch nicht, wie die *linearen*, auf die erste Ordnung zurückführen.

2.

Die Lagrange'sche Methode der Integration einer partiellen Differentialgleichung erster Ordnung mit zwei unabhängigen Veränderlichen, in welcher die abhängige Veränderliche selbst nicht vorkommt.

Da der zuletzt erwähnte Fall, in welchem die partielle Differentialgleichung die unbekannte Function selbst nicht enthält, in der *Mechanik* von Wichtigkeit ist, so will ich für ihn die Lagrange'sche Methode kurz auseinander setzen.

Es sei

$$(1) \quad dV = p\,dx + q\,dy,$$

wo q eine gegebene Function von x, y, p ist; man soll p und V so als Functionen von x und y bestimmen, dass die Gleichung (1) erfüllt wird. Auf diese Weise kann man ganz allgemein die Aufgabe der Integration einer Gleichung zwischen x, y und den partiellen Differentialquotienten

$$\frac{\partial V}{\partial x} = p, \quad \frac{\partial V}{\partial y} = q$$

darstellen, d. h. die Integration einer partiellen Differentialgleichung erster Ordnung zwischen drei Variabeln, welche die abhängige Variabele selbst (die gesuchte Function) nicht enthält. Die Bedingung der Integrabilität von

$$p\,dx + q\,dy$$

ergiebt

$$\frac{\partial p}{\partial y} = \frac{\partial q}{\partial x} + \frac{\partial q}{\partial p} \cdot \frac{\partial p}{\partial x},$$

in welcher Gleichung auch $\frac{\partial q}{\partial x}$ und $\frac{\partial q}{\partial p}$ gegebene Functionen von x, y, p sind. Es sei nun

$$f(x, y, p) = a$$

irgend ein Integral der Differentialgleichungen

$$dx : dy : dp = \frac{\partial q}{\partial p} : -1 : -\frac{\partial q}{\partial x},$$

wo die Grösse a eine willkürliche Constante bedeutet, welche ebenso wenig als eine andere willkürliche Constante in der Function $f(x, y, p)$ selber vorkommt.

Man nennt $f = a$ ein Integral der vorgelegten Differentialgleichungen, wenn die Gleichung

$$df = \frac{\partial f}{\partial x} dx + \frac{\partial f}{\partial y} dy + \frac{\partial f}{\partial p} dp = 0$$

durch dieselben *identisch* erfüllt wird, d. h. ohne dass eine Integralgleichung zu Hülfe genommen wird.

Man muss daher für die aufgestellten Differentialgleichungen die identische Gleichung haben:

$$\frac{\partial q}{\partial p} \cdot \frac{\partial f}{\partial x} - \frac{\partial f}{\partial y} - \frac{\partial q}{\partial x} \cdot \frac{\partial f}{\partial p} = 0.$$

Bestimmt man p als Function von x, y durch die Gleichung

$$f(x, y, p) = a,$$

so hat man:

$$\frac{\partial p}{\partial x} = -\frac{\partial f}{\partial x} : \frac{\partial f}{\partial p},$$

$$\frac{\partial p}{\partial y} = -\frac{\partial f}{\partial y} : \frac{\partial f}{\partial p},$$

und es verwandelt sich die vorige Gleichung in folgende:

$$-\frac{\partial q}{\partial p}\cdot\frac{\partial p}{\partial x}+\frac{\partial p}{\partial y}-\frac{\partial q}{\partial x}=0.$$

Diese Gleichung wird also erfüllt, oder es wird $pdx+qdy$ integrabel, wenn man p als Function von x und y durch eine Gleichung

$$f(x, y, p)=a$$

bestimmt, welche ein Integral nachfolgender Differentialgleichungen ist:

$$dx:dy:dp=\frac{\partial q}{\partial p}:-1:-\frac{\partial q}{\partial x},$$

in welchen $\frac{\partial q}{\partial x}$ und $\frac{\partial q}{\partial p}$ die nach x und p genommenen partiellen Differentialquotienten der als Function von x, y, p gegebenen Grösse q sind. Hat man auf diese Art $pdx+qdy$ integrabel gemacht, so findet man

$$V=\int(pdx+qdy),$$

und zufolge der von mir modificirten Hamilton'schen Theorie wird das *letzte* Integral der Differentialgleichungen

$$dx:dy:dp=\frac{\partial q}{\partial p}:-1:-\frac{\partial q}{\partial x}$$

die Gleichung

$$\frac{\partial V}{\partial a}=\int\left(\frac{\partial p}{\partial a}dx+\frac{\partial q}{\partial a}dy\right)=b,$$

wo b die zweite willkürliche Constante ist.

Wenn die zwischen x, y, p, q gegebene Gleichung

$$\psi(x, y, p, q)=0$$

ist, so kann man auf eine mehr *symmetrische* Art statt der Gleichungen

$$dx:dy:dp=\frac{\partial q}{\partial p}:-1:-\frac{\partial q}{\partial x}$$

die folgenden setzen:

$$dx:dy:dp:dq=\frac{\partial \psi}{\partial p}:\frac{\partial \psi}{\partial q}:-\frac{\partial \psi}{\partial x}:-\frac{\partial \psi}{\partial y},$$

von denen wegen der Gleichung

$$\frac{\partial \psi}{\partial x}dx+\frac{\partial \psi}{\partial y}dy+\frac{\partial \psi}{\partial p}dp+\frac{\partial \psi}{\partial q}dq=0$$

eine die Folge der übrigen ist.

3.

Anwendung auf eine Classe mechanischer Probleme.

Es gelte in einem Problem der Mechanik das Princip von der Erhaltung der lebendigen Kraft, und es seien die Bedingungen, denen das System materieller Punkte, welches man betrachtet, unterworfen ist, so beschaffen, dass der Ort sämmtlicher bewegten Punkte durch nur zwei Grössen x und y bestimmt ist. Es sei T die halbe lebendige Kraft, so giebt der Satz von der lebendigen Kraft:

$$T = U+h,$$

wo h eine willkürliche Constante und U eine blosse Function von x und y ist.

Es sei

$$x' = \frac{dx}{dt}, \quad y' = \frac{dy}{dt},$$

so wird T eine Function von x, y, x', y' sein, und zwar in Bezug auf die letzten beiden Grössen eine homogene Function der zweiten Ordnung.

Setzt man

$$\frac{\partial T}{\partial x'} = p, \quad \frac{\partial T}{\partial y'} = q,$$

so kann man auch durch Auflösung zweier linearen Gleichungen x' und y' durch p, q, x, y ausdrücken. Wenn man dieses thut, wird T eine Function von p und q, und setzt man in derselben

$$p = \frac{\partial V}{\partial x}, \quad q = \frac{\partial V}{\partial y},$$

so wird die Gleichung für die lebendige Kraft,

$$T = U+h,$$

eine partielle Differentialgleichung erster Ordnung zwischen x, y, V, in welcher die abhängige Variabele V nicht selbst verkommt, sondern ausser x und y nur die nach x und y genommenen partiellen Differentialquotienten von V. Setzt man daher

$$\psi = T-U-h,$$

so wird nach §. 2 das aufzustellende System gewöhnlicher Differentialgleichungen:

$$dx : dy : dp : dq = \frac{\partial T}{\partial p} : \frac{\partial T}{\partial q} : \frac{\partial(U-T)}{\partial x} : \frac{\partial(U-T)}{\partial y},$$

welches die Differentialgleichungen des mechanischen Problems selbst sind. Um diese daher vollständig zu integriren, braucht man nur *ein* Integral von ihnen,

$$f = a,$$

zu kennen. Die aus den Gleichungen

$$f = a, \quad T = U+h$$

gezogenen Werthe von p und q in x und y substituirt man dann in die Gleichung

$$dV = pdx+qdy;$$

zufolge der Lagrange'schen Theorie wird der Ausdruck rechter Hand integrabel, und daher auch seine nach a und h genommenen Differentialquotienten:

$$\frac{\partial p}{\partial a}dx+\frac{\partial q}{\partial a}dy, \quad \frac{\partial p}{\partial h}dx+\frac{\partial q}{\partial h}dy.$$

Die Integration dieser Ausdrücke giebt die vollständigen endlichen Integralgleichungen des mechanischen Problems. Man hat nämlich nach §. 2:

$$\int\left(\frac{\partial p}{\partial a}dx+\frac{\partial q}{\partial a}dy\right) = b.$$

Die Zeit findet man, wie ich in meinen Abhandlungen über die Hamilton'sche Methode gezeigt habe, durch die Gleichung:

$$\int\left(\frac{\partial p}{\partial h}dx+\frac{\partial q}{\partial h}dy\right) = t+\tau.$$

In diesen Gleichungen sind a, b, h, τ die vier willkürlichen Constanten, welche die vollständige Integration des mechanischen Problems erfordert.

Ich habe die vorstehenden Resultate für den Fall der freien Bewegung eines Punktes in einer Ebene bereits vor längerer Zeit der Pariser Akademie der Wissenschaften mitgetheilt. In der Allgemeinheit, in welcher ich sie im Vorstehenden vorgetragen habe, umfassen sie auch die freie Bewegung eines Punktes auf irgend einer gegebenen Oberfläche, so wie mehrere andere merkwürdige mechanische Probleme. Wenn das System sich frei um eine Axe drehen kann, so hat man immer das verlangte Integral $f = a$ mittelst des Flächenprincips.

4.

Über die Weiterbildung der Lagrange'schen Methode.

Die Ausdehnung der Lagrange'schen Methode auf eine partielle Differentialgleichung mit mehr als drei Variabeln scheint beim ersten Anblick ein sehr complicirtes Problem. Diese Complication und der Umstand, dass man sich wegen der physikalischen Anwendungen seit längerer Zeit auf die Untersuchung der *linearen* partiellen Differentialgleichungen beschränkt, mögen Schuld daran sein, dass in dem langen Zeitraum seit dem Jahre 1772 diese Lücke in der Integralrechnung geblieben ist. Denn die Arbeit von Pfaff, welche grosse Wichtigkeit man ihr auch beilegen muss, ist weit entfernt, für jede Zahl von Variabeln Aehnliches zu leisten, wie die Methode von Lagrange für drei Variabele gethan hat. Denn während Lagrange nicht die vollständige Integration des aufzustellenden Systems gewöhnlicher Differentialgleichungen nöthig hat, sondern nur die Kenntniss *eines* Integrals statt *zweier* fordert, braucht Pfaff nicht nur sämmtliche Integrale der von ihm aufgestellten Differentialgleichungen oder ihre vollständige Integration, sondern selbst diese ist ihm nur ein erster Schritt zu der Lösung des Problems. Ich habe nun zwar durch eine leichte Verallgemeinerung der Hamilton'schen Methode in einer anderen Abhandlung*) gezeigt, wie man die Pfaff'sche Methode so vervollständigen kann, dass die vollständige Integration des Systems gewöhnlicher Differentialgleichungen in allen Fällen ausreicht; aber es bleibt noch zu zeigen übrig, dass man auch diese nicht einmal nöthig habe. Bei einer näheren Untersuchung dieses Gegenstandes ist es mir gelungen, die hierbei vorkommenden Schwierigkeiten zu heben, wodurch auch die analytische Mechanik eine wesentliche Bereicherung erhält, indem die dynamischen Grundgleichungen für den weitverbreiteten Fall des Princips der Erhaltung der lebendigen Kraft und selbst noch in anderen Fällen einer eigenthümlichen Behandlung hinsichtlich ihrer Integration fähig werden. Wenn nun gleich die Ausdehnung der Lagrange'schen Methode bei näherer Betrachtung nicht die grosse Complication hat, welche sie beim ersten Anblick darbietet, so will ich mich doch hier nur auf den nächsten Fall, auf die Integration der partiellen Differentialgleichungen erster Ordnung zwischen vier Variabeln, beschränken; ja ich werde sogar, um eine klarere Einsicht in das Wesen der von mir verfolgten Methode zu geben, wieder nur den in der Mechanik vorkommenden Fall behandeln, in welchem die partielle Differentialgleichung ausser den unabhängigen Variabeln nur die nach ihnen genommenen partiellen Differentialquotienten der gesuchten Function, nicht diese selbst enthält. Die analogen, von mir für eine beliebige Zahl von Variabeln gefundenen Resultate habe ich in einem in Crelle's Journal Bd. XVII abgedruckten Schreiben an Herrn Professor Encke kurz angedeutet.**)

*) Crelle's Journal, Bd. XVII p. 97—162; diese Ausgabe, Bd. IV p. 57—127.

**) Vergl. diese Ausgabe, Bd. IV p. 39—55.

5.

Partielle Differentialgleichung mit drei unabhängigen Veränderlichen, welche die gesuchte Function nicht enthält. Exposition der Aufgabe. Erstes System gewöhnlicher Differentialgleichungen, von welchem ein Integral zu suchen ist.

Es sei

$$dV = pdx + qdy + rdz$$

und r eine gegebene Function von x, y, z, p, q, welche V nicht enthält. Man soll p und q so als Functionen von x, y, z bestimmen, dass der Ausdruck

$$pdx + qdy + rdz$$

integrabel wird. Die Ausführung der Integration giebt dann die Function V. Damit ihr Ausdruck vollständig sei, müssen die Ausdrücke von p und q in x, y, z *zwei* willkürliche Constanten enthalten; bei der Integration kann man dann dem Ausdruck von V noch eine dritte willkürliche Constante durch blosse Addition zufügen.

Die Aufgabe scheint beim ersten Anblick mehr als bestimmt zu sein. Betrachtet man nämlich p, q, r als Functionen von x, y, z und setzt:

$$(1) \quad \begin{cases} \dfrac{\partial q}{\partial z} - \dfrac{\partial r}{\partial y} = A, \\ \dfrac{\partial r}{\partial x} - \dfrac{\partial p}{\partial z} = B, \\ \dfrac{\partial p}{\partial y} - \dfrac{\partial q}{\partial x} = C, \end{cases}$$

so hat man nur *zwei* Functionen p und q zu bestimmen und soll damit den *drei* Gleichungen

$$A = 0, \quad B = 0, \quad C = 0$$

genügen, welche erfüllt werden müssen, wenn der Ausdruck

$$pdx + qdy + rdz,$$

wie verlangt wurde, integrabel werden soll. Indessen wenn die drei zu erfüllenden Gleichungen sich auch nicht auf zwei reduciren lassen, so sind sie doch auch nicht von einander unabhängig. Man hat nämlich, wie man leicht sieht, die identische Gleichung:

$$(2) \quad \frac{\partial A}{\partial x} + \frac{\partial B}{\partial y} + \frac{\partial C}{\partial z} = 0,$$

so dass, wenn zwei von den Ausdrücken A, B, C verschwinden, man von dem dritten weiss, dass er die eine von den drei Variabeln x, y, z nicht enthalten kann. In dieser Gleichung (2) hat man die Lösung des Problems zu suchen.

Ich will die Aufgabe, die beiden Grössen p und q so als Functionen von x, y, z zu bestimmen, dass der Ausdruck $pdx+qdy+rdz$ integrabel wird, oder dass die drei Gleichungen $A=0$, $B=0$, $C=0$ erfüllt werden, in *zwei* Aufgaben theilen, weil die *gleichzeitige* Behandlung und Bestimmung zweier Functionen mit grossen Schwierigkeiten verbunden ist. Wir wollen nämlich zuerst q als Function von x, y, z, p und dann p als Function von x, y, z bestimmen. So lange man q nur als Function von x, y, z, p darstellt, ohne p als Function von x, y, z zu bestimmen, wird es nicht möglich sein, einer der drei Gleichungen $A=0$, $B=0$, $C=0$ zu genügen. Man wird aber eine gewisse Combination dieser Gleichungen bilden können, der schon durch die Bestimmung der einen Grösse q als Function von x, y, z, p Genüge geschehen kann, während die Function p noch unbestimmt bleibt. Betrachtet man nämlich die beiden Grössen r und q als Functionen von x, y, z, p, so werden die drei Gleichungen $C=0$, $B=0$, $A=0$ folgende Gestalt annehmen:

$$(3)\quad \begin{cases} \dfrac{\partial p}{\partial y} = \dfrac{\partial q}{\partial x} + \dfrac{\partial q}{\partial p}\cdot\dfrac{\partial p}{\partial x}, \\[2mm] \dfrac{\partial p}{\partial z} = \dfrac{\partial r}{\partial x} + \dfrac{\partial r}{\partial p}\cdot\dfrac{\partial p}{\partial x}, \\[2mm] \dfrac{\partial q}{\partial z} + \dfrac{\partial q}{\partial p}\cdot\dfrac{\partial p}{\partial z} = \dfrac{\partial r}{\partial y} + \dfrac{\partial r}{\partial p}\cdot\dfrac{\partial p}{\partial y}. \end{cases}$$

Substituirt man die ersten beiden Gleichungen in die letzte, so erhält man:

$$\frac{\partial q}{\partial z} + \frac{\partial q}{\partial p}\cdot\frac{\partial r}{\partial x} = \frac{\partial r}{\partial y} + \frac{\partial r}{\partial p}\cdot\frac{\partial q}{\partial x}$$

oder

$$(4)\quad \frac{\partial q}{\partial z} - \frac{\partial r}{\partial y} + \frac{\partial q}{\partial p}\cdot\frac{\partial r}{\partial x} - \frac{\partial r}{\partial p}\cdot\frac{\partial q}{\partial x} = 0.$$

Man kann diese Gleichung auch in der Form

$$(5)\quad A+B\frac{\partial q}{\partial p}+C\frac{\partial r}{\partial p} = 0,$$

welche zugleich die Art ihrer Ableitung erkennen lässt, darstellen. In dieser Formel, so wie in (3) und (4), werden die beiden Grössen q und r als Functionen von x, y, z, p betrachtet.

Wenn man wieder q als Function von x, y, z, p, aber r als Function von x, y, z, p, q betrachtet, wie es durch die gegebene partielle Differentialgleichung bestimmt ist, und in diesem Sinne partiell differentiirt, so verwandelt sich die Gleichung (4) oder (5), wenn man die sich aufhebenden Terme

$$\frac{\partial q}{\partial p}\cdot\frac{\partial r}{\partial q}\cdot\frac{\partial q}{\partial x}-\frac{\partial r}{\partial q}\cdot\frac{\partial q}{\partial p}\cdot\frac{\partial q}{\partial x}$$

fortlässt, in folgende:

$$(6)\quad -\frac{\partial r}{\partial p}\cdot\frac{\partial q}{\partial x}-\frac{\partial r}{\partial q}\cdot\frac{\partial q}{\partial y}+\frac{\partial q}{\partial z}+\frac{\partial r}{\partial x}\cdot\frac{\partial q}{\partial p}=\frac{\partial r}{\partial y}.$$

In dieser Gleichung sind die Grössen

$$\frac{\partial r}{\partial p},\quad \frac{\partial r}{\partial q},\quad \frac{\partial r}{\partial x},\quad \frac{\partial r}{\partial y}$$

gegebene Functionen von x, y, z, p, q, und die Gleichung ist daher eine lineare partielle Differentialgleichung zwischen q und den unabhängigen Variabeln x, y, z, p. Um eine Function q der Grössen x, y, z, p zu finden, welche der Gleichung (6) genügt, hat man bekanntlich das System von Differentialgleichungen aufzustellen:

$$(7)\quad dx:dy:dz:dp:dq=-\frac{\partial r}{\partial p}:-\frac{\partial r}{\partial q}:1:\frac{\partial r}{\partial x}:\frac{\partial r}{\partial y}.$$

Ist ein Integral desselben *)

$$f(x,\ y,\ z,\ p,\ q)=a,$$

wo a eine willkürliche Constante bedeutet, so ist der aus dieser Gleichung gezogene Werth von q die verlangte Function von x, y, z, p, welche die Gleichung (6) erfüllt. Diese Function enthält, wie man sieht, eine willkürliche Constante a.

Um die Gleichungen (7) in einer mehr symmetrischen Form darzustellen, sei

$$\psi(x,\ y,\ z,\ p,\ q,\ r)=0$$

die gegebene partielle Differentialgleichung. Führt man die Werthe der partiellen Differentialquotienten von r, wie sie sich aus dieser Gleichung ergeben, in die Gleichungen (7) ein, so erhält man:

$$(8)\quad dx:dy:dz:dp:dq:dr=\frac{\partial\psi}{\partial p}:\frac{\partial\psi}{\partial q}:\frac{\partial\psi}{\partial r}:-\frac{\partial\psi}{\partial x}:-\frac{\partial\psi}{\partial y}:-\frac{\partial\psi}{\partial z}.$$

*) Hier, wie immer, nenne ich $f=a$ ein Integral eines Systems gewöhnlicher Differentialgleichungen, wenn die Gleichung $df=0$ bloss mit Hülfe der Differentialgleichungen *identisch* erfüllt wird.

Ich habe hier der Symmetrie wegen sogleich das Verhältniss von dr zu den übrigen Differentialen beigefügt, welches sich aus der Gleichung

$$d\psi = \frac{\partial\psi}{\partial x}dx + \frac{\partial\psi}{\partial y}dy + \frac{\partial\psi}{\partial z}dz + \frac{\partial\psi}{\partial p}dp + \frac{\partial\psi}{\partial q}dq + \frac{\partial\psi}{\partial r}dr = 0$$

ergiebt.

6.

Aufstellung zweier linearen partiellen Differentialgleichungen, von denen eine gemeinsame Lösung zu suchen ist.

Im Vorhergehenden ist q so als Function von x, y, z, p bestimmt worden, dass einer gewissen Combination der Gleichungen $A = 0$, $B = 0$, $C = 0$, nämlich der unter (5) angeführten Gleichung

$$A + B\frac{\partial q}{\partial p} + C\frac{\partial r}{\partial p} = 0,$$

Genüge geschieht, was für eine Function von x, y, z auch p bedeute. Dieses war der erste Schritt in unserer Untersuchung. Es war hierzu die Kenntniss eines Integrals der Gleichungen (7) nöthig, welche vier verschiedene Integrale haben, die ich mit

$$f = a, \quad f_1 = a_1, \quad f_2 = a_2, \quad f_3 = a_3$$

bezeichnen will. Man kann im Voraus nicht wissen, ob der Verlauf der weiteren Untersuchung uns gestatten wird, irgend ein beliebiges dieser Integrale oder eine *beliebige* Combination derselben zu wählen, um daraus q als Function von x, y, z, p zu bestimmen, oder ob nicht die Erfüllung aller Gleichungen $A = 0$, $B = 0$, $C = 0$ fordern wird, dass diese Combination eine bestimmte sei oder wenigstens noch gewissen Bedingungen genüge. Ich werde aber zeigen, dass, wenn man auch für die Gleichung $f = a$ ein ganz beliebiges Integral der Gleichungen (7) annimmt, es immer möglich ist, die Function p so zu bestimmen, dass den beiden Gleichungen

$$B = 0, \quad C = 0$$

Genüge geschieht, welche, nachdem die Gleichung (5) erfüllt ist, allein noch übrig sind.

Betrachten wir q und r als Functionen von x, y, z, p, wie sie durch die beiden Gleichungen

$$\psi = 0, \quad f = a$$

bestimmt sind, so sind die Gleichungen $C = 0$, $B = 0$ folgende:

$$\frac{\partial p}{\partial y} = \frac{\partial q}{\partial x} + \frac{\partial q}{\partial p} \cdot \frac{\partial p}{\partial x},$$
$$\frac{\partial p}{\partial z} = \frac{\partial r}{\partial x} + \frac{\partial r}{\partial p} \cdot \frac{\partial p}{\partial x},$$

wie ich sie bereits oben hingestellt habe. Es kann nun durch eine besondere Beschaffenheit dieser Gleichungen möglich sein, dass sie beide durch dieselbe Function p erfüllt werden können. Ich will mich hier auf die allgemeine Untersuchung, wie man die Bedingungen dafür findet, dass zwei partielle Differentialgleichungen gleichzeitig erfüllt werden können, nicht einlassen, sondern mich auf den vorliegenden Fall beschränken.

Um auf die allgemeinste Art die erste der beiden aufgestellten Gleichungen,

$$\frac{\partial p}{\partial y} = \frac{\partial q}{\partial x} + \frac{\partial q}{\partial p} \cdot \frac{\partial p}{\partial x},$$

in welcher $\frac{\partial q}{\partial x}$, $\frac{\partial q}{\partial p}$ gegebene Functionen von x, y, z, p sind, zu integriren, sucht man die beiden Integrale der Gleichungen

$$dy : dx : dp = 1 : -\frac{\partial q}{\partial p} : \frac{\partial q}{\partial x}.$$

Sind diese

$$\varphi = \alpha, \quad \chi = \beta,$$

wo α, β willkürliche Constanten sind, die in φ und χ nicht vorkommen, so hat man die identischen Gleichungen

$$(9) \quad \begin{cases} \frac{\partial \varphi}{\partial y} - \frac{\partial q}{\partial p} \cdot \frac{\partial \varphi}{\partial x} + \frac{\partial q}{\partial x} \cdot \frac{\partial \varphi}{\partial p} = 0, \\ \frac{\partial \chi}{\partial y} - \frac{\partial q}{\partial p} \cdot \frac{\partial \chi}{\partial x} + \frac{\partial q}{\partial x} \cdot \frac{\partial \chi}{\partial p} = 0; \end{cases}$$

und allgemeiner, wenn Π irgend eine Function von φ, χ und der Grösse z ist (welche letztere hier als Constante betrachtet wird):

$$\frac{\partial \Pi}{\partial y} - \frac{\partial q}{\partial p} \cdot \frac{\partial \Pi}{\partial x} + \frac{\partial q}{\partial x} \cdot \frac{\partial \Pi}{\partial p} = 0.$$

Aus der vorstehenden Gleichung folgt, dass die Gleichung

$$\frac{\partial p}{\partial y} = \frac{\partial q}{\partial x} + \frac{\partial q}{\partial p} \cdot \frac{\partial p}{\partial x}$$

durch jeden Werth p erfüllt wird, welcher der Gleichung

$$\Pi(\varphi, \chi, z) = b$$

genügt, wo $\Pi(\varphi, \chi, z)$ eine beliebige Function von φ, χ und z ist, während b eine willkürliche Constante bedeutet. Es fragt sich nun, ob es möglich ist, diese Function Π von φ, χ und z so zu bestimmen, dass durch denselben Ausdruck von p auch die andere Gleichung erfüllt wird:

$$\frac{\partial p}{\partial z} = \frac{\partial r}{\partial x} + \frac{\partial r}{\partial p} \cdot \frac{\partial p}{\partial x},$$

oder, was dasselbe ist, ob man Π so als Function von φ, χ und z bestimmen kann, dass auch die Gleichung

$$\frac{\partial \Pi}{\partial z} - \frac{\partial r}{\partial p} \cdot \frac{\partial \Pi}{\partial x} + \frac{\partial r}{\partial x} \cdot \frac{\partial \Pi}{\partial p} = 0$$

identisch erfüllt wird.

Um diese letztere Gleichung durch die partiellen Differentialquotienten von Π, nach φ, χ und z genommen, auszudrücken, sei:

$$d\Pi = \Pi'(\varphi) d\varphi + \Pi'(\chi) d\chi + \Pi'(z) dz;$$

es sei ferner

$$\frac{\partial \varphi}{\partial z} - \frac{\partial r}{\partial p} \cdot \frac{\partial \varphi}{\partial x} + \frac{\partial r}{\partial x} \cdot \frac{\partial \varphi}{\partial p} = \varphi_1,$$

$$\frac{\partial \chi}{\partial z} - \frac{\partial r}{\partial p} \cdot \frac{\partial \chi}{\partial x} + \frac{\partial r}{\partial x} \cdot \frac{\partial \chi}{\partial p} = \chi_1,$$

so wird die zu erfüllende Gleichung:

$$0 = \frac{\partial \Pi}{\partial z} - \frac{\partial r}{\partial p} \cdot \frac{\partial \Pi}{\partial x} + \frac{\partial r}{\partial x} \cdot \frac{\partial \Pi}{\partial p}$$
$$= \Pi'(\varphi) \cdot \varphi_1 + \Pi'(\chi) \cdot \chi_1 + \Pi'(z).$$

Diese Gleichung würde eine partielle Differentialgleichung zwischen den Grössen Π, φ, χ, z sein, wenn sich die Grössen φ_1 und χ_1 durch φ, χ, z ausdrücken liessen, oder, was dasselbe ist, wenn sie, in die Gleichungen (9) für φ oder χ gesetzt, dieselben ebenfalls erfüllten. Und dieses wird man in der That bei näherer Untersuchung finden.

7.

Hülfssatz zur Aufsuchung der gemeinsamen Lösung.

Man hat nämlich folgendes Theorem:

„*Wenn q und r Functionen von x, y, z, p sind, welche der Gleichung* (4)

$$\frac{\partial q}{\partial z} - \frac{\partial r}{\partial y} + \frac{\partial q}{\partial p} \cdot \frac{\partial r}{\partial x} - \frac{\partial r}{\partial p} \cdot \frac{\partial q}{\partial x} = 0$$

genügen, und wenn φ ein Integral der Gleichung

$$\frac{\partial \varphi}{\partial y} - \frac{\partial q}{\partial p} \cdot \frac{\partial \varphi}{\partial x} + \frac{\partial q}{\partial x} \cdot \frac{\partial \varphi}{\partial p} = 0$$

ist, so wird die Function

$$\varphi_1 = \frac{\partial \varphi}{\partial z} - \frac{\partial r}{\partial p} \cdot \frac{\partial \varphi}{\partial x} + \frac{\partial r}{\partial x} \cdot \frac{\partial \varphi}{\partial p}$$

ebenfalls ein Integral dieser Gleichung, d. h. man hat auch:

$$\frac{\partial \varphi_1}{\partial y} - \frac{\partial q}{\partial p} \cdot \frac{\partial \varphi_1}{\partial x} + \frac{\partial q}{\partial x} \cdot \frac{\partial \varphi_1}{\partial p} = 0.\text{“}$$

Es seien nämlich φ, q und r irgend welche Functionen von x, y, z, p, und es werde der Kürze halber

$$\frac{\partial q}{\partial z} - \frac{\partial r}{\partial y} + \frac{\partial q}{\partial p} \cdot \frac{\partial r}{\partial x} - \frac{\partial r}{\partial p} \cdot \frac{\partial q}{\partial x} = \Delta,$$

$$\frac{\partial \varphi}{\partial y} - \frac{\partial q}{\partial p} \cdot \frac{\partial \varphi}{\partial x} + \frac{\partial q}{\partial x} \cdot \frac{\partial \varphi}{\partial p} = K,$$

$$\frac{\partial \varphi}{\partial z} - \frac{\partial r}{\partial p} \cdot \frac{\partial \varphi}{\partial x} + \frac{\partial r}{\partial x} \cdot \frac{\partial \varphi}{\partial p} = L$$

gesetzt; dann findet man, wenn alle sich aufhebenden Terme fortgelassen werden:

$$(10)\quad \left\{\begin{aligned}
&\frac{\partial L}{\partial y} - \frac{\partial q}{\partial p} \cdot \frac{\partial L}{\partial x} + \frac{\partial q}{\partial x} \cdot \frac{\partial L}{\partial p} - \left\{\frac{\partial K}{\partial z} - \frac{\partial r}{\partial p} \cdot \frac{\partial K}{\partial x} + \frac{\partial r}{\partial x} \cdot \frac{\partial K}{\partial p}\right\} \\
&= \frac{\partial \varphi}{\partial x} \cdot \left\{\begin{aligned} &-\frac{\partial^2 r}{\partial p \partial y} + \frac{\partial q}{\partial p} \cdot \frac{\partial^2 r}{\partial p \partial x} - \frac{\partial q}{\partial x} \cdot \frac{\partial^2 r}{\partial p^2} \\ &+ \frac{\partial^2 q}{\partial p \partial z} - \frac{\partial r}{\partial p} \cdot \frac{\partial^2 q}{\partial p \partial x} + \frac{\partial r}{\partial x} \cdot \frac{\partial^2 q}{\partial p^2} \end{aligned}\right\} \\
&+ \frac{\partial \varphi}{\partial p} \cdot \left\{\begin{aligned} &\frac{\partial^2 r}{\partial x \partial y} - \frac{\partial q}{\partial p} \cdot \frac{\partial^2 r}{\partial x^2} + \frac{\partial q}{\partial x} \cdot \frac{\partial^2 r}{\partial x \partial p} \\ &- \frac{\partial^2 q}{\partial x \partial z} + \frac{\partial r}{\partial p} \cdot \frac{\partial^2 q}{\partial x^2} - \frac{\partial r}{\partial x} \cdot \frac{\partial^2 q}{\partial x \partial p} \end{aligned}\right\} \\
&= \frac{\partial \Delta}{\partial p} \cdot \frac{\partial \varphi}{\partial x} - \frac{\partial \Delta}{\partial x} \cdot \frac{\partial \varphi}{\partial p}.
\end{aligned}\right.$$

Aus dieser Gleichung folgt, dass, wenn die Functionen q, r und φ so beschaffen sind, dass die Ausdrücke K und Δ identisch gleich Null sind, die

Function L der Gleichung genügt:

$$\frac{\partial L}{\partial y}-\frac{\partial q}{\partial p}\cdot\frac{\partial L}{\partial x}+\frac{\partial q}{\partial x}\cdot\frac{\partial L}{\partial p}=0,$$

was zu beweisen war.

8.

Bestimmung der gemeinsamen Lösung. Vollständige Integration des in §. 5 benutzten Systems gewöhnlicher Differentialgleichungen.

Aus dem soeben bewiesenen Theorem folgt, dass man aus einem Integral φ der Gleichung

$$\frac{\partial \varphi}{\partial y}-\frac{\partial q}{\partial p}\cdot\frac{\partial \varphi}{\partial x}+\frac{\partial q}{\partial x}\cdot\frac{\partial \varphi}{\partial p}=0$$

immer ein zweites durch blosse partielle Differentiation ableiten kann; es wird nämlich

$$\varphi_1=\frac{\partial \varphi}{\partial z}-\frac{\partial r}{\partial p}\cdot\frac{\partial \varphi}{\partial x}+\frac{\partial r}{\partial x}\cdot\frac{\partial \varphi}{\partial p}$$

ein Integral derselben Gleichung, oder man hat ebenfalls:

$$\frac{\partial \varphi_1}{\partial y}-\frac{\partial q}{\partial p}\cdot\frac{\partial \varphi_1}{\partial x}+\frac{\partial q}{\partial x}\cdot\frac{\partial \varphi_1}{\partial p}=0.$$

Ja man kann diese Operation wiederholen und, indem man φ_1 statt φ setzt, aus φ_1 ein drittes Integral ableiten:

$$\varphi_2=\frac{\partial \varphi_1}{\partial z}-\frac{\partial r}{\partial p}\cdot\frac{\partial \varphi_1}{\partial x}+\frac{\partial r}{\partial x}\cdot\frac{\partial \varphi_1}{\partial p}.$$

Sind aber φ und φ_1 zwei Integrale der Gleichung

$$\frac{\partial \varphi}{\partial y}-\frac{\partial q}{\partial p}\cdot\frac{\partial \varphi}{\partial x}+\frac{\partial q}{\partial x}\cdot\frac{\partial \varphi}{\partial p}=0,$$

so ist bekanntlich jedes andere Integral eine Function dieser beiden Integrale, und es muss daher φ_2 eine Function von φ und φ_1 und von der Grösse z sein, welche letztere bei der Integration der vorstehenden Gleichung als Constante angesehen wird.

Ich nannte aber χ ein zweites Integral der vorstehenden Gleichung, und χ_1 eine Function, welche durch dieselben Operationen aus χ abgeleitet wird, wie φ_1 aus φ, und welche daher nach dem obigen Theorem ein Integral derselben Gleichung ist. Nimmt man φ_1 für dieses zweite Integral χ, so wird

$$\chi=\varphi_1,\quad \chi_1=\varphi_2,$$

und die Function Π wird eine Function von φ, φ_1 und z, welche der Gleichung genügen muss:

$$\varphi_1.\Pi'(\varphi)+\varphi_2.\Pi'(\varphi_1)+\Pi'(z) = 0,$$

in welcher φ_2 eine gegebene Function von φ, φ_1 und z ist. Hat man daher ein Integral

$$\varphi(x, y, z, p) = a$$

der Gleichungen

$$dy : dx : dp = 1 : -\frac{\partial q}{\partial p} : \frac{\partial q}{\partial x}$$

gefunden, in welchen z als Constante angesehen wird, so leitet man aus φ die Function φ_1 und aus φ_1 die Function φ_2 ab vermittelst der Formeln:

$$\varphi_1 = \frac{\partial \varphi}{\partial z} - \frac{\partial r}{\partial p}\cdot\frac{\partial \varphi}{\partial x} + \frac{\partial r}{\partial x}\cdot\frac{\partial \varphi}{\partial p},$$

$$\varphi_2 = \frac{\partial \varphi_1}{\partial z} - \frac{\partial r}{\partial p}\cdot\frac{\partial \varphi_1}{\partial x} + \frac{\partial r}{\partial x}\cdot\frac{\partial \varphi_1}{\partial p},$$

und drückt φ_2 durch φ, φ_1 und z aus, was immer möglich ist. Hierauf bildet man die Differentialgleichungen

$$(11) \quad d\varphi : d\varphi_1 : dz = \varphi_1 : \varphi_2 : 1$$

und sucht ein Integral derselben,

$$\Pi(\varphi, \varphi_1, z) = b.$$

Diese Gleichung, verbunden mit den Gleichungen

$$\psi = 0, \quad f = a,$$

giebt für p, q, r Ausdrücke in x, y, z mit zwei willkürlichen Constanten a und b, welche den Ausdruck

$$pdx + qdy + rdz$$

integrabel machen. Setzt man dann

$$V = \int (pdx + qdy + rdz),$$

so dass V eine Function von x, y, z, a, b wird, so erhält man zufolge der in einer anderen Abhandlung (Crelle's Journal, Bd. XVII p. 97; diese Ausgabe, Bd. IV p. 57—127) von mir gegebenen Theorie die vollständigen Integrale der Differentialgleichungen (7) durch das System der Gleichungen:

$$f = a, \quad \Pi = b, \quad \frac{\partial V}{\partial a} = a', \quad \frac{\partial V}{\partial b} = b',$$

in welchen a', b' zwei neue willkürliche Constanten sind. Die beiden letzten Gleichungen kann man auch so darstellen:

$$\int\left(\frac{\partial p}{\partial a}dx+\frac{\partial q}{\partial a}dy+\frac{\partial r}{\partial a}dz\right)=a',$$
$$\int\left(\frac{\partial p}{\partial b}dx+\frac{\partial q}{\partial b}dy+\frac{\partial r}{\partial b}dz\right)=b',$$

in welchen Formeln die unter dem Integralzeichen enthaltenen Ausdrücke ebenfalls integrabel sind.

9.

Besonderer Charakter der erhaltenen Integrale des Systems gewöhnlicher Differentialgleichungen.

Differentiirt man die Gleichung $\Pi=b$, durch welche die zweite willkürliche Constante eingeführt wurde, indem man Π wieder, wie oben, als Function von x, y, z, p betrachtet, so erhält man:

$$d\Pi=\frac{\partial\Pi}{\partial x}dx+\frac{\partial\Pi}{\partial y}dy+\frac{\partial\Pi}{\partial z}dz+\frac{\partial\Pi}{\partial p}dp=0.$$

Die Function Π war aber so bestimmt worden, dass sie gleichzeitig den beiden Gleichungen

$$\frac{\partial\Pi}{\partial y}-\frac{\partial q}{\partial p}\cdot\frac{\partial\Pi}{\partial x}+\frac{\partial q}{\partial x}\cdot\frac{\partial\Pi}{\partial p}=0,$$
$$\frac{\partial\Pi}{\partial z}-\frac{\partial r}{\partial p}\cdot\frac{\partial\Pi}{\partial x}+\frac{\partial r}{\partial x}\cdot\frac{\partial\Pi}{\partial p}=0$$

genügte. Multiplicirt man die erste Gleichung mit dy, die zweite mit dz und zieht die Summe beider Producte von der Gleichung $d\Pi=0$ ab, so verwandelt sich diese Gleichung in folgende:

$$0=\frac{\partial\Pi}{\partial x}\left\{dx+\frac{\partial q}{\partial p}dy+\frac{\partial r}{\partial p}dz\right\}+\frac{\partial\Pi}{\partial p}\left\{dp-\frac{\partial q}{\partial x}dy-\frac{\partial r}{\partial x}dz\right\}.$$

Wenn man r als Function von x, y, z, p, q betrachtet, so werden die beiden in $\frac{\partial\Pi}{\partial x}$ und $\frac{\partial\Pi}{\partial p}$ multiplicirten Ausdrücke:

$$dx+\frac{\partial r}{\partial p}dz+\frac{\partial q}{\partial p}\left(dy+\frac{\partial r}{\partial q}dz\right),$$
$$dp-\frac{\partial r}{\partial x}dz-\frac{\partial q}{\partial x}\left(dy+\frac{\partial r}{\partial q}dz\right).$$

Diese Ausdrücke verschwinden, wenn die Gleichungen (7) stattfinden, da aus diesen Gleichungen folgt:

$$dx + \frac{\partial r}{\partial p} dz = 0, \quad dy + \frac{\partial r}{\partial q} dz = 0, \quad dp - \frac{\partial r}{\partial x} dz = 0.$$

Man sieht daher, dass die Gleichung $d\Pi = 0$ eine der Combinationen ist, welche man aus den Gleichungen (7) oder (8) bilden kann, oder dass die Gleichung $\Pi = b$, ebenso wie diejenige, durch welche die erste willkürliche Constante a eingeführt wurde, $f = a$, ein Integral dieser Differentialgleichungen ist. Aber die Gleichung $\Pi = b$ ist nicht, wie die Gleichung $f = a$, ein beliebiges Integral dieser Differentialgleichungen, sondern nur ein Integral einer Combination derselben, welche zwischen den drei Variabeln φ, φ_1 und z stattfindet, während die Gleichungen (7), nachdem durch das erste Integral $f = a$ die Grösse q als Function von x, y, z, p bestimmt wurde, zwischen diesen *vier* Variabeln gegeben waren.

10.

Die Ordnung der zur Aufsuchung der gemeinsamen Lösung nothwendigen Integrationen kann sich unter Umständen erniedrigen.

Ich habe oben gesagt, dass der allgemeinste Ausdruck einer Function χ, welche der Gleichung

$$\frac{\partial \chi}{\partial y} - \frac{\partial q}{\partial p} \cdot \frac{\partial \chi}{\partial x} + \frac{\partial q}{\partial x} \cdot \frac{\partial \chi}{\partial p} = 0$$

Genüge leistet, eine beliebige Function von z und zwei Integralen dieser Gleichung, φ und φ_1, sei, und dass daher, da auch φ_2 dieser Gleichung Genüge leistet, φ_2 eine Function von φ, φ_1 und z sein müsse. Dieses hört auf, seine Gültigkeit zu haben, wenn es sich trifft, dass der Ausdruck

$$\varphi_1 = \frac{\partial \varphi}{\partial z} - \frac{\partial r}{\partial p} \cdot \frac{\partial \varphi}{\partial x} + \frac{\partial r}{\partial x} \cdot \frac{\partial \varphi}{\partial p}$$

selber schon eine Function von φ und z ist. In diesem Falle aber erfährt die Aufsuchung der Function Π eine bedeutende Vereinfachung, indem sie nur eine Function der beiden Grössen φ und z wird. Denn da es nur darauf ankommt, Π so zu bestimmen, dass es gleichzeitig den beiden Gleichungen

$$\frac{\partial \Pi}{\partial y} - \frac{\partial q}{\partial p} \cdot \frac{\partial \Pi}{\partial x} + \frac{\partial q}{\partial x} \cdot \frac{\partial \Pi}{\partial p} = 0,$$

$$\frac{\partial \Pi}{\partial z} - \frac{\partial r}{\partial p} \cdot \frac{\partial \Pi}{\partial x} + \frac{\partial r}{\partial x} \cdot \frac{\partial \Pi}{\partial p} = 0$$

genügt, und jede Function $\Pi(\varphi, z)$ schon von selbst die erste erfüllt, so hat man nur noch der Gleichung

$$\Pi'(\varphi).\varphi_1 + \Pi'(z) = 0$$

zu genügen, in welcher, wie angenommen wurde, φ_1 eine Function von φ und z ist. Diese Gleichung wird aber erfüllt, wenn $\Pi = b$ das Integral der Gleichung

$$\frac{\partial \varphi}{\partial z} = \varphi_1$$

ist. Man hat also in diesem Falle nur eine Differentialgleichung erster Ordnung zwischen zwei Grössen φ und z zu integriren, während man vorher von zwei Differentialgleichungen erster Ordnung zwischen den drei Grössen φ, φ_1 und z oder, was dasselbe ist, von einer Differentialgleichung *zweiter* Ordnung zwischen φ und z ein Integral zu finden hatte.

Trifft man zufällig ein Integral φ, für welches φ_1 gleich 0 wird, so hat man keine Differentialgleichung weiter zu integriren, sondern Π gleich φ zu setzen.

11.

Zahl und Ordnung der nach dieser Methode erforderlichen Integrationen.

Die Differentialgleichungen (7) sind vier Gleichungen erster Ordnung zwischen fünf Grössen, welche die Stelle einer Differentialgleichung vierter Ordnung zwischen zwei Grössen vertreten. Wollte man diese successive integriren, so hätte man nach und nach ein Integral einer Differentialgleichung vierter, dritter, zweiter und erster Ordnung zu suchen. Vergleichen wir dagegen die im Vorhergehenden geforderten Integrationen, so haben wir, nachdem ein Integral der vier Differentialgleichungen erster Ordnung ermittelt ist, nur Differentialgleichungen der zweiten Ordnung zwischen zwei Variabeln zu integriren und keine der dritten Ordnung; daraus ersehen wir, dass nach der angewandten Methode die Differentialgleichung dritter Ordnung, auf welche nach gefundenem ersten Integral das Problem zurückkommt, sich immer auf Differentialgleichungen zweiter Ordnung zurückführen lässt. Wir hatten nämlich zwei Differentialgleichungen erster oder eine zweiter Ordnung, um die Functionen φ und φ_1 zu bestimmen; hiervon brauchten wir aber nur *ein* Integral zu kennen, $\varphi = \alpha$, da sich nach einer bestimmten Regel ein zweites Integral $\varphi_1 = \beta$ daraus ableiten liess. Nachdem die Functionen φ und φ_1 gefunden, hatten wir zwischen diesen und z wieder zwei Differentialgleichungen erster oder eine zweiter Ordnung, von denen wieder nur *ein* Integral $\Pi = b$ zu suchen war. Alles Übrige war dann auf Quadraturen zurückgeführt. Statt also nach und nach ein Integral einer Differentialgleichung dritter, zweiter, erster Ordnung, haben wir nur zweimal ein Integral einer Differentialgleichung zweiter Ordnung zu suchen und blosse Quadraturen auszuführen, was eine bedeutende Vereinfachung ist.

Wir haben nach dem Vorhergehenden zweierlei Arten von Differentialgleichungen, für welche ein Integral zu suchen ist, solche, von denen ein Integral mit einer willkürlichen Constante eine Gleichung zwischen den Grössen x, y, z, p, q und einer willkürlichen Constante liefert, die als eine der Integralgleichungen des Problems zu betrachten ist, und ein Hülfssystem, das nur dazu dient, passende Variabele aufzufinden, die an Stelle der ursprünglichen zu wählen sind. Diejenigen Integrale, welche die willkürlichen Constanten geben, sind zugleich Integrale desselben ursprünglichen Systems von Differentialgleichungen (7) oder (8).

12.

Das bei der Aufsuchung der gemeinsamen Lösung benutzte System gewöhnlicher Differentialgleichungen. Seine vollständige Integration. Sein Multiplicator.

Zur besseren Einsicht in die Natur der hier vorkommenden Differential- und Integralgleichungen bemerke ich noch, dass die Gleichung

$$\frac{\partial V}{\partial b} = \int\left\{\frac{\partial p}{\partial b}dx + \frac{\partial q}{\partial b}dy + \frac{\partial r}{\partial b}dz\right\} = b'$$

nicht nur ein Integral der Gleichungen (7) ist, wenn man sich daraus die Constanten a und b vermittelst der Gleichungen $f = a$, $\Pi = b$ eliminirt denkt, sondern auch der Gleichungen (11), wenn man nur die Constante b vermittelst der Gleichung $\Pi = b$ eliminirt, so dass also

$$\Pi = b, \quad \frac{\partial V}{\partial b} = b'$$

die beiden Integrale der Gleichungen

$$d\varphi : d\varphi_1 : dz = \varphi_1 : \varphi_2 : 1$$

werden. Wenn nämlich $\Pi = b$, $\Pi_1 = b'$ die beiden Integrale dieser Gleichungen sind, so hat man, wie ich in §. 9 gezeigt habe:

$$0 = \frac{\partial \Pi}{\partial x}\left\{dx + \frac{\partial q}{\partial p}dy + \frac{\partial r}{\partial p}dz\right\} + \frac{\partial \Pi}{\partial p}\left\{dp - \frac{\partial q}{\partial x}dy - \frac{\partial r}{\partial x}dz\right\},$$

$$0 = \frac{\partial \Pi_1}{\partial x}\left\{dx + \frac{\partial q}{\partial p}dy + \frac{\partial r}{\partial p}dz\right\} + \frac{\partial \Pi_1}{\partial p}\left\{dp - \frac{\partial q}{\partial x}dy - \frac{\partial r}{\partial x}dz\right\}.$$

Denn dasselbe Resultat, welches ich dort in Bezug auf die Function Π erhalten habe, erhält man auch in Bezug auf die Function Π_1. Aus diesen folgen aber die Gleichungen

$$(12) \quad \begin{cases} 0 = dx + \dfrac{\partial q}{\partial p} dy + \dfrac{\partial r}{\partial p} dz, \\ 0 = dp - \dfrac{\partial q}{\partial x} dy - \dfrac{\partial r}{\partial x} dz, \end{cases}$$

welche mit den Gleichungen (11) äquivalent sein müssen, oder von denen jede eine Combination der Gleichungen (11) sein muss. Substituirt man in q und r den Werth von p als Function von x, y, z und der willkürlichen Constante b, der durch die Gleichung $\Pi = b$ gegeben ist, so enthalten q und r die Grösse b nur, insofern dieselbe in p vorkommt, oder man hat:

$$\frac{\partial q}{\partial b} = \frac{\partial q}{\partial p} \cdot \frac{\partial p}{\partial b}, \quad \frac{\partial r}{\partial b} = \frac{\partial r}{\partial p} \cdot \frac{\partial p}{\partial b}.$$

Multiplicirt man daher die erste der beiden Gleichungen (12) mit $\frac{\partial p}{\partial b}$, so erhält man:

$$0 = \frac{\partial p}{\partial b} dx + \frac{\partial q}{\partial b} dy + \frac{\partial r}{\partial b} dz.$$

Der Ausdruck rechts ist integrabel, und man erhält durch seine Integration das zweite Integral der Gleichungen (11):

$$\frac{\partial V}{\partial b} = \int \left\{ \frac{\partial p}{\partial b} dx + \frac{\partial q}{\partial b} dy + \frac{\partial r}{\partial b} dz \right\} = b',$$

was zu beweisen war.

Ich will noch den integrabeln Ausdruck

$$\frac{\partial p}{\partial b} dx + \frac{\partial q}{\partial b} dy + \frac{\partial r}{\partial b} dz$$
$$= \frac{\partial p}{\partial b} \left\{ dx + \frac{\partial q}{\partial p} dy + \frac{\partial r}{\partial p} dz \right\},$$

dessen Integration ein Integral der Gleichungen

$$d\varphi : d\varphi_1 : dz = \varphi_1 : \varphi_2 : 1$$

giebt, durch die Variabeln φ, φ_1, z selbst auszudrücken suchen. Aus den Gleichungen

$$\frac{\partial \varphi}{\partial y} - \frac{\partial q}{\partial p} \cdot \frac{\partial \varphi}{\partial x} + \frac{\partial q}{\partial x} \cdot \frac{\partial \varphi}{\partial p} = 0,$$

$$\frac{\partial \varphi_1}{\partial y} - \frac{\partial q}{\partial p} \cdot \frac{\partial \varphi_1}{\partial x} + \frac{\partial q}{\partial x} \cdot \frac{\partial \varphi_1}{\partial p} = 0$$

erhält man, wenn man der Kürze halber

$$\frac{\partial\varphi}{\partial x}\cdot\frac{\partial\varphi_1}{\partial p}-\frac{\partial\varphi}{\partial p}\cdot\frac{\partial\varphi_1}{\partial x}=M$$

setzt, die Gleichungen

$$\frac{\partial\varphi}{\partial y}\cdot\frac{\partial\varphi_1}{\partial p}-\frac{\partial\varphi}{\partial p}\cdot\frac{\partial\varphi_1}{\partial y}=M\frac{\partial q}{\partial p},$$

$$\frac{\partial\varphi}{\partial y}\cdot\frac{\partial\varphi_1}{\partial x}-\frac{\partial\varphi}{\partial x}\cdot\frac{\partial\varphi_1}{\partial y}=M\frac{\partial q}{\partial x}.$$

Man differentiire die erste Gleichung nach x, die zweite nach p und ziehe die erhaltenen Ausdrücke von einander ab. Bemerkt man nun die identische Gleichung

$$\frac{\partial\left\{\frac{\partial\varphi}{\partial y}\cdot\frac{\partial\varphi_1}{\partial p}-\frac{\partial\varphi}{\partial p}\cdot\frac{\partial\varphi_1}{\partial y}\right\}}{\partial x}+\frac{\partial\left\{\frac{\partial\varphi}{\partial p}\cdot\frac{\partial\varphi_1}{\partial x}-\frac{\partial\varphi}{\partial x}\cdot\frac{\partial\varphi_1}{\partial p}\right\}}{\partial y}+\frac{\partial\left\{\frac{\partial\varphi}{\partial x}\cdot\frac{\partial\varphi_1}{\partial y}-\frac{\partial\varphi}{\partial y}\cdot\frac{\partial\varphi_1}{\partial x}\right\}}{\partial p}=0,$$

so erhält man durch die angegebenen Operationen:

$$\frac{\partial M}{\partial y}=\frac{\partial q}{\partial p}\cdot\frac{\partial M}{\partial x}-\frac{\partial q}{\partial x}\cdot\frac{\partial M}{\partial p},$$

woraus wir ersehen, dass, *wenn* φ *und* φ_1 *irgend zwei Integrale der Gleichung*

$$\frac{\partial\varphi}{\partial y}=\frac{\partial q}{\partial p}\cdot\frac{\partial\varphi}{\partial x}-\frac{\partial q}{\partial x}\cdot\frac{\partial\varphi}{\partial p}$$

sind, der Ausdruck

$$\frac{\partial\varphi}{\partial x}\cdot\frac{\partial\varphi_1}{\partial p}-\frac{\partial\varphi}{\partial p}\cdot\frac{\partial\varphi_1}{\partial x}$$

ebenfalls ein Integral dieser Gleichung ist. Es folgt hieraus, dass M eine Function von φ, φ_1 und z ist.

Aus den beiden Gleichungen

$$\frac{\partial\varphi}{\partial z}-\varphi_1=\frac{\partial r}{\partial p}\cdot\frac{\partial\varphi}{\partial x}-\frac{\partial r}{\partial x}\cdot\frac{\partial\varphi}{\partial p},$$

$$\frac{\partial\varphi_1}{\partial z}-\varphi_2=\frac{\partial r}{\partial p}\cdot\frac{\partial\varphi_1}{\partial x}-\frac{\partial r}{\partial x}\cdot\frac{\partial\varphi_1}{\partial p}$$

folgt ferner:

$$M\frac{\partial r}{\partial p}=\frac{\partial\varphi}{\partial z}\cdot\frac{\partial\varphi_1}{\partial p}-\frac{\partial\varphi}{\partial p}\cdot\frac{\partial\varphi_1}{\partial z}-\varphi_1\frac{\partial\varphi_1}{\partial p}+\varphi_2\frac{\partial\varphi}{\partial p},$$

$$M\frac{\partial r}{\partial x}=\frac{\partial\varphi}{\partial z}\cdot\frac{\partial\varphi_1}{\partial x}-\frac{\partial\varphi}{\partial x}\cdot\frac{\partial\varphi_1}{\partial z}-\varphi_1\frac{\partial\varphi_1}{\partial x}+\varphi_2\frac{\partial\varphi}{\partial x}.$$

Substituirt man die für $M\frac{\partial q}{\partial p}$, $M\frac{\partial r}{\partial p}$ gefundenen Werthe, so erhält man:

$$M\left\{dx+\frac{\partial q}{\partial p}dy+\frac{\partial r}{\partial p}dz\right\}$$

$$=\left\{\frac{\partial\varphi}{\partial x}\cdot\frac{\partial\varphi_1}{\partial p}-\frac{\partial\varphi}{\partial p}\cdot\frac{\partial\varphi_1}{\partial x}\right\}dx+\left\{\frac{\partial\varphi}{\partial y}\cdot\frac{\partial\varphi_1}{\partial p}-\frac{\partial\varphi}{\partial p}\cdot\frac{\partial\varphi_1}{\partial y}\right\}dy+\left\{\frac{\partial\varphi}{\partial z}\cdot\frac{\partial\varphi_1}{\partial p}-\frac{\partial\varphi}{\partial p}\cdot\frac{\partial\varphi_1}{\partial z}\right\}dz$$
$$+\left\{\varphi_2\frac{\partial\varphi}{\partial p}-\varphi_1\frac{\partial\varphi_1}{\partial p}\right\}dz$$

oder

$$M\left\{dx+\frac{\partial q}{\partial p}dy+\frac{\partial r}{\partial p}dz\right\}=\frac{\partial\varphi_1}{\partial p}d\varphi-\frac{\partial\varphi}{\partial p}d\varphi_1+\left\{\varphi_2\frac{\partial\varphi}{\partial p}-\varphi_1\frac{\partial\varphi_1}{\partial p}\right\}dz$$
$$=\frac{\partial\varphi_1}{\partial p}(d\varphi-\varphi_1 dz)-\frac{\partial\varphi}{\partial p}(d\varphi_1-\varphi_2 dz).$$

Es ergiebt sich ferner, wenn man die Gleichung $\Pi(\varphi,\varphi_1,z)=b$ nach b differentiirt:

$$1=\frac{\partial\Pi}{\partial p}\cdot\frac{\partial p}{\partial b}=\left\{\Pi'(\varphi)\frac{\partial\varphi}{\partial p}+\Pi'(\varphi_1)\frac{\partial\varphi_1}{\partial p}\right\}\frac{\partial p}{\partial b}.$$

Man hat daher den integrabeln Ausdruck

$$\frac{\partial p}{\partial b}dx+\frac{\partial q}{\partial b}dy+\frac{\partial r}{\partial b}dz=\frac{\frac{\partial\varphi_1}{\partial p}(d\varphi-\varphi_1 dz)-\frac{\partial\varphi}{\partial p}(d\varphi_1-\varphi_2 dz)}{M\left\{\Pi'(\varphi)\frac{\partial\varphi}{\partial p}+\Pi'(\varphi_1)\frac{\partial\varphi_1}{\partial p}\right\}}.$$

Es ist nicht möglich, aus diesem Ausdruck den Quotienten $\frac{\partial\varphi_1}{\partial p}:\frac{\partial\varphi}{\partial p}$ fortzuschaffen, welcher allein darin keine Function von φ, φ_1 und z ist, ohne dass man die Gleichung

$$d\Pi=\Pi'(\varphi)d\varphi+\Pi'(\varphi_1)d\varphi_1+\Pi'(z)dz=0$$

zu Hülfe nimmt. Eliminirt man aber vermittelst dieser Gleichung dz und setzt:

$$\frac{\partial V}{\partial b}=\Pi_1,\quad d\Pi_1=\frac{\partial p}{\partial b}dx+\frac{\partial q}{\partial b}dy+\frac{\partial r}{\partial b}dz,$$

so verwandelt sich die Gleichung in:

$$d\Pi_1=d\Pi_1+\frac{\left(\varphi_1\frac{\partial\varphi_1}{\partial p}-\varphi_2\frac{\partial\varphi}{\partial p}\right)d\Pi}{M\Pi'(z)\left\{\Pi'(\varphi)\frac{\partial\varphi}{\partial p}+\Pi'(\varphi_1)\frac{\partial\varphi_1}{\partial p}\right\}}=$$

$$\frac{\left\{\frac{\partial\varphi_1}{\partial p}\Pi'(z)+\left(\varphi_1\frac{\partial\varphi_1}{\partial p}-\varphi_2\frac{\partial\varphi}{\partial p}\right)\Pi'(\varphi)\right\}d\varphi+\left\{-\frac{\partial\varphi}{\partial p}\Pi'(z)+\left(\varphi_1\frac{\partial\varphi_1}{\partial p}-\varphi_2\frac{\partial\varphi}{\partial p}\right)\Pi'(\varphi_1)\right\}d\varphi_1}{M\Pi'(z)\left\{\Pi'(\varphi)\frac{\partial\varphi}{\partial p}+\Pi'(\varphi_1)\frac{\partial\varphi_1}{\partial p}\right\}}.$$

Substituirt man in diesem Ausdruck für $\Pi'(z)$ den Werth (§. 8):

$$\Pi'(z) = -\Pi'(\varphi).\varphi_1 - \Pi'(\varphi_1).\varphi_2,$$

so kann man im Zähler und Nenner den Factor

$$\Pi'(\varphi)\frac{\partial\varphi}{\partial p} + \Pi'(\varphi_1)\frac{\partial\varphi_1}{\partial p}$$

fortheben und man erhält:

$$d\Pi_1 = d\Pi_1 + \frac{\left\{\varphi_1\frac{\partial\varphi_1}{\partial p} - \varphi_2\frac{\partial\varphi}{\partial p}\right\} d\Pi}{M\Pi'(z)\left\{\Pi'(\varphi)\frac{\partial\varphi}{\partial p} + \Pi'(\varphi_1)\frac{\partial\varphi_1}{\partial p}\right\}} = \frac{\varphi_1 d\varphi_1 - \varphi_2 d\varphi}{M\Pi'(z)}.$$

Hat man also φ_2 und M durch φ, φ_1 und z ausgedrückt, und von den Differentialgleichungen

$$d\varphi : d\varphi_1 : dz = \varphi_1 : \varphi_2 : 1$$

ein Integral

$$\Pi(\varphi, \varphi_1, z) = b$$

gefunden, vermittelst dessen man z durch φ und φ_1 ausdrückt, so hat man zur vollständigen Integration dieser Differentialgleichungen noch eine Differentialgleichung erster Ordnung zwischen φ und φ_1 zu integriren:

$$\varphi_1 d\varphi_1 - \varphi_2 d\varphi = 0.$$

Nach dem Obigen kann man aber zu dieser Gleichung immer den Multiplicator finden, indem

$$d\Pi_1 = \frac{\varphi_1 d\varphi_1 - \varphi_2 d\varphi}{M\Pi'(z)}$$

ein integrabeler Ausdruck ist, wenn man vermittelst der Gleichung $\Pi = b$ in φ_2 und in dem Multiplicator

$$\frac{1}{M\Pi'(z)}$$

die Grösse z durch φ und φ_1 ausdrückt.

DE AEQUATIONUM DIFFERENTIALIUM ISOPERIMETRICARUM TRANSFORMATIONIBUS EARUMQUE REDUCTIONE AD AEQUATIONEM DIFFERENTIALEM PARTIALEM PRIMI ORDINIS NON LINEAREM

AUCTORE

C. G. J. JACOBI,
PROF. ORD. MATH. REGIOM.

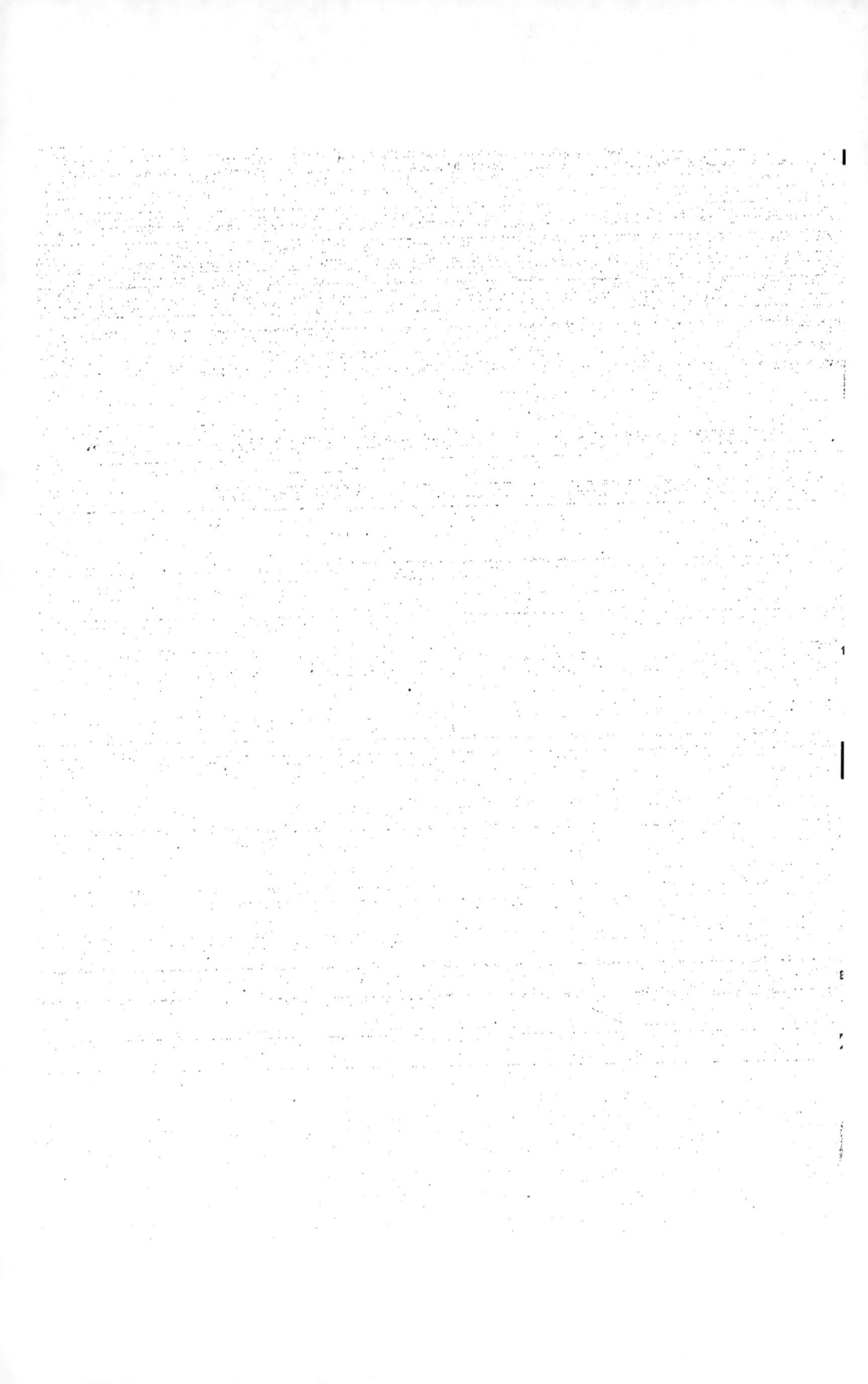

DE AEQUATIONUM DIFFERENTIALIUM ISOPERIMETRICARUM TRANSFORMATIONIBUS EARUMQUE REDUCTIONE AD AEQUATIONEM DIFFERENTIALEM PARTIALEM PRIMI ORDINIS NON LINEAREM.

(Ex Ill. C. G. J. Jacobi manuscriptis posthumis in medium protulit A. Clebsch.)

Transformatio Prima.

1.

Proponatur integrale $\int U dt$ *Maximum Minimumve* reddere, sive proponatur aequatio

$$\delta \int U dt = 0,$$

designante δ notum variationis signum. Statuatur primum, expressionem U unicam involvere ipsius t functionem x una cum eius differentialibus $x', x'', \ldots, x^{(m)}$. Integranda erit aequatio differentialis $2m^{ti}$ ordinis

$$(1)\quad 0 = \frac{d^m U_m}{dt^m} - \frac{d^{m-1} U_{m-1}}{dt^{m-1}} + \cdots \pm U_0,$$

in qua brevitatis causa posui

$$U_i = \frac{\partial U}{\partial x^{(i)}},\quad U_0 = \frac{\partial U}{\partial x}.$$

Sit

$$(2)\quad \xi = U_m = \frac{\partial U}{\partial x^{(m)}},$$

eiusque aequationis ope e functione

$$(3)\quad V = U - x^{(m)}\xi$$

eliminetur $x^{(m)}$. Quam functionem ubi variamus habendo V pro quantitatum t, $x, x', \ldots, x^{(m-1)}, \xi$ functione, ipsam U autem pro quantitatum $t, x, x', \ldots, x^{(m-1)}, x^{(m)}$ functione, reiectis terminis se mutuo destruentibus

$$\xi \delta x^{(m)} - \frac{\partial U}{\partial x^{(m)}} \delta x^{(m)},$$

prodit

$$\frac{\partial V}{\partial t}\delta t+\frac{\partial V}{\partial x}\delta x+\frac{\partial V}{\partial x'}\delta x'+\cdots+\frac{\partial V}{\partial x^{(m-1)}}\delta x^{(m-1)}+\frac{\partial V}{\partial \xi}\delta\xi$$
$$=\frac{\partial U}{\partial t}\delta t+\frac{\partial U}{\partial x}\delta x+\frac{\partial U}{\partial x'}\delta x'+\cdots+\frac{\partial U}{\partial x^{(m-1)}}\delta x^{(m-1)}-x^{(m)}\delta\xi.$$

Hinc obtinemus

$$\frac{\partial V}{\partial x}=\frac{\partial U}{\partial x},\quad \frac{\partial V}{\partial x'}=\frac{\partial U}{\partial x'},\quad \ldots,\quad \frac{\partial V}{\partial x^{(m-1)}}=\frac{\partial U}{\partial x^{(m-1)}},$$
$$\frac{\partial V}{\partial t}=\frac{\partial U}{\partial t},\quad \frac{\partial V}{\partial \xi}=-x^{(m)},$$

vel si etiam ponimus

$$V_i=\frac{\partial V}{\partial x^{(i)}},\quad V_0=\frac{\partial V}{\partial x},$$

fit

$$(4)\quad U_0=V_0,\; U_1=V_1,\; U_2=V_2,\; \ldots,\; U_{m-1}=V_{m-1},\; U_m=\xi,\; \frac{\partial V}{\partial \xi}=-x^{(m)}.$$

Unde aequationi differentiali (1), inter variabiles t et x propositae, substitui potest hoc systema duarum aequationum:

$$(5)\quad \begin{cases} \dfrac{d^m x}{dt^m}=-\dfrac{\partial V}{\partial \xi}, \\[2ex] \dfrac{d^m\xi}{dt^m}=\dfrac{d^{m-1}V_{m-1}}{dt^{m-1}}-\dfrac{d^{m-2}V_{m-2}}{dt^{m-2}}+\cdots\mp V_0. \end{cases}$$

Differentiationes in dextra parte aequationis posterioris ita transigantur, ut post unamquamque differentiationem loco ipsius $dx^{(m-1)}$ substituatur eius valor ex aequatione priore

$$dx^{(m-1)}=-\frac{\partial V}{\partial \xi}dt.$$

Unde aequationis illius dextra pars revocatur ad functionem quantitatum

$$t,\; x,\; x',\; \ldots,\; x^{(m-1)},\; \xi,\; \xi',\; \ldots,\; \xi^{(m-1)},$$

quam designabo per

$$(6)\quad \Xi=\frac{d^m\xi}{dt^m}.$$

Simul patet, ipsius Ξ unicum terminum affectum ipso $\xi^{(m-1)}$ fore $\frac{\partial V_{m-1}}{\partial \xi}\xi^{(m-1)}$, e quantitate $\frac{d^{m-1}V_{m-1}}{dt^{m-1}}$ provenientem. Unde erit

$$(7)\quad \frac{\partial \Xi}{\partial \xi^{m-1}}=\frac{\partial V_{m-1}}{\partial \xi}.$$

Aequatio differentialis (1) $2m^{\text{ti}}$ ordinis, inter x et t proposita, antecedentibus transformata est in systema duarum aequationum differentialium m^{ti} ordinis inter t, x et ξ:

$$(8)\quad \frac{d^m x}{dt^m} = -\frac{\partial V}{\partial \xi},\quad \frac{d^m \xi}{dt^m} = \Xi.$$

Quae aequationes differentiales ea forma gaudent, quam aequationibus differentialibus tanquam normalem tribuere convenit, in qua scilicet ad singularum aequationum alteram partem singularum variabilium dependentium differentialia altissima relegata sunt, ita ut alterae aequationum partes non nisi inferiora involvant differentialia.

Secundum praecepta, in commentatione *de novo Multiplicatore* tradita*), definitur aequationum (8) Multiplicator formula:

$$\frac{d\log M}{dt} - \frac{\partial^2 V}{\partial \xi \partial x^{(m-1)}} + \frac{\partial \Xi}{\partial \xi^{(m-1)}} = 0.$$

Fit autem e (7)

$$\frac{\partial \Xi}{\partial \xi^{(m-1)}} = \frac{\partial V_{m-1}}{\partial \xi} = \frac{\partial^2 V}{\partial x^{(m-1)} \partial \xi},$$

unde

$$\frac{d\log M}{dt} = 0.$$

Quae docet formula, *aequationum* (8), *in quas propositam transformavi, Multiplicatorem esse unitati aequalem.*

2.

Faciamus iam, ipsam U duas involvere functiones x et y una cum earum differentialibus $x', x'', \ldots, x^{(m)}, y', y'', \ldots, y^{(n)}$. Posito

$$(1)\quad \frac{\partial U}{\partial x^{(m)}} = \xi,\quad \frac{\partial U}{\partial y^{(n)}} = \eta,$$

$$(2)\quad V = U - x^{(m)}\xi - y^{(n)}\eta,$$

sequitur:

$$\delta V = \frac{\partial U}{\partial t}\delta t + \frac{\partial U}{\partial x}\delta x + \frac{\partial U}{\partial x'}\delta x' + \cdots + \frac{\partial U}{\partial x^{(m-1)}}\delta x^{(m-1)} - x^{(m)}\delta\xi$$
$$+ \frac{\partial U}{\partial y}\delta y + \frac{\partial U}{\partial y'}\delta y' + \cdots + \frac{\partial U}{\partial y^{(n-1)}}\delta y^{(n-1)} - y^{(n)}\delta\eta,$$

reiectis terminis se mutuo destruentibus

$$\frac{\partial U}{\partial x^{(m)}}\delta x^{(m)} + \frac{\partial U}{\partial y^{(n)}}\delta y^{(n)} - \xi\delta x^{(m)} - \eta\delta y^{(n)}.$$

Unde, si aequationum (1) ope in ipsa V loco quantitatum $x^{(m)}$ et $y^{(n)}$ introducimus quantitates ξ et η, eruitur

*) Cf. huj. edit. vol. IV p. 396.

$$\frac{\partial V}{\partial x} = \frac{\partial U}{\partial x}, \quad \frac{\partial V}{\partial x'} = \frac{\partial U}{\partial x'}, \quad \ldots, \quad \frac{\partial V}{\partial x^{(m-1)}} = \frac{\partial U}{\partial x^{(m-1)}},$$
$$\frac{\partial V}{\partial y} = \frac{\partial U}{\partial y}, \quad \frac{\partial V}{\partial y'} = \frac{\partial U}{\partial y'}, \quad \ldots, \quad \frac{\partial V}{\partial y^{(n-1)}} = \frac{\partial U}{\partial y^{(n-1)}},$$
$$\frac{\partial V}{\partial t} = \frac{\partial U}{\partial t}, \quad \frac{\partial V}{\partial \xi} = -x^{(m)}, \quad \frac{\partial V}{\partial \eta} = -y^{(n)}.$$

His substitutis, aequationes differentiales, quae integrandae proponuntur,

$$(3)\quad \begin{cases} 0 = \dfrac{d^m \dfrac{\partial U}{\partial x^{(m)}}}{dt^m} - \dfrac{d^{m-1} \dfrac{\partial U}{\partial x^{(m-1)}}}{dt^{m-1}} + \cdots \pm \dfrac{\partial U}{\partial x}, \\[2ex] 0 = \dfrac{d^n \dfrac{\partial U}{\partial y^{(n)}}}{dt^n} - \dfrac{d^{n-1} \dfrac{\partial U}{\partial y^{(n-1)}}}{dt^{n-1}} + \cdots \pm \dfrac{\partial U}{\partial y} \end{cases}$$

abeunt in sequentes:

$$(4)\quad \begin{cases} \dfrac{d^m x}{dt^m} = -\dfrac{\partial V}{\partial \xi}, \quad \dfrac{d^n y}{dt^n} = -\dfrac{\partial V}{\partial \eta}, \\[2ex] \dfrac{d^m \xi}{dt^m} = \dfrac{d^{m-1} \dfrac{\partial V}{\partial x^{(m-1)}}}{dt^{m-1}} - \dfrac{d^{m-2} \dfrac{\partial V}{\partial x^{(m-2)}}}{dt^{m-2}} + \cdots \mp \dfrac{\partial V}{\partial x}, \\[2ex] \dfrac{d^n \eta}{dt^n} = \dfrac{d^{n-1} \dfrac{\partial V}{\partial y^{(n-1)}}}{dt^{n-1}} - \dfrac{d^{n-2} \dfrac{\partial V}{\partial y^{(n-2)}}}{dt^{n-2}} + \cdots \mp \dfrac{\partial V}{\partial y}. \end{cases}$$

Si $n \leqq m$, in dextra parte aequationis postremae ita transigantur differentiationes, ut post unamquamque substituantur valores

$$\frac{dx^{(m-1)}}{dt} = -\frac{\partial V}{\partial \xi}, \quad \frac{dy^{(n-1)}}{dt} = -\frac{\partial V}{\partial \eta},$$

unde quantitas dextrae partis aequabitur functioni ipsarum

$$\begin{array}{l} t, \ x, \ x', \ x'', \ \ldots, \ x^{(m-1)}, \\ \quad y, \ y', \ y'', \ \ldots, \ y^{(n-1)}, \\ \quad \xi, \ \xi', \ \xi'', \ \ldots, \ \xi^{(m-1)}, \\ \quad \eta, \ \eta', \ \eta'', \ \ldots, \ \eta^{(n-1)}, \end{array}$$

quam designo per

$$H = \frac{d^n \eta}{dt^n}.$$

In qua functione ipsum $\eta^{(n-1)}$ tantum invenitur in unico termino, ex ipso

$$\frac{d^{n-1} \dfrac{\partial V}{\partial y^{(n-1)}}}{dt^{n-1}}$$

proveniente:

$$\frac{\partial^2 V}{\partial y^{(n-1)}\partial\eta}\,\eta^{(n-1)},$$

unde fit:

$$(5)\quad \frac{\partial H}{\partial\eta^{(n-1)}} = \frac{\partial^2 V}{\partial y^{(n-1)}\partial\eta}.$$

Deinde in expressione, quae ipsi $\frac{d^m\xi}{dt^m}$ aequatur, differentiationes ita transigendae sunt, ut post unamquamque differentiationem ipsis $dx^{(m-1)}$, $dy^{(n-1)}$ substituantur valores $-\frac{\partial V}{\partial\xi}dt$, $-\frac{\partial V}{\partial\eta}dt$, atque insuper, ubi ipsum $\frac{d^n\eta}{dt^n} = \eta^{(n)}$ differentiatione provenit, ei valor H substituatur. Unde ipsum $\frac{d^m\xi}{dt^m}$ aequale invenitur functioni quantitatum

$$t,\ x,\ x',\ \ldots,\ x^{(m-1)},\ y,\ y',\ \ldots,\ y^{(n-1)},$$
$$\xi,\ \xi',\ \ldots,\ \xi^{(m-1)},\ \eta,\ \eta',\ \ldots,\ \eta^{(n-1)},$$

quae designatur per

$$\Xi = \frac{d^m\xi}{dt^m}.$$

In qua functione ipsum $\xi^{(m-1)}$ tantum invenitur in unico termino, ex ipso

$$\frac{d^{m-1}\frac{\partial V}{\partial x^{(m-1)}}}{dt^{m-1}}$$

proveniente:

$$\frac{\partial^2 V}{\partial x^{(m-1)}\partial\xi}\,\xi^{(m-1)},$$

unde fit:

$$(6)\quad \frac{\partial\Xi}{\partial\xi^{(m-1)}} = \frac{\partial^2 V}{\partial x^{(m-1)}\partial\xi}.$$

Aequationes differentiales quatuor

$$(7)\quad \begin{cases} \frac{d^m x}{dt^m} = -\frac{\partial V}{\partial\xi}, & \frac{d^n y}{dt^n} = -\frac{\partial V}{\partial\eta}, \\ \frac{d^m\xi}{dt^m} = \Xi, & \frac{d^n\eta}{dt^n} = H, \end{cases}$$

in quas systema duarum aequationum propositarum (3) transformatum est, dextris partibus gaudent, quae non nisi inferiora differentialia implicant iis, quae in laeva parte posita sunt. Unde aequatio differentialis, qua ipsarum (7) Multiplicator definitur, fit

$$-\frac{d\log M}{dt} = -\frac{\partial^2 V}{\partial\xi\partial x^{(m-1)}} - \frac{\partial^2 V}{\partial\eta\partial y^{(n-1)}} + \frac{\partial\Xi}{\partial\xi^{(m-1)}} + \frac{\partial H}{\partial\eta^{(n-1)}}.$$

Cuius dextra pars secundum (5) et (6) identice evanescit, unde ponere licet $M = 1$.

Eadem methodus casui applicari potest, quo functio U praeter variabilem independentem t implicat quotlibet functiones $x_1, x_2, \ldots, x_n$ una cum earum differentialibus, quae respective in ipsa U ad ordinem $m_1^{\text{tum}}, m_2^{\text{tum}}, \ldots, m_n^{\text{tum}}$ ascendant. Introducendo ipsarum $x_1^{(m_1)}, x_2^{(m_2)}, \ldots, x_n^{(m_n)}$ loco quantitates

$$\xi_1 = \frac{\partial U}{\partial x_1^{(m_1)}}, \quad \xi_2 = \frac{\partial U}{\partial x_2^{(m_2)}}, \quad \ldots, \quad \xi_n = \frac{\partial U}{\partial x_n^{(m_n)}},$$

n aequationes differentiales integrandae in alias $2n$ transformari poterunt, quibus differentialia

$$\frac{d^{m_1} x_1}{dt^{m_1}}, \quad \frac{d^{m_2} x_2}{dt^{m_2}}, \quad \ldots, \quad \frac{d^{m_n} x_n}{dt^{m_n}},$$

$$\frac{d^{m_1} \xi_1}{dt^{m_1}}, \quad \frac{d^{m_2} \xi_2}{dt^{m_2}}, \quad \ldots, \quad \frac{d^{m_n} \xi_n}{dt^{m_n}},$$

exprimuntur per formulas non nisi ipsis illis inferiora differentialia involventes. Quarum aequationum differentialium Multiplicator aequabitur *unitati*.

Transformatio altera.

Reductio problematum isoperimetricorum ad aequationes differentiales partiales primi ordinis non lineares.

Iam alteram transformationem valde memorabilem aequationum differentialium tradam, a quarum integratione solutio aequationis

$$\delta \int U dt = 0$$

pendet. Cum methodus adhibenda sine negotio ad quemlibet functionum numerum pateat, eam tribus ipsius t functionibus x, y, z applicare sufficiet, quae ipsam U afficiant una cum earum differentialibus

$$x', \; x'', \; \ldots, \; x^{(m)}, \; y', \; y'', \; \ldots, \; y^{(n)}, \; z', \; z'', \; \ldots, \; z^{(p)}.$$

Sunt eo casu tres aequationes differentiales integrandae sequentes:

$$(1) \quad \begin{cases} 0 = \dfrac{d^m \dfrac{\partial U}{\partial x^{(m)}}}{dt^m} - \dfrac{d^{m-1} \dfrac{\partial U}{\partial x^{(m-1)}}}{dt^{m-1}} + \cdots \pm \dfrac{\partial U}{\partial x}, \\[2ex] 0 = \dfrac{d^n \dfrac{\partial U}{\partial y^{(n)}}}{dt^n} - \dfrac{d^{n-1} \dfrac{\partial U}{\partial y^{(n-1)}}}{dt^{n-1}} + \cdots \pm \dfrac{\partial U}{\partial y}, \\[2ex] 0 = \dfrac{d^p \dfrac{\partial U}{\partial z^{(p)}}}{dt^p} - \dfrac{d^{p-1} \dfrac{\partial U}{\partial z^{(p-1)}}}{dt^{p-1}} + \cdots \pm \dfrac{\partial U}{\partial z}. \end{cases}$$

Pono:

$$
(2)\quad\left\{\begin{aligned}
&\frac{\partial U}{\partial x^{(m)}} = \xi,\\
&\frac{\partial U}{\partial x^{(m-1)}} - \frac{d\frac{\partial U}{\partial x^{(m)}}}{dt} = \xi_1,\\
&\frac{\partial U}{\partial x^{(m-2)}} - \frac{d\frac{\partial U}{\partial x^{(m-1)}}}{dt} + \frac{d^2\frac{\partial U}{\partial x^{(m)}}}{dt^2} = \xi_2,\\
&\dots\dots\dots\dots\dots\dots\\
&\frac{\partial U}{\partial x'} - \frac{d\frac{\partial U}{\partial x''}}{dt} + \frac{d^2\frac{\partial U}{\partial x'''}}{dt^2} - \dots \mp \frac{d^{m-1}\frac{\partial U}{\partial x^{(m)}}}{dt^{m-1}} = \xi_{m-1};\\
&\frac{\partial U}{\partial y^{(n)}} = \eta,\\
&\frac{\partial U}{\partial y^{(n-1)}} - \frac{d\frac{\partial U}{\partial y^{(n)}}}{dt} = \eta_1,\\
&\frac{\partial U}{\partial y^{(n-2)}} - \frac{d\frac{\partial U}{\partial y^{(n-1)}}}{dt} + \frac{d^2\frac{\partial U}{\partial y^{(n)}}}{dt^2} = \eta_2,\\
&\dots\dots\dots\dots\dots\dots\\
&\frac{\partial U}{\partial y'} - \frac{d\frac{\partial U}{\partial y''}}{dt} + \frac{d^2\frac{\partial U}{\partial y'''}}{dt^2} - \dots \mp \frac{d^{n-1}\frac{\partial U}{\partial y^{(n)}}}{dt^{n-1}} = \eta_{n-1};\\
&\frac{\partial U}{\partial z^{(p)}} = \zeta,\\
&\frac{\partial U}{\partial z^{(p-1)}} - \frac{d\frac{\partial U}{\partial z^{(p)}}}{dt} = \zeta_1,\\
&\frac{\partial U}{\partial z^{(p-2)}} - \frac{d\frac{\partial U}{\partial z^{(p-1)}}}{dt} + \frac{d^2\frac{\partial U}{\partial z^{(p)}}}{dt^2} = \zeta_2,\\
&\dots\dots\dots\dots\dots\dots\\
&\frac{\partial U}{\partial z'} - \frac{d\frac{\partial U}{\partial z''}}{dt} + \frac{d^2\frac{\partial U}{\partial z'''}}{dt^2} - \dots \mp \frac{d^{p-1}\frac{\partial U}{\partial z^{(p)}}}{dt^{p-1}} = \zeta_{p-1}.
\end{aligned}\right.
$$

Ex his expressionibus sequitur:

$$(3)\quad\begin{cases}\dfrac{\partial U}{\partial x^{(m)}}=\xi, & \dfrac{\partial U}{\partial y^{(n)}}=\eta, & \dfrac{\partial U}{\partial z^{(p)}}=\zeta,\\[2mm] \dfrac{\partial U}{\partial x^{(m-1)}}=\xi_1+\dfrac{d\xi}{dt}, & \dfrac{\partial U}{\partial y^{(n-1)}}=\eta_1+\dfrac{d\eta}{dt}, & \dfrac{\partial U}{\partial z^{(p-1)}}=\zeta_1+\dfrac{d\zeta}{dt},\\[2mm] \dfrac{\partial U}{\partial x^{(m-2)}}=\xi_2+\dfrac{d\xi_1}{dt}, & \dfrac{\partial U}{\partial y^{(n-2)}}=\eta_2+\dfrac{d\eta_1}{dt}, & \dfrac{\partial U}{\partial z^{(p-2)}}=\zeta_2+\dfrac{d\zeta_1}{dt},\\ \dots\dots & \dots\dots & \dots\dots\\ \dfrac{\partial U}{\partial x'}=\xi_{m-1}+\dfrac{d\xi_{m-2}}{dt}, & \dfrac{\partial U}{\partial y'}=\eta_{n-1}+\dfrac{d\eta_{n-2}}{dt}, & \dfrac{\partial U}{\partial z'}=\zeta_{p-1}+\dfrac{d\zeta_{p-2}}{dt}.\end{cases}$$

His aequationibus iungendae sunt sequentes, quae ex ipsis aequationibus differentialibus propositis fluunt:

$$(4)\qquad \frac{\partial U}{\partial x}=\frac{d\xi_{m-1}}{dt},\quad \frac{\partial U}{\partial y}=\frac{d\eta_{n-1}}{dt},\quad \frac{\partial U}{\partial z}=\frac{d\zeta_{p-1}}{dt}.$$

Ponatur iam

$$V=U-x^{(m)}\xi-y^{(n)}\eta-z^{(p)}\zeta;$$

sequitur reiciendo terminos se mutuo destruentes:

$$\begin{aligned}\delta V=\frac{\partial U}{\partial t}\delta t+\frac{\partial U}{\partial x}\delta x+\frac{\partial U}{\partial x'}\delta x'+\dots+\frac{\partial U}{\partial x^{(m-1)}}\delta x^{(m-1)}-x^{(m)}\delta\xi\\ +\frac{\partial U}{\partial y}\delta y+\frac{\partial U}{\partial y'}\delta y'+\dots+\frac{\partial U}{\partial y^{(n-1)}}\delta y^{(n-1)}-y^{(n)}\delta\eta\\ +\frac{\partial U}{\partial z}\delta z+\frac{\partial U}{\partial z'}\delta z'+\dots+\frac{\partial U}{\partial z^{(p-1)}}\delta z^{(p-1)}-z^{(p)}\delta\zeta.\end{aligned}$$

Sit $x^{(i)}$ una quantitatum $x, x', \dots, x^{(m-1)}$, atque $y^{(i)}$ una quantitatum $y, y', \dots, y^{(n-1)}$, et $z^{(i)}$ una quantitatum $z, z', \dots, z^{(p-1)}$; patet e formula praecedente, fieri

$$(5)\quad\begin{cases}\left(\dfrac{\partial V}{\partial x^{(i)}}\right)=\dfrac{\partial U}{\partial x^{(i)}}, & \left(\dfrac{\partial V}{\partial y^{(i)}}\right)=\dfrac{\partial U}{\partial y^{(i)}}, & \left(\dfrac{\partial V}{\partial z^{(i)}}\right)=\dfrac{\partial U}{\partial z^{(i)}},\\[2mm] \left(\dfrac{\partial V}{\partial \xi}\right)=-x^{(m)}, & \left(\dfrac{\partial V}{\partial \eta}\right)=-y^{(n)}, & \left(\dfrac{\partial V}{\partial \zeta}\right)=-z^{(p)},\end{cases}$$

ubi differentialia partialia uncis includendo innuo, ipsarum $x^{(m)}$, $y^{(n)}$, $z^{(p)}$ loco introducendas esse ξ, η, ζ in variabilium independentium systema, ad quod differentiationes partiales referuntur. Quae ipsarum $x^{(m)}$, $y^{(n)}$, $z^{(p)}$ eliminatio efficienda est ope aequationum supra propositarum:

$$\frac{\partial U}{\partial x^{(m)}}=\xi,\quad \frac{\partial U}{\partial y^{(n)}}=\eta,\quad \frac{\partial U}{\partial z^{(p)}}=\zeta.$$

E formulis (5) sequitur ipsius U per V expressio:

$$U = V - \xi\left(\frac{\partial V}{\partial \xi}\right) - \eta\left(\frac{\partial V}{\partial \eta}\right) - \zeta\left(\frac{\partial V}{\partial \zeta}\right).$$

Substituendo (5) in aequationibus (3) et (4) iam uncis omissis *hoc nanciscimur systema aequationum differentialium vulgarium transformatum:*

$$(6)\quad \begin{cases} \dfrac{d^m x}{dt^m} = -\dfrac{\partial V}{\partial \xi}, & \dfrac{d^n y}{dt^n} = -\dfrac{\partial V}{\partial \eta}, & \dfrac{d^p z}{dt^p} = -\dfrac{\partial V}{\partial \zeta}, \\ \dfrac{d\xi}{dt} = \dfrac{\partial V}{\partial x^{(m-1)}} - \xi_1, & \dfrac{d\eta}{dt} = \dfrac{\partial V}{\partial y^{(n-1)}} - \eta_1, & \dfrac{d\zeta}{dt} = \dfrac{\partial V}{\partial z^{(p-1)}} - \zeta_1, \\ \dfrac{d\xi_1}{dt} = \dfrac{\partial V}{\partial x^{(m-2)}} - \xi_2, & \dfrac{d\eta_1}{dt} = \dfrac{\partial V}{\partial y^{(n-2)}} - \eta_2, & \dfrac{d\zeta_1}{dt} = \dfrac{\partial V}{\partial z^{(p-2)}} - \zeta_2, \\ \dots & \dots & \dots \\ \dfrac{d\xi_{m-2}}{dt} = \dfrac{\partial V}{\partial x'} - \xi_{m-1}, & \dfrac{d\eta_{n-2}}{dt} = \dfrac{\partial V}{\partial y'} - \eta_{n-1}, & \dfrac{d\zeta_{p-2}}{dt} = \dfrac{\partial V}{\partial z'} - \zeta_{p-1}, \\ \dfrac{d\xi_{m-1}}{dt} = \dfrac{\partial V}{\partial x}, & \dfrac{d\eta_{n-1}}{dt} = \dfrac{\partial V}{\partial y}, & \dfrac{d\zeta_{p-1}}{dt} = \dfrac{\partial V}{\partial z}. \end{cases}$$

Aequationes differentiales antecedentes, quae locum tenent trium aequationum differentialium propositarum (1), constituunt systema $m+n+p+3$ aequationum differentialium inter variabiles

$$t,\ x,\ y,\ z,\ \xi,\ \xi_1,\ \dots,\ \xi_{m-1},\ \eta,\ \eta_1,\ \dots,\ \eta_{n-1},\ \zeta,\ \zeta_1,\ \dots,\ \zeta_{p-1},$$

quarum aequationum tres sunt resp. ordinis m^{ti}, n^{ti}, p^{ti}, reliquae omnes $m+n+p$ primi ordinis. Atque gaudent aequationes forma illa quasi canonica, qua in dextra parte inferiora tantum differentialia inveniuntur, quam quae ad laevam posita sunt. In quam formam iam redactae sunt aequationes differentiales propositae, nullis factis differentiationibus, quae in priore transformatione requirebantur, neque aliis adhibitis eliminationibus, nisi quod ipsarum $x^{(m)}$, $y^{(n)}$, $z^{(p)}$ loco introducendae erant in functionem

$$V = U - x^{(m)}\frac{\partial U}{\partial x^{(m)}} - y^{(n)}\frac{\partial U}{\partial y^{(n)}} - z^{(p)}\frac{\partial U}{\partial z^{(p)}}$$

quantitates

$$\xi = \frac{\partial U}{\partial x^{(m)}},\quad \eta = \frac{\partial U}{\partial y^{(n)}},\quad \zeta = \frac{\partial U}{\partial z^{(p)}}.$$

Porro facile aequationum antecedentium (6) invenitur Multiplicator M.

Nam cum aequationes illae forma canonica gaudeant, aequatur $-\frac{d\log M}{dt}$ aggregato differentialium partialium expressionum, quae ad dextram positae sunt, siquidem harum expressionum quaeque respectu eius quantitatis differentiatur, cuius differentiali aequatur. At e numero aequationum (6) sex tantum sunt, videlicet:

$$\frac{d^m x}{dt^m} = -\frac{\partial V}{\partial \xi}, \quad \frac{d^n y}{dt^n} = -\frac{\partial V}{\partial \eta}, \quad \frac{d^p z}{dt^p} = -\frac{\partial V}{\partial \zeta},$$

$$\frac{d\xi}{dt} = \frac{\partial V}{\partial x^{(m-1)}} - \xi_1, \quad \frac{d\eta}{dt} = \frac{\partial V}{\partial y^{(n-1)}} - \eta_1, \quad \frac{d\zeta}{dt} = \frac{\partial V}{\partial z^{(p-1)}} - \zeta_1,$$

in quibus dextrae partes non iis vacant quantitatibus, quarum differentialibus aequantur. Secundum regulam assignatam trium priorum aequationum dextrae partes resp. differentiandae erunt ipsarum $x^{(m-1)}$, $y^{(n-1)}$, $z^{(p-1)}$ respectu, trium posteriorum dextrae partes ipsarum ξ, η, ζ respectu, omniumque sex differentialium partialium provenientium formandum erit aggregatum. Quod patet aggregatum identice evanescere, binis terminis

$$-\frac{\partial^2 V}{\partial \xi \partial x^{(m-1)}} + \frac{\partial^2 V}{\partial x^{(m-1)} \partial \xi},$$

$$-\frac{\partial^2 V}{\partial \eta \partial y^{(n-1)}} + \frac{\partial^2 V}{\partial y^{(n-1)} \partial \eta},$$

$$-\frac{\partial^2 V}{\partial \zeta \partial z^{(p-1)}} + \frac{\partial^2 V}{\partial z^{(p-1)} \partial \zeta}$$

sese mutuo destruentibus. Unde fit

$$\frac{d\log M}{dt} = 0,$$

sive aequationum differentialium transformatarum (5) Multiplicatorem aequare licet *unitati*.

Aequationibus differentialibus (6) formam magis concinnam conciliare licet ponendo:

$$(7) \quad \begin{cases} \varphi = V - \xi_1 x^{(m-1)} - \xi_2 x^{(m-2)} - \cdots - \xi_{m-1} x' \\ \qquad - \eta_1 y^{(n-1)} - \eta_2 y^{(n-2)} - \cdots - \eta_{n-1} y' \\ \qquad - \zeta_1 z^{(p-1)} - \zeta_2 z^{(p-2)} - \cdots - \zeta_{p-1} z'. \end{cases}$$

Sic enim introducendo functionem φ loco ipsius V, aequationum vulgarium (6) systema hoc modo repraesentari poterit:

$$(8)\quad \begin{cases} \dfrac{dx}{dt} = -\dfrac{\partial\varphi}{\partial\xi_{m-1}}, & \dfrac{d\xi_{m-1}}{dt} = \dfrac{\partial\varphi}{\partial x}, \\ \dfrac{dx'}{dt} = -\dfrac{\partial\varphi}{\partial\xi_{m-2}}, & \dfrac{d\xi_{m-2}}{dt} = \dfrac{\partial\varphi}{\partial x'}, \\ \dots\dots & \dots\dots \\ \dfrac{dx^{(m-1)}}{dt} = -\dfrac{\partial\varphi}{\partial\xi}, & \dfrac{d\xi}{dt} = \dfrac{\partial\varphi}{\partial x^{(m-1)}}, \\ \dfrac{dy}{dt} = -\dfrac{\partial\varphi}{\partial\eta_{n-1}}, & \dfrac{d\eta_{n-1}}{dt} = \dfrac{\partial\varphi}{\partial y}, \\ \dfrac{dy'}{dt} = -\dfrac{\partial\varphi}{\partial\eta_{n-2}}, & \dfrac{d\eta_{n-2}}{dt} = \dfrac{\partial\varphi}{\partial y'}, \\ \dots\dots & \dots\dots \\ \dfrac{dy^{(n-1)}}{dt} = -\dfrac{\partial\varphi}{\partial\eta}, & \dfrac{d\eta}{dt} = \dfrac{\partial\varphi}{\partial y^{(n-1)}}, \\ \dfrac{dz}{dt} = -\dfrac{\partial\varphi}{\partial\zeta_{p-1}}, & \dfrac{d\zeta_{p-1}}{dt} = \dfrac{\partial\varphi}{\partial z}, \\ \dfrac{dz'}{dt} = -\dfrac{\partial\varphi}{\partial\zeta_{p-2}}, & \dfrac{d\zeta_{p-2}}{dt} = \dfrac{\partial\varphi}{\partial z'}, \\ \dots\dots & \dots\dots \\ \dfrac{dz^{(p-1)}}{dt} = -\dfrac{\partial\varphi}{\partial\zeta}, & \dfrac{d\zeta}{dt} = \dfrac{\partial\varphi}{\partial z^{(p-1)}}. \end{cases}$$

Videlicet cum functio V omnino non involvat quantitates

$$\xi_1,\ \xi_2,\ \dots,\ \xi_{m-1},\ \eta_1,\ \eta_2,\ \dots,\ \eta_{n-1},\ \zeta_1,\ \zeta_2,\ \dots,\ \zeta_{p-1},$$

fit e (7), excluso valore $i = 0$:

$$\frac{\partial\varphi}{\partial\xi_i} = -x^{(m-i)} = -\frac{dx^{(m-i-1)}}{dt},$$

$$\frac{\partial\varphi}{\partial\eta_i} = -y^{(n-i)} = -\frac{dy^{(n-i-1)}}{dt},$$

$$\frac{\partial\varphi}{\partial\zeta_i} = -z^{(p-i)} = -\frac{dz^{(p-i-1)}}{dt};$$

porro

$$\frac{\partial\varphi}{\partial\xi} = \frac{\partial V}{\partial\xi},\quad \frac{\partial\varphi}{\partial\eta} = \frac{\partial V}{\partial\eta},\quad \frac{\partial\varphi}{\partial\zeta} = \frac{\partial V}{\partial\zeta},$$

$$\frac{\partial\varphi}{\partial x} = \frac{\partial V}{\partial x},\quad \frac{\partial\varphi}{\partial y} = \frac{\partial V}{\partial y},\quad \frac{\partial\varphi}{\partial z} = \frac{\partial V}{\partial z},$$

$$\frac{\partial\varphi}{\partial x^{(m-i)}} = \frac{\partial V}{\partial x^{(m-i)}} - \xi_i,\quad \frac{\partial\varphi}{\partial y^{(n-i)}} = \frac{\partial V}{\partial y^{(n-i)}} - \eta_i,\quad \frac{\partial\varphi}{\partial z^{(p-i)}} = \frac{\partial V}{\partial z^{(p-i)}} - \zeta_i.$$

Quas formulas substituendo ex aequationibus differentialibus (6) antecedentes (8) prodeunt.

Demonstravi, designante φ functionem quamcunque quantitatum

$$t,\ q_1,\ q_2,\ \ldots,\ q_m,\ p_1,\ p_2,\ \ldots,\ p_m,$$

systema aequationum differentialium vulgarium:

$$(9)\quad \begin{cases} \dfrac{dq_1}{dt} = -\dfrac{\partial\varphi}{\partial p_1}, & \dfrac{dp_1}{dt} = \dfrac{\partial\varphi}{\partial q_1}, \\ \dfrac{dq_2}{dt} = -\dfrac{\partial\varphi}{\partial p_2}, & \dfrac{dp_2}{dt} = \dfrac{\partial\varphi}{\partial q_2}, \\ \cdots\cdots & \cdots\cdots \\ \dfrac{dq_m}{dt} = -\dfrac{\partial\varphi}{\partial p_m}, & \dfrac{dp_m}{dt} = \dfrac{\partial\varphi}{\partial q_m} \end{cases}$$

arctissimo vinculo connexum esse cum aequatione differentiali primi ordinis

$$(10)\quad \frac{\partial W}{\partial t} = \varphi,$$

in qua quantitates p_i designant differentialia partialia functionis incognitae W, ipsarum q_i respectu sumta. Sit enim W solutio completa aequationis differentialis partialis (10), affecta praeter Constantem additione iungendam m Constantibus arbitrariis $\alpha_1, \alpha_2, \ldots, \alpha_m$, datur aequationum differentialium vulgarium integratio completa formulis:

$$(11)\quad \begin{cases} \dfrac{\partial W}{\partial q_1} = p_1, & \dfrac{\partial W}{\partial q_2} = p_2, & \ldots, & \dfrac{\partial W}{\partial q_m} = p_m, \\ \dfrac{\partial W}{\partial \alpha_1} = \beta_1, & \dfrac{\partial W}{\partial \alpha_2} = \beta_2, & \ldots, & \dfrac{\partial W}{\partial \alpha_m} = \beta_m, \end{cases}$$

designantibus $\beta_1, \beta_2, \ldots, \beta_m$ novas Constantes arbitrarias, una cum ipsis $\alpha_1, \alpha_2, \ldots, \alpha_m$, quae functionem W afficiunt, numerum Constantium arbitrariarum requisitum $2m$ implentes. Vice versa si aequationum (9) integratione completa eruuntur valores quantitatum $q_1, q_2, \ldots, q_m, p_1, p_2, \ldots, p_m$, exhibiti per quantitatem t ipsarumque valores initiales

$$q_1^0,\ q_2^0,\ \ldots,\ q_m^0,\ p_1^0,\ p_2^0,\ \ldots,\ p_m^0,$$

obtinetur aequationis differentialis partialis (10) solutio completa W per formulam

$$(12)\quad W = \int\left\{\varphi - p_1\frac{\partial\varphi}{\partial p_1} - p_2\frac{\partial\varphi}{\partial p_2} - \cdots - p_m\frac{\partial\varphi}{\partial p_m}\right\}dt,$$

siquidem post integrationem factam ope aequationum integralium mutetur functio quantitatum $t, q_1^0, q_2^0, \ldots, q_m^0, p_1^0, p_2^0, \ldots, p_m^0$ sic inventa in aliam quantitatum

$$t,\ q_1,\ q_2,\ \ldots,\ q_m,\ q_1^0,\ q_2^0,\ \ldots,\ q_m^0.$$

Scilicet per $2m$ aequationes integrales, quae inter $2m+1$ variabiles atque $2m$ Constantes arbitrarias locum habent, quamlibet harum $4m+1$ quantitatum functionem in aliam mutare licet, quae quaslibet $2m+1$ ex earum numero solas involvat.

Systema aequationum differentialium (8) ipso intuitu patet eadem gaudere forma atque aequationes (9), modo ipsis $q_1, q_2, \ldots, q_m$ substituantur $m+n+p$ quantitates

$$x, \; x', \; \ldots, \; x^{(m-1)}; \; y, \; y', \; \ldots, \; y^{(n-1)}; \; z, \; z', \; \ldots, \; z^{(p-1)},$$

ipsis vero $p_1, p_2, \ldots, p_m$ quantitates

$$\xi_{m-1}, \; \xi_{m-2}, \; \ldots, \; \xi; \; \eta_{n-1}, \; \eta_{n-2}, \; \ldots, \; \eta; \; \zeta_{p-1}, \; \zeta_{p-2}, \; \ldots, \; \zeta.$$

Unde aequationum differentialium (8) integratio completa eruitur quaerendo variabilium

$$t, \; x, \; x', \; \ldots, \; x^{(m-1)}, \; y, \; y', \; \ldots, \; y^{(n-1)}, \; z, \; z', \; \ldots, \; z^{(p-1)}$$

functionem W, praeter Constantem additione accedentem affectam $m+n+p$ Constantibus arbitrariis, quae satisfaciat aequationi differentiali partiali

$$(13) \qquad \frac{\partial W}{\partial t} = \varphi,$$

siquidem in ipsa φ quantitatibus

$$\xi_{m-1}, \; \xi_{m-2}, \; \ldots, \; \xi, \; \eta_{n-1}, \; \eta_{n-2}, \; \ldots, \; \eta, \; \zeta_{p-1}, \; \zeta_{p-2}, \; \ldots, \; \zeta$$

substituantur respective functionis W differentialia partialia

$$\begin{array}{llll} \dfrac{\partial W}{\partial x}, & \dfrac{\partial W}{\partial x'}, & \ldots, & \dfrac{\partial W}{\partial x^{(m-1)}}, \\ \dfrac{\partial W}{\partial y}, & \dfrac{\partial W}{\partial y'}, & \ldots, & \dfrac{\partial W}{\partial y^{(n-1)}}, \\ \dfrac{\partial W}{\partial z}, & \dfrac{\partial W}{\partial z'}, & \ldots, & \dfrac{\partial W}{\partial z^{(p-1)}}. \end{array}$$

Cum sit e (7)

$$\begin{aligned} \varphi = V & -\xi_1 x^{(m-1)} - \xi_2 x^{(m-2)} - \cdots - \xi_{m-1} x' \\ & -\eta_1 y^{(n-1)} - \eta_2 y^{(n-2)} - \cdots - \eta_{n-1} y' \\ & -\zeta_1 z^{(p-1)} - \zeta_2 z^{(p-2)} - \cdots - \zeta_{p-1} z', \end{aligned}$$

designante V functionem quantitatum

$$t, \; x, \; x', \; \ldots, \; x^{(m-1)}; \; y, \; y', \; \ldots, \; y^{(n-1)}; \; z, \; z', \; \ldots, \; z^{(p-1)}; \; \xi, \; \eta, \; \zeta;$$

aequatio differentialis partialis (13) hoc modo repraesentari poterit:

$$(14)\quad \begin{cases} \dfrac{\partial W}{\partial t}+x'\dfrac{\partial W}{\partial x}+x''\dfrac{\partial W}{\partial x'}+\cdots+x^{(m-1)}\dfrac{\partial W}{\partial x^{(m-2)}} \\ \quad +y'\dfrac{\partial W}{\partial y}+y''\dfrac{\partial W}{\partial y'}+\cdots+y^{(n-1)}\dfrac{\partial W}{\partial y^{(n-2)}} \\ \quad +z'\dfrac{\partial W}{\partial z}+z''\dfrac{\partial W}{\partial z'}+\cdots+z^{(p-1)}\dfrac{\partial W}{\partial z^{(p-2)}} = V, \end{cases}$$

ubi functio V praeter variabiles independentes sola involvit differentialia partialia

$$\frac{\partial W}{\partial x^{(m-1)}},\quad \frac{\partial W}{\partial y^{(n-1)}},\quad \frac{\partial W}{\partial z^{(p-1)}}.$$

Videmus igitur, aequationem differentialem partialem (14) et ab ipsa functione incognita vacuam esse, et omnia praeter tria differentialia partialia tantum lineariter implicare.

Si in formula (12) evenit, ut functio φ complures quantitatum $p_1, p_2, \ldots, p_m$ tantum lineariter implicet, illae omnino abeunt e quantitate, quae sub signo integrationis est:

$$\varphi-p_1\frac{\partial\varphi}{\partial p_1}-p_2\frac{\partial\varphi}{\partial p_2}-\cdots-p_m\frac{\partial\varphi}{\partial p_m}.$$

Unde nostro casu haec quantitas simpliciter evadit:

$$V-\xi\frac{\partial V}{\partial\xi}-\eta\frac{\partial V}{\partial\eta}-\zeta\frac{\partial V}{\partial\zeta} = U,$$

cum omnia ξ_i, η_i, ζ_i praeter ipsa ξ, η, ζ functionem φ tantum lineariter afficiant. Hinc e formula (12) eruitur:

$$(15)\quad W = \int U dt.$$

Quae supponit formula, aequationibus differentialibus (8) complete integratis, expressas esse variabiles omnes per t ipsarumque valores initiales, unde etiam U solius t functio evadit; post integrationem autem ope aequationum integralium quantitates omnes ξ_i, η_i, ζ_i una cum earum valoribus initialibus eliminari, unde W ipsius t atque solarum x_i, y_i, z_i earumque valorum initialium functio fit, quae erit aequationis differentialis partialis (14) solutio completa.

Si reductio problematis isoperimetrici ad aequationem differentialem partialem primi ordinis, antecedentibus pro tribus functionibus explicata, extenditur ad numerum quemlibet functionum ipsam U afficientium, nanciscimur hanc propositionem:

Propositio de reductione problematum isoperimetricorum ad aequationes differentiales partiales primi ordinis.

Implicet U praeter variabilem independentem t eius functiones incognitas quotcunque x_1, x_2 *etc. una cum earum differentialibus*

$$x_1', \; x_1'', \; \ldots, \; x_1^{(\alpha)}; \quad x_2', \; x_2'', \; \ldots, \; x_2^{(\beta)}; \quad \text{etc.};$$

functiones x_1, x_2 *etc. ita determinandae proponuntur, ut fiat*

$$\delta \int U dt = 0;$$

eum in finem pono

$$\frac{\partial U}{\partial x_1^{(\alpha)}} = \frac{\partial W}{\partial x_1^{(\alpha-1)}}, \quad \frac{\partial U}{\partial x_2^{(\beta)}} = \frac{\partial W}{\partial x_2^{(\beta-1)}} \quad \text{etc.},$$

earumque aequationum ope elimino $x_1^{(\alpha)}$, $x_2^{(\beta)}$ *etc. de functione*

$$V = U - x_1^{(\alpha)} \frac{\partial W}{\partial x_1^{(\alpha-1)}} - x_2^{(\beta)} \frac{\partial W}{\partial x_2^{(\beta-1)}} - \text{etc.};$$

quo facto evadit V functio quantitatum

$$t, \; x_1, \; x_1', \; \ldots, \; x_1^{(\alpha-1)}; \quad x_2, \; x_2', \; \ldots, \; x_2^{(\beta-1)}; \quad \text{etc.},$$

quas pro variabilibus independentibus habeo, atque differentialium partialium

$$\frac{\partial W}{\partial x_1^{(\alpha-1)}}, \quad \frac{\partial W}{\partial x_2^{(\beta-1)}} \quad \text{etc.};$$

eruta functione V, formo aequationem differentialem partialem:

$$\begin{aligned}
&\frac{\partial W}{\partial t} + x_1' \frac{\partial W}{\partial x_1} + x_1'' \frac{\partial W}{\partial x_1'} + \cdots + x_1^{(\alpha-1)} \frac{\partial W}{\partial x_1^{(\alpha-2)}} \\
&+ x_2' \frac{\partial W}{\partial x_2} + x_2'' \frac{\partial W}{\partial x_2'} + \cdots + x_2^{(\beta-1)} \frac{\partial W}{\partial x_2^{(\beta-2)}} \\
&+ \cdots\cdots\cdots\cdots \\
&= V;
\end{aligned}$$

cuius inventa sit solutio completa W, quae praeter Constantem additione accedentem involvit Constantes $\mu = \alpha + \beta + \cdots$ *arbitrarias* a_1, a_2, $\ldots$, a_μ, *numero* μ *aequante summam ordinum, ad quos in ipsa U singularum functionum incognitarum differentialia ascendunt; determinabuntur functiones incognitae* x_1, x_2 *etc. earumque differentialia*

$$x_1', \; x_1'', \; \ldots, \; x_1^{(\alpha-1)}; \quad x_2', \; x_2'', \; \ldots, \; x_2^{(\beta-1)}; \quad \text{etc.}$$

per μ *aequationes sequentes inter illas* μ *quantitates ipsamque* t:

$$\frac{\partial W}{\partial a_1} = b_1, \quad \frac{\partial W}{\partial a_2} = b_2, \quad \ldots, \quad \frac{\partial W}{\partial a_\mu} = b_\mu,$$

in quibus designant $b_1, b_2, \ldots, b_\mu$ *novas Constantes arbitrarias.*

Ad aequationes differentiales partiales primi ordinis etiam revocari possunt problemata isoperimetrica, in quibus inter functiones incognitas variae dantur aequationes differentiales conditionales, atque adeo functio U, quae sub signo integrationis invenitur, tantum per aequationem differentialem datur, cui satisfacere debet. Sed non amplius generaliter assignare licet Multiplicatorem systematis aequationum differentialium vulgarium, a cuius integratione problemata illa pendent.

DE AEQUATIONUM DIFFERENTIALIUM SYSTEMATE NON NORMALI AD FORMAM NORMALEM REVOCANDO

AUCTORE

C. G. J. JACOBI,
PROF. ORD. MATH. REGIOM.

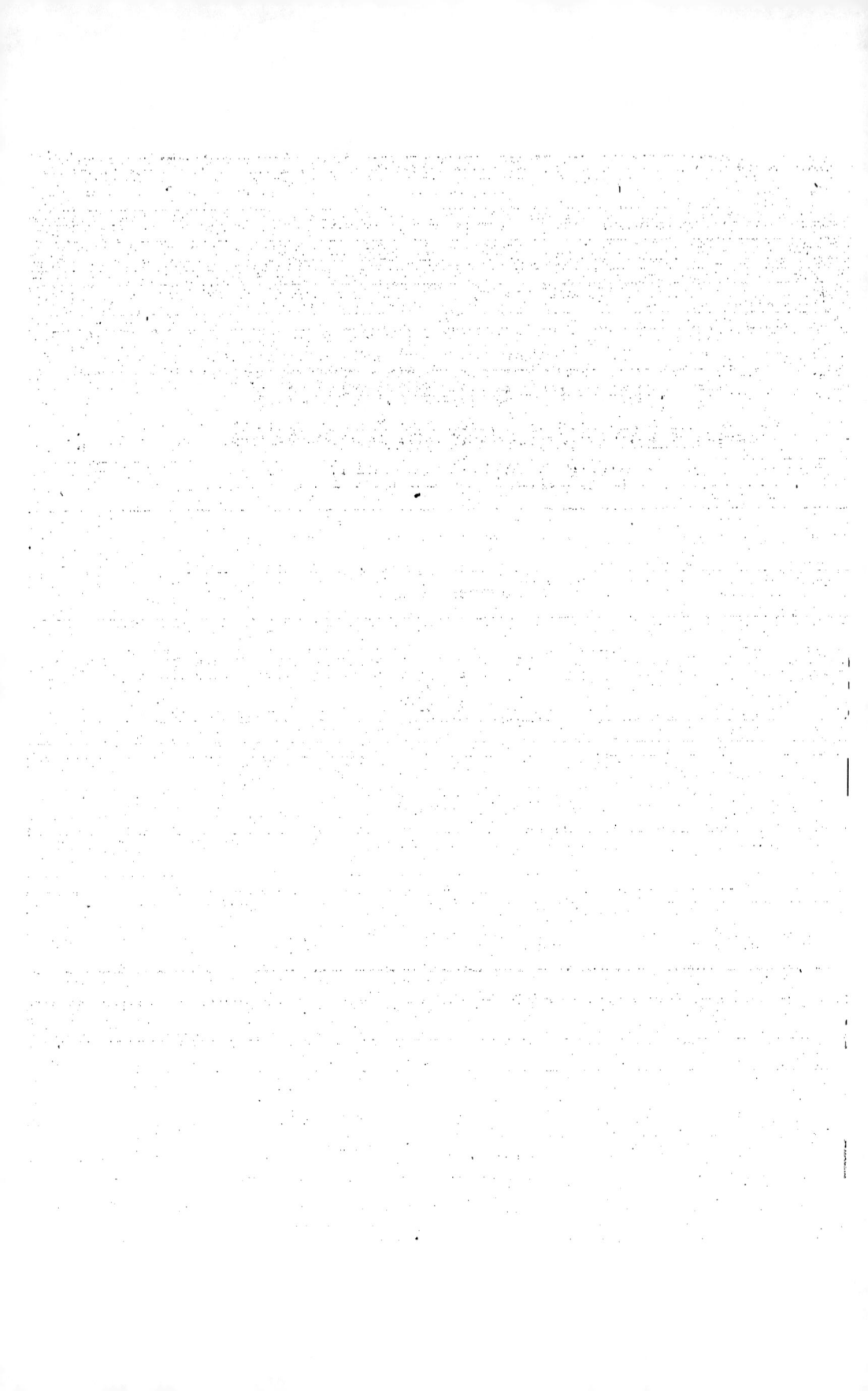

DE AEQUATIONUM DIFFERENTIALIUM SYSTEMATE NON NORMALI AD FORMAM NORMALEM REVOCANDO*).

(Ex Ill. C. G. J. Jacobi manuscriptis posthumis in medium protulit A. Clebsch.)

In commentatione mea „Theoria novi Multiplicatoris etc." **) Multiplicatorem determinavi aequationum differentialium *isoperimetricarum*, i. e. ad problemata illa isoperimetrica pertinentium, in quibus variatio dati integralis, variabilem unam independentem, ceteras dependentes continentis, ad nihilum redigitur. Quam determinationem multo maioribus difficultatibus obnoxiam esse exposui, si variabilium dependentium differentialia altissima datum integrale afficientia non eiusdem ordinis sint. Eo enim casu aequationum differentialium isoperimetricarum systema non ea gaudet forma, ut singularum variabilium dependentium differentialia altissima pro incognitis haberi possint, quarum valores ipsis aequationibus differentialibus determinentur. Ad quam formam casu, quem innui, aequationes differentiales isoperimetricae post certas tantum differentiationes et eliminationes revocantur, id quod Multiplicatoris valorem indagandi negotium intricatum reddit.

Operae pretium duxi, totam materiem de aequationum differentialium systemate non normali ad formam normalem revocando accurate tractare. In qua disquisitione ad propositiones quasdam generales perveni, quae theoriae aequationum differentialium vulgarium lacunam quandam implere videntur, quarum summam hic breviter indicabo.

---

*) Alia Ill. Jacobi commentatio posthuma de eadem quaestione, demonstrationes regularum hic enuntiatarum continens, invenitur in Diarii mathematici vol. LXIV p. 297 (cf. h. vol. p. 191).

**) §§. 30—33 commentationis citatae, Diarii Crell. vol. XXIX sive h. ed. vol. IV p. 495 sqq.

§. 1.

Systematis m aequationum differentialium ordo et brevissima in formam normalem reductio determinantur per solutionem problematis, datum m^2 quantitatum schema quadraticum per numeros minimos $l_1, l_2, \ldots, l_m$ singulis horizontalibus addendos ita transformandi, ut m maximorum transversalium systemate praeditum evadat. Solutio exemplo illustratur.

Variabilem independentem vocemus t, eius functiones sive variabiles pro dependentibus habitas $x_1, x_2, \ldots, x_m$; inter quas variabiles propositae sint m aequationes differentiales

$$u_1 = 0, \ u_2 = 0, \ \ldots, \ u_m = 0.$$

Sit $a_{i,\varkappa}$ ordo altissimi, quod in aequatione $u_i = 0$ obvenit, differentialis variabilis $x_\varkappa$, dico:

1) ordinem systematis aequationum differentialium propositarum sive numerum Constantium arbitrariarum, quem earum integratio completa poscit, aequari *maximo* inter omnes valores, quos aggregatum

$$a_{i_1,1} + a_{i_2,2} + \cdots + a_{i_m,m}$$

induat, si pro indicibus $i_1, i_2, \ldots, i_m$, quibuscunque modis fieri potest, sumantur m diversi ex indicibus $1, 2, \ldots, m$.

Illud *maximum* sive systematis ordinem designabo per O; aequabitur O summae ordinum differentialium singularum variabilium altissimorum, quae obveniunt in systemate normali, ad quod propositum revocari potest. Ipse numerus O superabitur summa respectu systematis propositi aeque formata.

Variae exstant formae normales semperque certe duae, ad quas idem systema propositum reduci potest, quae reductiones non efficiuntur nisi auxilio diversarum differentiationum et eliminationum. Qua in re haec est propositio fundamentalis:

2) inter diversos modos aequationes differentiales propositas differentiandi, ut nascantur aequationes auxiliares, quarum adiumento per solas eliminationes systema propositum ad aliud normale reduci possit, *unicum* exstare *modum*, qui *paucissimas* differentiationes poscat, nam in alio quolibet modo aequationum differentialium propositarum aliquot vel omnes pluribus vicibus iteratis quam in illo differentiandas esse, neque in ullo alio modo fieri posse, ut aequationum differentialium propositarum una paucioribus vicibus differentietur.

Modum illum expeditissimum insigniamus nomine *brevissimae reductionis*, in qua brevissima reductione semper erunt aequationum differentialium propositarum una pluresve, quae omnino non differentiantur, sive quae nullas differentiationibus ex iis derivatas ad aequationum auxiliarium systema contribuunt. Unde si ponimus, in reductione brevissima ad aequationes auxiliares formandas aequationem $u_i = 0$ esse l_i vicibus iteratis differentiandam, e numeris integris non negativis

$$l_1, \; l_2, \; \ldots, \; l_m$$

semper unus pluresve nullitati aequantur. Ad eos numeros $l_1, l_2, \ldots, l_m$ investigandos, a quorum inventione reductio brevissima tota pendet, solvendum est hoc problema.

Problema.

„Datis m^2 quantitatibus $a_{i,x}$ quibuscunque, in quibus et i et x valores $1, 2, \ldots, m$ induere debent, investigare m quantitates *minimas* positivas seu evanescentes $l_1, l_2, \ldots, l_m$ ita comparatas, ut, posito $a_{i,x}+l_i = p_{i,x}$, inter m^2 quantitates $p_{i,x}$ eligere liceat m quantitates

$$p_{i_1,1}, \; p_{i_2,2}, \; \ldots, \; p_{i_m,m}$$

in seriebus diversis cum horizontalibus tum verticalibus positas, quarum unaquaeque inter eiusdem verticalis quantitates maximum valorem tueatur seu certe nulla alia quantitate eiusdem verticalis minor sit.“

Solutio.

Solutionis problematis propositi momenta praecipua breviter innuam. Disponamus quantitates $a_{i,x}$ in schema quadraticum

$$(A) \quad \left\{ \begin{array}{llll} a_{1,1}, & a_{1,2}, & \ldots, & a_{1,m}, \\ a_{2,1}, & a_{2,2}, & \ldots, & a_{2,m}, \\ \cdot & \cdot & \cdot & \cdot \\ a_{m,1}, & a_{m,2}, & \ldots, & a_{m,m}. \end{array} \right.$$

Si qua eius quadrati series horizontalis reprehenditur, cuius terminus nullus inter omnes eiusdem *verticalis* est maximus (quo nomine hic semper etiam comprehendo terminos nullo reliquorum minores), eius seriei horizontalis terminis omnibus eandem quantitatem addo positivam eamque minimam, pro qua unus eius terminus maximo eiusdem verticalis aequetur.

Post praeparationem indicatam si mutatur quadratum propositum (A) in hoc:

$$(B)\quad \begin{cases} b_{1,1}, & b_{1,2}, & \ldots, & b_{1,m}, \\ b_{2,1}, & b_{2,2}, & \ldots, & b_{2,m}, \\ \cdot & \cdot & \cdot & \cdot \\ b_{m,1}, & b_{m,2}, & \ldots, & b_{m,m}, \end{cases}$$

quadrati (B) nulla exstabit series horizontalis, in qua non insit terminus inter omnes eiusdem verticalis maximus. Ad eiusmodi quadratum sequentes denominationes refero, quae bene tenendae sunt.

Systema *maximorum transversalium* voco systema quantitatum $b_{\iota,\varkappa}$, quae cum in seriebus horizontalibus diversis tum in seriebus verticalibus diversis positae sunt, quarum unaquaeque inter omnes quantitates in eadem verticali positas *maxima* est.

Sumo in quadrato (B) maximum numerum maximorum transversalium, et, ubi pluribus modis idem numerus maximus maximorum transversalium prodit, unum eorum systema ex arbitrio eligo, eiusque terminos *asteriscis* noto. Quorum maximorum transversalium maximus numerus esse potest aut 2 *) aut 3 etc. aut m; si eorum numerus est m, problema propositum solutum est. Si iste numerus ipso m minor est, id ago, ut seriérum horizontalium quasdam numeris minimis talibus augeam, ut in novo quadrato proveniente numerus maximorum transversalium auctus inveniatur. Quo negotio repetito, tandem perveniatur ad quadratum necesse est, in quo maximorum transversalium numerus est m, quo reperto problematis solutio inventa est. Dico autem, *augeri seriem horizontalem*, si eius terminis omnibus eadem quantitas positiva additur.

Series horizontales et verticales, ad quas maximorum transversalium systema electum pertinet, voco series H et V, reliquas series horizontales et verticales voco series H' et V'. Terminos in una verticalium V' maximos et ipsos *asteriscis* noto. Terminos asteriscis notatos voco *maxima stellata*.

Ponamus, in serie horizontali h_1 esse maximum stellatum eique in eadem verticali aequari terminum in serie horizontali h_2 positum; in serie horizontali

*) Adhibita praeparatione, qua schema quadraticum (A) in schema (B) mutatum est, fit, ut 2 sit minimus valor huius numeri, qui valor tum occurrit, si omnia *maxima* in una eademque serie horizontali iacent atque insuper in una verticali termini omnes inter se aequales sunt. Vid. Diarium mathem. vol. LXIV, p. 312 sive h. vol. p. 208.

h_2 esse maximum stellatum eique in eadem verticali aequari terminum in horizontali h_3 positum etc.; si ea ratione ad seriem horizontalem h_a pervenitur, ubi h_a unam serierum $h_2, h_3, \ldots, h_m$ designat, dicam, *a serie* h_1 *ad seriem* h_a *transitum dari.* Si dicitur, a serie h_1 ad seriem h_a transitum dari, ipsa series h_1 omnesque intermediae $h_2, h_3, \ldots, h_{a-1}$ ad series H pertinebunt; series h_a sive ad series H sive ad series H' pertinere potest. Si a nulla serie horizontali, in qua duo plurave maxima stellata insunt, transitus datur ad aliquam serierum H', et si nullus exstat serierum H' terminus in aliqua serierum V' maximus, id certo criterio est, maximorum transversalium numerum *maximum* electum fuisse.

His praemissis, series horizontales omnes in tres classes distribuo.

Ad *classem primam* serierum horizontalium refero eas series, in quibus inveniuntur *duo plurave* maxima stellata, neque minus series horizontales omnes, ad quas ab illis seriebus transitus datur; quarum serierum primae classis nulla ad series H' pertinebit.

Ad *classem secundam* serierum horizontalium refero eas serierum H ad classem primam non pertinentes, a quibus ad aliquam serierum H' transitus non datur.

Ad *classem tertiam* serierum horizontalium refero omnes series H' easque serierum H, a quibus ad series H' transitus datur.

Hac serierum horizontalium distributione facta, series ad tertiam classem pertinentes omnes eadem quantitate augeo eaque minima, qua addita fit, ut earum serierum terminorum unus aequalis evadat alicui eiusdem verticalis maximo stellato primae aut secundae classis. Si illud maximum stellatum pertinet ad seriem horizontalem classis secundae, haec in novo quadrato proveniente transmigrat ad classem tertiam, neque alia in serierum horizontalium distributione fit mutatio. Quo casu operatio iteranda est, nova serie e secunda classe in tertiam recepta, quae eo usque repetenda est, dum serierum tertiae classis terminus aliquis alicui maximo stellato seriei *primae* classis aequalis evadat. Id quod nisi antea certe tum necessario eveniet, cum series secundae classis omnes ad classem tertiam transmigraverint. Simulatque autem evenit, adepti sumus quadratum, in quo numerus maior maximorum transversalium quam in quadrato (B) invenitur. Tum nova maximorum stellatorum dispositione novaque serierum horizontalium distributione in tres classes facta, per eandem methodum novum quadratum formandum est, in quo rursus maximorum transversalium numerus auctus invenitur, idque eo usque continuandum est, dum perveniatur ad quadratum, in quo m maxima transversalia habentur. Quadratum sic inventum derivatum erit e proposito (A) addendo seriebus horizontalibus quam minimas quantitates positivas, quae ipsae erunt quantitates quaesitae l_1, l_2, ..., l_m.

Propter regulae complicationem unum saltem apponere exemplum iuvat, quod sequentibus schematis continetur:

(A)

	α	β	γ	δ	ε	ζ	η	ϑ	ι	$\varkappa$
a	14	28	1	5	73	$\underline{91}$	10	$\underline{34}$	5	$\underline{99}$
b	25	32	2	4	62	81	9	23	4	88
c	14	1	7	16	21	7	13	12	3	77
d	11	$\underline{58}$	$\underline{61}$	4	3	1	12	1	4	91
e	9	21	23	18	27	3	6	9	12	15
f	4	16	18	13	5	12	23	21	14	81
g	25	43	13	16	$\underline{83}$	10	$\underline{91}$	3	7	13
h	$\underline{27}$	7	17	$\underline{37}$	73	8	11	24	$\underline{23}$	22
i	25	12	18	27	32	18	24	23	14	88
k	16	28	30	25	34	10	13	16	19	42

Quadratum (A) est ipsum propositum, in cuius seriebus verticalibus sicuti in quadratorum derivatorum terminos maximos lineola subnotavi. Series horizontales elementis a, b, ..., k designavi. Quarum b, c, e, f, i, k omnino nullos terminos subnotatos continent. Seriei b terminos ab earundem verticalium terminis subnotatis detrahendo eruuntur differentiae

$$2,\ 21,\ 59,\ 33,\ 21,\ 10,\ 82,\ 11,\ 19,\ 11,$$

quarum 2 est minima, unde seriem b quantitate 2 augeo. Seriei c termini ab earundem verticalium terminis subnotatis differunt quantitatibus

$$13,\ 52,\ 54,\ 21,\ 62,\ 84,\ 78,\ 22,\ 20,\ 22,$$

quarum cum 13 minima sit, seriem c quantitate 13 augeo. Simili ratione series e, f, i, k respective quantitatibus 11, 9, 2, 4 augendo quadratum (B) deduco, cuius originem designo per symbolum:

$$(B)\quad (a,\ b+2,\ c+13,\ d,\ e+11,\ f+9,\ g,\ h,\ i+2,\ k+4)$$

(B)

		V	V	V'	V	V'	V'	V	V'	V	V
I	*a*	14	23	1	5	73	$\underline{91}$*	10	$\underline{34}$*	5	$\underline{99}$*
III	*b*	$\underline{27}$*	34	4	6	64	83	11	25	6	90
III	*c*	$\underline{27}$	14	20	29	34	20	26	25	16	90
I	*d*	11	$\underline{53}$*	$\underline{61}$*	4	3	1	12	1	4	91
III	*e*	20	32	34	29	38	14	17	20	$\underline{23}$*	26
III	*f*	13	25	27	22	14	21	32	30	$\underline{23}$	30
I	*g*	25	43	13	16	$\underline{83}$*	10	$\underline{91}$*	3	7	13
II	*h*	$\underline{27}$	7	17	$\underline{37}$*	73	8	11	24	$\underline{23}$	22
III	*i*	$\underline{27}$	14	20	29	34	20	26	25	16	90
III	*k*	20	32	34	29	38	14	17	20	$\underline{23}$	46
			19	27	8	19	8	59	4		9

In quadrato (B) *sex* nec plura assignari possunt maxima transversalia; series verticales, in quibus posita sunt, suprascripta V, reliquas suprascripta V', ipsa maxima asteriscis noto. Si in aliqua verticalium V' terminus subnotatus reperitur, eundem asterisco noto. Seriebus horizontalibus a, d, g, in quibus bina plurave maxima stellata reperiuntur, classis I numerum praefigo. In septem verticalibus, ad quas maxima illa pertinent, nullus alius terminus subnotatus reperitur, unde a seriebus a, d, g ad aliam seriem transitus non datur, ideoque solae a, d, g primam classem constituunt. Series c, f, i, k, quippe in quibus omnino nullus reperitur terminus stellatus, ad classem III pertinent. Porro ad series f et k ab e, ad series c et i a b transitus datur, unde etiam series b et e ad tertiam classem pertinent. Scilicet ex definitione supra stabilita colligitur, ad seriem horizontalem s ab alia s_1 transitum dari, si in s sit terminus subnotatus non stellatus atque in eadem verticali terminus stellatus ad seriem horizontalem s_1 pertinens. Cum series a, d, g ad primam, series b, c, e, f, i, k ad tertiam classem pertineant, restat series h, quae secundam classem constituit. Iam in unaquaque serie verticali, in qua maximum stellatum inest ad seriem primae aut secundae classis pertinens, sumatur terminus serierum tertiae classis *proxime minor*, atque infra seriem verticalem notetur utriusque termini differentia. Quarum differentiarum

$$53-34=19,\quad 61-34=27,\quad 37-29=8,\quad 83-64=19,$$
$$91-83=8,\quad 91-32=59,\quad 34-30=4,\quad 99-90=9$$

sumatur minima 4; series tertiae classis omnes quantitate 4 augendo deducitur proximum quadratum (C). Quod quadratum per symbolum

$$(C)\quad (a,\ b+6,\ c+17,\ d,\ e+15,\ f+13,\ g,\ h,\ i+6,\ k+8)$$

denotari potest.

(C)

		V	V	V'	V	V'	V'	V	V	V	V
I	a	14	23	1	5	73	$\underline{91}^*$	10	$\underline{34}$	5	$\underline{99}^*$
III	b	$\underline{31}^*$	38	8	10	68	87	15	29	10	94
III	c	$\underline{31}$	18	24	33	38	24	30	29	20	94
I	d	11	$\underline{53}^*$	$\underline{61}^*$	4	3	1	12	1	4	91
III	e	24	36	38	33	42	18	21	24	$\underline{27}^*$	30
II	f	17	29	31	26	18	25	36	$\underline{34}^*$	$\underline{27}$	94
I	g	25	43	13	16	$\underline{83}^*$	10	$\underline{91}^*$	3	7	13
II	h	27	7	17	$\underline{37}^*$	73	8	11	24	23	22
III	i	$\underline{31}$	18	24	33	38	24	30	29	20	94
III	k	24	36	38	33	42	18	21	24	$\underline{27}$	50
			15	23	4	15	4	61	5		5

In quadrato (C) videmus, *septem* maxima transversalia reperiri, novumque in serie f accessisse terminum stellatum; ipsa f ad classem secundam a tertia transit. Subscribo quantitates, quibus in quadrato (C) termini stellati serierum primae et secundae classis terminos *proxime minores* ad tertiam classem et eandem verticalem pertinentes superant. Quarum quantitatum cum minima sit 4, series classis III omnes eodem numero 4 augendo formo quadratum

$$(D)\quad (a, b+10, c+21, d, e+19, f+13, g, h, i+10, k+12),$$

in quo iam *octo* maxima transversalia insunt.

(*D*)

		V	V	V'	V	V'	V	V	V	V	V
II	*a*	14	23	1	5	73	91	10	34	5	99*
II	*b*	35	42	12	14	72	91*	19	33	14	98
III	*c*	35*	22	28	37	42	28	34	33	24	98
I	*d*	11	53*	61*	4	3	1	12	1	4	91
III	*e*	28	40	42	37	46	22	25	28	31*	34
II	*f*	17	29	31	26	18	25	36	34*	27	94
I	*g*	25	43	13	16	83*	10	91*	3	7	13
III	*h*	27	7	17	37*	73	8	11	24	23	22
III	*i*	35	22	28	37	42	28	34	33	24	98
III	*k*	28	40	42	37	46	22	25	28	31	54
			13	19		10	63	57	1		1

(*E*)

		V	V	V'	V	V'	V	V	V	V	V
III	*a*	14	23	1	5	73	91	10	34	5	99*
III	*b*	35	42	12	14	72	91*	19	33	14	98
III	*c*	36*	23	29	38	43	29	35	34	25	99
I	*d*	11	53*	61*	4	3	1	12	1	4	91
III	*e*	29	41	43	38	47	23	26	29	32*	35
III	*f*	17	29	31	26	18	25	36	34*	27	94
I	*g*	25	43	13	16	83*	10	91*	3	7	13
III	*h*	28	8	18	38*	74	9	12	25	24	23
III	*i*	36	23	29	38	43	29	35	34	25	99
III	*k*	29	41	43	38	47	23	26	29	32	55
			11	18		9		55			

Dispositio asteriscorum secundum regulas traditas in novo quadrato (*D*) paulo mutari debet; quo facto series *a*, *b*, *h* inveniuntur e classe I, III, II ad classem II, II, III transmigrasse. Termini stellati classis I et II terminos classis III atque earundem verticalium *proxime minores* superant numeris 13, 19, 10, 63, 57, 1, 1; quorum minimo 1 omnes classis III series augendo deduco quadratum

$$(E)\quad (a,\ b+10,\ c+22,\ d,\ e+20,\ f+13,\ g,\ h+1,\ i+11,\ k+13),$$

in quo *idem* est maximorum transversalium numerus.

Quadrati (E) habitus a quadrati (D) habitu non differt, nisi quod simul tres classis II series a, b, f ad classem III transierunt. Scilicet f et a ad classem III transeunt, quia earum terminis stellatis 34 et 99 aequales evadunt serierum i et c termini in iisdem verticalibus positi; deinde b et ipsa ad classem III transit, cum eius termino stellato 91 aequalis evadat terminus eiusdem verticalis in serie a, quae iam ad classem III transmigravit. De quadrato (E) per regulas traditas deducitur quadratum

$$(F)\quad (a+9,\ b+19,\ c+31,\ d,\ e+29,\ f+22,\ g,\ h+10,\ i+20,\ k+22),$$

in quo *novem* maxima transversalia insunt.

(*F*)

		V	V	V'	V	V	V	V	V	V	V
III	a	23	32	10	14	82	$\underline{100}$	19	$\underline{43}$	14	$\underline{108}$*
III	b	44	51	21	23	81	$\underline{100}$*	28	42	23	107
III	c	$\underline{45}$*	32	38	$\underline{47}$	52	38	44	$\underline{43}$	34	$\underline{108}$
I	d	11	$\underline{53}$*	$\underline{61}$*	4	3	1	12	1	4	91
III	e	38	50	52	$\underline{47}$	56	32	35	38	$\underline{41}$*	44
III	f	26	38	40	35	27	34	45	$\underline{43}$*	36	103
II	g	25	43	18	16	$\underline{83}$	10	$\underline{91}$*	3	7	13
II	h	37	17	27	$\underline{47}$	$\underline{83}$*	18	21	34	33	32
III	i	$\underline{45}$	32	38	$\underline{47}$*	52	38	44	$\underline{43}$	34	$\underline{108}$
III	k	38	50	52	$\underline{47}$	56	32	35	38	$\underline{41}$	64
			2	9		1		46			

E quadrato (F) deducitur quadratum

$$(G)\quad (a+10,\ b+20,\ c+32,\ d,\ e+30,\ f+23,\ g,\ h+10,\ i+21,\ k+23),$$

in quo et ipso *novem* maxima transversalia insunt; e (G) tandem provenit quadratum quaesitum

(*H*) $(a+11,\ b+21,\ c+33,\ d,\ e+31,\ f+24,\ g,\ h+11,\ i+22,\ k+24)$,

in quo *decem* maxima transversalia deprehenduntur, qui est ipse serierum horizontalium aut verticalium numerus.

(*G*)

		V	V	V'	V	V	V	V	V	V	V
III	*a*	24	33	11	15	$\underline{83}$	$\underline{101}$	20	$\underline{44}$	15	$\underline{109}$*
III	*b*	45	52	22	24	82	$\underline{101}$*	29	43	24	108
III	*c*	$\underline{46}$*	33	39	$\underline{48}$	53	39	45	$\underline{44}$	35	$\underline{109}$
I	*d*	11	$\underline{58}$*	$\underline{61}$*	4	3	1	12	1	4	91
III	*e*	39	51	53	$\underline{48}$	57	33	36	39	$\underline{42}$*	45
III	*f*	27	39	41	36	28	35	46	$\underline{44}$*	37	104
II	*g*	25	43	13	16	$\underline{83}$	10	$\underline{91}$*	3	7	13
III	*h*	37	17	27	47	$\underline{83}$*	18	21	34	33	82
III	*i*	$\underline{46}$	33	39	$\underline{48}$*	53	39	45	$\underline{44}$	35	$\underline{109}$
III	*k*	39	51	53	$\underline{48}$	57	33	36	39	$\underline{42}$	65
			1	8				45			

(*H*)

		α	β	γ	δ	ε	ζ	η	ϑ	ι	$\varkappa$
S_3	*a*	25	34	12	16	$\underline{84}$	$\underline{102}$*	21	$\underline{45}$	16	$\underline{110}$
S_2	*b*	46	$\underline{53}$*	23	25	83	$\underline{102}$	30	44	25	109
S_5	*c*	$\underline{47}$*	34	40	$\underline{49}$	54	40	46	$\underline{45}$	36	$\underline{110}$
S_1	*d*	11	$\underline{53}$	$\underline{61}$*	4	3	1	12	1	4	91
S_6	*e*	40	52	54	$\underline{49}$	58	34	37	40	$\underline{43}$*	46
S_4	*f*	28	40	42	37	29	36	47	$\underline{45}$*	38	105
S_1	*g*	25	43	13	16	83	10	$\underline{91}$*	3	7	13
S_4	*h*	38	18	28	48	$\underline{84}$*	19	22	35	34	33
S_4	*i*	$\underline{47}$	34	40	$\underline{49}$	54	40	46	$\underline{45}$	36	$\underline{110}$*
S_5	*k*	40	52	54	$\underline{49}$*	58	34	37	40	$\underline{43}$	66

Quadrati (H)*) repraesentatio symbolica docet, esse

$$11,\ 21,\ 33,\ 0,\ 31,\ 24,\ 0,\ 11,\ 22,\ 24$$

minimos numeros quadrati propositi (A) seriebus addendos, ut aliud nascatur quadratum, in quo termini in diversis seriebus verticalibus maximi omnes ad diversas series horizontales pertineant, neque ullum eiusmodi quadratum ex (A) deduci posse vel uni serierum horizontalium numerum minorem addendo quam assignatum.

Si numerus quantitatum, e quibus quadrata conflantur, permagnus est, non difficile erit artificia comminisci, quibus numeros scribendi taedium evitetur, quippe e quorum magna mole pauci tantum ad unumquodque novum quadratum formandum poscantur.

§. 2.

Regula exponitur ad inveniendos numeros minimos $l_1, l_2, \ldots, l_m$, dato quocunque eorum numerorum systemate, aut datis tantum schematis quadratici terminis, qui post numerorum $l_1, l_2, \ldots, l_m$ additionem m maxima transversalia praebent. Exemplum regulae adiicitur.

Sint rursus l_i quantitates positivae seu evanescentes, positoque

$$a_{i,x}+l_i = p_{i,x},$$

quadratum

$$\begin{matrix} p_{1,1}, & p_{1,2}, & \ldots, & p_{1,m}, \\ p_{2,1}, & p_{2,2}, & \ldots, & p_{2,m}, \\ \cdot & \cdot & \cdot & \cdot \\ p_{m,1}, & p_{m,2}, & \ldots, & p_{m,m} \end{matrix}$$

ita comparatum sit, ut termini in diversis eius seriebus verticalibus maximi omnes ad diversas quoque series horizontales pertineant, sive ut in eo unum plurave maximorum transversalium systemata completa**) assignari possint. Quorum unum quodcunque asteriscis distinguendo, reliqua vero singularum verticalium maxima iis aequalia lineolis subnotando, habetur hoc criterium certum,

*) signorum S_1, S_2 etc. in tabula quadrati (H) adhibitorum explicatio in sequenti paragrapho praestabitur.

**) i. e. ex m terminis composita.

quo cognosci potest, sitne eiusmodi quadratum e dato (A), quod quantitatibus $a_{i,x}$ formatur, per *minimas* quantitates positivas seu evanescentes l_i seriebus horizontalibus additas derivatum. Sumantur enim series horizontales, pro quibus $l_i = 0$ seu quae omnino eaedem sunt atque in quadrato proposito (A). Quas series, quarum certe una exstare debet, per S_1 designabo. In seriebus S_1 sumantur termini subnotati atque in horum verticalibus termini stellati, quorum series horizontales, quae non iam forte ad ipsas S_1 pertinent, designo per S_2. Rursus in seriebus verticalibus, ad quas serierum S_2 termini subnotati pertinent, sumantur termini stellati, quorum series horizontales et a S_1 et a S_2 diversas per S_3 denoto. *Si ea ratione pergendo series horizontales omnes exhauriuntur, quadratum e quantitatibus $p_{i,x}$ formatum de quadrato proposito, e quantitatibus $a_{i,x}$ formato, per minimas quantitates positivas seu evanescentes l_i seriebus eius horizontalibus additas deductum est.* Ita in exemplo nostro *omnes* series horizontales ad systemata S_1, S_2 etc. successive inventa sequenti modo referuntur:

S_1	S_2	S_3	S_4	S_5	S_6
d	b	a	f	c	e
g			h	k	
			i		

Unde certo concludi potest, in exemplo nostro ad eruendam problematis propositi solutionem quantitates seriebus horizontalibus addendas quam minimas adhibitas esse.

Iisdem principiis, quibus erutum est criterium, sitne problema modo simplicissimo sive per quantitates quam minimas l_i solutum, etiam nititur methodus, qua solutio simplicissima de solutione quacunque deduci potest. Statuendo

$$a_{i,x} + h_i = q_{i,x},$$

ubi quantitates h_i sint positivae aut evanescentes, formatoque quadrato e quantitatibus $q_{i,x}$ ad instar quadrati (A) e quantitatibus $a_{i,x}$ formati, ponamus, in seriebus eius verticalibus diversis assignari posse maxima, quae omnia in diversis quoque seriebus horizontalibus posita sint. Eiusmodi maximorum transversalium systema completum quodcunque asteriscis noto. Quantitatum h_i minima, quam h vocabo, de omnibus $q_{i,x}$ detracta, prodit quadratum, cuius series horizontales una pluresve immutatae, i. e. eaedem sunt atque in quadrato (A), quas series rursus per S_1 denoto. Deinde terminis praeter ipsos stellatos in suis verticalibus maximis lineola subnotatis, lege supra exposita de seriebus S_1 successive serierum horizontalium systemata deducantur $S_2, S_3, \ldots, S_\alpha$. Quibus si omnes series horizontales amplectimur, solutio simplicissima inventa est; sin autem relinquuntur series horizontales, in quibus nullus datur terminus stellatus, qui cum aliquo termino subnotato serierum $S_1, S_2, \ldots, S_\alpha$ in eadem verticali positus sit, de omnibus illis seriebus horizontalibus detraho eandem quantitatem minimam h' talem, ut aut earum terminus aliquis stellatus termino alicui eiusdem verticalis ad unam serierum $S_1, S_2, \ldots, S_\alpha$ pertinenti aequalis evadat, aut earum una in seriem quadrati (A) correspondentem redeat. Quare serierum horizontalium ad complexus $S_1, S_2, \ldots, S_\alpha$ pertinentium numerus maior factus erit quam in quadrato e quantitatibus $q_{i,x} - h$ formato. Eadem procedendi ratione, si opus est, continuata, pauciores paucioresque series horizontales relinquentur e complexibus $S_1, S_2, \ldots, S_\alpha$ exclusae, donec perveniatur ad quadratum, in quo serierum $S_1, S_2, \ldots, S_\alpha$ systemata *omnes* series horizontales amplectuntur.

Si quantitatibus quibuscunque $h_1, h_2, \ldots, h_m$ ad series quadrati (A) horizontales additis deducitur quadratum m maximis transversalibus gaudens, summa terminorum, qui eadem loca in quadrato (A) atque illa maxima transversalia in quadrato derivato occupant, inter omnia quadrati (A) aggregata m terminorum transversalium valore maximo gaudet. Unde problema inaequalitatum,

dati quadrati (A) e m^2 terminis formati invenire m terminos transversales summa *maxima* gaudentes,

tot habebit solutiones, quot in quadrato derivato assignari possunt maximorum transversalium systemata. Quae systemata omnia inveniuntur, si quadrati derivati terminos tantum conservamus in suis verticalibus maximos, reliquos omnes *nullitati* aequiparamus, deinde eorum terminorum formamus Determinans. Quippe cuius Determinantis termini singuli singulas problematis solutiones suppeditant. Vice versa demonstrari potest, unamquamque problematis inaequalitatum antecedentis solutionem suppeditare quadrati derivati systema maximorum transversalium.

In exemplo nostro e quadrati (H) terminis subnotatis formandum erit Determinans, reliquis quadrati (H) terminis nullitati aequiparatis. Quod Determinans successive revocari potest ad Determinantia simpliciora formata e quantitatibus quadratorum

(*I*)

	α	β	δ	ζ	ι	$\varkappa$
a				102		110
b		58		102		
c	47		49			110
e			49		43	
i	47		49			110
k			49		43	

,

(*II*)

	α	δ	ζ	ι	$\varkappa$
a			102		110
c	47	49			110
e		49		43	
i	47	49			110
k		49		43	

,

(*III*)

	α	δ	ι	$\varkappa$
c	47	49		110
e		49	43	
i	47	49		110
k		49	43	

Designemus enim quadrati terminos per serierum horizontalium et verticalium, ad quas pertinent, indicationem, quarum illas elementis a, b, c etc., has elementis α, β, γ etc. notavi. In quadrato (H) termini (d, γ), (g, η) sunt in suis verticalibus unici subnotati, termini (f, ϑ), (g, η), (h, ε) in suis seriebus horizontalibus unici subnotati. Unde Determinantis formandi termini omnes habere debent factorem communem

$$(d, \gamma)(h, \varepsilon)(g, \eta)(f, \vartheta).$$

Quo factore reiecto, remanet Determinans e quantitatibus quadrati (I), quod seriebus horizontalibus d, f, g, h, verticalibus γ, ε, η, ϑ reiectis e quadrato (H) nascitur. In eo quadrato terminus (b, β) in sua verticali unicus est non evanescens, quo et ipso ut factore communi separato, quaerendum manet Determinans quantitatum quadrati (II). In quo quadrato rursus termino (a, ζ), in sua verticali unico, ut factore communi separato, formandum manet quantitatum (III) Determinans

$$\begin{aligned} &-(c, \alpha)(e, \delta)(k, \iota)(i, \varkappa)-(i, \alpha)(k, \delta)(e, \iota)(c, \varkappa)\\ &+(c, \alpha)(k, \delta)(e, \iota)(i, \varkappa)+(i, \alpha)(e, \delta)(k, \iota)(c, \varkappa)\\ &= -\{(c, \alpha)(i, \varkappa)-(i, \alpha)(c, \varkappa)\}\{(e, \delta)(k, \iota)-(k, \delta)(e, \iota)\}. \end{aligned}$$

Quod cum quatuor terminis constet, in quadrato proposito (A) quatuor habentur systemata maximorum transversalium summa maxima gaudentium, videlicet

$$(b, \beta)+(d, \gamma)+(h, \varepsilon)+(a, \zeta)+(g, \eta)+(f, \vartheta)$$
$$+1)\ (c, \alpha)+(e, \delta)+(k, \iota)+(i, \varkappa)$$
$$\text{aut } 2)\ (c, \alpha)+(k, \delta)+(e, \iota)+(i, \varkappa)$$
$$\text{aut } 3)\ (i, \alpha)+(k, \delta)+(e, \iota)+(c, \varkappa)$$
$$\text{aut } 4)\ (i, \alpha)+(e, \delta)+(k, \iota)+(c, \varkappa).$$

Qui in exemplo nostro numeris expressi sunt

$$32+61+73+91+91+21 = 369$$
$$+1)\ 14+18+19+88 = 139$$
$$\text{aut } 2)\ 14+25+12+88 = 139$$
$$\text{aut } 3)\ 25+25+12+77 = 139$$
$$\text{aut } 4)\ 25+18+19+77 = 139,$$

unde terminorum transversalium aggregatum maximum fit 508.

Vice versa, si undecunque cognoscuntur quadrati propositi (A) termini transversales summa maxima gaudentes, sequenti ratione e quadrato proposito (A) per quantitates minimas l_i seriebus horizontalibus addendas derivatur quadratum, in quo diversarum verticalium maxima omnia in diversis quoque seriebus horizontalibus iacent.

Datos scilicet terminos transversales summa maxima gaudentes asteriscis noto, et seriebus horizontalibus tales quantitates addo, ut termini earum stellati maximis in ipsorum seriebus verticalibus aequentur. Unamqamque seriem auctam reliquis seriebus subscribo eamque in reliquarum serierum et antecedentium et sequentium examine adhibeo. Qua in re series horizontales elementis a, b etc. denotatas iisdem elementis post augmenta capta designo, atque terminis stellatis post augmenta capta asteriscos conservo. Procedendi rationem exemplo nostro sequens schema illustrabit. Dati supponantur termini transversales summa maxima gaudentes

(a, ζ),	(b, β),	(c, α),	(d, γ),	(e, δ),	(f, ϑ),	(g, η),	(h, ε),	$(i, \varkappa)$,	(k, ι)
91	32	14	61	18	21	91	73	88	19.

		α	β	γ	δ	ε	ζ	η	ϑ	ι	$\varkappa$
(1)	*a*	14	23	1	5	73	91*	10	34	5	99
(2)	*b*	25	32*	2	4	62	81	9	23	4	88
(3)	*c*	14*	1	7	16	21	7	13	12	3	77
(4)	*d*	11	53	61*	4	3	1	12	1	4	91
(5)	*e*	9	21	23	18*	27	3	6	9	12	15
(6)	*f*	4	16	18	13	5	12	23	21*	14	81
(7)	*g*	25	43	13	16	83	10	91*	3	7	13
(8)	*h*	27	7	17	37	73*	8	11	24	23	22
(9)	*i*	25	12	18	27	32	18	24	23	14	88*
(10)	*k*	16	28	30	25	34	10	13	16	19*	42
(11)	*b*	46	53*	23	25	83	102	30	44	25	109
(12)	*a*	25	34	12	16	84	102*	21	45	16	110
(13)	*c*	46*	33	39	48	53	39	45	44	35	109
(14)	*e*	39	51	53	48*	57	33	36	39	42	45
(15)	*f*	28	40	42	37	29	36	47	45*	38	105
(16)	*h*	38	18	28	48	84*	19	22	35	34	33
(17)	*i*	47	34	40	49	54	40	46	45	36	110*
(18)	*c*	47*	34	40	49	54	40	46	45	36	110
(19)	*e*	40	52	54	49*	58	34	37	40	43	46
(20)	*k*	40	52	54	49	58	34	37	40	43*	66

In verticali ζ terminus stellatus ipse est maximus, unde ab initio certe series horizontalis a non mutatur; in verticali β est maximus 53, unde horizontalis b numero 21 augenda auctaque subscribenda est, quo linea (11) formatur. Iam ad primum terminum regressi, in serie ζ invenimus maximum 102, unde a numero 11 augenda est, quod lineam (12) suppeditat. Ad terminum (c, α) progredientes, in α invenimus maximum 46 in linea (11) positum, unde c numero 32 augenda est, quod lineam (13) suppeditat. Eadem ratione series d et g immutatas relinquo, series e, f, h, i numeris 30, 24, 11, 22 augeo, quod lineas (14), (15), (16), (17) suppeditat. Iam cum in linea (17) inveniatur verticalis α terminus 47, eiusdem verticalis termino stellato 46 in linea (13) posito maior, lineae (13) addo 1, unde linea (18) formatur. In (17) et (18) est verticalis δ terminus 49 eiusdem verticalis termino stellato in (14) posito maior, unde lineam (14) et ipsam unitate augeo, quod lineam (19) suppeditat. Denique ad terminum $(k, \iota) = 19$ procedo; et cum verticalis ι sit maximum 43 in (19) positum, seriei k addendo 24, formo lineam (20). Quo facto iam negotium transactum erit. Inventae enim sunt series

	a,	b,	c,	d,	e,	f,	g,	h,	i,	k,
lineas	(12),	(11),	(18),	(4),	(19),	(15),	(7),	(16),	(17),	(20).

formantes, quarum stellati termini in ipsorum verticalibus maximi sunt, quod requirebatur. Quas series videmus constituere quadratum (H) supra alia methodo inventum.

Antecedentium ope novam nanciscimur solutionem problematis supra propositi, si innotuerint quantitates m quaecunque, quae seriebus quadrati (A) horizontalibus additae hoc quadratum in aliud transforment, cuius termini in diversis verticalibus maximi omnes ad diversas series horizontales pertineant, invenire illarum m quantitatum valores minimos positivos seu evanescentes. Nam cum secundum suppositionem factam aliquod innotescat quadratum ex (A) derivatum m maximis transversalibus gaudens, etiam in (A) innotescunt m termini transversales summa maxima gaudentes. Quibus cognitis, secundum regulam in antecedentibus traditam facile per quantitates minimas positivas addendas ex (A) derivatur quadratum m maximis transversalibus gaudens. Simul patet, quomodo, uno cognito systemate terminorum quadrati (A) transversalium summa maxima gaudentium, reliqua omnia systemata facile inveniantur. Nam uno illo systemate cognito, vidimus, facile ex (A) derivari quadratum systemate m maximorum transversalium gaudens; in quo si singularum verticalium sola maxima conservantur, reliquis terminis nihilo aequiparatis, Determinantis e quadrati quantitatibus formati singuli termini non evanescentes suggerunt singula maximorum transversalium systemata ideoque singula systemata terminorum quadrati (A) transversalium summa maxima gaudentium; amborum enim systematum termini in duobus quadratis eadem loca occupant.

§. 3.

Solutio problematis de schemate quadratico m^2 quantitatum ad systema m aequationum differentialium applicatur. Forma aut formae normales, ad quas systema propositum per reductionem brevissimam revocari possit. Aliae reductiones in formam normalem.

Aequationes differentiales propositae

$$u_1 = 0, \ u_2 = 0, \ \ldots, \ u_m = 0,$$

ut per brevissimam reductionem ad alias forma normali gaudentes revocentur, $l_1, l_2, \ldots, l_m$ vicibus differentiandae sunt. Numeri $l_1, l_2, \ldots, l_m$ ipsi sunt, quorum in antecedentibus tradidi inventionem. Qui cum omnino determinati sint, etiam systema aequationum auxiliarium ad reductionem brevissimam requisitum, quod illis differentiationibus nascitur, omnino determinatum erit. At plerumque variae sunt formae normales, ad quas aequationes differentiales propositae illius aequationum auxiliarium systematis ope revocari possunt. Sit enim rursus $a_{i,x}$ ordo differentialis variabilis x_x altissimi, quod in aequatione $u_i = 0$ reperitur, atque rursus quantitates $a_{i,x}$ in formam quadrati (A) disponantur, cuius i^{tam} seriem horizontalem constituunt termini $a_{i,1}, a_{i,2}, \ldots, a_{i,m}$, x^{tam} verticalem termini $a_{1,x}, a_{2,x}, \ldots, a_{m,x}$. Sumatur in quadrato (A) aliquod systema terminorum transversalium summa maxima gaudentium

$$a_{a_1,1}, \ a_{a_2,2}, \ \ldots, \ a_{a_m,m},$$

aequationes differentiales propositae per brevissimam reductionem ad has revocari possunt forma normali gaudentes

$$x_1^{(a_{a_1,1})} = X_1, \ x_2^{(a_{a_2,2})} = X_2, \ \ldots, \ x_m^{(a_{a_m,m})} = X_m,$$

ubi diversarum variabilium differentialia ad laevam posita sunt altissima, quae in systemate reducto reperiuntur, a quibus functiones ad dextram positae $X_1, X_2 \ldots, X_m$ prorsus vacuae supponantur. Atque habebuntur tot eiusmodi systemata inter se diversa aequationum differentialium, ad quas aequationes differentiales propositae per brevissimam reductionem revocari possint, quot in quadrato (A) habentur systemata terminorum transversalium summa maxima gaudentium. Conditis aequationibus auxiliaribus ad brevissimam reductionem adhibendis, ponamus, variabilis x_x differentiale altissimum sive in aequationibus propositis $u_i = 0$, $u_{i_1} = 0$ etc. sive in aequationibus auxiliaribus ex his per iteratas differentiationes derivatis reperiri; in iis locis quadrati, quae ad x^{tam} seriem verticalem atque ad i^{tam}, i_1^{tam} etc. seriem horizontalem pertinent, colloco unitatem sive aliam quantitatem non evanescentem, in reliquis autem x^{tae} verticalis loculis colloco nullitatem.

Quo facto, pro singulis variabilibus $x_\varkappa$ terminorum quadrati formo Determinans. Cuius terminus non evanescens si conflatur e quantitatibus primae, secundae, ..., m^{tae} verticalis, ad α_1^{tam}, α_2^{tam}, ..., α_m^{tam} seriem horizontalem pertinentis, dabitur forma normalis, in qua variabilium $x_1, x_2, \ldots, x_m$ altissima differentialia respective eadem sunt atque in aequationibus propositis

$$u_{\alpha_1} = 0, \quad u_{\alpha_2} = 0, \quad \ldots, \quad u_{\alpha_m} = 0.$$

Cum ad alios Determinantis terminos alius pertineat indicum $\alpha_1, \alpha_2, \ldots, \alpha_m$ ordo, ea ratione e Determinantis terminis non evanescentibus singulis singulae prodeunt formae normales, ad quas aequationes differentiales propositae per brevissimam reductionem revocari possunt.

Vidimus, methodum, qua per quantitates minimas positivas seriebus horizontalibus addendas ex (A) deducatur quadratum, in quo verticalium maxima omnia in diversis seriebus horizontalibus reperiantur, magis expeditam reddi posse, si undecunque cognosceretur quadrati (A) systema m terminorum transversalium summa maxima gaudentium. Hac methodo expeditiore invenitur, quot vicibus iteratis in reductione brevissima singulae aequationes propositae ad formandas aequationes auxiliares differentiandae sint, quoties undecunque datur forma aliqua normalis, ad quam aequationes differentiales propositae tali reductione revocantur. Quae forma normalis innotescit, si aequationes differentiales propositae ita comparatae sunt, ut in aliis aliarum variabilium differentialia ad altissimum ordinem ascendant. Tum enim illa diversarum variabilium differentialia in diversis aequationibus propositis altissima ipsa altissima erunt in forma normali, ad quam aequationes differentiales propositae brevissima reductione revocari possunt. Namque illorum differentialium ordinis in quadrato (A) constituunt m terminorum transversalium systema.

Ut huius paragraphi disquisitiones exemplo illustrentur, ponamus, dari *decem* aequationes differentiales $u_1 = 0$, $u_2 = 0$, ..., $u_{10} = 0$ inter variabilem independentem t et decem dependentes $x_1, x_2, \ldots, x_{10}$, atque numeros quadrati (A) p. 490 propositi indicare ordines altissimos, ad quos singularum variabilium dependentium differentialia in diversis aequationibus ascendant, ita ut ex. gr. altissima variabilium $x_1, x_2, \ldots, x_{10}$ differentialia in aequatione $u_1 = 0$ occurrentia sint

$$x_1^{(14)}, \quad x_2^{(23)}, \quad x_3^{(1)}, \quad x_4^{(5)}, \quad x_5^{(73)}, \quad x_6^{(91)}, \quad x_7^{(10)}, \quad x_8^{(34)}, \quad x_9^{(5)}, \quad x_{10}^{(99)}.$$

Cum ultimum quadratum (H) ex proposito (A) deductum sit addendo seriebus horizontalibus numeros

$$11,\ 21,\ 33,\ 0,\ 31,\ 24,\ 0,\ 11,\ 22,\ 24,$$

reductio brevissima perficitur per aequationes auxiliares formatas differentiando aequationes propositas

$$\begin{array}{cccccccc} u_1 = 0, & u_2 = 0, & u_3 = 0, & u_5 = 0, & u_6 = 0, & u_8 = 0, & u_9 = 0, & u_{10} = 0 \\ 11, & 21, & 33, & 31, & 24, & 11, & 22, & 24 \end{array}$$

vicibus iteratis, aequationibus duabus $u_4 = 0$, $u_7 = 0$ omnino non ad formandas aequationes auxiliares advocatis. Earumque aequationum auxiliarium ope propositae per solas eliminationes ad *quatuor* diversas formas normales revocari possunt. In quibus omnibus inter altissima diversarum variabilium differentialia, quae per inferiora ipsasque variabiles exprimenda sunt, secundam ea, quae supra tradidi, inveniuntur

$$x_2^{(32)},\ x_3^{(61)},\ x_5^{(73)},\ x_6^{(91)},\ x_7^{(91)},\ x_8^{(81)};$$

porro in forma normali

$$\begin{array}{rcccc} \textit{prima:} & x_1^{(14)}, & x_4^{(18)}, & x_9^{(19)}, & x_{10}^{(88)}; \\ \textit{secunda:} & x_1^{(14)}, & x_4^{(25)}, & x_9^{(12)}, & x_{10}^{(88)}; \\ \textit{tertia:} & x_1^{(35)}, & x_4^{(26)}, & x_9^{(12)}, & x_{10}^{(77)}; \\ \textit{quarta:} & x_1^{(23)}, & x_4^{(18)}, & x_9^{(19)}, & x_{10}^{(77)}. \end{array}$$

Unde decem illarum aequationum differentialium propositarum integratio completa 508 Constantibus arbitrariis afficitur, qui numerus est summa ordinum, ad quos altissima diversarum variabilium differentialia in formis normalibus ascendunt. Altissima illa formarum normalium differentialia omnia in ipsis aequationibus differentialibus propositis reperiuntur, neque vero in his altissima sunt praeter $x_3^{(61)}$, $x_6^{(91)}$, $x_7^{(91)}$.

Consideremus reductionem quamcunque atque e toto aequationum differentialium propositarum et auxiliarium numero eligamus m, quae ex singulis aequationibus propositis per altissimam differentiationem derivatae sint, inter quas nonnullae ex propositarum numero esse possunt, si quae earum ad aequationes auxiliares per differentiationes formandas omnino non in usum vocatae sunt. In unaquaque earum m aequationum colligamus altissimorum singularum variabilium differentialium ordines eosque more consueto in quadratum disponamus: in eiusmodi quadrato necessario maxima diversarum serierum verticalium omnia in diversis quoque seriebus horizontalibus versantur. Ex praeceptis autem supra traditis de eiusmodi quadrato redire licet ad aliud de proposito (A) per minimos numeros positivos l_i deductum. Unde colligitur, *de aequationum diffe-*

rentialium propositarum quacunque reductione in formam normalem deduci posse brevissimam.

§. 4.

Reductio systematis propositi ad unicam aequationem differentialem. Regula ad reductionem inveniendam datur et exemplo illustratur. Forma elegans, qua regulam enuntiare liceat.

Aequationum differentialium systema in genere ad unicam aequationem differentialem inter duas variabiles revocari potest. Sint duae illae variabiles independens t et dependens x_1; uni illi aequationi differentiali inter t et x_1 intercedenti iungi debent aliae aequationes, quibus reliquae variabiles dependentes x_2, x_3, ..., x_m ipsae per t, x_1 atque variabilis x_1 differentialia exprimantur, quae differentialia non ascendunt ad ordinem aequationis differentialis inter t et x_1 locum habentis. Eiusmodi forma normalis cum prae ceteris ab Analystis considerari soleat, indicabo, quot vicibus iteratis singulae aequationes differentiales propositae $u_1 = 0$, $u_2 = 0$, ..., $u_m = 0$ differentiandae sint, ut aequationes differentiales ad reductionem illam necessariae nascantur.

Aequationes differentiales propositas $u_1 = 0$, $u_2 = 0$, ..., $u_m = 0$ ponamus l_1, l_2, ..., l_m vicibus differentiandas esse, ut aequationes auxiliares ad reductionem brevissimam requisitae prodeant. Qui numeri l_1, l_2, ..., l_m quomodo inveniantur, supra praecepi. Quadrati (A) seriebus horizontalibus addendo numeros l_1, l_2, ..., l_m, alterum formo quadratum (A'), in eoque aliquod maximorum transversalium systema completum asteriscis distinguo, reliqua diversarum verticalium maxima lineolis subnoto. Si variabiles omnes praeter independentem t et dependentem $x_\varkappa$ eliminandae sunt, in $\varkappa^{ta}$ verticali quaero terminum stellatum, qui sit in i^{ta} serie horizontali; in i^{ta} serie horizontali quaero terminos subnotatos, in eorum verticalibus singulis singulos terminos stellatos, in horum seriebus horizontalibus rursus terminos subnotatos, in eorum verticalibus rursus terminos stellatos et ita porro. Qua in re ad terminos stellatos iam notatos amplius recurrere non opus est. Continuato negotio, quantum fieri potest, omnes series horizontales, ad quas ea procedendi ratione pervenitur, i^{tae}, a qua auspicati sumus, dicam *annexas*. Quas series una cum ipsa i^{ta} omnes minima quantitate augeo tali, ut earum terminus aliquis neque stellatus neque subnotatus aequalis evadat termino suae verticalis stellato. Cuius termini serie horizontali accedente ad series i^{tae} annexas, rursus i^{tam} seriem eique annexas, quarum iam auctus est numerus, quantitate minima augeo tali, ut earum terminus aliquis neque stellatus neque subnotatus aequalis evadat termino suae verticalis stellato; quo facto, serierum i^{tae} annexarum numerus rursus augebitur; et sic harum serierum numerum magis magisque augeo, donec perveniatur ad quadratum (A''), cuius omnes series horizontales i^{tae} annexae sunt. Iam ex (A'') quadratum (A''') deduco, augendo series horizontales eadem quantitate tali, ut terminus ad i^{tam} seriem horizontalem, $\varkappa^{\text{tam}}$ verticalem pertinens fiat aequalis *summae maximae, quam systema m terminorum transversalium quadrati (A) induere potest.* Numeri, quibus quadrati (A) series horizontales augendae sunt, ut quadratum (A''') efficiatur, indicant, quot vicibus singulae aequationes differentiales propositae differentiandae sint ad aequationes eruendas auxiliares necessarias, ut per solas eliminationes nascantur aequatio differentialis inter solas variabiles t et $x_\varkappa$ aliaeque aequationes, quibus reliquae variabiles ipsae per t, $x_\varkappa$ et variabilis $x_\varkappa$ differentialia exprimantur.

Quadratum (A') est idem, quod supra in exemplo nostro per (H) designavi. Ponamus, $\varkappa^{\text{tam}}$ verticalem esse seriem ζ, cuius terminus stellatus 102 ad seriem horizontalem a pertinet, in qua insunt termini subnotati 84, 45, 110, ad verticales ε, ϑ, $\varkappa$ pertinentes, quarum termini stellati ad series h, f, i pertinent, in quibus habentur termini subnotati 47 et 49, ad verticales α et δ pertinentes (45 non adhibeo, quippe cuius verticalem iam in usum vocavimus); in verticalibus α et δ termini stellati ad series c et k pertinent, in qua posteriore habetur terminus subnotatus 43, ad verticalem ι pertinens, cuius terminus stellatus in e iacet, quae series unicum subnotatum 49 continet, cuius verticalis iam in usum vocata est. Hinc seriei a inventae sunt annexae h, f, i, c, k, e. Series a, h, f, i, c, k, e omnes *unitate* augendo seriebus ipsi a annexis accedit b, nam eo incremento seriei e vel k terminus 52, ad verticalem β pertinens, abit in 53, qui numerus aequatur termino verticalis β stellato, qui ad horizontalem b pertinet. Rursus series a, h, f, i, c, k, e, b augeo numero 6, quo facto seriebus ipsi a annexis accedit d; tandem series omnes praeter g augeo numero 37, ut ipsa quoque g ad series ipsi a annexas redeat. Unde quadratum (A'') ex (A') sive (H) efficitur seriebus

a, h, f, i, c, k, e	addendo	44,
seriei b	-	43,
- d	-	37,

serie g immutata manente. Cum sit $102+44=146$, $508-146=362$, quadrati (A'') series horizontales eodem numero 362 augendae sunt, ut quadratum (A''') eruatur. Quadratum (A'), ut supra, per symbolum

$(A')\quad (a+11,\ b+21,\ c+33,\ d,\ e+31,\ f+24,\ g,\ h+11,\ i+22,\ k+24)$
denotando, pro quadratis (A''), (A''') nanciscimur:

$$(A'')\quad (a+55,\ b+64,\ c+77,\ d+37,\ e+75,\ f+68,\ g,\ h+55,\ i+66,\ k+68),$$

$$(A''')\quad (a+417, b+426, c+439, d+399, e+437, f+430, g+362, h+417, i+428, k+430).$$

Unde in exemplo nostro, ut variabiles paeter t ex x_6 omnes ex decem aequationibus differentialibus propositis eliminentur, eae ad eruendas aequationes auxiliares requisitas 417, 426, 439, 399, 437, 430, 362, 417, 428, 430 vicibus iteratis differentiandae sunt.

Eadem methodo eruimus quadrata (A''), in quibus series horizontales omnes cuilibet serierum $a, b, c, \ldots, k$ annexae sunt, addendo quadrati (A') seriebus

$a, h, f, i, c, k, e\ \ +44;\ b\ \ +43;\ d\ \ +37;\ g\ \ 0,$
$b, a, h, f, i, c, k, e\ \ +44;\ d\ \ +37;\ g\ \ 0,$
$c, k, f, i, e\ \ +44;\ b, a, h\ \ +43;\ d\ \ +37;\ g\ \ 0,$
$d, b, a, c, e, f, h, i, k\ \ +44;\ g\ \ 0,$
$e, k\ \ +45;\ b, a, h, f, i, c\ \ +44;\ d\ \ +38;\ g\ \ 0,$
$f\ \ +44;\ e, i, k, c\ \ +39;\ b, a, h\ \ +38;\ d\ \ +32;\ g\ \ 0,$
$g\ \ +9;\ h\ \ +8;\ k, e\ \ +7;\ b, a, f, i, c\ \ +6;\ d\ \ 0,$
$h\ \ +46;\ k, e\ \ +45;\ b, a, f, i, c\ \ +44;\ d\ \ +38;\ g\ \ 0,$
$i, c, k, f, e\ \ +44;\ b, a, h\ \ +43;\ d\ \ +37;\ g\ \ 0,$
$k, e\ \ +45;\ b, a, h, f, i, c\ \ +44;\ d\ \ +38;\ g\ \ 0.$

Tertium et nonum, quintum et decimum quadratum eadem ratione ex (A') prodire videmus. Modus, quo quadrata illa (A'') ex ipso proposito (A) deducantur, sequentibus schematis indicatur:

	S.	(A'')
x_6	146	$(a+55,\ b+64,\ c+77,\ d+37,\ e+75,\ f+68,\ g,\ h+55,\ i+66,\ k+68)$,
x_2	97	$(a+55,\ b+65,\ c+77,\ d+37,\ e+75,\ f+68,\ g,\ h+55,\ i+66,\ k+68)$,
x_1	91	$(a+54,\ b+64,\ c+77,\ d+37,\ e+75,\ f+68,\ g,\ h+54,\ i+66,\ k+68)$,
x_3	105	$(a+55,\ b+65,\ c+77,\ d+44,\ e+75,\ f+68,\ g,\ h+55,\ i+66,\ k+68)$,
x_9	88	$(a+55,\ b+65,\ c+77,\ d+38,\ e+76,\ f+68,\ g,\ h+55,\ i+66,\ k+69)$,
x_8	89	$(a+49,\ b+59,\ c+72,\ d+32,\ e+70,\ f+68,\ g,\ h+49,\ i+61,\ k+63)$,
x_7	100	$(a+17,\ b+27,\ c+39,\ d,\ e+38,\ f+30,\ g+9,\ h+19,\ i+28,\ k+31)$,
x_5	130	$(a+55,\ b+65,\ c+77,\ d+38,\ e+76,\ f+68,\ g,\ h+57,\ i+66,\ k+69)$,
x_{10}	154	$(a+54,\ b+64,\ c+77,\ d+37,\ e+75,\ f+68,\ g,\ h+54,\ i+66,\ k+68)$,
x_4	94	$(a+55,\ b+65,\ c+77,\ d+38,\ e+76,\ f+68,\ g,\ h+55,\ i+66,\ k+69)$.

In quadrati (A') sive (H) seriebus horizontalibus prima, secunda, ..., decima habentur termini stellati

102, 53, 47, 61, 43, 45, 91, 84, 110, 49,

pertinentes ad verticalem

sextam, secundam, primam, tertiam, nonam, octavam, septimam, quintam, decimam, quartam.

Quibus terminis addendo

44, 44, 44, 44, 45, 44, 9, 46, 44, 45,

prodeunt numeri

146, 97, 91, 105, 88, 89, 100, 130, 154, 94,

quos per S denotatos in margine posui una cum variabilibus, quae diversis verticalibus respondent.

In quadrato aliquo (A'') sit S terminus stellatus seriei horizontalis, cui reliquae annexae sunt: ab S ad quemlibet alium terminum stellatum poterit perveniri per continuum transitum termini stellati ad sublineatum eiusdem seriei horizontalis, termini sublineati ad stellatum eiusdem verticalis. Proponamus ex. gr. quadratum primum supra exhibitum

(A'') $(a+55,\ b+64,\ c+77,\ d+37,\ e+75,\ f+68,\ g,\ h+55,\ i+66,\ k+68)$

sive

	α	β	γ	δ	ε	ζ	η	ϑ	ι	$\varkappa$
a					128	146*		89		154
b		96*								
c	91*			93				89		154
d			98*							
e		96	98	93					87*	
f							91	89*		
g							91*			
h					128*					
i	91			93				89		154*
k		96	98	93*					87	

,

in quo solos terminos stellatos et sublineatos seu stellato eiusdem verticalis aequales (omissa lineola) apposui. In eo quadrato series horizontales omnes a serie a pendent, cuius terminus stellatus est 146. De quo ad reliquos terminos stellatos sic descenditur:

$$146,\ 154,\ 93,\ 96;\ \ 146,\ 154,\ 91_\alpha;\ \ 146,\ 154,\ 93,\ 98;\ \ 146,\ 154,\ 93,\ 87;$$
$$146,\ 154,\ 89;\ \ 146,\ 154,\ 89,\ 91_\eta;\ \ 146,\ 128;\ \ 146,\ 154;\ \ 146,\ 154,\ 93.$$

Bini termini iuxta positi T et U sunt stellati tales, ut terminus in serie horizontali ipsius T, verticali ipsius U positus sit ipsi U aequalis sive sublineatus, quae est transitus propositi lex.

Si de quadrato (A'') proposito reicitur termini S, a quo proficiscimur, series verticalis et alia quaecunque horizontalis, in quadrato remanente maximorum transversalium systema facile assignatur. Designemus per $\widehat{TU}$ terminum ipsi U aequalem in serie horizontali ipsius T, verticali ipsius U positum, atque ponamus, seriei horizontalis reiciendae terminum stellatum esse $S^{(l)}$; porro in quadrato proposito (A'') ab S ad $S^{(l)}$ secundum legem stabilitam transiri per terminos stellatos intermedios $S', S'', \ldots, S^{(l-1)}$. His positis, quadrati propositi (A'') termini stellati reliqui ipsi erunt quadrati remanentis maxima transversalia; in locum autem ipsorum $S', S'', \ldots, S^{(l)}$ sumendi sunt termini

$$\widehat{SS'},\quad \widehat{S'S''},\quad \widehat{S''S'''},\quad \ldots,\quad \widehat{S^{(l-1)}S^{(l)}},$$

qui termini ipsis $S', S'', \ldots, S^{(l)}$ aequales sunt. Ex hac propositione colligitur, in quadratis, quae, serie termini S verticali et alia quacunque horizontali reiecta, remanent, eandem fore maximorum transversalium summam, videlicet eadem quantitate S minorem quam in quadrato proposito (A'').

Consideremus quadratum aliquod $(A''_\varkappa)$, in quo seriei horizontalis, cui reliquae omnes annexae sunt, terminus stellatus pertinet ad $\varkappa^{\text{tam}}$ verticalem, quem terminum designabo per $S_\varkappa$. Quadratum illud $(A''_\varkappa)$ ipsum est, quod formari debet, quoties variabiles omnes praeter t et $x_\varkappa$ eliminare proponitur. Statuamus porro, quadratum $(A''_\varkappa)$ provenire addendo quadrati (A) seriebus horizontalibus quantitates

$$h_1^{(\varkappa)},\ h_2^{(\varkappa)},\ \ldots,\ h_m^{(\varkappa)}.$$

Vocemus O ordinem systematis aequationum differentialium propositarum sive summam maximam terminorum transversalium in quadrato (A), sitque $O - S_\varkappa = P_\varkappa$; secundum praecepta supra tradita ad formandum aequationum auxiliarium systema, cuius ope eliminatio proposita praestari possit, m aequationum differentialium propositarum unaquaeque i^{ta} erit $P_\varkappa + h_i^{(\varkappa)}$ vicibus iteratis differentianda. Cui numero $P_\varkappa + h_i^{(\varkappa)}$ significationem memorabilem tribuere licet. Fit in quadrato

(A''_x) summa maximorum transversalium, quae est terminorum transversalium summa maxima

$$O+h_1^{(x)}+h_2^{(x)}+\cdots+h_m^{(x)}.$$

Unde, si x^{tam} seriem verticalem, i^{tam} horizontalem reicimus, secundum propositionem inventam in quadrato remanente summa maxima terminorum transversalium erit

$$O-S_x+h_1^{(x)}+h_2^{(x)}+\cdots+h_m^{(x)} = P_x+h_1^{(x)}+h_2^{(x)}+\cdots+h_m^{(x)}$$

ideoque, si de ipso quadrato (A) reicitur x^{ta} series verticalis, i^{ta} horizontalis, in quadrato remanente summa maxima terminorum transversalium erit $P_x+h_i^{(x)}$. Hinc problematis hic transacti nacti sumus hanc solutionem:

Problema.

Inter variabilem independentem t et m variabiles dependentes $x_1, x_2, \ldots, x_m$ datae sint aequationes differentiales

$$u_1 = 0, \quad u_2 = 0, \quad \ldots, \quad u_m = 0;$$

quas si ad unicam aequationem differentialem inter t et x_x revocare postulatur, propositas aequationes differentiales differentiando novae formandae sunt aequationes auxiliares eaeque necessariae, ut earum beneficio per solas eliminationes sine ullis ulterioribus differentiationibus aequatio differentialis inter t et x_x prodeat: quaeritur, quot vicibus ad formandum illud aequationum auxiliarum systema aequatio $u_i = 0$ differentianda sit.

Solutio.

Formetur quadratum m seriebus verticalibus totidemque horizontalibus constans; in α^{ta} verticali, a^{ta} horizontali ponatur ordo differentialis variabilis x_α altissimi, quod in aequatione $u_a = 0$ obvenit. De eo quadrato reiecta i^{ta} serie horizontali, x^{ta} verticali, in quadrato remanente quaeratur summa maxima $\sigma_{i,x}$, quam eius assequi possunt $m-1$ termini, omnes in diversis seriebus horizontalibus et in diversis verticalibus positi: ad formandum aequationum auxiliarium systema, cuius ope aequatio differentialis inter t et x_x nascatur, aequatio $u_i = 0$ iteratis $\sigma_{i,x}$ vicibus differentianda est. Qui numerus quaesitus $\sigma_{i,x}$ etiam aequatur ordini aequationum differentialium provenientium, si de aequationibus propositis reicimus ipsam $u_i = 0$, ipsam autem variabilem x_x pro constante habemus.

Numeri $\sigma_{\iota,\kappa} = P_\kappa + h_\iota^{(\kappa)} = O - S_\kappa + h_\iota^{(\kappa)}$ ipso quadrato (A''_κ) suppeditantur, quod, quomodo e quadrato (A') deducatur, docui. Dedi supra numerorum S_κ et $h_\iota^{(\kappa)}$ valores exemplo proposito respondentes; quibus numeris soluta habentur centum inaequalitatum problemata, videlicet si de quadrato proposito simul una series horizontalis quaecunque et una quaecunque verticalis reiciuntur, in quoque centum quadratorum remanentium summam maximam terminorum transversalium invenire. Facile etiam in horum quadratorum unoquoque ipsi termini transversales summa maxima gaudentes inveniuntur, si ea repetis, quae supra de modo a termino S quadrati (A'') ad alium quemlibet stellatum $S^{(\iota)}$ per terminos stellatos intermedios transeundi tradidi.

§. 5.

Conditio determinatur, qua fiat, ut systematis aequationum differentialium propositi ordo deprimatur.

Casibus particularibus evenire potest, ut ordo systematis aequationum differentialium non ascendat ad valorem summae maximae terminorum quadrati (A) transversalium. Qui habitus aequationum particularis certa conditione analytica indicatur. Sit rursus $x_\kappa^{(a_{\iota,\kappa})}$ differentiale variabilis x_κ altissimum, quod in aequatione $u_\iota = 0$ invenitur; differentialium partialium

$$\begin{array}{cccc}
\frac{\partial u_1}{\partial x_1^{(a_{1,1})}}, & \frac{\partial u_1}{\partial x_2^{(a_{1,2})}}, & \ldots, & \frac{\partial u_1}{\partial x_m^{(a_{1,m})}}, \\
\frac{\partial u_2}{\partial x_1^{(a_{2,1})}}, & \frac{\partial u_2}{\partial x_2^{(a_{2,2})}}, & \ldots, & \frac{\partial u_2}{\partial x_m^{(a_{2,m})}}, \\
\cdot & \cdot & \cdot & \cdot \\
\frac{\partial u_m}{\partial x_1^{(a_{m,1})}}, & \frac{\partial u_m}{\partial x_2^{(a_{m,2})}}, & \ldots, & \frac{\partial u_m}{\partial x_m^{(a_{m,m})}}
\end{array}$$

fingo Determinans, eiusque terminos tantum hos

$$\pm \frac{\partial u_1}{\partial x_{i'}^{(a_{1,i'})}} \frac{\partial u_2}{\partial x_{i''}^{(a_{2,i''})}} \cdots \frac{\partial u_m}{\partial x_{i^{(m)}}^{(a_{m,i^{(m)}})}}$$

conservo, in quibus aggregatum ordinum

$$a_{1,i'} + a_{2,i''} + \cdots + a_{m,i^{(m)}}$$

valorem *maximum* O adipiscitur; reliquos omnes Determantis terminos reicio. Terminorum remanentium aggregatum, quod quodammodo est Determinans mutilatum, designo per ∇; *erit*

$$\nabla = 0$$

conditio, qua definitur, aequationum differentialium propositarum systema habitu particulari indutum esse, quo fiat, ut ordo eius deprimatur.

Non evanescente ∇, ordo systematis semper valorem O, theoria generali a me proposita assignatum, assequitur. Quantitatem ∇ voco *systematis aequationum differentialium propositarum Determinans.*

In exemplo nostro fit

$$\nabla = \frac{\partial u_1}{\partial x_6^{(91)}}\cdot\frac{\partial u_2}{\partial x_2^{(32)}}\cdot\frac{\partial u_4}{\partial x_3^{(61)}}\cdot\frac{\partial u_6}{\partial x_8^{(21)}}\cdot\frac{\partial u_7}{\partial x_7^{(91)}}\cdot\frac{\partial u_8}{\partial x_5^{(73)}}$$

$$\times\left\{\frac{\partial u_3}{\partial x_1^{(14)}}\cdot\frac{\partial u_9}{\partial x_{10}^{(88)}}-\frac{\partial u_9}{\partial x_1^{(25)}}\cdot\frac{\partial u_3}{\partial x_{10}^{(77)}}\right\}\left\{\frac{\partial u_5}{\partial x_4^{(18)}}\cdot\frac{\partial u_{10}}{\partial x_9^{(19)}}-\frac{\partial u_{10}}{\partial x_4^{(25)}}\cdot\frac{\partial u_5}{\partial x_9^{(12)}}\right\}.$$

Huius formulae quatuor termini, qui resolutis uncis proveniunt, respondent quatuor supra a me investigatis systematis terminorum quadrati (A) transversalium summa *maxima* gaudentium. Quoties igitur in exemplo nostro neutra locum habet aequationum

$$\frac{\partial u_3}{\partial x_1^{(14)}}\cdot\frac{\partial u_9}{\partial x_{10}^{(88)}}-\frac{\partial u_9}{\partial x_1^{(25)}}\cdot\frac{\partial u_3}{\partial x_{10}^{(77)}}=0,$$

$$\frac{\partial u_5}{\partial x_4^{(18)}}\cdot\frac{\partial u_{10}}{\partial x_9^{(19)}}-\frac{\partial u_{10}}{\partial x_4^{(25)}}\cdot\frac{\partial u_5}{\partial x_9^{(12)}}=0,$$

aequationum differentialium propositarum systema est ordinis 508, sive 508 Constantibus arbitrariis earum integratio completa afficitur. Si vero duarum aequationum antecedentium altera locum habet, systematis ordo valore 508 inferior manet. Quo casu aequationes differentiales propositae praeparatione quadam egent, quae facta esse debet, antequam procedas ad tractandas aequationes differentiales propositas. Systematis aequationum differentialium propositarum Determinans non evanescere, est conditio, cui nisi satisfactum sit, eius ordinem determinare non licet. Quoties inaequalitatum problema, terminos quadrati (A) transversales summa maxima gaudentes determinandi, *unicam* solutionem habet, ordo systematis aequationum differentialium propositarum summae illi maximae aequatur, neque fieri potest, ut inferior evadat. Tum enim systematis Determinans unico termino constat neque potest evanescere.

ANMERKUNGEN.

ÜBER DIEJENIGEN PROBLEME DER MECHANIK, IN WELCHEN EINE KRÄFTEFUNCTION EXISTIRT, UND ÜBER DIE THEORIE DER STÖRUNGEN.

1. Bei der Revision dieser umfangreichen, wahrscheinlich i. J. 1836 oder spätestens 1837 entstandenen, aber erst lange nach Jacobi's Tode von Clebsch veröffentlichten Abhandlung habe ich den Eindruck empfangen, dass sie nach einem nicht völlig druckfertigen Manuscripte herausgegeben sei, und zwar im Wesentlichen ganz so, wie sie von dem Verfasser niedergeschrieben war. Das Letztere lässt sich freilich jetzt nicht mehr feststellen, weil das Jacobi'sche Manuscript abhanden gekommen ist. Was aber den ersten Punkt angeht, so müsste es doch im hohen Grade auffallend erscheinen, dass Jacobi die ihrem Inhalte nach so bedeutende Abhandlung ungedruckt hat liegen lassen, wenn er nicht selbst der Ansicht gewesen wäre, dass sie an manchen Stellen der Umarbeitung bedürftig sei. Ich möchte glauben, Jacobi habe sie nur als eine Vorarbeit für eine von ihm geplante ausführliche und systematische Darstellung seiner auf Dynamik sich beziehenden Untersuchungen angesehen. Dafür spricht auch, dass er einiges darin Enthaltene in späterer Zeit vollständiger und genauer entwickelt, vieles auch in andere Abhandlungen aufgenommen hat.

Es würde hiernach vielleicht gestattet und zweckmässig gewesen sein, wenn bei der Herausgabe der in Rede stehenden Abhandlung in etwas freierer Weise als bei der Veröffentlichung der mehr durchgearbeiteten Theile des Jacobi'schen Nachlasses verfahren wäre, etwa in der Art, wie die „Vorlesungen über Dynamik" nach dem Borchardt'schen Collegienhefte redigirt worden sind. Ich habe aber nicht verkennen können, zu welchen Schwierigkeiten und Inconvenienzen es führen würde, wenn man jetzt noch eine Umarbeitung der Abhandlung in dem angedeuteten Sinne versuchen wollte; und ist daher beim Neudrucke der Text des ersten Druckes beibehalten worden, abgesehen davon, dass einige offenkundige Versehen berichtigt, und stylistische Härten und Nachlässigkeiten beseitigt sind.

2. S. 245, Z. 8 v. o. ff. Das hier angegebene Verfahren findet sich ausführlicher entwickelt in der Abhandlung: „Ueber die vollständigen Lösungen einer partiellen Differentialgleichung erster Ordnung". (S. 397 d. Bd. §§. 4, 5.)

3. S. 252, Z. 12 v. u. ff. Die hier gegebenen Integralgleichungen enthalten eine überzählige Constante. Wie man aus diesen drei Gleichungen zwei andere, von einander unabhängige, welche nur die erforderlichen fünf Constanten enthalten, ableiten kann, wird weiter unten (§§. 23, 26) gezeigt.

4. S. 280, Z. 18 v. o. ff. Die Winkel ψ, φ, ϑ hätten genauer definirt werden sollen; es genügt aber die Hinweisung auf die angeführte Poisson'sche Abhandlung.

5. S. 303, Z. 1 v. o. ff. In diesen Gleichungen sind die Ausdrücke auf der Rechten des Gleichheitszeichens Functionen von

$$t,\ q_1,\ q_2,\ \ldots,\ q_m,\ \frac{\partial W}{\partial q_1},\ \frac{\partial W}{\partial q_2},\ \ldots,\ \frac{\partial W}{\partial q_m},$$

und es ist unter W die gegebene Lösung der Differentialgleichung

$$\frac{\partial W}{\partial t} + H = 0$$

zu verstehen.

Von den in diesem Bande enthaltenen Abhandlungen sind die zwei ersten von Herrn Frobenius, die übrigen von dem während der Arbeit verstorbenen Dr. Lottner, von mir und Herrn Dr. Fritz Kötter vor dem Drucke revidirt worden. Hr. Frobenius hat überdies die erste Correctur der Bogen 1—27, Hr. Fr. Kötter in Gemeinschaft mit Hrn. Dr. Ernst Kötter die erste Correctur und letzte Revision der Bogen 28—64 übernommen. Hr. Wangerin hat für den ganzen Band die zweite Correctur besorgt.

NACHTRÄGLICHE BERICHTIGUNG ZWEIER STELLEN IM DRITTEN BANDE.

Auf S. 276 des dritten Bandes ist in der *Observatio de aequatione sexti gradus etc.* der erste Satz durch ein beim Druck vorgekommenes Versehen entstellt worden, und muss folgendermassen lauten:

Sint elementa quinque proposita x_1, x_2, x_3, x_4, x_5, ac designemus per symbolum

(1 2 3 4 5)

functionem elementorum rationalem, quae et immutata manet, si elementa x_1, x_2, x_3, x_4, x_5 eodem ordine, quo ea exhibemus, commutamus respective cum his

$$x_2,\ x_3,\ x_4,\ x_5,\ x_1,$$

et inverso ordine cum his

$$x_5,\ x_1,\ x_2,\ x_3,\ x_4.$$

Im Originaldrucke (Crelle's Journal, Bd. XIII) fehlen die Worte „inverso ordine“, was zur Folge hat, dass der Wortlaut der beiden letzten Zeilen nicht in Übereinstimmung ist mit dem, was Jacobi ohne Zweifel hat sagen wollen, und ausserdem die vorhergehenden Worte „eodem ordine“ keinen rechten Sinn haben.

Der Vorschlag, durch die angegebene Einschiebung die Stelle in Ordnung zu bringen, rührt von Herrn Kronecker her, und ist von demselben in einem an mich gerichteten Briefe, der demnächst auch veröffentlicht werden soll, ausführlich motivirt worden.

In demselben Bande ist S. 303, Z. 1 v. o.

statt $A_m A_{m'} = A_{m+m'}$ zu lesen $A_m A_{m'} = A_0 A_{m+m'}$.

Druckfehler des fünften Bandes.

S. 229, Z. 14 v. o. ist das Zeichen: hinter dx'_n zu tilgen.

S. 444, Z. 6 v. u. ist zu lesen

$$dx : dy : dp = \frac{\partial q}{\partial p} : -1 : -\frac{\partial q}{\partial x} \quad \text{statt} \quad dx : dy : dp - \frac{\partial q}{\partial p} : -1 : -\frac{\partial q}{\partial x}.$$

W.